梁迎春教授纪念论文集

◎ 现代设计研究室 编

哈爾濱工業大學出版社
HITP
HARBIN INSTITUTE OF TECHNOLOGY PRESS

图书在版编目（CIP）数据

梁迎春教授纪念论文集/现代设计研究室编.
—哈尔滨：哈尔滨工业大学出版社，2017.9
ISBN 978-7-5603-6907-5

Ⅰ. ①梁… Ⅱ. ①现… Ⅲ. ①机械工程-文集
Ⅳ. ①TH-53

中国版本图书馆 CIP 数据核字（2017）第 202107 号

策划编辑　张　荣
责任编辑　李长波
出版发行　哈尔滨工业大学出版社
社　　址　哈尔滨市南岗区复华四道街 10 号　邮编 150006
传　　真　0451-86414749
网　　址　http://hitpress.hit.edu.cn
印　　刷　哈尔滨市石桥印务有限公司
开　　本　787mm×1092mm　1/16　印张 37　字数 900 千字
版　　次　2017 年 9 月第 1 版　2017 年 9 月第 1 次印刷
书　　号　ISBN 978-7-5603-6907-5
定　　价　200. 00 元

梁迎春教授

梁迎春教授简历

教育经历

1981—1985年	哈尔滨工业大学	机械工程系	获学士学位
1985—1988年	哈尔滨工业大学	机械工程系	获硕士学位
1990—1994年	哈尔滨工业大学	机械工程系	获博士学位

工作经历

1988—1990年　哈尔滨工业大学 机械工程系　助教
1990—1992年　哈尔滨工业大学 机械工程系　讲师
1992—1996年　哈尔滨工业大学 机械工程系　副教授
1996—2014年　哈尔滨工业大学 机械工程系　教授
1999—2014年　哈尔滨工业大学 机械工程系　博士生导师
2003—2005年　哈尔滨工业大学 精密工程研究所　所长
2005—2010年　哈尔滨工业大学 机电工程学院　院长
2007—2014年　国防科技工业超精密加工技术研究应用中心　主任
2010—2014年　哈尔滨工业大学　校长助理

荣誉称号

2006年　黑龙江省杰出青年科学基金获得者
2008年　“超精密加工与测量技术”教育部创新团队支持计划带头人
2008年　黑龙江省优秀中青年专家
2009年　国家杰出青年科学基金获得者
2009年　教育部“长江学者”奖励计划特聘教授

生平留影

学术科研留影

1988年，硕士论文答辩

1994年12月15日，博士论文答辩，前排左一为导师孙靖民教授，前排左三为梁迎春博士

20世纪90年代，在实验室首台计算机前

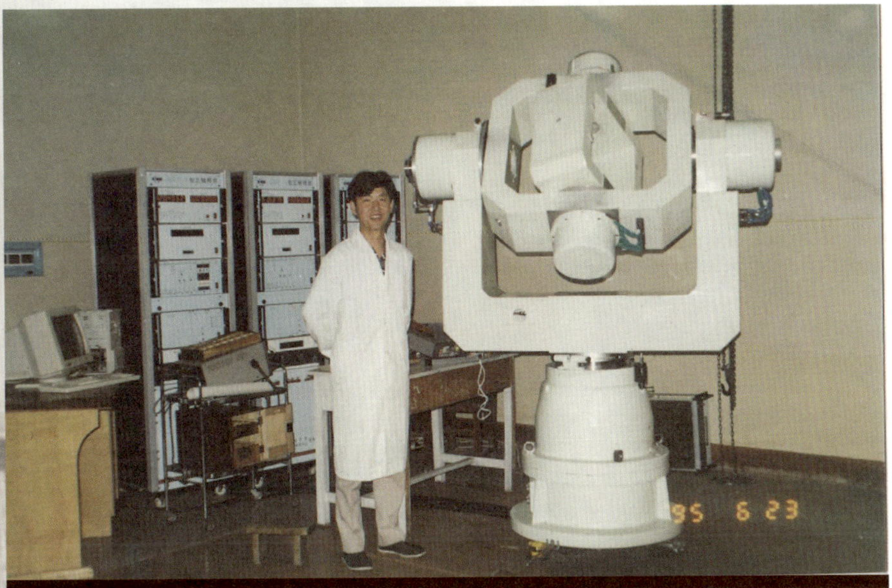

1995年，在参与研制的转台前

20世纪90年代，课题组成员讨论，从左至右依次为梁迎春教授、罗熙淳博士和程凯教授

2002年2月，罗熙淳博士论文答辩，从左至右依次为导师董申教授、罗熙淳博士和副导师梁迎春教授

2000年左右，陪同来宾参观实验室，中立者为梁迎春教授

20世纪90年代，来宾参观实验室后留影，后排从左至右依次为孙涛教授、李旦教授、董申教授和梁迎春教授

2001年9月，来宾参观实验室后留影，左二为张飞虎教授，左三为李旦教授，左六为董申教授，左七为卢泽生教授，左八为梁迎春教授

2000年左右，来宾参观实验后留影，右一为孙涛教授，右二为张飞虎教授，右三为董申教授，右五为梁迎春教授

2002年3月，和培养的博士生，从左至右依次为罗熙淳博士、梁迎春教授、陈明君博士和霍德鸿博士

2005年11月，在负责研制的某装置前，右三为梁迎春教授，右四为机械总设计师于福利研究员，右五为王军工程师

2008年7月，在新加坡参加纳米制造学术会议，左三为梁迎春教授

2009年9月，以新聘教育部长江学者特聘教授身份出席庆祝教师节暨全国教育系统先进集体和先进个人表彰大会

2009年7月，参加国家自然科学基金委机械学科十二五规划（第六组）研讨会第二次会议，前排左一为梁迎春教授

2011年9月，参加国家高新技术863-804专家组第20次工作会议，前排左一为梁迎春教授

2013年9月，参加高效微细精密加工泰山研讨会，前排右三为梁迎春教授

2014年1月，到英国克莱菲尔德大学参加学术交流，与Paul Shore教授合影

2014年1月，访问英国Cranfield Unit for Precision Engineering公司

2014年1月，访问英国ZEEKO公司，与公司总经理Richard Freeman合影

校务工作留影

2004年5月，出席哈工大汉阳大学(韩国)学术交流活动，左四为梁迎春教授

2005年6月，在日本出席学术活动，左二为梁迎春教授

2006年2月，在英国出席学术活动，左四为当时哈工大校长王树国教授，左六为梁迎春教授

2012年5月，出席日本千叶工业大学七十周年校庆活动，左二为当时哈工大校长王树国教授，左四为梁迎春教授

2009年8月，带队参加在日本举行的亚太大学生机器人大赛，并夺得冠军，二排左五为梁迎春教授

2012年8月，参加2012级研究生开学典礼，右一为梁迎春教授

2013年7月，参加2013届硕士研究生毕业典礼暨学位授予仪式，左一为梁迎春教授

2014年6月，主持2014届本科生毕业典礼暨学位授予仪式，左一为梁迎春教授

2014年5月，出席学校第四届“祖光杯”创新创业竞赛决赛，前排右三为梁迎春教授

2014年4月，接待团中央书记处书记傅振邦来校进行学生活动调研，前排右一为梁迎春教授

2014年5月，参加学校五四先进集体和个人表彰大会，左一为梁迎春教授

2014年5月，参加学校召开的教育部直属工科院校毕业生就业工作研讨会，前排左二为梁迎春教授

2014年5月，在第51届校田径运动会上致闭幕辞，二排左一为梁迎春教授

2014年6月，参加学校举行的三星奖学金颁奖仪式，前排左二为梁迎春教授

2014年9月3日，去世前一天，随校领导看望新生并慰问迎新工作人员，后排右二为当时哈工大校长周玉教授，后排右四为梁迎春教授，这是梁迎春教授生前的最后一张影像

家庭和日常生活留影

1988年7月6日，和爱人张乃明女士登记结婚

20世纪90年代，和儿子梁博在松花江上

1985年，和高中同学在松花江畔，前排左一为梁迎春教授，后排左一为后来的爱人张乃明

20世纪80年代，实验室聚餐，中坐者为导师孙靖民教授，右二为梁迎春教授

20世纪80年代，和导师及同学，前排左三为导师孙靖民教授，前排左五为梁迎春教授

20世纪80年代，和导师及同学在机械楼前，左三为导师孙靖民教授，左四为梁迎春教授

20世纪80年代，和同学在松花江畔，右一为梁迎春教授

20世纪90年代，课题组出游，前排左二为梁迎春教授，前排左四为陈时锦教授，后排左三为张庆春教授，后排左四为刘亚忠教授

20世纪90年代，在日本千叶工业大学做访问学者

1999年7月，和导师及当年同学和同事，中坐者为导师孙靖民教授，后排右一为陈时锦教授，右二为梁迎春教授，右四为刘亚忠教授

2000年左右，和孙涛教授在俄罗斯，左一为梁迎春教授

2003年2月，在日本

2006年2月，在英国

2010年1月，硕士同学入学25周年聚会，右一为梁迎春教授，右五为程凯教授

2014年1月，在英国克莱菲尔德

序

2014年9月4日，梁迎春永远离开了我们。他的学生和同事拟将其一生的学术成果编辑成纪念文集，并请我为文集作序。我深感惶恐，因为梁迎春在教学、科研、行政管理、社会活动等方面的杰出成绩，以及他为人做事的优秀品德难以用我笨拙之笔表述清楚，幸好有这本文集能更完整地介绍梁迎春杰出的一生。

精密、超精密加工技术及超精密机床是一个国家制造业水平高低的重要标志。20世纪90年代初，国防重点预研项目“亚微米超精密机床”，让我与梁迎春相识、相知，并共同日夜奋斗近十年。当时，他负责机床的机械设计工作，在没有任何图纸资料和样机的条件下，他不仅出色完成了机床总体设计，而且通过创新性的研究，攻克了石材（密玉）超高精度空气轴承主轴系统和超精密恒温油淋浇系统两项关键技术，填补国内空白，达到世界先进水平。这些表现出他不畏艰难、刻苦攻关、勇于攀登的奋斗精神，最终我们的工作获得航天工业总公司科技进步一等奖。在此期间，我们还承担了“精密超精密加工系统中的理论与关键技术基础”和“微纳米加工表层形成机理及相关技术”两项国家自然科学基金重点项目。梁迎春把机械工程优化设计的有限元分析方法与微纳尺度的分子动力学分析方法有机结合，并应用于超精密加工微纳切削过程的分析，开创了超精密加工过程微纳尺寸瞬态变化可视化研究先河。十年共同奋斗，形成了哈工大超精密加工学术研究特色与方向，并建立了哈工大精密工程研究所，取得了国内领先、国际知晓的地位，梁迎春为此做出了重要的贡献，并成为这一领域的著名青年专家，于2003年承接了哈工大精密工程研究所所长的职位。2008年他被评为“超精密加工与测量技术”教育部创新团队的学术带头人，2009年他又获得了“长江学者特聘教授”和“国家杰出青年”的称号。

2001年梁迎春开始介入神光Ⅲ国家重大专项，从一无所知、参加六家竞争，到无人敢干只剩哈工大梁迎春一家，历时13年，克服了在极端条件下工作的精密机械设计、制造及控制的世界难题，为我国神光系列高功率激光装置的建设做出了卓越的贡献。他领导的团队，2015年获“中国高等学校十大科技进展”之一，2016年获“国防科技发明特等奖”和“国防科技工业十大创新人物（团队）”奖。虽然他没能看到这一天，但他为国家甘于奉献、呕心沥血、鞠躬尽瘁、不达目的誓不罢休的执着精神永远激励后人！他带出来的特别能吃苦、特别能战斗、特别能奉献的一支光、机、电、仪一体化的研究团队，一定能完成他未完的工作。

自1988年7月留校工作26年，梁迎春一直爱岗敬业、尽职尽责、勤恳认真，他坚持在教学一线讲课，教学思维活跃、视野宽泛，不断把重大工程中的新现象、新规律、新成果融于课堂教学中，深受广大师生的尊敬和爱戴。他继承了哈工大机械学科以机床为对象编写教材的传统，又结合亲身研制的航天地面仿真设备、卫地激光通信设备、多路强激光引导设备、光栅拼接装置、KDP晶体超精密加工设备、神光Ⅲ等高端设备的体会，提出了“洁净制造”“精密非标装备”等新概念，正着力为哈工大机械学科在当今时代，适应多学科融合，以高端装备为对象，重新编写教学大纲、教学内容、教材和采用更好的教学方式等提出了新的思路。不幸这篇大文章刚开头，梁迎春就意外去世。

梁迎春请放心吧！你未尽之业，一定会后继有成！

董申

2017 年 9 月

目　录

第一部分　现代机械设计理论与方法

第二部分　精密/超精密加工工艺与装备

第三部分 微纳米加工理论

第四部分 附录

第一部分　现代机械设计理论与方法

惯性系统三轴综合测试转台外框的结构分析及优化设计

梁迎春　王新荣　陈时锦　孙靖民　郭方华

（哈尔滨工业大学　机械工程系，哈尔滨 150001）

摘　要：本文采用有限元法对惯性系统三轴综合测试台外框进行了结构的静、动态特性计算，得出了在一定载荷作用下外框结构的静态变形和各阶固有频率，以及相应的振型。在此基础上，采用了广义约束拟牛顿优化方法，对其进行结构的最优化设计，得出了令人满意的结果。

关键词：有限元；三轴转台；优化设计

Structural Analysis and Optimal Design to the Outer Gimbal of Inertial System Three-Axis Test

Liang Yingchun　Wang Xinrong　Chen Shijin　Sun Jingmin　Guo Fanghua

（Department of Mechanical Engineering, Harbin Institute of Technology, Harbin 150001）

Abstract: In this paper, applying FEM, the outer gimbal structural static and dynamic features of Inertial System Three-axis test table are calculated; the deformation natural frequencies and relevant modeshape under specified load are given. Based on this, the structural optimal design by means of the Generalizca Constrained Ouasi-Newton Method gives the satisfied result.

Keywords: finite element method; three-axis test table; optimal design

0　引　言

惯性系统三轴综合测试转台是一种超精密的设备。首先，对于它的静、动态特性有着十分严格的要求。因为如果静态变形过大，就会影响整个转台的指向精度，从而带来测试误差；而动态特性又和控制系统的特性有关，即要求结构自身的固有频率必须避开其他一切扰动频率。其次，如何减少台体部件的质量和其转动惯量也是非常重要的。亦即在结构设计时希望

本文联系人：梁迎春，讲师，博士生，哈尔滨工业大学机床教研室。

文章发表信息：哈尔滨工业大学学报, 1992, 24(2): 104-108.

质量越轻越好，因为这样才对控制系统和气浮轴承的设计有利。为了准确获得转台外框的动静态特性，用经典力学进行计算是不行的，必须采用现代化的结构分析手段，即有限元法。为了获得最轻的质量，并要满足一定动静态特性的要求，还必须采取优化设计的方法。本文选择三轴转台的重要部件——外框架，在结构分析的基础上进行了优化设计。

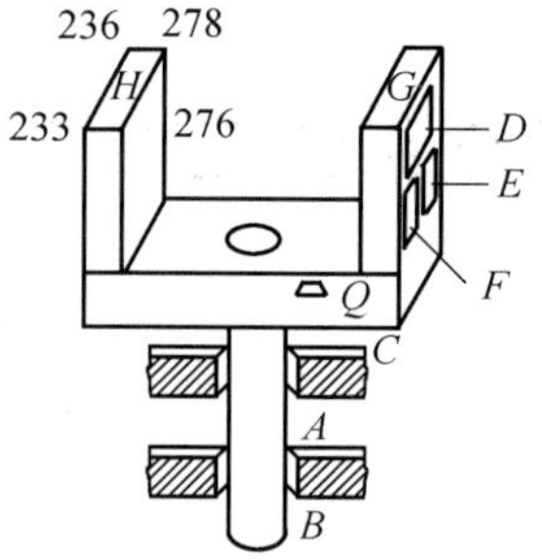

图 1　外框结构简图

Fig. 1　Outer ring

1　有限元分析模型的建立

三轴转台外框的结构如图 1 所示。图中 *A*、*B*、*C* 三处分别为径向轴承和止推轴承，*Q*、*E*、*F*、*D* 处为窗口，在 *H* 和 *G* 处分别固定上中框两端的轴承座，用以支承中、内框组件。整个结构是空心的薄壁结构。轴承的刚度系数见表 1。

表 1　轴承的刚度系数

Table1　Stiffness coefficient of bearings

轴承	刚度系数/（$\times10^6$ N·m^{-1}）
A	330.652
B	131.516
C	666.4

外框在工作时，主要承受的静载荷为中、内框组件的质量，根据计算，承受的静载荷共为 15 680 N，分别作用在 *H* 和 *G* 两个面上。外框材料为 ZL105，其弹性模量 $E=0.7\times10^{11}$ N/m^2，泊松比 $\mu=0.33$，密度为 2 650 kg/m^3。

根据上述各种条件，将外框划分为 482 个节点，580 个板单元，12 个梁单元，12 个边界元。计算时，将轴承用等效刚度的弹簧来近似，在有限元分析时将其看成是边界元，如图 2 所示。在图 2 中，*A* 处轴承用两排弹簧来描述，每排 4 个，这样，弹簧刚度系数 K_1 为

$$K_1=\frac{330.652}{4}\times10^6=8.266\,3\times10^7\ (\mathrm{N/m})$$

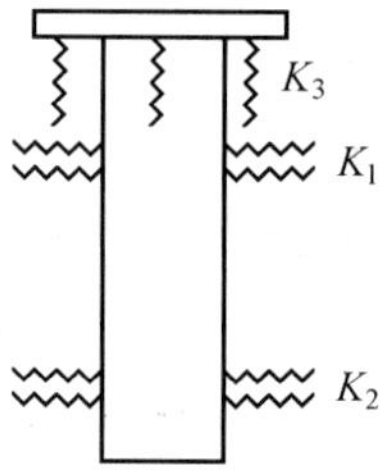

图 2　支撑简化图

Fig. 2　Bearing form

B 处轴承也用两排弹簧来描述，每排 4 个，刚度系数 K_2 为

$$K_2=\frac{131.516}{4}\times10^6=3.287\,9\times10^7\ (\mathrm{N/m})$$

C 处止推轴承简化成 4 个弹簧，每个弹簧的刚度系数尺 K_3 为

$$K_3=\frac{666.4}{4}\times10^6=1.666\times10^8\ (\mathrm{N/m})$$

将 15 680 N 的载荷平均地作用在 H、G 两个平面的 8 个节点上，方向沿 Z 轴的负方向，每个力的数值为

$$F=\frac{15\ 680}{8}=1\ 960\ (\mathrm{N})$$

2 计算结果分析

利用结构分析软件 PCSAP 及相应后处理软件 SDRPLOT 对上述有限元模型进行了动、静态特性分析计算。其中，动态特性计算了四阶固有频率及其相应的振型。表 2 列出了最大变形点的变形值。

表 2 外框最大变形点的变形

Table2 The largest deformance of nodes　　m

节点号 \ 变形值 \ 变形方向	X	Y	Z
233	$0.118\ 11\times10^{-6}$	$-0.503\ 21\times10^{-4}$	$-0.749\ 88\times10^{-4}$
236	$-0.117\ 84\times10^{-6}$	$-0.503\ 19\times10^{-4}$	$-0.749\ 88\times10^{-4}$
276	$0.117\ 60\times10^{-6}$	$-0.504\ 07\times10^{-4}$	$-0.589\ 19\times10^{-4}$
278	$-0.115\ 03\times10^{-6}$	$-0.504\ 05\times10^{-5}$	$-0.589\ 18\times10^{-4}$

外框静态变形图如图 3 所示。外框各阶固有频率的计算值见表 3。

图 3 静态变形图

Fig. 3 Static deformance

表 3　外框各阶固有频率

Table3　Normal mode of outer ring　　Hz

频率＼阶数	一	二	三	四
Hz	75	92	105	199

各阶振型如图 4～7 所示。

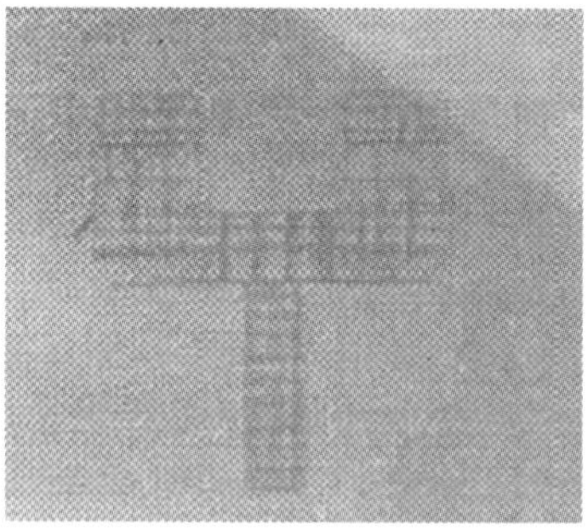

图 4　一阶振型

Fig. 4　One-level mode

图 5　二阶振型

Fig. 5　Two-level mode

图 6　三阶振型

Fig. 6　Three-level mode

图 7　四阶振型

Fig. 7　Four-level mode

从上面的静态变形、固有频率及其相应的振型可以看出，整个结构在根部的刚度有些薄弱，在以后的修改设计中，此处应该加强。

3　优化设计模型的建立及求解

根据惯性系统三轴综合测试转台的使用情况及相关技术的需要，我们选择了质量作为目标函数，即在优化设计的过程中追求质量最轻。在考虑约束条件时，除了考虑对设计变量上下限约束（侧面约束）外，还考虑了对静态特性和动态特性的约束，具体地说，即要求最大变形点的 233 节点变形值不大于 0.075 mm，一阶固有频率值不小于 75 Hz。在选择设计变量时，我们认为两个尺寸（见图 8）不适合作为优化变量，因为这两个尺寸的大小不应该由优化设计来确定，而是应该由中框的尺寸来确定。我们选择了 c、d、e 这 3 个尺寸作为优化变量，因为这 3 个参数的值如果发生变化，对外框架的性能影响较大，而且它们的尺寸又不受中框和内框结构所约束。另外，我们还选择了板的厚度作为优化变量。因为，从理论上讲，随着厚度的增加，整个外框架的质量将增大，这对目标函数来说是不利的。然而，厚度的增加又将使外框架的结构刚度提高，变形减小，从这个角度来看，对约束函数来说是有利的。所以，就最优的设计方案来说，厚度应取一个最优值，才能既使质量较小，又能满足约束条件的要求，优化变量的选择如图 8 所示。

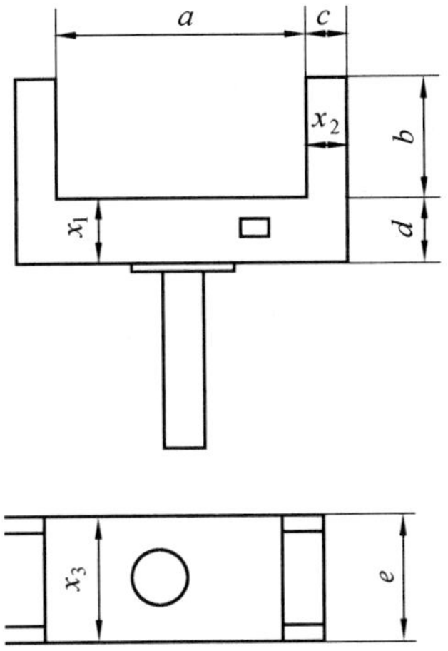

图 8　优化方案选择图（板的厚度为 x_4）

Fig. 8　Selection of optimal plan

这样，优化问题模型为：

求 $\boldsymbol{x}=[x_1, x_2, x_3, x_4]$

使质量 $W(x_1, x_2, x_3, x_4)\to \min$

满足：$Z<[Z]$，$f>f_0$，$\boldsymbol{x}_l<\boldsymbol{x}<\boldsymbol{x}_u$

在上面的数学模型中，Z 表示表 2 中变形最大点的 Z 方向变形值；$[Z]$为给定的值；f 为结构的一阶固有频率；f_0 为固有频率的最低值；$\boldsymbol{x}_l$ 和 $\boldsymbol{x}_u$ 是两个向量，分别表示优化变量的下限和上限。

对上面的数学模型，用广义约束拟牛顿方法对其进行了结构优化计算，这种优化方法是一种效率很高的方法，它的迭代原理，请参看文献[1]。选择的初始值为

$$\boldsymbol{x}_0=[250, 170, 380, 20]$$

$$\boldsymbol{x}_l=[200, 150, 350, 10]$$

$$\boldsymbol{x}_u=[300, 200, 430, 30]$$

$$f_0=75\ \text{Hz}$$

$$[Z]=0.075\ \text{mm}$$

初始质量为 W_0=177 kg。

在优化计算时，静态变形和固有频率仍利用有限元法进行计算。用计算的结果再进行优化设计。每次优化迭代后的设计方案，再传到有限元分析软件中，进行结构分析。

经过上述的反复求解和迭代，得出了在一定条件下最优的设计方案。

$\boldsymbol{x}^*$=[270, 188, 401, 15.5]，最优质量为 W^*=160.1 kg，比初始设计减少 10%，静态变形 Z^*=0.070 mm；第一阶固有频率为 f^*=80 Hz。

4　结　论

本文利用有限元法，对惯性系统三轴综合测试转台进行了结构的动静态特性计算，并画出了经过有限元分析后处理得到了各阶振型图及静态变形，所得的数据是合理的。在结构分析的基础上，进行了优化设计，采用优化方法是合适的，优化设计方案是正确的。本文所编制的结构优化设计软件及有限元分析软件是可靠的。

参考文献

[1] 梁迎春. 机械结构优化设计方法及应用研究[D]. 哈尔滨: 哈尔滨工业大学, 1988.

[2] 孙靖民, 米成秋. 机械结构优化设计[M]. 哈尔滨: 哈尔滨工业大学出版社, 1986.

[3] WANG Xingrong, GAO Sunying, LIANG Yingchun, et al. Analysis and computation in designing a three-axis test table's mechanical assembly of inertial system[C]. Tokyo: International Symposium on Space Technology and Science, 1990.

一种连续体形状优化设计的算法

梁迎春　刘亚忠　王新荣　陈时锦
（哈尔滨工业大学）

摘　要：本文阐述了连续体形状优化设计所存在的问题和困难，并引入松弛因子，将不等式约束优化问题转化成等式约束优化问题，从而将连续体形状优化设计的一般问题转化为标准的 Bloza 问题。构建了哈密顿函数，利用梯度法对哈密顿函数进行了无约束极小化，形成了无限维空间中的约束梯度法。并利用该算法解决了连续梁的优化设计问题。

连续体形状优化设计问题，通常是指优化变量不能表示成有限维空间中的向量，其设计变量往往是一组函数向量，这样的问题比原来参数优化问题复杂得多。目前处理这类问题一般可以将连续体离散化，将无限维空间问题转化成有限维空间问题，再用参数优化的算法求解。这类算法存在的问题是要想精确地描述原来的连续体，就必须用很多个参数去逼近它，这样离散后的有限维问题的维数就会显著增加，给参数优化问题的求解带来很大困难，有时甚至无法求解。另一种处理这种问题的办法是把待求的函数假设成某一个固定形式的多项式，这样只要确定多项式的系数，就可以确定这个函数。但是这种假定从优化理论上讲是不合理的，因为这等于对待求函数无形中加了某种约束，所以这种办法只能做近似处理。本文将以泛函极值理论为基础，解决连续体形状优化设计问题。

1　连续体形状优化问题的数学模型

连续体的设计变量是一个函数向量 $\boldsymbol{u}(x)=[u_1(x), u_2(x), \cdots, u_n(x)]$。对一般的问题，根据需要往往要对某些性能提出要求，这在优化问题中表现为约束条件。于是，连续体形状优化设计的数学模型可表示为如下形式：

求函数向量 $\boldsymbol{u}(x)=[u_1(x), u_2(x), \cdots, u_n(x),]$ 使

$$J[\boldsymbol{u}(x)]=\int_{\Omega} F[x, z(x), \boldsymbol{u}(x)]\,\mathrm{d}x \tag{1}$$

达到最小，满足

$$\left.\begin{aligned} & g_1+\int_{\Omega} F[x, z(x), \boldsymbol{u}(x)]\,\mathrm{d}x=0 \quad i=1,2,\cdots,p \\ & g_1+\int_{\Omega} F[x, z(x), \boldsymbol{u}(x)]\,\mathrm{d}x \leqslant 0 \quad i=p+1, p+2,\cdots,m \end{aligned}\right\} \tag{2}$$

文章发表信息：机械工程师, 1992, 5: 19-20, 47.

$$\left.\begin{aligned} &\varphi_j[x, z(x), \boldsymbol{u}(x)] = 0 \qquad j = 1, 2, \cdots, k \\ &\varphi_j[x, z(x), \boldsymbol{u}(x)] \leqslant 0 \qquad j = k+1, \cdots, w \end{aligned}\right\} \tag{3}$$

$$\frac{\mathrm{d}z}{\mathrm{d}x} = f[x, z(x), \boldsymbol{u}(x)] \tag{4}$$

在（1）～（4）式中，z 为状态变量，（1）式为目标泛函，（2）式为泛函约束条件，（3）式为逐点约束条件，（4）式为状态方程。

对（1）～（4）式所提出的最优化设计问题，首先引入松弛因子 V_i 和 $\eta_j(x)$，则约束条件变成

$$g_1 + \int_{\Omega} F[x, z(x), \boldsymbol{u}(x)]\,\mathrm{d}x + V_i^2 = 0 \qquad i = p+1, \cdots, m$$

$$\varphi_j[x, z(x), \boldsymbol{u}(x)] + \eta_j^2(x) = 0 \qquad j = k+1, \cdots, w$$

此时，可以把 V_i 和 $\eta_j(x)$看成是设计变量，于是（1）～（4）式变成

$$\min J(u) = \int_{\Omega} F[x, z(x), \boldsymbol{u}(x)]\,\mathrm{d}x \tag{5}$$

$$\left.\begin{aligned} &g_1 + \int_{\Omega} F[x, z(x), \boldsymbol{u}(x)]\,\mathrm{d}x = 0 \qquad i = 1, 2, ..., p \\ &g_1 + \int_{\Omega} F[x, z(x), \boldsymbol{u}(x)]\,\mathrm{d}x + V_i^2 = 0 \qquad i = p+1, \cdots, m \end{aligned}\right\} \tag{6}$$

$$\left.\begin{aligned} &\varphi_j[x, z(x), \boldsymbol{u}(x)] = 0 \qquad j = 1, 2, \cdots, k \\ &\varphi_j[x, z(x), \boldsymbol{u}(x)] + \eta_j^2(x) = 0 \qquad j = k+1, \cdots, w \end{aligned}\right\} \tag{7}$$

（5）～（7）式为标准的 Bloza 问题。

2　连续体形状优化设计的约束梯度法

对上述 Bloza 问题，在最优化理论中有如下结论：若 $\boldsymbol{u}(x)$和 $z(x)$是（5）～（7）式的解，则存在乘子 λ_0、$r_i\,(i=1, 2, \cdots, m)$、$\lambda_j\,(j=1, 2, \cdots, n)$、$u_j\,(j=1, 2, \cdots, w)$，使 $\delta\psi=0$。

$$\psi_0 = \sum_{i=1}^{m} r_1 q_1 + \int_{\Omega} [\lambda_0 F_0 + \sum_{j=1}^{w} \lambda_j (x_j (\frac{\mathrm{d}z}{\mathrm{d}x} - f_1) + \sum_{i=1}^{m} r_1 F_1 + \sum_{j=1}^{w} u_j(x) \varphi_j(x, z, u))]\,\mathrm{d}x \tag{8}$$

为使（8）式满足 $\delta\psi=0$，定义

$$\left.\begin{aligned} G &= \sum_{i=1}^{m} r_1 g_i \\ H &= \lambda^{\mathrm{T}}(x) f - \lambda_0 F_0 - \sum_{i=1}^{m} r_i F_i - \sum_{j=1}^{w} N_j(x) \varphi_j \\ G' &= -\sum_{i=g+1}^{m} r_i u_i^2, \quad H' = -\sum_{j=k+1}^{w} u_j(x) \eta_j^2(x) \end{aligned}\right\} \tag{8a}$$

于是有以下各式成立：

$$\left.\begin{array}{c}\dfrac{\mathrm{d}\lambda(x)}{\mathrm{d}x}=-\dfrac{\partial H}{\partial Z}\\ \dfrac{\partial H}{\partial \boldsymbol{u}}=0,\quad \dfrac{\partial H'}{\partial v}=0,\quad \dfrac{\partial G'}{\partial \eta}=0\\ u_j(x)\eta_j(x)=0\quad j=k+1,\cdots,w\\ r_i v_i=0\quad i=p+1,\cdots,m\end{array}\right\}\tag{8b}$$

为了求出 $\boldsymbol{u}(x)$，使 $\dfrac{\partial H}{\partial u}=0$，我们利用梯度法进行数值计算。令 $Q=-(\partial H/\partial u)$，构造如下迭代格式：

$$U_{k+1}(x)=U_k(x)+\beta Q\tag{9}$$

式中，β为步长，Q 为搜索方向，它是哈密顿函数（8a）式的负梯度。

在计算$\partial H/\partial u$ 之前，先要求解 $u(x)$和 r。为了求出这两个变量，可将（6）和（7）式线性化，再将（9）式代入线性化后的约束条件，就可求出 $u(x)$和 r。在（9）式中，还有如何确定步长β的问题。为了求出β，构造了一个搜索泛函。

$$\phi(\beta)=\int_\Omega H[z, z(x), Uk+\beta Q, \lambda, \mu(x), r]\,\mathrm{d}x\tag{10}$$

将 $U_{k+1}(x)= U_k(x)+ \beta Q$ 代入（10）式，并求解下面的一维搜索问题：

$$\min\phi(\beta)=\int_\Omega H[z, z(x), Uk+\beta Q, \lambda, \mu(x), r]\,\mathrm{d}x\tag{11}$$

综上所述，本文提出算法的步骤可归纳如下：

（1）给出初始点 $u_0(x)$、$\mu_0(x)$、r_0；

（2）通过（8b）式求 $\lambda(x)$；

（3）求 $Q=-(\partial H/\partial u)$；

（4）构成 $U_{k+1}(x)= U_k(x)+\beta Q$；

（5）求 $U(x)$和 r；

（6）判断是否满足收敛条件，若满足则停机，否则，转向步骤（2），继续迭代。

上述所提出的算法就实质而言是采用梯度法求哈密顿函数（8a）的极小值，故称为约束梯度法。

3 实 例

如图 1 所示为一个悬臂梁，在载荷 P 的作用下，求其截面积函数 $\boldsymbol{u}(x)$，使其质量最小。其目标函数为

$$\min\phi_0=\int_0 F[x, \boldsymbol{u}(x)]\,\mathrm{d}x\tag{12}$$

状态方程为

$$EI\,[\boldsymbol{u}(x)]\frac{\mathrm{d}^2z}{\mathrm{d}x^2}+P\,(L-x)=0 \qquad (13)$$

边界条件为

$$z(0)=0,\quad \frac{\mathrm{d}z}{\mathrm{d}x}(0)=0$$

为了使最优设计的结果能有实际意义，对截面积函数 $\boldsymbol{u}(x)$，$x\in[v,l]$，规定一个下限 u_0，即

$$\Phi_1=-\boldsymbol{u}(x)+u_0\leqslant 0 \qquad (14)$$

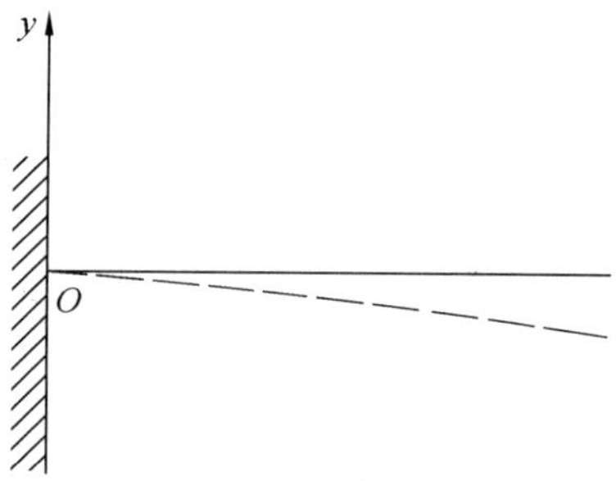

图 1　悬臂梁静态变形示意图

为使弯曲应力小于许用应力，应有以下约束：

$$\Phi_2=\frac{s\left|z^2\right|}{u^{2/3}}-\sigma_{\max}\leqslant 0 \qquad (15)$$

在上式中，s 为和截面形状有关的常数。为限制在给定载荷作用下的最大位移，有以下约束，

$$\Phi_s=\left|z(x)\right|-\varDelta\leqslant 0 \qquad (16)$$

在以上（12）～（16）式中，$z(x)$为状态变量，此时表现为静态变形。

设截面形状为圆，其半径沿 x 轴方向连续变化。我们给出如下数据：

$I=a\boldsymbol{u}^2(x)$、$F[x,\boldsymbol{u}(x)]=\boldsymbol{u}(x)$、$E=2.1\times10^{11}$ Pa、$\sigma_{\max}=1.37\times10^{8}$ Pa、$L=0.254$ m、$P=2.7\times10^{4}$ N、$s=0.868\,1$，用 11 个点的 $\boldsymbol{u}(x)$数据来描述该悬臂梁，初始数据见表 1。

表 1　初始数据

$u(1, 1)$=0.965 321 0E+00	$u(2, 1)$=0.941 761 9E+00	$u(3, 1)$=0.918 202 8E+00
$u(4, 1)$=0.894 643 7E+00	$u(5, 1)$=0.871 084 6E+00	$u(6, 1)$=0.847 525 5E+00
$u(7, 1)$=0.823 966 4E+00	$u(8, 1)$=0.800 407 3E+00	$u(9, 1)$=0.776 848 2E+00
$u(10, 1)$=0.753 289 1E+00	$u(11, 1)$=0.729 730 0E+00	

经 10 次迭代后的最优截面积函数 $\boldsymbol{u}(x)$见表 2。

表 2　最优截面积函数 $\boldsymbol{u}(x)$

$u(1, 1)$=0.177 211 9E+01	$u(2, 1)$=0.165 191 6E+01	$u(3, 1)$=0.152 716 6E+01
$u(4, 1)$=0.139 709 2E+01	$u(5, 1)$=0.126 064 8E+01	$u(6, 1)$=0.111 636 5E+01
$u(7, 1)$=0.196 205 4E+00	$u(8, 1)$=0.800 407 5E+00	$u(9, 1)$=0.776 848 4E+00
$u(10, 1)$=0.753 289 3E+00	$u(11, 1)$=0.729 730 2E+00	

最优梁的外形曲线如图2所示。

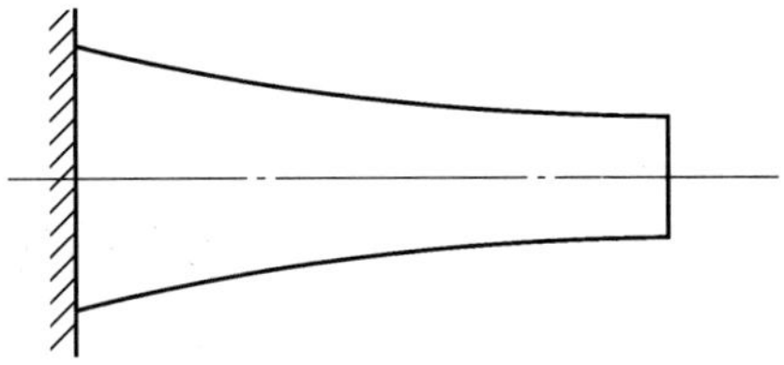

图2　最优梁的外形曲线

4　结　论

本文利用泛函极值原理，提出了连续体形状优化设计的约束梯度法，该方法的思路是正确的，经过对实际悬臂梁的计算，所得的数据是合理的。应用这种方法，可以对其他连续体进行形状优化设计。

参考文献

（略）

机床主轴优化设计的一种新算法

梁迎春[1]　冯志友[1]　赵桂范[2]　曲世民[2]
（1. 哈尔滨工业大学　机械设计系；2. 哈尔滨第二工具厂）

摘　要：本文在第二次规划迭代法、对角化乘子法及一般乘子法等算法的基础上，最新提出了解约束最优化问题的广义约束拟牛顿法。该算法不仅收敛速度快，而且可靠性和有效性均很好，应用于机床主轴的结构优化问题，取得了令人满意的结果。

关键词：优化设计；机床；主轴

A New Algorithm of Optimization Design for Axle Shaft of Machine Tool

Liang Yingchun[1]　Feng Zhiyou[1]　Zhao Guifan[2]　Qu Shimin[2]
（1. Department of Mechanical Design Engineering, Harbin Institute of Technology; 2. The Second Tool Factory of Harbin）

Abstract: This paper putforward a new algorithm for solution restrain optimization problem-generalized restrain mimic-Norton method, based on quadratic programme repeated method, diagonalization multiplier method and general multiplier method etc. This algorithm not only convergence rate is fast, but also reliability and effectiveness are very good, applied to optimization design for axle shaft of machine tool, the results are satisfied.

Keywords: optimization design; machine tool; axle shaft

0　引　言

主轴是机床结构中的一个重要部件，它的精度将直接反映到被加工的零件上，影响加工质量。因而有必要改变传统的设计方法，采用优化设计。近年来，数学规划领域中的二次规划迭代法、对角化乘子法及一般乘子法等约束最优化问题的解法广泛应用于机床主轴优化设计中。在应用中我们发现，一般乘子法虽可靠性很好，但有效性较差；对角化乘子法尽管很有效，但因为采用步长的一维寻优，可靠性很难保证；二次规划迭代法是一种很有效的算法，

文章发表信息：佳木斯工学院学报, 1992, 10(3): 131-135.

但它要不断地求解二次规划迭代问题，以致收敛速度慢。本文提出了广义约束拟牛顿法，集中了上述几种算法的优点，应用于机床主轴的有限元优化设计，取得了令人满意的结果。

1　广义约束拟牛顿法

1.1　搜索方向和乘子迭代公式的确定

对问题 $\min f(x)$

$$\text{s.t.}\quad \boldsymbol{h}(x)=0 \tag{1}$$

$\boldsymbol{h}(x)=0$ 是一个 m 维的函数向量，取它的拉格朗日函数：

$$L(x,\boldsymbol{\lambda},\boldsymbol{R})=f(x)+\boldsymbol{\lambda}^{\mathrm{T}}\boldsymbol{h}(x)+\boldsymbol{R}^{\mathrm{T}}[\boldsymbol{h}(x)]^{k}/2 \tag{2}$$

在修正了乘子 λ 和因子 R 之后，求其无约极小点，可以证明必存在一个 R'，而当 $R\geqslant R'$时，（2）式的极小点总是存在的。现求其极小点：

$$\begin{cases}\nabla f(x)+\boldsymbol{\lambda}^{\mathrm{T}}\boldsymbol{h}(x)+\boldsymbol{R}^{\mathrm{T}}\nabla\boldsymbol{h}(x)\boldsymbol{h}(x)=0\\ \boldsymbol{h}(x)=0\end{cases} \tag{3}$$

解此线性方程组可得

$$\boldsymbol{d}^{k}=-\boldsymbol{B}^{-1}[\nabla f(x)+\boldsymbol{\lambda}^{\mathrm{T}}\boldsymbol{h}(x)+\boldsymbol{R}^{\mathrm{T}}\nabla\boldsymbol{h}(x)\boldsymbol{h}(x)] \tag{4}$$

$$\boldsymbol{\lambda}^{k+1}=[\nabla\boldsymbol{h}(x)^{\mathrm{T}}\boldsymbol{B}^{-1}\nabla\boldsymbol{h}(x)]\{\boldsymbol{h}(x)+\nabla\boldsymbol{h}(x)\boldsymbol{B}^{-1}[\nabla\boldsymbol{h}(x)\boldsymbol{h}(x)\boldsymbol{R}^{\mathrm{T}}-\nabla f(x)]\} \tag{5}$$

在（4）式中 $\boldsymbol{d}^{k}$ 为搜索方向，$\boldsymbol{B}$ 是（2）式的二阶偏导矩阵。

1.2　搜索函数的确定

在最优点处，首先应使目标函数较小，同时又要保证所有的约束条件都满足，所以，构造了如下约束函数：

$$\phi(\boldsymbol{X}^{k}+\alpha_{k}\boldsymbol{d}^{k})=f(\boldsymbol{X}^{k}+\alpha_{k}\boldsymbol{d}^{k})+\sum_{i=1}^{m}\lambda_{i}\left|h_{i}(\boldsymbol{X}^{k}+\alpha_{k}\boldsymbol{d}^{k})\right|+\sum_{i=1}^{m}R_{i}[h_{i}(\boldsymbol{X}^{k}+\alpha_{k}\boldsymbol{d}^{k})]^{2}/2 \tag{6}$$

1.3　搜索方式的确定

本文考虑到算法的有效性和可靠性，采用了不精确的一维寻优。在不精确的一维寻优中，步长 α_k 的选取不是要使 $\phi(\boldsymbol{X}^{k}+\alpha_{k}\boldsymbol{d}^{k})$ 最小，而是只要求满足一定的要求即可。这种要求是 Goldstein 准则，即 α_k 必须满足

$$\alpha_{k}(1-r)\nabla\phi(\boldsymbol{X}^{k})\boldsymbol{d}^{k}\leqslant\phi(\boldsymbol{X}^{k}+\alpha_{k}\boldsymbol{d}^{k})-\phi(\boldsymbol{X}^{k})\leqslant r\alpha_{k}\nabla\phi(\boldsymbol{X}^{k})\boldsymbol{d}^{k},\quad 0<r<1/2 \tag{7}$$

1.4　算法中的其他几个问题

1.4.1　约束条件的处理

在上边的各种推导过程中，只考虑了等式约束问题，对于不等式约束问题，本文的处理

办法是在每一次迭代之后，就要对所有的约束选择一次，若某个约束满足了，则它将从问题中去掉，认为此时该约束不起作用。反之，则将该约束处理成等式约束，认为此约束为起作用约束。此时（6）式变成

$$\phi(\boldsymbol{X}^k+\alpha_k\boldsymbol{d}^k)=f(\boldsymbol{X}^k+\alpha_k\boldsymbol{d}^k)+\sum_{i=1}^{m}\lambda_i\left|h_i(\boldsymbol{X}^k+\alpha_k\boldsymbol{d}^k)\right|+\sum_{i=1}^{m}R_i[h_i(\boldsymbol{X}^k+\alpha_k\boldsymbol{d}^k)]^2/2+ \\ \sum_{i=p+1}^{m}\lambda_i[\max(0,\boldsymbol{h}(x))]+\sum_{i=p+1}^{m}R_i[\max(0,\boldsymbol{h}(x))]^2/2 \tag{8}$$

1.4.2　二阶矩阵 $\boldsymbol{B}_k$ 的逼近

为了避免求二阶导数，传统文献常用一阶导数值去逼近二阶导数矩阵，常用的方法是 DEP 和 BFGS。由于本文采用了不精确一维寻优，因此用一般的变尺度方法去逼近 $\boldsymbol{B}_k$ 是不能保证其正定的。在此我们采用了 Powell 提出的 $\boldsymbol{B}_k$ 的修正方法[3]。

令

$$\boldsymbol{\delta}=\boldsymbol{X}^{k+1}-\boldsymbol{X}^k$$

$$r=\nabla L(\boldsymbol{X}^{k+1},\boldsymbol{\lambda},r)-\nabla L(\boldsymbol{X}^{k+1},\boldsymbol{\lambda},\boldsymbol{R})$$

$$\begin{cases}1 & \boldsymbol{\delta}^{\mathrm{T}}r\geqslant 0.2\boldsymbol{\delta}^{\mathrm{T}}\boldsymbol{B}_k\boldsymbol{\delta} \\ \theta=\dfrac{0.8\boldsymbol{\delta}^{\mathrm{T}}\boldsymbol{B}_k\boldsymbol{\delta}}{\boldsymbol{\delta}^{\mathrm{T}}\boldsymbol{B}_k\boldsymbol{\delta}-\boldsymbol{\delta}^{\mathrm{T}}\boldsymbol{\delta}} & \boldsymbol{\delta}^{\mathrm{T}}r<0.2\boldsymbol{\delta}^{\mathrm{T}}\boldsymbol{B}_k\boldsymbol{\delta}\end{cases}$$

$$r_i=\theta r+(1-\theta)\boldsymbol{B}_k\boldsymbol{\delta}$$

于是

$$\boldsymbol{B}_{k+1}=\boldsymbol{B}_k+\frac{\boldsymbol{\eta}\boldsymbol{\eta}^{\mathrm{T}}}{\boldsymbol{\delta}^{\mathrm{T}}\boldsymbol{\eta}}-\frac{\boldsymbol{B}_k\boldsymbol{\delta}(\boldsymbol{B}_k\boldsymbol{\delta})^{\mathrm{T}}}{\boldsymbol{\delta}^{\mathrm{T}}\boldsymbol{B}_k\boldsymbol{\delta}}$$

上面所述的算法就实质而言，可认说是用拟牛顿法求解增广拉格朗日函数极值条件所形成的，所以称为广义约束拟牛顿法。

2　机床主轴的结构优化设计

本文采用质量最轻为目标，以广义约束拟牛顿方法作为优化方法。

2.1　具有静、动态约束的优化问题模型

将主轴简化成当量直径的等截面轴，只是一种近似计算方法。实际上主轴多为阶梯形状。为此，计算主轴的静态变形、振动频率或振型，常用有限元法进行分析。

图 1 所示的机床主轴是三支承系统，受力和力矩作用。本优化问题假定要求伸出端点的挠度不大于给定值 y=0.005 cm，第一阶固有频率 f 不得低于给定值 f_0=1 200 Hz，对结构尺寸比例要求是前端两支承间的跨距与悬伸长度之比为 3，在此基础上对其进行质量最轻设计。

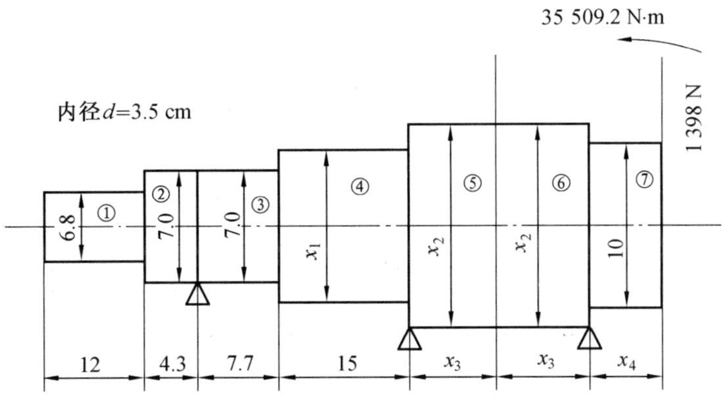

图 1　机床主轴的三支承系统

采用有限元法，可将主轴划分为 7 个单元，每个单元都有一些结构参数。一般取对静、动态特性影响较大的参数作为优化参数。对上述主要结构，本文选取④、⑤、⑥单元外径和⑤、⑥、⑦单元的长度作为优化参数。

反映优化参数变化范围的侧面约束为

$$X_{i\min} \leqslant X_i \leqslant X_{i\max} \quad i = 1 \sim 4$$

除侧面约束外，还有反映静、动态约束及结构尺寸比例的限制，这些称为性能约束，如：

$$y \leqslant y_0, \quad f \geqslant f_0, \quad u = L(6)/L(7) = u_0$$

u_0 是给定的⑥、⑦单元长的比，对不同主轴 u_0 可以变化。这样，具有静、动态约束的主轴结构优化问题模型为

$$\text{s.t.} \quad h_1(x) = \frac{u}{u_0} - 1 = 0$$

$$h_2(x) = \frac{y}{y_0} - 1 = 0$$

$$h_3(x) = 1 - \frac{f}{f_0} \leqslant 0$$

$$X_{i\min} \leqslant X_i \leqslant X_{i\max} \quad i = 1 \sim 4$$

其中，$\boldsymbol{X}_{\min}^{\mathrm{T}} = (7, 9, 12, 8)$，$\boldsymbol{X}_{\max}^{\mathrm{T}} = (9, 11, 18, 12)$。

上述约束条件包括等式、不等式约束，也包括侧面约束。因此，具有一定代表性。

2.2　计算结果分析

利用本文自己编制的 DLAGMVZ 程序，在 IBM/PCXT 上，对图 1 所示的主轴进行了优化设计。初始设计与最佳设计方案比较见表 1。

表 1　初始设计与最佳设计方案比较

项目	初始设计	最优设计
x_1/cm	8	7.173
x_2/cm	10	9.000
x_3/cm	12.5	11.978
x_4/cm	8.8	7.990
u	1.42	1.50
f/Hz	1 266.08	1 198.46
y/cm	0.004 78	0.005 02
W/kg	30.781 66	25.137 49

在最佳参数中，外径比初始方案有所降低，取上、下限中间值。这是由于结构性能对质量和外径的要求有相反的趋势。

即从减轻质量的角度看，外径应向下限方向变化，从满足静、动态特性看，又要求外径向上限方向变化，所以最后取中间的最佳值。但对跨距来说，不论从质量，还是从性能出发，都应向下限变化，因而最佳值取到下限。优化结果表明，它既满足所提出的约束条件，又能使质量有所降低。

3　结　论

计算结果表明，广义约束拟牛顿法是解约束最优化问题的一种好的方法，其收敛速度快，计算时间短，为机床主轴优化设计提供了一个新的有效途径。本文将优化方法同有限元这种现代化分析手段相结合，编制了有限元优化设计程序。通过考题和主轴结构的计算，说明该程序运行可靠。

参考文献

[1]　孙靖民，梁迎春. 机械结构优化方法的分析及一种新算法——广义约束拟牛顿法[J]. 机械工程学报，1990, 26(2): 65-71.

[2]　孙靖民. 机械优化设计[M]. 哈尔滨: 哈尔滨工业大学出版社, 1986.

[3]　SUN Jinmin, LIANG Yingchun. An improved Di diagonalization multiplier method and its applications[C]. Berlin: Computaional Mechanics 88, 1988.

惯性系统三轴综合测试转台总体设计若干问题的探讨

梁迎春　陈时锦　黄开榜

（哈尔滨工业大学）

摘　要：本文从框架形式、总体布局、轴承的种类和布置方式等方面，讨论了惯性系统三轴综合测试转台总体设计中的若干问题，从设计、制造和使用等方面阐述了各种总体布局形式的优缺点，并提出了自己的相应看法，最后讨论了目前惯导测试设备研究领域需要研究的关键技术。

关键词：三轴转台；总体设计；惯性导航系统

Approach Certain Problems of Overall Design of Inertial Navigation System Three-Axis Test Table

Liang Yingchun　Chen Shijin　Huang Kaibang

（Harbin Institute of Technology）

Abstract: Proceeding from aspects of the shape of rings layout type of bear and its arrangement, certain problems of overall design of three-axis test table are approached in this paper. Merits and demerits of several overall layout-forms are elaborated in aspects of designing, manufacturing and using, and then we discussed the key techniques in development of inertial navigation system testing equipment.

Keywords: three-axis test table; overall design; inertial navigation system

1　引　言

随着宇航事业的发展，对空间飞行器和运载体控制及制导精度的要求越来越高，惯性系统三轴综合测试转台（以下简称三轴转台）是惯性导航系统和惯性元件研制过程必需的重要设备。它可以用来进行惯导系统和元件的检定、标定以及建立误差模型，它的性能指标直接影响到空间飞行器和运载体的控制和导航的精度。三轴转台就机械台体而言，对其各轴系的

文章发表信息：中国惯性技术学报, 1992, 4(1): 69-72.

回转精度、三轴垂直度、三轴相交度、静态刚度和动态特性的要求很高；另一方面，对它各轴系的位置精度和速度精度要求也很高，这些高性能的指标要求，给三轴转台的设计和制造增加了难度。本文结合我们多年研制高精度三轴转台的实际工作，对惯性系统三轴综合测试转台总体设计若干问题进行了讨论。

2　总体布局的确定

惯性系统三轴综合测试转台的总体布局是总体设计的重要环节，就目前国内外情况看，有两种布局形式。一种转台，其外框轴线垂直于水平面，内框和中框为“O”型结构，外框为“U”式结构，这种布局形式称为“UOO”立式布局。另一种转台，其外框架轴线处于水平状态，三个框架均为“O”型结构，这种布局形式称为“OOO”卧式布局。我们认为“UOO”卧式布局的转台结构比较庞大，外框架尺寸较大，这不仅减弱了外框架的静态刚度，而且增加了转动惯量，同时降低了固有频率。另外，为了支承尺寸庞大的外框架，还要加一个大基座，这给制造、安装、运输带来许多麻烦。然而这种转台仍有其一定的优点，由于外框架轴承的跨距较大，在单个轴承精度一定情况下，可以使外框架轴承的回转精度提高。另外，一般情况下，这种转台的中心较低，在内环框架上安装被测试件比较方便。对于“UOO”立式转台，外框架为立式，尺寸较小，受力状态好，刚度高而且惯量小，外框轴系是两个轴承支承在同一根轴上，容易保证两个轴承的同轴度。在“UOO”立式布局和“OOO”卧式布局的两种转台中，本文认为“UOO”立式布局的转台是比较合理的。

3　单个框架形式的确定

目前，我国研制的转台多数采用方框架式结构，国外目前正在研制球形框架形式的转台。方框架式结构简单，制造方便，但框架绕 x 轴回转的各个位置上，由于在 y 方向上刚度不一致，在一定载荷 P 作用下，在 y 方向上的变形值不断变化，因此轴系也在不断变化，应力和应变在轴系回转过程中的各个位置上有所不同，增加了端面的跳动量，这对保证转台反馈元件的精度是不利的，因为一般情况下，都安装着测角或测速元件。但对于 y 轴来说，框架上各点的变形是对称的，所以不会发生偏转。对于球形框架式结构，由于在绕 x 轴回转过程中，在 y 方向的刚度是一致的，轴系轴线在旋转过程中变化非常小，对提高转台的精度和三轴相交度是有利的。

4　轴承种类及配置方式

用于三轴转台的轴承目前主要有滚动轴承和空气静压轴承两种，滚动轴承可以直接从厂家购买，从而缩短了转台的研制周期。高精度的滚动轴承，在经过预紧和精密调整后，也可以使整个轴系的精度相当高，而且，滚动轴承的刚度高、承载能力大，但滚动轴承是接触式的轴承，长时间使用，由于滚动体和滚道之间的磨损，会降低其精度和刚度，因此，滚动轴承精度保持性不好，而且轴承的预紧和调整也比较麻烦。空气轴承的轴套和轴之间无接触，故精度保持性好，而且由于气膜的均化效应，一般情况下，其回转精度可以比轴本身的加工精度提高 3 倍以上，因此空气轴承特别适用于精度高、承载低、转速低的转台。空气轴承有两个主要缺点，一是要有一套供气系统和设备，二是空气轴承制造工艺复杂，成本高。

框架系统止推轴承布置方式有两种，一种是将双向止推轴承布置在一端，它的优点是容易制造，调整也比较方便，对空气轴承来说容易保证止推轴承的间隙。由于止推轴承也会增大整个轴系（轴承、轴、框架）的弯曲刚度，因此两端轴承的刚度不相同，在一定载荷 P 的作用下，框架变形不对称造成了整个框架的倾斜。另一种轴承布置方式是将止推轴承分别布置在两端，两端轴承的刚度是一样的，在一定外载荷作用下，框架的变形是对称的，因此不会影响转台的指向精度，但它会给加工和装配带来一定的难度。同时，如果框架的跨度太大，由于温度的变化，使转台的框架、轴系的长度有较大的变化，会影响轴承的间隙，进而改变轴承的某些性能指标。

5 目前需要研究的关键技术

随着宇航副业的发展，对三轴转台的精度要求越来越高，结合我们多年来研制三轴转台的体会，目前在三轴转台的研究领域中，必须重视和加强以下几个关键技术的研究。

5.1 新型框架材料的应用

为了研究新型转台，应该研究新型的框架材料，如碳纤维复合材料，国外已经开始研究这种材料在惯导测试设备上作为框架材料应用，因为这种材料密度小，比刚度、比强度均高于铝合金，而且对温度不敏感，目前必须解决的是复合材料力学性能分析、制造工艺等问题。

5.2 新型轴承的研究

为了获得高精度、高刚度的轴系，轴承是非常关键的，就空气轴承而言，要研究新型节流形式的空气静压轴承，同时还要研究磁悬浮轴承在三轴转台上的应用问题，国外在 20 世纪 80 年代中期就已经开展了这方面的研究工作。

5.3 高精度位置、速率测量及控制系统的研究

为获得高的位置精度和速率精度，必须要研究高精度的位置传感器和速率传感器，同时还要研究与之相匹配的控制理论和控制算法。

5.4 现代机械设计理论和方法在三轴转台设计中的应用研究

三轴转台是一种高精度、高刚度的非标设备，不能用常规的、传统的设计理论和方法去进行机械设计，而要应用有限元优化设计等现代设计方法对设计方案进行动静态特性的分析和综合。

6 结　论

本文结合作者多年来从事惯性系统三轴综合测试转台研制工作的体会，从多方面探讨三轴转台总体设计时应该特别要考虑和注意的若干问题，指出了在该领域目前必须研究的关键技术，这对今后这方面研究工作有一定的意义。

参考文献

[1] 梁迎春. 机械结构形状优化方法及应用研究[D]. 哈尔滨: 哈尔滨工业大学, 1994.
[2] 梁迎春, 王新荣, 陈时锦, 等. 惯性系统三轴综合测试转台的结构分析及外框架优化设计[J]. 哈尔滨工业大学学报, 1992, 4: 104-108.

精密离心机结构动静态特性计算

梁迎春　陈时锦　刘亚忠　黄开榜

（哈尔滨工业大学）

摘　要：精密离心机是测量和标定加速度计的重要设备，而加速度计的精度直接关系到运载体的导航精度，本文结合精密离心机的机械结构设计，利用结构分析的有限元方法，对离心机结构设计的方案进行了详细的结构动静态特性分析计算，得出了精密离心机的动静态特性。

关键词：精密离心机；有限元分析；加速度计

Calculation of Static and Dynamic Properties of High Accuracy Centrifugal Machine

Liang Yingchun　Chen Shijin　Liu Yazhong　Huang Kaibang

（Harbin Institute of Technology）

Abstract: High accuracy centrifugal machine is an important equipment that is employed to survey and demarcate accelerometer, the accuracy of accelerometer will directly make much difference in navigation precision of carrier rocket. This paper combines structure design with finite element analysis of structure and calculates the static and dynamic properties of mechanical structure of high accuracy centrifugal machine, and thus derives the static and dynamic properties.

Keywords: high accuracy centrifugal machine; finite element analysis; accelerometer

1　引　言

精密离心机是一种特殊的非标设备，但是在设计阶段没有可以借鉴或参考的数据和方案，因此，在结构设计阶段，必须对设计方案进行结构分析，得出结构的动静态特性，这是非常重要的。因为如果静态变形过大，就会影响整个离心机的测试精度；如果动态特性不满

作者简介：梁迎春，副教授，主要从事现代设计理论和方法研究，哈尔滨工业大学机床教研室，150001。

文章发表信息：中国惯性技术学报, 1996, 4(2): 61-63.

足要求，会给控制、环境及驱动带来一定的困难。对精密离心机进行结构分析，采用传统的办法是达不到要求的，因此我们采用有限元法对其关键部件及整机进行了结构的动静态特性计算。

2　离心机的结构和力学模型

精密离心机机械结构复杂，其主要部件为精密端、环境端、大臂和主轴。其中精密端主要用来安装被测试件（加速度计），因此，对其精度要求很高。为减小精密端自身在离心加速度作用下的变形，设计中采用了卸荷机构。平衡端通过四根拉杆与精密端相连接，安装在大臂内部，用 8 个滚动轮支撑，可以沿着大臂轴向浮动。环境端的作用是与精密端相平衡的，这样可以保证精密端在定载荷下工作。大臂部件用来支承和连接精密端与环境端，离心机各主要部件依靠主轴支承在径向和止推轴承上。

离心机的结构示意图如图 1 所示。主轴的径向轴承和止推轴承均采用空气静压轴承，其轴承的刚度系数为：径向轴承 1 为 200 kg/μm；径向轴承 2 为 200 kg/μm；止推轴承为 400 kg/μm。

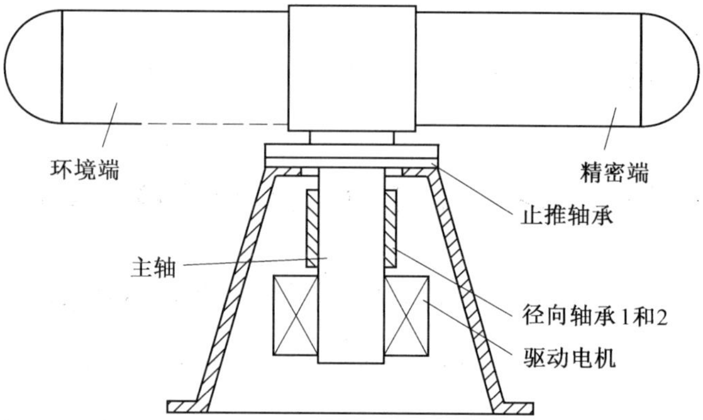

图 1　精密离心机机械结构总体布局

环境端和精密端质量集中，刚度远高于其他环节，而其柔度对离心机的力学性能影响很小。为了进行离心机整机系统的动静态特性计算，本文将各空气轴承简化为只有刚度而没有质量的伪单元。这些伪单元的刚度是可以求出的，因而可以将它们看作是弹簧，两个径向轴承均简化成 4 排弹簧，每排弹簧分为两个方向，共 4 个，那么每个弹簧的刚度为 $K_{径}=200\times10\times10^6/4=0.5\times10^9$ (N/m)，也就是说，在有限元分析时，径向轴承所对应的伪单元的刚度为 $K_{径}$。对于止推轴承，将其简化为 4 个止推的伪单元，每个伪单元的刚度为 $K_{止}=400\times10\times10^6/4=1\times10^9$ (N/m)。

精密离心机大臂为一个圆筒结构，直径为 800 mm，厚度为 8 mm，在结构分析时，将其离散成等参数板单元，在长 2.5 m 的方向上共分成 24 排板单元，每排用 16 个四边形等参数板单元逼近圆筒，大臂的材料采用碳纤维复合材料，其纤维方向材料的弹性模量为 $E=0.7\times10^{11}$ N/m^2，密度为 $\rho=1.8\times10^3$ kg/m^3。主轴的材料为 38CrMoAl，这是典型的氮化钢，其弹性模量为 $E=2.1\times10^{11}$ N/m^2，密度为 $\rho=7.8\times10^3$ kg/m^3，结构分析时，将用板单元来逼近，如图 2 所示，用伪单元来模拟空气轴承，用四边形等参数板单元来模拟大臂和主轴，这样就建立了离心机动静态分析的力学模型。

3　静态变形的计算

为了计算精密离心机的静态变形，首先要分析精密离心机所受的各种载荷的大小。大臂和主轴的主要载荷有精密端和平衡端，对大臂的静态压力，初步估算精密端和平衡端的质量各 750 kg，另一个作用力为整个主轴及大臂的自身离心力，该离心机的转速范围为 0～125 r/min，作用于整个机械系统上。将上述的精密端和平衡端的重力，各部件的离心力共同联合作用于图 2 所示的力学模型上，离心机作为一个复杂的机械系统，单元划分后有许多节点，但是我们仅对少数节点的静态位移感兴趣，如图 2 所示的 1～7 点的变形，它们将对整个离心机的总精度产生一定的影响。各点的静态位移见表 1。

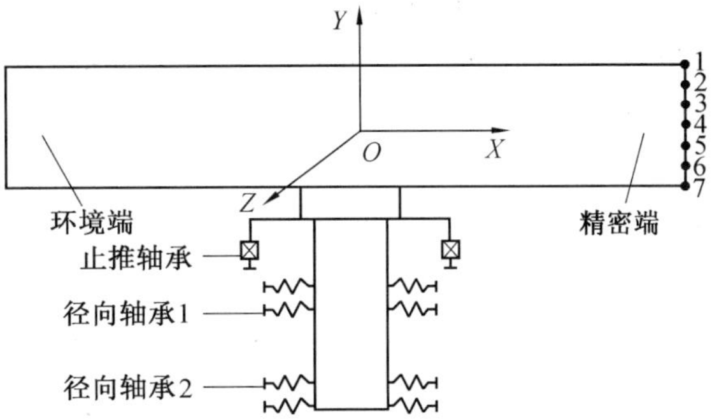

图 2　力学模型示意图

表 1　精密端节点位移

计算点编号	X /m	Y /m	Z /m
1	0.108 5E-4	0.243 5E-5	−0.701 1E-4
2	0.108 5E-4	0.277 9E-5	−0.698 9E-4
3	0.788 9E-5	0.319 9E-5	−0.687 3E-4
4	0.290 7E-5	0.247 1E-5	−0.684 2E-4
5	−0.343 4E-5	0.183 3E-5	−0.688 8E-4
6	−0.823 3E-5	0.162 9E-5	−0.699 9E-4
7	−0.107 4E-4	0.213 1E-5	−0.701 1E-4

4　动态特性分析

关于大臂和主轴系统的动力学计算非常复杂，模型简化较为困难。因为装配接合面很多，而其接触方式又比较复杂，例如，平衡端和大臂的接触采用两排 8 个轮子支承，这 8 个轮子和大臂间的预紧力需在装配时调整，其静态刚度可以用实验方法确定，但动态刚度为非线性，所以很难建立起整个离心机的动力学模型。但是离心机系统动力特性参数对于控制系统设计非常重要，不做动力学分析是不行的。为此，我们建立了简化动力学模型，那就是以主轴和大臂为基础，忽略结合面力学参数，即假定连接界面为刚性固联，主轴用空气轴承支承，在大臂的两端加上一定数量的集中质量，这些集中质量的数量和离心机内部移动部分（平衡端和精密端质量和）质量相同，将这些集中质量加到相应的节点上假定电机处于锁紧状态。对该模型的分析得出最低的四阶固有频率为 26、34、64、72 Hz。虽然动力学模型做了很大的简化，但从以前对其他结构的分析和实验结果对比来看，估计误差也在 2%以内，对于方案设计有较大的参考价值。

5　结　论

本文建立了精密离心机结构动静态特性分析的计算力学模型，以有限元法为分析手段，对精密离心机进行了结构的动静态特性分析计算，得出了离心机精密端各主要点的静态位移和整机系统的动态固有频率，为该设备的设计及制造提供了重要的参考数据，对设计有一定的指导意义。

参考文献

（略）

惯性系统三轴综合测试台结构静动态特性计算及实验研究

梁迎春　张龙江　陈时锦　刘亚忠　王起棠

（哈尔滨工业大学）

摘　要： 本文建立了惯性系统三轴综合测试台的结构分析模型，用有限元法对其进行了结构静动态特性计算。给出了外框架在实际载荷作用下的静动态特性和整机的动态特性，并在此基础上，对该三轴台外框架进行了静态变形的实际测量。实测表明，理论分析和实测结果相吻合。

关键词： 三轴台；有限元法

Research of Structural Dynamic and Static Characteristic Calculation and Experiment for the Inertial System Three-Axis Test Table

Liang Yingchun　Zhang Longjiang　Chen Shijin　Liu Yazhong　Wang Qitang

（Harbin Institute of Technology）

Abstract: Firstly this paper establishes the mechanics model of structural analysis for the inertial system three-axis test table (ISTATT), presents the dynamic and static calculation by means of the finite element method and obtains the static deformation of the outer gimbal and inherent frequencies. Based on this way, this paper used the psendo-element to simulate the stiffness of the air bearing, which linked every gimbal of the ISTATT and obtained the mechanics model of the ISTATT for structural analysis. The inherent frequencies of various orders and modes are obtained by dynamic characteristic analysis—In addition, the static stiffness experiment of the outer gimbal is given, in indicates that the calculation and the experiment results are identical. This result illustrates the model in the paper is right and the calculation result is reliable.

Keywords: three-axis test table; finite element method

1　引　言

惯性系统三轴综合测试台（三轴台）属于精密的非标设备，所以在结构设计阶段必须对

文章发表信息： 中国惯性技术学报, 1996, 4(1): 66-68, 72.

设计方案进行分析，以便掌握所设计的结构性能是否满足要求，另一方面，三轴台是一个比较复杂的框架类结构，用传统的分析手段已远远不能满足要求，因此本文采用有限元方法对结构的部件和系统进行了静动态特性分析。

我们研制的三轴台，框架材料选用 ZL205A，这种材料的特性参数为：密度 2 820 kg/m^3；弹性模量 $E=0.68\times10^{11}$ N/m^2。三个框架支承均采用了气体静压轴承，被测试件和夹具质量为 55 kg，它们可以看成是整个三轴台的载荷。结构分析的主要内容包括静态变形和动态特性的计算，后者主要是计算结构固有频率及相应的振型。本文的工作是与三轴台设计过程密切配合，因而在实际工作中，我们分析和计算了几个方案，在优选的基础上，确定了最后方案，本文给出的数据均为最终方案的结果。在零件加工完成后，本文还对外框架的静态刚度进行了实际测试，将理论计算和实际测试结果进行了比较分析，这对今后设计类似的测试转台具有较大的实际参考价值。

2　计算力学模型的建立

惯性系统三轴综合测试台是一个非常复杂的机械系统，对其进行结构静动态特性的分析和计算采用传统的计算方法是不行的，因此，要用现代的结构分析手段，即有限元法。计算之前，首先要建立其计算的力学模型，该三轴台的框架是采用中空的封闭框架形式，空腔里布置了很多加强筋，在模型处理时，将框架主体离散成四边形或三角形等参元，由于加强筋的截面积很小，因此将其简化成梁单元。该三轴台不同于一般机械系统，其支承元件采用了高精度的气体静压轴承，气体静压轴承的刚度不同于一般的机械轴承，它的刚度可以精确计算。本文将每个气体静压轴承简化成为弹簧，在有限元处理时，将其处理为边界元，这种边界元的刚度是已知的，它的质量可以看成是零。每个径向轴承用两排单元逼近，每排四个单元，分布于相互垂直的方向上，每个止推轴承用四个边界元逼近其刚度。

设径向气体静压轴承的刚度为 $K_{径}$，K_1 为单个边界元的刚度，则

$$K_1 = K_{径} / 4 \tag{1}$$

设止推轴承的刚度为 $K_{止}$，K_2 为单个边界元的刚度，则

$$K_2 = K_{止} / 4 \tag{2}$$

经过上述工作，得到了外框架的分析计算模型。其他各框架计算力学模型的建立方法和外框架是相同的。在进行整机动态特性计算时，也要建立力学模型，整机计算之前，首先进行各框架、部件的计算，各单元和节点的信息可以借用单框架计算时用的有关数据，关键是如何将三框部件组合在一起。本文将内框气浮轴承简化成弹簧，弹簧一端和内框轴相连，另一端和中框架上的内框轴套相连，有限元计算时，将其处理成伪单元，直接参与总体刚阵的组合。采用同样方法，可以解决中框和外框的连接，这样就得到了整机结构分析时的计算力学模型。

3　计算结果

用上述建立的力学模型，对三轴台的各框架进行静动态特性的计算，本文只给出外框架

的计算结果。计算时，将外环轴的轴承刚度 $K_{径}=4.17\times10^8$ N/m 和 $K_{止}=1.2\times10^9$ N/m 分别代入（1）式和（2）式得

$$K_1=1.04\times10^8\ \text{N/m},\quad K_2=3.0\times10^8\ \text{N/m}$$

将被测试件、内框、中框的总质量作为静态载荷平均地作用于 208、202、8、2 四个节点上。计算的静态变形值见表 1。

表 1　不同节点的静态变形

方向 \ 节点	208	202	8	2
X	$0.201\,05\times10^{-6}$	$0.161\,88\times10^{-6}$	$0.200\,46\times10^{-6}$	$0.161\,03\times10^{-6}$
Y	$-0.303\,99\times10^{-6}$	$-0.318\,89\times10^{-6}$	$0.304\,11\times10^{-6}$	$0.319\,00\times10^{-6}$
Z	$0.205\,16\times10^{-4}$	$0.225\,94\times10^{-4}$	$0.205\,15\times10^{-4}$	$0.225\,93\times10^{-4}$

动态分析时，将内框、中框及被测试件的质量看成是集中质量平均地作用于相应的节点上，一共计算了三阶固有频率，数值见表 2。相应的各阶振型参见文献[1]。

表 2　前三阶固有频率

阶数	一	二	三
数值/Hz	82.5	115	154

对惯性系统三轴综合测试台的计算模型，本文进行了整机系统的动态特性分析，计算的第一阶固有频率为 73 Hz，相应的振型见文献[1]。

4　外框架静态变形测试

为了验证计算结果的准确性和模型简化的正确性，对该三轴转台的外框架进行了静态变形实验，并将实际测试的刚度值与计算的刚度值进行比较分析。

固定支撑上方加两块扭簧千分表，用来测量该处在力作用下的静态变形。在另一处及其对称位置加两个电感测微仪，精度为 0.1 μm，用来测量该处在力作用下的静态变形。在两处固定支撑位置，其刚度应该很高。但是由于接触刚度的影响，两处因力的作用也会有一些变形。在数据处理时，应消除这一变形的影响。计算框架刚度时，应从另一处的变形中减去固定支撑处变形的平均值。

在加载时，由于没有找到和转台工作载荷相等的重块，因此测试结果必须将静态变形转换成静态刚度，同时也要将表 1 中计算的变形值转换成静态刚度，只有这样，才能使理论计算和实际测试结果具有可比性。加载时 P=580 kgf (1 kgf=9.806 65 N)，各仪表的读数见表 3。

表 3　各仪表的读数

仪表编号	1	2	3	4
加载前	0	0	0	0
加载后	+5	+5	+40	+42.5

设 W_1、W_2、W_3、W_4 分别为各仪表加载前的读数，W_{11}、W_{12}、W_{13}、W_{14} 分别为各仪表加载后的读数，则该框架静态刚度计算公式为

$$K = \frac{2P}{(W_{13}-W_3)+(W_{14}-W_4)-(W_{12}-W_2)-(W_{11}-W_1)}$$

将实测数据代入上式计算得

$$K_{\text{实测}} = 16\ \text{kgf}\cdot\mu\text{m}$$

由文献[1]可知，外环轴承刚度 $K_{\text{轴}}$=41.7 kgf · μm，外框所承受的载荷为三个框架和负载质量的总和，即 $F_{\text{外}}$=276.6 kgf。由表 1 可知，在 Z 方向外框架计算的平均变形值 δ_z=21.55 μm。用有限元分析计算得到外框架静态刚度为

$$K_{\text{外}} = \frac{F_{\text{外}}}{W_{\text{平}} - F_{\text{外}}/(2K_{\text{轴}})} = 15.1\ \text{kgf}\cdot\mu\text{m}$$

有限元分析计算的结果和实际测试的结果比较吻合，完全可以满足工程上的要求。

5　结　论

本文采用有限元法对惯性系统三轴综合测试转台进行了结构静动态特性计算，为转台的结构设计提供了重要数据，对机械台体结构设计有着重要的指导意义。在框架加工完成以后，又对外框架静态刚度进行了实际测试，通过验证表明，本文的计算方法可靠，计算模型的简化方法正确，计算结果可信。

参考文献

[1]　梁迎春. 机械结构形状优化设计方法及应用[D]. 哈尔滨: 哈尔滨工业大学, 1994.

[2]　孙靖民. 机床结构计算的有限元法[M]. 北京: 机械工业出版社, 1986.

三轴模拟转台的外框结构有限元——优化设计

梁迎春[1]　李国洪[2]

（1. 哈尔滨工业大学；2. 中国民航学院）

摘　要： 本文建立了某三轴模拟转台的外框结构分析模型和结构优化设计模型，利用基于性态模型的约束变尺度法对其进行了优化设计，得出了在一阶固有频率和静态变形约束下的最优方案。

关键词： 三轴模拟转台；有限元；优化

The Mechanical Finite Element Method of the Outer Ring for the Three-Axis Imitating Table—Optimal Design

Liang Yingchun[1]　Li Guohong[2]

（1. Harbin Institute of Technology; 2. Civil Aviation Institute of China）

Abstract: The outer ring model of structural analysis and optimal design for a three-axis imitating table is established, and the optimal design is made by using Constrained Variable Metric method based on characteristic model, the optimal scheme is obtained within constraints of the first order natural frequency and static deformation.

Keywords: three-axis imitating table; finite element method; optimal

1　引　言

三轴模拟转台是一种精密的非标设备，对它的投资大。因此，在结构设计阶段必须对设计方案进行结构分析，以便掌握所设计的结构性能是否满足要求。因为静态变形过大就会影响转台的精度，而动态特性又和控制系统的特性有关，即要求结构的固有频率必须避开扰动频率；其次，如何减少台体部件的转动惯量也是非常重要的，即在结构设计时希望惯量越小越好，这样对控制系统、驱动系统和机构滚珠轴承的设计有利。为获得最小的转动惯量，并

文章发表信息： 中国惯性技术学报, 1998, 6(4): 81-83.

满足一定的静动态特性的要求，必须采用优化设计方法。

2　有限元分析模型的建立

三轴模拟转台的外框系统包括轴、框架和轴承等部件，为了得到有限元计算的模型，本文将框架离散为四边形板单元，用伪单元来模拟轴承，即将轴承看成是只有刚度、没有质量的弹簧。图 1 是计算模型简图，图 2 是有限元网格。利用有限元分析软件 ALGO R FEAS 对上述有限元模型可以进行静动态特性分析计算，这就为优化设计中性能约束的求解奠定了基础。

3　基于性态模型的约束变尺度法的优化设计

3.1　优化设计模型的建立

根据三轴模拟转台的使用情况及相关技术的需要，本文选用了外框的转动惯量为目标函数，即在优化过程中追求惯量最小。在考虑目标函数时，除了考虑对设计变量上下限约束（侧面约束）外，还考虑了对静态特性和动态特性的约束（均为性能约束），具体地说，要求最大变形点——节点 267（见图 1）的变形绝对值不大于 1.3×10^{-4} m，一阶固有频率不小于 71.5 Hz（静变形约束、频率约束均为性能约束）。

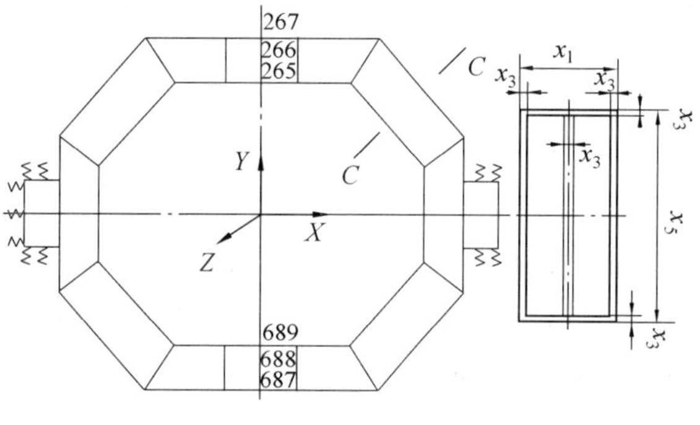

图 1　计算模型简图

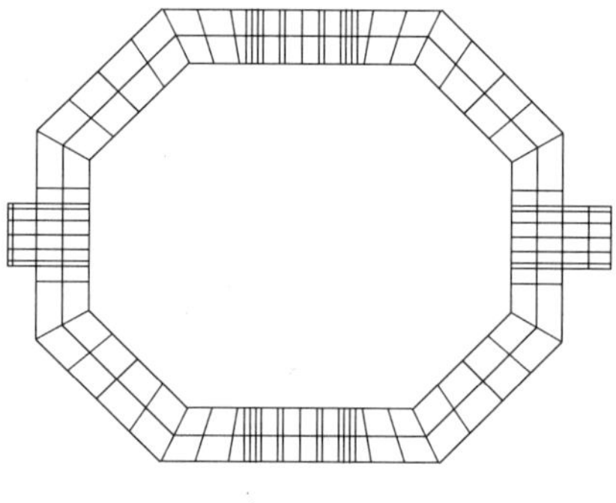

图 2　有限元网格

在转台外框中，x_1、x_2、x_3 为转台外框架的剖面尺寸，选为优化变量，如图 1 所示，其中 x_1 为宽度方向尺寸，x_2 为高度方向尺寸，x_3 为板厚度方向尺寸，优化问题的数学模型为：

求解

$$\boldsymbol{X}=(x_1\ \ x_2\ \ x_3)^{\mathrm{T}}$$

使整个外框架的转动惯量

$$I(\boldsymbol{X})=\sum \mathrm{d}V\ L^2 \to \min$$

满足

$$\frac{|Z|}{Z_0}-1\leqslant 0,\quad 1-\frac{f}{f_0}\leqslant 0,\quad \boldsymbol{X}_{\mathrm{L}}<\boldsymbol{X}<\boldsymbol{X}_{\mathrm{U}}$$

在上面的数学模型中，Z 表示图 1 中变形最大点 267 的 Z 方向变形值；Z_0 为给定值；f 为结构一阶固有频率；f_0 为固有频率的最低值；$\boldsymbol{X}_{\mathrm{L}}$ 和 $\boldsymbol{X}_{\mathrm{U}}$ 是两个变量，分别表示优化变量的下限和上限。

注意到上面的数学模型所表达的性态约束皆为隐约束，即约束条件中的位移和频率不能表达为设计变量的函数。一个设计点的位移和自振频率只有通过有限元分析才能得到，这样在寻优过程中就需要进行大量的结构重分析，以确定搜索方向和判定性态约束违背与否。这种算法对于结构分析非常复杂，而且其机时费用高到不能接受的程度。为此采用了基于“性态模型”法的约束变尺度法。

3.2 性态模型的建立

性态模型就是将结构的性态（位移频率等）在某参考设计点处展开成泰勒级数，使其以显函数的形式出现。本文将位移和频率展开成无交叉耦合项的二阶性态模型，即

$$A_l = a_{0l} + [a_{1l}^{(i)}]^{\mathrm{T}}(\boldsymbol{X} - \boldsymbol{X}^{(0)}) + \frac{1}{2}(\boldsymbol{X} - \boldsymbol{X}^{(0)})^{\mathrm{T}} \boldsymbol{H}_l (\boldsymbol{X} - \boldsymbol{X}^{(0)}) \quad (1)$$

$$\boldsymbol{X} = (x_1, x_2, \cdots, x_n)^{\mathrm{T}}$$

$$\boldsymbol{X}^{(0)} = (x_1^{(0)}, x_2^{(0)}, \cdots, x_n^{(0)})^{\mathrm{T}} - \text{参考设计点}$$

$$[a_{1l}^{(i)}]^{\mathrm{T}} = (a_{1l}^{(1)}, a_{1l}^{(2)}, \cdots, a_{1l}^{(n)})$$

$$\boldsymbol{H}_l = \begin{bmatrix} a_{(2l)}^{(1)} & & 0 \\ & a_{(2l)}^{(2)} & \\ 0 & & a_{(2l)}^{(n)} \end{bmatrix}$$

建立性态模型就是要设法确定（1）式的 a_{0l}、$[a_{1l}{}^{(i)}]$、$\boldsymbol{H}_l$ 中的各个元素（下简称为性态系数），为此要进行 $2n$+1 次结构分析。

首先在参考设计点 $\boldsymbol{X}^{(0)}$处进行一次结构分析，得到的性态值为 A_{01}，再使每个设计变量分别增加和减少一个小量 W（从数学角度讲，称 W 为微量摄动），而其他变量则保持不变。这样，总共得到 $2n$+1 个性态值，将这些性态值分别代入（1）式，就构成了关于性态系数的 $2n$+1 个线性方程组，求解这些方程组可得 a_{0l}、$[a_{1l}{}^{(i)}]$、$\boldsymbol{H}_l$，再将这些性态系数代入（1）式就得到了 $\boldsymbol{X}^{(0)}$处的结构性态与设计变量之间的近似函数关系。

从数学角度分析，求 $2n$+1 个性态值，实质就是已知线性代数方程组的特征值求特征向量的问题。本文以三轴模拟转台外框的一阶自振频率 f 和节点 267 Z 方向的静态变形为结构性态，运用以上方法得到了 $\boldsymbol{X}^{(0)}$处的结构性态与设计变量之间的近似函数关系，即约束函数。

基于性态模型的约束变尺度法的迭代原理见参考文献[1]，选取的迭代初值为

$$\boldsymbol{X}^{(0)} = (2.0\times10^{-1}\ \ 4.0\times10^{-1}\ \ 1.2\times10^{-2})^{\mathrm{T}}$$

$$\boldsymbol{X}_{\mathrm{L}} = (1.8\times10^{-1}\ \ 3.8\times10^{-1}\ \ 1.0\times10^{-2})^{\mathrm{T}}$$

$$X_U = (2.2\times10^{-1}\ \ 4.2\times10^{-1}\ \ 1.4\times10^{-2})^T$$

$$f_0 = 71.5\ \text{Hz}$$

$$Z_0 = 1.3\times10^{-4}\ \text{m}$$

初始转动惯量为

$$I=116.239\ \text{kg}\cdot\text{m}^2$$

经过反复求解和迭代，我们得出了在一定条件下优化的设计方案：

$$X^*=[1.978\times10^{-1}\quad 3.8\times10^{-1}\quad 1.0\times10^{-1}]$$

最优转动惯量为

$$I^*=993.441\ 5\ \text{kg}\cdot\text{m}^2$$

比初始设计减少 14.5%，一阶固有频率 f=71.5 Hz，静态变形 $Z=-9.227\times10^{-5}$ m。

4　结　论

优化设计是现代机械设计的重要方法和手段，本文采用了基于性态模型的约束变尺度法对某三轴模拟转台外框进行结构的有限元——优化设计，得出了在一阶固有频率和静态变形约束 下的最优设计方案，这对今后设计此类型转台框架系统具有一定的指导意义。

参考文献

[1] 李国洪. 三轴仿真转台结构分析及优化设计[D]. 哈尔滨: 哈尔滨工业大学, 1997.

[2] 孙靖民, 米成秋. 机械机构优化设计[M]. 哈尔滨: 哈尔滨工业大学出版社, 1986.

[3] POWELL M J D. Algorithm for nonlinear constraints that use lagrangian function[J]. Mathematical Programming, 1978, 14(1): 224-248.

机械结构的多目标模糊优化方法

张秀利[1]　梁迎春[1]　袁爱华[2]　董　申[1]

（1. 哈尔滨工业大学　精密工程研究所，黑龙江哈尔滨 150001；

2. 哈尔滨市计划委员会，黑龙江哈尔滨 150010）

摘　要：结构设计的初始阶段含有大量的模糊信息，设计概念的产生、设计参数的取值、设计目标的评价、约束条件的允许范围以及工况等实际上都含有不同程度的模糊性。本文提出了处理多目标模糊优化中目标与约束权重的向量水平截集法和权重最大最小法，拓展了向量水平截集法与权重最大最小法的应用范围。研究了目标函数与约束函数的隶属函数的选取对优化结果的影响规律，在权重最大最小法中使用非线性隶属函数，更能有效地处理多目标优化中分目标的重要程度。以三杆桁架的最轻质量和最小变形的结构模糊优化问题为例证明了该方法的有效性。

关键词：多目标；模糊优化；权重；隶属函数

Multiobjective Fuzzy Optimization of Mechanical Structures

Zhang Xiuli[1]　Liang Yingchun[1]　Yuan Aihua[2]　Dong Shen[1]

（1. Precision Engineering Research Institute, Harbin Institute of Technology, Harbin 150001, China;

2. Harbin Planning Commission, Harbin 150010, China）

Abstract: There is a vast amount of fuzz information in the primary stage of structural design, different degree of fuzziness included in generation of design concepts, range of the design variables, evaluation of the design objects, allowable range of the constraints and load in practice. Vector Level Cut Method and Weight Max-Min Method are proposed for weight of the objective functions and constraint functions easily, the ordinary Level Cut Method and Max-Min Method for symmetrical fuzzy optimization are extended. The effect of the membership functions of the objectives and constraints on the optimal result are investigated, importance of individual object is

---

基金项目：国家自然科学基金资助项目（59305043）。

作者简介：张秀利（1971—），男，博士研究生。

文章发表信息：哈尔滨工业大学学报, 1999, 31(5): 14-17.

treated efficiently by nonlinear membership functions in Weight Max-Min Method. The effectiveness of these methods is illustrated with the fuzzy optimal design of a three-bar truss for minimum weight and minimum deflection.

Keywords: multiobjective; fuzz optimization; weight; membership functions

大多数机械结构优化设计都含有通常相互矛盾、相互制约的多个目标。一般只能求得问题的妥协解。随着系统的复杂性增加，设计者对其要做更多的假设，因此，设计者用经典数学建立系统的正确模型的困难更大，处理这样的问题要借助于模糊集理论。H. J. Zimmermann首先将模糊优化的概念应用于线性规划问题[1]。文献[2]提出了应用模糊集理论解决普通多目标优化问题的方法，并给出了几点解释。文献[3]讨论了多目标优化的模糊解法中目标权重的处理方法，针对各单目标模糊最优解，选取不同的隶属函数类型和调整隶属函数中的参数，来达到调整各目标权重的目的。S. S. Rao 提出多目标工程系统模糊优化的公式，对多目标模糊优化做了较深入研究[4, 5]。

本文将作者提出的考虑具有不同约束水平的结构模糊优化设计的方法推广到多目标结构模糊优化问题上，在设计过程中可以方便地处理不同约束和不同目标的重要程度。

1　多目标结构模糊优化问题的解法

多目标结构模糊优化问题可以表示如下：

$$\begin{aligned}&\text{Find} && \boldsymbol{X}=[x_1,x_2,\cdots,x_n]^{\mathrm{T}}\\ &\min && \boldsymbol{F}(\boldsymbol{X})=[f_1(\boldsymbol{X}),f_2(\boldsymbol{X}),\cdots,f_k(\boldsymbol{X})]^{\mathrm{T}},\qquad \boldsymbol{X}\in\mathbf{R}^n\\ &\text{Subject to} && g_j^l\ \tilde{\leqslant}\ g_j(\boldsymbol{X})\ \tilde{\leqslant}\ g_j^u,\quad j=1,2,\cdots,m\end{aligned}$$

其中上标 l、u 表示约束的下、上边界值，波浪号表示变量或运算中含有模糊信息。

1.1　向量水平截集法

考虑不同模糊约束的多目标结构模糊优化的向量水平截集法的数学模型为

$$\begin{aligned}&\text{Find} && \boldsymbol{X}=[x_1,x_2,\cdots,x_n]^{\mathrm{T}}\\ &\min && \boldsymbol{F}(\boldsymbol{X})=[f_1(\boldsymbol{X}),f_2(\boldsymbol{X}),\cdots,f_k(\boldsymbol{X})]^{\mathrm{T}},\qquad \boldsymbol{X}\in\mathbf{R}^n\\ &\text{Subject to} && g_j^l(\lambda_j)\leqslant g_j(\boldsymbol{X})\leqslant g_j^u(\lambda_j),\qquad j=1,2,\cdots,m\end{aligned}$$

式中 $g_j^l(\lambda_j)$、$g_j^u(\lambda_j)$ 分别表示第 j 个模糊约束的 λ_j 水平截集的下、上边界值。该模型对于每个约束采用不同的设计水平，在大型的结构模糊优化设计中，可以将约束条件按性质分成几类（如强度约束类、刚度约束类、边界约束类等），为减少工作量，对于同一类的约束条件可以采用相同的设计水平。该模型充分考虑工程结构优化设计的模糊性。确定（λ_j=1, 2, ⋯, m）可以根据设计者的意愿，也可以用模糊综合评判的方法或数学规划法。一旦确定以后，便可使用任何一种求解普通多目标优化的方法，如线性加权法、功效系数法、理想点法、约束法等求解。

1.2 权重最大最小法

前面所提出的向量水平截集法只能考虑具有模糊约束的多目标问题，而且各目标之间的重要程度只能通过经典数学规划方法来处理，而模糊优化是处理多目标优化问题的有力工具，因此提出一种能既考虑不同约束模糊性，又能考虑不同目标模糊性的权重最大最小法。其数学模型为

$$\begin{aligned}
&\text{Find} && \boldsymbol{X}=[x_1,x_2,\cdots,x_n]^{\mathrm{T}} \\
&\max && \lambda \\
&\text{Subject to} && \omega_i\lambda \leqslant \mu_{f_i}(\boldsymbol{X}), \quad i=1,2,\cdots,k \\
& && \omega_j^u\lambda \leqslant \mu_{g_j}^u(\boldsymbol{X}), \quad j=1,2,\cdots,m \\
& && \omega_j^l\lambda \leqslant \mu_{g_j}^l(\boldsymbol{X}), \quad j=1,2,\cdots,m
\end{aligned}$$

其中，$\mu_{fi}(\boldsymbol{X})$、$\mu_{g_j}^u(\boldsymbol{X})$和$\mu_{g_j}^l(\boldsymbol{X})$分别表示各目标函数和约束函数的隶属函数；$\omega_i$、$\omega_j^u$和$\omega_j^l$分别为相应目标函数、约束函数的相对重要程度的权重系数，在具体应用时，可以将各目标函数与约束函数按相对重要程度排序，取最重要的相应权重系数为1，其他位于0与1之间。这样原多目标优化问题便转化为单目标优化问题，上式可使用任意一种有效的普通优化方法求得最优解λ^*、$\boldsymbol{X}^*$和f_i^*，该模型可以考虑对不同的约束赋予不同的约束满足度，能较方便地处理各目标相对重要程度。

2 隶属函数选取对优化结果的影响

隶属函数的选取是模糊优化求解中的一个最基本的问题。特别是在多目标模糊优化设计中，各目标函数与约束条件的重要程度往往不同，需要决策者全面考虑，而传统的优化方法难于解决该问题，应用本文提出的向量水平截集法和权重最大最小法结合不同隶属函数的选取能有效地处理各目标函数与约束条件的重要程度，得出符合决策者意愿的模糊最优解。

2.1 目标函数的隶属函数

单目标模糊优化设计中的目标函数可能的极大值与极小值只受约束条件的模糊性的影响，分别对应于约束水平取0和1的优化问题的最优解。而多目标模糊优化设计中的目标函数可能的极小值受约束条件模糊性的影响，对应于所有约束水平取0的优化问题的最优解，极大值受其他目标函数可能的极小值的影响。一般可采取下列的隶属函数：

$$\mu_{f_i}(X)=\begin{cases}1, & f_i(X)\leqslant f_i^{\min} \\ \left[\dfrac{f_i^{\max}-f_i(X)}{f_i^{\max}-f_i^{\min}}\right]^{q_i}, & f_i^{\min}<f_i(X)<f_i^{\max} \\ 0, & f_i(X)\geqslant f_i^{\max}\end{cases} \tag{1}$$

其中，$f_i^{\min}$与$f_i^{\max}$分别表示目标函数可能的极小值与可能的极大值，分别为

$$f_i^{\min} = \min_{1 \leqslant j \leqslant k} f_i(X_j^*) = f_i(X_i^*), \qquad i = 1, 2, \cdots, k$$

$$f_i^{\max} = \min_{1 \leqslant j \leqslant k} f_i(X_j^*)$$

其中，X_i^* 与 X_j^* 分别表示第 i 和第 j 个目标函数在约束条件最宽松的情况下的单目标最优解。

式（1）中的指数 q_i，决定隶属函数的形状，通常取 $q_i>0$，目标函数越重要，q_i 值越大，可取 $q_i>1$；目标函数越不重要，q_i 值越小，可取 $0<q_i<1$。如图 1 所示。

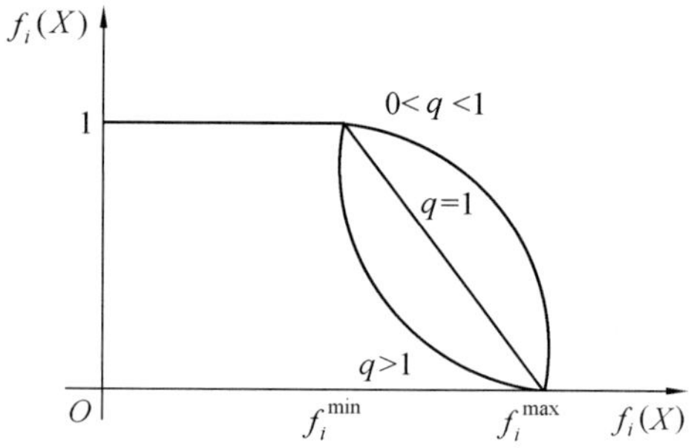

图 1　目标函数的隶属函数

Fig. 1　Membership functions of objective functions

2.2　约束函数的隶属函数

确定约束函数的隶属函数，首先要确定每个模糊约束的容差，即过渡区间的大小。一般多数采用扩增系数法和模糊综合评判法。隶属函数的形状要根据约束的性质选取，对于不等式选取偏小型或偏大型，对于等式选取中间型。不同约束的重要程度，可以通过调整隶属函数的有关参数来体现，如图 2 所示，由图 2 可以看出，曲线 1 所代表的隶属函数对应的约束要重要于曲线 2 所代表的隶属函数对应的约束。

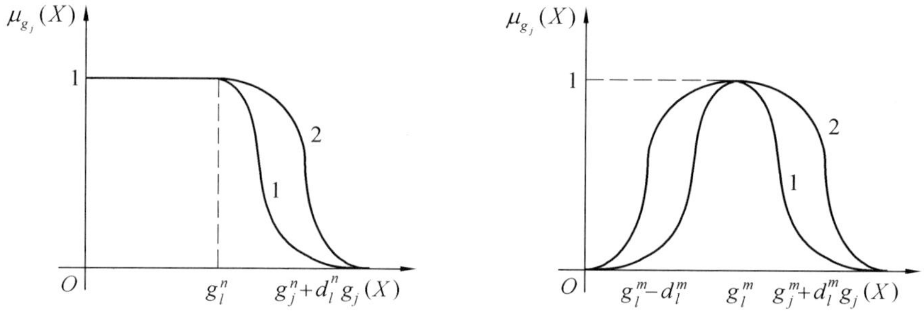

(a) 不等式约束　　(b) 等式约束

图 2　约束函数的隶属函数

Fig. 2　Membership functions of constraint functions

对于同一优化问题中的目标函数和隶属函数，一般选取同一类型的隶属函数，如正态型、柯西型或抛物线型。通过调整同一类型函数中的有关参数（如式（1）中的指数 q_i）而体现目标函数和隶属函数的重要程度。

3　数值例子

如图 3 所示，三杆桁架的两目标模糊优化设计。已知：$P=20$，$H=1$，$\rho=1$，$E=1$，各分量的容许限及容差分别为

$$\sigma^u = 20,\ d_\sigma^u = 4,\ \sigma^l = -15,\ d_\sigma^l = 3,\ A^u = 20,\ d_A^u = 0.6,$$

$$A^l = 0.1,\ d_A^l = 0.02,\ u^u = 10/E,\ d_u^u = 2/E$$

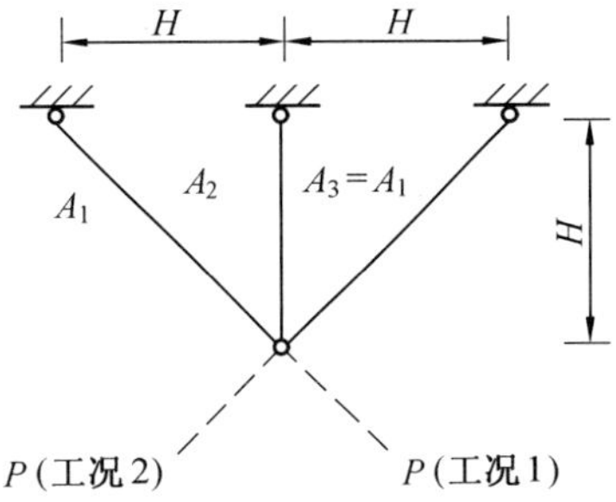

图 3　三杆桁架

Fig. 3　Three-bar truss

考虑该桁架的质量 $f_1(X)$和加载节点的竖向位移 $f_2(X)$作为极小化目标。

解　设 $A_1=A_3=x_1$，$A_2=x_2$。该桁架的模糊优化模型可表示如下：

$$\begin{aligned}
&\text{Find} && \boldsymbol{X}^* = [x_1, x_2]^{\mathrm{T}} \\
&\min && f_1(x) = 2\sqrt{2}x_1 + x_2 \\
& && f_2(x) = 20/(x_1 + 2\sqrt{2}x_2) \\
&\text{Subject to} && 20\sqrt{2}(x_1 + x_2)/(\sqrt{2}x_1^2 + 2x_1x_2) \leqslant 20 + 4(1-\lambda_1) \quad (1\text{杆应力}\sigma_1(X)) \\
& && 20\sqrt{2}(x_1)/(\sqrt{2}x_1^2 + 2x_1x_2) \leqslant 20 + 4(1-\lambda_2) \quad (2\text{杆应力}\sigma_2(X)) \\
& && -20\sqrt{2}x_2/(\sqrt{2}x_1^2 + 2x_1x_2) \leqslant -15 - 3(1-\lambda_1) \quad (3\text{杆应力}\sigma_3(X)) \\
& && 0.1 - 0.02(1-\lambda_4) \leqslant x_i \leqslant 3 + 0.6(1-\lambda_4), \quad i = 1, 2 \\
& && \lambda_i \in [0, 1], \quad i = 1, \cdots, 4
\end{aligned}$$

（1）向量水平截集法。

根据本问题约束条件的特点设应力的设计水平 $\lambda_1=\lambda_2=\lambda_3$，边界约束设计水平为 λ_4，目标函数取为 $f(X)=f_1(X)+f_2(X)$，所得的数值结果见表 1。

表 1　向量水平截集法的数值结果

序号	$\lambda_1=\lambda_2=\lambda_3$	λ_4	x_1	x_2	$f_1(X)$	$f_2(X)$	$f(X)$
1	1.0	1.0	0.585 787	3.000 00	4.656 85	4.142 14	8.798 99
2	1.0	0.75	0.588 834	3.120 00	4.815 47	3.965 41	8.780 88
3	0.75	1.0	0.560 794	3.000 00	4.586 16	4.163 68	8.749 84
4	0.75	0.75	0.563 616	3.150 00	4.744 13	3.985 34	8.729 47
5	0.75	0.5	0.566 099	3.292 64	4.893 80	3.829 51	8.723 31
6	0.5	0.75	0.540 485	3.150 00	4.637 872	4.003 79	8.682 51
7	0.5	0.5	0.542 904	3.000 00	4.835 56	3.838 91	8.674 47

由表 1 可以看出，随着序号的增加（1，2，4，5，7），不同约束的 λ_i 值逐渐减小，从而优化可行域逐渐变大，所对应的优化目标 $f(X)$的值逐渐变小。而对于 λ_i 值无法排序的组（如

2 和 3，5 和 6）则无法预测优化目标值的大小。

（2）权重最大最小法。

$$
\begin{aligned}
&\text{Find} && \boldsymbol{X}=[x_1, x_2, \lambda]^{\mathrm{T}} \\
&\max && \lambda \\
&\text{Subject to} && \omega_i \lambda \leqslant \mu_{f_i}(\boldsymbol{X}), \quad i=1,2 \\
& && \omega_{\sigma_j} \lambda \leqslant \mu_{\sigma_j}(\boldsymbol{X}), \quad j=1,2,3 \\
& && \omega_{x_i}^{l} \lambda \leqslant \mu_{x_i}^{l}(\boldsymbol{X}), \quad i=1,2 \\
& && \omega_{x_i}^{u} \lambda \leqslant \mu_{x_i}^{u}(\boldsymbol{X}), \quad i=1,2
\end{aligned}
$$

式中各目标函数的隶属函数取式（1）的形式，约束函数的隶属函数取线性形式，所得的数值结果见表 2。

表 2 中的序号 1～5 表示隶属函数取线性函数时的情况。序号 1 的各个权重相等，表示对称的模糊优化。从序号 2～5 可以看出，目标函数的值随着权重系数的增大而减小。序号 6～9 表示隶属函数取非线性函数时的情况。隶属函数中的 q_i 值越大，说明目标越重要，所对应的目标函数值也越小。序号 10 则反映了非线性隶属函数和权重系数对优化目标值的综合影响。

表 2　权重最大最小法的数值结果

序号（q_1, q_2）	ω_{f1}	ω_{f2}	$\omega_{\sigma j}$	λ	x_1	x_2	$f_1(X)$	$F_2(X)$
1（1，1）	1.0	1.0	1.0	0.834 603	0.558 374	2.535 64	4.114 96	4.825 90
2（1，1）	1.0	0.8	0.6	0.904 110	0.538 572	1.786 53	3.309 84	6.525 07
3（1，1）	1.0	0.6	0.8	0.942 334	0.605 438	1.154 64	2.867 08	8.935 15
4（1，1）	0.6	0.8	1.0	1.000 000	0.730 260	2.124 96	4.190 45	5.354 17
5（1，1）	0.8	0.6	1.0	1.000 000	0.597 641	1.180 53	3.495 72	6.347 65
6（2，1）	1.0	1.0	1.0	0.770 569	0.555 061	2.044 41	3.614 36	5.803 34
7（1，2）	1.0	1.0	1.0	0.784 453	0.565 942	3.095 13	4.695 86	4.046 03
8（1，0.5）	1.0	1.0	1.0	0.876 522	0.568 995	2.020 04	3.629 40	5.838 16
9（2，0.5）	1.0	1.0	1.0	0.828 993	0.583 217	1.586 35	3.235 94	7.075 50
10（2，0.5）	1.0	0.8	1.0	0.895 959	0.642 904	0.999 83	2.818 24	9.723 48

4　结　论

（1）向量水平截集法和权重最大最小法能方便、有效地处理多目标模糊优化中目标与权重的关系，为多目标模糊优化的求解提供了一个新途径。

（2）通过选取不同的隶属函数类型与本文提出的方法结合，更能有效地处理多目标模糊优化中的权重关系。

参考文献

[1] ZIMMKRMANN H J. Fuzzy programming and linear pro-gramming with several objective functions[J]. Fuzzy Sets and Systems, 1978, 1(1): 45-55.

[2] 冯英俊, 魏权龄. 多目标规划问题 Fuzzy 解的一般形式[J]. 模糊数学, 1982, 2(6): 29-35.

[3] 王彩华, 朱煜东. 多目标优化的模糊解法中目标权重的处理方法[J]. 重庆大学学报, 1992, 15(6): 92-97.

[4] RAO S S. Multi-objective optimization of fuzzy structural systems[J]. International Journal of Numerical Methods in Engineering, 1987, 24(6): 1157-1171.

[5] RAO S S, CHEN Li. Generalized hybrid method for fuzzy multiobjective optimization of engineering systems[J]. AIAA Journal, 1996, 34(8): 1709-1717.

[6] 苏德林, 李皎, 蒋丽萍, 等.加权灰色局势决策在水环境质量评价中的应用[J]. 哈尔滨工业大学学报, 1998, 30(3): 85-88.

超精密机床中柔性铰链的结构多目标模糊优化设计

张秀利 梁迎春 董 申

（哈尔滨工业大学 精密工程研究所，哈尔滨 150001）

摘 要：应用模糊优化原理和有限元分析技术，对超精密机床中柔性铰链的结构进行了模糊多目标优化设计。在设计过程中，利用权重最大最小法和隶属函数形式的选择，综合考虑了各个目标函数与约束条件的重要程度，实现了该结构的三个垂直方向刚度和扭转刚度的合理分配。设计结果表明，本文所采用的方法对于工程实际问题是完全可行的。

关键词：柔性铰链；多目标模糊优化；刚度分配

Multi-objective Fuzzy Optimization for the Flexible-Hinged Structure of the Ultra-Precision Machine Tool

Zhang Xiuli Liang Yingchun Dong Shen

（Precision Engineering Research Institute, Harbin Institute of Technology, Harbin 150001）

Abstract: Multi-objective optimization for the flexible hinged structure of the ultra-precision machine tool is completed by using fuzzy optimization theory and finite element analysis. In the design process, the importance of the objective functions and the constraint functions is considered synthetically using the Weight Max-Min Method and selection of the membership functions, therefore distribution of three vertical conditional rigidity and torsional rigidity is reasonable. The design results indicate that our method can be used to solve engineering problems.

Keywords: flexible hinge; multi-objective optimization; distribution of rigidity

1 引 言

柔性铰链具有高分辨率、运动灵敏度高、无机械摩擦和无间隙等特点，使得其在超精密机械中得到广泛的应用。利用柔性铰链的弹性变形，可以方便地实现精密微动工作台和刀架的微量进给[1]。在超精密机床中，采用柔性铰链可以在丝杠溜板之间形成柔性浮动连接，如

文章发表信息：机械科学与技术, 1999, 18(6): 928-930, 936.

图 1 所示，从图中可以看出，由于柔性铰链在丝杠径向的两个垂直方向具有较低的刚度，因此能够显著地消除丝杠弯曲误差对溜板运动精度的影响，而轴向和转动刚度又较高，能保证传动精度，因此该结构的采用能提高机床加工精度。柔性铰链的各个方向的刚度分配，将直接影响它的工作特性[2]。

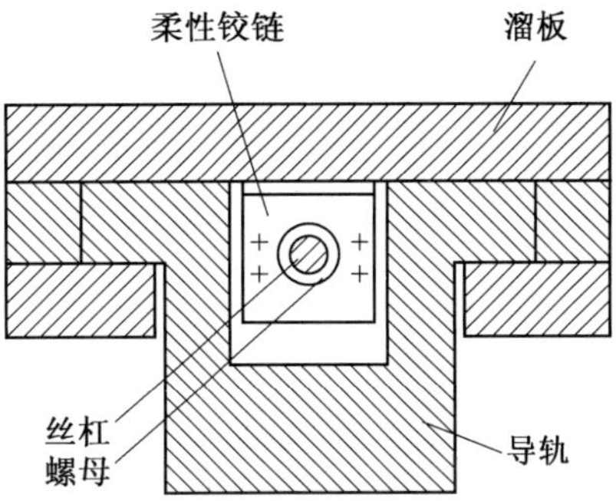

图 1　柔性铰链在超精密机床中的位置

1994 年，铃木弘等人对超精密磨床中用柔性铰链的结构进行了有限元分析，得出了结构的各个方向的刚度[2]。本文针对超精密机床中柔性铰链结构的刚度分配问题，应用模糊多目标优化方法，对柔性铰链的结构进行优化。

2　多目标模糊优化设计方法

一般地，多目标结构模糊优化问题可以表示如下：

$$\begin{aligned}&\text{Find}\quad \boldsymbol{X}=[x_1,x_2,\cdots,x_n]^{\mathrm{T}}\\&\min\quad \boldsymbol{F}(\boldsymbol{X})=[f_1(\boldsymbol{X}),f_2(\boldsymbol{X}),\cdots,f_k(\boldsymbol{X})]^{\mathrm{T}},\qquad \boldsymbol{X}\in\mathbf{R}^n\\&\text{s.t.}\quad g_j^l\ \tilde{\leqslant}\ g_j(\boldsymbol{X})\ \tilde{\leqslant}\ g_j^u,\qquad j=1,2,\cdots,m\end{aligned}\tag{1}$$

其中，上标 l、u 表示约束的下、上边界值，波浪号表示变量或运算中含有模糊信息。对于上述模糊优化问题已发展了多种求解方法，如：水平截集法、最大最小法、理想点法、功效系数法和分层序列法等[3-6]。本文提出一种改进的最大最小法——权重最大最小法，通过考虑各目标函数与约束函数的不同重要程度，而采用不同的权重系数，以使最优解达到决策者的意愿。该模型可以表示如下：

$$\begin{aligned}&\text{Find}\quad \boldsymbol{X}=[x_1,x_2,\cdots,x_n]^{\mathrm{T}}\\&\max\quad \mu_{f1}(\boldsymbol{X})\\&\text{s.t.}\quad \mu_{fi}(\boldsymbol{X})/\omega_{f1}-\mu_{fi}(\boldsymbol{X})/\omega_{fi}\leqslant 0,\qquad i=1,2,\cdots,k\\&\qquad\ \mu_{fi}(\boldsymbol{X})/\omega_{f1}-\mu_{gi}^u(\boldsymbol{X})/\omega_j^u\leqslant 0,\qquad j=1,2,\cdots,m\\&\qquad\ \mu_{fi}(\boldsymbol{X})/\omega_{f1}-\mu_{gi}^l(\boldsymbol{X})/\omega_j^l\leqslant 0,\qquad j=1,2,\cdots,m\end{aligned}\tag{2}$$

其中，ω_{fi}、ω_j^u 和 ω_j^l 分别为目标函数与约束条件的相对重要程度的权重系数；$\mu_{fi}(\boldsymbol{X})$、$\mu_{gi}^u(\boldsymbol{X})$ 和 $\mu_{gi}^l(\boldsymbol{X})$ 分别表示目标函数和约束函数的隶属函数，根据实际问题的特点可以选取不同形式的隶属函数。通常采用下列隶属函数：

$$\mu_{fi}(\boldsymbol{X})=\begin{cases}1 & f_i(\boldsymbol{X})\leqslant f_i^{\min} \\ \left\{\dfrac{f_i^{\max}-f_i(\boldsymbol{X})}{f_i^{\max}-f_i^{\min}}\right\}^{q_i} & f_i^{\min}\leqslant f_i(\boldsymbol{X})\leqslant f_i^{\max} \quad i=1,2,\cdots,k \\ 0 & f_i(\boldsymbol{X})>f_i^{\max}\end{cases} \tag{3}$$

其中，$f_i^{\min}$ 与 $f_i^{\max}$ 分别表示目标函数可能的最小值与最大值。分别为

$$f_i^{\min}=\min_{1\leqslant j\leqslant k} f_i(X_j^*)=f^i(X_i^*) \quad i=1,2,\cdots,k$$

$$f_i^{\max}=\max_{1\leqslant j\leqslant k} f_i(X_j^*) \quad i=1,2,\cdots,k$$

其中，X_i^* 与 X_j^* 分别表示第 i 个目标函数和第 j 个目标函数在约束条件最宽松的情况下的单目标最优化解。

$$\mu_{gj}^u(\boldsymbol{X})=\begin{cases}1 & g_j(\boldsymbol{X})<g_j^u \\ 1-\left\{\dfrac{g_j(\boldsymbol{X})-g_j^u}{d_j^u}\right\}^{q_j^u} & g_j^u\leqslant g_j(\boldsymbol{X})\leqslant g_j^u+d_j^u \quad j=1,2,\cdots,m \\ 0 & g_j(\boldsymbol{X})>g_j^u+d_j^u\end{cases} \tag{4}$$

$$\mu_{gj}^l(\boldsymbol{X})=\begin{cases}1 & g_j(\boldsymbol{X})<g_j^u \\ 1-\left\{\dfrac{g_j(\boldsymbol{X})-g_j^l}{d_j^u}\right\}^{q_j^l} & g_j^l-d_j^l\leqslant g_j(\boldsymbol{X})\leqslant g_j^l \quad j=1,2,\cdots,m \\ 0 & g_j(\boldsymbol{X})>g_j^l+d_j^l\end{cases} \tag{5}$$

其中，d_j^u 与 d_j^l 分别表示约束条件上、下限的容差。

实际应用时，可选取最重要的权重系数为 1，其他与之相比位于 0 与 1 之间。上式可以使用任意一种有效的普通优化方法求得最优解 $\boldsymbol{X}^*$和 f^*。与原最大最小法比较，改进的模型减少了一个设计变量，当所有的权重系数都取 1 时，所得的优化结果等同于原最大最小法。考虑以不同的约束赋予不同的约束满足度，对于工程结构优化设计而言，就是对不同的约束采用不同的设计水平。

3　柔性铰链结构的多目标模糊优化设计

3.1　柔性铰链结构有限元模型

超精密机床中丝杠、螺母与溜板浮动连接用柔性铰链初始设计结构，如图 2 所示。该结构宽为 0.258 m，高为 0.172 m，厚为 0.120 m。有限元模型如图 3 所示，该有限元模型采用六面体八节点体积单元划分，整体初始模型共含有 6 712 个节点，3 904 个实体单元。

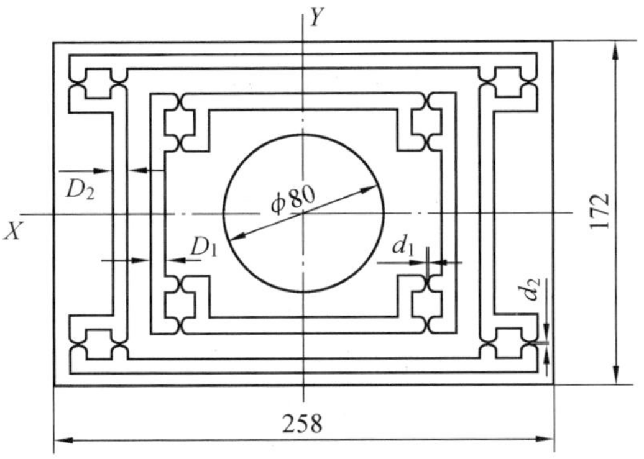

图 2　柔性铰链结构简图

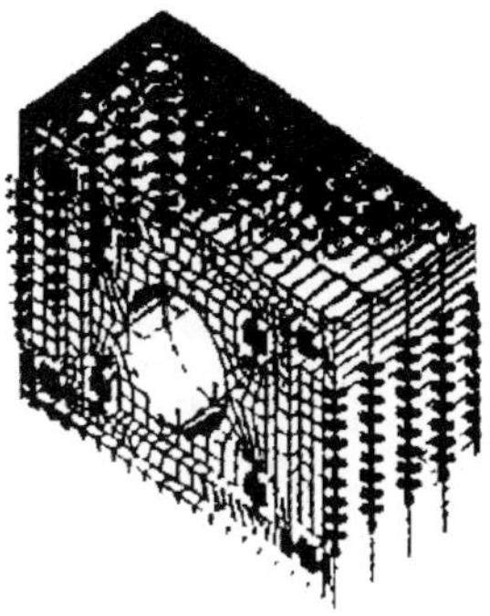

图 3　有限元模型图

3.2　多目标模糊优化模型

为保证该结构实现浮动连接功能，要求在 X、Y 方向具有较低刚度，同时在 Z 向（轴向）和扭转方向又具有较高的刚度，所以该问题为多目标模糊优化问题。优化模型为

$$
\begin{aligned}
&\text{Find} \ \ \boldsymbol{X}=[x_1, x_2, x_3, x_4]^{\mathrm{T}}=[d_1, d_2, D_1, D_2]^{\mathrm{T}} \\
&\min \ \ \boldsymbol{F}_1(\boldsymbol{X})=[f_1(\boldsymbol{X}), f_2(\boldsymbol{X})]^{\mathrm{T}} \\
&\max \ \ F_2(\boldsymbol{X})=f_3(\boldsymbol{X}) \qquad \boldsymbol{X}\in\mathbf{R}^4 \\
&\text{s.t.} \ \ Rt(\boldsymbol{X})\geqslant[Rt] \\
&\qquad x_i^l\leqslant x_i\leqslant x_i^u \qquad i=1,2,3,4
\end{aligned}
\tag{6}
$$

其中，d_1、d_2、D_1 和 D_2 为设计变量，分别表示柔性铰链的最小壁厚和槽宽，如图 2 所求。$f_1(\boldsymbol{X})$、$f_2(\boldsymbol{X})$、$f_3(\boldsymbol{X})$为目标函数，分别表示柔性铰链的 X、Y 和 Z 向的刚度，设计要求 X 向和 Y 向的刚度最小化，而 Z 向的刚度最大化。$Rt(X)$为模糊约束，表示柔性铰链的扭转刚度，要求其大约不小于$[Rt]$=4.5E+0.8(N·mm/rad)，取其容差为 d_{Rt}=0.5E+0.7(N·mm/rad)。设计变量的下、上限为$\boldsymbol{X}^l=[0.5, 0.5, 5, 5]^{\mathrm{T}}$，$\boldsymbol{X}^u=[0.8, 0.8, 10, 10]^{\mathrm{T}}$ (mm)。设计变量的初值为$\boldsymbol{X}=[0.7, 0.7, 8, 8]^{\mathrm{T}}$ (mm)，相应的目标函数值为 $\boldsymbol{F}=[1.0108\mathrm{E}{+}01, 7.7906\mathrm{E}{+}00, 9.1396\mathrm{E}{+}02]^{\mathrm{T}}$ (N/μm)。该模型可转化为如下的权重最大最小模型：

$$
\begin{aligned}
&\text{Find} \ \ \boldsymbol{X}=[x_1, x_2, \cdots, x_n]^{\mathrm{T}}=[d_1, d_2, D_1, D_2]^{\mathrm{T}} \\
&\max \ \ \mu_{f1}(\boldsymbol{X}) \qquad \boldsymbol{X}\in\mathbf{R}^4 \\
&\text{s.t.} \ \ \mu_{f2}(\boldsymbol{X})/\omega_{f2}-\mu_{f1}(\boldsymbol{X})/\omega_{f1}\geqslant 0 \\
&\qquad \mu_{f3}(\boldsymbol{X})/\omega_{f3}-\mu_{f1}(\boldsymbol{X})/\omega_{f1}\geqslant 0 \\
&\qquad \mu_{Rt}(\boldsymbol{X})/\omega_{Rt}-\mu_{f1}(\boldsymbol{X})/\omega_{f1}\geqslant 0 \\
&\qquad x_i^l\leqslant x_i\leqslant x_i^u \qquad i=1,2,3,4
\end{aligned}
\tag{7}
$$

其中 $\mu_{f1}(\boldsymbol{X})$、$\mu_{f2}(\boldsymbol{X})$和 $\mu_{f3}(\boldsymbol{X})$分别表示目标函数的隶属函数，$\mu_{Rt}(\boldsymbol{X})$表示约束函数的隶属函数；ω_{f1}、ω_{f2}、ω_{f3} 和 ω_{Rt} 分别表示目标函数和约束条件的相对重要程度的权重系数。单目标函数

的最大、最小值见表 1。各隶属函数的形式可取为

$$\mu_{f1}(\boldsymbol{X})=\begin{cases}1 & f_1(\boldsymbol{X})<4.615\,0\text{E}+00\\ \{[1.533\,2\text{E}+01-f_1(\boldsymbol{X})]/1.071\,7\text{E}+01\}^{q_{f1}} & 4.6150\text{E}+00\leqslant f_1(\boldsymbol{X})\leqslant 1.533\,2\text{E}+01\\ 0 & f_1(\boldsymbol{X})>1.533\,2\text{E}+01\end{cases}$$

$$\mu_{f2}(\boldsymbol{X})=\begin{cases}1 & f_2(\boldsymbol{X})<4.785\,3\text{E}+00\\ \{[1.520\,4\text{E}+01-f_2(\boldsymbol{X})]/1.032\,9\text{E}+01\}^{q_{f2}} & 4.785\,3\text{E}+00\leqslant f_2(\boldsymbol{X})\leqslant 1.520\,4\text{E}+01\\ 0 & f_2(\boldsymbol{X})>1.520\,4\text{E}+01\end{cases}$$

$$\mu_{f3}(\boldsymbol{X})=\begin{cases}1 & f_3(\boldsymbol{X})<9.032\,5\text{E}+02\\ \{[f_3(\boldsymbol{X})-9.032\,5\text{E}+02]/2.211\,5\text{E}+02\}^{q_{f3}} & 9.032\,5\text{E}+02\leqslant f_3(\boldsymbol{X})\leqslant 0.124\,4\text{E}+03\\ 1 & f_3(\boldsymbol{X})>0.124\,4\text{E}+03\end{cases}$$

$$\mu_{Rt}(\boldsymbol{X})=\begin{cases}1 & Rt(\boldsymbol{X})<4.0\text{E}+08\\ \{[\mu_{Rt}(\boldsymbol{X})-4.0\text{E}+08]/5.0\text{E}+02\}^{q_{Rt}} & 4.0\text{E}+08\leqslant Rt(\boldsymbol{X})\leqslant 4.5\text{E}+08\\ 1 & Rt(\boldsymbol{X})>4.5\text{E}+08\end{cases}$$

表 1 单目标优化值

序号	d_1	d_2	D_1	D_2	$Rt(\boldsymbol{X})$	$f_1(\boldsymbol{X})$	$f_2(\boldsymbol{X})$	$f_3(\boldsymbol{X})$
1	5.014 1E−04	7.990 3E−04	9.686 0E−03	5.010 2E−03	4.006 6E+08	4.615 0E+08	1.509 6E+01	9.032 5E+02
2	7.230 1E−04	5.011 3E−04	6.745 6E−03	6.944 2E−03	3.977 5E+08	1.126 1E+01	4.875 3E+00	9.228 5E+02
3	7.989 8E−04	7.986 3E−04	5.010 2E−03	5.010 7E−03	6.204 4E+08	1.533 2E+01	1.520 4E+01	1.124 4E+03

3.3 优化结果与分析

本文采用 ANSYS5.4 结构分析与优化软件，应用子问题近似法对问题进行优化求解，所采用的多目标模糊优化情况和所得的模糊最优化结果分别见表 2 和表 3。

由表 2 和 3 可以看出，当各个目标的权重系数相同时，模糊最优解保证了各个目标函数具有相同的隶属度；当取不同的权重系数时，模糊最优解保证了各个目标函数的隶属度具有与权重系数相应的比例关系。当目标函数的隶属函数取凸函数即二阶导数大于零时（$q>1$），说明目标函数较重要，所求得的目标值接近其理想解；反之，当目标函数的隶属函数取凹函数即二阶导数小于零时（$0<q<1$），说明目标函数不重要，所求得的目标值远离其理想解。上述的权重技术与非线性隶属函数可以结合使用，以使模糊最优解符合决策者的意愿。

表 2 多目标模糊优化情况

序号	ω_{f1}	ω_{f2}	ω_{f3}	ω_{Rt}	q_{f1}	q_{f2}	q_{f3}	q_{Rt}
1	1	1	1	1	1	1	1	1
2	1	1	0.8	1	1	1	1	1
3	1	0.6	0.6	1	1	1	1	1
4	1	1	1	1	2	0.5	1	1
5	1	0.6	1	1	2	0.5	1	1

表 3 多目标模糊优化结果

序号	1	2	3	4	5
d_1/mm	7.037 5E−04	7.110 9E−04	6.902 5E−04	5.641 2E−04	6.669 9E−04
d_2/mm	6.801 3E−04	6.883 7E−04	7.229 0E−04	7.004 1E−04	7.855 4E−04
D_1/mm	7.092 1E−03	7.573 7E−03	7.928 1E−03	5.010 7E−03	8.236 0E−03
D_2/mm	5.036 9E−03	5.479 1E−03	5.353 2E−03	5.233 0E−03	5.011 2E−03
$f_1/(\mathrm{N{\cdot}\mu m^{-1}})$	1.048 7E−01	1.057 6E+01	9.711 7E+00	6.996 3E+00	8.846 1E+00
μ_{f1}	4.520 4E−01	4.437 5E−01	5.244 3E−01	6.049 7E−01	3.667 7E−01
$f_2/(\mathrm{N{\cdot}\mu m^{-1}})$	1.049 3E−01	1.048 7E+01	1.177 7E+01	1.110 7E+01	1.457 2E+01
μ_{f2}	4.560 9E−01	4.567 1E−01	3.317 6E−01	6.297 9E−01	2.473 4E−01
$f_3/(\mathrm{N{\cdot}\mu m^{-1}})$	1.005 4E−03	9.789 6E+02	9.741 5E+02	1.037 3E+03	9.851 5E+02
μ_{f3}	4.619 9E−01	3.423 4E-01	3.205 7E−01	6.062 2E−01	3.703 3E−01
$Rt/(\mathrm{N{\cdot}mm{\cdot}rad^{-1}})$	4.780 5E−08	4.444 2E+08	4.455 6E+08	5.546 4E+08	4.625 9E+08
μ_{Rt}	1.000 0E−00	8.883 4E−01	9.112 5E−01	1.000 0E+00	1.000 0E+00

4 结 论

本文应用模糊优化原理与有限元分析技术对柔性铰链结构进行了优化设计。分析和计算结果表明，采用多目标模糊优化方法所得到的结构，使得其各个方向刚度分配合理。并应用权重最大最小法，通过选择不同的权数和隶属函数的形式，对该优化问题的各个目标函数进行协调，得出了满意的结果。本文所提出的方法，同样可以应用到其他机械结构的多目标模糊优化设计上。

参考文献

[1] 融亦鸣, 朱耀祥, 罗振壁, 等. 基于全部弹性变形原理的超精密微动工作台的实验研究[J]. 机械工程学报, 1994, 30(5): 16-21.

[2] 铃木弘. 斜入 X 线ミラ一用超精密研削加工机械の开发[J]. 精密工学会志, 1994, 60(9): 1309-1313.

[3] DHINGRA A K, RAO S S. Multiobjective decision making in a fuzzy environment with applications to helicopter design[J]. A IAA Journal, 1990, 28(4): 703-710.

[4] DHINGRA A K, RAO S S, KUMAR V. Nonlinear memberships functions in multi-objective fuzzy optimization of mechanical and structural system[J]. A1AA Journal, 1992, 30(1): 251-260.

[5] RAO S S, SUNDARARAJU K, PRAKASH B C, et al. Fuzzy goal programming approach for structural optimization[J]. AIAA Journal, 1992, 30(5): 1425-1432.

[6] RAO S S, CHEN Li. Generalized hybrid method for fuzzy multiobjective optimization of engineering systems [J]. AIAA Journal, 1996, 34(8): 1709-1717.

以电磁轴承支撑挠性转子的鲁棒控制器设计

邢　涛　张庆春　梁迎春

（哈尔滨工业大学　机电工程学院，黑龙江哈尔滨 150001）

摘　要：研究了含有参数不确定性的以电磁轴承支撑挠性转子的鲁棒 H_∞控制器，折中考虑转子系统的外激励干扰衰减和转子系统参数摄动，将参数摄动转化为外扰动输入，建立了以电磁轴承支撑挠性转子 H_∞标准模型。数值仿真表明：建立的标准模型合理；采用控制设计的电磁轴承主动控制系统，能够有效地抑制参数摄动引起的扰动和持续的外激励干扰。

关键词：电磁轴承；挠性转子；鲁棒控制

Design of Robust Controller for Flexible Rotor Supported by Active Magnetic Bearings

Xing Tao　Zhang Qingchun　Liang Yingchun

（School of Mechanical and Electrical Engineering, Harbin Institute of Technology, Harbin 150001, China）

Abstract: In order to research on robust H_∞ control of the flexible rotor with the coefficient uncertainty supported by AMBs, trading off between the attenuation of outside inspiration and the uncertainty of this AMBs system is made by translating the latter into the outside disturbance. The standard former of flexible rotor is supported by AMBs. Simulation result shows that the H_∞ former for the flexible rotor system of AMBs is reasonable, and the disturbance due to coefficient uncertainty and continuous external inspiration can be effectively restrained in the active control system design by robust method.

Keywords: active magnetic bearings; flexible rotor; robust control

---

作者简介：邢涛（1971—），男，博士研究生；梁迎春（1963—），男，教授，博士生导师。

基金项目：国家自然科学基金资助项目（5880203）。

文章发表信息：哈尔滨工业大学学报, 2003, 35(12): 1455-1457.

电磁轴承是一种高性能轴承，具有无机械磨损，无须润滑，刚度、阻尼可控等优点，广泛应用在各种高速、真空、超净的环境中。由于电磁轴承系统建模误差和干扰的存在，控制器应具有一定的鲁棒性，同时电磁轴承系统是在持续外扰力作用下产生振动，为此控制器不只是对系统初始状态调节，更重要的是对外激励的稳态响应，即干扰衰减问题。文献[1]采用了一种长轴承结构抑制转子的振动，通过电磁轴承给出控制力和控制力矩以控制转子的状态，但其结构特点没有广泛的应用性。文献[2]采用了 H_∞方法设计鲁棒控制器，考虑转子系统初始状态不确定性和扰动的衰减问题。文献[3]考虑了转子的陀螺效应，针对不同转速的情况下，采用不同的鲁棒控制器，得到比较满意的控制效果，但是文献[2, 3]没有考虑持续外干扰衰减问题。

本文折中考虑以电磁轴承支撑的线性挠性转子的外激励干扰衰减和系统参数摄动的鲁棒性问题，将参数摄动转化为外扰动输入，建立了 H_∞标准模型，求得了转子系统鲁棒控制器。

1　H_∞鲁棒控制器的设计

考虑电磁轴承支撑的挠性转子系统，忽略结构阻尼和陀螺效应的情况下，在不平衡质量激励下的模态坐标运动方程为

$$\ddot{\boldsymbol{q}}+\boldsymbol{D}\dot{\boldsymbol{q}}+\boldsymbol{K}_{\mathrm{m}}\boldsymbol{q}=\boldsymbol{B}_i i+\Omega^2\boldsymbol{\Phi}^{\mathrm{T}}\boldsymbol{Q}\mathrm{e}^{\mathrm{i}\Omega t} \tag{1}$$

式中，$\boldsymbol{q}$ 为转子广义模态坐标；$\boldsymbol{D}$ 为模态阻尼矩阵；$\boldsymbol{K}_{\mathrm{m}}$ 为转子刚度和电磁轴承负刚度之和组成的模态矩阵；i 为控制电流；Ω 为转子的自转频率。转子不平衡质量分布为 $\boldsymbol{Q}=[m_1e_1\mathrm{e}^{i\theta 1}, m_2e_2\mathrm{e}^{\mathrm{i}\theta 2}, \cdots, m_ne_n\mathrm{e}^{\mathrm{i}\theta n}, n]$，其中 e_n 为第 n 个单元偏心质量，θ 为方位角，模态变换矩阵为 $\boldsymbol{\Phi}=[\phi_1,\phi_2,\cdots,\phi_k]$。

控制器设计的目标为：（1）在干扰的作用下，保证闭环系统稳定且达到所期望的性能要求；（2）在有界的参数摄动（$\Delta\boldsymbol{D}$，$\Delta\boldsymbol{K}_{\mathrm{m}}$，$\Delta\boldsymbol{B}_i$）下系统能保持稳定鲁棒性和鲁棒性能。其中：$\Delta\boldsymbol{D}$ 为外界阻尼参数摄动引起模态阻尼矩阵参数的变化；$\Delta\boldsymbol{K}_{\mathrm{m}}$ 为转子模态刚度和电磁轴承负刚度参数摄动；$\Delta\boldsymbol{B}_i$ 为控制输入矩阵参数的变化。而转子系统的所期望性能为受控输出 $\boldsymbol{z}(t)$ 满足下列要求（初始条件为 0）：

$$\int_0^\infty \boldsymbol{z}^{\mathrm{T}}(t)\boldsymbol{z}(t)\mathrm{d}t \leqslant \gamma\int_0^\infty \boldsymbol{w}^{\mathrm{T}}(t)\boldsymbol{w}(t)\mathrm{d}t=\gamma\|\boldsymbol{w}(t)\|_2<\infty$$

式中，γ 为性能指标常数，它表征了干扰到受控输出的能量衰减度。外界干扰由不平衡力和模态截断误差组成。为了降低控制器设计的保守性，对不平衡力引起的干扰输入分解

$$f(t)=\Omega^2\boldsymbol{\Phi}^{\mathrm{T}}\boldsymbol{Q}\mathrm{e}^{\mathrm{i}\Omega t}=\boldsymbol{F}\Delta f$$

模态截断误差分解为 $v(t)=\boldsymbol{V}\Delta q$。矩阵$[\boldsymbol{F}\quad \boldsymbol{V}]$反映了不确定性的结构。

$$\boldsymbol{w}(t)=[f(t)\quad v(t)]=[\boldsymbol{F}\quad \boldsymbol{V}][\Delta f\quad \Delta q]^{\mathrm{T}}=[\boldsymbol{F}\quad \boldsymbol{V}]\tilde{\boldsymbol{w}}(t)$$

$\tilde{\boldsymbol{w}}(t)$ 为描述不确定性未知函数矩阵，满足范数有界条件，属于集合 $\boldsymbol{J}$，即

$$\{J\}=\{\sum(t)\Big|\sum(t)^{\mathrm{T}}\sum(t)\leqslant I,\forall t\}$$

考虑系统的干扰抑止效果和控制信号因素，设计受控输出矢量为

$$\boldsymbol{z}=\boldsymbol{C}_1\boldsymbol{q}+\boldsymbol{D}_{12}\boldsymbol{i} \tag{2}$$

系统的量测输出为

$$\boldsymbol{Y}=\boldsymbol{C}_2\boldsymbol{q}+\boldsymbol{D}_{21}\boldsymbol{v}_1 \tag{3}$$

式中，$\boldsymbol{C}_1$ 和 $\boldsymbol{D}_{12}$ 为受控输出矩阵；$\boldsymbol{C}_2$ 为传感器量测输出矩阵；$\boldsymbol{D}_{21}$ 为传感器量测噪声矩阵；$\boldsymbol{v}_1$ 为传感器测量噪声。

建立参数不确定方程为

$$\ddot{\boldsymbol{q}}+(\boldsymbol{D}+\Delta\boldsymbol{D})\dot{\boldsymbol{q}}+(\boldsymbol{K}_{\mathrm{m}}+\Delta\boldsymbol{K}_{\mathrm{m}})\boldsymbol{q}=(\boldsymbol{B}_i+\Delta\boldsymbol{B}_i)\boldsymbol{i}+[\boldsymbol{F}\quad\boldsymbol{V}]\boldsymbol{X}\tilde{\boldsymbol{w}}(t) \tag{4}$$

设系统的模态阻尼矩阵、模态刚度矩阵和控制输入矩阵分别有 k、k 和 $2k$ 个不确定参数。于是 $\Delta\boldsymbol{D}$、$\Delta\boldsymbol{K}_{\mathrm{m}}$ 和 $\Delta\boldsymbol{B}_i$ 可结构分解为 $\Delta\boldsymbol{D}=\boldsymbol{G}_D\boldsymbol{E}_D\boldsymbol{H}_D$，$\Delta\boldsymbol{K}_m=\boldsymbol{G}_K\boldsymbol{E}_K\boldsymbol{H}_K$，$\Delta\boldsymbol{B}_i=\boldsymbol{G}_B\boldsymbol{E}_B\boldsymbol{H}_B$。式中：$\boldsymbol{E}_D$、$\boldsymbol{E}_K$、$\boldsymbol{E}_B$ 也属于范数有界集合 $\boldsymbol{J}$。

引入一个虚构的输出变量

$$\tilde{z}(t)=(\boldsymbol{H}_K\boldsymbol{H}_D)[\boldsymbol{q}\quad\dot{\boldsymbol{q}}]^{\mathrm{T}}$$

以及虚构附加输入干扰

$$\tilde{\boldsymbol{w}}=\mathrm{diag}(\boldsymbol{E}_D\boldsymbol{E}_K\boldsymbol{E}_B)\cdot[\boldsymbol{H}_K\boldsymbol{H}_D\boldsymbol{H}_B]\cdot[\boldsymbol{q}\quad\dot{\boldsymbol{q}}\quad\boldsymbol{i}]^{\mathrm{T}}$$

这里 $\boldsymbol{E}=\mathrm{diag}(\boldsymbol{E}_D\boldsymbol{E}_K\boldsymbol{E}_B)$是虚构的内反馈增益矩阵，于是方程（4）可以写成

$$\ddot{\boldsymbol{q}}+\boldsymbol{D}\dot{\boldsymbol{q}}+\boldsymbol{K}_{\mathrm{m}}\boldsymbol{q}=\boldsymbol{\Phi}^{\mathrm{T}}\boldsymbol{B}_i\boldsymbol{u}+[\boldsymbol{F}\quad\boldsymbol{V}]\tilde{\boldsymbol{w}}(t)+\bar{\boldsymbol{G}}\bar{\boldsymbol{w}}(t) \tag{5}$$

式中，$\bar{\boldsymbol{G}}=[\boldsymbol{G}_D\quad\boldsymbol{G}_K\quad\boldsymbol{G}_B]$。

引入状态变量 $\boldsymbol{x}=[\boldsymbol{q}^{\mathrm{T}}\quad\dot{\boldsymbol{q}}^{\mathrm{T}}]$，这样方程（5）、（2）和（3）可化为

$$P:\left|\begin{aligned}&\dot{\boldsymbol{x}}=\begin{bmatrix}0&\boldsymbol{I}\\-\boldsymbol{M}^{-1}\boldsymbol{K}_{\mathrm{m}}&-\boldsymbol{M}^{-1}\boldsymbol{D}\end{bmatrix}\boldsymbol{x}+[\boldsymbol{F}\quad\boldsymbol{V}]\gamma\cdot\lambda\bar{\boldsymbol{G}}[\tilde{\boldsymbol{w}}(t)\quad\bar{\boldsymbol{w}}(t)]+\boldsymbol{B}_i\boldsymbol{i}\\&\bar{z}=\begin{bmatrix}z\\\tilde{z}\end{bmatrix}=\begin{bmatrix}\boldsymbol{C}_1\\\dfrac{1}{\lambda}\boldsymbol{H}\end{bmatrix}\boldsymbol{x}+\begin{bmatrix}\boldsymbol{D}_{12}\\\dfrac{1}{\lambda}\boldsymbol{E}_B\cdot\boldsymbol{H}_B\end{bmatrix}\boldsymbol{u}\\&\boldsymbol{y}=\begin{bmatrix}\boldsymbol{C}_2\\0\end{bmatrix}\boldsymbol{x}+\boldsymbol{D}_{21}\boldsymbol{\omega}\end{aligned}\right. \tag{6}$$

式中，λ 为加权常数。式（6）就是广义受控对象模型的状态方程，转子系统式（1）的鲁棒控制问题等价于广义受控对象模型 P 的标准形式 H_∞控制。给定正常数 γ 和加权常数 λ，设计控制器 $K(s)$，使得广义闭环系统 T_{zw} 稳定而且满足

$$\left\|T_{\tilde{\mathrm{z}}\tilde{\mathrm{w}}}\right\|_\infty<\gamma$$

通过上面变换，将系统中的参数不确定性转换为系统外部信号的干扰输入，保证了控制系统既是鲁棒稳定的，又具有一定的抗扰动性能。

2 仿真计算

在电磁轴承控制器设计中，使用转子的高阶模态设计控制器是不切实际而且高阶模态几乎是不可控的，同时也不可能精确地计算转子的高阶模态；另外，由于控制器采用了低通滤波环节，对于高于 2~3 kHz 高阶模态信号无法通过，因此采用模态截断非常必要。设计某一结构转子在一阶弹性临界转速之上转动，利用 n+2 方法对模态截断，采用二阶刚性模态和三阶弹性模态建立模态转换阵。根据经验假设转子参数摄动值为 $\Delta\boldsymbol{D}=0.2\boldsymbol{D}$、$\Delta\boldsymbol{K}_{\mathrm{m}}=0.000\ 5\boldsymbol{K}_{\mathrm{m}}$、$\Delta\boldsymbol{B}_i=0.003\boldsymbol{B}_i$。不平衡质量分布为随机分布，不平衡质量大小为转子单元质量的 0.2%。转子的截断模态误差在转子的转动频率为 100 Hz、200 Hz、350 Hz 时分别为 $0.376\ 9\times10^{-8}$ m、2.463×10^{-8} m、$0.763\ 2\times10^{-8}$ m。

通过优化处理得衰减度 γ=7.842，根据经验选取加权常数 λ=0.8，求得次优 H_∞控制器反馈矩阵 $\boldsymbol{K}$ 为

$$\begin{bmatrix} 3.916 & 2.538 & 1.064\,8 & -0.529\,6 & -0.187 & -1.964 & 0.374\,5 & 0.159\,9 & -1.144 & 2.432 \\ -3.916 & 2.538 & -1.064 & -0.529\,6 & -0.186\,8 & -1.964 & -0.374\,2 & 0.159\,9 & 1.144 & 2.432 \end{bmatrix}$$

对转子控制系统的 bode 图如图 1 所示。当系统没有控制输入时（即系统为开环状态），转子的 5 阶模态峰值完全表现出来，但采用设计的控制器时，转子的五阶模态峰值被抑制。当控制系统参数摄动时系统的幅频特性曲线基本上没有变化，说明系统对干扰不敏感，控制器具有较好的鲁棒性。图 2 为转子系统在不平衡力激励下的响应图，计算不平衡力时在不同的转速下采用相同的不平衡质量分布和不平衡质量。仿真计算得到在 350 Hz 时，转子的不平衡质量激励引起的输出最大，其振幅为 4. 63e-5 m。

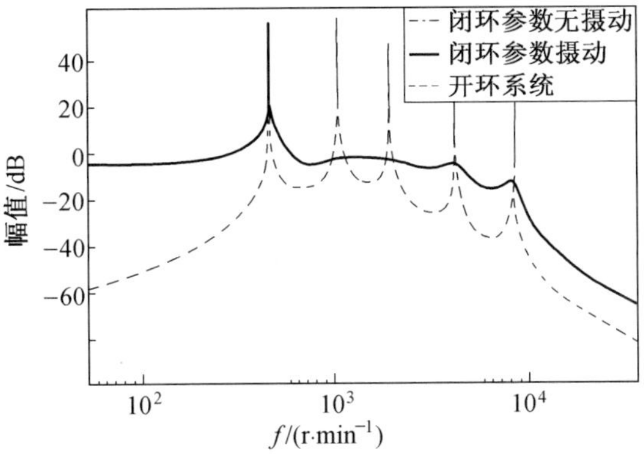

图 1 转子系统的 bode 图

Fig. 1 Bode diagram of rotor system

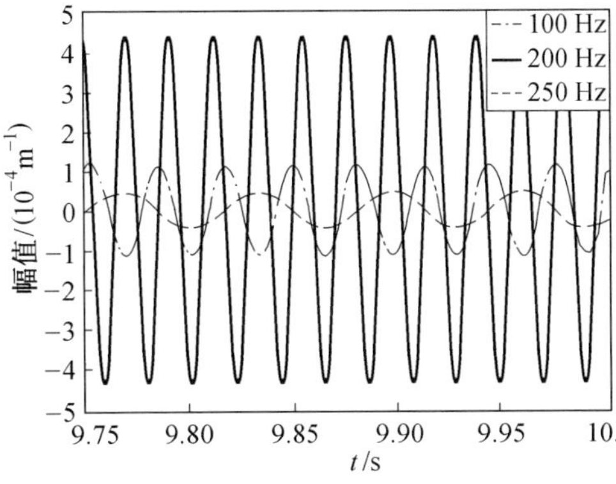

图 2 转子系统的不平衡激励响应图

Fig. 2 Imbalance excitation response diagram of rotor system

通过图 1、2 可以看出，设计的鲁棒控制器对转子的参数不确定性具有较强的鲁棒性，而且能有效抑制持续外激励，满足了动态设计指标。

3 结 论

（1）建立的以电磁轴承支撑挠性转子标准模型合理。

（2）采用 H_∞控制设计的电磁轴承主动控制系统，能够有效地抑制参数摄动引起的扰动和持续的外激励干扰。

参考文献

[1] OKAD Y. Vibration control of flexible rotor supported by inclination control magnetic bearings[C]. Atlanta: International Conference on Advanced Intelligent Mechatronics, 1999.

[2] NAMERIKAWA T, FUJITA M, SMITH R S. $H\infty$ control attenuating initial state uncertainties and its application to the magnetic suspension system[C]. Mito, Japan: Proceedings of the Eighth International Symposium on Magnetic Bearings, 2002.

[3] LI Guoxin, ALLAIRE P E. Dynamic transfer of robust AMB controllers[C]. Mito, Japan: Proceedings of the Eighth International Symposium on Magnetic Bearings, 2002.

基于能量的电磁轴承系统建模及控制方法研究

李国栋　张庆春　梁迎春

（哈尔滨工业大学　机电工程学院，黑龙江哈尔滨 150001）

摘　要：通过介绍电磁轴承的基本组成，针对电磁轴承系统中的大范围稳定问题，在考虑线圈电感的非线性的情况下，从能量的角度对系统进行了非线性建模。并在构建李雅普诺夫函数及理论分析的基础上提出了基于能量的控制器方法。与传统的 PID 控制进行仿真对比后，得到了一组可使电磁轴承大范围稳定的参数范围。结果表明，这种方法为非线性控制提供了设计基础，在获得满意的动态响应方面是可行的。

关键词：电磁轴承；大范围稳定；非线性；李雅普诺夫函数

Energy-based Modeling and Control Approach Researches on Electromagnetic Bearing System

Li Guodong　Zhang Qingchun　Liang Yingchun

（School of Mechanical and Electrical Engineering, Harbin Institute of Technology, Harbin 150001, China）

Abstract: The composition of electromagnetic bearings is introduced. The dynamic model is developed with the consideration of the nonlinear of coil's inductance according to energy theory. After Lyapunov function is derived, with theoretical analysis, energy-based control design method is discussed in order to solve the global stability problem. A group of parameters that satisfy global

---

作者简介：

李国栋（1973—）男，博士研究生，主要研究方向：电磁轴承的控制及特性。E-mail: ljelly@tom.com，电话：0451-86402682。

张庆春（1959—）男，副教授，主要研究方向：电磁轴承，机械设备制造，现代设计方法等。E-mail: zqc@hit.edu.cn，电话：0451-86402681。

梁迎春（1964—）男，机电学院院长，教授，工学博士，博士生导师，主要研究方向：精密超精密加工技术及纳米技术。E-mail: liangyingchun@263.net，电话：0451-86402681。

基金项目：国家自然科学基金（5880203）。

文章发表信息：航空学报, 2006, 27(6): 1244-1248.

stability is obtained by contrast with PID control simulation. The simulation results show that the energy-based control design method provides design basis for nonlinear control system design, and a new method for improving the dynamic response of electromagnetic bearing system (EBS).

Keywords: electromagnetic bearing system; global stability; nonlinear; Lyapunov function

电磁轴承是一种可主动控制的磁悬浮轴承，是利用电磁力将转子无接触悬浮于空间的一种新型轴承，它具有无摩擦、无磨损、使用寿命长、无须润滑和密封等优点，而被广泛应用于航空航天、磁浮列车、真空净室、超精密加工等领域。近 20 年来它的研究已经遍及几十个国家，国外如美国、德国、法国和瑞士等都已经进入产品化阶段[1]。国内的研究机构主要集中在高校，如清华大学与法国 S2M 公司合作，进行核能方面的兆瓦级高温气冷堆氦气直接循环动力转换系统的设计和实验研究；上海大学在制氧透平膨胀机上进行了应用研究[2]；其他还有西安交通大学、南京航空航天大学、北京航空航天大学等，都取得了一定的成果，小部分成果也已实用化。但采用的控制技术主要是对传统 PID 控制技术的相应改进，可用于大规模生产的目前还没有，主要原因是一些技术方面还存在着问题。

基于小偏差线性化方法设计的电磁轴承控制系统，在大范围内运行是不稳定的，由于磁悬浮轴承是非最小相位系统，经闭环反馈控制实现的稳定也是所谓的条件稳定。当系统需要大范围运行时（如启动、重载冲击等），转子运动范围大于线性区线性控制器作用下的转子性能低下或者不稳定[3]。电磁力饱和非线性造成的提高刚度与大范围稳定性之间的矛盾，基于小偏差线性化方法设计的线性调节器显然有一定的局限性，而非线性控制器则可以直接处理大范围运行时出现的非线性。

1　电磁轴承的非线性建模

电磁轴承系统由控制器、转子、电磁铁、位移传感器和功率放大器组成。系统模型如图 1 所示，对于这样复杂的机电磁综合系统，要精确地描述它的数学模型是很难的。通常的做法是在转子的平衡点附近线性化，也就是常用的单自由度电磁轴承系统的分析方法，是线性建模。区别于传统的控制方法，本文采用了 Lagrangian 方法对电磁轴承系统进行动态建模，并在此模型基础上形成一种基于能量的控制规律。由基本的物理定律（牛顿第二定律以及麦克斯韦电磁定律）得到

$$\dot{\phi} = -\frac{R}{n^2}(k_1 x_1 + k_2)\phi + \frac{1}{n}u \tag{1a}$$

$$\ddot{x}_1 = \frac{1}{m}F_{\mathrm{m}} - g \tag{1b}$$

$$F_{\mathrm{m}} = \frac{1}{2}k_1(\phi_1^2 - \phi_2^2) \tag{1c}$$

式中，R 为线圈电阻；ϕ 为一对电磁铁产生的总磁通量；u 为控制输入电压；n 为单磁极线圈绕组匝数；g 为重力加速度；F_m 为差动电磁力；m 为转子质量；x_1 为转子与定子之间的气隙；$k_1=2/\mu_0 A$；A 为磁路气隙的横截面积；$\mu_0=4\pi\times10^{-7}$ 为真空磁导率；$k_2=l_{fc}/(\mu_0\mu_r A)$为常数；$l_{fc}$ 为铁芯磁路的平均长度；μ_r 为铁磁体的相对磁导率。

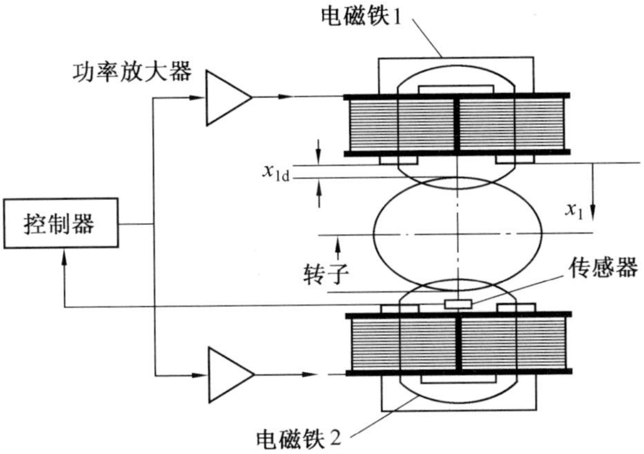

图 1　电磁轴承系统模型简图

Fig. 1　The sketch diagram of EBS

在此系统中涉及 3 种类型的能量：储存在线圈中的电磁能、转子运动的动能和势能

$$K = 0.5L(x_1)\dot{q}^2 + 0.5m\dot{x}_1^2 \tag{2}$$

$$P = mg(x_{1\max} - x_1) \tag{3}$$

式中，q 为线圈带的电荷量；$x_{1\max}$ 为转子与定子之间的最大气隙；K 为电磁能与动能的总和；P 为势能；线圈电感 $L(x_1)=n^2/(k_1x_1+k_2)$。

电阻上消耗的能量为 $E_r = 0.5R\dot{q}^2$，可定义如下 Lagrangian 函数

$$T = K - P = \frac{n^2}{2(k_1x_1 + k_2)}\dot{q}^2 + \frac{1}{2}m\dot{x}_1^2 + mgx_1 - C \tag{4}$$

式中，C 为常数，是转子在最大位移处的势能，运用 Euler-Lagrange 方程

$$\frac{\mathrm{d}}{\mathrm{d}t}\left(\frac{\partial T}{\partial \boldsymbol{x}}\right) - \frac{\partial T}{\partial \boldsymbol{x}} = \boldsymbol{MU} - \frac{\partial E_r}{\partial \boldsymbol{x}} \tag{5}$$

式中，$\boldsymbol{M}=[0\quad 1]^{\mathrm{T}}$，$\boldsymbol{x}=[x_1\quad q]^{\mathrm{T}}$，从而有

$$\frac{\partial T}{\partial x_1} = m\dot{x}_1,\quad \frac{\partial T}{\partial \dot{q}} = \frac{n^2}{k_1x_1 + k_2}\dot{q},\quad \frac{\mathrm{d}}{\mathrm{d}t}\left(\frac{\partial T}{\partial x_1}\right) = m\ddot{x}_1$$

$$\frac{\mathrm{d}}{\mathrm{d}t}(\frac{\partial T}{\partial \dot{q}})=\frac{n^2}{k_1x_1+k_2}\ddot{q}-\frac{k_1n^2}{(k_1x_1+k_2)^2}\dot{x}_1\dot{q}$$

$$\frac{\partial T}{\partial x_1}=-\frac{k_1n^2}{2(k_1x_1+k_2)^2}\dot{q}^2+mg$$

$$\frac{\partial T}{\partial q}=0\,,\quad \frac{\partial E_{\mathrm{r}}}{\partial \dot{x}_1}=0\,,\quad \frac{\partial E_{\mathrm{r}}}{\partial \dot{q}}=R\dot{q}$$

通过以上方程，可以得到最终的磁悬浮系统的动态方程

$$m\dot{x}_1+\frac{k_1n^2}{2(k_1x_1+k_2)^2}\dot{q}^2-mg=0 \tag{6a}$$

$$\frac{n^2}{k_1x_1+k_2}\ddot{q}-\frac{k_1n^2\dot{x}_1}{(k_1x_1+k_2)^2}\dot{q}^2+R\dot{q}=u \tag{6b}$$

方程式（6）也可以写成矩阵形式

$$\boldsymbol{D}(\boldsymbol{x})\ddot{\boldsymbol{x}}+\boldsymbol{C}(\boldsymbol{x},\dot{\boldsymbol{x}})\dot{\boldsymbol{x}}+\boldsymbol{F}\dot{\boldsymbol{x}}+\boldsymbol{G}=\boldsymbol{M}\boldsymbol{U} \tag{7}$$

式中，$\boldsymbol{G}=[-mg \quad 0]^{\mathrm{T}}$；$\boldsymbol{F}=\mathrm{diag}[0 \quad R]$；

$$\boldsymbol{D}(\boldsymbol{x})=\begin{bmatrix} m & 0 \\ 0 & \dfrac{n^2}{k_1x_1+k_2}\end{bmatrix};\quad \boldsymbol{U}=\begin{bmatrix}0\\u\end{bmatrix};\quad \boldsymbol{C}(\boldsymbol{x},\dot{\boldsymbol{x}})=\frac{k_1n^2}{2(k_1x_1+k_2)^2}\begin{bmatrix}0 & \dot{q}\\ -\dot{q} & -\dot{x}_1\end{bmatrix}$$

在上式中可以看到，$\boldsymbol{D}(\boldsymbol{x})$是一个正定对角化矩阵。因此，控制的目标是设计一个合适的控制器，即使在大的扰动下，仍能将转子从最底下的位置 $x_{1\max}$ 浮起并可稳定悬浮在期望位置($x_{1\mathrm{d}}=x_{1\max}/2$)。在式（6）中可以看到在期望位置，$x_{1\mathrm{d}}=0$，$\ddot{x}_{1\mathrm{d}}=0$，所以期望位置的电流是

$$\dot{q}_{\mathrm{d}}=\frac{k_1x_{1\mathrm{d}}+k_2}{n}\sqrt{\frac{2mg}{k_1}}$$

因此，定义状态向量$\boldsymbol{z}=[x_1 \quad \dot{q}]^{\mathrm{T}}$，控制的目标变成设计合适的控制器使得 $t\to\infty$时，状态向量 $\boldsymbol{z}\to\boldsymbol{z}_{\mathrm{d}}$。

2　基于能量的控制方法

一般常见的是电流控制，通过一定的算法进一步控制电磁力的大小使转子达到稳定悬浮，但是这种在平衡点附近进行的微小位移线性化处理，不能满足电磁轴承在大范围内的稳定，所以在控制方法上还要有新的思想和切实可行的方法。将反馈线性化方法与线性鲁棒结合起来，仍然不能解决大范围线性稳定问题，本文提出基于能量的新的控制策略，为非线性

控制系统设计提出了新的思考方法[3-5]。

由式（2）和式（3）可知系统的总能量为

$$E = K + P = \frac{n^2}{2(k_1 x_1 + k_2)}\dot{q}^2 + \frac{1}{2}m\dot{x}_1^2 - mgx_1 + C$$

定义期望能量为

$$E_{\mathrm{d}} = 2mgx_{1\mathrm{d}} + \frac{k_2}{k_1}mg \tag{8}$$

因此能量误差为 $\tilde{E} = E - E_{\mathrm{d}}$，其微分为

$$\frac{\mathrm{d}\tilde{E}}{\mathrm{d}t} = \frac{n^2\dot{q}}{k_1 x_1 + k_2}\ddot{q} - \frac{n^2 k_1 \dot{x}_1 \dot{q}^2}{2(k_1 x_1 + k_2)^2} + m\dot{x}_1\ddot{x}_1 - mg\dot{x}_1 = \dot{q}(u - R\dot{q}) \tag{9}$$

定义以下李雅普诺夫函数

$$V = \frac{1}{2}c_1\tilde{E}^2 + \frac{1}{2}c_2\left(\frac{n^2}{k_1 x_1 + k_2}\dot{q} - c_3\right)^2 \tag{10}$$

这一能量函数对时间的导数为

$$\dot{V} = c_1\tilde{E}\dot{\tilde{E}} + c_2\left(\frac{n^2\dot{q}}{k_1 x_1 + k_2} - c_3\right)^2 \cdot \left[\frac{n^2\ddot{q}}{k_1 x_1 + k_2} - \frac{k_1 n^2 \dot{x}_1 \dot{q}}{(k_1 x_1 + k_2)}\right] = \left[c_1\tilde{E}\dot{q} + c_2\left(\frac{n^2\dot{q}}{k_1 x_1 + k_2} - c_3\right)\right](u - R\dot{q}) \tag{11}$$

取如下控制法则

$$u = R\dot{q} - c_4^{-1}\left[c_1\tilde{E}\dot{q} + c_2\left(\frac{n^2\dot{q}}{k_1 x_1 + k_2} - c_3\right)\right] \tag{12}$$

从而有

$$\dot{V} = -c_4(u - R\dot{q})^2 = -c_4^{-1}\left(c_1\tilde{E}\dot{q} + c_2\frac{n^2\dot{q}}{k_1 x_1 + k_2} - c_2 c_3\right)^2 \tag{13}$$

式中，c_3 为常数，$c_3 = \sqrt{2mgn^2/k_1}$；c_1、c_2、c_4 均为正的常数。

根据李雅普诺夫第 2 法，由式（10）、式（11）和式（12）可知，V 是一个非增函数，因此 $V \to 0$，V 收敛于一个常数并且 $V \leqslant V(0)$，所以 V 正定。这表明，能量 $\tilde{E}$、E 以及电流 $\dot{q}/(k_1 x_1 + k_2)$ 是有界的。由 $V \to 0$，可知 $u - R\dot{q} \to 0$ 并且有 $c_1\tilde{E}\dot{q} + c_2 n^2\dot{q}/(k_1 x_1 + k_2) - c_2 c_3 \to 0$，因此 $\dot{q}$ 和 u 也是有界的，这可以得出 $\ddot{q} \to 0$，在式（6a）和式（6b）中可以看到 x_1 和 $\dot{x}_1$ 是有界的，从而有 $\dot{x}_1 \to 0$ 和 $\ddot{x}_1 \to 0$，既然 c_1 和 c_2 是任意选择的，由 $c_1\tilde{E}\dot{q} + c_2 n^2\dot{q}/(k_1 x_1 + k_2) - c_2 c_3 \to 0$ 可推知 $\tilde{E} \to 0$ 和 $n^2\dot{q}/(k_1 x_1 + k_2) - c_3 \to 0$，由式（13）可以得出 $x_1 \to x_{1\mathrm{d}}$，合理选择参数 c_4 可使得 V 负定。由李雅普诺夫稳定性原理[6]可知，在采用式（12）所示的控制法则后，可以使转子系统大范围渐近稳定悬浮在期望位置。

根据式（6），由 MATLAB 软件的 Simulink 工具箱构建的系统动态模型如图 2 所示。由式（12）的控制法则进行建模得到图 3，将它们分别封装后，与图 2 一起构建可控的电磁轴承动态模型，如图 4 所示。对表 1 所示的电磁轴承系统进行仿真，在阶跃为 0.25 mm 时，得到未加控制、加能量控制法则之后和模型线性化后加 PID 控制 3 种情况下的阶跃响应，如图 5 所示。s_1 是 PID 控制作用下的响应；s_2 是未加控制时的响应；s_3 是能量控制法则作用下的响应。由图中可以看出，原系统是发散的，加控制之后，分别调整参数 P、I、D 和 c_1、c_2、c_4，使得 $P=0.8$、I=110、D=0.000 1 和 c_1=0.439、c_2=0.2、c_4=0.357 时系统收敛，此时能量法虽然可以使系统稳定，但比之传统的 PID 控制方法在稳定时间上较差，超调也较大，没有什么优势。但不断调整参数过程中，两者的阶跃响应互有胜出，难以区分哪种方法更好。当阶跃为 0.6 mm，控制参数不变的情况下，两种施加控制情况下的响应如图 6 所示。s_4 是能量法的响应，经过 0.05 s 左右系统逐渐稳定在期望的平衡点（0.3 mm 处），只是稳定时间较原来稍长一些；s_5 是 PID 控制下的响应，即使再调参数，系统仍然发散，不再稳定。

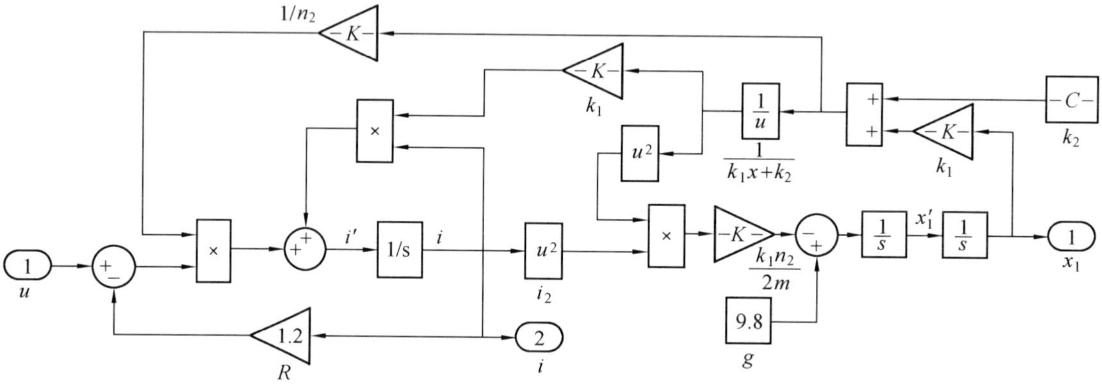

图 2　电磁轴承系统在 Simulink 中的动态模型

Fig. 2　The dynamic model of EBS in Simulink

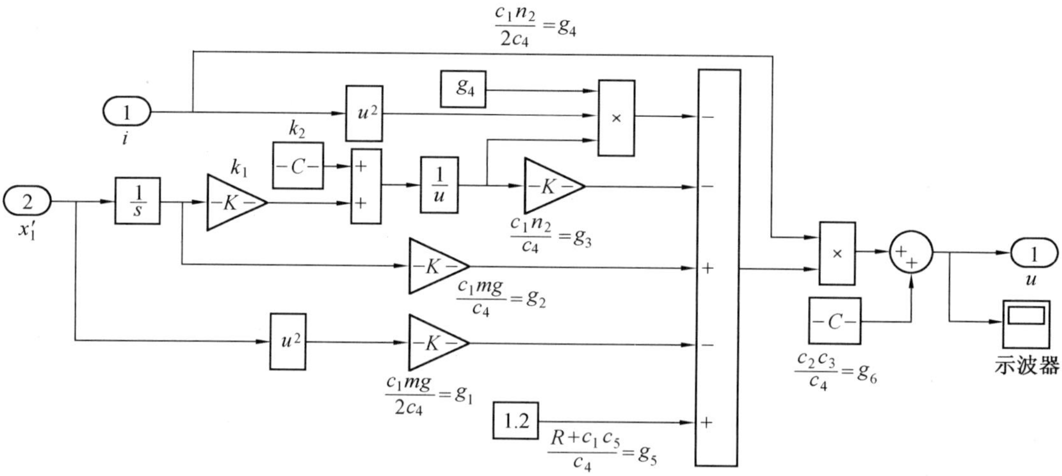

图 3　控制法则在 Simulink 中的连接图

Fig. 3　The diagram of control law in Simulink

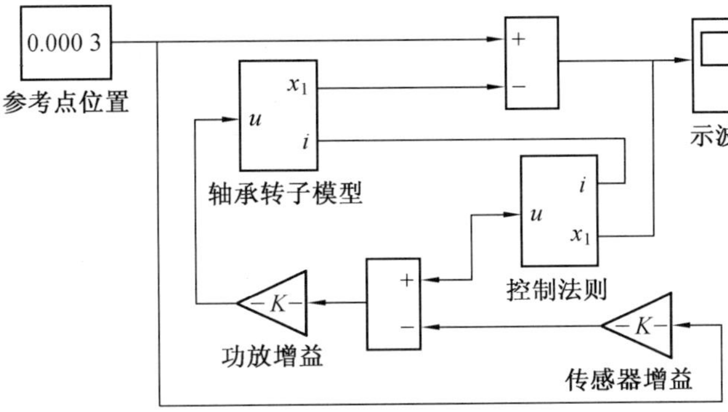

图 4　可控制的电磁轴承系统的动态模型

Fig. 4　The dynamic model controllable EBS

表 1　单自由度电磁轴承转子系统的参数

Table 1　The parameters of one DOF EBS

转子质量 m/kg	2.2
名义气隙 x_{1d}/mm	0.3
线圈平均电感 L/mH	0.86
线圈电阻 R/Ω	1.2
绕圈匝数 N	300
偏置电流 I_0/A	0.175
电源电压 U_d/V	50

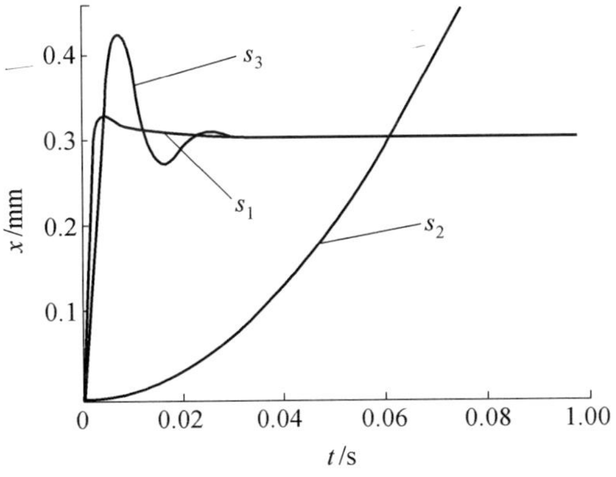

图 5　电磁轴承系统阶跃响应图

Fig. 5　Step response of EBS

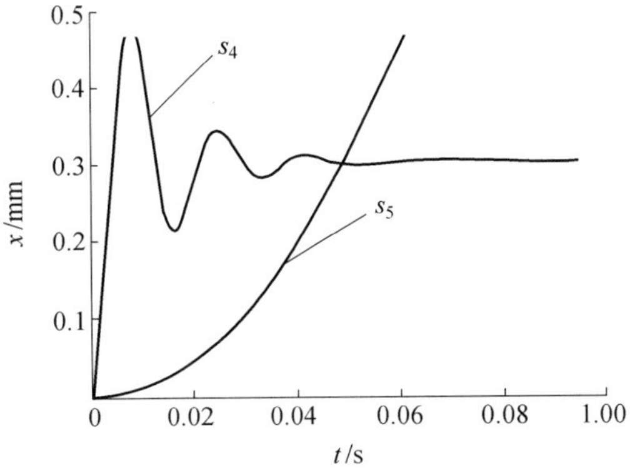

图 6　电磁轴承系统高阶跃响应图

Fig. 6　Big step response of EBS

由以上分析可见，在阶跃超出气隙允许范围，即大范围运动和冲击时，基于小偏差线性化方法设计的线性调节器不再适用，而能量法等非线性控制器则可以直接处理这种情况，实现大范围稳定。这证明式（12）的控制法则对于解决转子大范围稳定问题是正确而有效的。

理论上，c_1、c_2、c_4 只要是大于零的数都可以实现稳定。但实际仿真的过程中，发现三者之间并不是随意组合就可以使系统稳定。经过多次数值仿真，并未发现有什么规律。只要三者取值在一定范围内，怎么组合都可以满足高阶跃响应。当阶跃为 0.6 mm 时，在 c_1= 0.439、c_2 =0.200、c_4=0.357 的前提下，保证其中两个参数不变，只改变另一个参数得到 3 组高阶跃响应，如图 7 所示。在图 7（a）中，0.01≤c_1≤4.00，在图 7（b）中，0.06≤c_2≤1.50，在图 7（c）中，0.02≤c_4≤6.00。由图 7 可以看到，随着数值的增大，逐渐趋于不稳定。在取值很小时，系统响应不好，振荡次数多，响应时间长，不易稳定，难于实现实时控制。在取值过大时，呈发散趋势，不再稳定。但只要是在上述范围内，都可使系统大范围稳定。当然，对于不同的电磁轴承系统，由于结构参数不同，实现稳定的参数范围也不尽相同。

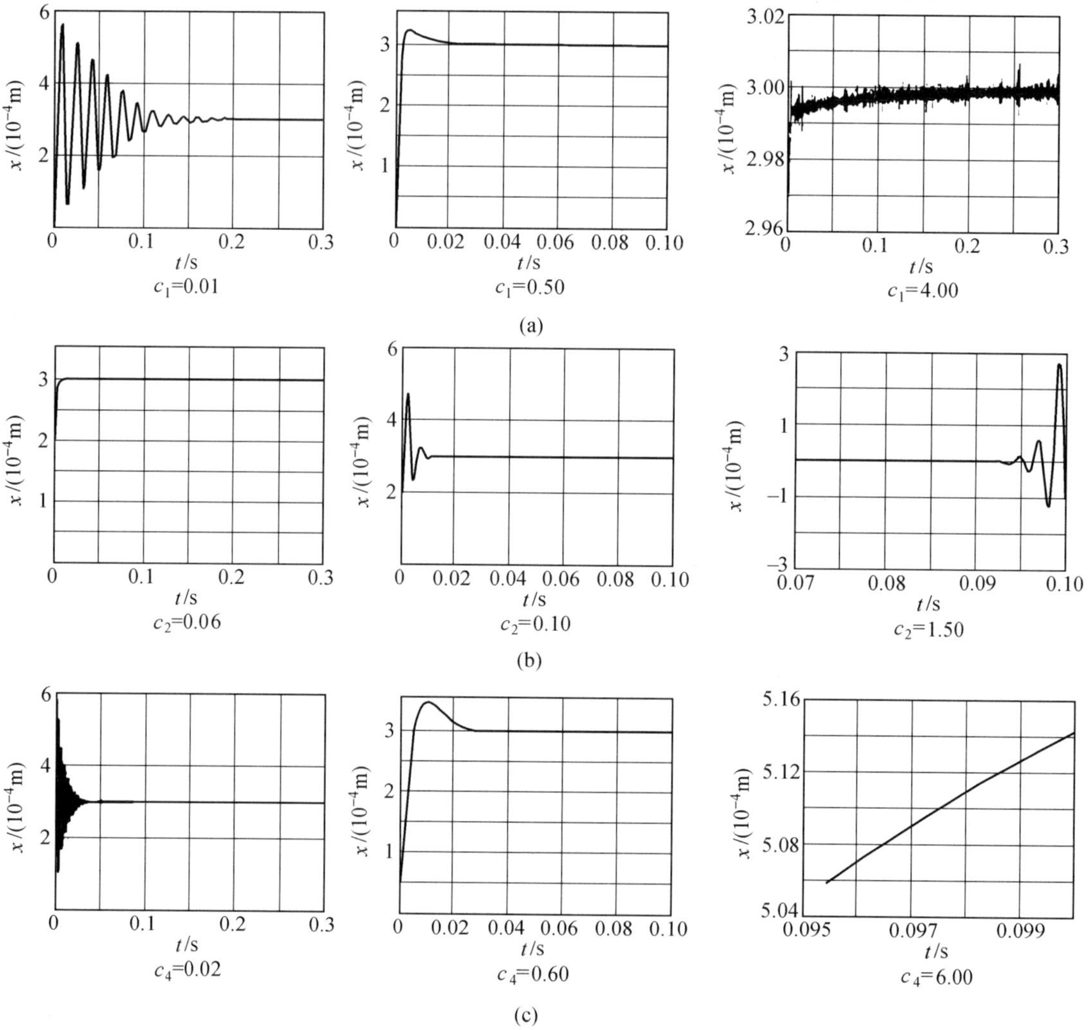

图 7　不同参数下电磁轴承系统高阶跃响应

Fig. 7　Big step response of EBS at different parameters

3 结 论

（1）只要构建好李雅普诺夫函数，并合理优化控制参数，能量法用于电磁轴承的非线性建模和直接处理基于小偏差线性化方法设计的电磁轴承大范围内运行不稳定的情况是行之有效的。

（2）理论分析表明，改进的能量控制算法，从理论上是稳定而可行的磁通控制，为非线性控制提供了新的思路和基础。

（3）仿真结果表明，正确选择控制法则并对参数进行匹配，对于一定的电磁轴承系统可以得到满足系统动态性能的一组参数。

参考文献

[1] SCHWEITZER G, BLEULER H, TRAXLER A. Active magnetic bearings—basics, Properties and application of active magnetic bearings [C]. Switzerland: Hochschulverlag, 1998.

[2] 杨国军, 耿文骥, 李红伟, 等. 10MW 高温气冷堆磁轴承转子结构与固有频率的关系研究[J]. 高技术通讯, 2003, 4: 72-76.
YANG Guojun, GENG Wenji, LI Hongwei, et al. Study on the relationship about magnetic bearings rotor structure and natural frequency for 10MW high temperature gas-cooled reactor[J]. High Technical Letters, 2003, 4: 72-76.

[3] YANG Z J, TATEISHI M. Robust adaptive nonlinear control of a magnetic levitation system[C]. Beijing: Proc of 14th International Federation of Automatic Control, 1999.

[4] YU H, YANG T C, RAGAS D, et al. Modeling and control of magnetic suspension systems[C]. Glasgow, Scotland: Proceedings of the 2002 IEEE International Conference on Control Applications, 2002.

[5] NAMERKAWA T, FUJITA M, SMITH R S. H_∞ control system design attenuating initial state uncertainties: evaluation by a magnetic suspension system[C]. Orlando: Proceedings of 40th IEEE Conference on Decision and Control, 2001.

[6] 祝长生. 基础横向振动对电磁轴承转子系统动力特性影响的实验研究[J]. 航空学报，2004, 25(2): 168-171.
ZHU C S. Experimental investigation on dynamic behaviour of active magnetic bearing rotor system subject to base vibration[J]. Acta Aeronautics et Astronautics Sinica, 2004, 25(2): 168-171.

Mechatronic System Design for Tiled Large-aperture Grating

Lihua Lu*　Yingchun Liang　Tao Jiang　Fuli Yu　Qingchun Zhang

（Center for Precision engineering, Harbin Institute of Technology, Harbin, China 150001;

* lihual@hit.edu.cn; Phone 86-451-86413840; fax 86-451-86415244）

Abstract: To obtain a large-aperture high damage threshold grating compressor for a Perawatt laser system, the multi-piece tiled grating is an effective method. In order to avoid the influence of tiling error on the temporal and spatial characteristics of grating, the rotation error between sub-gratings needs to be controlled in 1 μrad, the piston errors including in-plane shift and out-of-plane shift errors need to be controlled in 20 nm. One mechatronic system is presented for tiled large-aperture planar gratings based on parallel mechanism with five freedoms. Five uniform feed drives are improved dual mode mechanism with servomotor and ball screw as macro-actuator and piezoelectric transducer (PZT) with resolution of 1.2 nm as micro-actuator. Key components of the mechanism are optimum designed based on finite element method (FEM) to achieve proper dynamics of the mechanical system. The proposed system is applied in experiment to tile two sub-aperture gratings of 200 mm×400 mm. Far-field diffraction patterns proves that the tiled grating can meet requirements of accuracy and stability of laser system.

Keywords: Tiled grating; Parallel mechanism; Finite element method

1　Introduction

Large-aperture diffraction gratings play an important role in many technical fields. Such as, large-size gratings of 1 m^2 are urgently required in astronomical spectroscopic telescope systems and high energy laser systems. However, to manufacture large-size gratings by ruling machine is technologically difficult and financially impractical[1]. An alternative is to tile several small gratings into a large-aperture one[2, 3].

Grating tiling technology using small aperture diffraction gratings to form large-aperture and high-damage threshold gratings is the key technology to solve the output energy of the perawatt laser system. Chirped-pulse amplification (CPA) systems employing a tiled large-aperture diffraction grating pair compressor are capable of producing ultrashort high-intensity laser pulses[4, 5],

文章发表信息：Proc. of SPIE, 2009, 7282: 72823S-1-6.

which can be used in inertial confinement fusion (ICF) systems and many other physics fields. Alignment errors of sub-aperture gratings in the optical design of tiled gratings and tiled grating compressors are almost unavoidable. The errors of five degrees of freedom between each adjacent pair of gratings within a tiled-grating system affect the spatial and temporal property of the laser beam. Zhang et al. [4] presented design results of a pulse compressor consisting of mosaic grating pairs and discussed the theoretical errors caused by different angular misalignments. In order to avoid the influence of tiling error on the temporal and spatial characteristics of grating, the rotation errors need to be controlled in 1 μrad [6]. The piston errors including in-plane shift and out-of-plane shift errors are the critical effects on the far-field intensity distribution and need to be controlled in few tens of nanometers [7]. The experiment setups of tiled grating systems for theoretic research usually are constructed with relative small sub-aperture gratings and manual adjustment mechanisms [8, 9]. However, the tiled gratings applied for CPA systems are very large and easy to be influenced by disturbance. To meet precision and stability requirement of laser system, the errors of tiled grating need to be real-time monitored and adjusted [10].

The mechatronic system for making a perfect mosaic of two sub-aperture gratings is optimum designed and studied in this paper. The system, based on parallel mechanism, adjusts the sub-aperture grating in five degrees of freedom. The five uniform feed drives are improved dual-mode mechanism with servomotor and ball screw as macro-actuator and piezoelectric transducer (PZT) as micro-actuator, respectively. By using finite element method program, key flexible components are analyzed and optimized and frequency characteristics of the whole system are predicted. The high performance mechanism insures the realization of adjustment with nanometer accuracy. Two sub-aperture gratings of 200 mm×400 mm are tiled by the system and far-field diffraction patterns are achieved.

2 Design details

In order to tile two sub-aperture gratings, five degrees of freedom, tip, tilt, in-plane rotation, lateral and longitudinal translation, are need to be accurately adjusted to obtain one perfect mosaic without introducing phase errors. In order to avoid affecting the spatial and temporal properties of the laser beam, the specified three angular misalignments are 1 μrad and the specified two translational misalignments are 20 nm.

Fig.1 is one solid model of the presented mechatronic system for large-aperture mosaic gratings. Fig.2 is schematic of the grating adjustment. Two holders are available for mounting gratings with maximum aperture of 300 mm×400 mm. According to the static gratings, the mechatronic system drives the adjustable sub-aperture grating in five degrees of freedom and maintains deviations with high accuracy for a long time. The adjustable grating is supported by a ball on one small two-dimension slider supported by high accuracy linear ball guides, which can counteract the gravity without affecting the adjustments.

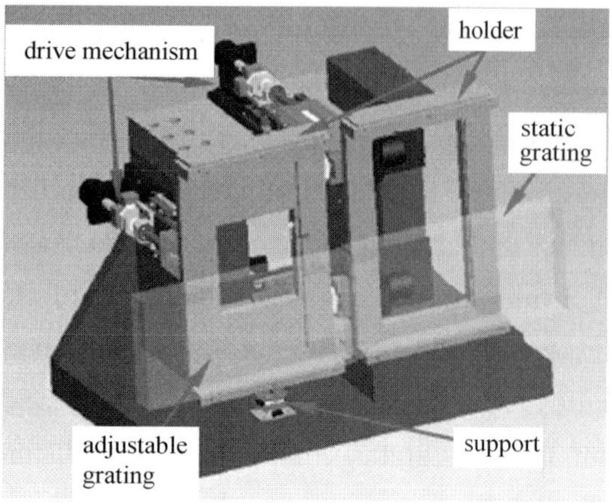

Fig. 1 Model of the mechanism for tiled gratings

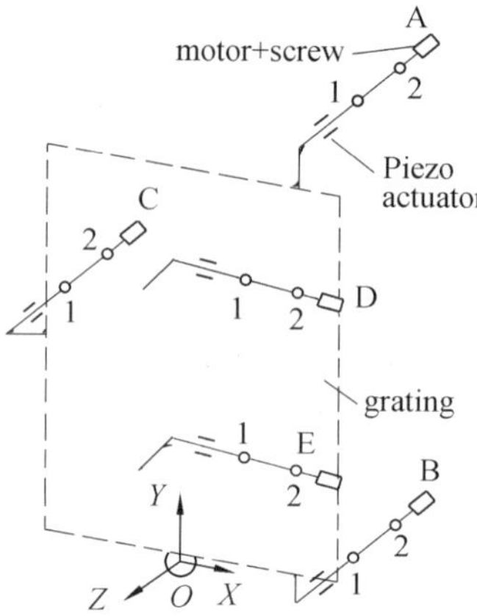

Fig. 2 Schematic of the grating adjustment

For the proposed mechatronic system, the two holders can be assembled with misalignments in one millimeter. In order to realize nanometer positioning accuracy in millimeters stroke, the wildly used macro/micro driving technology is applied in the system, which includes a ball screw for macro motion in ±1 mm and a piezoelectric actuator for nanometer positioning in range of 25 μm. Fig. 3 is one photo of the macro/micro drive mechanism.

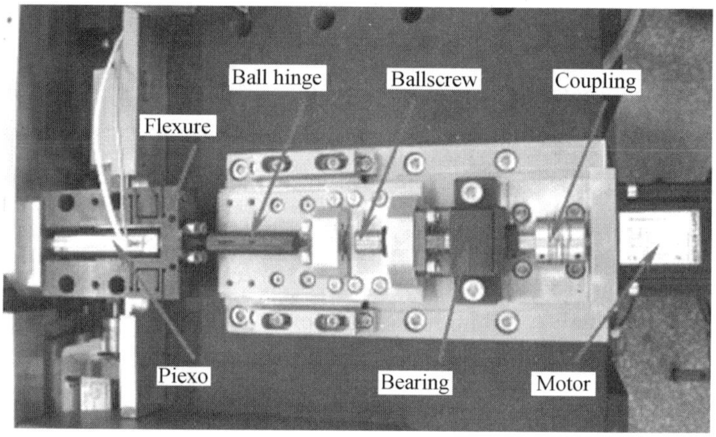

Fig. 3 Photo of the macro/micro drive mechanism

Because the adjustable sub-aperture grating is driven by five parallel feed drives, the coupling of force and displacement between them are unavoidable. In order to suppress the force and displacement coupling, a special designed flexible ball hinge is used to connect the macro and micro actuators. In the macro/micro drive mechanism, the flexure guiding unit and the flexible ball hinge are the key components affecting positioning and dynamic performance of the tiled system.

2.1 Optimum design of the flexible ball hinge

The designed structure of the ball hinge applied in the tiled gratings system and its principle model are shown in Fig.4. The flexible ball hinge plays a very important role in the parallel mechanism. The axial stiffness must be very large enough to meet the requirements of dynamics and disturbance suppressing. Lateral, bending and torsion stiffness should be as low as possible to minimize the force coupling between the five feed drives.

As shown in Fig.4, the flexible ball hinge has four main parameters, i.e., transition radius r, ball diameter c, spindle radius P and length S. Initial values of the parameters are appointed according to experience and limitation of the structure.

$$[r, P, c, S]=[4, 7, 1.5, 55]\ \text{mm}$$

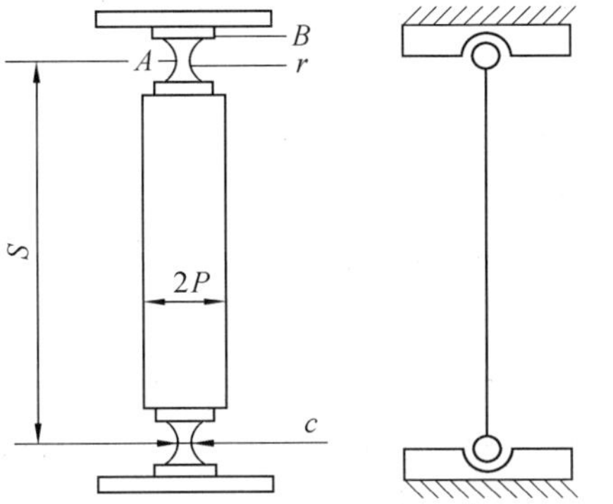

Fig. 4 Schematic of the flexible ball hinge

Let M_i indicate design value of the corresponding parameter and M_0 be the initial value. Fig. 5 shows the theoretic axial and lateral stiffness varying with M_i / M_0 increased from one to double calculated by using finite element method.

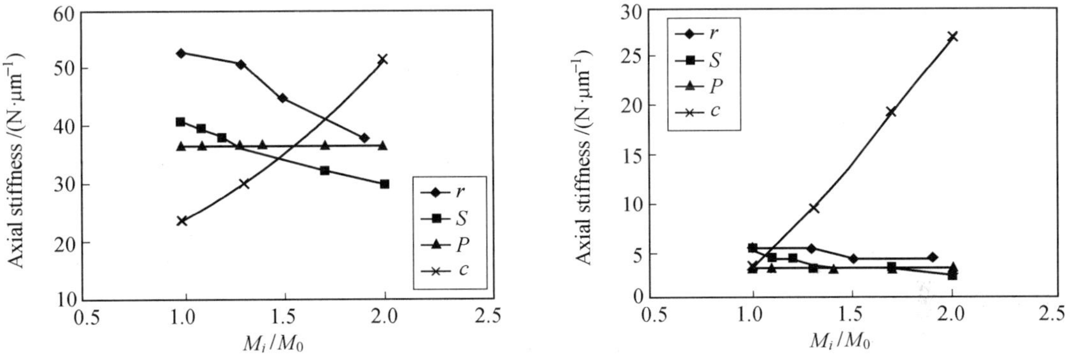

(a) (b)

Fig. 5 Effect of parameters on stiffness of the ball hinge

It can be seen the axial and radial stiffness are decreased as r and S increasing, increased as c increasing, and little affected by the spindle radius P. The calculated results indicate that the ball diameter is the most sensitive parameter. According to geometry and stress limitations, determined values of the parameters are as follow.

$$[r, P, c, S]=[5.5, 7, 2.5, 68]\ \text{mm}$$

The finite element model is then used to predict the stiffness of the hinge. The result shows that the axial and lateral stiffness are 50.2 N/μm and 0.042 5 N/μm, respectively.

2.2 Optimum design of the flexure

A sketch of the micro-actuator is presented in Fig.6. A high voltage piezoelectric stack actuator is housed under preload within the guiding unit. The piezo stack has nominal 45 μm stroke and 75 N/μm stiffness. Displacement in the radial direction of the piezo actuator is transmitted to the holder of the adjustable sub-grating via the use of four solid flexures. The symmetric arrangement of the flexures is such that displacement is linear without parasitic error in the transverse direction. One fastener bolt mounted on the base is used to preload the flexure.

To specify the flexure geometry, a compromise is made between maximum stiffness and minimum actuator stroke reduction. The effective stroke of the piezo stack housed within the flexible guiding unit is given by

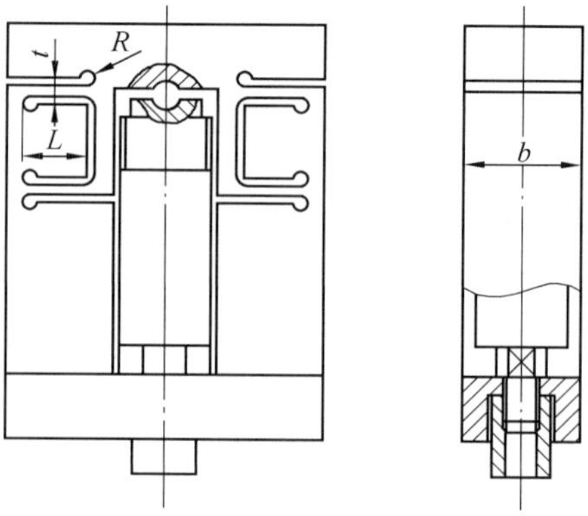

Fig. 6 Sketch of the micro-actuator

$$\Delta L = \Delta L_0 \left[\frac{K_p}{K_p + K_s} \right] \tag{1}$$

where ΔL is the effective stroke without load; ΔL_0 is the nominal stroke; K_p is the stack stiffness, and K_s is the stiffness of the guiding unit.

The specified effective stroke is 25 μm. The maximum effective ΔL is set to be 28 μm, so that the actuator can provide enough force to drive the load at its terminal. For a maximum effective stroke of 28 μm, the maximum allowable guiding unit stiffness is 45.5 N/μm calculated according to the Eq.(1).

The preload on the piezo actuator must be higher than any forces acting on the moving section of the guiding unit, so that the translator remains in contact with the guiding unit. One of the forces is generated from deformation of drive mechanisms in non-axial direction. For example, if the adjustable grating is driven in the lateral direction, the resistance generated by the three longitude flexible ball hinges can be calculated approximately as follow:

$$F_r = 3 \times K_x \cdot \Delta L_m \tag{2}$$

where K_x is the lateral stiffness of the ball hinge; ΔL_m is the displacement of the adjustable sub-grating from the initial position in the lateral direction. The maximum resistance force F_r is about 127.5 N due to the maximum stroke of 1 mm. Using a factor of safety of two the piezo actuator maximum load is set to be 255 N.

The preload is provided by displacing the flexures to accommodate the piezo stack and alignment bolt, which must have a combined length greater than the available space with undeformed flexures. Based on the desired preload and flexure stiffness, the required flexure displacement is 5.7 μm (F_r/K_s), and the bolt is adjusted accordingly.

Using the structure and stiffness constraints the initial hinge thickness *t,* width *b,* the length *L*, and radius *R*, are chosen. The initial hinge parameters are then optimized using a finite element model of the flexures to meet the stiffness criteria. The obtained values are a hinge thickness of 1.8mm, a hinge width of 26 mm, a hinge length of 15 mm and a radius of 1.5 mm. Stiffness of the designed flexure is 45 N/μm.

The load on the guiding unit due to maximum piezo actuator expansion (F_L) is the product of the flexure stiffness and actuator stroke.

$$F_L = K_s \Delta L = 1\,260 \text{ N} \tag{3}$$

The resultant maximum load (F_r+F_L) on the guiding unit is 1 515 N. Using the finite element model the maximum Von Mises stresses under maximum load are 141 MPa, which are well below the fatigue limit of 65 Mn steel.

3 Mode analysis

According to the determined geometry, a finite element model is then constructed to predict the natural modes of the structure. The structure components, in this case the base, holders, gratings, and so on, are modeled as finite element meshes by discrete geometric mapping. The meshes are then in turn coupled with spring elements for substitute modeling of the joining elements such as the bearings, linear guides, balls crews and support ball. The sub-aperture gratings are modeled as a block of 30 mm×40 mm, the largest one can be mounted on the holders. The first four mode shapes are given in Fig.7, all of which are above 100 Hz.

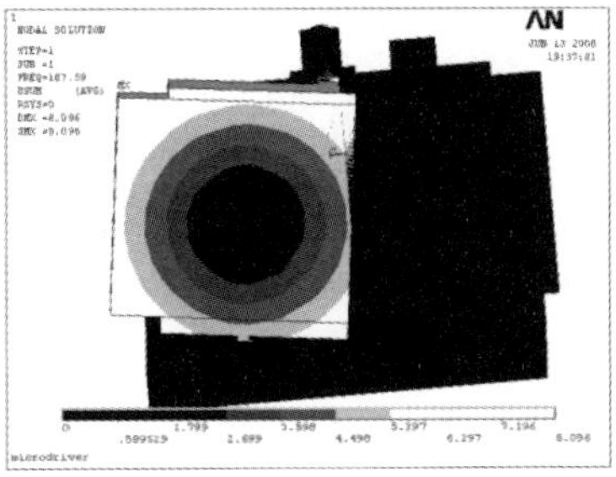

(a) Mode 1—107.6 Hz

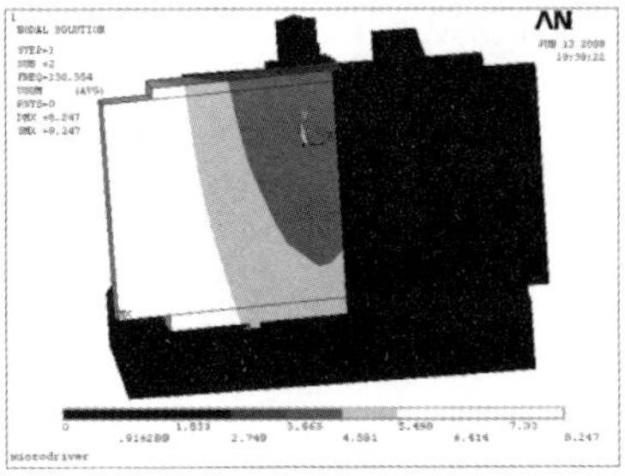

(b) Mode 2—130.4 Hz

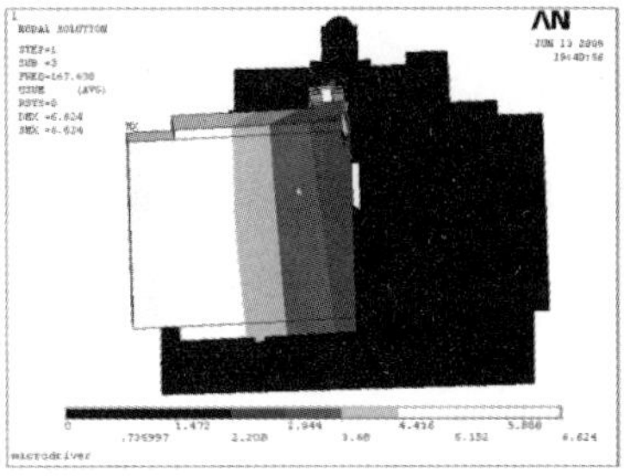

(c) Mode 3—167.6 Hz

Fig. 7 Nature modes predicted from finite element model

The first nature frequency of the total system is 107.6 Hz in the in-plane rotation direction. The second one is 130.4 Hz as result of lateral translation and out-plane rotation. The third one is 167.6 Hz in lateral translation direction. The lowest frequency mode is well above the usually requirement of control bandwidth and disturbance. This indicates that the system can realizes high accuracy with short adjustment period.

4 Experimental verification

The driven matrix of the five feed drives is theoretical calculated and applied in controller program for compensating the steady-state errors. For realization of bidirectional micro adjustment, the initial expansion of the piezo actuator is set to be 12.5 μm at the start of system.

The system and corresponding experimental optics components are placed on a vibration-isolated table in precision laboratory. Two 200 mm×400 mm gratings, with grove density of 1 480 L/mm and working wavelength of 1 053 nm, are mounted on the two holders. Continuous-wave He-Ne laser beam with wavelength of 632.8 nm is expanded to a diameter of about 500 mm. An angle of incidence of the laser beam is 30° . The pulse duration is 500 fs and the lens focus is 300 mm.

The photo of the tiled grating system in experiment is shown in Fig.8. The diffraction strip can be clearly distinguished. The far-field pattern produce by the tiled grating pair is shown in Fig.9. The image demonstrates that the system can realize multi-freedoms adjustment with nanometer accuracy and can meet precision and stability requirements with real-time monitoring and adjusting.

Fig. 8 Image of far-field pattern

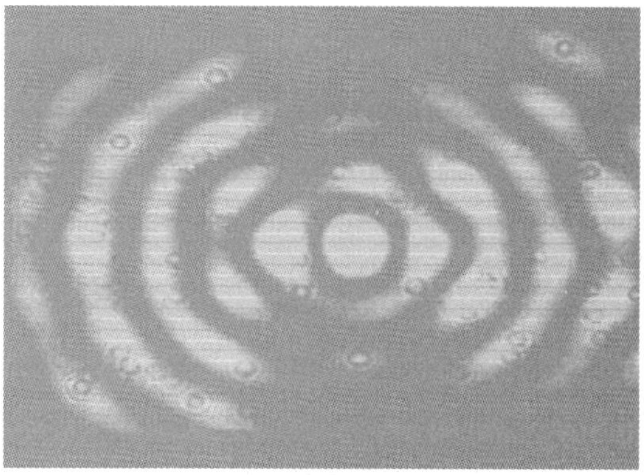

Fig. 9 Photo of grating in experiment

5 Conclusions

One mechatronic system based on parallel mechanism is proposed for achieving perfect mosaic of two gratings. Five uniform drives, with ball screw as macro actuator and piezo stack as micro actuator, are designed for nanometer positioning accuracy. Based on finite element analysis, the flexure guiding unit of piezo actuator and the flexible ball hinge, which connects the macro and micro drives, are optimized. The axial stiffness of the ball hinge is 1 181 times of the lateral stiffness, so that the coupling of force between the parallel five drives can be well suppressed. Two 200 mm×400 mm gratings are tiled on the mechatronic system in experiment. The achieved far-field pattern shows the system can be applied for tiled large-aperture grating in CPA system and meets precision and stability requirements. The experimental results also indirectly demonstrate the system can realize precision positioning with rotation accuracy of 1 μrad and translation accuracy of 20 nm.

References

[1] HARADA T, SAKUMA H, FUSE M. Fabrication of blazed gratings and grisms utilizing anisotropic etching of silicon[J]. Proceeding of SPIE, 1998, 3450: 11-16.

[2] HOOSE J, LOEWEN E, WILEY R, et al. Grand gratings: bigger is better, thanks to mosaic technology[J]. Photonics Spectra, 1995, 12: 118-120.

[3] THOMAS B, SEMYON Z. History and construction of large mosaic diffraction gratings[J]. Proceeding of SPIE, 2002, 4485: 370-377.

[4] ZHANG T J, YONEMURA M, KATO Y. An array-grating compressor for high-power chirped-pulse amplification lasers[J]. Optics Communications, 1998, 145(1-6): 367-376.

[5] KESSLER T J, BUNKENBURG J, HUANG H, et al. Demonstration of coherent addition of multiple gratings for high-energy chirped-pulse-amplified lasers[J]. Optics letters, 2004, 29(6): 635-637.

[6] MA Xuemei, DAI Yaping, ZHU Jianqiang. Effect of tiling gratings errors on laser beam spatial distribution[J]. Acta Optica sinica, 2006, 26(2): 161-165.

[7] ZHAO Bo, HAO Defu. Manufacturing large-size grating by mosaic way[J]. Optics and Precision Engineering, 2000, 8(5): 503-507.

[8] ZHAO Bo. Phase matching of the diffraction gratings[D]. Changchun: Changchun Institute of Optics, Fine Mechanics and Physics, Chinese Academy of Sciences, 2000.

[9] HU Yao, ZENG Lijang, LI Lifeng. Method to mosaic gratings that relies on analysis of far-field intensity patterns in two wavelengths[J]. Optics Communications, 2007, 269(2): 285-290.

[10] YANG Xuedong, XIA Lan, MA Weixin, et al. Experiment of real-time monitoring and adjusting of rotation error about tiled gratings[J]. Chinese Journal of Lasers, 2007, 34(9): 1222-1226.

Study on the Temperature Gradient Evolution of Large Size Nonlinear Crystal Based on the Fluid-solid Coupling Theory

Fuzhong Sun　Peng Zhang　Yingchun Liang　Lihua Lu

（Center for Precision Engineering, Harbin Institute of Technology, Harbin, P.R. China 150001）

Abstract: In the non-critical phase-matching (NCPM) along the Θ=90° direction, ADP and DKDP crystals which have many advantages, including a large effective nonlinear optical coefficient, a small PM angular sensitivity and non beam walk-off, at the non-critical phase-matching become the competitive candidates in the inertial confinement fusion(ICF) facility, so the reasonable temperature control of crystals has become more and more important. In this paper, the fluid-solid coupling models of ADP crystal and DKDP crystal which both have anisotropic thermal conductivity in the states of vacuum and non-vacuum were established firstly, and then simulated using the fluid analysis software Fluent. The results through the analysis show that the crystal surface temperature distribution is a ring shape, the temperature gradients in the direction of the optical axis both the crystals are 0.02 ℃ and 0.01 ℃ due to the air, the lowest temperature points of the crystals are both at the center of surface, and the temperatures are lower than 0.09 ℃ and 0.05 ℃ compared in the vacuum and non-vacuum environment, then propose two designs for heating apparatus.

Keywords: temperature gradient; ADP crystal; DKDP crystal; Non-critical phase-matching

1　Introduction

With the development of laser industry, the laser which has high-frequency and high stability is widely applied in various types of laser devices, such as ICF laser device[1]. The primary methods that obtain the high-frequency and high stability laser is harmonic conversion and frequency mixing using the nonlinear crystals, such as KDP, ADP and DKDP. But in practical application process, the main factors affecting the frequency converter are the amplitude and phase changes of the incident beam, the incident laser pulse time bandwidth, the non-uniform polarization error in crystal surface and the crystal temperature variation, etc[2-4]. The temperature control is a complicated process in the nonlinear ADP, KDP and DKDP crystals which thermal conductivity is

文章发表信息：Proc. of SPIE, 2014, 9282: 92821N.

anisotropic[5].

At present, domestic and foreign scholars have done a lot of research on the effect of temperature on the crystal. Jiaan Zheng[6] et al. analyzed the effect of temperature on the second harmonic conversion of KTP crystal in the type Ⅱcritical phase matching, Degang Xu[7] et al. got the 110 W green laser with high stability in the type Ⅱ phase matching by controlling the temperature of KTP crystal boundary conditions. Mark Webb[8] studied the effect of temperature in KDP crystal on the 1 m laser matching harmonic conversion. However, there are not the researches about the medium effect on the temperature distribution in large aperture optical element.

In order to research the effect of air on the crystal temperature distribution in the heating process, in this paper, the temperature distribution of non-linear ADP and DKDP crystals was analyzed in the vacuum and non-vacuum environment. Firstly, the coupling model of crystal and air was established in the vacuum and non-vacuum environment in Gambit and the boundary condition was set. Then, the crystal temperature field distribution was obtained under different conditions in Fluent software. The result shows that the air in cavity plays a promoting role in the temperature increasing in the initial stage, and then plays an inhibitory effect, at the same time the temperature gradient will exist in the optical axis direction. Finally, two kinds of optimal heating methods were proposed to prevent the large aperture crystal rupture due to the temperature gradient is too large in heating process.

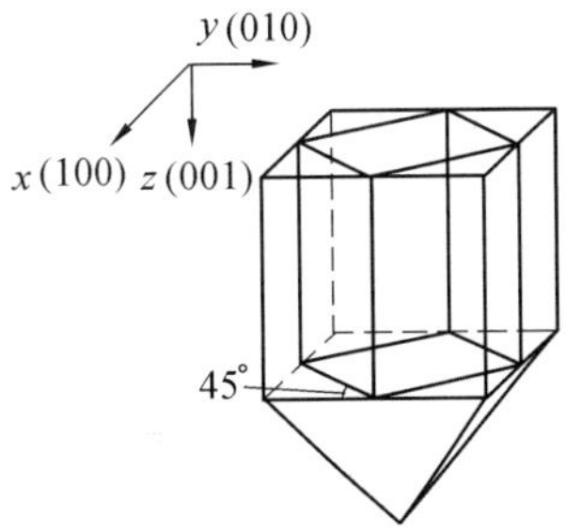

Fig. 1 Crystal cutting

2 Finite element modeling

The large-aperture optical crystal studied in this paper is ADP and DKDP with dimensions of ϕ80 mm×5 mm, which is cut by the type I non-critical phase matching, that is 45° with X axis direction (ϕ=45°) and 90° with Z axis direction (Θ=90°), the crystal cutting is shown in Fig. 1.

The heating apparatus with dimensions of ϕ90 mm×130 mm was established in Gambit software, which is shown in Fig. 2. The heating source is a cylinder and which material is brass. The crystal located in the center of the apparatus, which contact area is crystal side surface and it is the ideal contact. The windows of the heating device is fused silica, which dimensions is ϕ80 mm×7 mm and the contact areas between the heating source and window is also the ideal contact. Air is filled in the closed cavity between crystal and windows.

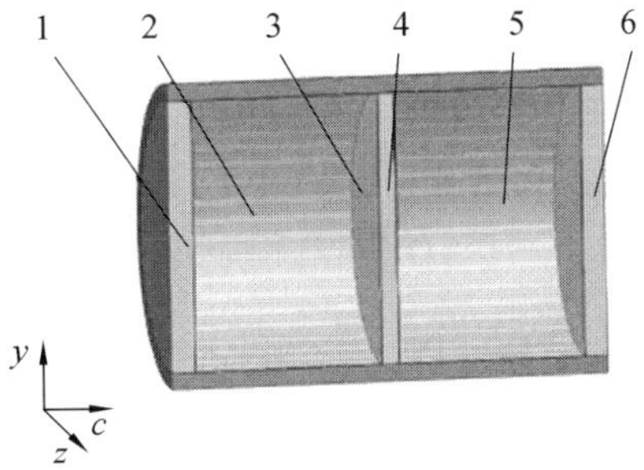

Fig. 2 The modeling sectional view

1, 6—window; 2, 5—air; 3—heating source; 4—crystal

The modeling of heating apparatus was carried out in Gambit software, the hexahedral element with 2 mm×2 mm×2 mm was chosen for analysis for meshing areas. The meshing model in non-vacuum is shown in Fig. 3(a), and the meshing model in vacuum is shown in Fig. 3(b). the property details of the materials are mentioned in Table 1.

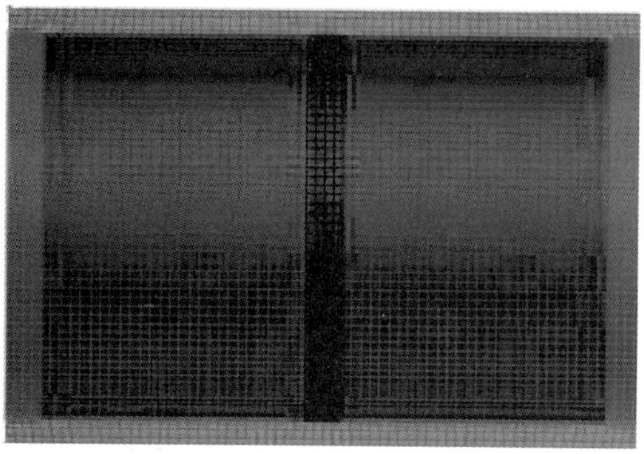

(a)

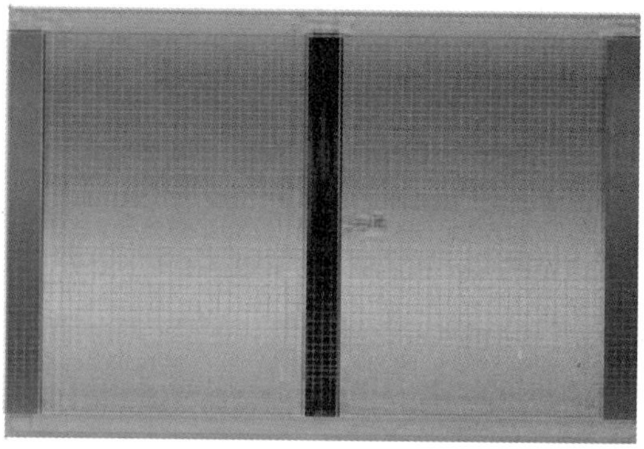

(b)

Fig. 3　The grid model

Table 1　Material properties of the heating modeling

Material	Thermal Conductivity[9] /($W\cdot m^{-1}\cdot K^{-1}$)	Density /($kg\cdot m^{-3}$)	Specific Heat Capacity /($J\cdot kg^{-1}\cdot K^{-1}$)
ADP	// *c*-axis 0.52 ⊥*c*-axis 1.13	2 332	749
DKDP	// *c*-axis 1.46 ⊥*c*-axis 1.77	2 332	746
Brass	120	8 400	380
Fused silica	1.46	2 400	380

3　Result and discussion of finite element analysis

The non-vacuum and vacuum grid models were imported into the Fluent software for calculating, in which set the *Y* axis as the gravity direction, then opened the energy equation, the crystals were ADP and DKDP, which source temperature is 40 ℃, which environment temperature is 23 ℃, the heat transfer coefficient between the window and the outside is 20 $W\cdot m^{-2}\cdot K^{-2}$.

In order to obtain the temperature gradient change in heating process, nine monitoring points were set on the crystal surface, which is shown in the Fig. 4, the crystal temperature will reach a stable state after 50 min.

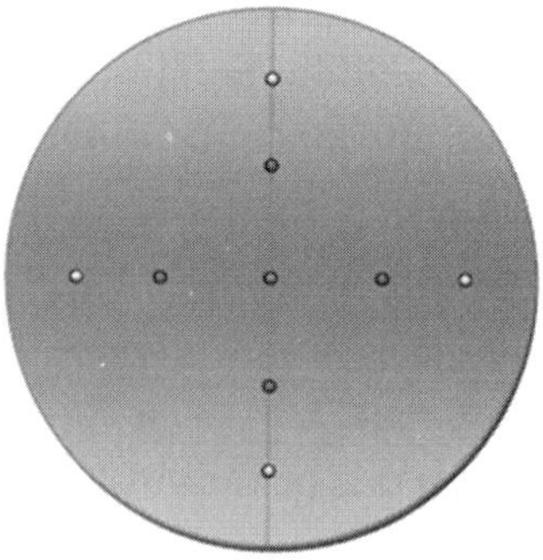

Fig. 4　Monitoring points

3.1 Results of crystal temperature distribution in stable state

In non-vacuum, the heat transfer methods are heat conduction, heat convection and radiation, and in the vacuum, the heat transfer methods are heat conduction and radiation. The radiation equation is

$$Q = 5.67\varepsilon_\delta F_1\left[\left(\frac{T_1}{100}\right)^4 - \left(\frac{T_2}{100}\right)^4\right]$$

where ε_δ is the black coefficient; F_1 is the crystal surface area; T_1, T_2 are the heating source temperature and crystal temperature.

The ADP crystal with anisotropic thermal conductivity was located in heating apparatus and reached stable state after 50 min. The ADP temperature distributions on the surface and in the sectional view are shown in Fig.5 (a). In the figure, the crystal temperature distribution is a ring, the lowest temperature is 39.88 ℃ which appears at the center surface point, the temperature gradient in crystal surface is 0.12 ℃. The temperature gradient exists in the *c*-axis direction due to the influence of air convection, the temperature difference is 0.01 ℃ at *A* point.

In the steady state, $|T_1-T_2|<0.2$ ℃, the effect of radiation is so far less than the effect of heat transfer and heat conduction according to the radiation equation that can be neglect. Compared with the distributions in vacuum and non-vacuum, the lowest temperatures are both at the center point of the surface. The temperature gradient will decrease 0.09 ℃ due to the heat flow, at the same time in the *c*-axis the temperature gradient is 0.01 ℃. In engineering, the relatively small temperature can cause the changes in frequency doubling efficiency. The ADP crystal temperature gradient in non-vacuum is too large to be accepted due to the smaller thermal conductivity.

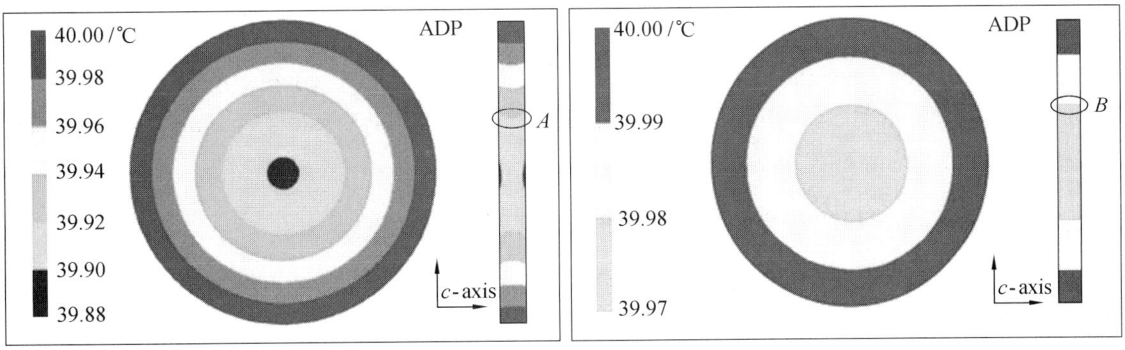

(a) (b)

Fig. 5 ADP crystal temperature distribution

The DKDP crystal reaches the stable state after 40min in the heating apparatus. The surface temperature distribution in the non-vacuum is shown in the Fig.5(a), in which the lowest temperature is 39.93 ℃ locating at the center point ,so the temperature gradient is 0.007 ℃, the temperature gradient in the *c*-axis is 0.004 ℃ from the *C* point. The lowest temperature, in the vacuum state, is 39.98 ℃ and there are no temperature gradient in the *c*-axis shown in the Fig.5(b).

Compared with the temperature distributions in the vacuum and non-vacuum, the temperature gradient decreases 0.05 ℃, and 0.004 ℃ in the *c*-axis direction due to the heat convection. The frequency conversion will has a good effect due to the temperature gradients are less than 0.1 ℃ both in the vacuum and non-vacuum.

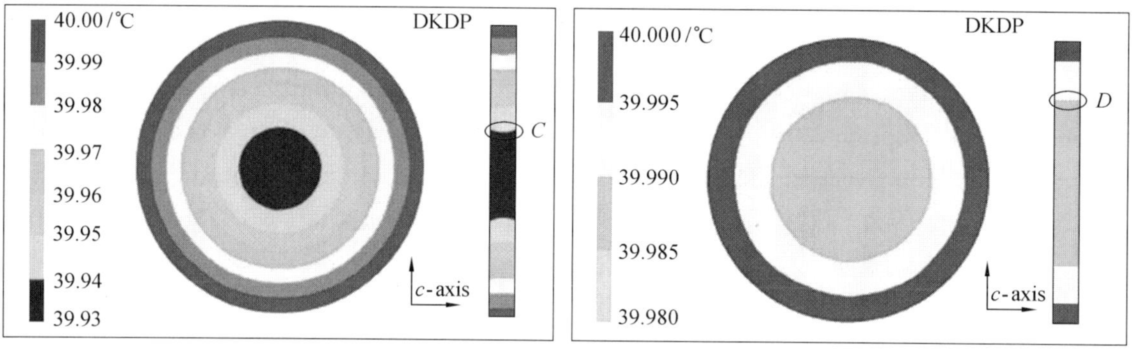

(a)　　　　(b)

Fig.6　DKDP crystal temperature distribution

The result shows that, with the decrease of the crystal thermal conductivity, the surface temperature is becoming larger and the temperature gradient in *c*-axis is also becoming larger due to the air heat convection, however, the temperature gradient in the *c*-axis can neglect in vacuum. In engineering, there are high temperature uniformity requirements in the large aperture crystal, that is $\Delta T<0.1$ ℃, and the DKDP crystal with larger thermal conductivity can meet the requirements both in the vacuum and non-vacuum, while ADP crystals can meet temperature uniformity requirement only in vacuum.

3.2　Results of crystal temperature distribution in heating process

In the crystal heating process, the surface temperature is different at any time due to the air heat convection in vacuum and non-vacuum , which are shown in Fig.7. In figures, the monitoring point 1 is the temperature of the crystal surface center in non-vacuum, the monitoring point 2 is the air temperature corresponding to monitoring point 1, the point 3 is the temperature of the crystal surface center in vacuum.

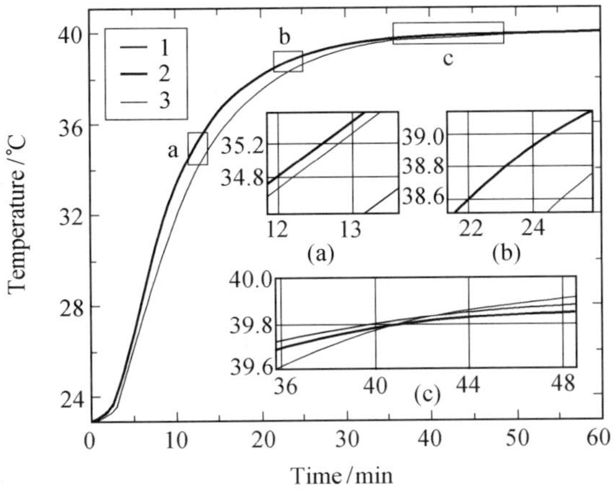

(a) ADP

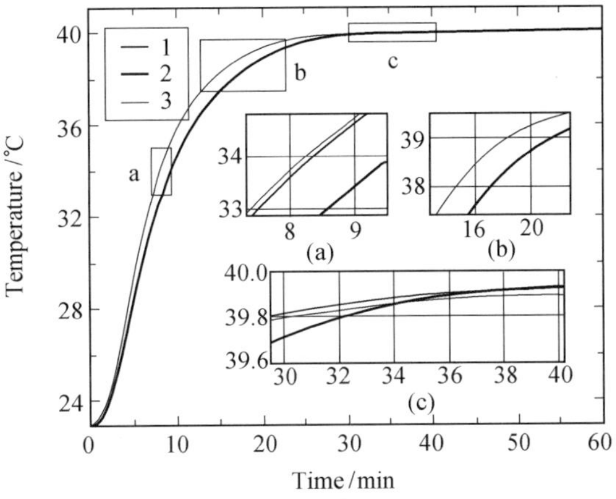

(b) DKDP

Fig.7 Temperature variation in heating process

Fig.7(a) is the ADP crystal temperature variation in heating process. The results through monitoring point 1 and 3 show that the temperature in the air corresponding to the center point is larger than the crystal center temperature before 23 min, in which the biggest temperature discrepancy is 0.2 ℃, however, the temperature in the air corresponding to the air is lower than the one in the center after 23 min. Compared with the monitoring points 1 and 3, the conclusion that the temperature in the non-vacuum is larger than in the vacuum at the same time before 43 min, and the biggest temperature discrepancy is 1.2 ℃, which the air flow plays a promoting effect at this stage, and then the temperature in non-vacuum is lower than in the vacuum at the same time that the air flow plays an inhibitory effect.

Fig.7 (b) shows the DKDP crystal temperature variation in heating process, which has the same variation with ADP crystal. However, the balance time of the crystal temperature and the air temperature corresponding to the crystal center is 17 min, which is ahead of the ADP crystal, the biggest discrepancy is 0.1 ℃. The balance time of the crystal surface center temperatures in the non-vacuum and vacuum is 36 min, which is also ahead of the ADP crystal, and the biggest temperature discrepancy is 1.0 ℃ at the same time.

The results from the Fig.7 show that the air flow plays a promoting role in the heating process in the initial stage, and then plays an inhibitory effect.

3.3 Results of crystal temperature gradient in heating process

The biggest temperature gradient of ADP crystal in the non-vacuum is 4.3 ℃ in the range of ϕ50 mm in the heating process through the nine monitoring points shown in the Fig.4, however, the biggest temperature gradient is 5.5 ℃ in vacuum. In DKDP crystal, the biggest temperature gradient is 3.8 ℃ in the non-vacuum and 4.6 ℃ in the vacuum. The results show that the air flow will decrease the biggest temperature gradient in the heating process.

In engineering, the crystals with large-aperture will cause larger deformation and even produce rupture, due to the high temperature sensitivity, so we should control the biggest temperature gradient in the heating process, such as the step heating method to the large-aperture crystal, that is dividing the heating source temperature into several steps, the temperature of the next step was set up when the previous temperature was stable. The Table 2 is the biggest temperature gradient of ADP and DKDP using the step heating method.

Table 2 The biggest temperature gradients using the step heating method

Increased Temperature	ADP		DKDP	
(℃/step)	Vacuum	Non-Vacuum	Vacuum	Non-Vacuum
3	1.2	0.9	1.1	0.8
5	2.0	1.7	1.8	1.5
8	2.9	2.3	2.7	2.1

3.4 Relationship between the temperature discrepancy and the aspect ratio

Fig.8 shows the relationship of ADP crystal between the aspect ratio and the ΔT which is the temperature discrepancy of the heating source and the crystal surface center in non-vacuum, from which ΔT becomes larger with the heating source temperature increasing. In non-vacuum , ΔT is less than 0.2 ℃ when the aspect ratio is larger than 1.25 when the source temperature is lower than 40 ℃, and ΔT is less than 0.1 ℃ when the aspect ratio is larger than 1.6, so the temperature gradient will decrease through increasing the length of heating apparatus.

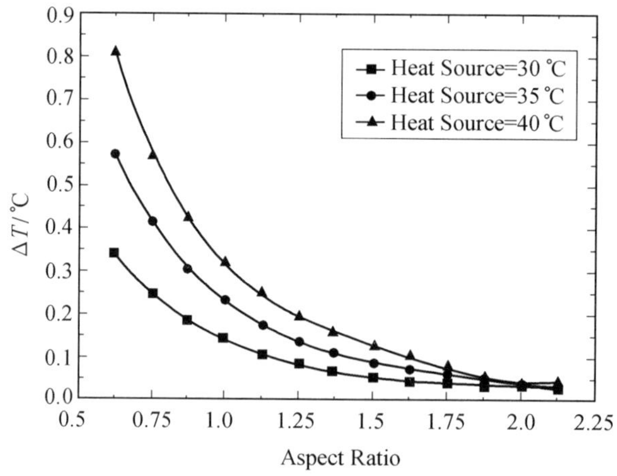

Fig. 8 The relationship between the temperature discrepancy and aspect ratio

4 Conclusions

Reasonable design in heating apparatus can reduce the temperature gradient in the large-aperture crystal, the fluid-solid coupling model was accurately simulated using Fluent. The results show that the air flow plays a promoting role in the heating process in the initial stage, and then plays an inhibitory effect, at the same time causes temperature gradient in the *c*-axis direction, the biggest temperature will decrease in the heating process which can prevent the crystal from damage because of the high temperature gradient. Two methods that can get the optimal temperature distribution were proposed, the first one is that using the step heating method in the vacuum, which can lessen the length of the heating apparatus and also prevent the crystal from damage because of the high temperature gradient in the heating process, the second one is that increasing the length of heating apparatus in non-vacuum can get better temperature distribution in the stable state.

References

[1] EIMERL D, AERBACH J M, BARKER C E, et al. Multi-crystal designs for efficient third-harmonic generation[J]. Optics Letters, 1997, 22(16): 1208-1210.

[2] LI Keyu, JIA Huaiting, WANG Chengcheng, et al. Theory and experiment analysis of factors affecting THG efficiency for the TIL prototype laser facility[J]. Optik, 2009, 120(1): 1-8.

[3] LI Wei, FENG Guoying, LI Gang, et al. Influence of temperature rise distribution in second harmonic generation crystal on intensity distributions of output second harmonic wave[J]. High Power Laser and Particle Beam, 2009, 21(12): 1810-1814.

[4] YAO Jianquan,YU Yizhong ,CHEN Jin, et al. Thermal effect in KTP crystals during high power laser operation[J]. Chinese Physics Letters, 2001, 18(10): 1356-1359.

[5] WANG W, LI K Y, WANG J, et al. Analysis on dependence of phase matching angle on temperature in KDP crystal[J]. Optics and Laser Technology, 2011, 43(3): 683-686.

[6] ZHENG Jiaan, ZHAO Shengzhi, WANG Qingpu, et al. Influence of thermal effect on KTP type-II phase-matching second-harmonic generation[J]. Optics Communications, 2001, 199(1-4): 207-214.

[7] XU Degan, YAO Jianquan, ZHANG Baigang, et al. 110 W high stability green laser using type II phase matching KTP crystal with boundary temperature control[J]. Optics Communications, 2005, 245(1-6): 341-347.

[8] WEBB M. Temperature sensitivity of KDP for phase-matched frequency conversion of 1 μm laser light[J]. IEEE Journal of Quantum Electronic, 1994, 30(8): 1934-1942.

[9] JI Shaohua, WANG Fang, ZHU Lili, et al. Non-critical phase-matching fourth harmonic generation of a 1053-nm laser in an ADP crystal[J]. Scientific Reports, 2013, 3: 1605.

Influence of the Frame Stiffness on the Second Harmonic Generation of the Mounted Optics with Large Aperture

Yingchun Liang[a] Ruifeng Su[a] Lihua Lu[a] Haitao Liu[b,*]

([a]Center for Precision Engineering, Harbin Institute of Technology, Harbin, P. R. China 150001;

[b]Department of Manufacturing, Harbin Institute of Technology, Harbin, P. R. China 150001;

[*]Corresponding author. Add: P. O. Box 413, Harbin Institute of Technology, Harbin, P. R. China, 150001, Email: haitaohit@gmail.com; Tel: +86 139-3664-1613)

Abstract: With the aim to decrease the distortion and the stress as well as to increase the Second Harmonic Generation (SHG) efficiency, a novel mounting configuration with plug function of the optics was proposed, a comprehensive model of the mechanics and the optics was built, the influences of the frame stiffness on the distortion and the stress as well as on the SHG efficiency were investigated. The distortion and the stress were calculated by using the Finite Element Method (FEM), their changing trends with the varying frame stiffness were pointed out, respectively. Furthermore, the phase mismatch induced by the distortion and the stress were calculated, respectively, the SHG efficiency considering the phase mismatch was studied. The results revealed the availability of the mounting configuration and the feasibility of increasing the SHG efficiency by improving the frame stiffness.

Keywords: optics; Second Harmonic Generation; phase mismatch; frame stiffness; Finite Element Method

1 Introduction

The SHG technique [1], since it was discovered, was applied in the Inertial Confinement Fusion (ICF) field and worked in high power laser systems, such as the National Ignition Facility (NIF) in USA [2] and SG-III system in China [3]. KDP crystal, with the excellent performance on the SHG [4], functions as the frequency conversion element in these systems to obtain the SHG. Most of these optics have the geometry characteristic of being large aperture and thin thickness, which easily causes the distortion and the stress due to the combined effects of gravity and the mount. As a result,

文章发表信息：Optics Communications, 2014, 32: 205-211.

both the incident angle of the laser beam [5] and the refractive index [6] change from their ideal conditions, consequently introducing the phase mismatch and finally decreasing the SHG efficiency [7].

A variety of mounting techniques were put forward in the ICF field to solve this problem. J. M. Auerbach [8] proposed three types of mounting configurations of simply support at corners, simply support at edges and clamp at edges, and drawn the conclusion that the third one is the optimal one with the smallest distortion and the highest frequency conversion efficiency. R. L. Hibbard [9] designed a full edge mounting set, in which the external load was applied on the edges of the optics by the means of the elastic deformation of the compliant element. Oliver Lubin [10] employed the bonding scheme, where the optics was bonded to the supporting frame on its side edges. Besides the ICF field, optics applied in other fields also encounters this problem and their solutions are suggestive. According to the supporting and constraint types, generally there are three types of mounting configurations, which are the rigid, the flexible and the bonding types. In the rigid type, optics is supported on the rigid structures and squeezed by the external load. A. H. Li [11] supported the optics on the mechanical frame, A. Nordt [12] fixed the optics to the frame with bolt, G. Figueira [13] supported the optics with actuators on its back, J. Schwarz [14] supported the optics at its inner circumference and loaded at the outer one, U. J. Greiner [15] supported the optics at the outer circumference and loaded at the inner one. In the flexible type, optics is supported by certain flexible mechanism. E. T. Kvamme [16] axially and radial supported the optics with spring and flexible pads, respectively, G. Kroes [17] radial fixed the optics with the flexible pad, which was connected with the springs, B. Saggin [18] radial supported the optics with the thermal adapter, which was connected with the elastic blades, A. H. Li [19] applied a flexible structure consisting of the nylon gasket and the elastic steel to support the optics, in addition, both A. H. Li [20] and L. J. Wang [21] supported the optics with steel strap. In the bonding type, the optics is bonded to the supporting frame. Both D. M. Stubs [22] and C. L. Hom [23] bonded the optics at its periphery to the bond pad, which was fixed to the supporting frame.

In general, the optics rests on or fixed to the supporting frame, the supporting frame deforms under both the optics and its own weight, this frame distortion causes the additional distortion and stress for the optics other than the gravitational ones, which further affects the SHG efficiency. Since the frame distortion is the function of its stiffness, it is clear that the frame stiffness plays an important role on the distortion and the stress of the optics, as well as on the SHG efficiency, which was not assessed in the previous work, where it focus on the gravitational distortion and stress. In this paper, a mounting configuration with plug function of the optics was proposed, where the optics was radial restrained and axially supported by the frame, which was settled down in the housing. A comprehensive model of the mechanics and the optics was built, by employing which the influences of the frame stiffness were discussed. Three components of the frame stiffness, the constraint, the structure and the material stiffness were proposed, the distortion and the stress in consideration of these three kinds of stiffness were numerically calculated by using the FEM, respectively, their changing trends with these varying stiffness were pointed out. More over, the variation of the incident angle caused by the distortion was calculated, and then the phase mismatch induced by it was deduced. On the other side, the variation of the refractive index caused by the stress was calculated according to the photo-elastic effects, and then the induced phase mismatch was deduced. By solving the coupling wave equations in consideration of the phase mismatch, the SHG efficiency was studied.

2 Optical and mechanical configurations

2.1 Optical configuration

To gain the SHG, a frequency converter, mainly consists of a type I KDP crystal in optical, is constructed, the KDP crystal is named as doubler, which is arranged in the type I angle phase matching configuration (o+o→e). The inertial fundamental wave (1.064 μm) is linearly polarized along the ordinary axis of the doubler, producing the residual fundamental and the second harmonic (0.532 μm) waves polarizing along the ordinary and the extraordinary axes, respectively, the phase matching and the azimuth angles are 41.19 and 45 degrees, respectively, as shown in Fig. 1. The frequency converter is installed into the mechanical set, which was fixed at certain location in the optical path, in which way the SHG is performed.

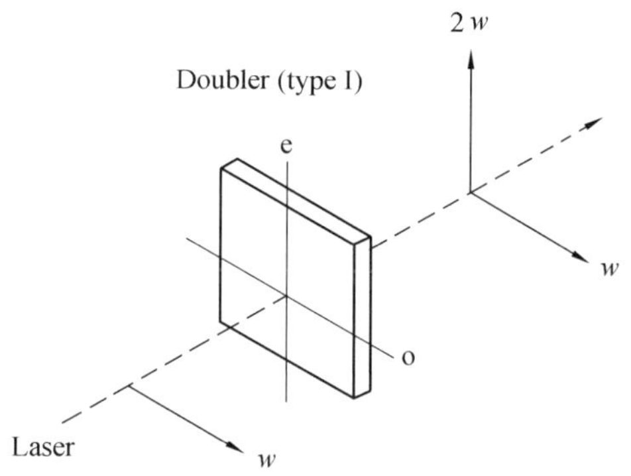

Fig. 1 Optical configuration of the frequency converter

2.2 Mechanical mounting configuration

A mounting configuration, named as the full edge supporting configuration, is proposed. The optics is a plate structure with the geometry dimensions of 430 mm×430 mm×12 mm, it rests on the supporting frame at its full edges and axially (*Z* direction) constrained by the frame at its bottom surface. On the other side, it is squeezed by the stop block at the top surface, where the external load generates. Additionally, the plastic staples support the optics around the periphery, providing the radial (*X* and *Y* directions) constraints. As optically required, the optics is in need of the plug function in the optical path, the frame housing is designed to settle this requirement. By inserting the frame, together with the mounted optics, into or pulling from the housing, the optics accomplishes the plug action, since the housing is mechanically fixed at the assigned location of the optical path. When the frame settles down in the housing, it is axially and radial supported and constrained by the housing, as show in Fig. 2. The system aslant lies in the optical path with gravity is 45 degrees angle to the normal (*Z* direction) in *YZ* plane, as required by the optical demands.

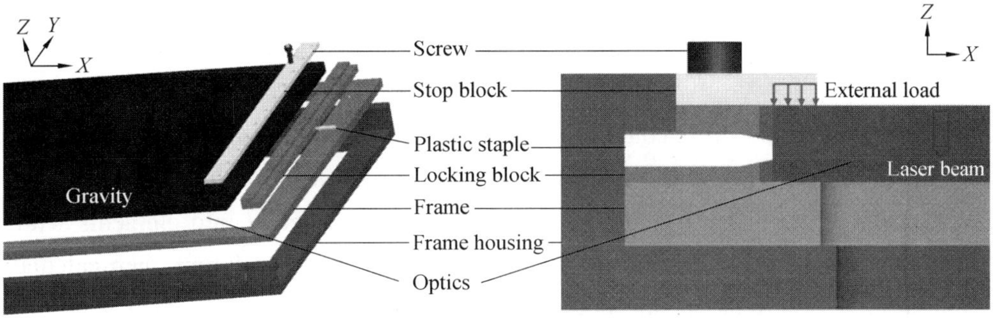

Fig. 2 Mechanical mounting configuration of the optics

3 Theory

The influences of the frame stiffness on the distortion and the stress, as well as on the SHG efficiency are studied by using the comprehensive model, which consists of both the mechanical and the optical models. By using the mechanical model, the influences of the frame stiffness on the distortion and the stress are studied, respectively. By using the optical model, the phase mismatch induced by the distortion and the stress are calculated, respectively, further more, the SHG efficiency is studied in consideration of the phase mismatch.

3.1 Mechanical analysis

The optics is a plate structure, its distortion could be solved according to the elasticity [24]:

$$[K]\{U\}=\{F\} \tag{1}$$

where $\{U\}=\{u\ v\ w\}^{\mathrm{T}}$ is the distortion matrix; $[K]$ is the stiffness matrix, determined by the conditions of constraint, structure and material; $\{F\}$ is the load matrix, including gravity and the external load.

The stress is solved following the distortion:

$$\begin{cases}\{\sigma\}=[D]\{\varepsilon\}\\ \{\varepsilon\}=[B]\{U\}\end{cases} \tag{2}$$

where $\{\sigma\}=\{\sigma_{xx}\ \sigma_{yy}\ \sigma_{zz}\ \sigma_{yz}\ \sigma_{xz}\ \sigma_{xy}\}^{\mathrm{T}}$ is the stress matrix; $\{\varepsilon\}=\{\varepsilon_{xx}\ \varepsilon_{yy}\ \varepsilon_{zz}\ \varepsilon_{yz}\ \varepsilon_{xz}\ \varepsilon_{xy}\}^{\mathrm{T}}$ is the strain matrix; $[D]$ is the elastic matrix, representing the relationship between the stress and the strain, as to KDP crystal, the relationship is anisotropic [Ref. 10]:

$$\begin{Bmatrix}\sigma_{xx}\\ \sigma_{yy}\\ \sigma_{zz}\\ \sigma_{yz}\\ \sigma_{xz}\\ \sigma_{xy}\end{Bmatrix}=\begin{bmatrix}D_{11} & D_{12} & D_{13} & 0 & 0 & 0\\ D_{12} & D_{11} & D_{13} & 0 & 0 & 0\\ D_{13} & D_{13} & D_{33} & 0 & 0 & 0\\ 0 & 0 & 0 & D_{44} & 0 & 0\\ 0 & 0 & 0 & 0 & D_{44} & 0\\ 0 & 0 & 0 & 0 & 0 & D_{66}\end{bmatrix}\begin{Bmatrix}\varepsilon_{xx}\\ \varepsilon_{yy}\\ \varepsilon_{zz}\\ 2\varepsilon_{yz}\\ 2\varepsilon_{xz}\\ 2\varepsilon_{xy}\end{Bmatrix} \tag{3}$$

where D_{11}=71.2, D_{12}=−5.0, D_{13}=14.1, D_{33}=56.8, D_{44}=12.6, D_{66}=6.22 (in units of GPa). $[B]$ is the geometry matrix:

$$[B]=\begin{bmatrix} \partial/\partial x & 0 & 0 & 0 & \partial/\partial z & \partial/\partial y \\ 0 & \partial/\partial y & 0 & \partial/\partial z & 0 & \partial/\partial x \\ 0 & 0 & \partial/\partial z & \partial/\partial y & \partial/\partial x & 0 \end{bmatrix} \tag{4}$$

The Distortion and the stress could be calculated by combinedly solving Eq. (1)-(4), however, it is challengeable to analytically solve theses equations, the alternative is numerical solve by using the FEM. The principle of FEM is discretizing the integral structure into elements with nodes, solving the local distortion and stress for nodes as the fundamental solution, then calculating the element solution by interpolating the node results, finally, obtaining the global solution for the structure by integrating the element solution.

3.2 Finite element model

The mounting configuration is modeled and mechanically analyzed by using the finite element package ANSYS. For the sake of modeling and analyzing, some reasonable simplifications are processed in the finite element modeling. The finite element model mainly consists of the optics and the frame, which are solid modeled and meshed, generating 22 868 elements and 31 326 nodes. The nodes in the supporting area, where the frame connects with the optics, are merged, representing the axial rigid supporting of the optics. Nodes in *X* and *Y* directions of the periphery of the optics are constrained to *X* and *Y* directions, respectively, representing the radial constraints from the plastic staples. Certain nodes of the bottom surface of the frame are constrained to *Z* direction, representing the axial constraint from the housing. Nodes in *X* and *Y* directions of the periphery of the frame are constrained to *X* and *Y* directions, respectively, representing the radial constraint from the housing. External load applies on the edges of the top surface, representing the squeezing effects of the stop block. Gravity functions with a 45 degrees angle to *Z* direction in *YZ* plane, representing the aslant lying effects. The finite element mode is shown in Fig. 3, the property details of the materials are mentioned in Table 1. Note that there are no exact values for Young's modulus and Poisson's ratio in Table 1, it is because KDP crystal is anisotropic, these two parameters are represented by the relationship between the stress and the strain as stated in Eq. (3).

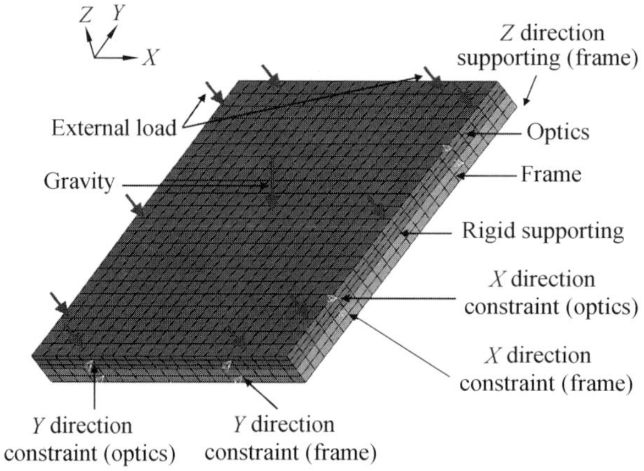

Fig. 3　Finite element model of the mounting configuration

Table 1 Material properties of the mounting configuration

Components	Material	Young's modulus /MPa	Poisson's ratio	Density/(kg·m^{-3})
Optics	KDP			2.34×10^3
Frame	steel	2×10^5	0.3	7.8×10^3

3.3 Optical analysis

3.3.1 Phase mismatch induced by the distortion

Firstly, the variation of the incident angle along the extraordinary axis induced by the distortion is solved. When the optics distorts, its surface changes from the ideal plane to curve, introducing the surface slop:

$$\Delta\beta \approx \tan(\Delta\beta) = (d_2 - d_1)/l \tag{5}$$

where $\Delta\beta$ is the slop angle at certain location of the surface, it is small in value and approximates to its tangent tan($\Delta\beta$); d_1 and d_2 are the distortions (in Z direction) of two adjacent nodes; l is the distance between the two nodes, which is the element dimension in the finite element model.

As to type I phase matching, the variation of the incident angle along the extraordinary axis is

$$\Delta\theta = \Delta\beta \times \cos\theta_{\mathrm{m}} \times \cos\varphi \tag{6}$$

where $\Delta\theta$ is the variation of the incident angle along the extraordinary axis; θ_{m} and φ are the phase matching and the azimuth angles as mentioned in the section 2.1, they are θ_{m}=41.19° and φ=45°.

Secondly, the phase mismatch induced by the variation of the incident angle is solved[25]:

$$\Delta K = K_2 - 2K_1 = (\omega_2/c)\times n_2(\omega_2,\theta) - 2\times(\omega_1/c)\times n_1(\omega_1,\theta) \tag{7}$$

where ΔK is the phase mismatch; K_i, ω_i and n_i are the wave vectors, the frequencies and the refractive indexes; respectively, c is the light velocity. Taylor expanding Eq. (7) at θ_{m}:

$$\Delta K = \Delta K|_{\theta=\theta_{\mathrm{m}}} + \mathrm{d}(\Delta K)/\mathrm{d}\theta|_{\theta=\theta_{\mathrm{m}}} \times (\Delta\theta) = \mathrm{d}(\Delta K)/\mathrm{d}\theta|_{\theta=\theta_{\mathrm{m}}} \times (\Delta\theta) \tag{8}$$

where $\Delta K|_{\theta=\theta_{\mathrm{m}}}=0$ is the ideal condition where the incident angle is the phase matching angle; $\theta=\theta+\Delta\theta_{\mathrm{m}}$ is the changed incident angle. As to type I phase matching, there is [Ref. 25]:

$$\begin{cases} n_1(\omega_1,\theta) = n_{\mathrm{o}}(\omega_1) \\ n_2(\omega_2,\theta) = n_{\mathrm{e}}(\omega_2,\theta) = \left[\dfrac{n_{\mathrm{o}}^2(\omega_2)n_{\mathrm{e}}^2(\omega_2)}{n_{\mathrm{o}}^2(\omega_2)\sin^2\theta + n_{\mathrm{e}}^2(\omega_2)\cos^2\theta}\right]^{1/2} \end{cases} \tag{9}$$

where n_{o} and n_{e} are the refractive index along the ordinary and the extraordinary axes, respectively, $n_{\mathrm{o}}(\omega_1)$=1.494 20, $n_{\mathrm{o}}(\omega_2)$=1.512 85, $n_{\mathrm{e}}(\omega_2)$=1.565 62. Substituting Eq. (9) into Eq. (7) and let ΔK derivatives of θ:

$$
\begin{aligned}
\mathrm{d}(\Delta K)/\mathrm{d}\theta &= (\mathrm{d}K_2/\mathrm{d}\theta) - 2\times(\mathrm{d}K_1/\mathrm{d}\theta) \\
&= -(1/2)\times(\omega_2/c)\times n_\mathrm{e}^2(\omega_2,\theta)\times[n_\mathrm{e}^{-2}(\omega_2) - n_\mathrm{o}^{-2}(\omega_2)]\times\sin 2\theta
\end{aligned} \tag{10}
$$

Substituting Eq. (10) into Eq. (8), there is

$$
\begin{aligned}
\Delta K &= \left.\frac{\mathrm{d}(\Delta K)}{\mathrm{d}\theta}\right|_{\theta=\theta_\mathrm{m}} \times(\Delta\theta) \\
&= \{-(1/2)\times(\omega_2/c)\times n_\mathrm{e}^2(\omega_2,\theta)\times[n_\mathrm{e}^{-2}(\omega_2) - n_\mathrm{o}^{-2}(\omega_2)]\times\sin 2\theta\}\big|_{\theta=\theta_\mathrm{m}} \times(\Delta\theta)
\end{aligned} \tag{11}
$$

substituting Eq. (5) and (6) into Eq. (11), the phase mismatch induced by the distortion could be received.

3.3.2 Phase mismatch induced by the stress

Firstly, the variation of the refractive index induced by the stress is calculated according to the photo-elastic effects [Ref. 10]:

$$
\begin{Bmatrix} \Delta B_{xx} \\ \Delta B_{yy} \\ \Delta B_{zz} \\ \Delta B_{yz} \\ \Delta B_{xz} \\ \Delta B_{xy} \end{Bmatrix} = \begin{Bmatrix} B_{xx} - 1/n_o^2 \\ B_{yy} - 1/n_o^2 \\ B_{zz} - 1/N_e^2 \\ B_{yz} \\ B_{xz} \\ B_{zy} \end{Bmatrix} = \begin{bmatrix} \pi_{11} & \pi_{12} & \pi_{13} & 0 & 0 & 0 \\ \pi_{12} & \pi_{11} & \pi_{13} & 0 & 0 & 0 \\ \pi_{13} & \pi_{13} & \pi_{33} & 0 & 0 & 0 \\ 0 & 0 & 0 & \pi_{44} & 0 & 0 \\ 0 & 0 & 0 & 0 & \pi_{44} & 0 \\ 0 & 0 & 0 & 0 & 0 & \pi_{66} \end{bmatrix} \begin{Bmatrix} \sigma_{xx} \\ \sigma_{yy} \\ \sigma_{zz} \\ \sigma_{yz} \\ \sigma_{xz} \\ \sigma_{xy} \end{Bmatrix} \tag{12}
$$

where ΔB_{ij} is the variation of the permittivity tensor B_{ij}; π_{ij} is the photo-elastic coefficient, π_{11}=4.15, π_{12}=4.08, π_{13}=1.12, π_{31}=3.60, π_{33}=0.44, π_{44}=−1.47, π_{66}=−10.26 (in units of TPa^{-1}), n_o and N_e are the ordinary and the principal extraordinary refractive indexes, respectively, $N_\mathrm{e}(\omega_1)$=1.460 39, $N_\mathrm{e}(\omega_2)$=1.565 62, σ is the stress as stated in the section 3.1. The variations of the ordinary and the extraordinary indexes are obtained according to Eq. (12):

$$
\begin{cases}
\Delta n_\mathrm{o} = -(n_\mathrm{o}^3/2)\times(\Delta B_{xx}\times\sin^2\varphi + \Delta B_{yy}\times\cos^2\varphi - \Delta B_{xy}\times\sin 2\varphi) \\
\Delta n_\mathrm{o} = -(n_\mathrm{e}^3/2)\times(\Delta B_{xx}\times\cos^2\theta\times\cos^2\varphi + \Delta B_{yy}\times\cos^2\theta\times\sin^2\varphi \\
\qquad + \Delta B_{zz}\times\sin^2\theta + \Delta B_{xy}\times\cos^2\theta\times\sin 2\varphi - \Delta B_{xz}\times\sin 2\theta\times\cos\varphi \\
\qquad - \Delta B_{yz}\times\sin 2\theta\times\sin\varphi)
\end{cases} \tag{13}
$$

where Δn_o and Δn_e are the variations of n_o and n_e.

Secondly, the phase mismatch induced by the variations of the indexes is calculated as

$$
\begin{cases}
\Delta K = (K_2 + \Delta K_2) - 2\times(K_1 + \Delta K_1) = \Delta K_2 - 2\times\Delta K_1 \\
\Delta K_1 = (\omega_1/c)\times\Delta n_\mathrm{o}(\omega_1) \quad \Delta K_2 = (\omega_2/c)\times\Delta n_\mathrm{e}(\omega_2)
\end{cases} \tag{14}
$$

where K_2-$2K_1$=0 is the condition of phase matching. Substituting Eq. (13) into Eq. (14), the stress induced phase mismatch is solved.

3.3.3 The SHG efficiency

As to the SHG in KDP crystal of type I phase matching, the coupling wave equations are [26]

$$\begin{cases} \dfrac{dE(2\omega,z)}{dz} = \dfrac{2i\omega^2}{k_{2\omega}c^2}\chi_{eff}^{(2)}E(\omega,z)e^{i\Delta kz} \\ \dfrac{dE(\omega,z)}{dz} = \dfrac{i\omega^2}{k_{\omega}c^2}\chi_{eff}^{(2)}E(2\omega,z)E^*(2\omega,z)e^{-i\Delta kz} \end{cases} \tag{15}$$

where z is the propagation coordinate of the laser beam, valuing within the optics thickness; $E(\omega, z)$ and $E(2\omega, z)$ are the complex amplitudes; $E^*(\omega, z)$ is the conjugate of $E(\omega, z)$; k_ω and $k_{2\omega}$ are the wave vectors; $\chi^{(2)}{}_{eff}$=0.78 pm·V^{-1} is the secondary effective nonlinear polarizability; Δk is the phase mismatch. It is challengeable to analytically solve Eq. (15), the alternative is numerical solving by using Runge-Kutta method.

The SHG efficiency is calculated as [27]

$$\begin{cases} \eta = \dfrac{P_2}{P_1} \\ P_1 = \dfrac{1}{2}n_{1o}c\varepsilon_0|E_1|^2 \quad P_2 = \dfrac{1}{2}n_{2e}c\varepsilon_0|E_2|^2 \end{cases} \tag{16}$$

where η is the efficiency; P_i and E_i are the powers and the complex amplitudes, respectively, ε_0=8.85×10^{-14} F·cm^{-1} is the permittivity of vacuum.

4 Results and discussions

The laser beam studied in this paper is plane wave with the aperture of 400 mm×400 mm, the intensity of the fundamental wave is 2 GW·cm^{-2}. It is obviously that only the distortion and the stress within the laser aperture would affect the SHG efficiency, so defining the area of 400 mm×400 mm of the bottom surface of the optics as the pupil area, only the distortion and the stress within the pupil area are discussed.

4.1 Distortion and stress

Due to gravity and the mount, the optics distorts in Z direction, the central distortion is large as it is far away from the supporting area, while the edge one is small since it is near the supporting area. The distortion gradually decreases when it changes from central to edge, as shown in Fig. 4 (a). Root Mean Square (RMS) value is a type of criteria to evaluate area data, RMS value of the distortion here is the root mean square value of the distortions (in Z direction) of the 6 561 nodes within the pupil area, representing the distortion of the pupil area. Distortion changes, the RMS value changes in the same trend.

The overall stress all over the optics, consists of three kinds of stresses, as proposed in this paper, they are the distortion, the constraint and the contact stresses, caused by the distortion, the radial constraint of the optics, and the contact between the optics and the frame, respectively. The distortion stress is directly affected by the distortion, it is small in value, but it is general, existing all over the optics and dominating the changes of the overall stress. The latter two are large in value, but they are local, only existing at the locations of the radial constraint and the contact, which limits their contribution to the change of the overall stress. The overall stress distribution is non uniform since there existing these three kinds of stresses, generally, it is small in central and large in edge, as shown in Fig. 4 (b). Note that the overall stress calculated by the FEM is expressed in the form of Von Misses stresses, which is a conception in elasticity, it is beyond the scope of this paper. Again, the RMS value is introduced to evaluate the overall stress, similar to the one of distortion, the RMS value here is the root mean square value of the Von Misses stresses of the 6 561 nodes all over the pupil area, representing the overall stress of the pupil area. The overall stress changes, the RMS values changes in the same trend.

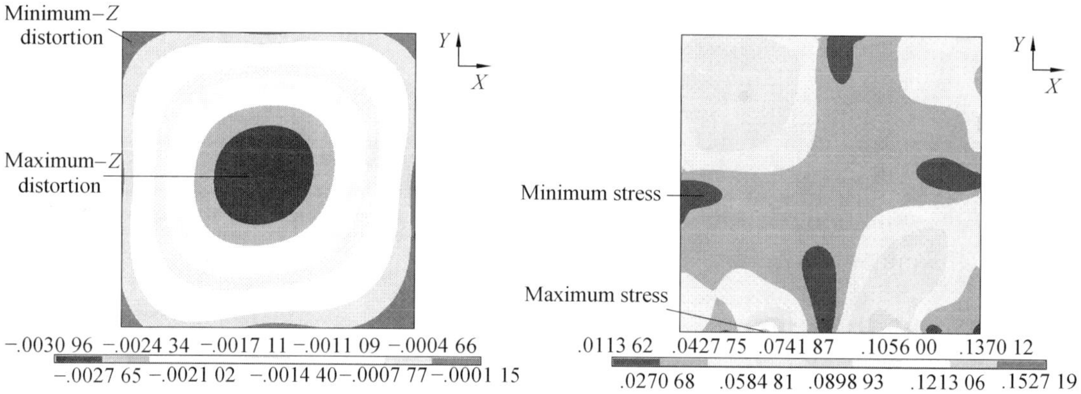

(a) the distortion distribution　　(b) the stress distribution

Fig. 4.　Distributions of the distortion and the stress of the pupil area

4.2　Influences of the constraint stiffness

When the frame settles down in the housing, it is constrained by the housing in *Z* direction. Due to the limitation of the machining accuracy, the surfaces of both the frame and the housing are curve surfaces with peaks and valleys, as a results, the frame contacts with the housing at the peak points and be constrained in *Z* direction at these points. The number of the constraint points affects the constraint stiffness of the frame, when constrained by many points, the frame distorts difficultly and the distortion is small, while constrained by few points, it distorts easily and the distortion is large, this is the constraint stiffness proposed in this paper. The number of the constraint points, in this case, is employed as the representative of the constraint stiffness to study its influence. The more the constraint points are, the more sturdy the constraint stiffness are, vice versa.

As to the distortion, when the number of the constraint points increases, the constraint stiffness increases, bringing about the decreasing frame distortion. Consequently the optics distortion decreases, the optics surface changes to be smoother, both the surface slop and the incident angle variation decrease. As a result, the induced phase mismatch decreases, the SHG efficiency increases. As to the stress, when the optics distortion decreases, the distortion stress decreases, consequently the overall stress decreases. As a result, the induced phase mismatch decreases, the SHG efficiency increases. When the number of the constraint points increases from 16 to 112, the RMS value of the optics distortion decreases from 1.7 μm to 1.2 μm, the corresponding SHG efficiency increases from 20% to 36%, as shown in Fig. 5 (a). The RMS value of the overall stress decreases from 0.048 MPa to 0.038 MPa, the corresponding SHG efficiency increases from 51% to 55%, as shown in Fig. 5 (b).

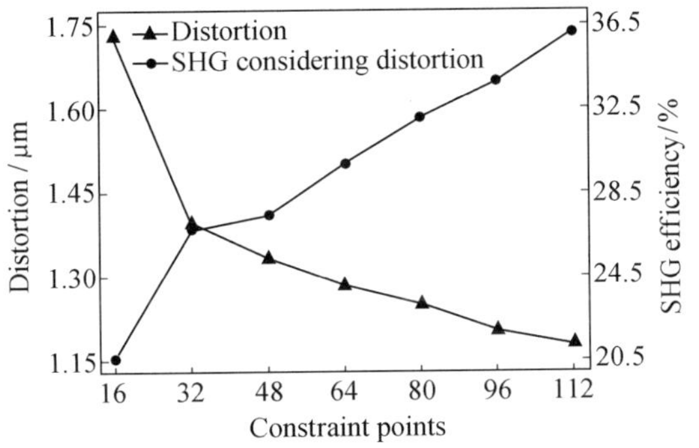

(a) the distortion and the corresponding SHG efficiency

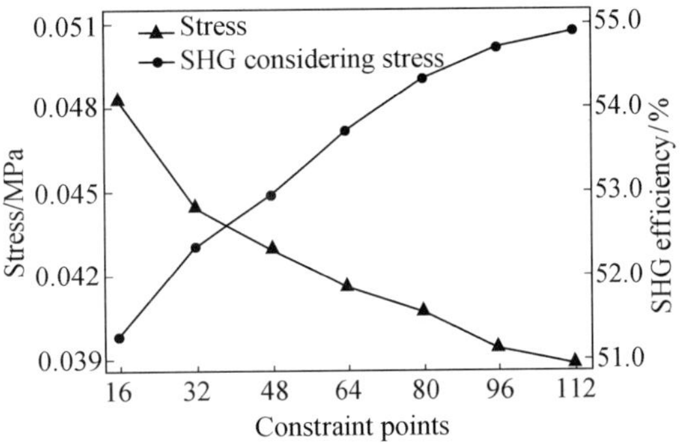

(b) the stress and the corresponding SHG efficiency

Fig. 5 The influences of the constraint stiffness

The distortion and the stress change large in the case of less constraint points, where the influences of other factors are obvious, so the following analysis about the structure and the material stiffness are in the 16 constraint points case.

4.3 Influences of the structure stiffness

The structural form of the frame also affects its stiffness, when in certain structural form, the frame distorts difficultly and the distortion is small, while in other forms, it distorts easily and the distortion is large, this is the structure stiffness proposed in this paper. Among the parameters of the structural form, the frame thickness is employed as the representative of the structure stiffness to study its influence. The thicker the thickness is, the more robust the structure stiffness is, vice versa.

As to the distortion, when the thickness increases, the structure stiffness increases, bringing about the decrease of the frame distortion. Consequently the optics distortion decreases, the optics surface changes to be smoother, both the surface slop and the incident angle variation decrease. As a result, the induced phase mismatch decreases, the SHG efficiency increases. As to the stress, when the optics distortion decreases, the distortion stress decreases, consequently the overall stress decreases. As a result, the induced phase mismatch decreases, the SHG efficiency increases. When the thickness increases from 10 mm to 20 mm, the RMS value of the optics distortion decreases from 1.7 μm to 1.5 μm, the corresponding SHG efficiency increases from 21% to 26%, as shown in Fig. 6 (a). The RMS value of the overall stress decreases from 0.047 MPa to 0.045 MPa, the corresponding SHG efficiency increases from 51% to 53%, as shown in Fig. 6 (b).

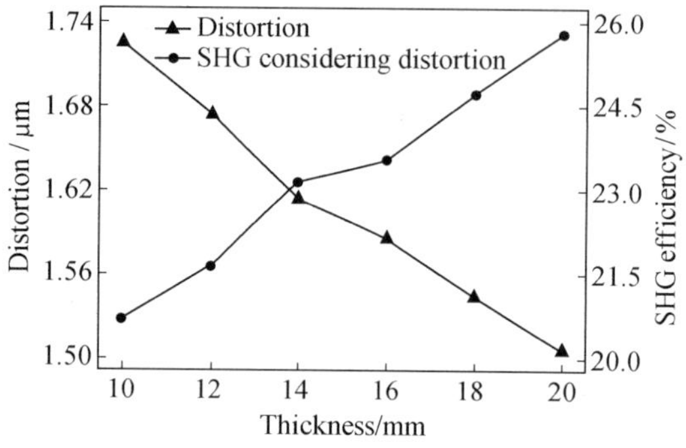

(a) the distortion and the corresponding SHG efficiency

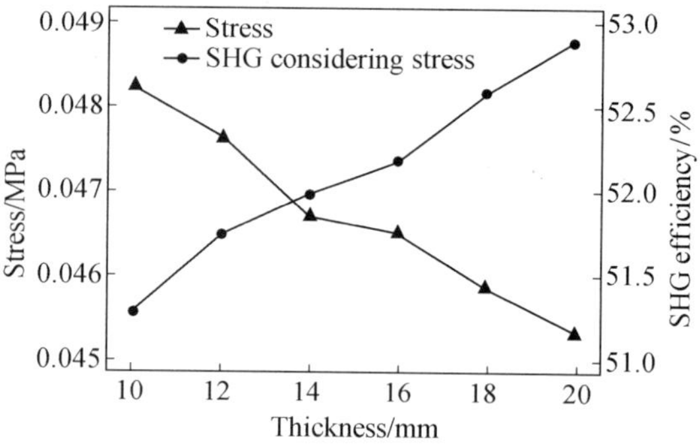

(b) the stress and the corresponding SHG efficiency

Fig. 6 The influences of the structure stiffness

4.4 Influences of the material stiffness

It is clear that the material of the frame will surely affect the frame stiffness, when fabricated by certain material, the frame distorts difficultly and the distortion is small, while fabricated with other materials, it distorts easily and the distortion is large, this is the material stiffness proposed in this paper. The Young's modulus is one of the mechanical properties that affecting the material stiffness, it is applied as the representative to study the influence. The larger the Young's modulus is, the more powerful the material stiffness is, vice versa. It is noted that, in this case, the Young's modulus varies while the other material properties keep the same with those of steel, it does not mean that the exact materials with these Young's modulus really exist, the hypothetical Young's modulus proposed here is only for the theoretical analysis.

As to the distortion, when the Young's modulus increases, the material stiffness increases, bringing about the decrease of the frame distortion. Consequently the optics distortion decreases, the optics surface changes to be smoother, both the surface slop and the incident angle variation decrease. As a result, the induced phase mismatch decreases, the SHG efficiency increases. As to the stress, when the frame distortion decreases, the optics distortion decreases, consequently the overall stress decreases. As a result, the induced phase mismatch decreases, the SHG efficiency increases. When the Young's modulus increases from 40 GPa to 200 GPa (steel), the RMS value of the optics distortion decreases from 2.2 μm to 1.7 μm, the corresponding SHG efficiency increases from 9% to 21%, as shown in Fig. 7 (a). The RMS value of the overall stress decreases from 0.057 MPa to 0.048 MPa, the corresponding SHG efficiency increases from 48% to 51%, as shown in Fig. 7 (b).

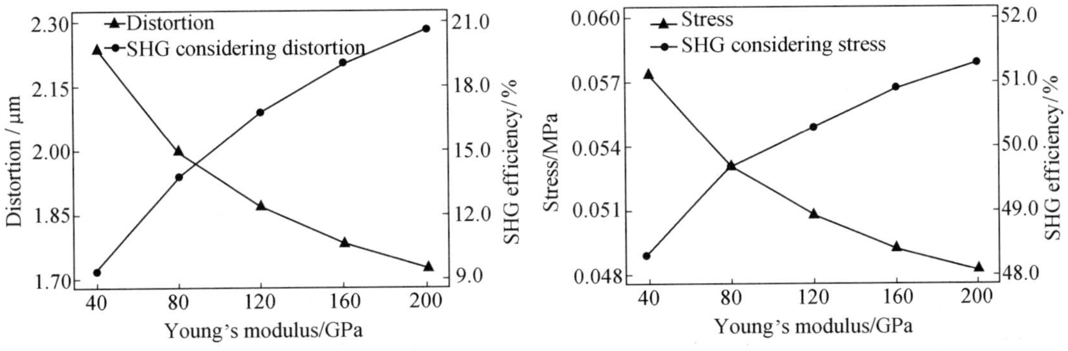

(a) the distortion and the corresponding SHG efficiency (b) the stress and the corresponding SHG efficiency

Fig. 7 The influences of the material stiffness

5 Conclusions

Driven by the need of decreasing the distortion and the stress, as well as increasing the SHG efficiency of the mounted optics with large aperture, a novel mounting configuration is proposed, and a comprehensive model of the mechanics and the optics is built, by using which the influences of the frame stiffness are studied. Three components of the frame stiffness are proposed, for each one, both the distortion and the stress are calculated mechanically, based on which the induced phase mismatch and the SHG efficiency are analyzed optically. The results reveal the availability of the mounting configuration, both the distortion and the stress would be mitigated, as well as the SHG efficiency would increase when the constraint, the structure and the material stiffness increase, respectively. The results are suggestive for the strives of decreasing the distortion and the stress, as well as increasing the SHG efficiency in the view of the mounting configuration design, it is profitable, for increasing the SHG efficiency, of fabricating the structures in high precision with precision machining technology to improve the constraint stiffness, designing the reasonable structural form to increase the structure stiffness, and applying the suitable material with the excellent properties to enhance the material stiffness.

6 Acknowledgements

This work is funded by the National Natural Science Foundation of China (No. 51205087).

References

[1] FRANKEN P A, HILL A E, PETERS C W, et al. Generation of optical harmonics[J]. Physics Review. Letters, 1961, 7(4): 118-120.

[2] HAYNAM C A, WEGNER P J, AUERBACH J M, et al. National Ignition Facility laser performance status[J]. Applied Optics, 2007, 46(16): 3276-3303.

[3] ZHU Qihua, ZHENG Wanguo, WEI Xiaofeng, et al. Research and construction progress of SG-III laser facility[J]. Proceedings of SPIE, 2013, 8786: 87861G.

[4] EIMERL D. Electro-optic, linear, and nonlinear optical properties of KDP and its isomorphs[J]. Ferroelectrics, 1987, 72(1-4): 95-139.

[5] AUERBACH J M, WEGNER P J, COUTURE S A, et al. Modeling of frequency doubling and tripling with measured crystal spatial refractive-index nonuniformities[J]. Applied Optics, 2001, 40(9): 1404-1411.

[6] LI Kun, ZHANG Bin. Analysis of broadband third harmonic generation with non-collinear angular dispersion in KDP crystals[J]. Optics Communications, 2008, 281(8): 2271-2278.

[7] HOU Jing, ZHANG Yudong, JIANG Wenhan, et al. Second-harmonic generation of beams with aberrations[J]. Journal of the Optical Society of America B, 2002, 19(6): 1380-1390.

[8] AUERBACH J M, BARKER C E, COUTURE S A, et al. Modeling of frequency doubling and tripling with converter refractive index spatial non-uniformities due to gravitational sag[J]. Proceedings of SPIE, 1999, 3492: 472-479.

[9] HIBBARD R L, NORTON M A, WEGNER P J. The design of precision mounts for optimizing the conversion efficiency of KDP crystals for the National Ignition Facility[R]. Lawrence Livermore National Laboratory Report, 1998, UCRL-JC-130317.

[10] LUBIN O, GOUEDARD C. Modeling of the effects of KDP crystals gravity sag on third harmonic generation[J]. Proceedings of SPIE, 1999, 3492: 802-808.

[11] LI Anhu, LIU Liren, SUN Jianfeng, et al. Research on a scanner for tilting orthogonal double prisms[J]. Applied Optics, 2006, 45(31): 8063-8069.

[12] NORDT A, JACOBY M, BIGGS B, et al. NIRCam fold mirror and mount designs[J]. Proceedings of SPIE, 2007, 6692: 66920F.

[13] FIGUEIRA G, WEMANS J, PIRES H, et al. Single adjuster deformable mirror with four contact points for simultaneous correction of astigmatism and defocus[J]. Optics Express, 2007, 15(9): 5664-5673.

[14] SCHWARZ J, GEISSEL M, RAMBO P, et al. Development of a variable focal length concave mirror for on-shot thermal lens correction in rod amplifiers[J]. Optics Express, 2006, 14(23): 10957-10969.

[15] GREINER U J, KLINGENBERG H H. Thermal lens correction of a diode-pumped Nd: YAG laser of high TEM_{00} power by an adjustable-curvature mirror[J]. Optics Letters, 1994, 19(16): 1207-1209.

[16] KVAMME E T, JACOBY M. A second generation low stress cryogenic mount for space-borne lithium fluoride optics[J]. Proceedings of SPIE, 2007, 6692: 66920I.

[17] KROES G, KRAGT J, NAVARRO R, et al. Opto-mechanical design for transmission optics in cryogenic IR

instrumentation[J]. Proceedings of SPIE, 2008, 7018: 70182D.

[18] SAGGIN B, TARABINI M, SCACCABAROZZI D. Infrared optical element mounting techniques for wide temperature ranges[J]. Applied Optics, 2010, 49(3): 542-548.

[19] LI Anhu, JIANG Xuchun, SUN Jianfeng, et al. Radial support analysis for large-aperture rotating wedge prism[J]. Optics and Laser Technology, 2012, 44(6): 1881-1888.

[20] LI Anhu, LUAN Zhu, BIAN Yongming, et al. Integrated analysis of strap mount for a circular mirror[J]. Optik, 2011, 122(17): 1584-1587.

[21] WANG Lijuan, LIU Liren, SUN Jianfeng, et al. Large-aperture double-focus laser collimator for PAT performance testing of inter-satellite laser communication terminal[J]. Optik, 2010, 121(17): 1614-1619.

[22] STUBBS D M, HOM C L, HOLMES H C, et al. Adhesive bond cryogenic lens cell margin of safety test[J]. Proceedings of SPIE, 2011, 8152: 81520N.

[23] HOM C L, HOLMES H C, LAPICZ D N, et al. Cryogenic bonding for lens mounts[J]. Proceedings of SPIE, 2009, 7439: 4391O.

[24] XU Zhilun. Elasticity[M]. Beijing: Higher Education Press, 2006.

[25] YAO Jianquan. Nonlinear Optical Frequency Conversion and Laser Tuning Technology[M]. Beijing: Science Press, 1995.

[26] BOYD R W. Nonlinear Optics[M]. New York: Academic Press, 2008.

[27] SHI Shuxiang, CHEN Guofu, ZHAO Wei, et al. Nonlinear Optics[M]. Xian: Xidian university Press, 2003.

Temperature Non-uniformity Occurring During the Cooling Process of a KDP Crystal and Its Effects on Second Harmonic Generation

Yingchun Liang[1] Ruifeng Su[1] Lihua Lu[1] Haitao Liu[2,*]

([1]Center for Precision Engineering, Harbin Institute of Technology, Harbin, 150001, China;

[2]Department of Manufacturing, Harbin Institute of Technology, 150001, China

*Corresponding author: haitaohit@gmail.com)

Abstract: Temperature non-uniformity occurring during the cooling process of a KDP crystal is studied, along with its effects on the second harmonic generation (SHG) of a high-average-power laser. A comprehensive model is proposed incorporating principles of thermodynamics, mechanics and optics, and it is applied to investigate the temperature non-uniformity and its effects. The temperature rise caused by linear absorption is calculated, while the temperature non-uniformity occurring during the cooling process is analyzed using the finite element method (FEM). The stress induced by the non-uniformity is then studied using the FEM, and the trend of its change is determined. Moreover, the changes in refractive index caused by the stress are calculated, the results of which are used to determine the variations in the induced phase mismatch. The SHG efficiency considering the phase mismatch is eventually obtained by solving the coupling wave equations. The results demonstrate that the temperature non-uniformity has negative effects on the SHG efficiency.

OCIS codes: (140.3580) lasers, solid-state; (190.2620) harmonic generation and mixing; (140.6810) thermal effects; (190.0190) nonlinear optics

1 Introduction

High-average-power frequency conversion is of great interest particularly in relation to many solid-state laser devices, the majority of which use KDP crystals as frequency conversion elements to achieve second harmonic generation (SHG) [1-3]. During the SHG process, a single-pulse laser beam propagates within the crystal and interacts with it, a part of the laser energy is absorbed by

文章发表信息：Applied Optics, 2014, 53(23): 5109-5116.

the crystal and converted to heat energy, which causes a temperature rise (TR). Consequently, the TR induces thermal stress, which causes a change in refractive index. As the refractive index changes, the actual phase matching angle varies consequently. Assuming the subsequent laser beams still propagate according to the initial phase matching angle, the phase mismatch will occur and the SHG efficiency will decreases correspondingly [4-6].

To address this problem, a variety of cooling configurations and temperature control schemes have been proposed. M. Sabaeian et al. [7,8] constructed a heat equation for a cubic crystal and studied the temperature with respect to varies pumping schemes and boundary conditions. G. Wagner et al. [9] established a model in consideration of the temperature dependence of thermal conductivity and its anisotropies, and analyzed the effects of pump configuration and crystal anisotropy. A. Godard et al· [10] controlled the temperature by installing ovens at each side of the crystal to generate a negative temperature gradient of the crystal to compensate the TR. A. K. Yap et al. [11] adjusted the temperature through a PID-controlled scheme together with the output surface of the crystal is being gas cooled. Z. Y. Ren et al. [12] proposed a gas cooling configuration that the gas injected along one side of the crystal and ejected along the other side. H. Ferurse et al. [13] cooled a YAG ceramic with liquid nitrogen. Y. Tzuk et al. [14] designed a water cooling system that utilized claddings that were made of natural diamonds with high thermal conductivity. P. Millar et al. [15] proposed a cooling scheme with synthetic diamonds to manage the temperature of the crystal. M. Z. Rossi et al. [16] suggested to keep the crystal temperature below the critical value, below which thermal effects disappeared. J. Rothhardt et al. [17] recommended to restrict the idler wave to a wavelength range far from the absorption bands to minimize the TR of the crystal. R. A. Hass et al. [18] proposed a kind of constant temperature gradient scheme, in which the phase matching bandwidth increases.

According to our knowledge, temperature distribution of the crystal appears non-uniformly during the cooling process, some regions have higher temperatures while others have lower temperatures, this is the temperature non-uniformity as proposed in this paper, it will affect the cooling performance and further contribute to the SHG efficiency of subsequent laser beams. In most cases, previous work generally focused on the temperature control and reduction, while the temperature non-uniformity and its effects on SHG efficiency have not been assessed. In this paper, these issues are addressed through a comprehensive analysis, which involves thermal, mechanical, and optical analyses. Firstly, the TR of the KDP crystal caused by linear absorption was calculated, which was followed by a cooling process that was simulated using the finite element method (FEM). And then the temperature distribution throughout the cooling process was analyzed, which allows the temperature non-uniformity to be studied as the crystal cools. The stress caused by the temperature non-uniformity was then analyzed, again using the FEM, and the trend of its change during the cooling process was monitored and recorded. Moreover, the variation in the refractive index caused by the stress was analytically calculated, based on which the induced phase mismatch was studied. By solving the coupling wave equations in consideration of both the phase mismatch and the linear absorption, the SHG efficiency was determined, and its fluctuation throughout the cooling process was figured out.

2 Configurations

2.1 Optical configuration

The SHG is obtained in a frequency converter, which mainly consists of a type I KDP crystal, arranged with the type I phase matching configuration (o+o→e) in the optical path. The input fundamental wave (1.064 μm) is linearly polarized along the ordinary (o) axis of the crystal, generating the remnant fundamental and the output second harmonic (0.532 μm) waves polarizing along the o and the extraordinary (e) axes, respectively. The phase matching and the azimuth angles of the KDP crystal are 41.19° and 45°, respectively, the optical configuration is shown in Fig. 1.

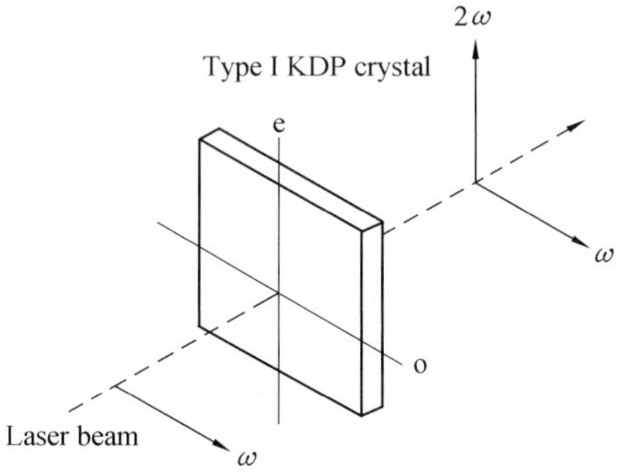

Fig. 1 Optical configuration of the crystal

2.2 Mechanical mounting configuration

The KDP crystal studied in this paper is a large-aperture crystal, its dimensions are 430 mm × 430 mm ×12 mm. In order to fix the crystal in the optical path for stable SHG, the crystal is mounted in a mechanical set. As for axial location (*Z* direction), the frame axially supports the crystal at the supporting regions (SR), which are the edges of the bottom surface of the crystal. As to loading and axial restraint, the tabs hold the crystal firmly at the loading regions (LR), which are the edges of the top surface of the crystal. With respect to position stop in radial directions (*X* and Y directions), the staples afford radial constraint at the constraining regions (CR), which are the interfaces between the staples and the periphery of the crystal. The laser beam is a plane wave with an aperture of 400 mm × 400 mm, it propagates within the crystal along the phase matching angle, and interacts with the crystal within the action region, which is the central portion of 400 mm × 400 mm × 12 mm of the crystal. The heat sink bonds to the bottom surface of the frame, coolant flows through it, removing the converted heat. For the sake of temperature control, the initial temperature is set to 20 ℃, the temperature rises in the absorption process and be cooled down to the initial value in the cooling process. The frequency converter is kept vacuum for cleanliness maintaining, which is related to crystal damage. The mechanical mounting configuration and the cooling scheme of the crystal are shown in Fig. 2.

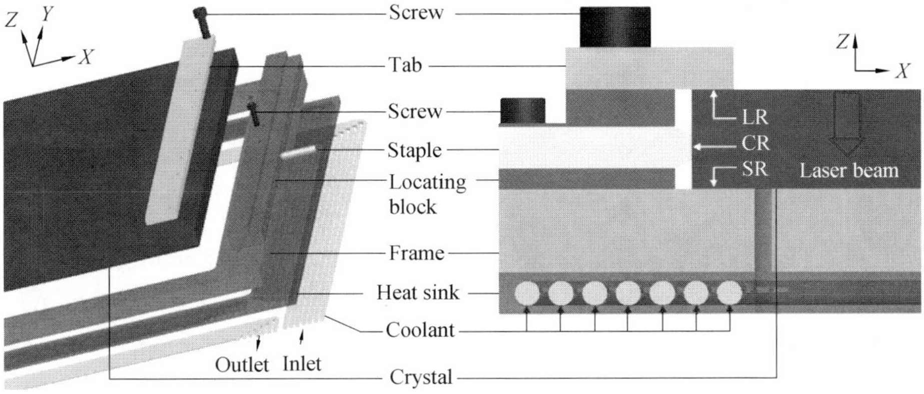

Fig. 2 Mechanical mounting configuration and cooling scheme of the crystal

3 Theory

The comprehensive analysis, of the temperature non-uniformity and its effects on the SHG efficiency of subsequent shots, consists of three successive analyses. The first one is the thermal analysis, from which the TR caused by linear absorption is analytically calculated, along with its non-uniformity throughout the cooling process. The second one is the mechanical analysis, where the stress induced by the temperature non-uniformity is studied. The third one is the optical analysis, in which the effects of the stress on the SHG efficiency are investigated.

For the sake of simplification in analysis, certain assumptions are proposed. Due to vacuum in the frequency converter, heat convection is ignored. Radiation is also ignored here for low temperature difference in the frequency converter. Since the laser beam is plane wave and the intensity keeps constant within its aperture, all the absorbed energy is assumed to convert to heat and uniformly distributes within the action region. Note that since the main interest is the TR after the absorption process, the absorption process is considered as steady-state in the thermal analysis, only the steady states of the heat energy and the TR after absorption are considered.

3.1 Thermal analysis

The crystal absorbs the laser energy when the laser beam interacts with it, and stores the energy as heat source. The heat would be calculated as [19]

$$\begin{cases} Q = Q_0 \times \alpha \times l \\ Q_0 = P \times \tau \\ P_0 = I_0 \times A \end{cases} \tag{1}$$

where Q is the heat source; Q_0, P_0, I_0 and τ=3 ns are the energy, power, intensity and pulse width of the fundamental wave, respectively; α_1=0.043 cm^{-1} and α_2=0.009 cm^{-1} are the linear absorption coefficients of the fundamental and the second waves, respectively, small quantity α_2 is neglected here; A=1.6×10^5 mm^2 is the aperture area of the laser beam; l=12 mm is the thickness of the crystal.

Assuming all the heat is transferred to the TR, which is then cooled down in the cooling process. The temperature in the cooling process could be solved as [20]

$$\begin{cases} \dfrac{\partial \Delta T}{\partial t} = k \times (\dfrac{\partial^2 \Delta T}{\partial x^2} + \dfrac{\partial^2 \Delta T}{\partial y^2} + \dfrac{\partial^2 \Delta T}{\partial z^2}) \\ \Delta T\big|_{t=0} = \dfrac{Q}{c_h \times m} \end{cases} \tag{2}$$

where ΔT is the TR; t is the cooling time; k and c_h are the thermal conductivity (TC) and the specific heat of the KDP crystal, respectively; m is the mass of the action region; $\Delta T \mid_{t=0}$ is the steady-state TR after the absorption process, which is also the starting temperature of the cooling process. Due to the difference between the TCs of the KDP crystal and the frame, temperature non-uniformity occurs during the cooling process, details of which will be discussed in the section 4.1.

3.2 Mechanical analysis

The temperature non-uniformity results in a thermal expansion tendency all over the crystal, however, the thermal expansion is restricted by the friction between the crystal and the frame, the squeezing from the tabs, and the position stop from the staples, respectively. Therefore, thermal stress occurs, and it is solved as follows [21]:

$$\begin{cases} \dfrac{\partial \sigma_{xx}}{\partial x} + \dfrac{\partial \sigma_{xy}}{\partial y} + \dfrac{\partial \sigma_{xz}}{\partial z} + f_{xx} = 0 \\ \dfrac{\partial \sigma_{xy}}{\partial x} + \dfrac{\partial \sigma_{yy}}{\partial y} + \dfrac{\partial \sigma_{yz}}{\partial z} + f_{yy} = 0 \\ \dfrac{\partial \sigma_{xz}}{\partial x} + \dfrac{\partial \sigma_{yz}}{\partial y} + \dfrac{\partial \sigma_{zz}}{\partial z} + f_{zz} = 0 \end{cases} \tag{3}$$

This is the equilibrium equation, meaning the relationship between stress and force, σ_{ij} and f_{ij} are the stress and the force, respectively, the subscripts of *xx*, *yy*, *zz*, *xz*, *yz* and *xy* indicate *X*, *Y*, *Z*, *XZ*, *YZ* and *XY* directions, respectively, the force is mainly caused by the comprehensive effects of the friction, the squeezing, and the position stop as mentioned above.

$$\begin{cases} \varepsilon_{xx} = \dfrac{\partial u}{\partial x} \quad \varepsilon_{yy} = \dfrac{\partial v}{\partial y} \quad \varepsilon_{zz} = \dfrac{\partial w}{\partial z} \\ \varepsilon_{yz} = \dfrac{\partial w}{\partial y} + \dfrac{\partial v}{\partial z} \quad \varepsilon_{xz} = \dfrac{\partial u}{\partial z} + \dfrac{\partial w}{\partial x} \quad \varepsilon_{xy} = \dfrac{\partial v}{\partial x} + \dfrac{\partial u}{\partial y} \end{cases} \tag{4}$$

This is the geometric equation, representing the relationship between strain and distortion, ε_{ij} is the strain, *u*, *v* and *w* are the distortions in *X*, *Y* and *Z* directions, respectively.

$$\begin{cases} \varepsilon_{xx} = \dfrac{1}{E}[\sigma_{xx} - \upsilon(\sigma_{yy} + \sigma_{zz})] + \gamma_{xx}\Delta T_{xx} \\ \varepsilon_{yy} = \dfrac{1}{E}[\sigma_{yy} - \upsilon(\sigma_{xx} + \sigma_{zz})] + \gamma_{yy}\Delta T_{yy} \\ \varepsilon_{zz} = \dfrac{1}{E}[\sigma_{zz} - \upsilon(\sigma_{xx} + \sigma_{yy})] + \gamma_{zz}\Delta T_{zz} \\ \varepsilon_{yz} = \dfrac{2(1+\nu)}{E}\sigma_{yz} \quad \varepsilon_{xz} = \dfrac{2(1+\nu)}{E}\sigma_{xz} \quad \varepsilon_{xy} = \dfrac{2(1+\nu)}{E}\sigma_{xy} \end{cases} \tag{5}$$

This is the physical equation considering thermal expansion, suggesting the relationship between strain and stress, γ_{ij} and ΔT_{ij} are the thermal expansion coefficients and the TR, respectively, the TC of the KDP crystal is anisotropic, it is not identical with respect to directions, details of which will be stated in the section 3.3 . E and ν are the Young's modulus and the Poisson's ratio of KDP crystal, respectively, since the KDP crystal is anisotropic in mechanical property, these two parameters are represented by the formula relating stress and strain as follows [22]

$$\begin{Bmatrix} \sigma_{xx} \\ \sigma_{yy} \\ \sigma_{zz} \\ \sigma_{yz} \\ \sigma_{xz} \\ \sigma_{xy} \end{Bmatrix} = \begin{bmatrix} D_{11} & D_{12} & D_{13} & 0 & 0 & 0 \\ D_{12} & D_{11} & D_{13} & 0 & 0 & 0 \\ D_{13} & D_{13} & D_{33} & 0 & 0 & 0 \\ 0 & 0 & 0 & D_{44} & 0 & 0 \\ 0 & 0 & 0 & 0 & D_{44} & 0 \\ 0 & 0 & 0 & 0 & 0 & D_{66} \end{bmatrix} \begin{Bmatrix} \varepsilon_{xx} \\ \varepsilon_{yy} \\ \varepsilon_{zz} \\ 2\varepsilon_{yz} \\ 2\varepsilon_{xz} \\ 2\varepsilon_{xy} \end{Bmatrix} \tag{6}$$

where D_{11}=71.2, D_{12}=−5.0, D_{13}=14.1, D_{33}=56.8, D_{44}=12.6, D_{66}=6.22 (in units of GPa).

The temperature could be obtained by solving Eqs. (1) and (2), while the stress induced by the temperature non-uniformity could be calculated by solving Eqs. (3)-(5) considering the particular case described in Eq. (6). However, analytically solving theses equations are challengeable due to the complex thermal and structure boundary conditions. The alternative approach is the numerical solutions using the FEM, the principle of which is disintegrating the integral structure into discrete elements with nodes. The nodal results are firstly solved as the fundamental solutions, then the elemental results are calculated by interpolation between nodes, and finally, the general solutions of the structure are obtained by integrating all the elemental values. Both the temperature and the thermal stress in the following discussions are calculated based on their nodal solutions.

3.3 Finite element model

The mounting configuration is modeled and analyzed using the finite element package ANSYS, for the sake of modeling and analyzing, some reasonable simplifications are proposed. The finite element model mainly consists of the crystal, the frame, the tabs, the staples, and the locating block, the surfaces of which are idealized to be smooth. The model is constructed through solid modeling, and meshed with SOLID elements. Contact pairs are established at the SR between the crystal and the frame, at the LR between the crystal and the tabs, and at the CR between the crystal and the staples, respectively. Such pairs represent the axial support and the radial friction from the frame, the squeezing from the tabs, and the position stop from the staples, respectively. Besides, nodes in the interfaces between the tabs, the locating block, and the frame are merged, denoting the fixed joint between these components. After these procedures, more than 60 000 elements and 70 000 nodes are generated. The finite element model is shown in Fig. 3.

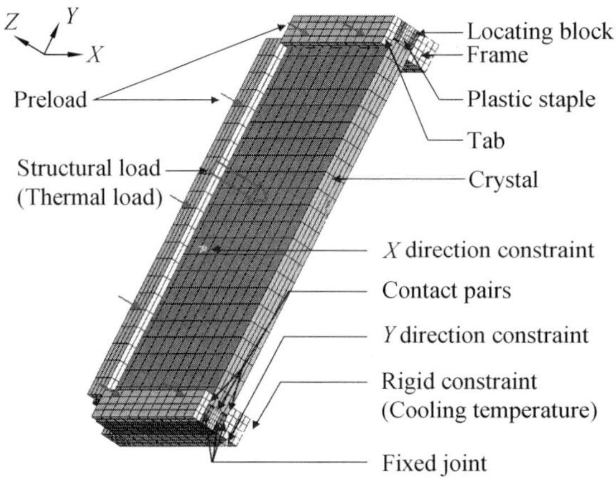

Fig. 3　Finite element model of the mounting configuration

The material properties are listed in Table 1, note that both the thermal expansion coefficient and the conductivity of the KDP crystal are anisotropic, the symbols of "//*c*" and "⊥*c*" suggest the parallel and the vertical directions that are with respect to the optical axis, respectively. Besides, as to the KDP crystal, there are no exact values for the Young's modulus and the Poisson's ratio, these two parameters are represented by the relationship between stress and strain as stated in Eq. (6).

Using the finite element model, the thermal analysis is conducted first, in which the initial temperature is set at 20 ℃, while the converted heat is applied on the action region as a thermal load, and the temperature of the bottom surface of the frame is fixed at 20 ℃, meaning the cooling effects from the heat sink. After the thermal analysis, thermal element is transferred to structural element, based on which the mechanical analysis is then carried out. At this time, the bottom surface of the frame is rigid constrained, and the peripheries of the frame are radially constrained, hinting the fixing action of the frequency converter. Additionally, the temperature results obtained in the thermal analysis are read and applied to the action region as a structural load, while the reference temperature is set to 20 ℃.

Table 1 Material properties of the mounting components

Components	Material	Density /(kg·m^{-3})	Young's modulus /MPa	Poisson's ratio	Thermal expansion coefficient /(K^{-1}·10^{-6})	Conductivity /(W·m^{-1}·K^{-1})	Specific heat /(J·kg^{-1}·K^{-1})
Crystal	KDP	2.34×10^3			42.1 //c 26.4 ⊥c	1.21 //c 1.34 ⊥c	981.2
Frame	Steel	7.8×10^3	2×10^5	0.3	13	60	450
Block	Steel	7.8×10^3	2×10^5	0.3	13	60	450
Tab	Steel	7.8×10^3	2×10^5	0.3	13	60	450
Staple	Teflon	2.2×10^3	500	0.4	10	0.256	1.05×10^3

3.4 Optical analysis

3.4.1 Phase mismatch

According to the photo elastic effects, stress causes a change in refractive index, where changing first is the permittivity, it could be calculated as [22]

$$\begin{Bmatrix}\Delta B_{xx}\\ \Delta B_{yy}\\ \Delta B_{zz}\\ \Delta B_{yz}\\ \Delta B_{xz}\\ \Delta B_{xy}\end{Bmatrix}=\begin{Bmatrix}B_{xx}-1/n_o^2\\ B_{yy}-1/n_o^2\\ B_{zz}-1/n_e^2\\ B_{yz}\\ B_{xz}\\ B_{zy}\end{Bmatrix}=\begin{bmatrix}\pi_{11}&\pi_{12}&\pi_{13}&0&0&0\\ \pi_{12}&\pi_{11}&\pi_{13}&0&0&0\\ \pi_{13}&\pi_{13}&\pi_{33}&0&0&0\\ 0&0&0&\pi_{44}&0&0\\ 0&0&0&0&\pi_{44}&0\\ 0&0&0&0&0&\pi_{66}\end{bmatrix}\begin{Bmatrix}\sigma_{xx}\\ \sigma_{yy}\\ \sigma_{zz}\\ \sigma_{yz}\\ \sigma_{xz}\\ \sigma_{xy}\end{Bmatrix} \tag{7}$$

where ΔB_{ij} is the variation of the permittivity tensor B_{ij}; π_{ij} is the photo elastic coefficient, π_{11}=4.15, π_{12}=4.08, π_{13}=1.12, π_{31}=3.60, π_{33}=0.44, π_{44}=−1.47, π_{66}=−10.26 (in units of TPa^{-1}); n_o and n_e are the o and e indices, respectively, $n_o(\omega_1)$=1.494 20, $n_o(\omega_2)$=1.512 85, $n_e(\omega_2)$=1.470 89, the subscripts of 1 and 2 indicate the fundamental and the second harmonic waves, respectively; σ_{ij} is the stress as stated in the section 3.2.

Then the variations of n_o and n_e could be deduced from

$$\begin{cases}\Delta n_o=-(n_o^3/2)\times(\Delta B_{xx}\times\sin^2\varphi+\Delta B_{yy}\times\cos^2\varphi-\Delta B_{xy}\times\sin 2\varphi)\\ \Delta n_o=-(n_e^3/2)\times(\Delta B_{xx}\times\cos^2\theta\times\cos^2\varphi+\Delta B_{yy}\times\cos^2\theta\times\sin^2\varphi\\ \quad+\Delta B_{zz}\times\sin^2\theta+\Delta B_{xy}\times\cos^2\theta\times\sin 2\varphi-\Delta B_{xz}\times\sin 2\theta\times\cos\varphi\\ \quad-\Delta B_{yz}\times\sin 2\theta\times\sin\varphi)\end{cases} \tag{8}$$

where Δn_o and Δn_e are the variations of n_o and n_e.

As the refractive index changes, the actual phase matching angle varies. Assuming the subsequent laser beam still projects into the crystal according to the initial phase matching angle, the phase mismatch will occur, and it is derived as [23]

$$\begin{cases}\Delta K=(K_2+\Delta K_2)-2\times(K_1+\Delta K_1)=\Delta K_2-2\times\Delta K_1\\ \Delta K_1=(\omega_1/c)\times\Delta n_{\mathrm{o}}(\omega_1)\quad \Delta K_2=(\omega_2/c)\times\Delta n_{\mathrm{e}}(\omega_2)\end{cases} \tag{9}$$

where ΔK is the phase mismatch; K_i and ΔK_i are the wave vector and its change, respectively; $K_2-2\times K_1=0$ is the phase matching condition; $c=3\times10^8\ \mathrm{m\cdot s^{-1}}$ is the light velocity in vacuum. The phase mismatch induced by the stress could be obtained by solving Eqs. (7)-(9).

3.4.2　SHG efficiency

As for the KDP crystal in type I phase matching configuration, the coupling wave equations in consideration of phase mismatch and linear absorption are [24]

$$\begin{cases}\dfrac{\mathrm{d}E(\omega_1,z)}{\mathrm{d}z}=\dfrac{2i\omega_1^2}{K_1c^2}\times d_{\mathrm{eff}}\times E(\omega_2,z)\times E^*(\omega_1,z)\exp(-\mathrm{i}\Delta Kz)-\dfrac{1}{2}\times\alpha_1\times E(\omega_1,z)\\ \dfrac{\mathrm{d}E(\omega_2,z)}{\mathrm{d}z}=\dfrac{i\omega_1^2}{K_2c^2}\times d_{\mathrm{eff}}\times E^2(\omega_1,z)\exp(i\Delta Kz)-\dfrac{1}{2}\times\alpha_2\times E(\omega_2,z)\end{cases} \tag{10}$$

where z is the propagation coordinate of the laser beam, which is the distance that the laser beam propagates within the crystal; $E(\omega_i, z)$ and $E^*(\omega_i, z)$ are the complex amplitude and its conjugate, respectively; $d_{\mathrm{eff}}=0.39\ \mathrm{pm\cdot V^{-1}}$ is the effective second order nonlinear optic coefficient; α_i is the linear absorption coefficient as stated in Eq. (1).

Then the SHG efficiency is calculated as [25]

$$\begin{cases}\eta=\dfrac{P_2}{P_1}\\ P_1=\dfrac{1}{2}\times n_{\mathrm{o}}(\omega)\times c\times\varepsilon_0\times|E_1|^2\quad P_2=\dfrac{1}{2}\times n_{\mathrm{e}}(2\omega)\times c\times\varepsilon_0\times|E_2|^2\end{cases} \tag{11}$$

where η is the efficiency; P_i and E_i are the power and the complex amplitude, respectively; $\varepsilon_0=8.85\times10^{-14}\ \mathrm{F\cdot cm^{-1}}$ is the vacuum permittivity. Substituting Eq. (10) into Eq. (11), the SHG efficiency considering phase mismatch and linear absorption could be obtained.

4　Results and discussions

The fundamental intensity of the laser beam is 2 GW·cm^{-2}, in which case the TR all over the action region is calculated as 0.112 4 ℃ after the absorption process. It is obviously that only the stress within the action region would affect the SHG efficiency, thus only the temperature non-uniformity and the stress within the action region are studied. Since stress in every direction affects the refractive index, as stated in Eq. (7), the stresses in all directions are considered.

4.1 Temperature non-uniformity

At the early stages of the cooling process, the temperature is high in the action region and low in the coolant, which generates a temperature gradient between these two regions. Along the gradient, the converted heat is transferred consecutively through the action region, the edge of the crystal, the frame, and the heat sink, until it finally reaches the coolant and is removed from the system. The overall temperature of the action region is represented by its Root Mean Square (RMS) value, which is the RMS value of the TRs of all the nodes within the action region. When the overall temperature changes, its RMS value changes correspondingly. Throughout the cooling process, the overall temperature of the action region decreases continuously since the heat is consecutively dissipated, it is then reflected in the decreasing RMS value, as shown by the curve of the RMS value in Fig. 4.

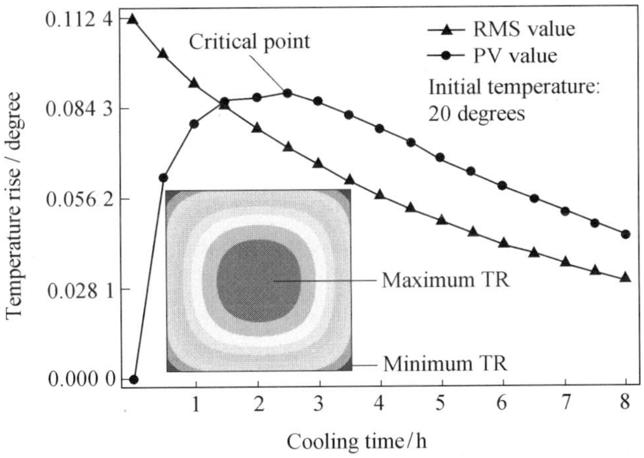

Fig. 4 Temperature distribution and its non-uniformity throughout the cooling process

Accompanying the reduction of the overall temperature, the problematic temperature non-uniformity occurs during the cooling process. The frame is made of steel with TC of 60 $W{\cdot}m^{-1}{\cdot}K^{-1}$, it is quite conductive and has a large heat flux rate. The heat removal within the frame occurs rapidly, resulting in relatively low temperatures at edges of the crystal, as the heat transfers from the edges of the crystal to the frame. The lowest temperature throughout the crystal is measured at the corner, where two edges intersect and generate the fastest heat flux rate throughout the crystal. However, compared to the frame, the KDP crystal has a much smaller TC of about 1.2 $W{\cdot}m^{-1}{\cdot}K^{-1}$, meaning that it has low heat conductivity with a small heat flux rate. Therefore, the heat is removed slowly within the crystal, leading to a high temperature in the central portion of the crystal, and the highest one is in the center. Generally, the temperature tends to be high in the central portion and low at the edges, as shown by the contour map in Fig. 4. This explains the mechanism how the temperature non-uniformity forms. The temperature non-uniformity is characterized by the Peak-to-Valley (PV) value of the TR, which is the difference between the maximum and the minimum value of the TR within the action region. When the non-uniformity becomes severe, the PV value increases.

During the early stages of the cooling process, the high temperatures are at the central portion of the crystal and they decrease slowly, while the low temperatures are recorded at the edges and decrease rapidly. As a result, the non-uniformity becomes severe and the PV value keeps increasing, as shown by the curve of the PV value in Fig. 4. Cooling continues, the low temperatures at the edges of the crystal will ultimately reach thermal equilibrium with the coolant temperature and remains constant. In this situation, the non-uniformity becomes the greatest and the PV value reaches its maximum value, this moment is called as a critical point, as shown in Fig. 4. Note that since the lowest temperature is at the corner of the crystal, it is clearly that the corners will reach the equilibrium temperature first at the critical point, which is then followed by the adjacent regions.

Cooling continues after the critical point, the high temperatures at the central portion of the crystal continue to decrease since they are still higher than that of the coolant, while more and more regions of the crystal reach the equilibrium temperature and remain constant. Therefore, the non-uniformity begins to relax, and the PV value begins to decrease, as shown by the curve of the PV value in Fig. 4. It is clear that the TR will eventually vanish and the non-uniformity will disappear, in which case the temperatures all over the crystal are cooled down to the initial value, however, it would be a time consuming process as analyzed, which is beyond the scope of this paper.

4.2 Stress

According to the principle of thermal expansion, the temperature non-uniformity generates a thermal expansion tendency all over the crystal. The more severe the non-uniformity, the stronger the thermal expansion. However, the thermal expansion is restricted by the friction from the frame, the squeezing from the tabs, and the position stop from the staples, respectively. As a result, the thermally induced stress occurs. The stress distribution is affected by the restraints that are attributed to the fixture components distribution of the mounting configuration, which is asymmetrically. There are no tabs or staples at corners, while both of these fixtures are installed at the edges of the crystal, thus the thermal expansion restraints are large at the edges and small at the corners. Therefore, the stress is generated non-uniformly, it is large at the edges of the crystal and small at the corners, as illustrated by the contour map in Fig. 5.

The stress is calculated using the von Mises stress form in ANSYS software. The overall stress of the action region is represented by its RMS value, which is the RMS value of the von Mises stresses of all the nodes within the action region. When the overall stress varies, the RMS value follows accordingly. Throughout the cooling process, the temperature non-uniformity increases at first and then begins to relax, as determined by the thermal analysis. Therefore, the thermal expansion varies in the same trend. As a result, the stress increases first and then decreases, and it reaches its maximum value at the critical point, where the temperature non-uniformity is the most extreme, as shown by the curve in Fig. 5.

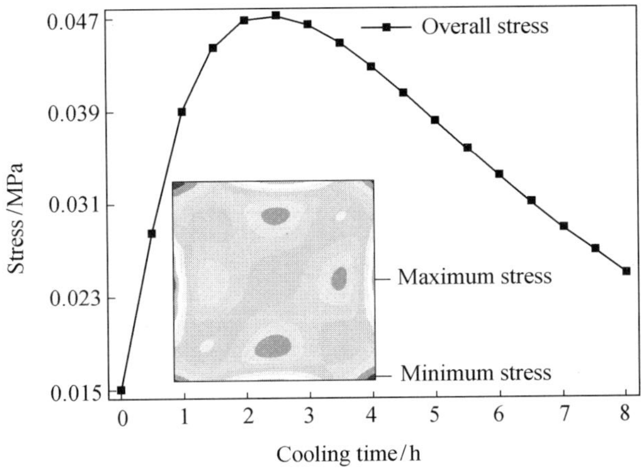

Fig. 5 Stress distribution and the trend of its changing throughout the cooling process

4.3 SHG efficiency

Throughout the cooling process, the stress increases first and then decreases, as determined by the mechanical analysis. Consequently the alterations of the refractive index vary in the same way, which are then reflected in the phase mismatch. Therefore, the phase mismatch increases at first and reaches its maximum value at the critical point, where the temperature non-uniformity is the most extreme. After the critical point, it begins to decreases, as shown in Fig. 6. Since the phase mismatch increases first and then decreases, the SHG efficiency initially decreases and then increases, and it reaches its minimum value at the critical point, where the phase mismatch condition is the most serious, as shown in Fig. 6. Note that, when it is in the ideal condition, where no phase mismatch is induced (ΔK=0) and only the linear absorption is considered, the ideal SHG efficiency for 2 $GW\cdot cm^{-2}$ is about 67.8%. 0 point of the abscissa in Fig. 6 denotes the beginning state of the cooling, it is also the end of the absorption process of the former laser beam, where the thermal stress has occurred, although the temperature non-uniformity does not yet happen. Therefore, the phase mismatch has been induced at this moment, and the SHG efficiency is little lower than the ideal value.

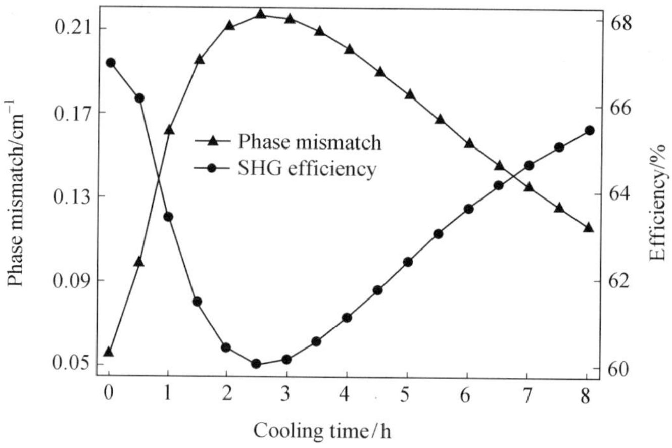

Fig. 6　Phase mismatch and SHG efficiency throughout the cooling process

5　Conclusions

This study has presented a comprehensive analysis, which consists of thermal, mechanical and optical analyses, to study the temperature non-uniformity occurring during the cooling process of a KDP crystal that mounted in a mechanical set, as well as its effects on the SHG efficiency. The results show that because of the difference between the TCs of the crystal and the mounting components, temperature non-uniformity occurs during the cooling process and it has negative effects on the SHG efficiency of subsequent laser beams. It has therefore been determined that with regards to the KDP crystal with small TC, the traditional conductive cooling scheme that the conductive elements are made of materials with large TC is not a completely effective approach, as the temperature non-uniformity occurs during the cooling process.

As a direct improvement, employing the materials which has the TC that matches the crystal is an optional choice, however, a time-consuming cooling process will be inevitable in this case. Besides, a convective cooling scheme, where both the input and the output faces of the crystal are gas cooled, maybe the preferred approach. Moreover, the temperature non-uniformity imposes the negative effects on the SHG efficiency in terms of the thermally induced stress, which is mainly attributed to the mounting configuration of the crystal. Therefore, an effective approach to minimize the thermal stress and enhance the SHG efficiency is the optimal design of the mounting configuration for the KDP crystal, which involves manufacturing the crystal and the mounting components with precision machining techniques to decrease the friction at their interfaces, fabricating the supporting and constraint structures with flexible materials to suppress the contact stress at the interfaces between the crystal and the components, and proposing suitable loading and locating methods with small preload to minimize the squeezing effects on the crystal, details of which will be discussed in the future.

Additionally, the quantitative investigation of this problem using a comprehensive model incorporating thermodynamics, mechanics and optics, is confirmed to be a promising methodology for studying similar issues in the field of nonlinear optics.

6 Acknowledgments

The authors wish to express their gratitude towards Prof. Shutian Liu and Dr. Gang Li for their kind assistance with the writing and editing of this document. This work is funded by the National Natural Science Foundation of China (No. 51205087).

References

[1] HAYNAM C A, WEGNER P J, AUERBACH J M, et al. National Ignition Facility laser performance status[J]. Applied Optics, 2007, 46(16): 3276-3303 (2007).

[2] FLEUROT N, CAVAILLER C, BOURGADE J L. The Laser Megajoule (LMJ) project dedicate to inertial confinement fusion: Development and construction status[J]. Fusion Engineering and Design, 2005, 74(1-4): 147-154.

[3] ZHU Qihua., ZHENG Wanguo, WEI Xiaofeng, et al. Research and construction progress of SG-III laser facility[J]. Proceedings of SPIE, 2013, 8786: 87861G.

[4] DMITRIEV V G, YUR'EV Y V. Calculation of thermo-optical distortions of some nonlinear crystals during second-harmonic generation[J]. IEEE Journal of Quantum Electronics, 1998, 28(11): 1002-1006.

[5] S. CHENAIS, DRUON F, FORGET S, et al. On thermal effects in solid-state lasers: The case of ytterbium-doped materials[J]. Progress in Quantum Electronics, 2006, 30(4): 89-153.

[6] SABAEIAN M, MOUSAVE L, NADGARAN H. Investigation of thermally-induced phase mismatching in continuous-wave second harmonic generation: a theoretical model[J]. Optics Express, 2010, 18(18): 18732-18743.

[7] SABAEIAN M. Analytical solutions for anisotropic time dependent heat equations with Robin boundary condition for cubic shaped solid state crystals[J]. Applied Optics, 2012, 51(30): 7150-7159.

[8] SABAEIAN M, NADGARAN H, MOUSAVE L. Analytical solution of the heat equation in a longitudinally pumped cubic solid state laser[J]. Applied Optics, 2008, 47(13): 2317-2325.

[9] WAGNER G, SHILER M, WULFMEYER V. Simulations of thermal lensing of a Ti: Sapphire crystal end-pumped with high average power[J]. Optics Express, 2005, 13(20): 8045-8055.

[10] GODARD A, RAYBAUT M, SCHMID T, et al. Management of thermal effects in high-repetition-rate pulsed optical parametric oscillators[J]. Optics Letters, 2010, 35(21): 3667-3669.

[11] YAP Y K, DEKI K, KITATOCHI N, et al. Alleviation of thermally induced phase mismatch in $CsLiB_6O_{10}$ crystal by means of temperature-profile compensation[J]. Optics Letters, 1998, 23(13): 1016-1018.

[12] REN Zhiyuan, ZHU Jianqiang, HUANG Hongbiao, et al. Numerical research and optimization of convective heat transfer for multi-segment amplifiers[J]. Optics and Laser Technology, 2013, 47: 189-193.

[13] FURUSE H, KAWANAKA J, AKESHITAK T, et al. Total reflection active mirror laser with cryogenic Yb: YAG ceramics[J]. Optics Letters, 2009, 34(21): 3439-3441.

[14] TZUK Y, TAI A, GOLDRING S, et al. Diamond cooling of high power diode-pumped solid state lasers[J]. IEEE Journal of Quantum Electronics, 2004, 40(3): 262-269.

[15] MILLAR P, BRICH R B, KEMP A J, et al. Synthetic diamond for intracavity thermal management in compact solid-state lasers[J]. IEEE Journal of Quantum Electronics, 2008, 44(8): 709-717.

[16] ROSSI M Z, LINDNER F, BLANC C L, et al. Control of thermal effects for high-intensity Ti: sapphire laser chains[J]. Applied Physics B, 2000, 70(s1): s193-s196.

[17] J. Rothhardt, S. Demmler, S. Hadrich, et al. Thermal effects in high average power optical parametric amplifiers[J]. Optics Letters, 2013, 38(5): 763-765.

[18] HASS R A. Influence of a constant temperature gradient on the spectral bandwidth of second-harmonic generation in nonlinear crystals[J]. Optics Communications, 1995, 113(4-6): 523-529.

[19] XU Degang, YAO Jianquan, ZHANG Baigang, et al. 110W high stability green laser using type II phase matching $KTiOPO_4$ (KTP) crystal with boundary temperature control[J]. Optics Communications, 2005, 245(1-6): 341-347.

[20] PITTS D, SISSOM L. Schaum's Outline of Theory and Problems of Heat Transfer[M]. New York: McGraw-Hill Companies, Inc., 1998.

[21] XU Zhilun. Elasticity[M]. Beijing: Higher Education Press, 2006.

[22] LUBIN O, GOUEDARD C. Modeling of the effects of KDP crystals gravity sag on third harmonic generation[J]. Proceedings of SPIE, 1999, 3492: 802-808.

[23] BOYD R W. Nonlinear Optics[M]. New York: Academic Press, 2008.

[24] SEIDEL S, MANN G. Numerical modeling of thermal effects in nonlinear crystal for high average power second harmonic generation[J]. Proceedings of SPIE, 1997, 2989: 204-214.

[25] SHI Shuxiang, CHEN Guofu, ZHAO Wei, et al. Nonlinear Optics[M]. Xian: Xidian university Press, 2003.

第二部分　精密/超精密加工工艺与装备

微型化制造设备与微型制造系统

孙雅洲　梁迎春　程　凯

（哈尔滨工业大学，哈尔滨）

摘　要：介绍了微型机床与微型工厂概念提出的背景和科学意义，综述了目前微型工厂微型制造系统的研究发展概况，探讨了制造设备与系统微型化的关键问题，指出了一些需要开展的研究方向，并提出了几项建议。

关键词：微型机床；微型制造系统；微型工厂；微型化技术；环境

Miniaturized Manufacturing Machine and Micro Manufacturing System

Sun Yazhou　Liang Yingchun　Cheng Kai

（Harbin Institute of Technology, Harbin, China）

Abstract: The background and scientific significance of micro machine tools and micro-factory are introduced in this paper, and an overview of the research and development of micro-factory (or micro-manufacturing system) is given. Then the key problems of miniaturized manufacturing machine and system are discussed, several suggestions and research directions for developing micro manufacturing system are proposed as well.

Keywords: micro machine tool; micro-manufacturing system; micro-factory; miniaturization technology; environment

---

作者简介：

孙雅洲，男，1968 年生。哈尔滨工业大学（哈尔滨市 150001）机电工程学院讲师、博士研究生。研究方向为微小零件的精密加工技术与设备的微型化技术。

梁迎春，男，1964 年生。哈尔滨工业大学精密工程研究所副所长、教授、博士研究生导师。

程凯，男，1964 年生。英国利兹大学（利兹市）工程学院教授。

基金项目：国家自然科学基金资助项目（50028504）。

文章发表信息：中国机械工程, 2002, 13(7): 592-596.

1 微型机床与微型工厂的提出

机床自 18 世纪末出现以来，其加工精度和自动化程度不断提高，然而，在减小其尺寸方面的努力却很少。微型机床和微型工厂是 Dutta 等[1, 2]在 1970 年首次提到的，当时只是作为他们采用硅微细加工制作微电机的一种应用。随着微机械技术的兴起和整个世界日益严峻的能源和环境问题，使得生产系统中对微型化设备和系统的需求日益迫切。

一方面，微机械技术经过多年的研究开发，已迅速发展成为具有多学科交叉性质的前沿研究领域，在工农业、国防、航空航天、生物医学和家庭等诸多领域有着广阔的应用前景。微型机械正逐步走向实用化，这对微小型零件结构的复杂程度、材料的多样性、形状精度、表面粗糙度等均提出了越来越高的要求。传统精密机械加工技术面向三维形状，对加工对象的材料适应性强，而且目前精密机械、电子、光学等领域有大量的精密微小型零件都是采用传统精密机械加工工艺和精密机床制作的。以半导体制造技术为基础的微机械加工技术与传统的精密加工技术之间，尚存在二者结合的“中间部分”[3]，而填补“中间部分”的技术可以由传统精密加工方法如切削、磨削、电火花加工等延伸而来。因而近年来，人们已经开始探索这类用于产品微小型化的有效技术方法，称为 M^4（Micro/meso mechanical manufacturing）技术[4]，而且注意到，如果设备小型化到与被加工零件尺寸相称的程度，并能够达到与现有精密加工技术同样的结果，那么成本将大幅降低。再者，由于航空航天、电子医疗、模具等行业和部门，有许多微小型零件采用传统机床无法加工或加工困难，尤其在狭小空间内作业、移动作业、微重力、真空等特殊环境下，必须由小型或微型机械设备来实现。

另一方面，精密机械、电子、光学等领域的零件变得越来越小。在传统工厂的生产系统中，即使最终的产品很小，生产设备与其所加工、装配和调整的零件尺寸相比还是很大。而生产设备及车间的动力和材料消耗近似地与其体积成正比，因此配置与其所加工零件尺寸不相称的大机床和厂房，浪费了能源、空间和资源。

因此，人们开始考虑微小型零件制造设备及生产系统的微型化，以期可以节省能源、空间和资源，这方面的研究工作主要集中于日本。首先从节省空间和提高加工精度的角度出发，把机床尺寸小型轻量化到原有机床 1/2 左右的研究广泛地开展起来，但达到微型化（缩至 1/10~1/100）程度的却极少。日本通产省工业技术院机械技术研究所（MEL）进行了加工小型工业产品用的各种加工设备的小型化试验，研究了机床大幅度小型化的节能效果后认为，机床尺寸缩小到 1/10 时，车间的动力消耗可减少到 1/100。该研究所于 1990 年提出了由微型化的机床和操作器组成微型制造系统，即微型工厂（micro-factory）的概念[2, 5, 6]，如图 1 所示。为了促进微机械技术的开发和应用，1991 年 9 月日本微机械中心（MMC）在其实施的《微机械技术十年规划》中制定的三大应用目标之一，就是能生产微小型零部件的低能耗工厂， 面积不超过数平方米，即微型工厂工程，图 2 为 MMC 桌面微型工厂的概念[5]。

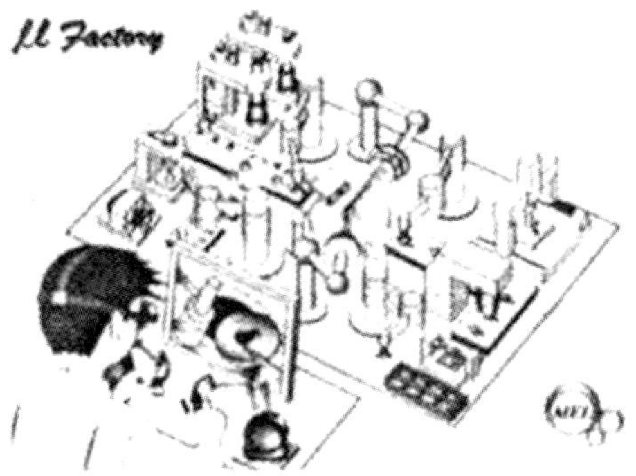

图 1　MEL 微型工厂的概念

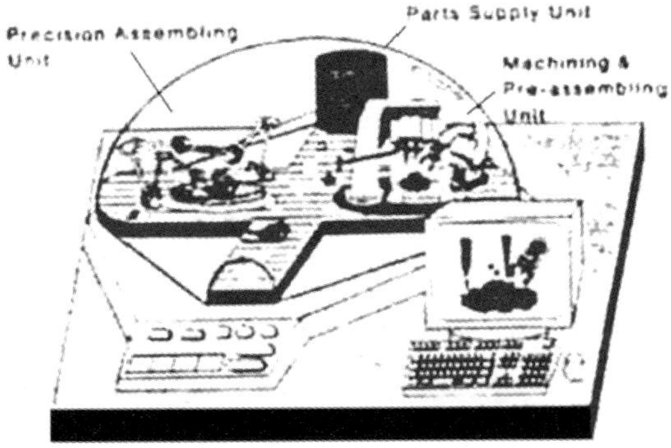

图 2　MMC 桌面微型工厂的概念

2　微型化制造的研究现状

MEL 于 1996 年开发了世界上第一台微型化的机床样机——微型车床[2, 5, 6]，这台微型车床长 32 mm，宽 25 mm，高 30.5 mm，质量为 100 g；主轴电机额定功率为 1.5 W。切削黄铜获得表面粗糙度 R_{max} 为 1.5 μm，圆度为 2.5 μm；切削试验中的功率消耗低于普通车床的 1/500。该微型车床的成功开发验证了生产设备的微小型化和微型工厂的概念不仅是可行的，而且可以看出节省能源、空间和资源的效果。同时，MEL 与 MMC 合作开始对微型工厂的应用和效果进行研究，并以新的方式提出了微型制造系统不仅有助于节约能源、空间和资源，而且也有助于实现柔性加工和空气环境的可控性。因为微型工厂内很容易按不同的加工要求实现工厂内设备的重新组合，也容易实现温度、湿度及清洁度等环境因素控制。

日本金沢大学的米山猛等[7]从三维微小型零件机械加工的角度出发，也研制了一台与微小零件相匹配的微型车削系统样机，可以放在光学显微镜下观察加工状况。该微型车床长约 200 mm，主轴驱动微电机功率为 DC 0.5 W，通过弹性联轴器与主轴连接，主轴回转精度小于 1 μm，调节输入电压，主轴转速的变化范围为 3 000~15 000 r/ min。x-y 工作台及 z 方向均由计算机控制的步进电机驱动，最小进给分辨率达 4 nm。在光学显微镜下，采用单晶金刚石刀具，以 15 000 r/min 的转速，对直径为 0.3 mm 的黄铜工件进行切削，最小切削直径约为 10 μm，获得工件加工表面粗糙度 R_{max}<1 μm，可以加工外圆、槽和螺纹等多种形状，如图 3 所示。

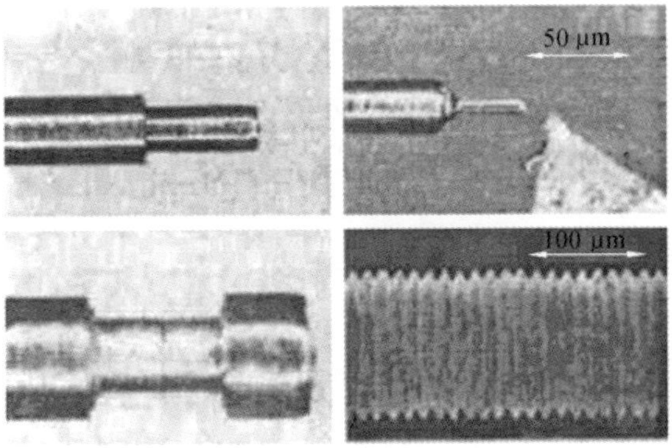

图 3　加工工件形状实例

Kawahara 等[1]提出了基于微机械技术的微型化制造系统的概念。按照生产方式把微型工厂分为分散型和集中型 2 类，如图 4 所示。并具体讨论了 3 个有代表性的微型工厂——桌面微型工厂、微型化学反应系统和微型机器人协作生产系统以及它们各自的特点。这些内容的讨论使人们看到，微型工厂或微型制造系统能够充分地利用系统的内在特性、机动性和灵活性，使得微小型零件制造系统的创新成为可能，同时也能促进微机械技术的发展。

日本 Olympus 公司在超小型、高精度产品制造方面长期处于领先地位。为了满足微型制造系统的不断需求，该公司的研究人员自 1991 年以来一直在研究开发工业上实用的微机械技术。他们开发了微型光学产品装配系统，尺寸为 500 mm× 350 mm 的桌面系统能够装配外径 1 mm 的透镜、CCD 和透镜框架，这是在传统的自动化装置上很难完成的工作。还开发了微型零件远距离遥控操作系统，可应用于某些需要人工辅助的领域，如微焊接微检测等。该系统有 3 个最主要的部件——深焦显微镜、并联微操作器和并联工作台。操作者观察放大的图像遥控操作微型零件，可以处理以前非常复杂的工作。Olympus 公司将其描述为“人工辅助微型工厂”。同时，该公司的研究与开发也瞄准了微型工厂的其他单元，包括用于微透镜和框架加工的磨床和混合式加工设备。

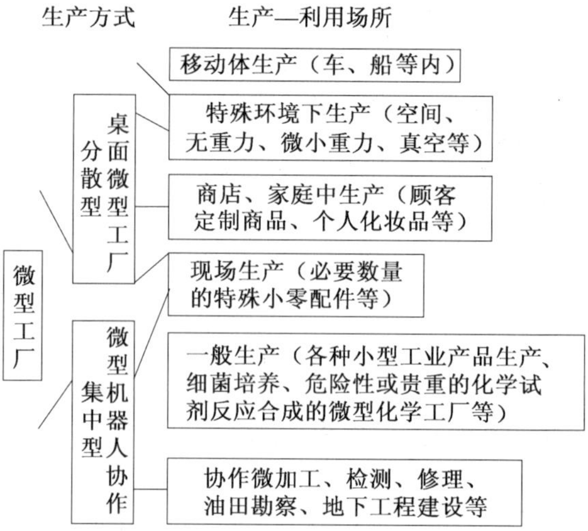

图 4　微型工厂的分类

MMC 一直在努力地通过应用和改进微机械技术实现微型工厂。目前正在实施的实验型桌面微型工厂[8]基于图 2 的概念，分为 3 个单元：加工、装配和运输，由微型操作杆、运输装置、微型伺服致动器、微型泵、微电化学加工装置、环境识别装置和粘附装置组成，能够生产带轴的微小齿轮。该实验系统把加工、操作装配和检测集成在一起，目的是为了研究微型工厂实现的系统化技术。项目的研究工作由 7 个公司联合实施。

MEL 在开发了微型车床之后，又开发了其他微型组件如铣床冲床等，于 1999 年设计制作了世界上第 1 台桌面微型工厂样机[9]，如图 5 所示。它由车床、铣床、搬运机械手和装配用的两个手指机械手组成，占地面积为 70 cm× 50 cm，能进行加工和装配，并试运转成功。试运转的产品是外径为 90 μm、长度为 3 mm 的枢轴球轴承。车床加工出直径分别为ϕ10 μm 和ϕ500 μm 的回转轴，铣床加工出外径为ϕ900 μm、内径为ϕ700 μm 的轴承套，冲压机在厚度为 120 μm 的金属薄板上冲压出轴承套的罩盖。这些零件由有吸盘的机械手搬运到距加工区 180 mm 远的组装区，通过对两指机械手的远程操作，在微型液晶显示器监控下，将ϕ200 μm 滚珠装入轴承套内，再压入回转轴，装上罩盖，完成组装。

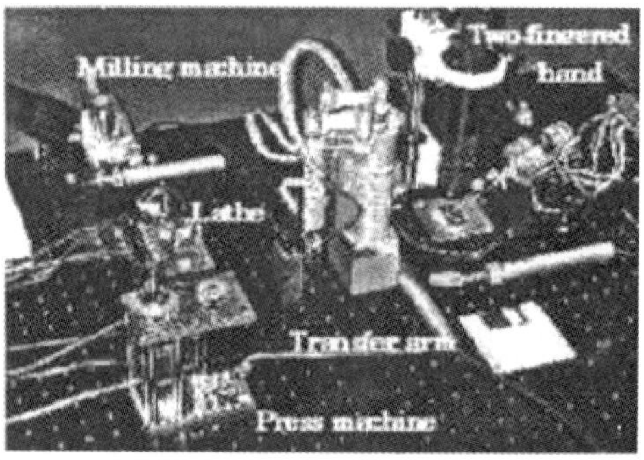

图 5　MEL 桌面微型工厂样机

为了演示和证明微型工厂的可携带性，MEL 于 2000 年设计制作了第 2 台微型工厂样机——便携式微型工厂，并在该年日本“科学技术周”期间，向参观者展示了新研制的便携式微型工厂。它由微型车床铣床、冲压机、搬运机械手、机械手及电路、控制装置等组成，质量为 23 kg，被放在长 625 mm、宽 490 mm、高 380 mm、质量 11 kg 的箱子里。箱子底部装有小轮，可以像旅行箱一样被推着走。

随后，MEL 又在原有微型车床的基础上进行了改进，采用由 Olympus 公司开发的微型线性编码器检测滑动导轨的运动，通过闭环控制运动分辨率达到 0.1 μm。同时还装备了袖珍式用户数控装置，可以像普通数控车床那样编程控制，提高了加工精度和柔性，成为目前世界上最小的微型数控车床。对所加工的ϕ200 μm 黄铜圆柱体进行测量，表面粗糙度约为 R_y 0.5 μm，圆度误差约为 0.4 μm。

在微型机器人协作生产方面，日本电气通信大学与 NANO 公司合作研制了许多微型机器人[10]。这些微型机器人可以以亚微米的步进分辨率沿着 S 形曲面爬行。图 6 为 3 个微型机器人在用于金属沉积工艺的真空室中协作完成薄膜的控制，充分体现了在特殊环境下工作的优点。

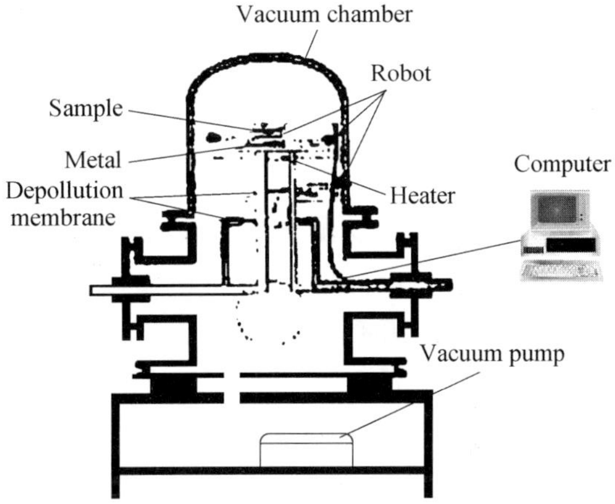

图 6　微型机器人在金属沉积工艺的真空室中

3　微型化制造的关键问题及研究方向

由微型制造设备组成的、制造微小型零件的系统称为微型制造系统。微型制造系统或微型工厂是微小型零件制造系统一个创新的概念，它不是传统系统或工厂单纯地在尺寸上的缩小，而是基于现代科学技术，在创新的思维方式和技术路线指导下的产物。制造系统的微型化会大大地加快微机械走向实用化的进程，同时会给制造业的发展带来革命性的变化。另一方面，微机械技术的发展也促进了制造系统的微型化。

由于微型化，在宏观尺度下起主要作用的因素在微型化以后可能不再重要，而在宏观尺度下可以忽略的现象在微型化以后可能是关键的，因此微型化的制造设备与系统在尺度、结构、工作原理，以及设计和工艺方法等方面都与传统的不尽相同。根据微型化制造设备与系统的特点和发展状况，目前涉及的技术可归纳为两个方面：单元微型化技术和系统集成化技术。

3.1　单元微型化

微型制造系统的实现首先基于每一个组成单元的微型化，单元微型化要求各个组成装置和元器件达到微型化，在微小空间内有着能量转换、运动传递和调节控制等功能，以实现规定的动作和精确度。实际上，这包含了两方面的技术：一是基础技术，即微型化设备和装置的设计、微细加工、微细操作与装配、材料，以及计量与评价技术；二是功能装置技术，主要包括传动装置和传感器技术等构成的微小功能实现技术、能量供给技术等。

3.1.1　单元微型化的关键问题

（1）动力源。实现能量转换的致动器是单元微型化过程中的主要问题，它直接决定了设备与系统的结构尺寸和性能要求。动力源应在保证输出的前提下做到体积小、结构简单。

（2）传动装置与执行机构。由于受到空间尺寸的限制，要求尽可能减少驱动器与执行机构的中间环节，采用新结构原理设计的传动装置和执行机构，进行理论分析、优化和创新。

（3）三维微细加工技术。由于微型化而导致对工艺方法的影响，比如一种三维微细加工方法在微小空间和尺度下能否精确地实现，有什么优点和局限性，以及什么时候采用它合适，加工方法的长期稳定性，加工方法对微结构的影响，表面化学对加工过程的影响和加工方法对零件表面的化学作用（由于微小型化使得切屑和零件的表面积比与体积比都增加）等关键工艺技术问题。

（4）微细操作、装配技术。在狭窄的空间内进行微操作要同时具有微动和微型，也就是说操作器能够进行微米纳米尺度的微操作，同时还需要兼顾操作本体的微小性。

（5）控制系统和传感器。以所希望的精度和速度加工，控制刀具与零件之间相对运动的能力，为了监控微加工、微装配过程需要具有立体感和精微观测，以及微小零件的多维测量功能的微型装置，相应的传感器等。

（6）计量与评价。计量与评价技术是指微小领域形状变化，特有的微小量包括实时微力等的测量技术，以及以微细加工、微小运动功能和微型化设备性能为对象的评价技术。

3.1.2　单元微型化的研究方向

（1）由于尺寸的微小化，设备、装置或机构的机械性能运动特性，以及各种物理特性等基础理论技术方面的问题亟须解决，故应借助计算机技术对微型设备、装置或机构进行建模、仿真优化等，以提供一个微型化的设计准则。

（2）吸收其他相关学科的研究成果，开发新型功能材料，研制能耗低、尺寸小、集成度高的结构，使执行元件及传动装置不断微小化。

（3）微型化、高性能化、复合化功能装置以及控制系统和相应传感器的研究。

（4）三维微细加工技术，如微小放电加工、精密机械加工、微电化学加工、激光加工等的深入研究，包括加工过程建模与仿真。

（5）狭小空间内的精微操作、微组装技术，以微型化、低能耗为目标的加工与组装一体化技术的研究。

（6）计量与评价技术。

3.2　系统集成化

系统集成化技术主要包括集成化、复合化技术和作为系统运用的控制技术，是指系统内各组成单元集成在一起，相互协调工作，在有限的空间内完成加工、装配和传输等多种工艺的技术。

3.2.1　系统集成化的关键问题

（1）总体布局。针对微型制造系统的特点，合理的布局是系统内各单元之间、单元内各装置之间能够协调配合的必要保证。

（2）物流控制。从某种角度来说，在制造系统中，把制造资源转变为产品或零件的制造过程，实质上是一个物料流动的动态过程，因此，有必要对微型制造系统的物料动态控制进行研究。

（3）信息集成。在微型制造系统中，必须要实现制造过程的自动化，因此，信息控制和建模、仿真技术是微型制造系统化的关键技术问题。

3.2.2 系统集成化的研究方向

（1）要使系统内各组成单元协调地工作，就要为系统建模，因此，需要对系统化的设计理论进行研究。

（2）作为系统运用的集成控制理论，如能量、运动信号的传递方法及其规律，微型接口及宏微接口等需要研究。

4 积极开展我国的微型工厂技术研究

从目前微型工厂的发展态势可以看出，①微型工厂技术是与所有微小型零件、装置或机械制造工程相对应的技术，它正随着微型化技术的不断深入发展而被提上研究日程。②微型工厂技术的研究除了日本处于领先地位外，世界各国还大都处在起跑位置。③微型工厂具有明显节省能源、空间和资源以及灵活性和可控性的优点，不仅是解决制造业所面临的人、机器和环境和谐问题十分有效的手段之一，而且有利于促进微机械的产业化，更能够适应特殊环境下的制造，提高产品的附加值，因而具有巨大的经济意义和社会意义。④通过实现微型工厂，探索新原理新功能的元件和系统，以实现各种各样的微型制造模式，这一过程有利于实现技术创新，同时也将有力地促进机械制造与微机械技术的交叉发展。

基于此，特提出如下建议：

（1）高瞻远瞩、精心组织，积极参与这一具有挑战性又富有创新性的研究。根据我国国情，选择一些基础的、关键的系统与技术，同时考虑与重点项目配套，建立几个研究、发展基地，并使其成为知识创新工程的一部分，以促进我国微型化技术的健康发展。

（2）针对一个系统，组成一个包括政府研究机构、大学和工业部门合作者在内的联合小组，在国家计划支持下加快微型工厂的发展。利用这种形式使工业部门潜在的微型工厂用户在可行性论证阶段就加入微型工厂的研究开发工作。这有利于促进产业化的进程。

（3）制造设备与系统的微型化必须保证性能和精度，而不是盲目地追求微小化。

（4）开展我国的微型工厂技术研究，应着眼于微型致动器微型机器人等新一代微机械产品的制造，开发适合于结构复杂、材料多样、形状精度和表面粗糙度等均有较高要求的三维微小零件制造的微小型化加工技术与装备，规划模块化，同时注重基础技术研究和研究方法的革新，吸收相关学科的研究成果，开发出具有我国知识产权的微型工厂技术。

参考文献

[1] KAWAHARA N, SUTO T, HIRANO T, et al. Microfactories new applications of micromachine technology

to the manufacture of small products[J]. Microsystem Technologies, 1997, 3(2): 37-41.

[2] KITAHAR T, ISHIKAWA Y, TERADA T et al. Development of micro-lathe[J]. Journal of Mechanical Engineering Laboratory, 1996, 50(5): 117-123.

[3] 吴敏镜. 微机械及其加工综述[J]. 航天工艺, 1997, 1: 19-24.

[4] Workshop report[C]. Northwestern University, Evanston, USA: Workshop on Micro/Meso-Mechanical Manufacturing, 2000.

[5] 北原时雄, 石川雄一. 工作机械のマイクロ化[J]. 机械の研究, 1998, 50(1): 163-168.

[6] MEL, AIST/MITI. Advanced Machine Technology[R]. Annual Report of Mechanical Engineering Laboratory, 1998.

[7] LU Zian, YONEYAMA T. Micro cutting in the micro lathe turing system[J]. International Journal of Machine Tools and Manufacture, 1999, 39(7): 1171-1183.

[8] MM C Activities. Experimental system for micro processing and assembling[J]. Micromachine, 2000, 30: 6-7.

[9] MEL, AIST/MITI. Micromachines[R]. Annual Report of Mechanical Engineering Laboratory, 1999.

[10] AOYAMA H, HAYASHI A. Multiple Micro Robots for Desktop Precise Production[C]. Bremen, Germany: Proceedings of the First International Conference of European Society for Precision Engineering and Nanotechnology, 1999.

微米和中间尺度机械制造

孙雅洲　梁迎春　程　凯

（哈尔滨工业大学　精密工程研究中心，哈尔滨 150001）

摘　要：微米和中间尺度机械制造的概念源于对广泛材料范围内的精密三维微米和中间尺度零件日益增长的需求。微米和中间尺度零件是指尺寸在 0.01~10 mm 范围的微小零件，因而处于基于微电子的 MEMS 技术与传统的机械加工技术之间的领域。然而，目前的设备性能和尺寸计量方法生产单个微米和中间尺度零件的能力已经显示出局限性。因此，许多研究者正在探索有关新的或传统的机械制造技术在该尺度的应用问题。基于美国国家科学基金会主办的微米和中间尺度机械制造专题讨论会，介绍了日渐显现的微米和中间尺度机械制造技术的背景和现状，讨论了其应用的科学、技术和商业化挑战，以及其有效开展和实现的主要使能技术，给出了需要广泛研究与发展的几个主要方面问题。最后，提出了开展和证明微米和中间尺度机械制造可行性研究比较有希望的方法和策略。以此希望能对我国微米和中间尺度机械制造技术领域的研究有所启迪。

关键词：微小型化；微米尺度；中间尺度；精密；三维；机械制造

Micro-scale and Meso-Scale Mechanical Manufacturing

Sun Yazhou　Liang Yingchun　Cheng Kai

（Research Center of Precision Engineering, Harbin Institute of Technology, Harbin 150001）

Abstract: The concept of micro-scale and meso-scale mechanical manufacturing is originally generated to meet the increasingly growing demand for three-dimensional micro/meso-scale parts with higher relative accuracy in a wide range of materials. The micro/meso-scale parts are defined as having the size range between ten microns up to ten millimeters, and so falling between the domains of microelectronics-based MEMS technologies and conventional machining. However, the

---

作者简介：

孙雅洲，男，1968 年出生，博士研究生，讲师。主要研究方向为微小零件的精密加工与制造设备的微小型化技术。E-mail: Sunyzh@hit.edu.cn。

基金项目：国家自然科学基金资助项目（50028504，50175017）。

文章发表信息：机械工程学报, 2004, 40(5): 1-6.

possibility of producing individual parts at these size scales is shown the limitations in current equipments and methods for dimensional metrology and characterization of both the parts themselves and machines used to produce them. For this reason, researchers are exploring the issues involved in the application of both new and traditional manufacturing technologies. Based on the workshop on micro/meso-mechanical manufacturing (M^4), sponsored by the American National Science Foundation (NSF), the background and situation of the emerging micro-scale and meso-scale mechanical manufacturing technologies are introduced, the scientific, technological and commercialization challenges for the use of micro-scale and meso-scale mechanical manufacturing technologies, and the primary enabling technologies for the effective development and implementation of micro-scale and meso-scale mechanical manufacturing technologies are discussed, the major research and development issues that need to be addressed are given. Finally, the promising approaches and strategies to develop and demonstrate the feasibility of micro-scale and meso-scale mechanical manufacturing are proposed as well. It is hoped that this can provide some beneficial proposals for the research on micro-scale and meso-scale mechanical manufacturing technologies in China.

Keywords：miniaturization; micro-scale; meso-scale; precision; three dimensions; mechanical manufacturing

0 前言

微小型化技术作为面向 21 世纪重要的军民两用技术，将深刻地影响民用和国防等科学技术的发展，现已成为现代科技研究的前沿。微细加工是微小型化的基本技术。广义上讲，微细加工是指所有制造微小尺寸零件的加工技术[1]。然而，目前用于微小型化的主要技术是衍生于微电子技术的微电子机械系统（MEMS）技术，因而由半导体制作工艺发展而来的工艺方法是微细加工的主流技术。这些技术具有批量制作的优点，但对各种材料的任意三维微小形状的加工受到一定限制。

随着科技发展，对微小装置的功能、结构复杂程度、可靠性等要求越来越高，从而使得对特征尺寸在微米级到毫米级、采用多种材料且具有一定形状精度和表面质量要求的精密三维微小零件的需求日益迫切。传统的精密机械制造技术面向三维形状，对加工对象的材料适应性强，而且目前精密机械、电子和光学等领域有大量的微小零件都是采用传统精密加工工艺和精密超精密机床制造的。因此，对精密三维微小零件的制造可以由传统的精密、超精密加工方法如切削、磨削以及电火花加工（Electrical Discharge Machining，EDM）、电化学加工（Electrical Chemical Machining，ECM）和激光加工等衍生而来。国内外的一些学者和学术团体对此进行不断的探索，并取得了一大批较好的研究成果。因而近年来，利用传统的精密机械加工以及超精密加工技术制造微小元器件也重新引起人们的重视，并作为克服基于硅工艺的 MEMS 技术局限性的补充技术而成为一个非常活跃的研究领域。

一些国家和地区，包括日本、中国台湾地区及德国、瑞士等欧洲国家一直有计划支持该领域的研究。相反，美国在微小型化技术的研究中，曾很大程度上忽视了对传统机械制造技术的考虑，而主要集中于 MEMS 技术的研究上，并处于世界领先地位。为了确保微小型化技术继续领先，美国的学术研究机构对传统的精密机械制造技术进行了重新审视，于 2000 年 5 月由美国国家科学基金会（NSF）主办了以“微米和中间尺度机械制造（Micro/meso-mechanical manufacturing，M^4），亦称 M^4 为主题的专题学术讨论会[6]，重点探讨了几何特征尺寸在 0.01～10 mm 的三维微小零件的精密加工方法和设备，旨在达到与传统精密、超精密加工相称的结果，以满足对精密三维微小零件日益增长的需求。同时注意到，开发与被加工零件尺寸相称的小型化设备，并能够达到同样的结果，那么成本将大幅度地降低。如果该技术能够成功实现，那么从民用到国防、从医学到空间等众多领域有着巨大应用前景的微小型器件和装置，将比目前有更广阔的实际应用，其社会效益和经济效益是巨大的。

1　微米和中间尺度机械制造技术及其与 MEMS 技术的关系

在微小型化技术领域，依据微机械的特征尺寸可将其划分为 0.001~1 μm 的纳米机械、0.001~1 mm 的微型机械和 1~100 mm 的小型机械，相应地依据零件特征尺寸可分为纳米尺度（0.1~100 nm）、 微米尺度（0.1~100 μm）和介于宏微之间的中间尺度（0.1~100 mm）。纳米技术一般指纳米尺度的材料、设计、制造、测量、控制和产品的技术。传统的精密机械制造技术所处理的零件特征尺寸一般在毫米级以上，不断追求的是高精度。而微细加工技术一方面在向三维复杂形状的制作发展，同时在向更高的加工精度和极限尺寸推进[3, 7]。从图 1 所示各种技术的相对精度示意图[8]可以看出，微米和中间尺度机械制造（M^4）技术是指覆盖微米和中间尺度范围，由填满宏观技术与 MEMS 技术之间缺口的技术组成，能够适应多种材料及复杂形状要求，且具有较高相对精度的精密三维微小零件的制造技术。

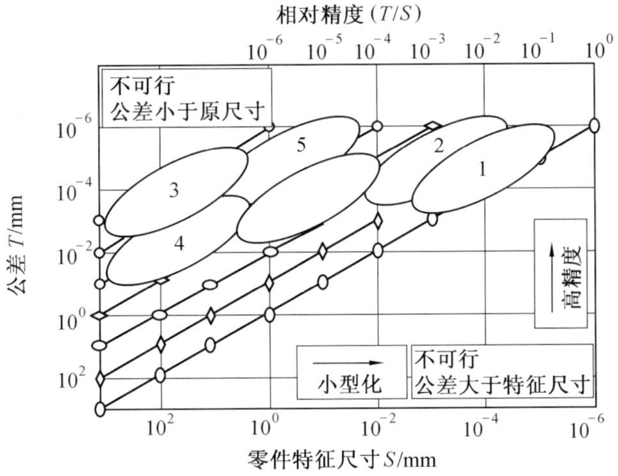

图 1　各种技术的相对精度示意图

1—纳米技术；2—MEMS；3—超精密机械加工；4—传统的精密机械加工；

5—传统的中间尺度加工；6—超精密中间尺度加工

M^4技术与 MEMS 技术的主要差异是在所使用的材料和制造工艺方法上。M^4技术集中于金属的机械制造工艺，利用工具成形几何表面，能适应多种材料，而 MEMS 技术集中于由半导体制造工艺发展而来的工艺方法和相关材料。M^4技术适于单个加工，而 MEMS 技术属于批量制作。M^4技术面向于三维可动微小零件、机构和装置，而 MEMS 技术趋向于平面微机械零件和 MEMS 器件[8, 9]。

2　微米和中间尺度机械制造的现状

实际应用领域存在着大量属于 M^4 的装置和产品，如微型光学装置、微型控制装置、微小机器人、微小飞行器、微小电动机、微型燃料喷射器、微型涡轮发动机、微型热交换器、微型医疗器械、光纤接头、硬盘及光盘读写头、半导体元器件、手提电话和手表等。就微细加工技术来说，有微细切削（车削、铣削、钻削）、微细磨削、微细 EDM、微细 ECM、激光微细加工、超声波微细加工和聚焦离子束（Focused Ion Beam，FIB）加工等材料去除的方法，有电沉积、激光焊接、微冲压等附着、结合或变形加工，以及 LIGA、微细立体光刻（Stereolithography，SL）等工艺技术。除了基于硅工艺的平面微细加工方法以外，T. Masuzawa[4, 5]对主要微细加工技术的基本概念和应用进行了较为全面的概括，论述了不同类别加工技术的基本特性，详细地介绍了较有前途的微细加工方法并提出其适合的应用领域，通过实际应用和实验室研究阶段的例子说明了这些技术的现状。由于材料去除加工在可加工零件的形状和材料方面具有更高柔性，且零件相对加工精度较高，因而目前 M^4 技术的开发主要是基于材料去除的方法[6]。如为了满足核武器储备的需要，美国 Sandia National Lab 开发的中间尺度加工技术[10]，采用 FIB、微细铣削、微细车削、激态激光、飞秒激光和微细 EDM，针对金属、陶瓷和石墨等工程材料，制作具有如球腔、圆锥、斜面和凹槽等形状特征的三维微小零件，以减小武器零件的尺寸。

不同的加工技术有其各自的特点、加工性能和适用范围。现阶段普遍认为，有潜力的、适合于 M^4 的加工技术有[6]：激光微细加工、超声波微细加工、磨料流动微细加工、微细 EDM、微细 ECM、微细铣削、微细钻削、微细车削、微细磨削、FIB 加工、微细 SL、微冲压、微挤压、流体喷射微细加工和微粒冲击等。

（1）激光微细加工。该技术领域已经做了大量工作，充分利用该技术进行微米和中间尺度机械制造，但还有许多基本问题需要进一步研究和应用。

（2）超声波微细加工。超声波微细加工是基于脆性破损去除材料，所以适合于玻璃、陶瓷、硅和石墨这样的脆性材料。利用超声波能量实现了微蜂巢这样结构特征的小零件微细加工，但对超声波微细加工技术进一步的了解还需要广泛的应用。

（3）磨料流动微细加工。磨料流动微细加工是利用带有研磨剂微粒的流动介质，在一定压力下流经工件表面来实现对材料的微细去除加工，适合于去除毛刺和锐边修整。

（4）微细 EDM。微细 EDM 相对较为成熟，有适合于微细 EDM 应用的系统，但还缺乏加工机理和仿真的研究，以便能够优化微细 EDM，促进其更好地应用。

（5）微细 ECM。ECM 具有加工表面质量好、工具无损耗、成形范围宽等优点，但微细 ECM 还需要进一步研究，尤其是适合于 M^4 的应用。

（6）微细切削加工。微细切削加工具有加工范围广、效率高、相关技术研究成熟等特点，仍是许多微、中、小产品制造不可缺少的方法。微细钻削广泛应用在电子印制电路板制造中，现在微钻孔直径处在 M^4 应用的上限，其关键将是微细钻削极限和加工过程的理解以及仿真能力的开发。而微细铣削和微细车削加工的实际状况仍是利用常规尺寸的超精密机床，不适应批量生产，成本高，效率低。

（7）泥浆抛光微细磨削、微冲压和微挤压。这些是在 M^4 研究中新的工艺方法，还需要对基础知识的深入研究。

（8）微粒冲击。这也是在 M^4 应用中有潜在价值的新方法，尤其是用于表面加工和基底材料特性的修整。

（9）微细 SL。微细 SL 能够快速、准确地制造廓型复杂、无拔模斜度的树脂、金属、粉末冶金材质的三维微机械零件，但在实际开发中一直还有大量的工作在进行。

（10）流体喷射微细加工。如水喷射研磨加工这样传统的流体喷射加工，预期可以缩小比例开发新的流体喷射微细加工方法，但还需对其潜能进行了解。

（11）FIB 加工。美国 Sandia National Lab 已经成功地利用 FIB 加工微型零件和刀具。FIB 加工的分辨率可以达到纳米级，是很有前途的技术之一。

然而目前，开发能够有效地在 M^4 中应用的各种加工技术还缺乏对其加工机理的进一步理解。例如，什么时候采用什么方法，以及对每一种方法在 M^4 中应用的局限性了解得还很少。并且迄今所进行的研究与应用多是利用常规尺寸的设备和方法制造微小零件和装置。反过来，这已经导致了强调超精密制造方法学，而不是考虑使设备本身微小型化和与之相称的机械制造方法去达到所需要的精密度和精确度水平。再者，由于采用常规尺寸设备和方法制造微小零件和装置的主要缺点是成本高、效率低，同时以现行的尺寸计量方法和设备性能生产单个微米和中间尺度零件的能力也已显示出局限性。因此，美国 NSF 的 2001 年计划开始对与 M^4 相关的技术予以支持。同时，美国精密工程协会（ASPE）也于 2003 年 1 月在 University of Florida 举办了以“Machines and processes for micro-scale and meso-scale fabrication, metrology, and assembly ”为主题的学术讨论会。由于需求的牵引，M^4 领域的研究日渐显现，这一方面带来了新的机遇，同时也面临着许多挑战。

3　微米和中间尺度机械制造的挑战

3.1　基础理论的挑战

（1）缩放比例。当尺寸缩小到微米和中间尺度的时候，对这些机械加工方法能否精确地实现，有什么优点和局限性，以及加工的长期稳定性几乎没有什么了解。由于在宏观尺度下起主要作用的因素在微米和中间尺度范围可能不再重要，而在宏观尺度下可以忽略的现象在微米和中间尺度下可能是关键的，因此必须对该尺度下的机械加工工艺行为有详细的了解。

（2）工艺方法对微结构的影响。充分地理解加工方法对零件微结构的影响是必要的。为了制造所需的零件，不同方法产生的任何微结构的变化必须了解和控制。

（3）微结构对工艺方法的影响。由于微米和中间尺度下机械去除加工的加工单位与材料的金相组织颗粒大小量级相同，材料不再被认为是均匀的了。相对于常规加工，微米和中间尺度加工需要的单位加工能量将增大，这必然会对相应的工艺方法产生影响。因此这种影响以及晶粒的方向性、边界对去除加工过程的影响必须考虑。

（4）表面化学的影响。相对于宏观尺度，在微米和中间尺度范围进行零件的去除加工时，由于切屑和零件的表面积与体积比都将增加，因此表面化学对加工过程的影响和加工过程对零件表面的化学作用同样不容忽视。

（5）微米和中间尺度的材料力学性能。众所周知，微观尺度材料的力学性能与宏观不同，目前缺乏有关微米和中间尺度的材料性能数据，因此有必要对该尺度的材料力学性能进行研究。

3.2 工艺技术的挑战

（1）相对刚度。相对于常规加工，微米和中间尺度下所需大的单位加工能量将使得铣削和钻削中刀具的相对刚度以及车削中零件的相对刚度降低，从而影响零件的相对加工精度，因此这种影响必须了解和控制。

（2）运动控制。以所希望的精度、速度加工和测量零件，以及控制刀具与零件之间的相对运动的能力正限制着 M^4 技术的有效开发，目前还没有直接测量 M^4 中零件和刀具之间相对位移的传感器。

（3）跳动。为了加工 10 nm~10 mm 范围的亚微米精度零件，需要具有亚微米跳动的刀具（钻、铣加工）或工件（车削加工）超高速旋转运动。达到这一精度能力还有待于进一步研究。

（4）过程控制。为了有效地利用 M^4 方法进行批量生产，对加工过程的控制是必要的，即获得适当的加工过程可重复性和可靠性。目前大量的工作都还停留在实验室，关于 M^4 方法的长期稳定性了解还很少。对 M^4 的过程控制将需要相应的微力、温度和振动等性能测量的传感器。

（5）加工能力。关于 M^4 方法大批量生产特定精度零件的能力了解很少，许多例子都没有尝试制造大批量的零件。显然该问题与“过程控制”有很重要的关系。

3.3 商业化的挑战

（1）产量。为了经济上的竞争，M^4 方法需要能够在短期内生产大批量零件。为了迎接这一挑战，许多 M^4 装置应能够并行使用，快速地并行生产或连续生产。

（2）成本。很明显，成本是个必须克服的障碍。经济生产微米和中间尺度零件的能力是成功地开发 M^4 产品的必要条件。

（3）时间。除了成本障碍之外，及时地开发产品也是必要的。一旦对产品需求经过验证，那么迅速地面向市场设计、制造和供销产品是至关重要的。

（4）支持。为了使 M^4 方法能够克服面向市场的成本和时间障碍，需要对 M^4 技术的设计和制造等方面进行更多支持。适合于 M^4 技术的、类似于现有的 CAD/CAM/CAE 软件需要开发。

（5）经济装配。操作和装配单个微小元件的能力是成功地实现 M^4 技术的一个公认障碍。目前的实际状况是周期长、成本高。

4 主要的使能技术

4.1 加工技术

如前所述的加工技术是目前被普遍认为有潜力的、适合于 M^4 的加工技术，而开发基本的加工模型和相关的仿真软件，将作为能够大大地改善该领域研究的主要使能技术。

4.2 计量

在 M^4 技术的实现与应用中，M^4 零件尺寸和表面质量的测量技术是必不可少的。

（1）光干涉仪。干涉测量法是一种成熟的技术，能够有效地用于非常精密的尺寸、运动和表面形貌测量。

（2）扫描探针显微镜（SPM）。各种 SPM 技术，如扫描隧道显微镜（STM）、原子力显微镜（AFM）、近场光学显微镜（NFOM）、扫描电子显微镜（SEM），已经成功地应用在许多超精密测量和纳米技术领域，测量表面微观形貌和尺寸。

（3）电子束聚焦比较仪。这是一种传统的技术。据报道这种技术已经在微技术中有所应用。

再者，能够感觉微米和中间尺度各种现象的变化，用于过程反馈和控制的内置传感技术将是 M^4 技术成功实现与应用中的一项重要使能技术。

（1）微力测量。能够测量三维切削力包括转矩，对于实施过程反馈控制、监控和预报零件、刀具及其他关键结构元件的偏差是非常重要的。

（2）内置应变仪测量。对于力的直接测量，这可能是一种可供选择的方法，需要内置应变仪传感方法的创新设计。

（3）微变形测量。M^4 应用中各种变形是不可避免的，因此需要能够用于这些微米和中间尺度变形的内置测量方法。

上述测量方法中，应当强调的是实时传感和测量的能力。

4.3 零件的装夹与操作

绝大多数常规的夹具和操作方法不适合于微米和中间尺度零件的加工、装配和输送，这包括零件在设备上的定位与夹紧，零件从一个设备到其他设备之间的搬运，零件的收集以及不同零件之间的连接和装配。因此，零件的装夹与操作是关键的必要条件，尽可能地做到最小化。

4.4 刀具

微米和中间尺度机械加工过程中的刀具变化影响较大。

（1）灵巧的刀夹。微细铣削、钻削加工不像普通的机械加工中小的刀具跳动和偏差可以忽略。因此，需要研究出测量刀具跳动和补偿偏差的灵巧刀具夹具。

（2）刀具的材料。由于在微细机械加工中，刀具直径小，刀具材料的应用和不同的涂层将直接影响刀具的性能与寿命。

（3）主动控制。在微细机械加工中利用主动控制的方法将是有益的，因为这不仅可以减少加工时间，而且也能延长刀具的使用寿命。

4.5　表面抛光

M^4应用中对零件要求尽可能高的加工精度和低的表面粗糙度，可以采用传统的去毛刺和表面抛光技术，其关键是了解不同的抛光技术对微米和中间尺度零件亚表面损伤的影响。

5　研究与发展的几个主要方面问题

为了迎接各种挑战，建立与提高所需要的使能技术，成功地实现与应用 M^4 技术，应当考虑从以下几个方面广泛地开展工作。

（1）确定产品的应用及工艺技术。M^4 技术的成功实现必须确定几个具有重要市场潜力的产品，然后开展生产这些产品的制造工艺与设备技术研究。这样的产品应能使 M^4 技术的益处显示出来。可供选择的一个产品是燃料喷射器。

（2）了解微米和中间尺度的材料力学特性。微米和中间尺度的产品应用范围广，从机械、电子、光学到生物医学以及空间等，其微小型化将采用多种多样的材料。对材料力学性能的了解不仅有助于各种工艺技术的开发，而且有助于预报和优化未来中间尺度集成系统的性能。建立该尺度下的各种材料性能数据库，在开发有效的 M^4 技术中将起到重要的作用。相关的研究工作包括：数据库的建立（材料属性和材料差异）、表征材料性能的装置和系统、加工前后残余应力的测量和表征。

（3）计量学。微米和中间尺度零件质量和产品功能性的测量与评定成为一项很有挑战性的工作，需要开展的一些研究工作包括：应力（预应力和残余应力）、零件的定位、尺寸、形状、表面完整性及亚表面损伤。

（4）精密机械设计。为了确保微米和中间尺度制造设备所需要的精确度与精密度，需要研究微动力学，包括微结构动力学，以及当采用小的装置进行机械加工时的加工过程稳定性；需要用于刀具定位与进给运动的微型致动器创新设计（不是传统尺寸的缩小）；需要微小尺寸、高精度、超高速主轴的创新设计；需要相应微传感器的研究与使用。

（5）零件的装夹与操作。微米和中间尺度机械制造属于单个加工，需要零件的精确定位与保持，必须研究单个零件的装夹与操作技术。

（6）界面的相互作用。摩擦学，尤其是界面间的相互摩擦力、接触性质以及涂层对界面性质的影响等同样需要研究。

（7）装配与封装。属于单个加工的 M^4 技术，如果没有有效的装配与封装技术，其实现是不可行的。为确保适当的功能和达到 M^4 技术的经济耐久性，需要有效的装配与封装技术。

（8）过程控制与规划。一旦选择了一种工艺方法，那么有关过程规划和参数选择以及 M^4 设备的反馈和监控问题就必须研究。首要的一步应当是识别微米和中间尺度机械加工过程的特征，确定在过程规划和参数选择方面与传统的机械加工方法之间的不同及相似之处。接着，需要研究新的或修改现有的过程规划和参数选择的技术方法。

（9）教育。教育训练是开展和推进 M^4 技术的重要基础。首先应对学生有关微米和中间尺度知识的教育与培养。传统的机械工程教育不能给学生提供有关微小尺度问题所需要的知识，这可以通过修改课程，给学生更多有关微米和中间尺度现象的物理学和材料学知识来解决。其次是对于设计和生产微米和中间尺度产品的能力在工业界中还缺乏了解。可以考虑以下几个方面：与拥有相关的 M4 专门技术和设备的国家实验室合作；设计基于计算机的虚拟实验室；举办创新设计和制造比赛；改革课程、短期培训、学术会议和跨学科综合，拓宽教育和科研知识面；共享大学及科研机构的特殊设备等。

（10）资金的资助。国家应当统筹 M^4 全局，规划模块化，以使各类基金组织合理地资助微米和中间尺度机械制造工艺与设备的研究，促进 M^4 技术的健康发展。

6 结论

技术和对技术的需求是相互影响的。M^4 技术的概念源于微小型化技术持续发展，对不受材料限制的精密三维微小零件日益增长的需求。M^4 技术的研究与应用将填补基于硅表面微细加工的 MEMS 技术、LIGA 技术和传统精密加工技术之间的缺口，通过广泛的材料和形状特征选择来提高微小零件和装置的功能、可靠性及可制造性。M^4 技术研究的可行性在于广泛材料范围内的三维微米和中间尺度零件制造的精度、质量和生产率问题。综合各种技术特点，结合基于微型装备的并行微制造[8, 9]，基于微型工厂概念的微型化制造设备与微型制造系统[11]，以及发挥不同技术特点的微细复合加工，我们认为与 M^4 零件和产品相称的微小型制造设备与系统的研究将是开展和证明 M^4 可行性的一个有希望的方法和策略。预想这些设备可以类似于今天的计算机那样，即插即用，既可以单独工作，又便于集成系统。总之，MEMS 技术在传感器的应用中获得了巨大成功，而 M^4 技术的成功实现将在未来的致动器和机器人等具有更高功能性要求的微型光、机、电产品制造中起着重要作用。

参考文献

[1] 袁哲俊, 王先逵. 精密和超精密加工技术[M]. 北京: 机械工业出版社, 1999.

[2] 黎明, 雷源忠. 国家基金委机械学科在微/纳米技术领域资助项目概况[J]. 机械强度, 2001, 23(4): 548-551.

[3] 李勇, 郭旻, 周兆英. 特种微型机械加工技术[J].光学精密工程, 2000, 8(3): 287-291.

[4] MASUZAWA T, TONSHOFF H K. Three-dimensional micro-machining by machine tools[J]. CIRP Annals-Manufacturing Technology, 1997, 46(2): 621-628.

[5] MASUZAWA T. State of the art of micromachining[J]. CIRP Annals-Manufacturing Technology, 2000, 49(2): 473-488.

[6] Workshop report[C]. Northwestern University, Evanston, USA: Workshop on Micro/Meso-Mechanical Manufacturing, 2000.

[7] ISHIKAWA Y, KITAHARA T. Present and future of micromechatronics[C]. Nagoya, Japan: IEEE Proceedings of International Symposium on Micromechatronics and Human Science, 1997.

[8] EHMANN K F. Meso-scale machine tool system development[C]. Northwestern University, Evanston, USA: Workshop on Micro/Meso Mechanical Manufacturing, 2000.

[9] KUSSUL E M, RACHKOVSKIJ D A, BAIDYK T N, et al. Micro-mechanical engineering: a basis for the low-cost manu-facturing of mechanical microdevices using microequipment[J]. Journal of Micromechanics and Microengineering, 1996, 6(4): 410-425.

[10] BENAVIDES G L. Meso-machining capabilities[C]. Northwestern University, Evanston, USA: Workshop on Micro/Meso Mechanical Manufacturing, 2000.

[11] 孙雅洲, 梁迎春, 程凯. 微型化制造设备与微型制造系统[J]. 中国机械工程, 2002, 13(7): 592-596.

微小型化机床的研制

孙雅洲　梁迎春　董　申

（哈尔滨工业大学 精密工程研究所，黑龙江 哈尔滨 150001）

摘　要：研制了一台微小型化的机床实验台，本体尺寸为 300 mm×150 mm×165 mm。该实验台采用了商品化的微型工作台、高速空气涡轮主轴、直线型超声电机和基于 PC 的控制卡。给出了初步的实验结果，包括加工的直槽、圆、薄壁和人脸，以及槽底的表面粗糙度。

关键词：微小型化机床；空气涡轮主轴；超声电机；微细铣削

Development of a Miniaturized Machine Tool

Sun Yazhou　Liang Yingchun　Dong Shen

（Research Institute of Precision Engineering, Harbin Institute of Technology, Harbin 150001, Heilongjiang）

Abstract: A test-bed of miniaturized machine tool is developed, that has a machine base size of 300 mm×150 mm×165 mm. The test-bed utilizes commercially available micro stages，a high-speed air turbine spindle, and linear ultrasonic motors and PC-based control board Preparatory test results of the test-bed are presented, which include machined straight slots, circles, thin walls and human faces, and measured surface roughness at the bottom of the slot.

Keywords: miniaturized machine tool; air turbine spindle; ultrasonic motor; micro milling

随着高新技术的不断发展，无论是从民用还是到国防领域，都对微小型化的产品有着强烈需求。目前，许多由铜、铝、不锈钢、钛等金属材料制成的，特征尺寸在 μm 级到 mm 级的三维微小零件，都是在常规尺寸的精密、超精密机床上切削加工而成的，这些机床缺少必要的柔性，成本高、效率低，且以现行的尺寸计量方法和设备生产单个微小零件的能力已经

作者简介：

孙雅洲（1968—），男，硕士，副教授；

梁迎春（1964—），男，博士，教授，博士生导师；

董申（1939—），男，教授，博士生导师。

基金项目：哈尔滨工业大学校基金资助项目（HIT. 2002. 25）。

文章发表信息：哈尔滨工业大学学报, 2005, 37(5): 591-593.

显示出局限性。解决上述矛盾的方法之一是采用与所加工零件尺寸相称的微小型化机床及其组成的系统[1, 2]。

本文将介绍机床微小型化的可行性与优点，探讨机床微小型化的有关问题，研制一台微小型机床实验台，进行初步的加工实验，为微小型化机床与系统的进一步研究奠定基础。

微小型化机床的概念是 Dutta 等人[3]在 1970 年提出的，1996 年 Kitahara 等人[4]成功地研制了世界上首台微小型化机床——微型车床，从而打开了机床微小型化技术研究的新领域。由于该微型车床的加工精度和成型能力有限，1999 年 Lu 等[5]研制了一台长度约 200 mm 的微型车床，微型车床的成功研制证明了机床的微小型化是可行的。

本文综合考虑机床微小型化中的一些问题，预先研制了一台微小型机床实验台，一方面对能够用于机床微小型化的技术进行研究，另一方面利用该实验台进行微细切削加工技术研究，以获得相关知识。用研制的微小型机床实验台进行了初步加工实验，为微小型化机床与系统的进一步研究奠定基础。

1　微小型机床实验台

图 1 所示为研制的微小型机床实验台，采用卧式三坐标结构布局，不包含电源及驱动控制系统，长 300 mm、宽 150 mm、高 165 mm。主要包括 4 个子系统：主轴系统、进给驱动系统、控制系统和监测系统。

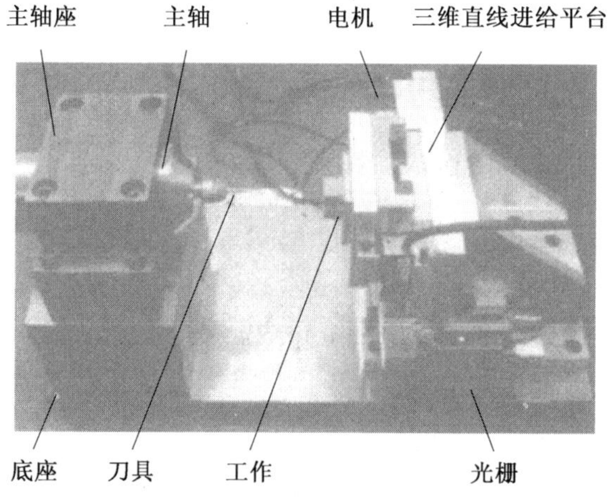

图 1　微小型机床实验台

1.1　主轴

主轴为刀具或工件提供足够的转速，以满足微细切削所需要的切削速度。如加工微小金属零件，采用直径 0.5 mm 的铣刀要获得切削速度近 200 m/ min，主轴需达到 100 000 r/min 以上的转速。为了达到相对精度目标，主轴的跳动量不应超过 1 μm。现有条件采用的是日本 NSK 小型空气涡轮主轴，通过控制压缩空气的压力来调节转数，最高转速可达 140 000 r/min，更换夹头可装夹刀柄直径为 0.8~3.0 mm 的刀具，跳动量小于 2 μm。

1.2 进给驱动系统

交叉滚柱支承的滑台结构紧凑，刚性好，动作灵敏，不易引起振动，适于空间尺寸小，承受颠覆力矩的场合。采用了瑞士 SCHNEEBERGER 生产 NKL 型交叉滚柱支承的精密滑台组成三轴直线进给机构。考虑到现有主轴尺寸和质量相对较大，而被加工件尺寸、质量以及加工时的切削力均较小，故该实验台设计成三轴滑台叠加起来的三维直线进给平台结构，带动工件实现三个方向的直线进给运动，而刀具安装在主轴上，切削中保持固定位置。这种结构布局导致比较大的机床整体尺寸，但这只是目前的条件限制，随着微小型高速主轴技术的改进，更小和更轻的主轴也可以安放在移动的工作台上。三维直线进给平台竖直轴行程为 25 mm，水平两轴行程均为 30 mm。其驱动进给均采用以色列生产的 NANCMOTDN 压电陶瓷超声电机（HR 系列）配以专用的 AB1A 驱动器直接驱动。

该电机基于逆压电效应的超声驻波原理，具有高分辨率（0.1 μm）、优异的低速平稳性和动态特性，无内部磁场和运动部件，结构小巧，行程不受限制，能达到直线电机和旋转电机都无法匹敌的精度，具有很宽的动态可调速范围（10~250 mm/s)，且易于安装。当被驱动滑台静止时，HR 系列电机以其独特的工作特性提供了一个自带的制动和消除伺服高频振动的能力。但是将其用在开环下工作，由于驱动器的速度对负载敏感，这样施加的载荷、切削力会引起速度的显著变化，造成工作台的运动速度不稳定，且因为驱动器开环状态下工作在开关模式，调整速度和保持平稳速度困难，这些将会影响其保持恒定的可编程速度的能力。为了满足微小零件的数控加工精度，必须采用闭环控制。因此，为了实现三轴高精度的同步运动控制，每一个轴配置一个英国 RENEHAW 光栅尺（分辨率为 50 nm）作为检测元件，提供位置反馈以实现三轴位置闭环。

经设计计算后综合经济性考虑，三轴均选择了 HR4 型电机，单个电机的最大动态推力为 16 N，最大静态保持力为 14 N，最大动力消耗为 15 W。

1.3 控制系统

为了实现三轴数控加工，构建了一个 NC 嵌入 PC 型开放式数控系统，以 PC 为硬件平台，将多轴运动控制器 PAMC 插入 PC 总线插槽中，通过接口连接伺服单元和 I/O 单元，控制平台三维运动。即采用基于上下位机的双 CPU 系统，PC 机作为上位机完成数控加工的非实时任务，PAMC 完成实时任务。控制器具有轮廓控制能力，易实现数控插补，可以手工编程，也可利用 CAD /CAM 实现三维数控加工。该控制系统具有灵活性好、功能稳定、可共享 PC 丰富的软硬件资源、便于后期的用户化开发的特点。

1.4 监测系统

为了检测微细切削力，研究微细切削过程，一个小型的 Kistler 三维力传感器将安装在垂直工作台上（图 1 中未安装）。主轴的转速通过高精度光电式数字转速表检测。同时为了便于操作和观察加工状况，选用了一个高分辨率的 CCD 摄像机（图 1 中没有摄入）。图 2 所示为所研制的微小型机床实验台的系统结构框图。

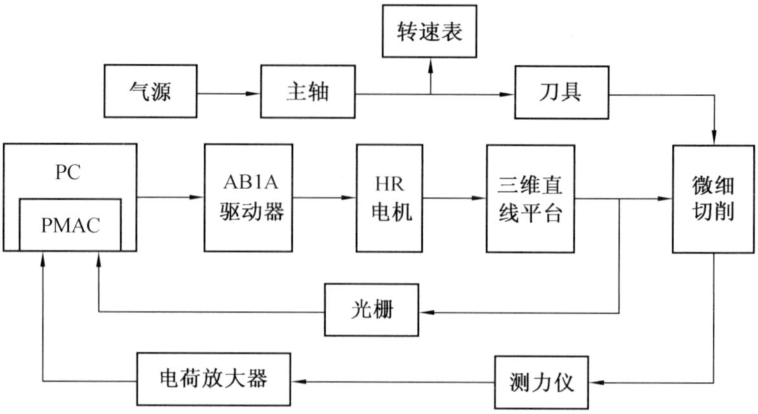

图 2　实验台系统结构框图

2　加工实验

机床经过初步调试后，进行了如下加工实验。首先采用直径 0.5 mm、螺旋角 30°的硬质合金二刃平头立铣刀，以主轴转速 51 000 r/min，进给速度 5.1 mm/s，背吃刀量 50 μm，对黄铜 H62 铣削直槽。接着以 0.68 mm/s 的进给速度铣削了直径 2 mm 的圆，如图 3 所示。

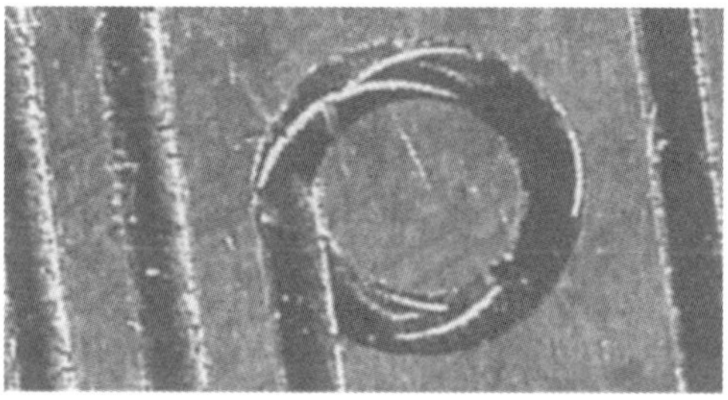

图 3　加工的直槽和圆

利用原子力显微镜（AFM）对直槽底面表面粗糙度进行了测量，测得表面粗糙度为 *R*a0.21 μm，AFM 照片如图 4 所示。

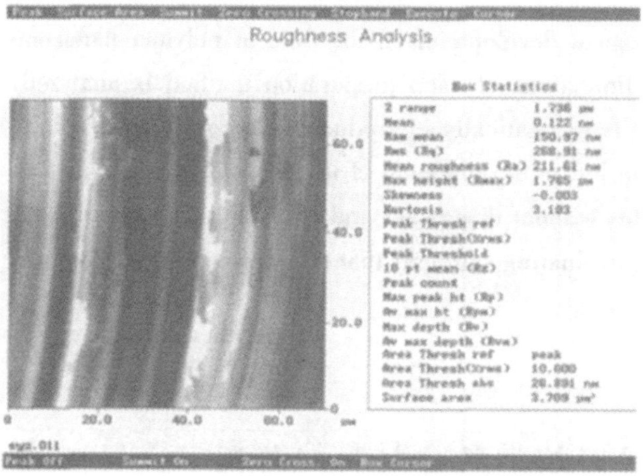

图 4　槽底表面粗糙度

随后，采用同一把刀具，对硬铝 LY12 以主轴转速 65 000 r/min，进给速度 4.3 mm/s，背吃刀量按 20 μm 分层铣削了如图 5 所示的薄壁结构，尺寸为 700 μm × 40 μm（左）和 500 μm × 20 μm（右）。

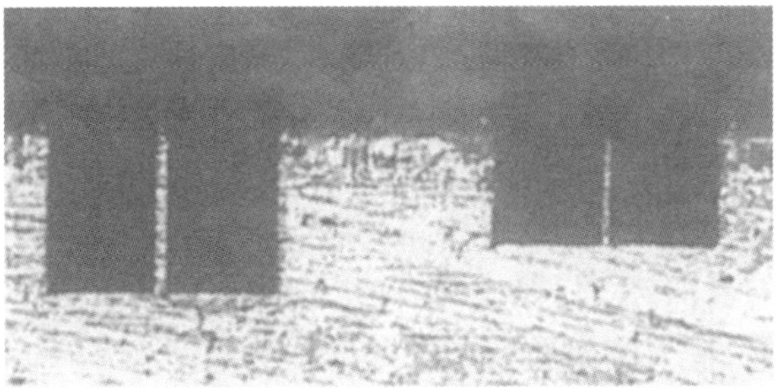

图 5　加工的薄壁

最后，利用 UG 的 CAM 模块，在两块尺寸分别为 12 mm × 8 mm 和 8 mm × 5 mm 的有机玻璃（PMMA）材料上，进行了人脸曲面的数控加工，结果如图 6 所示。粗加工时用直径 0.5 mm 的硬质合金二刃平头立铣刀，采用型腔铣削的方式，材料去除深度分别为 2.5 mm 和 1.5 mm。精加工时用直径 0.5 mm 的硬质合金二刃球头立铣刀，采用固定轴轮廓铣削的方式。

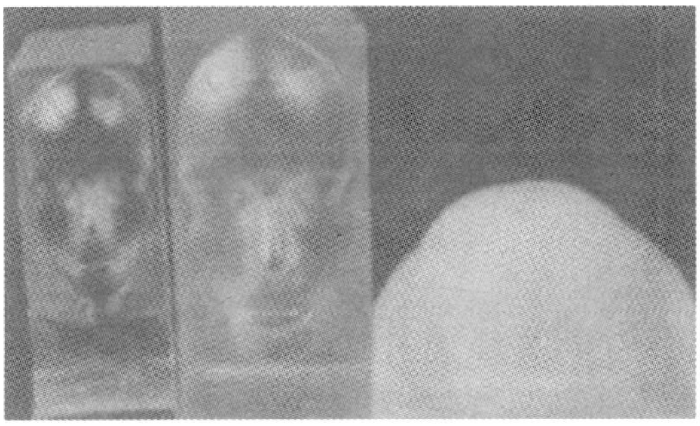

图 6　加工的人脸照片

3　结语

研制了一台尺寸为 300 mm×150 mm×165 mm 的微小型机床实验台，采用最高转速可达 140 000 r/min 的小型高速空气涡轮主轴，可获得足够的切削速度。闭环控制的压电陶瓷超声电机驱动进给系统，满足微细加工要求。初步的调试与加工实验证明，该微小型化机床技术可行，可以用于微细切削加工技术研究。

参考文献

[1] KUSSUL E M, RACHKOVSKITD A, BADYK T N, et al. Micromechanical engineering: a basis for the low-cost manufacturing of mechanical microdevices using microequipment[J]. Journal of Micromechanics and Microengineering, 1996, 6(4): 410-425.

[2] MICHAEL P, LIU Xingyu, KAPOOR S G, et al. Development of meso-scale machine tool (mMT) systems[J]. Trans of North American Manufacturing Research Institution, 2002, 30: 653-66.

[3] DUTTA K, DEV P, DEW LDE P, et al. Integrated micromotor concepts[C]. The University of New South Wales. Sydney, Australia: Proceedings of International Conference on Microelectronic Circuits and System Theory, 1970.

[4] KHAHARA T, Y ISHIKAWA, TERADA T, et al. Development of micro-lathe[J]. Journal of Mechanical Engineering Laboratory, 1996, 50(5): 117-123.

[5] LU Z, YONEYAMA T. Micro cutting in the micro lathe turning system[J]. International Journal of Machine Tools and Manufacture, 1999, 39(7): 1171-1183.

微细加工中的微型铣床、微刀具磨损及切削力的实验研究

赵 岩 梁迎春 白清顺 王 波 孙雅洲 陈明君

（哈尔滨工业大学 精密工程研究所，黑龙江 哈尔滨 150001）

摘 要：由于微机电系统（Micro Electro Mechanical System, MEMS）在微小零件加工中存在不足，微细铣削加工作为一项补充技术正在日益受到人们的重视。本文介绍了研制的微型精密三轴联动立式铣床（300 mm×300 mm×290 mm）的系统构成，开发了中文控制软件并集成了视频采集系统，此设备在薄膜型工件（膜厚 65 μm）的微槽加工中取得了满意的效果（膜厚方向上材料去除率 90.7%，成品率大于 80%）。对微径端铣刀进行了力学特性分析，并通过刀具磨损实验分析了微径硬质合金 TiA1N 涂层及非涂层铣刀的磨损机理。最后通过槽铣硬铝 2A12 的实验研究了切削用量（主轴转速、背吃刀量和每齿进给量）对微细铣削力的影响，为微细铣削切削机理的深入研究奠定了基础。

关键词：微细铣削；微型铣床；刀具磨损；切削力

Micro-milling Machine Tool, Micro-tool Wear and Cutting Forces in Micro-machining

Zhao Yan Liang Yingchun Bai Qingshun Wang Bo Sun Yazhou Chen Mingjun

（Center for Precision Engineering, Harbin Institute of Technology, Harbin 150001, Heilongjiang）

Abstract: The system construction of a 3-axis precision micro-milling machine tool with overall size 300 mm×300 mm×290 mm was presented. The control software package integrated with a video collecting system in Chinese was developed to facilitate users' operation. This micro-milling machine tool has been successfully used in manufacturing a micro-groove in film work piece (the film thickness is 65 μm, material removal rate of the micro-groove along the film thickness is 90.7%, surface roughness of the bottom of the micro-groove is 0.365 μm, and the yield

---

作者简介：赵岩（1977—），男，哈尔滨工业大学精密工程研究所博士研究生，主要研究方向为微/纳零件制造设备及微细切削机理。E-mail: zhaoyanhit@163.com。

基金项目：国防基础科研资助项目（No. 2320060098）。

文章发表信息：光学精密工程, 2007, 15(6): 894-902.

is more than 80%). Furthermore, the experiments with the TiAlN coated and uncoated carbide micro-end-milling tools were carried out to analyze the mechanical characteristics and wear mechanism of the tool. Finally, the effects of cutting parameters (spindle speed, cut depth and feed per tooth) on cutting forces were discussed. The works mentioned above are the foundation of next research on the mechanism of micro-end-milling.

Keywords: micro-milling; micro-milling machine tool; tool wear; cutting force

1 引言

随着科学技术的发展，近年来在 IT、医疗器械以及通信领域，人们对微小型零件（如：微型传感器、微型加速度计、微透镜阵列等）的需求日益增加。这种需求的增加促进了微细加工技术的发展。

在目前的多种微细加工技术中，微机电系统（Micro Electro Mechanical System，MEMS）一直是主流技术之一。由于 MEMS 技术衍生于微电子技术，它的主要加工对象被限制在硅基材料上，并且工件的几何形状基本上是简单的二维形状，因而只有在大规模集成电路的批量制造等方面才是经济的[1-3]。微细切削加工技术，特别是微细铣削作为 MEMS 技术的补充，由于其几乎不受加工对象材料和几何形状的限制而受到研究人员的重视，正在成为微细加工技术中的新生力量。

目前的微细铣削加工中，微型零件大多是在常规尺寸的超精密机床上加工出来的。由于这些常规尺寸的超精密机床本来主要是用于高精度大尺寸零件的精密/超精密加工，在小批量的微型零件生产方面显得缺乏柔性、成本高、消耗的能源和空间与微型零件不相称，为此美国国家科学基金会于 2000 年专门主办了“微米与中间尺度机械制造”专题研讨会，探讨了精密三维微型零件的加工方法和设备[4]。现在，国外许多学者已经开始了微小型机床的研究工作。韩国首尔国立大学的 Y. B. Bang 等人研制了一台五轴微型铣床（294 mm × 220 mm × 328 mm，具有三个直线平台，两个旋转平台，主轴为空气涡轮主轴），并用此微型铣床加工了一些微型薄壁（厚度 25 μm，高 650 μm）和微立柱（30 μm ×30 μm × 320 μm)，显示出了很好的加工能力[5]。日本机械工程实验室的 M. Tanaka 等人开发了一套可方便移动的微型机床系统。这套系统由一台微型车床（30 mm ×25 mm × 30 mm)、一台微型铣床（170 mm × 170 mm × 102 mm)、一台微型冲床（111 mm × 66 mm × 170 mm）组成。在微型 CCD 显微镜的辅助下由一个微型手臂来装卡工件，利用这套系统已经成功加工出了直径为 0.9 mm 的球轴承[6]。

国内有关微细铣削技术的研究报道还很少见，本文介绍了哈尔滨工业大学精密工程研究所研制的微型精密二轴联动立式铣床的系统构成以及被用户满意接受的加工实例，建立了 NC 嵌入 PC 型开放式数控系统，开发了界面友好的控制软件并集成了视频采集模块；对微径铣刀进行力学分析，研究其振动、应力及变形特征；通过刀具磨损实验分析了 TiA1N 硬质合金涂层及非涂层微径铣刀的磨损机理；通过槽铣硬铝 2A12 的实验研究了切削用量对微细铣削力的影响，为微细铣削工艺的深入研究奠定了基础。

2　微型精密三轴联动立式铣床与加工实例

2.1　微型精密铣床的结构及参数

研制的微型精密三轴铣床以及所使用的微径端铣刀如图 1 所示。机床总体外形尺寸为 300 mm × 300 mm × 290 mm,由以下五部分组成：

（1）PMAC 八轴运动控制卡，完成插补运算、位置控制等实时任务。

（2）工控机系统，提供系统初始化、代码编程、参数管理等非实时性任务。

（3）精密工作台，由压电陶瓷超声直线电机驱动。

（4）空气涡轮高速主轴，为微径铣刀提供最高 160 000 r/min 的转速。

（5）CCD 视频采集系统，用于把微径铣刀和微小工件放大后方便对刀并实时观测切削状态。

纳米定位平台及高速主轴参数见表 1。

(a) 微径铣床　(b) 微径铣刀

(a) Micro-milling machine tool　(b) Micro-end-milling cutter

图 1　微型精密三轴联动铣床及微径铣刀

Fig. 1　3-axis precision micro-milling machine tool and micro-end-milling cutter

表 1　纳米定位平台及高速主轴参数

Table 1　Parameters of nano-positioning stage and high-speed spindle

纳米定位平台	行程	60 mm
	最大速度	200 mm/s
	静态保持力	28 N
	重复定位精度	0.25 μm
	编码器精度	0.1 μm
主轴	最高转速	160 000 r/min
	最大径向跳动	1 μm
	空气消耗量	140 nl/min

2.2 数控系统开发

2.2.1 系统模式选择

随着计算机技术的发展，数控系统 PC 化是实现开放式数控系统的主要途径，目前的开放式数控系统主要有三种模式[7, 8]：

（1）PC 嵌入 NC 型开放式数控系统。这种系统 PC 部分界面开放，但 NC 部分仍然是传统的体系，用户仍无法进入控制系统核心，且结构复杂价格昂贵。

（2）基于软件的开放式数控系统。此种模式采用全软件形式的数控系统来实现 NC 硬件的功能。但由于存在操作系统实时性、标准统一性以及系统稳定性问题，目前还处于初步探索阶段，还没有应用到实际生产当中。

（3）NC 嵌入 PC 型开放式数控系统。在这种系统中把运动控制板插入 PC 机标准插槽中，由运动控制卡实现插补运算、运动补偿等实时控制功能，PC 机实现非实时控制功能。美国 Delta Tau 公司的 PMAC-NC 系统、德国 PA 公司的 PA8000 系统、德国 Indramat 公司的 MTC2000 等都采用了这种模式。这种模式下，用户可以在操作系统下自行开发所需要的控制系统，灵活性好、功能强，可以共享丰富的计算机资源。

鉴于以上三种模式的比较，文中的微小型精密铣床选用第三种模式。

2.2.2 数控系统软件开发

由于系统采用美国 Delta Tau 公司的 PMAC 八轴运动控制卡，功能强大，但其全英文操作使得用户需要较长时间的培训才能对其丰富的变量指令熟练使用，为此专门开发了界面友好的中文控制软件。软件设计中遵循了操作简便、布局合理的思路。另外由于 CCD 视频采集系统有另一套单独的应用程序，在加工时需要单独打开，加工过程中需要在控制系统和视频系统间来回切换，很不方便，所以把视频采集系统也同时集成到控制软件中，方便操作人员在控制机床的同时观察加工状态。软件如图 2 所示，控制软件主要分为三个功能模块：

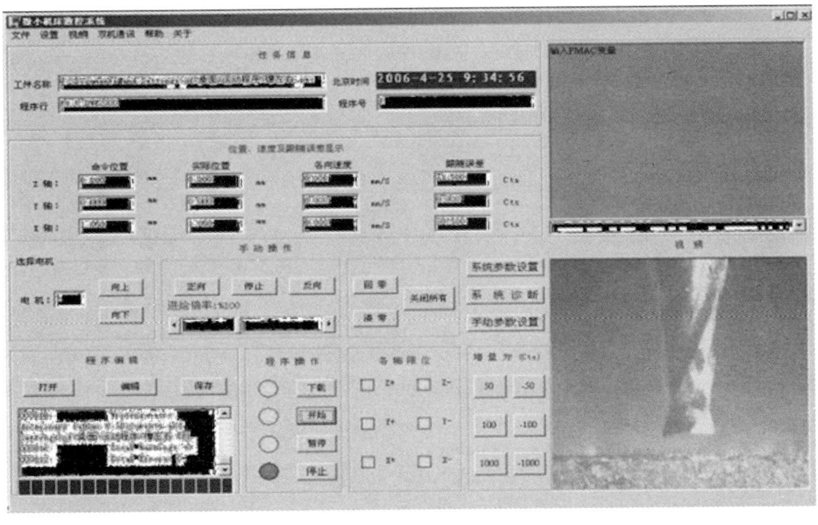

图 2 微细铣床控制系统

Fig. 2 Control system of micro-milling machine tool

（1）程序操作模块，主要完成用户加工程序的调用、检查和自动执行。

（2）主控制模块，主要完成系统的初始化、各参数设置、程序编辑和手动操作等功能。

（3）系统状态实时显示模块，完成对各主轴命令位置、实际位置、跟随误差和实际速度的实时显示，以及对微细铣削加工的实时视频显示。

2.2.3 系统调节及加工实例

在数控系统的调节过程中特别采用了积分分离式 PID 调节和摩擦前馈。积分分离法的关键是把比例环节 P 和积分环节 I 分开，当偏差较大时只让比例 P 起作用以快速减小偏差；当偏差低到一定程度后，再将积分 I 投入以最终消除稳态误差。摩擦前馈可对机械摩擦阻力和垂向不平衡起到提前补偿的作用。图 3、图 4 为系统调节后的阶跃响应和抛物线响应曲线，可以看出位置控制无超调，系统能够快速准确地定位，跟随误差在±24 cts 之间波动（1 cts = 0.1 μm)，跟随误差较小。

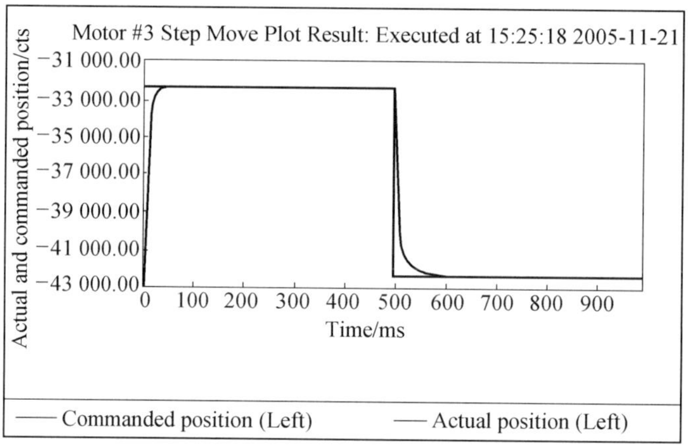

图 3 系统阶跃响应曲线

Fig. 3 Step response curve of system

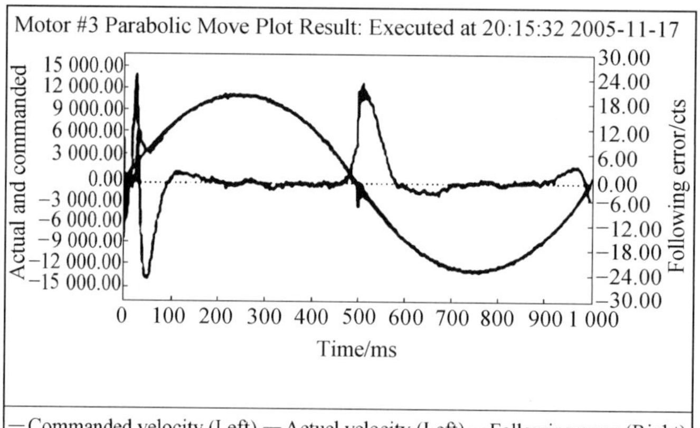

图 4 系统抛物线响应曲线

Fig. 4 Parabolic response curve of system

此系统在某薄膜型工件的微槽加工中显示出了理想的加工性能。加工用刀具为直径 0.15 mm 硬质合金平头立铣刀，工件为 3J21 弹性合金。此工件为一薄膜型微型工件，膜厚 65 μm，要求在薄膜上加工出宽 150 μm、深度大于 55 μm 的微槽。图 5 所示为薄膜工件加工完成后放大 200 倍的侧面图，槽底厚仅为 6 μm，在薄膜厚度方向上的材料去除率为 90.7%，槽底表面粗糙度 0.365 μm，批量加工成品率高于 80%，取得满意的加工效果。

图 5　薄膜微槽 CCD 显微放大 200 倍侧视图

Fig. 5　End view of film groove amplified with CCD (amplification ratio: 200)

3　硬质合金微径铣刀的力学特性及磨损机理

3.1　微径铣刀力学特性分析

铣刀承载的应力及其变形对刀具在切削过程中的稳定性和刀具寿命有很大影响，研究其振动、应力和变形的特征对切削实践很有指导意义[9]，因此本文采用有限元方法对微径铣刀的力学特性进行分析，实验选用刀具的几何参数和材料属性见表 2、3。

表 2　微径铣刀的几何参数

Table 2　Tool geometry of micro-milling cutters

刃数	刃径	刃长	前角	后角	螺旋角
2	0.5 mm	1 mm	5°	12°	30°

表 3　微径铣刀的材料属性

Table 3　Material attribute of micro-milling cutter

道具材料	密度	杨氏模量	泊松比
K30 硬质合金	14.7×10^{-6} kg/mm^3	14.7×10^{-6} kPa	0.3

3.1.1　模态分析

首先对微型双刃立铣刀进行三维实体建模，然后导入到通用有限元软件包中进行模态分析。 共划分网格单元 24 795 个，采用分块的兰索斯法进行分析得到前四阶固有频率和振型。固有频率见表 4，可以看出一、二阶固有频率接近，属于模态密集区；三、四阶相差较大，且三阶与一、二阶固有频率相差更大。这四阶模态的振型都是弯曲型，没有出现扭转和伸缩。系统选用的气动涡轮主轴的工作转速为 110 000~160 000 r/min，刀具为双刃刀具，受到的外力频率为 3 600~5 400 Hz，与一阶固有频率相差一个数量级，不会发生共振现象。所以影响刀尖径向跳动的关键因素就在于主轴的回转精度，它对于加工后的表面质量有较大影响。

表 4　微径铣刀的固有频率

Table 4　Inherent frequencies of micro-milling cutter

一阶固有频率	42 017 Hz
二阶固有频率	42 061 Hz
三阶固有频率	109 587 Hz
四阶固有频率	122 656 Hz

3.1.2　应力变形分析

铣削加工是一个复杂的切削过程，如果选择在刀尖部位施加集中载荷会与实际情况相差甚远。文献[10, 11]采取了线上加载的方法，切削力数据是通过经验公式或者仿真计算得到的，同样难于表达实际切削状态。本文为了尽量与实际切削状况接近，采取了面上加载的方法，并且施加的切削力是实验测得的实际数据。

切削力测量用仪器为 Kistler9251A 型精密三向测力仪，可以准确地获得径向力 F_x、进给力 F_y 和轴向力 F_z 三个方向的切削力。

分别在刀尖附近的前刀面、主后刀面和副后刀面截取一块小区域（见图 6，前刀面截取一小块长方形区域，后刀面截取小的三角形区域，在后面的刀具磨损实验中证明这种区域截取方法是正确的），将这三个区域进行网格细分后，在结点上施加载荷，得到的变形云图和应力云图如图 7、8 所示。

从变形云图看出，最大变形为 1.44 μm，集中在刀尖 10 μm 左右的范围内，但刀具的全部变形并不是密集地集中在刀尖位置，而是分布在 50 μm 范围内。

从应力云图可以看出最大应力为 14.2 GPa 出现在副后刀面上，而不是刀尖位置，距离刀尖大约 0.1 μm，相比之下刀尖处应力较小。前刀面上也有一块应力集中区，这两个应力集中区是造成刀尖破损的原因之一。主后刀面和副后刀面应力区呈现近似三角形，这与后面的刀具磨损实验得到的结果是一致的，从而证明了加载方式的合理性。

微径铣刀高速切削时的受力状态是复杂的，属于周期性交变载荷，疲劳应力的作用不容忽视，在这方面的研究还有待深入。

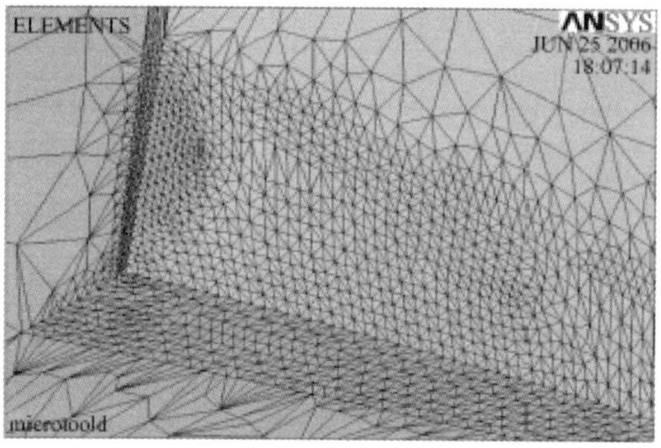

图 6　刀尖部分载荷施加区

Fig. 6　Loading area of tool nose

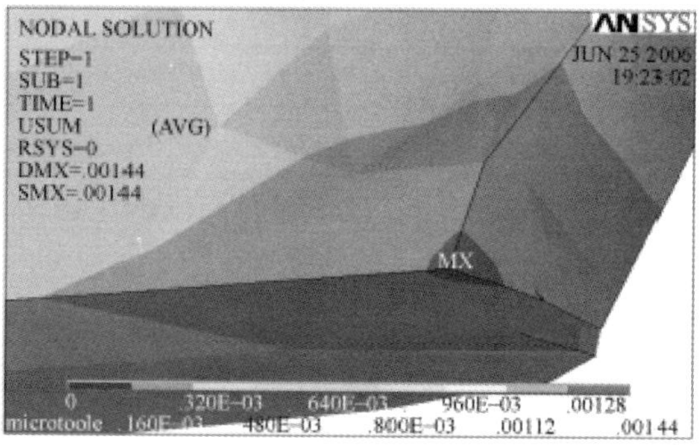

图 7　刀尖变形云图

Fig. 7　Deforming nephogram of tool nose

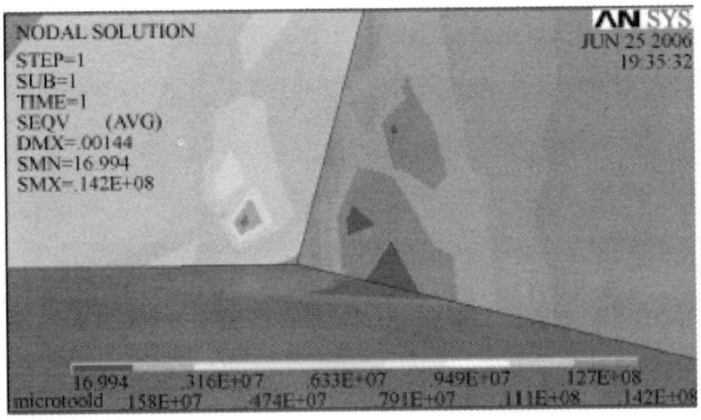

(a) 前刀面和副后刀面

(a) Rake face and minor flank

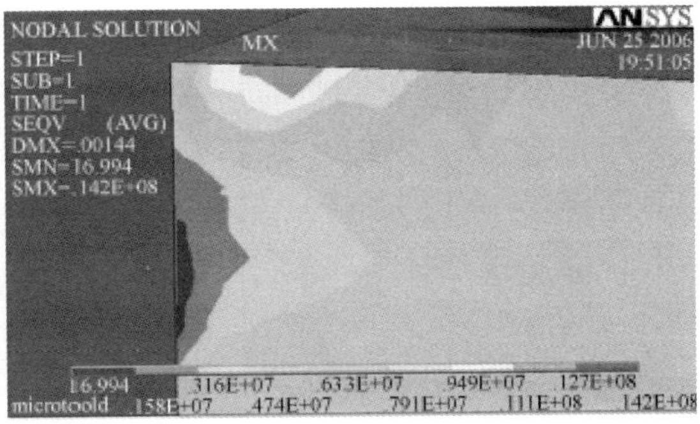

(b) 主后刀面

(b) Stress nephogram of nose

图 8　刀尖应力云图

Fig. 8　Stress nephogram of tool nose

3.2　微径铣刀磨损机理分析

实验分别采用直径 0.5 mm，K30 细颗粒硬质合金 TiAlN 涂层铣刀和非涂层铣刀铣削硬铝 2A12，观察刀具的磨损形式，为提高刀具耐用度，改善加工质量提供依据。实验用切削参数见表 5。实验材料硬铝 2A12 属高强度铝，点焊性能良好，常用来制造高负载零件，其化学成分见表 6。

表 5　刀具磨损实验用切削参数

Table 5　Cutting parameters of tool wear experiments

主轴转速	进给速度	背吃刀量	侧吃刀量	刀具悬伸量	冷却方式
140 000 r/min	2 mm/s	40 μm	200 μm	12 μm	空冷

表 6　硬铝 2A12 化学成分表

Table 6　Chemical composition of Al 2A12

铜	镁	铁	硅	锰	锌	铬	铝
0.9%	1.8%	0.5%	0.5%	0.9%	0.25%	0.1%	其余

3.2.1　TiAlN 涂层硬质合金微径铣刀铣削硬铝 2A12

从扫描电子显微镜（SEM）照片和 X 射线能谱分析（图 9、10）可以看出涂层微径铣刀铣削硬铝 2A12 时的主要磨损形式为：涂层脱落、扩散磨损和刀尖破损。与常规尺寸铣刀的磨损主要发生在后刀面不同，微径铣刀的磨损破损主要发生在刀尖附近。

(a) 前刀面 (b) 主后刀面 (c) 副后刀面

(a) Rake face (b) Major flank (c) Minor flank

图 9 TiAlN 涂层微径铣刀磨损 SEM 照片

Fig. 9 SEM photos of TiAlN coated carbide micro-milling cutters with wear

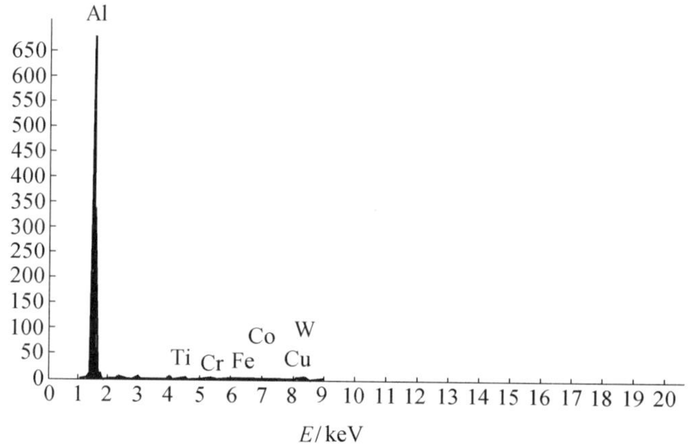

图 10 前刀面磨损后的能谱分析

Fig. 10 Gamma spectrum of rake face with wear

（1）涂层脱落。由于高速切削过程中，刀具和工件接触区频繁的温度变化使得涂层和刀具基体之间产生了高频交变热应力，因此在前后刀面出现了涂层脱落现象。

（2）扩散磨损。在高速铣削时，切削接触区的剧烈摩擦使刀具和被加工材料的化学元素在固态下发生相互扩散，从而改变了材料原来的成分结构，这使得刀具表层变得脆弱，加速了刀具磨损。图 9 (b)、(c)为典型的扩散磨损。从图 10 的能谱分析可以看出 Ti 元素已经大大减少，刀具上还出现了 Cu、Fe、Cr 等元素，说明涂层已经脱落，工件上的元素也已经扩散到了微径铣刀上。

（3）刀尖破损。由于微细铣削中刀刃部分直径小，刀尖强度低，同时微细铣削的背吃刀量很小，切削厚度与刃口半径在同一量级甚至更小，切削主要集中在刀尖附近区域，所以刀尖破损明显，刀尖处出现明显的圆角和破损痕迹，这是微径铣刀与常规铣刀磨损类型不同的重要原因。

使用 TiAlN 涂层硬质合金微径铣刀铣削硬铝 2A12 的过程中没有明显观察到磨料磨损、粘接磨损和氧化磨损。

3.2.2 非涂层硬质合金微径铣刀铣削硬铝 2A12

利用直径 0.5 mm，K30 硬质合金微径铣刀在相同的切削参数下（见表 5）铣削加工硬铝 2A12。

由 SEM 和能谱分析图（图 11、12）看出，非涂层硬质合金微径铣刀铣削硬铝 2A12 时，除了刀尖破损和扩散磨损之外，一个主要的不同之处就是粘接现象严重。另外，由于失去了 Al_2O_3 氧化膜的保护，刀尖破损较 TiAlN 涂层铣刀更为严重。

从能谱分析看，W 占 91.2%，Co 为 8.57%， Al 为 0.16 %，Al 元素的存在证明了扩散磨损的存在。图 11、12 显示主副后刀面有明显的扩散磨损现象。

(a) 前刀面 (b) 主后刀面 (c) 副后刀面

(a) Rake face (b) Major flank (c) Minor flank

图 11 非涂层硬质合金微径铣刀磨损 SEM 照片

Fig. 11 SEM photos of uncoated carbide micro-milling cutters with wear

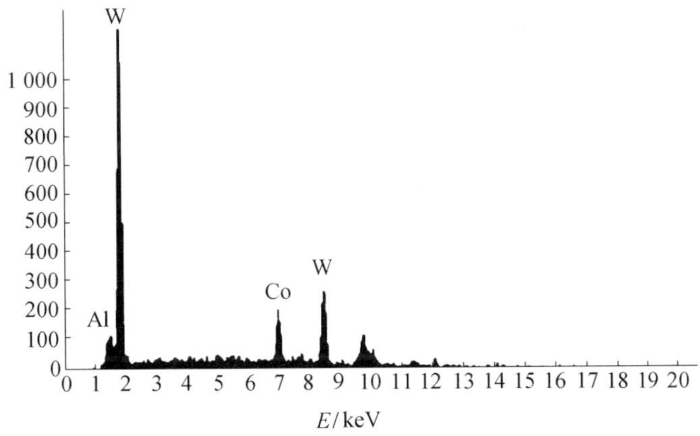

图 12 非涂层硬质合金微径铣刀磨损能谱图

Fig. 12 Gamma spectrum of uncoated carbide micro-milling cutters with wear

4 微细铣削力的实验研究

切削过程中，切削力的变化对于被加工工件的尺寸和形状精度、表面粗糙度和加工变质层等存在直接或间接的影响。另外，微细铣削中铣刀直径小、强度低，切削力的波动很容易造成微径铣刀的破损甚至折断。由于目前的微细铣削机理研究还处于初级阶段，通过实验的方法研究切削参数对铣削力变化规律的影响成为基本的研究方法之一。

4.1 主轴转速 s 对微细切削力的影响

图 13 为切削力随 s 的变化曲线图，从图中可以看出：槽铣硬铝 2A12 时，随着主轴转速的增加切削力合力及各分力都呈现先增大后减小的趋势。在 2 挡 121 800 r/min 时，切削力达到最大值。通过频域分析可以看出 2 挡转速下，不仅切削力大，而且产生的干扰信号也明显增加，而在高的主轴转速下，切削力和干扰信号都有所减小，所以在微细铣削时应尽量选用较大的主轴转速。图 13 中横坐标代表值为：1 挡表示 109 500 r/mim，2 挡为 121 800 r/min，3 挡为 135 000 r/min，4 挡为 146 100 r/min，5 挡为 159 500 r/min。

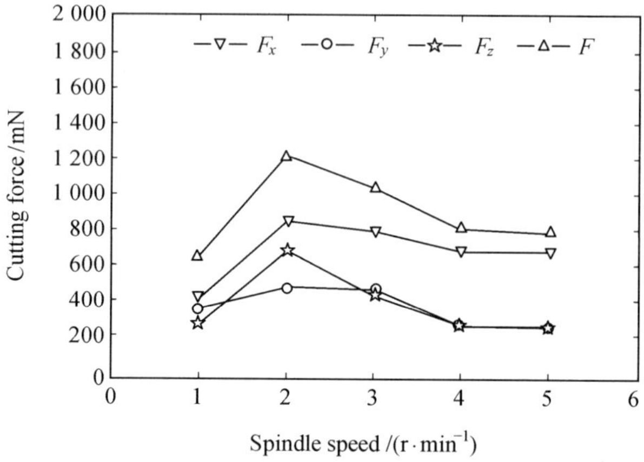

图 13 微细切削力随主轴转速变化曲线

Fig. 13 Variation of micro-milling force with spindle speed

4.2 背吃刀量 a_p 对微细切削力的影响

不同背吃刀量下微细切削力的变化曲线如图 14 所示。各项切削分力及合力随着 a_p 的增加呈现出先增加然后小幅减小，最后又快速增大的趋势。切削力频域分析得出当力由 10 μm 增加到 30 μm 时切削力信号和干扰信号都有所增加；50~60 μm 段同 30 μm 段相比变化不明显；当力 a_p>70 μm 时干扰信号开始增大。从提高加工效率和保证加工质量的角度出发，力应当选在 50 μm 以下，但避开 30 μm 时的切削力峰值点。

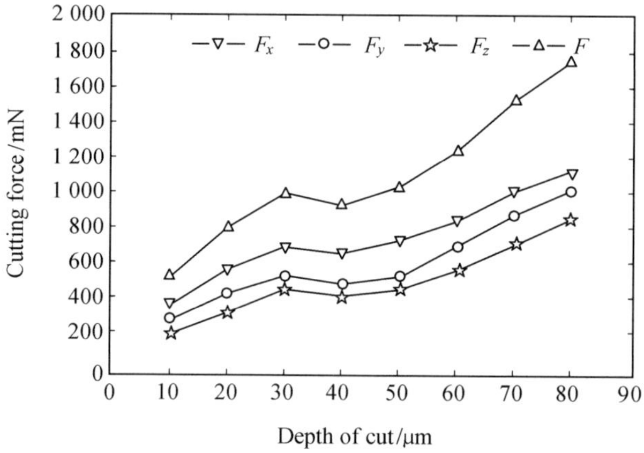

图 14 微细切削力随背吃刀量变化曲线

Fig. 14 Variation of micro-milling force with depth of cut

4.3 每齿进给量 f_z 对微细铣削力的影响

图 15 为切削力随 F_z 的变化曲线图。由图可以看出各项分力及合力都呈现增加的趋势，三个分力中径向力 F_x 最大且在 f_z<0.3 μm 时增加迅速，之后趋于平缓。经过频谱分析得出，随着 f_z 的增加，试验中始终存在的 6 100 Hz 的干扰信号在 f_z>0.5 μm 时开始减少，但同时伴随着其他频率干扰信号的增加。

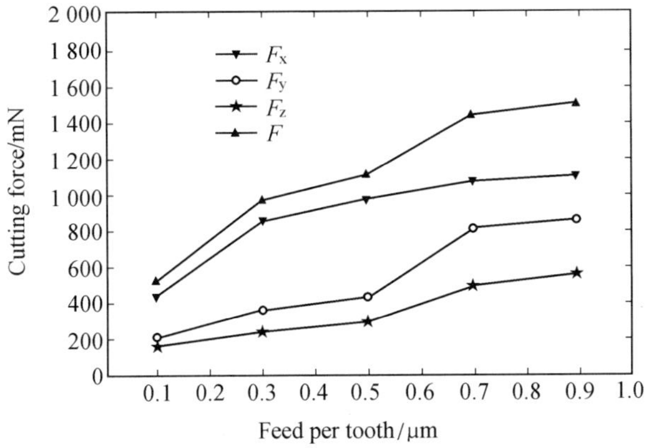

图 15 微细铣削力随每齿进给量 f_z 的变化曲线

Fig. 15 Variation of micro-milling force with feed per tooth

5 结论

微细铣削作为微细加工技术中的新生力量正在受到人们的重视。文中研制的微细铣削加工设备以及对刀具磨损机理和铣削力影响因素进行的分析为微细铣削机理的深入研究奠定了基础。

（1）搭建了一台微型精密三轴联动立式铣床，总体尺寸为 300 mm×300 mm×290 mm，开发了中文控制软件，并利用此微型铣床成功实现了在微型弹性合金薄膜上铣削微槽的批量加工，微槽在膜厚方向上材料去除率为 90.7 %，加工成品率高于 80%。

（2）利用有限元方法对微径铣刀力学特性进行分析，得到了微径铣刀的前四阶固有频率和振型；把 Kistler 测力仪测得的实测切削力数据在刀尖部分前后刀面上进行了面上加载后，观察应力和变形云图发现最大变形发生在刀尖附近 10 μm 范围内，主后和副后刀面呈现出近似三角形，证实了在前后刀面上分区域面上加载的合理性。

（3）与常规尺寸铣刀磨损主要发生在后刀面上不同，TiAlN 硬质合金微径立铣刀的磨损形式除了涂层脱落和扩散磨损外，一个显著的特点是刀尖破损严重。这是由于微细铣削背吃刀量小，与刃口半径在同一量级甚至更小，刀尖部位强度较弱造成的。非涂层硬质合金微径立铣刀与 TiAlN 涂层铣刀相比除了刀尖破损更为严重之外，粘接现象明显。

（4）槽铣硬铝 2A12 发现，微细铣削力的三个分力中径向力 F_x 始终占主要地位；随着主轴转速的提高，切削力呈现出先增加后减小的趋势，在 120 000 r/min 左右出现峰值；背吃

刀量 a_p 和每齿进给量 f_z 对切削力影响显著，随着 a_p 的增加，切削力具有先增加后小幅减小然后再次增加的现象；当 f_z 增大时，始终存在的 6 100 Hz 的干扰信号在 f_z>0.5 μm 时开始减小，但同时伴随着其他频率干扰信号的明显增加。所以，在保证加工质量的前提下，为了提高加工效率，微细铣削硬铝 2A12 时应当尽量选取高的主轴转速，a_p 选择在 50 μm 以下但应避开 30 μm 的峰值区，f_z 选在 0.3 μm 左右比较合适。

参考文献

[1] 孙雅洲, 梁迎春. 微米和中间尺度机械制造[J]. 机械工程学报, 2004, 40(5): 1-6.
SUN Yazhou, LIANG Yingchun. Micro-scale and meso-scale mechanical manufacturing[J]. Chinese Journal of Mechanical Manufacturing, 2004, 40 (5):1-6.

[2] 郭锐, 赵万生, 李刚. 微细电火花加工的微细电极在线检测[J]. 光学精密工程, 2006 , 14(6): 998-1003.
GUO Rui, ZHAO Wansheng, LI Gang. Micro electrodes on-line measurement in micro EDM[J]. Optics and Precision Engineering, 2006, 14(6): 998-1003.

[3] 孙麟治, 李鸣鸣, 程维明. 精密定位技术[J]. 光学精密工程, 2005, 13(增): 69-75.
SUN Lingzhi, LI Mingming, CHENG Weiming. Study on precision positioning technique[J]. Optics and Precision Engineering, 2005, 13(supp): 69-75.

[4] EHMANN K F. Meso-scale machine tool system development[C]. Northwestern University, Evanston, USA: Workshop on Micro/Meso Mechanical Manufacturing, 2000.

[5] BAN G YB, L EE K M, O H S. 5-axis micro milling machine for machining micro parts[J]. International Journal of Advanced Manufacturing Technology, 2005, 25(9): 888-894.

[6] TANAKA M. Development of desktop machining micro-factory[J]. Riken Review, 2001, 34: 46-49.

[7] 王岳宇, 赵学增. 补偿压电陶瓷迟滞和蠕变的逆控制算法[J]. 光学精密工程, 2006, 14(6): 1032-1040.
WANG Yueyu, ZHAO Xuezeng. Inverse control algorithm to compensate the hysteresis and creep effect of piezoceramic [J]. Optics and Precision Engineering, 2006, 14(6): 1032-1040.

[8] 石宏, 蔡光起. 开放式数控系统的现状与发展[J]. 机械制造, 2005, 43(6): 18-21.
SHI Hong, CAI Guangqi. Development of open CNC system[J]. Machinery, 2005, 43(6): 18-21.

[9] 蔺小军. 金属切削刀具的有限元分析[D]. 西安: 西北工业大学, 1999.
LIN Xiaojun. FEM analysis of metal cutting tools [D]. Xi'an: Northwestern Polytechnic University, 1999.

[10] FANG F Z, WU H, LIU X D. Tool geometry study in micro-machining[J]. Journal of Micromechanics and Microengineering, 2003, 13(5): 726-731.

[11] 张华伟. 小直径铣刀高速铣削淬硬钢过程动力学仿真和有限元分析[D]. 南宁: 广西大学, 2005.
ZHANG Huawei. Dynamic simulation and finite element analysis of micro-end-milling hardened die and mould steel [D]. Nanning: Guangxi University, 2005.

圆弧刃精密切削试验及其三维有限元分析

翟元盛　梁迎春　王洪祥

（哈尔滨工业大学　精密工程研究所，哈尔滨 150001）

摘　要：在商业化软件 Marc 的基础上建立了圆弧刃精密切削三维有限元模型，研究不同半径的圆弧刃精密切削条件下主切削力、切屑形状和切削温度场分布。该模型运用更新拉格朗日法的有限元方程、网格重划分准则，其刀－屑摩擦采用修正的库仑摩擦模型。模拟结果表明，圆弧刃的圆弧半径对主切削力、切屑形状和切屑的最高温度都有较大的影响。通过试验研究精密切削马氏体 3J33 在不同半径的圆弧刃条件下对主切削力的影响，结果表明模拟的主切削力与试验值在一定程度下是吻合的。

关键词：圆弧刃；三维有限元分析；精密切削；主切削力

Experimental and Three-Dimensional Finite Element Analysis on Precision Cutting for Tool Nose Radius

Zhai Yuansheng　Liang Yingchun　Wang Hongxiang

（Precision Engineering Research Institute, Harbin Institute of Technology, Harbin 150001, China）

Abstract: A three-dimensional finite element model for precision cutting 3J33 maraging steel using the commercial software Marc is p resented to study the effect of tool nose radius on chip formation, the principal cutting forces and the temperature fields. The model employs an updated Lagrangian formulation. The friction between the tool and the chip is assumed to follow a modified Coulomb friction law and the adaptive remeshing technique is used for the formation of chip. The tool nose radius significantly affect chip formation, the principal cutting forces and the maximum temperature on the chip. The effect of different tool nose radius of precision cutting 3J33 maraging steel on the principal cutting forces are experimental studied. The simulation results are compared with experimental data and found to be in good agreement to some extent.

作者简介：翟元盛（1973—），男，博士研究生，zhaiys@gmail.com。

基金项目：国家自然科学基金资助项目（10576011）。

文章发表信息：纳米技术与精密工程, 2007, 5(1): 72-77.

Keywords: tool nose radius; three-dimensional finite element analysis; precision cutting; principal cutting forces

在精密切削和超精密切削过程中，切削力、切削温度和已加工表面的完整性不仅受到切削参数（切削速度、进给量和背吃刀量）的影响，而且受到刀具几何参数的影响[1]；尤其对于圆弧刃切削，不同半径的圆弧刃对切削力、切削温度、残余应力和刀具磨损有着很大的影响[2-3]。随着计算机技术的发展，有限元方法从 20 世纪 70 年代开始应用于研究切削过程[4]。应用于圆弧刃切削的有限元分析有经过简化的二维平面应变切削有限元分析[5]和三维圆弧刃切削有限元分析[6-7]。三维圆弧刃有限元分析考虑到刀具几何参数对切削层参数的影响，因此，能够提供更为精确的模拟结果。

本文运用商业化软件 Marc，采用更新拉格朗日法的有限元方程和局部网格重划分准则，其刀-屑摩擦采用修正库仑摩擦模型，建立了圆弧刃精密切削三维有限元模型。在此模型的基础上，研究精密切削马氏体 3J33 在不同半径圆弧刃条件下的切屑变形、切削力和温度场分布情况。然后通过试验验证了不同半径的圆弧刃对主切削力的影响，对精密切削圆弧刃半径的选取有着重要意义。

1　圆弧刃精密切削的特点

圆弧刃的圆弧半径大小影响着切削过程中的切削层参数——切削宽度和切削厚度[2]。圆弧半径越大，切削宽度则越大、最大的切削厚度越小。如图 1 所示，沿着圆弧刃的切削宽度（弧线）$L(abc)$，切削厚度由 0（a 点）变化到最大值 h_{max}（b 点），然后变成 0（c 点）。切削宽度和最大的切削厚度都是背吃刀量、进给量和圆弧半径的函数，可表示为[2]

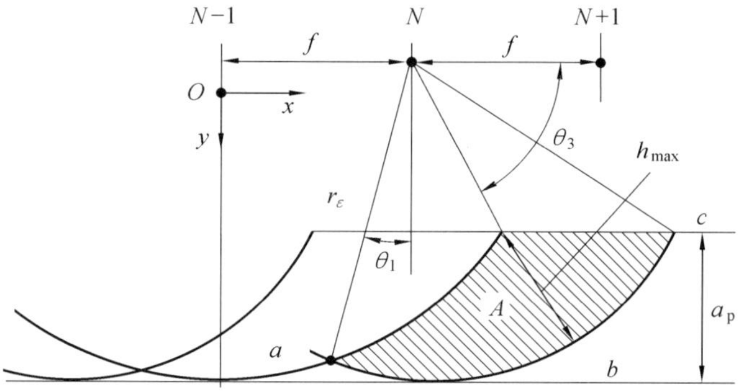

图 1　圆弧刃切削示意

$$L = r_\varepsilon(\arccos((r_\varepsilon - a_p)/r_\varepsilon) + \arcsin(f/(2r_\varepsilon))) \tag{1}$$

$$h_{max} = r_\varepsilon - \sqrt{r_\varepsilon^2 + f^2 - 2f\sqrt{2r_\varepsilon a_p - a_p^2}} \tag{2}$$

2　圆弧刃精密切削三维有限元模型

为了便于建立圆弧刃精密切削三维有限元模型，对切削过程做如下基本假设：

（1）切削过程形成连续的切屑，无积屑瘤产生；

（2）研究的工件材料为各向同性的连续固体介质，具有等向硬化的弹塑性，而且工件材料发生变形符合 Von Mises 应力屈服准则；

（3）假设切削过程中工件材料没有发生金相组织变化和其他一些化学变化。

圆弧刃精密三维有限元模型是建立在商业化软件 Marc 基础上的，其几何模型如图 2 所示。工件的几何模型考虑到上一道工序的作用，因此在工件表面留下了上一次切削后的曲面，其材料属性是热弹塑性变形体，初始网格是 2 000 个六面体单元。刀具假定为刚体，忽略了刃口半径，切削过程中不产生变形，因此其几何模型可以假设由前刀面（平面）和后刀面（曲面）所组成。图中刀具的圆弧刃半径是 0.2 mm，前角 12°，后角 7°。此外，工件的底部设置了约束平面，以免在计算过程中工件发生运动。

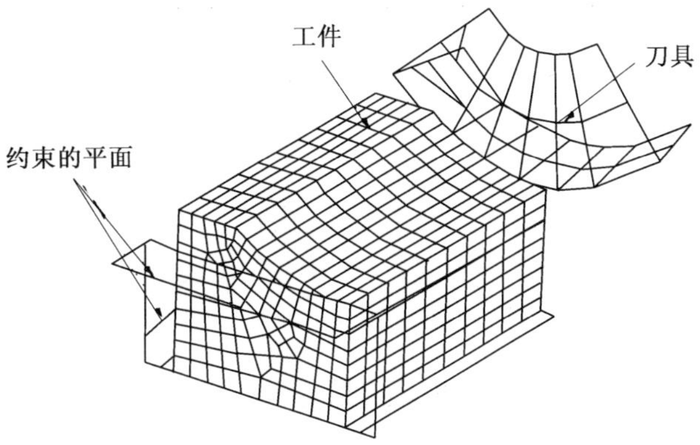

图 2　三维切削有限元几何模型

3　刀–屑摩擦模型和网格重划分

在切削过程中，刀具的前刀面和切屑接触区产生剧烈的摩擦并且产生热量。有限元模型的刀－屑接触选用基于直接约束的接触迭代算法：根据物体运动约束和相互作用自动探测接触区域，并施加接触约束。其刀－屑摩擦采用修正库仑摩擦模型，即[5]

$$\sigma_{fr} = -\mu \frac{\bar{\sigma}}{\sqrt{3}} \frac{2}{\pi} \arctan\left(\frac{V_{\mathrm{r}}}{r_{\mathrm{Vcnst}}}\right) t \tag{3}$$

式中：σ_{fr} 为摩擦应力；μ 为摩擦系数；$\bar{\sigma}$ 为材料的等效应力；t 为相对滑动速度方向上的切向单位矢量；V_{r} 为刀－屑相对滑移速度；r_{Vcnst} 为发生滑动时接触体之间的临界相对速度。

本文采用网格重划分准则形成切屑。计算开始时，强制把六面体单元转化为四面体单元（四面体单元适用于大变形计算）；随着刀具的移动，设定在第一变形区和第二变形区的长方体自动进行网格细分；单元变形超过一定塑性应变值时可进行网格重划分。在保证一定运算精度的条件下，为了加快计算速度，允许单元的网格穿透 5%。如果单元的网格穿透超过此值，那么网格进行重划分，从而形成切屑。

4　工件材料模型

切削过程中在第一变形区应变速率高达 $10^4 \sim 10^5\ \mathrm{s}^{-1}$，刀具和切屑接触面产生的温度高达 1 000 ℃，因此工件材料的属性须考虑到材料在高温、大变形和高应变速度条件下应力与应变的关系。工件材料是马氏体 3J33，其硬度为 HRC34，主要化学成分如下：镍 18.0%~19.0%，钴 8.5%~9.5%，钼 4.5%~5.5%，碳 0.03%，钛 0.6%~1.0%，铝 15%以下；其余为铁。表 1 是马氏体 3J33 的部分材料特性。

表 1 马氏体 3J33 的材料特性

弹性模量 E/GPa	泊松比	密度/($kg \cdot m^{-3}$)	热传导系数/($J \cdot kg^{-1} \cdot K^{-1}$)	比热容/($W \cdot m^{-1} \cdot K^{-1}$)
180	0.3	8.1×10^3	460	20

马氏体 3J33 在应变、高温和高应变速度条件下的流动应力可表示为[8]

$$\sigma=\sigma_0(1+\frac{\varepsilon}{\varepsilon_0})^n(\frac{\bar{\varepsilon}}{\bar{\varepsilon}_0})^m(1-\frac{T}{T_m})^l \tag{4}$$

式中：σ 为材料的流动应力；σ_0 为初始屈服应力，为 1 000 MPa；ε 为应变；ε_0 为初始应变，$\varepsilon_0=\sigma_0/E$；n 为应变指数，为 0.1；$\bar{\varepsilon}$ 为应变速度；$\bar{\varepsilon}_0$ 为屈服应变速度；m 为应变速度指数，0.014 3；T_m 为熔化温度，为 1 570 K；l 为温度软化系数，为 0.75。

5 三维有限元模拟结果及分析

三维圆弧刃有限元分析的切削参数和刀具几何参数设置见表 2。试验编号为 1 和 2 的两组，其圆弧刃的圆弧半径（r_ε）分别为 1.2 mm 和 0.4 mm，进给量（f）和背吃刀量（a_p）分别为 40 $\mu m \cdot rev^{-1}$ 和 50 μm；试验编号分别为 3 和 4 的两组，其刀尖圆弧半径分别为 0.2 mm 和 0.8 mm，进给量和背吃刀量分别为 30 $\mu m \cdot rev^{-1}$ 和 40 μm。所有试验的切削速度为 700 $r \cdot min^{-1}$。F_c 和 F_s 分别表示主切削力的试验结果和模拟结果。

假设刀具锋利，忽略了刃口半径，刀具的前角是 12°，后角 7°，假设摩擦系数为 0.3，研究不同半径的圆弧刃对切屑形状、切削力和切削温度场的影响。

表 2 主切削力的试验结果和模拟结果

编号	f/($\mu m \cdot rev^{-1}$)	a_p/μm	r_ε/mm	L/mm	F_c/N	F_s/N
1	40	50	1.2	0.37	12.95	12.0
2	40	50	0.4	0.22	8.40	7.0
3	30	40	0.2	0.14	8.19	4.5
4	30	40	0.8	0.27	11.59	6.0

5.1 不同半径的圆弧刃对切屑形状的影响

图 3 为圆弧刃切削的切屑形状模拟结果：切屑网格较小，切屑是连续的，并且作为一个整体流出；圆弧刃半径越大，切削宽度越大。对比第 1 组和第 2 组试验，在进给量和背吃刀量一样的条件下，第 1 组的刀尖圆弧半径比第 2 组的大，第 1 组的切削宽度明显比第 2 组的切削宽度大。对比第 3 组和第 4 组试验，同样可以看到，第 4 组的切削宽度明显比第 3 组的切削宽度大。

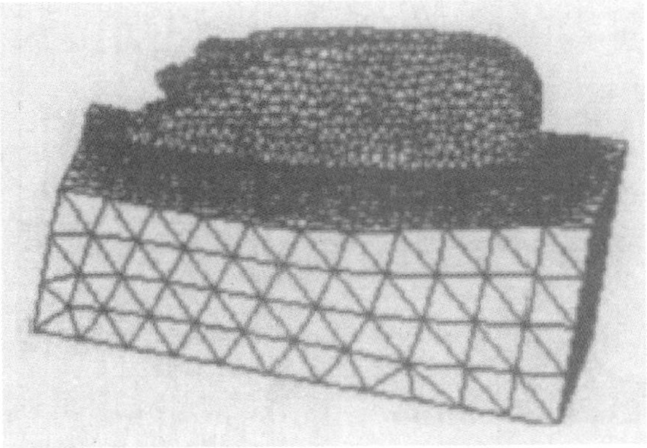

(a) f=40 μm·rev^{-1}, a_p=50 μm, r_ε=1.2 mm

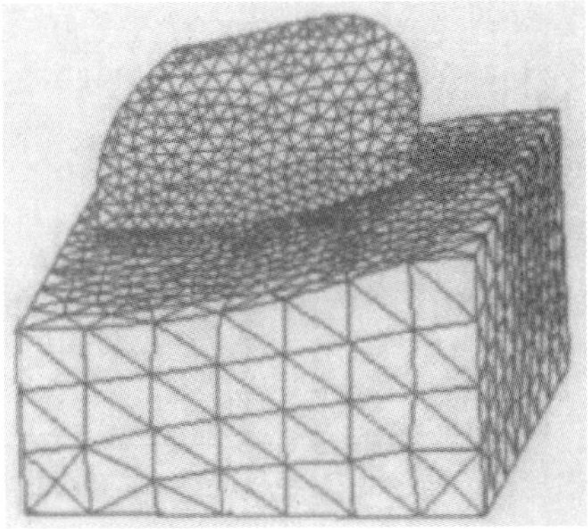

(b) f=40 μm·rev^{-1}, a_p=50 μm, r_ε=0.4 mm

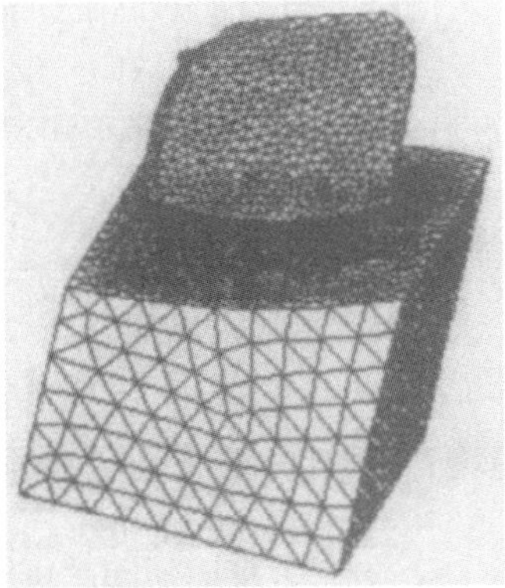

(c) f=30 μm·rev^{-1}, a_p=40 μm, r_ε=0.2 mm

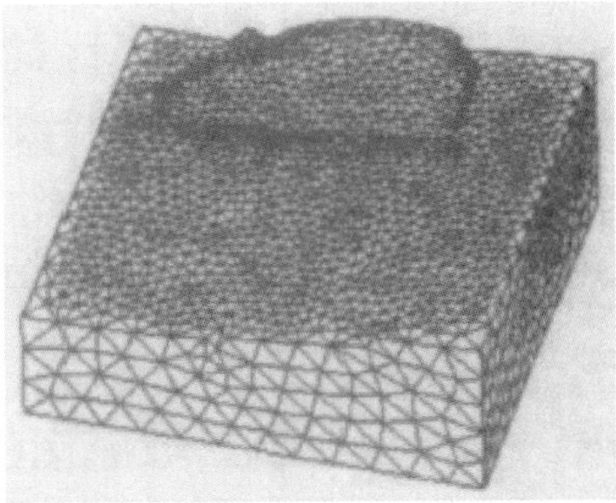

(d) f=30 μm·rev^{-1}, a_p=40 μm, r_ε=0.8 mm

图 3　三维切屑模拟结果

5.2　不同半径的圆弧刃对主切削力的影响

图 4 是圆弧刃切削的主切削力模拟结果。主切削力平均值分别为 12 N、7 N、4.5 N 和 6 N，与切削试验主切削力的变化规律一致。第 1 组的刀尖圆弧半径比第 2 组大，主切削力也比第 2 组的大。同理，第 4 组的主切削力也比第 3 组的大。但是模拟的主切削力和试验的主切削力在数值上有一定的差别，主要因为模拟过程是理想状态的切削过程，如忽略了切削过程的振动以及切削刃刃口半径，即假定切削刃为绝对锋利。

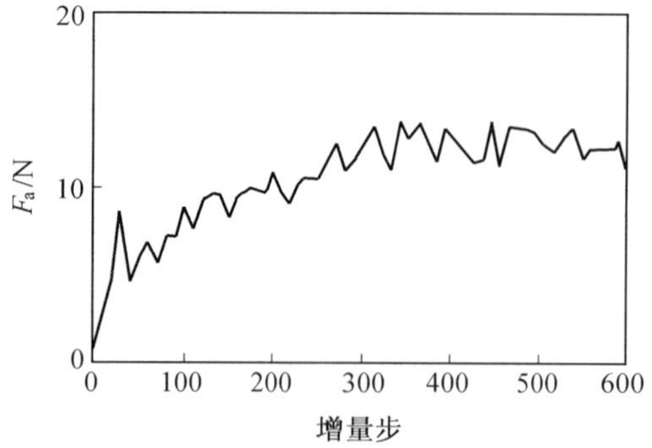

(a) f=40 μm·rev^{-1}, a_p=50 μm, r_ε=1.2 mm

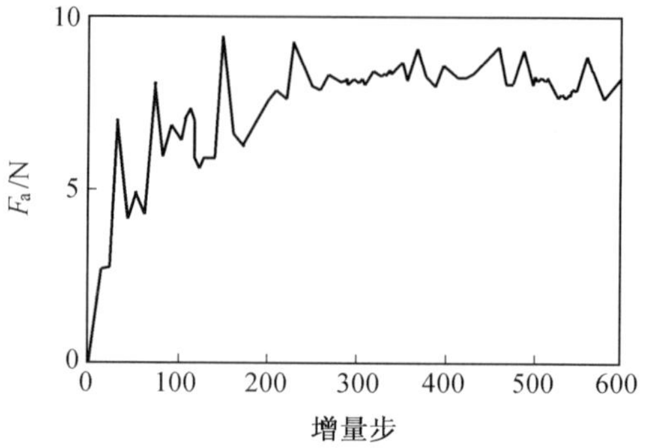

(b) f=40 μm·rev^{-1}, a_p=50 μm, r_ε=0.4 mm

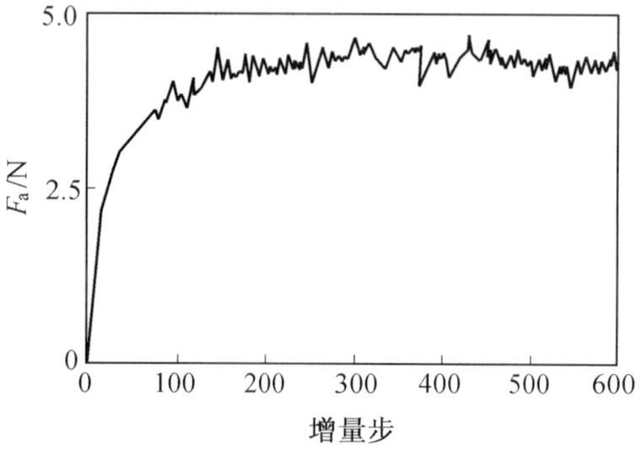

(c) f=30 μm·rev^{-1}, a_p=40 μm, r_ε=0.2 mm

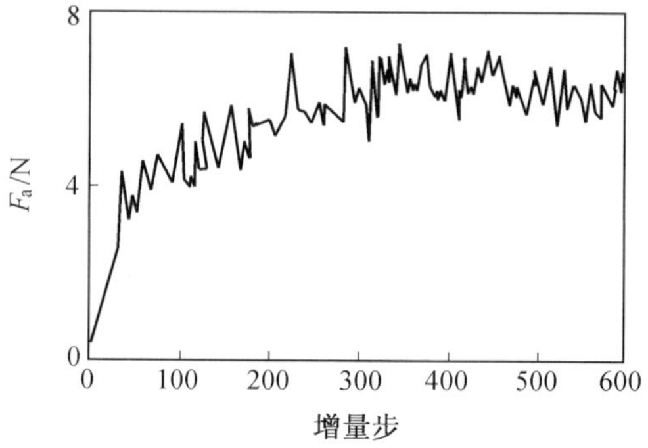

(d) f=30 μm·rev^{-1}, a_p=40 μm, r_ε=0.8 mm

图 4 主切屑力模拟结果

5.3 不同半径的圆弧刃对切削温度场的影响

在圆弧刃精密切削过程中，切削层内金属发生弹性变形和塑性变形，产生了切削热；同时切屑与前刀面之间消耗了摩擦功，从而使最高切削温度发生在刀尖附近。图 5 是圆弧刃切削温度场模拟结果，4 组试验的切屑最高温度分别为 253 ℃、215 ℃、203 ℃和 224 ℃。第 1 组的刀尖圆弧半径比第 2 组大，主切削力也比第 2 组大，由于假设两种模拟过程刀屑的摩擦系数都是 0.3，因此第 1 组的切屑最高温度也比第 2 组的高。同理，第 4 组的切屑最高温度也比第 3 组的高。

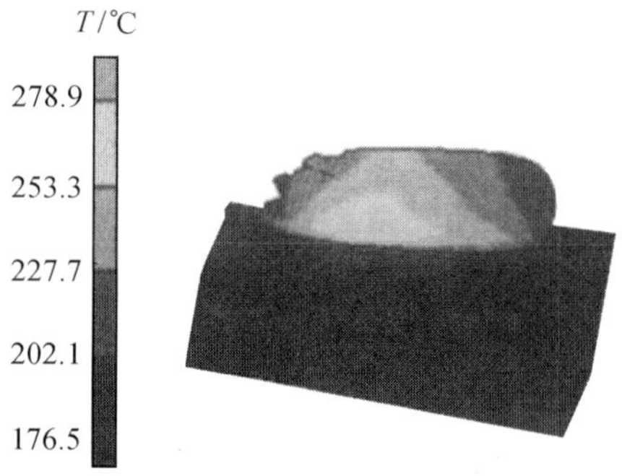

(a) f=40 μm·rev^{-1}, a_p=50 μm, r_ε=1.2 mm

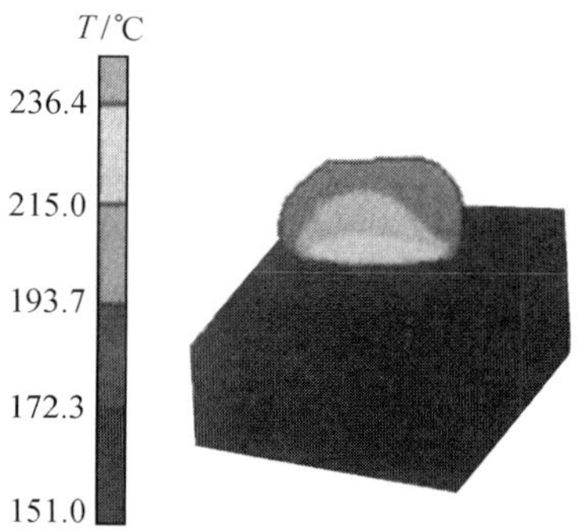

(b) f=40 μm·rev^{-1}, a_p=50 μm, r_ε=0.4 mm

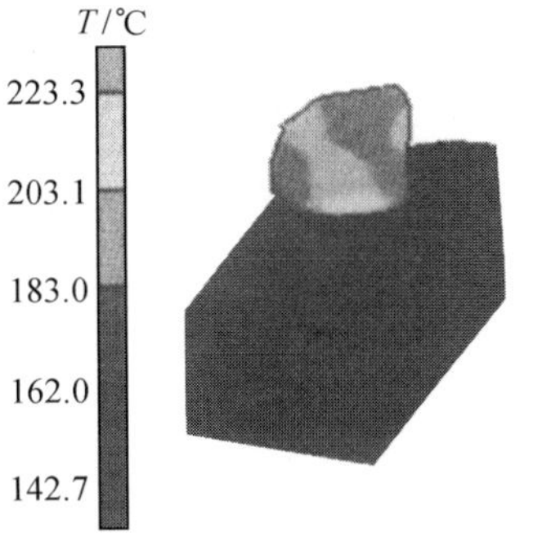

(c) f=30 μm·rev^{-1}, a_p=40 μm, r_ε=0.2 mm

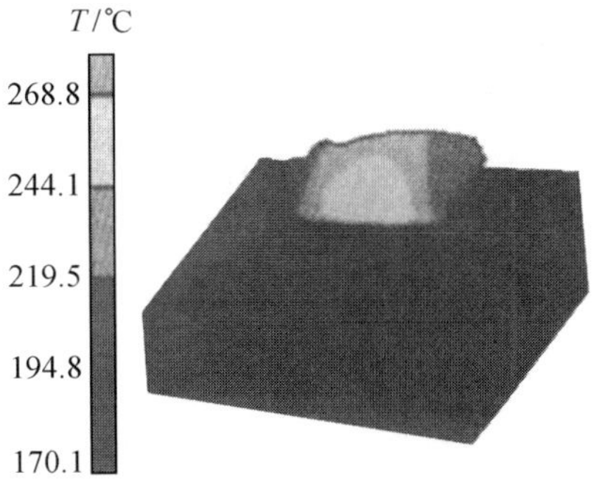

(d) f=30 μm·rev^{-1}, a_p=40 μm, r_ε=0.8 mm

图 5　三维切削温度场模拟结果

6　圆弧刃精密切削时切削力试验

切削试验使用的机床是沈阳机床厂生产的型号为 S1-255 的超精密机床，机床的圆度误差、圆柱度误差和平面度误差分别为 0.000 5 mm、0.002 mm/75 mm 和 0.002 mm/75mm。采用 KISTLER 仪器公司生产的 9256A1 型的三向测力仪进行切削力的测量，图 6 是试验装置图。

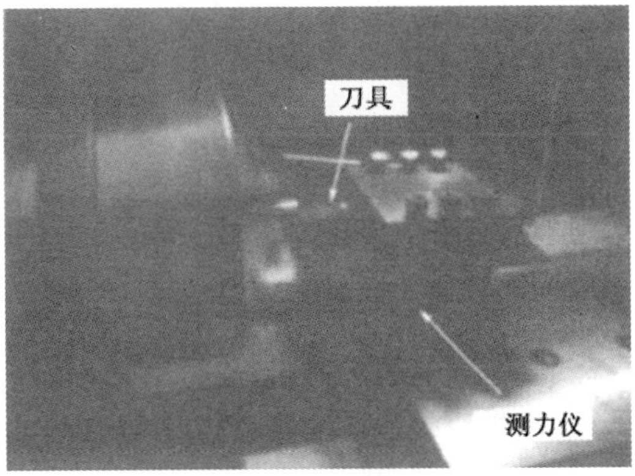

图 6　试验装置

这种测力仪安装在机床刀架上，并使用该公司生产的数据采集系统软件 DynoWare System，便于对测量数据进行采集和研究。

图 7 是测力仪采集的主切削力曲线。主切削力在一定范围内波动，利用软件自带的取平均值功能，可以获得 4 组试验的切削力（见表 2）。

第 1~4 组试验的主切削力平均值分别为 12.95 N、8.40 N、8.19 N 和 11.59 N。因为圆弧刃精密切削的圆弧刃半径远远大于切削用量，切削刃的切削宽度只是刀尖的圆弧部分（见图 1），切屑作为一个整体流出，切屑相互之间产生挤压作用，随着圆弧半径越大，圆弧刃的切削宽度越大，因此主切削力也大。见表 2，第 1 组和第 2 组试验，圆弧刃圆弧半径为 1.2 mm 的主切削力比圆弧刃圆弧半径为 0.4 mm 的主切削力大。第 3 组试验和第 4 组试验也有类似结果。

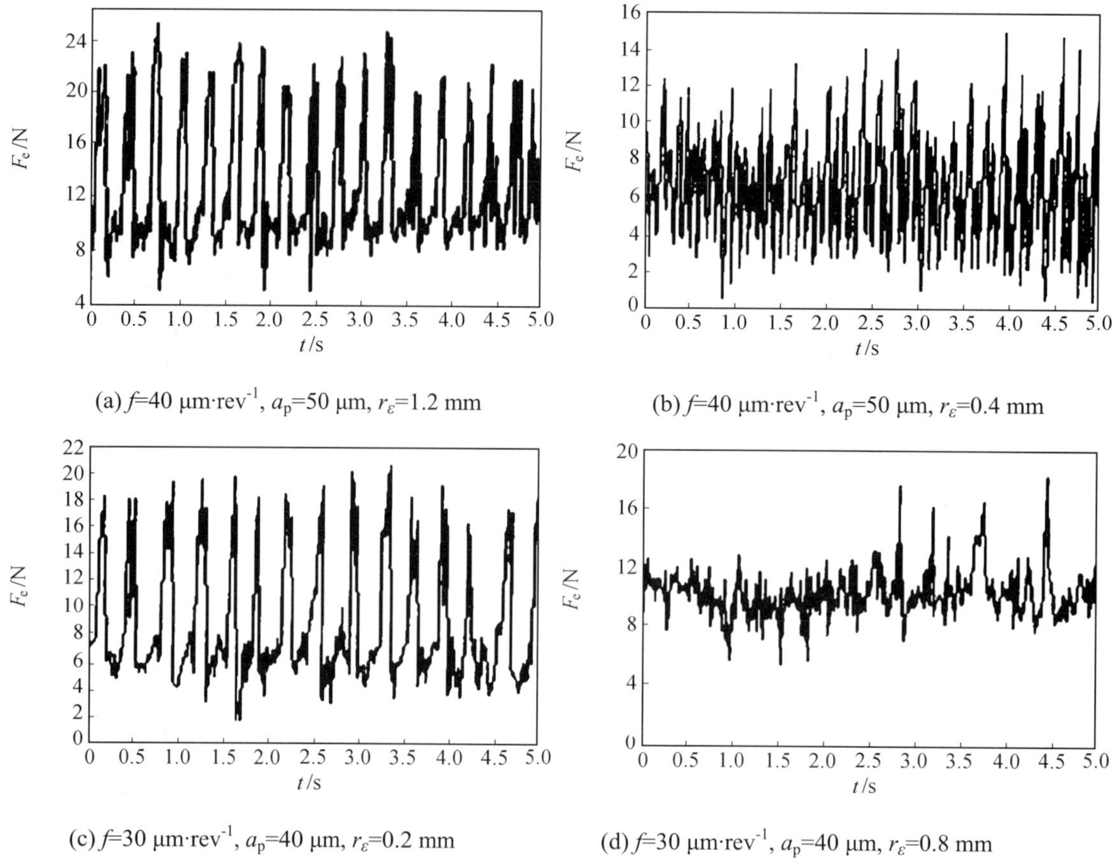

(a) f=40 μm·rev^{-1}, a_p=50 μm, r_ε=1.2 mm

(b) f=40 μm·rev^{-1}, a_p=50 μm, r_ε=0.4 mm

(c) f=30 μm·rev^{-1}, a_p=40 μm, r_ε=0.2 mm

(d) f=30 μm·rev^{-1}, a_p=40 μm, r_ε=0.8 mm

图 7　主切削力的试验值

7　结论

（1）圆弧刃精密切削模拟的连续切屑作为一个整体流出。切削过程中由于圆弧刃改变了切削层的参数，并且随着圆弧半径的增大，切削宽度增大，切削试验的主切削力增大。

（2）圆弧刃精密切削模拟的主切削力和试验主切削力有相同的变化趋势，模拟过程中由于忽略了刀具的刃口半径和机床特性，因此两者在数值上有一定的差异。

（3）模拟结果表明切屑的最高温度发生在刀尖附近，随着圆弧刃半径的增大，切屑的最高温度增高。

参考文献

[1]　仇启源, 庞思勤. 现代金属切削技术[M]. 北京: 机械工业出版社, 1992.

[2]　CHOU Y K, SONG Hui. Tool nose radius effects on finish hard turning[J]. Journal of Materials Processing Technology, 2004, 148(2): 259-268.

[3]　LIU Meng, TKAGI J I, TSUKUDA A. Effect of tool nose radius and tool wear on residual stress distribution

in hard turning of bearing steel[J]. Journal of Material Processing Technology, 2004, 150(3): 234-241.

[4] 方刚, 曾攀. 切削加工过程数值模拟的研究进展[J]. 力学进展, 2001, 31(3): 394-404.

[5] MAMALIS A G, BRANIS A S. Modeling of precision hard cutting using implicit finite element methods[J]. Journal of Materials Processing Technology, 2002, 123(3): 464-475.

[6] KATSUHIRO M, MASAFBMI M, TAKEAKI K. Simulation analysis of three-dimensional continuous chip formation processes[J]. International journal of the Japan Society for Precision Engineering, 1997, 31(1): 39-46.

[7] GUO Y B, LIU C R. 3D FEA modeling of hard turning[J]. Journal of Manufacturing Science and Engineering, 2002, 124(2): 189-199.

[8] YANG Q, MOTA A, ORTIZ M. A class of variational strain-localization finite elements[J]. International Journal for Numerical Methods in Engineering, 2005, 62(8): 1013-1037.

微细铣削铅黄铜时微径铣刀的损伤研究

杨 凯 白清顺 梁迎春 王 波 孙雅洲 赵 岩

（哈尔滨工业大学 机电工程学院，黑龙江 哈尔滨 150001）

摘 要：采用 TiAN 涂层硬质合金微径铣刀在微小型机床上对铅黄铜（HPb63-3）工件进行了微细铣削加工试验研究，全面分析了微刀具的磨损、破损形态及磨损失效机理。结果表明：在微细铣削加工条件下，微径铣刀主要失效与磨损区发生在刀尖部位，刀具的磨损与破损形态呈现显著的尺度效应。微细铣削铅黄铜材料时，微刀具的主要失效形式表现为涂层剥落与刀尖破损；主要磨损机理为黏着磨损和磨粒磨损等损伤机制。刀具与工件之间存在着扩散作用，但并不是引起刀具磨损的主要原因。

关键词：微细铣削；微径铣刀；磨损机理；破损

Damage of Micro-diameter Cutter while Micro-Milling HPb63-3 Lead Brass

Yang Kai Bai Qingshun Liang Yingchun Wang Bo Sun Yazhou Zhao Yan

（School of Mechatronics Engineering, Harbin Institute of Technology, Harbin 150001, China）

Abstract: Micro-milling experiments of HPb63-3 lead brass were conducted on micro-machine by using TiAN coated tungsten carbide micro-diameter cutter. Wear and breakage morphologies of micro-tool were analyzed. Wear and breakage of micro-diameter cutter manly occurred in tool nose and the wear and breakage morphologies shown distinct size effect. The main failure modes of micro-tool were coating peeling and tool nose breakage. Adhesive and abrasive wear were typical damage mechanisms of micro-tool. Diffusing effect occurred between tool and workpiece，which did not contribute to the tool wear obviously.

Keywords: micro-milling; micro-diameter tool; wear mechanism; breakage

---

作者简介：联系人，杨凯，e-mail: yangkaihit@gmail.com。

梁迎春，男，1964 年生，教授，博士生导师，目前主要从事精密超精密加工、微纳制造技术方向的研究。

基金项目：国家自然科学基金资助项目（50675050，50705023）；中国博士后科学基金项目（20060400235）。

文章发表信息：摩擦学学报, 2008, 28(5): 448-452.

随着现代科学技术的不断发展，微小型化技术在国防工业、航空航天、生物医学、微电子工业等领域呈现出广泛的应用前景[1]。微型工作母机具有节约能源和空间、易重组等优点，已成为微小零件微细切削加工的重要载体[2]。微小零件的微细铣削工艺中，刀具直径很小，一般在 0.1~10 mm，称之为微径铣刀。微径铣刀是微刀具的一种。与常规铣削相比，由于微径铣刀的刚度低，加工中刀具的进给量通常采用每齿几个微米甚至更小，而微径铣刀的切削刃钝圆半径通常在几个微米量级，因此导致微细铣削中的每齿进给量大致等同切削刃钝圆半径。这时工件材料在切削刃的摩擦、挤压或耕犁的作用下，产生剧烈的弹塑性变形。在常规铣削中可以忽略的因素（切削刃钝圆半径、刀具微小的跳动、切屑的中断及工件材料的弹性恢复等）对微细铣削过程产生重要影响。许多研究表明当切削深度或每齿进给量远小于切削刃钝圆半径时，将产生明显的尺寸效应[3-6]。因此，微刀具微细切削工艺将显著地区别于传统刀具的切削加工，呈现显著的尺度效应。目前，国内外学者对微刀具微细切削工艺的研究还集中在机床刀具的加工能力上，对刀具的磨损和破损机理的研究还很少[7-9]。本文通过微细铣削加工试验及对微径铣刀失效的分析，研究了微细铣削时微径铣刀的磨损、破损形态及其失效机理，旨在为微刀具的优化设计、合理选用及其切削中的摩擦磨损控制提供实验依据。

1 实验部分

1.1 微径铣刀及加工工件

试验中采用双刃 TiAN 涂层平头微径铣刀，刀具基体为 K30 细晶粒硬质合金材料。其材料特性与几何参数见表 1。TiAN 涂层硬质合金刀具是将具有高化学稳定性与高硬度的 TiAN 涂层材料涂附在抗弯强度较高的 K 类（WC+Co）硬质合金基体表面，继而获得具有高耐磨性和良好高温切削性能的切削刀具。工件材料铅黄铜（HPb63-3），其泊松比为 0.29，弹性模量为 105 GPa，线膨胀系数为 20.5×10^{-6} K，密度为 8.5 g/cm^3。铅黄铜具有优良的可切削性，且有较高的减磨性能，适合于制造微小零件，在医疗、电子、汽车、钟表等行业中应用广泛。

表 1 微径铣刀的材料与几何参数

Table 1 Material and geometry parameters of micro-diameter cutter

Material of too body	Coating material	Length /mm	Edge length /mm	Edge diameter /mm	Tool handle diameter /mm	Edge radius /μm	Rake angle/(°)	Flank angle/(°)	Helix angle/(°)
K30	TiAN	38	1.0	0.5	3.0	3	5	12	30

1.2 试验过程

切削加工试验在哈尔滨工业大学自行研制的三轴联动数控微小型铣床上进行。该机床外形尺寸为 300 mm × 300 mm × 290 mm，主轴最大转速为 160 000 r/min，最大径向跳动为 1 μm，驱动系统重复定位精度为 0.25 μm。机床控制系统采用了可编程多轴运动控制器（MAC），由光栅尺构成全闭环反馈。

铅黄铜微小零件的加工参数分别为：主轴转速为 120 000 r/min，每齿进给量为 1 μm，铣削深度为 10 μm，铣削宽度为 200 μm，刀具悬伸量为 10 mm，冷却方式为空气冷却，铣削方式为顺铣平面。

采用 HITACHIS-570 型扫描电子显微镜（SEM）观察刀具宏观、微观磨损形态。使用 TN-5520 型能谱分析仪（EDS）分析刀具磨损区域材料的元素组成。

2　结果及讨论

为了与刀具磨损后的磨损形态进行比较，首先对未进行切削试验前刀具的表面形貌在扫描电子显微镜下进行观察分析，如图 1 所示。

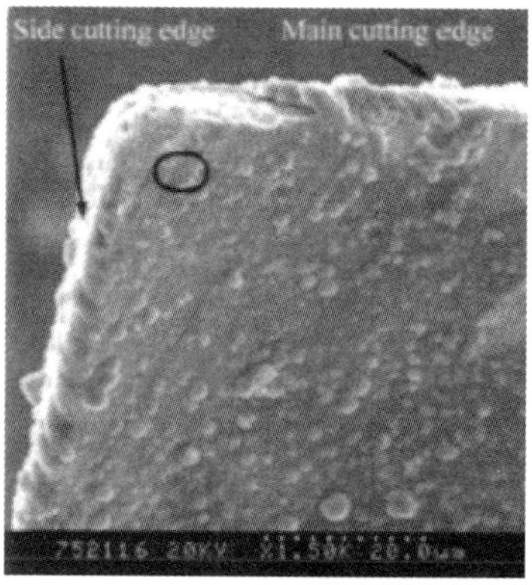

图 1　未切削前微刀具前刀面形貌分析

Fig. 1　Morphology analysis of rake race before cutting

从图中可以看出，刀具表面呈现许多微小凹坑和微观颗粒物突起，总体上表面质量不高。图 2 为对应于图 1 中前刀面圆圈处的能谱分析图。通过能谱分析可知，刀具表面涂层主要成分是 Ti 元素，其次是 Al 元素，同时也含有微量的 Cu、Co、W、Fe 等元素，证明 WC 和 Co 基本被涂层所覆盖。

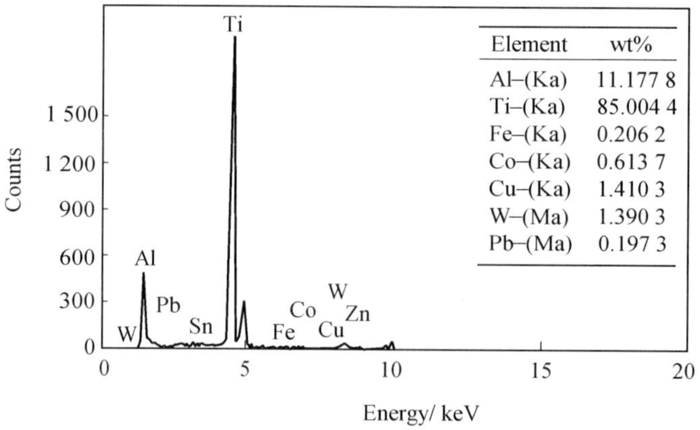

图 2　未切削前刀具的能谱分析

Fig. 2　EDS spectrum of micro-diameter cutter before cutting

2.1 涂层剥落

TiAN 涂层刀具的涂层中 Al 浓度较高，在切削时表面会生成很薄的非晶态 Al_2O_3 惰性保护膜，可以有效地用于高温场合。在微细铣削铅黄铜时，涂层可以起到提高刀具耐磨性、减少粘接磨损的作用。在微径铣刀切削加工试验中，TiAN 涂层容易产生破坏和剥落，如图 3 所示。在微径铣刀切削加工中，由于刀具直径和切削用量都非常小，实际参与切削的部位为主切削刃和刀尖处；主切削刃特别是刀尖处受到强烈的挤压、剪切、摩擦和冲击等作用。与常规涂层刀具（涂层厚度一般 5~6 μm）相比，由于刀具几何形状的限制，微刀具的涂层很薄（涂层厚度一般为 1~2 μm），耐磨性较差。同时，刀尖处涂层强度比其他部位薄弱，由于涂层与基体之间的热膨胀差，在涂层中通常产生热内应力。因此，主切削刃特别是刀尖处的涂层最容易受到破坏，表现为典型的刀具涂层剥落的磨损特征。

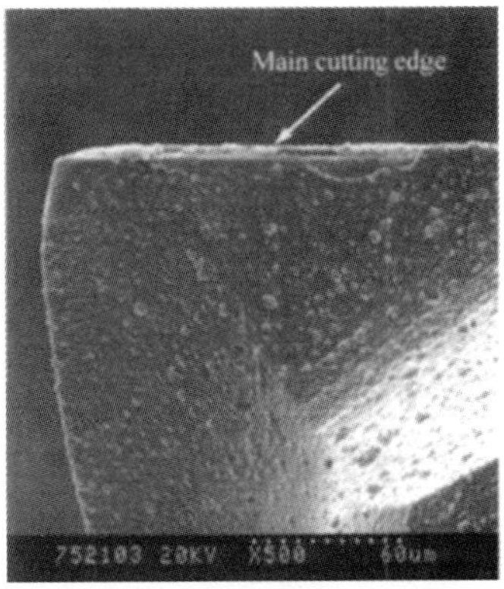

图 3　涂层剥落磨损特征

Fig. 3　Wear characteristics of coating peeling

2.2 刀尖破损

图 4 中显示了微径铣刀加工铅黄铜时，刀尖发生破损失效时后刀面的 SEM 形貌。由图可见，后刀面磨损区为近似的三角形，刀尖处有整块刀具基体破损是冲击、机械疲劳和热疲劳综合作用的结果。

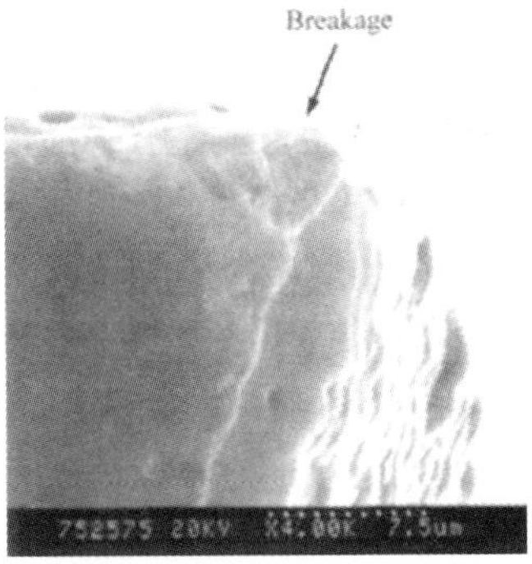

图 4　刀尖破损 SEM 形貌

Fig. 4　SEM morphology of breakage near edge nose

在微细铣削加工中，微刀具的径向跳动量是不容忽视的一个重要因素，与常规切削加工相比，刀具径向跳动半径与刀具半径比（r_o/r）要大很多。对于两刃微径铣刀，在微细铣削铅黄铜材料时，由于刀具的装卡和微变形等所引起的刀具轴线与主轴轴线间的偏差，使得一个切削刃执行全部或绝大多数铣削工作，另外一个切削刃只参与少量切削或基本不切削工件。此时，刀具所受切削力显著增大；刀尖处承受复杂的机械与热耦合载荷的作用，刀尖与工件之间的压力较大，应力集中现象显著。同时，铣削中由于切削和空切的循环变化，对刀尖将产生机械疲劳作用。因此，刀具磨损加快，刀尖破损概率明显增加。另外，在涂层剥落的条件下，裸露的刀尖部位摩擦增加，切削温度将升高，并呈现周期性变化，进而产生刀尖的热应力破坏。这也是引起刀尖破损的一个主要原因。刀尖破损表现为微崩刃现象，对工件的表面加工质量产生重要影响，是微刀具切削中尺度效应的主要体现。

2.3　黏着磨损

与常规切削不同，微刀具切削刃钝圆半径对刀具磨损的影响不能忽略。在微细铣削铅黄铜时，每齿进给量远小于切削刃钝圆半径，微刀具以较大的副前角进行切削，刀具与工件间的摩擦、挤压、耕犁作用显著。刀尖与工件接触面积很小，刀具所受径向切削力又很大，因此工件对刀尖产生很大的压应力。由于切屑、工件及刀具的摩擦和挤压破坏了刀具刀尖处的氧化层和吸附膜，刚从工件内部切出的新鲜表面间形成强烈的黏着作用。

由图 5 可以看出，刀具后刀面上有块状黏着物，对其上面的 A 处进行能谱分析，其结果如图 6 所示。通过能谱分析可以看出，Cu、Zn 含量最高，证实黏着物为铅黄铜。

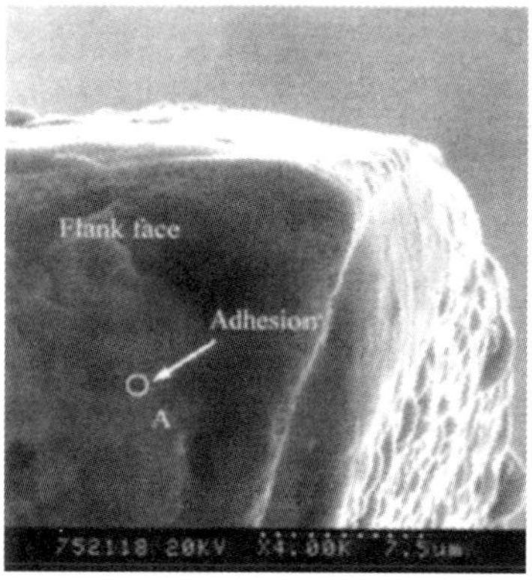

图 5　微径铣刀的粘接现象

Fig. 5　Cold welding phenomenon

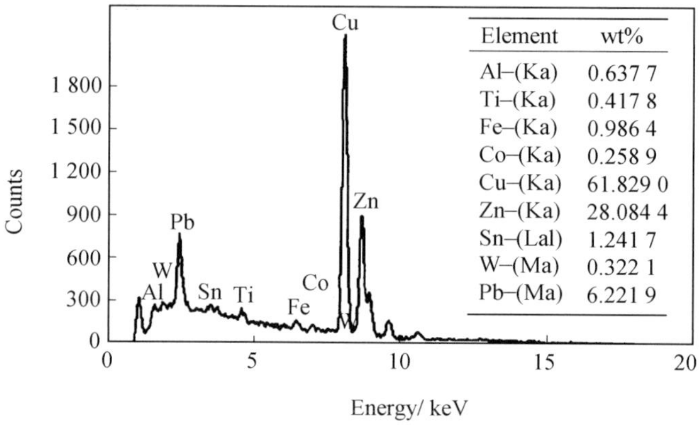

图 6　后刀面黏着物 A 处能谱图

Fig. 6　EDS spectrum of adhesion at position A on flank face

铅黄铜黏着物是在微铣削过程中在切削或摩擦作用下铅黄铜微小切屑在高温和高压作用下产生塑性变形而发生的所谓冷焊现象。试验中铅黄铜黏结主要发生在微刀具的后刀面。当黏着物和铅黄铜的亲和力大于刀具和黏着物之间的黏着力时，黏结界面将会产生很大的拉应力，刀具上的材料会被切屑带走，形成微刀具后刀面的黏着磨损形貌。同时，黏着物黏结在微刀具切削刃附近，改变了微刀具的几何形状，增大了摩擦阻力及刀尖处所受的切削力，加速了刀具的磨损。

2.4　磨粒磨损

由于工件材料中不可避免地存在杂质，材料机体组织中含有碳化物、氮化物和氧化物等硬质点。在切削中这些硬质点将对刀具造成机械磨损，在刀具表面上划出一条条沟纹，形成磨粒磨损[10-12]。在微细铣削铅黄铜工件时，铅黄铜中含有 Fe 元素，容易生成 FeC 硬质点。与普通切削相比，这些硬质点晶粒尺寸与刀具的每齿进给量、刀具基体晶粒尺寸很接近，硬质点与刀具间的摩擦在晶粒间进行，容易造成刀具材料的脱

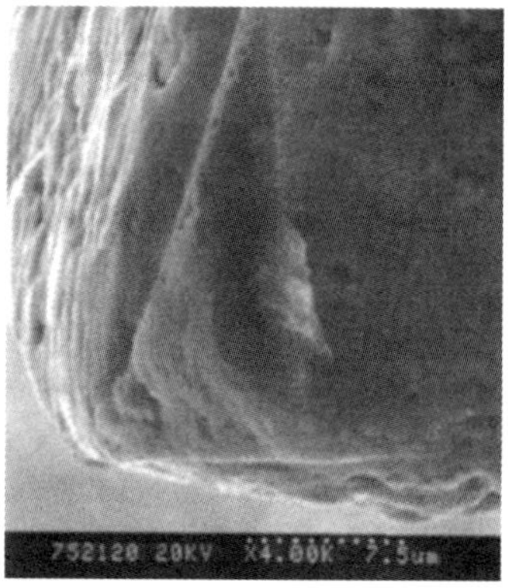

图 7　微径铣刀的磨粒磨损特征

Fig. 7　Abrasion wear of micro-diameter cutter

落，形成磨粒磨损的划痕。如图 7 所示，在图像左侧刀尖表面存在显著的磨粒磨损特征。

2.5 扩散分析

为确定是否存在扩散现象，在刀具磨损达到磨钝标准后，对刀具进行能谱分析，如图 8 中 B、C、D 三处所示。其中 B 处和 C 处的能谱图如图 9 和图 10 所示。D 处没有磨损，其能谱图与图 2 基本一致。

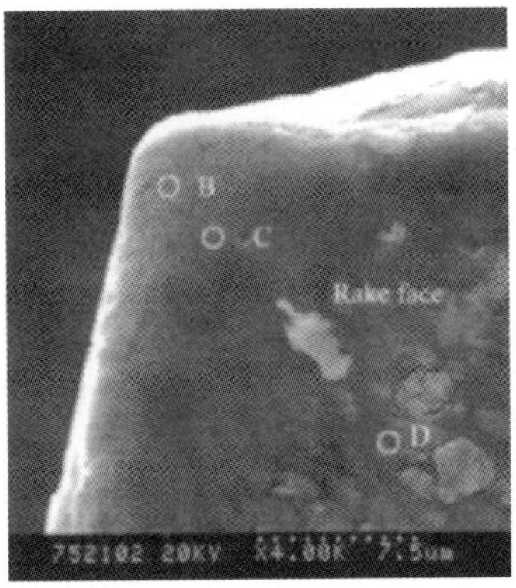

图 8　刀具磨损照片

Fig. 8　Photo of tool wear

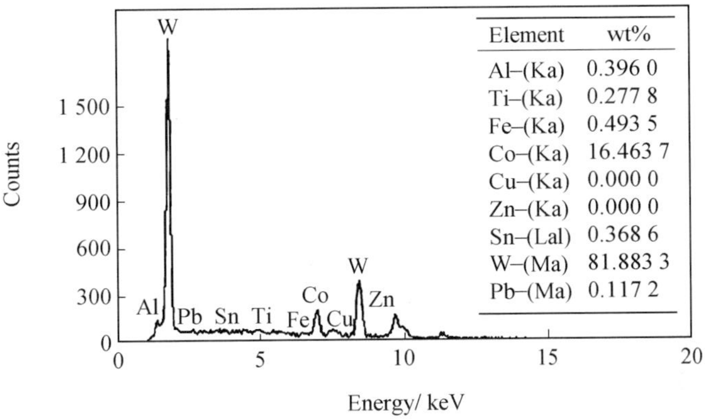

图 9　刀尖磨损 B 处的能谱图

Fig. 9　EDS spectrum of position B on tool wear

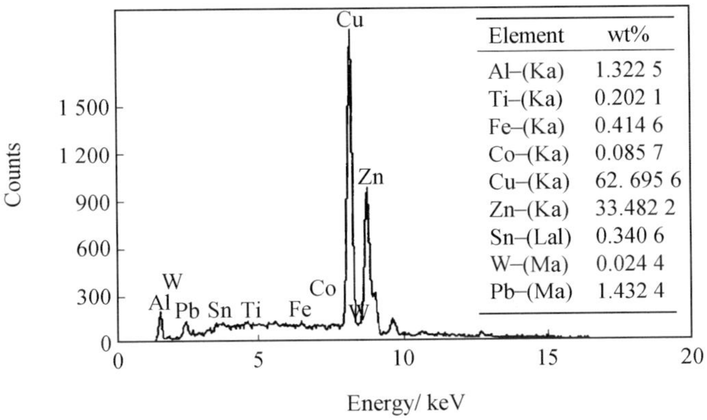

图 10　刀尖磨损 C 处的能谱图

Fig. 10　EDS spectrum of position Con tool wear

在刀尖磨损 B 处（刀具基体材料已完全裸露）， Co 元素的百分含量为 16.467 3 wt%，与未切削的硬质合金微铣刀基体中 Co 含量（约 20 wt%）相比，变化不是很显著。Cu 和 Zn 元素的百分含量为 0，说明工件材料的 Cu、Zn 元素，并未扩散到刀尖磨损处。虽然微型机床的主轴转速很高，但切削线速度并不高（约 188 mm/min），此时由切削热产生的温升没有达到铅黄铜工件材料向刀具扩散的温度。在刀尖磨损 C 处（刀具涂层明显磨薄），涂层上 Co

含量（为 0.613 7 wt%）相比有所减少，说明 Co 发生扩散流失，扩散到切屑和工件材料上。在刀具后刀面黏着物 A 处（图 5），Co 的含量为 0.258 9 wt%（图 6），进一步证明了 Co 扩散到切屑和工件上去。式（1）为非稳态固体扩散的菲克定律，其中 D 为与温度相关的扩散系数，可以用 Arrhenius 方程来表示（式（2））。

$$\frac{\partial D}{\partial t}=\frac{\partial}{\partial x}\left(D\frac{\partial C}{\partial x}\right) \tag{1}$$

$$D=D_0\mathrm{e}^{-Q/(RT)} \tag{2}$$

D_0 和 Q 分别为扩散常数和扩散激活能，取决于物质的成分和结构。R 为气体常数，T 为热力学温度。由式（1）和式（2）可知，扩散速度与扩散系数和元素浓度梯度相关，而扩散系数与温度成指数关系[13]。刀具表面与新鲜的切屑底面之间有较高的浓度差，长时间切削后 Co 将扩散到工件及切屑上。对于刀具而言，由于 Co 的扩散，WC、TiC 等碳化物会因 Co 相的减少而降低黏着强度，继而加剧刀具磨损。因此，从 SEM 图像和能谱分析上看，刀具与工件之间的确存在着相互扩散的行为，但刀具上 Co 元素的散失量十分微小。因此，在微细铣削铅黄铜材料时所发生的扩散现象并不是引起微刀具磨损的主要原因。

试验中没有发现氧化磨损的特征。分析可知，由于切削线速度较低，难以满足产生显著氧化磨损所需的切削热，不具备氧化所需的温度。因此，可以预测氧化磨损在微刀具切削中对刀具磨损影响不大。

3 结论

（1）微细铣削中微径铣刀的磨损呈现显著的尺度效应，刀具的主要失效与磨损区发生在刀尖部位。

（2）微细铣削铅黄铜材料时，微刀具主要表现为涂层剥落、刀尖破损、黏着磨损和磨粒磨损等损伤机制。

（3）微径铣刀在切削铅黄铜材料时，刀具与工件之间存在着扩散作用，但扩散现象并不是引起刀具磨损的主要原因。

参考文献

[1] 孙雅洲, 梁迎春, 程凯. 微米和中间尺度机械制造[J]. 机械工程学报, 2004, 40(5): 1-6.
SUN Yazhou, LIANG Yingchun, CHENG Kai. Micro-scale and meso-scale mechanical manufacturing[J]. Chinese Journal of Mechanical Engineering, 2004, 40(5): 1-6.

[2] BANG Y B, LEE K M, SEUNGRYU O. 5-axis micro milling machine for machining micro parts[J]. International Journal of Advanced Manufacturing Technology, 2005, 25(9-10): 888-894.

[3] BAO W Y, TANSEL I N. Modeling micro-end-milling operations. Part II: tool run-out[J]. International Journal of Machine Tools and Manufacture, 2000, 40(15): 2175-2192.

[4] RAHMAN M, KUMAR A S, PRAKASH JR S. Micro milling of pure copper[J]. Journal of Materials Processing Technology, 2001, 116(1): 39-43.

[5] FILIZ S, CONLEY C M, WASSEMAN M B, et al. An experimental investigation of micro-mach inability of copper 101 using tungsten carbide micro-end mills[J]. International Journal of Machine Tools and Manufacture, 2007, 47(7-8): 1088-1100.

[6] LAI Xinmin, LI Hongtao, LI Chengfeng, et al. Modeling and analysis of micro scale milling considering size effect, cutter edge radius and minimum chip thickness[J]. International Journal of Machine Tools and Manufacture, 2008, 48(1): 1-14.

[7] RAHMAN M A, RAHMAN M, KUMAR A S, et al. CNC micro turning an application to miniaturization[J]. International Journal of Machine Tools and Manufacture, 2005, 45(6): 631-639.

[8] WANG W, KWEON S H, YANG S H. A study on roughness of them micro-end-milled surface produced by a miniatured machine tool[J]. Journal of Materials Processing Technology, 2005, 162-163: 702-708.

[9] HU Yingning, WANG Chengyong, WU Xueqi, et al. Investigation on hardened steel milling with micro-end mill [J]. Transactions of Nanjing University of Aeronautics and Astronautics, 2004, 21(4): 291-297.

[10] 邓建新, 葛培琪, 艾兴. 切削加工润滑技术研究现状及展望[J]. 摩擦学学报, 2003, 23(6): 546-550.
DENG Jianxing, GE Peiqi, AI Xing. Development and perspective of lubricating techniques in metal cutting [J]. Tribology, 2003, 23(6): 546-550.

[11] DOLINSEK S, SUSTARSIC B, KOPAC J. Wear mechanisms of cutting tools in high-speed cutting processes [J]. Wear, 2001, 250(3): 349-356.

[12] 龙振海, 王西彬, 刘志兵. 高速铣削难加工材料时硬质合金刀具前刀面磨损机理及切削性能研究[J]. 摩擦学学报, 2005, 25(1): 83-87.
LONG Zhenghai, WANG Xibin, LIU Zhibin. Research on wear modes and mechanism of carbide tools in high-speed milling of difficult-to-cut materials [J]. Tribology, 2005, 25(1): 83-87.

[13] 潘金生, 仝建民, 田民波. 材料科学基础[M]. 北京: 清华大学出版社, 1998.

Development of Ultra-precision Three Axes Micro Milling Machine

Peng Zhang*　Bo Wang　Yingchun Liang

（Center for Precision Engineering, Harbin Institute of Technology, Harbin 150001, China）

Abstract: To meet the requirement for high efficiency machining of the ultra-precision, ultra-smooth micro structured optical surface, an ultra-precision three axes micro milling machine was developed. The overall size of the machine is 600 mm×500 mm×700 mm and all the strokes of three axes are 75 mm. To overcome nonlinearity that always exists in conventional servo mechanism driven by ball screw, permanent-magnet linear motor is used to directly drive the aerostatic bearing slide. Linear encoder with 1.2 nm resolution was used as the feedback of position to buildup closed loop control system. The open architected CNC system is composed of the high performance embedded PMAC motion control card and standard industrial PC, and the control algorithm is based on "PID+velocity/acceleration feed forward+notch filter" strategy. Test results indicate that the positioning accuracy of all the three axes is less than ±0.25 μm, and the repetitive positioning accuracy is less than ±0.2 μm. The machine is proved to achieve nanometer scale through step response and sinusoidal signal track. The preparatory milling experiments with micro cemented carbide milling cutter further proves the processing capacity.

Keywords: ultra-precision machine tool; motion control; micro milling; micro structured optical surface

1　Introduction

In recent years, as the development of optics and micro-electronics science and technology, new advances and requirements have brought challenges and opportunities to ultra precision machining technology, which develop very fast, become the core technology of the manufacture and represent the highest level of fabrication domain. Meanwhile, with the requirement of economy and miniaturization , the research of micro machine has been highlighted due to its advantages of low cost, high efficiency and flexibility. Ultra precision micro machining tools are the perfect marriage of micro machine and ultra precision machining technologies, with an important implication for the fabrication of 3D micro structured optical surface and micro complicated parts.

通讯作者：zp_hit@163.com; phone +86-451-86413840; fax +86-451-86415244.

文章发表信息：Proc. of SPIE, 2009, 7282: 72820H.

As the core of the ultra precision machine tool, Ultra precision motion control system is directly determines the final accuracy of the machine tool. The motion control system of the ultra precision machine tool consists of servo mechanism, motor drive, measurement system and the motion control board. At present, the positioning accuracy and the repetitive positioning accuracy are at the tens or hundreds of nanometer level with the motion control resolution of the ultra precision machine tool at the nanometer or sub-nanometer level. Meanwhile, the motion control system designed for the ultra precision machining draws upon strict requirement on the bandwidth.

This ultra precision micro milling machine has a gantry layout with its overall dimension: 600 mm×500 mm×700 mm, and all the strokes of the three axes 75 mm. Counter balance mechanism is used in the vertical axis to compensate for the effect of the weight, as is illustrated in Fig. 1.

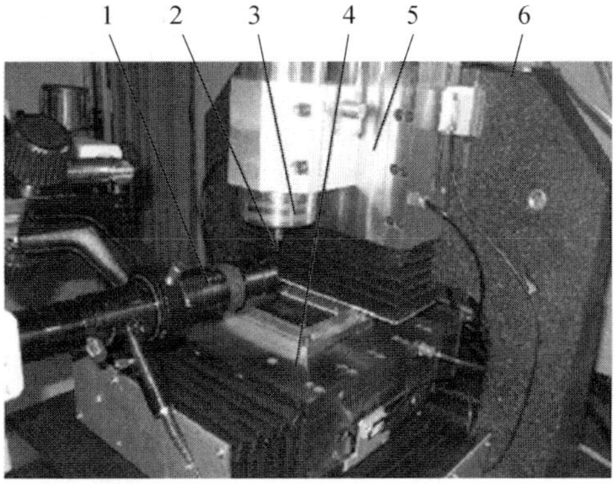

Fig. 1 Overview of micro milling machine

1—Microscope & CCD system; 2—Micro milling tool; 3—High speed spindle; 4—Stacked *X*-*Y* aerostatic slide guide stage; 5—*Z*-axis; 6—Granite body

2 Design of the servo system

2.1 Review of the servo system

To realize the ultra high static and dynamic motion control accuracy, the most important prerequisite is to select the architecture of the servo mechanism. When the ultra precision machine tools firstly appeared, the most common solution to the servo mechanism was the torch motor driving precision ball screw. Some researchers have realized the nanometer positioning on the torch motor plus ball screw platform using the micro dynamics of the mechanical system[1-2]. But for the ultra precision positioning in the long stroke, because of the serious nonlinear characteristics of the ball screw, such as the friction and backlash, which can not be ignored in this scenario, thus the use of the ball screw gradually seems to be irrelevant for the system design.

To solve the above mentioned problem, some researchers have developed several kinds of special nut integrated with piezo ceramics, which can provide preload for the ball screws and reduce the effect of the backlash[3]. But this solution will make the mechanical system too complicated and increase the friction. Another solution is to adopt the stacked coarse/fine stages. In this way, the task for long stroke movement is covered by the coarse stage often driven by the simple mechanisms, such as ball screw. Based on the piezo actuator, the micro movement is realized by the fine stage. Motion control system of this architecture can easily achieve nanometer level positioning, and we can find some successful application case of this kind of system[4-7]. But the shortcoming is obvious to make it difficult to find a displacement sensor suitable for both the macro and the micro movement, and the transient process between the macro and micro moving is difficult to control leading to the tracking error.

Recently, with the development of the electric and electronic technologies, the performance of the linear motor is improved rapidly, especially in terms of the appearance of the coreless linear motor, which provides an ideal solution for the ultra precision motion control[8-9]. Nowadays, linear motor has become the mainstream of the driving scheme for the ultra precision motion, and almost all the commercialized ultra precision machine tools have adopted the coreless linear motor plus static bearing solution.

2.2 Overall architecture of the servo system

In this study, a three axes compact-sized ultra precision milling machine is designed with the coreless linear motor plus aerostatic bearing as the solution of servo mechanism. All of the three axes are supported by the aerostatic bearings and are driven by the coreless linear motors. Linear encoder with resolution of 1.2 nm is utilized to provide the displacement feed back, as shown in Fig. 2. Compared with the hydrostatic bearing, the aerostatic bearing is characterized by simple design and easy maintenance; however, some drawbacks should be noted, such as low stiffness and poor viscous characters. Hence, more sophisticated control algorithms is required for the servo system based on this kind of mechanism.

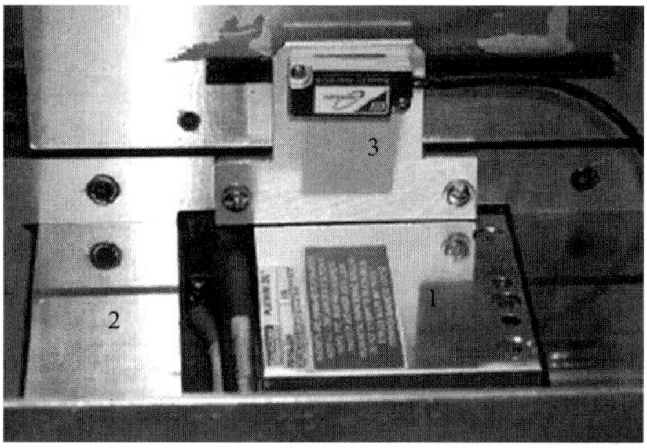

Fig. 2　Components of the servo mechanism

1—Linear motor; 2—Aerostatic slide guide; 3—Linear encoder

2.3 Resonance problem caused by the stacked *X*-*Y* tables

During the assembly and adjusting of the system, due to the finite stiffness of the pressurized air films, the first problem to solve is the resonance of the stacked *X*-*Y* stages. To solve the problem, the model of the dynamics of the stacked system is established, as is shown in Fig.3 and Eq. (1).

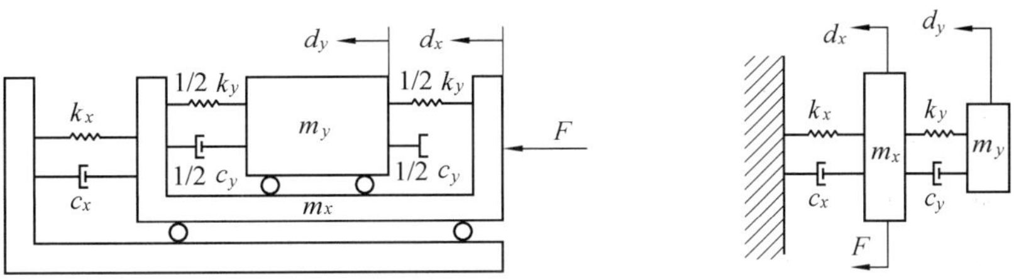

Fig. 3 Dynamics model of the stacked *X*-*Y* stages

$$\begin{bmatrix} m_x & 0 \\ 0 & m_y \end{bmatrix}\begin{bmatrix} \ddot{d}_x \\ \ddot{d}_y \end{bmatrix}+\begin{bmatrix} c_x+c_y & -c_y \\ -c_y & c_y \end{bmatrix}\begin{bmatrix} \dot{d}_x \\ \dot{d}_y \end{bmatrix}+\begin{bmatrix} k_x+k_y & -k_y \\ -k_y & k_y \end{bmatrix}\begin{bmatrix} d_x \\ d_y \end{bmatrix}=\begin{bmatrix} F \\ 0 \end{bmatrix}\sin \omega t \tag{1}$$

According to the complex modal theory, the character formula of the system is as follows,

$$\det\begin{bmatrix} -m_x & 0 & m_x\lambda & 0 \\ 0 & -m_y & 0 & m_y\lambda \\ m_x\lambda & 0 & (k_x+k_y)+(c_x+c_y)\lambda & -k_y-c_y\lambda \\ 0 & m_y\lambda & -k_y-c_y\lambda & k_y+c_y\lambda \end{bmatrix}=0 \tag{2}$$

For a typical electro-mechanical system, this character equation has two pares of complex conjugate roots, which means that the system has two resonance frequencies. When the stiffness of the upper *Y* stage is not high enough, the resonance frequency of the *Y* stage may be low. The micro dynamics of the Lower *X* stage may excite the resonance of the *Y* stage. As shown in Fig. 4, in the design of our system, two resonance peak of the *X*-*Y* stage can be found at the frequency point of 83 Hz and 185 Hz. In fact, the 83 Hz resonance point is too close to the normal working frequency zone, and thus it must be eliminated by the notch filter.

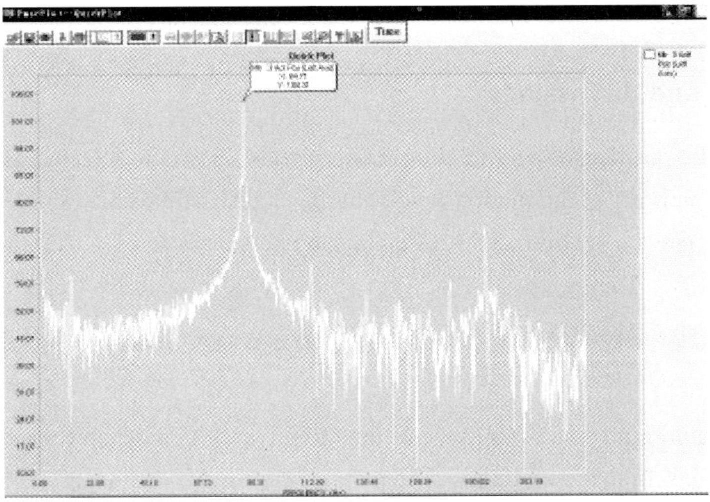

Fig. 4 Resonance of the servo system

2.4　Design of the control system

Master-slave control architecture is implemented in this study. The master controller based on the industrial PC, is responsible for the system level tasks, while the slave controller, based on the DSP, is responsible for the real time tasks. To design the control algorithm, the requirement for positioning accuracy, bandwidth, and the resonance must be taken into consideration and sometimes compromise must be made among these requirements. Since the servo mechanism designed in this study has nearly no nonlinearity, such as friction, backlash and hysteresis, it can be designed according to the linear system theories. In this study, a PID+Velocity/Acceleration Feed Forward+Notch Filter algorithm is proposed. The sophisticated control architecture can fulfill the requirement for system accuracy, bandwidth and stability, as is displayed in Fig. 5.

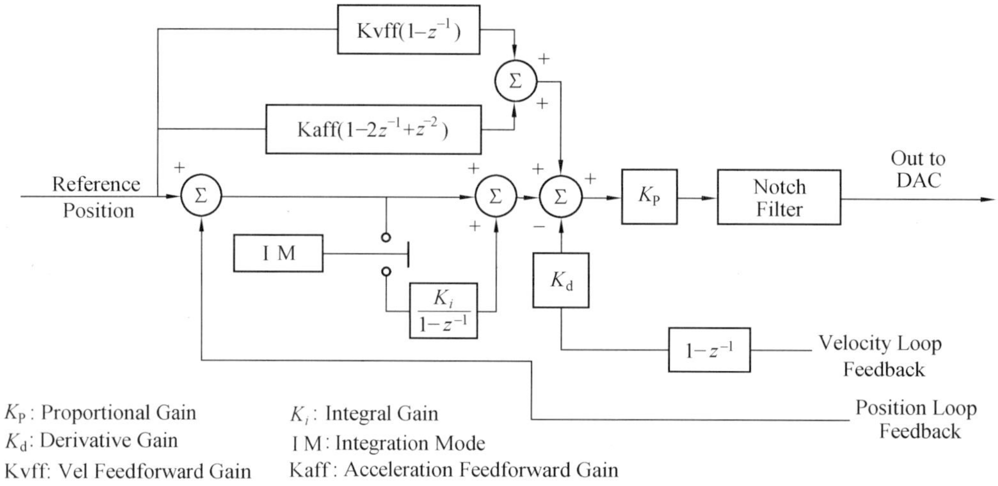

Fig. 5　Architecture of the control algorithm

3　Experiment and discussions

To carry out the positioning and tracking experiments, *X* axis is selected as the test objective. Since all the commands are at the micron level, and in such short moving range, the system error of the linear encoder can be ignored, therefore, linear encoder is used as the standard measuring equipment. The PMAC Tuning and PMAC Plot software developed by Delta Tau are used as the test and data processing platform.

3.1　Step response

To verify the minimum positioning resolution, 50 nm and 20 nm step response tests are carried out, as shown in Fig.6. In the tests, totally 5 steps in both positive and negative direction are moved. In Fig. 6(a), the step response is clear, while in Fig. 6(b), even though most of the response signal is submerged in the noise, the response can still be identified, especially in the positive direction.

3.2 Sinusoidal tracking

To verify the tracking accuracy, sinusoidal signals are selected as the tracking commands. Two tracking tests have been done. One is to track the 0.5 Hz sinusoidal signal with amplitude of 50 nm, another to track the 30 Hz sinusoidal signal with amplitude of 5 μm. In both cases, the phase lag is less than 10° and the amplitude attenuation is less that 10%, as shown in Fig. 6(c) and (d).

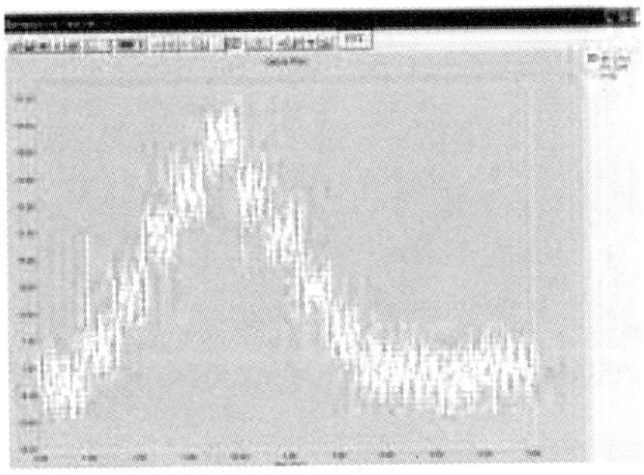

(a) 50 nm step response

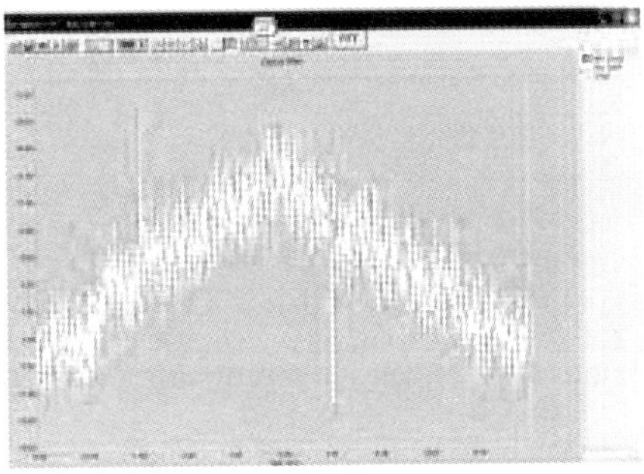

(b) 20 nm step response

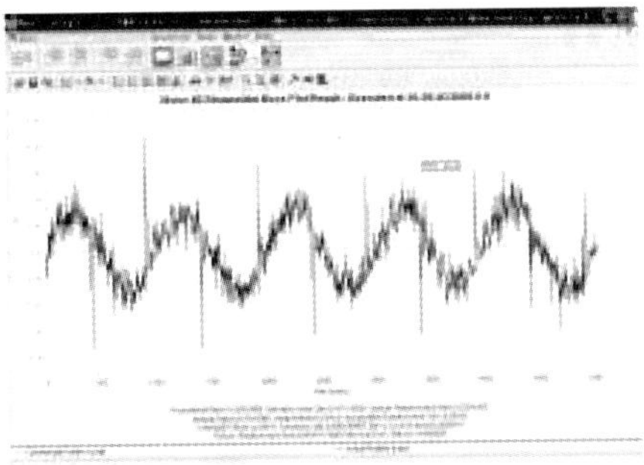

(c) Track 0.5 Hz sinusoidal signal with amplitude of 50 nm

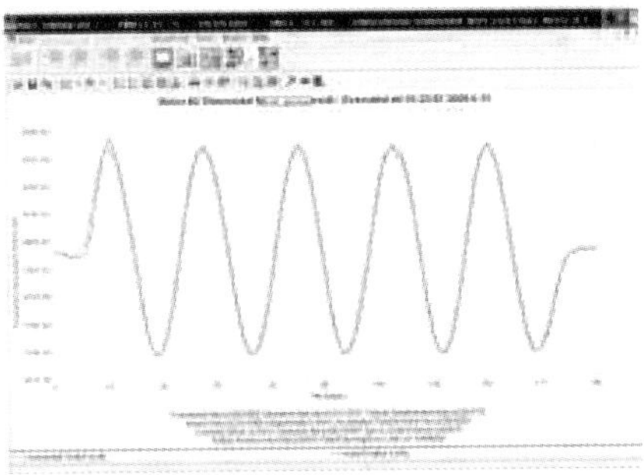

(d) Track 30 Hz sinusoidal signal with amplitude of 5 μm

Fig. 6　Positioning and tracking results

3.3 Positioning accuracy and repetitive positioning accuracy

To test and compensate the positioning accuracy and the repetitive positioning accuracy of the three axes of the equipment, firstly, the RENISHAW laser interferometer was used to give a testing figure, which shows the positioning accuracy of *Z*-axis: 7.078 μm and the repetitive positioning accuracy: 2.331 μm, as shown in Fig. 7(a); secondly, the compensation table of the three axes was put into the P_{mac} motion control card, and then the compensation of the motion was carried out automatically when the P_{mac} received an motion command; finally, the RENISHAW laser interferometer was used again to retest the positioning accuracy and the repetitive positioning accuracy of the three axes after compensation, such as the positioning accuracy of *Z*-axis is 0.396 μm and the repetitive positioning accuracy is 0.318 μm, as is shown in Fig. 7(b).

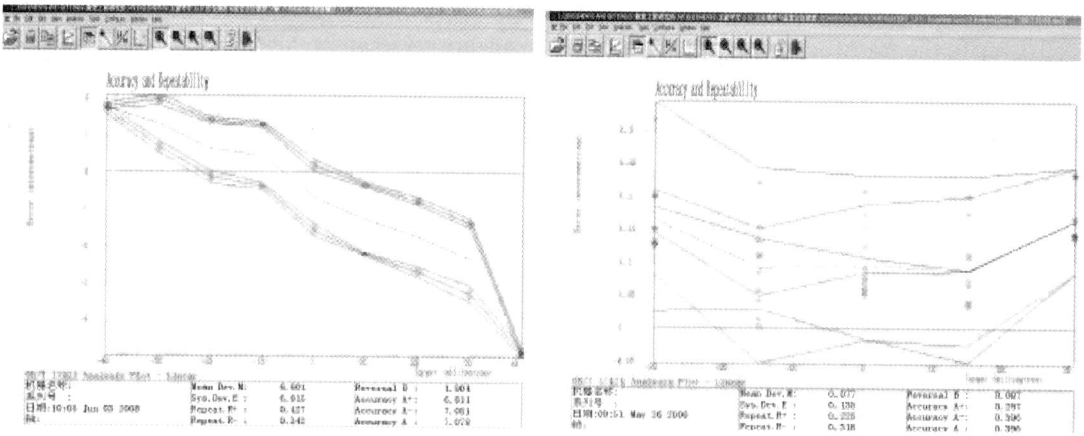

(a) Positioning & repetitive positioning accuracy of *Z*-axis before compensation

(b) Positioning & repetitive positioning accuracy of *Z*-axis after compensation

Fig. 7　Test results of positioning and repetitive positioning accuracy with RENISHAW laser interferometer

References

[1] CHEN C L, JANG M J, LIN K C. Modeling and High-Precision Control of a ball-screw-driven stage[J]. Precision Engineering, 2004, 28(4): 21-23.

[2] LU Lihua, LIANG Yingchun, TACHIKAWA H, et al. Shimokohbe, Nanometer positioning system based on ball screw[J]. Key Engineering Material, 2006, 315-316: 710-714.

[3] CUTTINO J F, DOW T A, KNIGHT B F. Analytical and experimental identification of nonlinearities in a single-nut, preloaded ball screw[J]. Journal of Mechanical Design, 1997, 119(1): 15-19.

[4] LIU Yungtien, FUNG Rongfong, HUANG Taikun. Dynamic responses of a precision positioning table impacted by a soft-mounted piezoelectric actuator-partO: experimental design and results[J]. Precision Engineering, 2004, 28(3): 252-260.

[5] ELFIZY A T, BONE G M, ELBESTAWI M A. Design and control of a dual-stage feed drive[J]. Journal of Machine tools and Manufacture, 2005, 45(2):153-165.

[6] PAHK H J, LEE D S, PARK J H. Ultra precision positioning system for servo motor-piezo actuator using the dual servo loop and digital filter implementation[J]. International Journal of Machine Tools and Manufacture, 2001, 41(1): 51-63.

[7] CHEN J S, DWANG I C. Ball screw drive mechanism with piezoelectric nut for preload and motion control[J]. International Journal of Machine Tools and Manufacture, 2000, 40(4): 513-526.

[8] CHEN J S, CHEN K C, LAI Z C, et al. Friction characterization and compensation of a linear-motor

rolling-guide stage[J]. International Journal of Machine Tools and Manufacture, 2003, 43(9): 905-915.

[9] HIDENORI S, HITOSHI H. Nanometer positioning of a linear motor-driven ultra-precision aerostatic table system with electro-rheological fluid dampers[J]. CIRP Annals-Manufacturing Technology, 1999, 48(1): 289-292.

Long-Stroke Nanometer Positioning of Frictional Table System by Conventional Controller

Lihua Lu[1,2]　Yingchun Liang[1]　Fuli Yu[1]　Baoku Su[2]

（1. Center for Precision Engineering, Harbin Institute of Technology, Harbin 150001, China;

2. Space Control and Inertial Technology Research Center, Harbin Institute of Technology, Harbin 150001, China）

Abstract: For a DC-motor and ball-screw-drive table system, the nonlinearities such as friction, saturation and high frequency resonance are the major obstacles to the achievement of high-precision and long- stroke point-to-point (PTP) positioning without overshoot. Based on the transfer function obtained according to rigid body dynamics of the ball screw mechanism, a high gain PD controller and an input filter was designed to realize long-range nanometer positioning. Parameters of the closed-loop control system were calculated by multi-poles placement so that neither friction compensation nor dual-mode control strategy was necessary. The input signal of the closed-loop system was designed based on digital low-pass filter to avoid large overshoot due to the actuator saturation. Experimental and simulated results demonstrate that the proposed system can achieve long-stroke nanometer positioning without producing any large overshoot, with the steady-state error within ±5 nm in PTP positioning from 100 mm down to 10 nm.

Keywords: nanometer positioning; PID controller; ball screw

传统控制器实现有摩擦系统的大行程纳米定位

卢礼华[1,2]　梁迎春[1]　于福利[1]　苏宝库[2]

（1. 哈尔滨工业大学 精密工程研究所，哈尔滨 150001;

2. 哈尔滨工业大学 空间控制与惯性技术研究中心，哈尔滨 150001）

摘　要：对于“伺服电机+滚珠丝杠”驱动机构，摩擦、饱和和高频振动等非线性因素是实

作者简介：卢礼华（1977—），男，博士，讲师，lihual@hit.edu.cn。

基金项目：黑龙江省博士后基金资助项目（LBH-Z07134）;哈尔滨工业大学优秀青年教师培养计划资助项目（HITQNJS2008013）。

文章发表信息：纳米技术与精密工程, 2010, 8(1): 1-6.

现大行程无超调高精度点位（PTP）控制的主要障碍。针对这种驱动系统，在根据刚体动力学计算得到的线性传递函数的基础上，设计了高增益 PD 闭环控制系统和输入滤波器来实现大行程的纳米定位。配置闭环控制系统的极点为负实轴上的多重极点，避免了摩擦力补偿和双模控制策略的使用。为了避免驱动器饱和所导致的闭环系统响应超调现象，基于数字低通滤波器设计了闭环输入信号。实验结果表明，该定位系统可以实现大行程无超调纳米精度点位控制，10 nm~100 mm 定位响应的稳态误差不超过±5 nm。

关键词：纳米定位；PD 控制器；滚珠丝杠

In these years, the issue of developing precision positioning system with high resolution, high speed, long-stroke and without overshoot has been largely targeted in the field of ultra-precision machine tools and semiconductor manufacturing equipment[1-2]. There is a large variety of actuators used in nanometer positioning instruments, but each has its advantages and imitations Friction drive, inchworm mechanism and air lead screw can achieve both high resolution and long-stroke, but the speed and acceleration of these mechanisms are confined Piezo-electric actuator has very high resolution, but the motion range is only tens of microns[3]. Ball screw is a dominant feed drives used in the high-speed and long-stroke precision positioning stage Based on the studies on friction dynamics[4, 5], the so-called dual-model control strategy, two combined controllers designed according to the principles of microdynamics and macrodynamics respectively[6-9] , is a popular method used to realize long-stroke and high-precision positioning in ball-screw-drive system. However, because the friction parameters in such mechanism vary with time and position, the way of transition from macrodynamics to microdynamics remains vague. Further research has been carried out on the application of adaptive and intelligent control scheme to friction compensation[10]. However, its design requires sufficient knowledge of control theories.

Another possible way to achieve high accuracy in the presence of friction is to use a higher loop-gain controller and treat friction as external disturbance[11-13]. In such case, the controller bandwidth is limited dynamically by its first natural frequency. The feed drive has to show high dynamic stiffness against external excitations to avoid disturbance amplifications caused by the control bandwidth. Moreover, the problem of integral windup should be considered for the long-stroke positioning system with a pure integrator. Otherwise, the closed-loop system may fall into divergent vibration because of actuator saturation[14]. Even with proper anti-windup technology, large overshoot is unavoidable.

Therefore, a DC motor and ball-screw-drive table system was proposed to realize long-stroke nanometer positioning with near zero overshoot. Unlike the dual-model strategy, the proposed design achieves single-step long-stroke nanometer positioning using a high-gain PD controller designed according to macrodynamics of the drive mechanism. In order to avoid a large overshoot in long-stroke positioning, limitations of the feed drive was taken into account in the design of the input signal.

1　Specification of feed drive stage

Schematic of the ball-screw-drive table system is shown in Fig 1. A DC servo motor with brushes is used as the main actuator. The forward path of the positioning system begins from the computer equipped with an analog interface, through the amplifier and the DC motor, to the table which is transmitted by the ball screw of CO grade accuracy and supported by the linear ball guide In the backward path, the laser interferometer with resolution of 1.2 nm sends the digital data of the table position to the computer. The table is rigidly connected to the nut and the ball screw is connected to the motor by a non-backlash coupling with high rotational stiffness. The drive mechanism is mounted on a vibration-isolated stage in a temperature controlled room. Physical parameters of the experimental ball-screw-drive are listed in Table1.

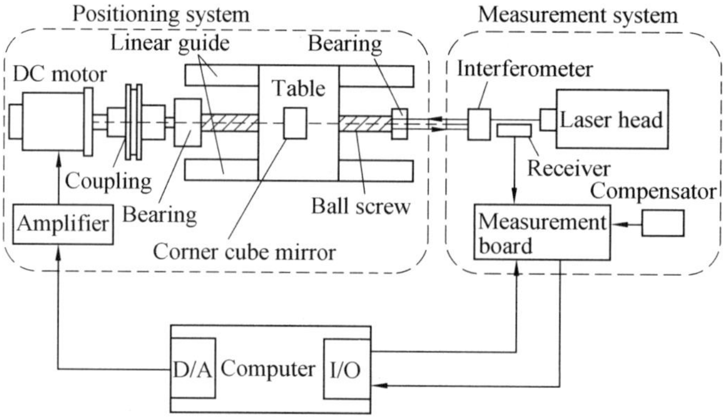

Fig. 1　Schematic of ball-screw-drive table system

Table1　System parameters

Description	Parameter	Value
Inertial of rotating part	$J/(\mathrm{kg{\cdot}m^2})$	3.48×10^{-4}
Mass of sliding part	m/kg	2.41
Motor resistance	R_m/Ω	4.8
Armature inductance of motor	L_m/mH	0.6
Torque constant of motor	$K_i/(\mathrm{V{\cdot}s{\cdot}rad^{-1}})$	0.119
Back EMF constant of motor	$K_v/(\mathrm{V{\cdot}s{\cdot}rad^{-1}})$	0.119
Damping coefficient of motor	$C_m/(\mathrm{N{\cdot}m{\cdot}s{\cdot}rad^{-1}})$	3.88×10^{-4}
Damping coefficient of ballscrew	$C_n/(\mathrm{N{\cdot}s/m^{-1}})$	7.17×10^{3}
Stiffness of ball screw-nut	$K_n/(\mathrm{N{\cdot}m^{-1}})$	3.2×10^{8}
Axial stiffness of bearing	$K_b/(\mathrm{N{\cdot}m^{-1}})$	9.4×10^{7}
Diameter of ball screw	D/mm	12
Screw length between bearings	L/mm	355
Stiffness of coupling	$K_c/(\mathrm{N{\cdot}m{\cdot}rad^{-1}})$	29×10^{3}
Transmission ratio	$h/(\mathrm{m{\cdot}rad^{-1}})$	4.78×10^{-4}
Friction torque	$T_f/(\mathrm{N{\cdot}m})$	0.04
Amplifier gain	G_m	5.0
Amplifier saturation voltage	U/V	3.0

In older to achieve high-precision positioning, it is necessary to preload the ball screw and guide to eliminate the backlash, which produces significant friction that makes a nanometer level of resolution difficult to achieve. In the table system, the friction force is fairly large. According to studies on friction, before sliding occurs on two contact surfaces, friction torque is equal to motor torque and the table has a displacement from elastic deformation. The deformation behaves as a spring with its stiffness variable with time and position. The quantitative description of the presliding phenomena is highly nondeterministic. The average value of the breakaway force is definited as the friction torque of the drive mechanism T_f.

Because of nonlinear friction and nonlinear deformation, the behaviour of the system prior to continuous slipping on the friction interface does not accord with macrodynamics. A displacement of several micrometers on the table may occur through deformation until the applied torque exceeds a certain threshold.

2 Drive mechanism modelling and analysis

To design a suitable controller, dynamics of the system must be determined first. A finite element (FE) model has been constructed to investigate the first natural frequency of the ball-screw-drive mechanism, which includes the inertial characteristics of the motor, coupling, ball screw, table and nut assembly. The stiffness of coupling, bearings and ball screw-nut stiffness are substituted by rated catalogue values. The first predicted mode is axial resonance of the table at 623 Hz and the second mode is torsional resonance of the coupling and the ball screw at 706 Hz. As the first natural frequency of the drive mechanism is far beyond the bandwidth of the system, the ball-screw-drive mechanism can be modelled as a one-mass system by neglecting the friction and high frequency dynamics, which implies that the system can achieve enough bandwidth by using high-loop gain controller without exciting resonance. In this case, the transfer function from the input voltage of the power amplifier to the table displacement can be simplified as a second-order system with friction nonlinearity.

$$\begin{aligned} H_{\mathrm{macro}}(s) &= \frac{X(x)}{U(x)} = \frac{hG_{\mathrm{m}}K_{\mathrm{i}}}{s[(h^2m+J)R_{\mathrm{m}}s + C_{\mathrm{m}}R_{\mathrm{m}} + K_{\mathrm{V}}K_{\mathrm{i}}]} \\ &= \frac{d_0}{s(s+c_1)} = \frac{0.17}{s(s+9.517)} \end{aligned} \tag{1}$$

3 Control strategy

3.1 Design of the closed-loop control system

The purpose of the positioning system is to drive the table from one point to another as fast as possible with near zero overshoot and positioning error the nanometer level. Ordinary PID control used in positioning often results in large overshoot In addition, it has been found that it is impossible to realize the pure derivative in a computer control system. Therefore a PID controller with finite-gain derivative was used in the experiment. Fig. 2 is the block diagram of the closed-loop positioning system with PID controller and one input filter element, where K_c is the proportional gain, T_i is the integral time, T_d is the derivative time and N is the filter factor for the derivative term. The proportional and derivative terms were placed in the backward path. With the same placement of closed -loop poles, the system had much smaller overshoot than a traditional PD controller in step responses.

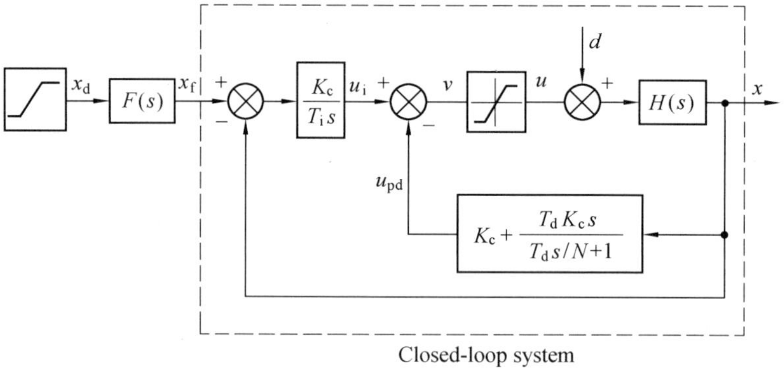

Fig. 2 Block diagram of positioning system

Uncertain friction motivated the use of high loop-gain, which was always preferred for better closed-loop performances and positioning accuracy. To achieve high-precision positioning, the servo bandwidth of the positioning system must be increased to lower its sensitivity to disturbance.

The servo bandwidth, however, was mainly limited by the mechanical resonance of the drive mechanism and should be smaller than 1/10 to 1/8 of the first natural frequency of the mechanism to suppress undesired oscillation. According to the characteristics of the positioning system including the friction and the unmodelled high frequency dynamics, closed-loop multi-poles $p=-2\pi\times45$ is chosen for a closed-loop bandwidth of 45 Hz. The controller parameters calculated are listed in Table 2.

Table 2 Parameters of PID controller

Poles	K_c	T_i	T_d	N
$-2\pi\times45$	5.49×10^5	1.19×10^{-2}	4.19×10^{-3}	5.23

Simulation and experimental results show that step responses of the closed-loop system with PID controller can be achieved without undesirable overshoot if the step height is smaller than 0.1 mm. If the step height is larger, the overshoot will appear in step responses even with anti-windup technology.

3.2 Design of the closed-loop input

For a long-stroke positioning system with high-gain controller, the problem of actuator saturation should be taken into account if a smooth motion without overshoot has to be achieved. For a long-stroke positioning system with a pure integrator, integral windup will make the closed-loop system fall into divergent vibration once the operating point is out of a critical range. The selection of a suitable method for saturation suppression is challenging since it affects the overall servo performances, if it is placed in the closed-loop system. In motion control, trajectory plan method is always used in the design of the closed-loop input for speed and acceleration control. Consequently, a smooth motion profile can be obtained and undesirable vibration can be avoided.

In this case, the closed-loop input signal was generated via two steps. First, PTP positioning height H was described as the ramp signal $x_d(t)$ with constant slope a and up-limit H. Then the second-order filter $F(s)$ transformed the ramp input to the gradually changing signal $x_f(t)$.

The ramp signal $x_d(t)$ and the filter $F(s)$ can be described as

$$x_d(t)=\begin{cases} at & 0<t<t_1 \\ H & t\geqslant t_1 \end{cases} \tag{2}$$

$$F(s)=\frac{\omega^2}{s^2+2s\omega+\omega^2} \tag{3}$$

where $t_1=H/a$, and ω is the only parameter of the filter $F(s)$ and should be selected according to limitation of the positioning system. The closed -loop input $x_f(t)$ can be calculated by Eq (2) and Eq (3) and described in time domain as

$$x_f(t)=\begin{cases} at-te^{-\omega t}-\dfrac{2}{\omega}e^{-\omega t} & t<t_1 \\ x_f(t_1)+(t-t_1)e^{-\omega(t-t_1)}+\dfrac{2}{\omega}e^{-\omega(t-t_1)} & t\geqslant t_1 \end{cases} \tag{4}$$

With the input signal, steady-state speed response of the closed-loop system was the slope and PID controller worked as a speed controller in macro-motion. In the system, the slope was limited by the amplifier saturation, and the integrator wind-up and overshoot caused by saturation were avoided. The controller braked the table along the deceleration trajectory so that it shifts smoothly from the ramp motion phase to the positioning phase where PID controller positioned the table without any impact. The command $x_f(t)$ was characterized by parameters ω and a, the largest values of whom were limited by the amplifier saturation ω and a were determined by simulation results so that smooth transition between the two response phases of the positioning can be achieved a= 30 mm/s, ω=45.

Because amplifier saturation had been taken into account in the selection of ω and a, the closed-loop system worked in the linear range and overshoot was avoided.

4 Experimental results and analysis

The controller was discretized and implemented on a PC and C programming language running on the DOS platform was used A 16-bit D/A board was utilized to send out the analog control voltage to the power amplifier. The table position was read, via a parallel I/O board, from the laser interferometer and the sampling period was 0.1 ms.

Fig. 3 shows the simulated results of the closed-loop system with PID controller to 1 mm step input and the specified input $x_f(t)$. Large overshoot found in step response was suppressed with the proposed method. The only drawback is that the positioning time was longer.

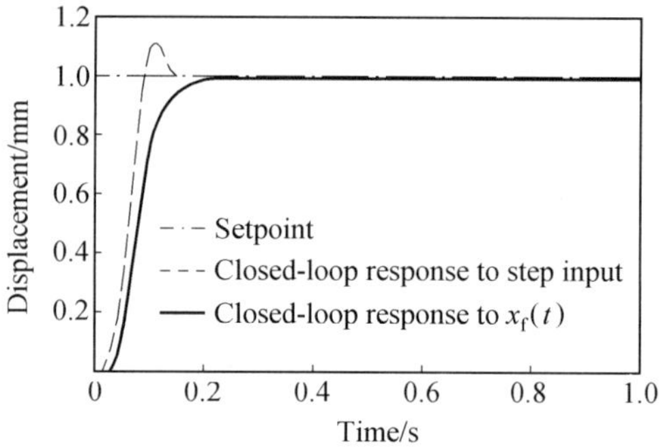

Fig. 3 Simulated responses to 1 mm positioning

Experimental responses corresponding to 100 mm, 1 mm, 1 μm and 10 nm positioning command are shown in Fig. 4. To clearly visualize the data, the results of transient responses near the targets are enlarged and shown separately due to the large difference in data magnitudes. The overshoot in responses from 10 nm to 100 mm was on nanometer level. For positioning control, reference commands of 0.1 μm, 10 μm, 0. 1 mm and 10 mm were conducted in the experiments.

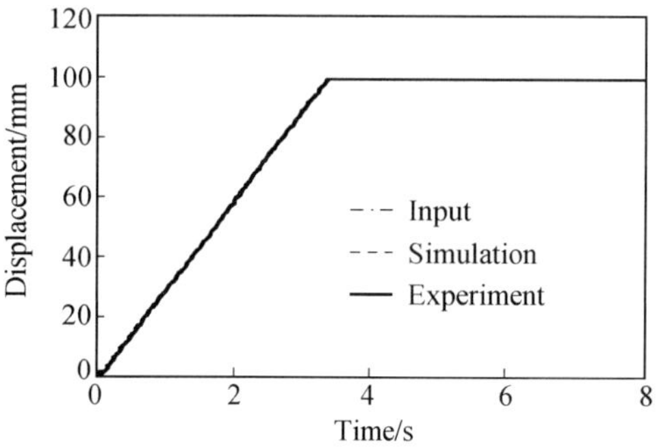

(a) 100 mm positioning response

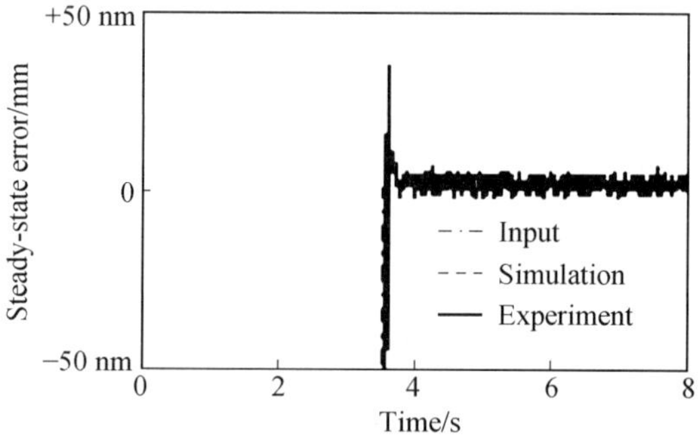

(b) Steady-state error of (a)

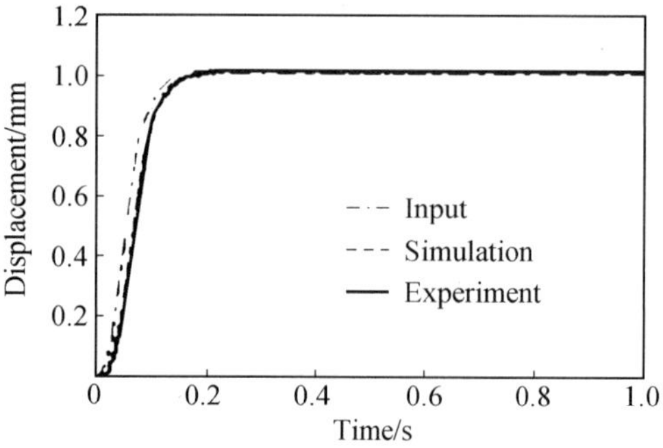

(c) 1 mm positioning response

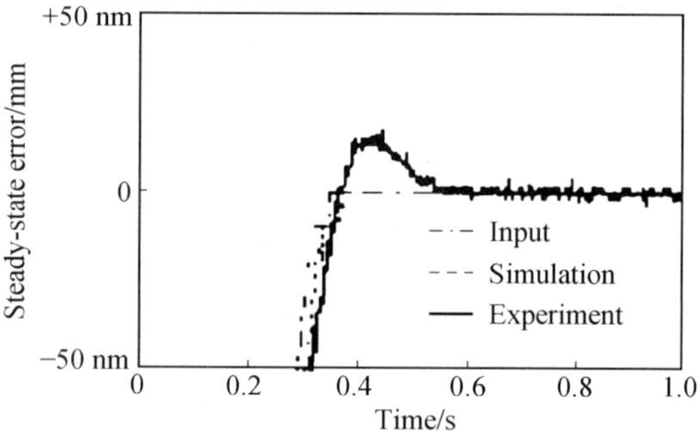

(d) Steady-state error of (c)

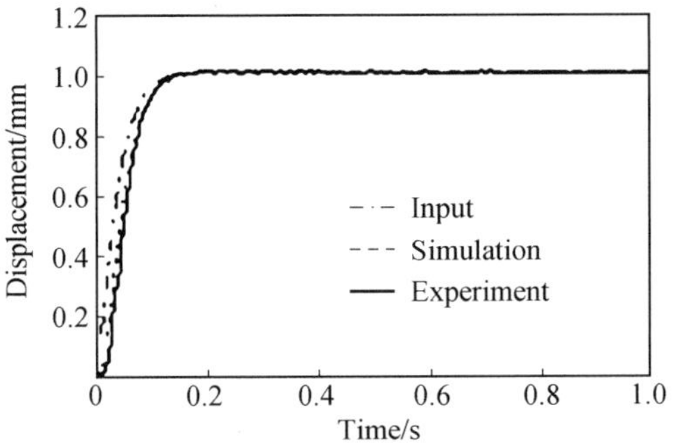

(e) 1 μm positioning response

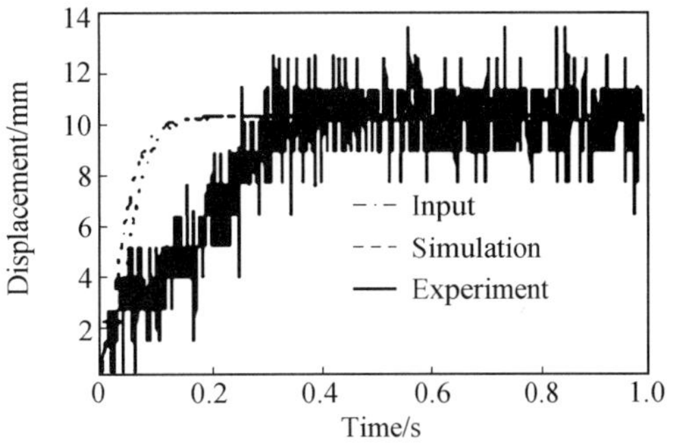

(f) Steady-state error of (e)

Fig. 4 Experimental responses

The responses demonstrate good precision performance to the nanometer level. For positioning responses from 10 nm to 100 mm at various positions on the guide, the steady-state errors were smaller than 5 nm. Overshoot due to amplifier saturation was avoided and smooth positioning responses have been achieved.

If the step size is equal to or larger than 0.1 μm, experimental results show that all the transient responses of the same command are identical. Since both the table position and friction vary, there will be uncertainties over the whole stroke. With sufficiently high loop-gain, the transient responses are much less affected by those uncertainties and precision positioning can be achieved. The experimental results of 10 nm step command vary greatly, especially when the table stays at different positions on the guide. Because the controller output is relatively small and friction is variable, the transient responses are significantly affected by the uncertainties over the operation range. Even so, the experimental results indicate that each step is resolved clearly and the table moves according to the instructions with nanometer resolution.

5 Conclusions

Long-stroke nanometer positioning with a DC motor and ball-screw-drive table system has been studied. The dynamics analysis of the drive mechanism shows a preponderance of vibration modes at high frequencies. A PID controller designed for the table system is used in PTP positioning experiment. The parameters of the PID controller are calculated with poles placement based on the rigid body dynamics, with friction and high frequency dynamics ignored. The closed-loop bandwidth is increased to 45 Hz, which provides a sufficiently high loop-gain to suppress nonlinear friction effect. To prevent overshoot in long-stroke positioning due to actuator saturation, a specified input of the closed-loop system is designed based on ramp signal that passes through a digital low-pass filter. The experimental results demonstrate that the positioning system proposed can reach more than 100 mm stroke with nanometer accuracy and near zero overshoot. An obvious advantage is the avoidance of addressing the microdynamic, which helps in its industrial application. Another advantage is that the input filter does not affect the high gain controller design and the closed-loop system performance.

References

[1] CHANG S B, WU S H, HU Y C. Submicrometer overshoot control of rapid and precise positioning[J]. Precision Engineering, 1997, 20 (3): 161-170.

[2] HUANG S J, WANG S S. Mechatronics and control of a long-range nanometer positioning servomechanism [J]. Mechatronics, 2009, 19 (1): 14-28.

[3] MICHELE P, TIM K. Piezoelectric actuators in micro-positioning[J]. Engineering Science and Education Journal, 2001, 10 (1): 31-36.

[4] CANUDAS D W C, OLSSON H, ASTROM K J, et al. A new model for control of systems with friction[J]. IEEE Transactions on Automatic Control, 1995, 40 (3):419-425.

[5] HSIEH C, PAN Y C. Dynamic behavior and modelling of the presliding static friction[J]. Wear, 2000, 242 (1-2) : 1-17.

[6] HUANG S J , YEN J Y, LU S S. Dual model control of a system with friction[J]. IEEE Transactions on Control Systems Technology,1999, 7 (3): 306-314.

[7] CHEN C L, JANG M J , LIN K C. Modeling and high-precision control of a ball-screw-driven stage[J]. Precision Engineering, 2004, 28 (4): 483-495.

[8] CHEN J S, CHEN K C, LAI Z C, et al. Friction characterization and compensation of a linear 2motor rolling-guide stage[J]. International Journal of Machine Tools and Manufacture, 2003, 43 (9): 905-915.

[9] PERNG M H, WU S H. A fast control-law for nano-positioning[J]. International Journal of Machine Tools and Manufacture, 2006, 46 (14): 1753-1763.

[10] LIN J , CHEN C H. Positioning and tracking of a linear motion stage with friction compensation by fuzzy logic approach[J]. ISA Transaction, 2007, 46 (3): 327-342.

[11] MAO J H, TACHIKAWA H, SHIMOKOHBE A. Precision positioning of a DC-motor-driven aerostatic slide system[J]. Precision Engineering, 2003, 27 (1): 32-41.

[12] ERKORKMAZ K, KAMALZADEH A. High bandwidth control of ball screw drives[J]. CIRP Annals-Manufacturing Technology, 2006, 55 (1): 393-398.

[13] MAEDA G J, SATO K. Practical control method for ultra-precision positioning using ballscrew mechanism[J]. Precision Engineering, 2008, 32 (4): 309-318.

[14] WAHYUDI, SATO K, SHIMOKOHBE A. Characteristics of practical control for point-to-point (PTP) positioning systems: Effect of design parameters and actuator saturation on positioning performance[J]. Precision Engineering, 2003, 27 (2): 157-169.

Calculation and Analysis for Stiffness of the Thrust Aerostatic Bearing of Ultra-precision Machine Tools

Lihua Lu　Ziqiang Zhao　Yingchun Liang　Longjiang Zhang

（Center for Precision Engineering, Harbin Institute of Technology, Harbin 150001, China）

Abstract: The single point diamond turning (SPDT) lathe of vertical flying cutting milling style is one important ultra-precision machining method for Large-aperture optics. To realize ultra-precision machining with SPDT technology, the turning spindle of the machine tools should be with higher stiffness and stability. In this paper, based on finite element method (FEM), an iterative procedure is proposed and implemented to solve the fluid dynamic model and structure model for simulation the couple of air pressure and structure flexibility. Simulation results show that pressure in the air gap makes the plate deform and this deformation produced by the pressure adversely modifies the pressure distribution. Experimental results indicate that the method can predict the aerostatic spindle stiffness accurately, the prediction error is about 2.04%. These results show a relevant influence of the structural flexibility of the bearing on its static performance.

Keywords: aerostatic bearing; finite element analysis; fluid-structure interaction

1　Introduction

Ultra-precision machining for optics is focus on the higher demands for profile precision and surface roughness. High precision SPDT lathe has high efficiency and fine finished surface and is widely used in the optical field. The static and dynamic parameters of the spindle have a great influence on the finished surface [1]. Air bearings offer important advantages over conventional bearings, which emanate from their low friction/high speed capabilities combined with their high accuracy and long life. Thus, aerostatic bearings are widely used in spindle system of ultra-precision machine tools and instruments [2].

The necessary first step in bearing design is the prediction of the static characteristics: this provides the general domain of feasibility of a bearing application, especially in regard to load carrying capacity, or bearing pressure [3]. Such a domain is bounded by the minimum allowable film

---

通讯作者：lihual@hit.edu.cn; Phone 86-451-86413840; fax 86-451-86415244.

文章发表信息：Proc. of SPIE, 2010, 7655: 765507.

thickness and the maximum allowable pressure. In the past decade, the static characteristics have been largely investigated either by analytical methods[1,4], or by numerical methods such as the finite difference method and the finite element method[5-7]. From literature, many calculation models are known that can be classified according to their approaches: models with a high degree of simplification for a fast estimation and models of high complexity and accuracy. The formulation derived by means of simplifying Reynolds equation is widely used for simplified calculation of aerostatic bearing. Numerical calculation method has been developed to solve complex flow dynamics of air film in the bearing. In all above models, the bearing plate is considered stiff, and thus the pressure distribution is axisymmetric. This causes inaccurate prediction of the bearing stiffness and suboptimization of the bearing from a mechatronic point of view, as it neglects the influence of the flexibility of the bearing plate on the performance of the bearing[8]. The pressure in the air gap will make this plate deform. This deformation produced by the pressure will adversely modify the pressure distribution, thus a high stiffness is desirable to reduce this effect.

This project aims at developing a finite element analysis method for calculation thrust stiffness of rotation aerostatic spindle by taking into account the air flow dynamics and structure deformation. One practical aerostatic spindle used in SPDT lathe for machining KDP material is modeled and calculated. Results obtained from the model are compared with experimental results for the circular thrust bearing. This paper proposed a simple frame work with the result from finite element analysis and experiment to further exploit this area.

2 Design of the thrust aerostatic bearing

The diagrammatic sketch of aerostatic rotation spindle in SPDT lathe for KDP machining is shown in Fig. 1. The whole spindle system is composed by two radial bearings and one axial bearing. In each end of the spindle sleeve, there are 18 uniform orifices placed on a circle of 340 mm in diameter, the air film is a annulus with inner diameter of a=200 mm and outer diameter of b=480 mm, the single side clearance of the air film is h=0.01 mm. The static behavior of the axial bearing will be calculated.

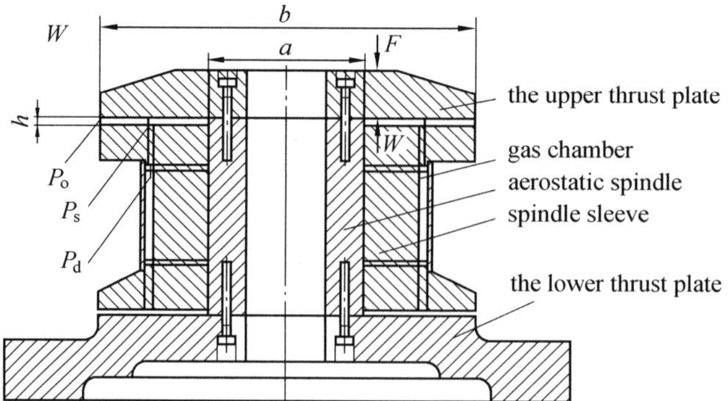

Fig. 1 Schematic diagram of aerostatic spindle

The multi-orifice-type circular thrust air bearing in Fig. 1 is considered for the analysis. The entire flow can be divided into two parts: flow through the orifice and flow through the bearing surface. In almost all practical bearings, the flow in the bearing clearance is laminar and pressure losses occur due to viscous shearing in the gas film. Following assumptions have been made to simplify the problem [7]:

There are no pressure losses upstream of the throat of the jet;

The pressure immediately downstream of the jet is the static pressure in the throat of the jet;

Inertia forces due to acceleration can be neglected compared to frictional forces due to viscous shearing;

Laminar flow conditions exist at all points in the gas film;

Pressure is constant over any section normal to the direction of flow;

There is no slip at the boundaries between the fluid and the plates.

3 FEM model and calculation

3.1 FEM modeling

New simulation method are needed since several parameters must be taken into account for predicting the bearing stiffness accurately, e.g. bearing area, feeding pressure, plate thickness, restrictor diameter, etc. These parameters belong to different fields, such as structural and fluid dynamics. Due to symmetry in the aerostatic spindle, the three-dimensional 1/18 models of the aerostatic bearing were made for finite element analysis. The fluid dynamic model is shown in Fig. 2 and the structure mode is shown in Fig. 3. It is well known that contact pairs are with weak rigidity comparing with bulk materials and always contribute to large deformation. In the structure model, two contact pairs between the spindle and thrust plates are established and contact elements are adopted. Screw pretensions are applied to the model to fasten the components tightly. The finite element method is used to solve the problem. ANSYS was used for static analysis and ANSYS-FLOTRAN was used for CFD simulation. In order to obtain high computed accuracy, a standard in ANSYS available 3D solid element 10 nodes is used to mesh the structure model and the air film mesh was created using swept meshing technique. The material of components in aerostatic spindle is 38CrMoAl with the density of 7 800 kg/m^3, Young's elastic modulus of 210 GPa and Poisson's ratio of 0.3.

An iterative procedure is used to solve the two models. First, the fluid model is solved with the ANSYS-FLOTRAN for pressure distribution in the air gap. Secondly, the structure model is solved for the plate deformation produced by the obtained pressure distribution in the film gap. Thirdly, the calculated deformation of the plate is used to determine the geometric boundary condition of the air gap again. The three steps are repeated until the change in deformation of the plate or pressure distribution in the film gap is smaller than a prescribed value.

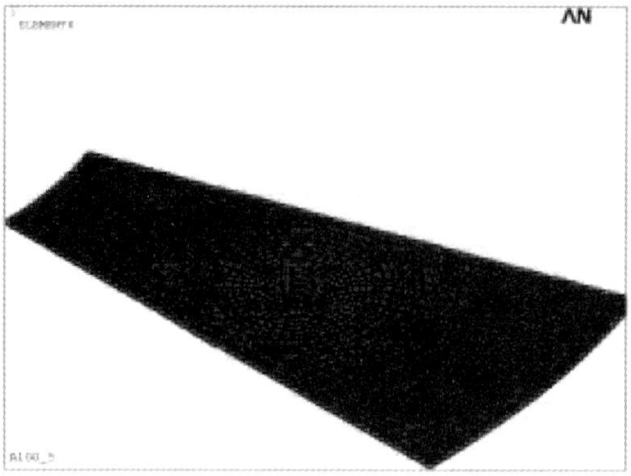

Fig. 2　The model of the gas film in thrust bearing

Fig. 3　1/18 model of thrust bearing

3.2　Calculation results

The pressure in the air gap makes the plate deform. This deformation produced by the pressure will adversely modify the pressure distribution. Fig. 4 shows the contour plot of pressure along the orifice and bearing surface at the steady state and Fig. 5 is the corresponding geometry of the air gap.

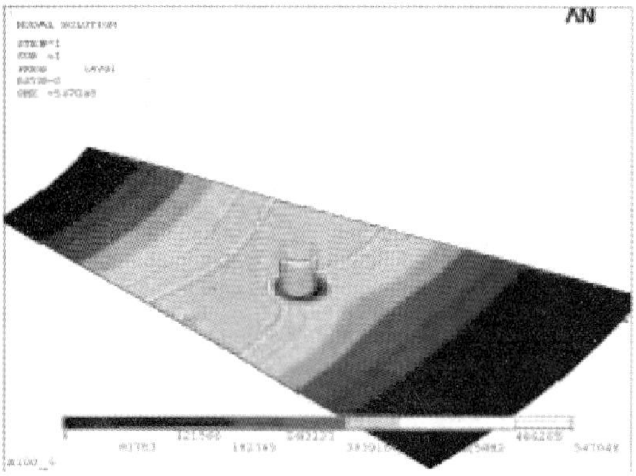

Fig. 4　Pressure distribution of the steady state gas gap

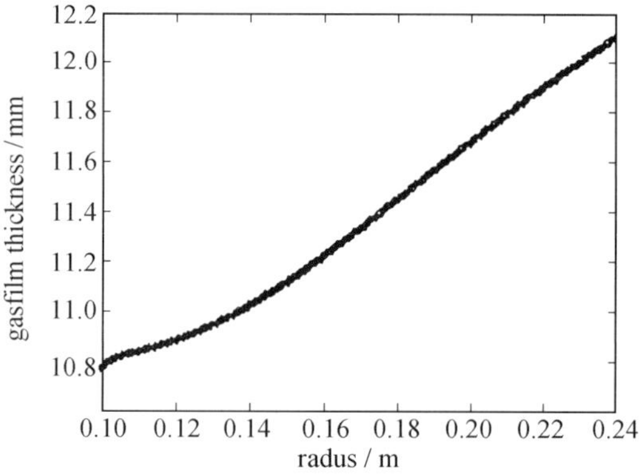

Fig. 5　The gas film thickness in the radial direction

As shown in Fig. 5, the plate is bended by the air pressure. Comparing with the initial air gap of 10 μm, the minimum deformation of 0.8 μm appears at the inner edge of the plate and maximum deformation of 2.1 μm appears at the outer edge of the plate. The maximum deformation is about 1/5 of the desired size of the air gap, thus it will influence static characteristics of the thrust air bearing greatly. This means that there are two resources for structure deformation. One is tension of the spindle and the other is bending of the plate.

According to the Fig. 4, the pressure distribution in the air gap as a function of the radius in the steady state is described as

$$p=691.37 \cdot r^3-458.54 \cdot r^2+92.72 \cdot r-5.43 \text{ (MPa)} \qquad (1)$$

The load capacity can be defined as the total load supported by the bearing surfaces. It can be obtained by integrating the pressure over the whole of the bearing surface. The total load capacity can be given by:

$$W = \int_A p\mathrm{d}A \tag{2}$$

Stiffness can be defined as the rate of change of load capacity with respect to change in air gap.

$$K = \frac{\mathrm{d}W}{\mathrm{d}h} = \frac{\mathrm{d}\int_A p\mathrm{d}A}{\mathrm{d}h} \tag{3}$$

By substituting Eq. (1) into Eq. (3), the stiffness is obtained and the value is 3 954 N/μm.

4 Experimental results

4.1 Description of the test setup

In Fig. 6, one photo of the test apparatus (SPDT lathe) used to test aerostatic loaded thrust bearings is shown. The aerostatic bearing is fixed in the machine tool. The machine tool with granite structure is supported on the base structure through 3-point support system. This provides high stability to the aerostatic spindle system. The gauge pressure (here: P_s-P_a= 0.5 MPa) and the flow of the air fed to the bearing is measured as well as the displacement of the upper plate surface when the bearing is loaded. A confocal displacement instrument with resolution of 10 nm and a torsion spring comparator with resolution of 0.5 μm are used to measure the displacement of center point (r = 0 mm) and edge point (r = 240 mm) of the thrust plate correspondingly.

Fig. 6 Measurement of spindle axial stiffness

4.2 Experimental results

Fig. 7 shows the measured displacement of the upper plate of the aerostatic bearing with the supply pressure varied from 0.1 MPa to 0.6 MPa.

A variable axial load is induced on the lower thrust plate by changing weight of the mass block. With the working pressure of 0.5 MPa, the measurement

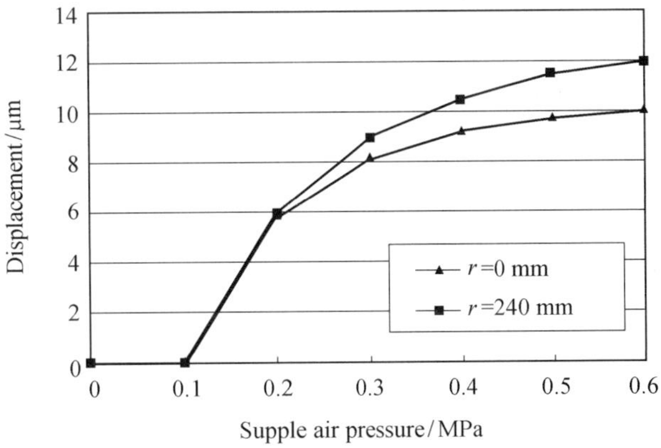

Fig. 7 Displacement of upper thrust plate

displacement with confocal displacement instrument and corresponding axial stiffness of the aerostatic thrust bearing is given in Table 1. According to the experiment results, the average stiffness of the thrust bearing is about 3 875 N/μm.

Table 1 Axial stiffness of the thrust bearing

Load /kg	Displacements /μm	Axial stiffness /(N·μm^{-1})
20	0.05	4 000
30	0.08	3 750

The simulation result shown in Fig. 5 and experimental result shown in Fig. 7 indicate that calculated bending deformation is agreement with experiment very well. There is a relative large warpage on the thrust plate from the centre to the peripheral edge, and the gas gap turns to be wedge from isopachous under the action of gas pressure. The calculated stiffness of the thrust bearing is 3 954 N/μm and the experimental one is 3 875 N/μm. The prediction error is about 2.04%. There is a good agreement between the ANSYS simulation result and the experimental result.

5 Conclusions

The design of aerostatic thrust bearings is a complex problem that requires simulation models to assist in the design optimization. Structural flexibility and fluid dynamics have a relevant influence on each other, and therefore a model representing all these phenomena is required. Two FE models for the fluid dynamics in the bearing gap and structure deformation of aerostatic bearings have been presented separately. An iterative procedure has been proposed and implemented to solve the two models for the simulation of the couple between the pressure and the flexibility. Experimental results indicate that the FE model can predict the aerostatic spindle stiffness accuratly, the prediction error is about 2.04%, so that the validity of the coupling approach is demonstrated. These results show a relevant influence of the structural flexibility of the bearing on its static performance, and therefore, the need for such a model in order to achieve an optimal design of aerostatic bearings. This will be helpful for given a genetic solution to describe the design and development procedure for aerostatic bearings to help the researchers and engineers during the machine development stage.

Acknowledgements

This research is sponsored by Project (HIT.NSRIF.2009014) Support by Nature Scientific Research Innovation Foundation in Harbin Institute of Technology and Project (20090450989) support by China Postdoctoral Science Foundation.

References

[1] AN Chenhui, XU Qiao, ZHANG Feihu, et al. Calculation and structural analysis for the rigidity of air spindle in the single point diamond turning lathe[J]. Proceedings of SPIE, 2007, 6722: 67222U.

[2] GUAN Chaoliang, DAI Yifan, YIN Ziqiang, et al. Freeform turning lathe with direct drives and aerostatic bearing[J]. Proceedings of SPIE, 2009, 7282: 728208.

[3] AL-BENDER F. On the modelling of the dynamic characteristics of aerostatic bearing films: From stability analysis to active compensation[J]. Precision Engineering, 2009,33(2): 117-126.

[4] SCHENK C, BUSCHMANN S, RISSE S, et al. Comparison between flat aerostatic gas-bearing pads with orifice and porous feedings at high-vacuum conditions[J]. Precision Engineering, 2008, 32(4): 319-328.

[5] TIAN Y. Static study of the porous bearings by the simplified finite element analysis[J]. Wear, 1998, 218(2): 203-209.

[6] WANG Z W, GUO L B, BAO G, et al. Finite element analysis of the dynamic characteristics of externally pressurized spherical gas bearings with single orifice[J]. Tribology, 2003, 23(5): 416-420.

[7] LIN W J, KHATAIT J, LIN W, et al. Modelling of an orifice-type aerostatic thrust bearing[C]. Singapore: 9th International Conference on Control, Automation, Robotics and Vision, 2006.

[8] AGUIRRE G, AL-BENDER F, BRUSSEL H V. A Multiphysics Coupled model for active aerostatic thrust bearings[C]. Xi'an: Proceedings of the 2008 IEEE/ASME International Conference on Advanced Intelligent Mechatronics, 2008.

Surface Roughness Effects on Vortex Torque of Air Supported Gyroscope

Yingchun Liang Jingshi Liu Yazhou Sun Lihua Lu

（School of Mechatronics Engineering, Harbin Institute of Technology, Harbin 150001, China）

Abstract: In order to improve the drift precision of air supported gyroscope, effects of surface roughness magnitude and direction on vortex torque of air supported gyroscope are studied. Based on Christensen's rough surface stochastic model and consistency transformation method, Reynolds equation of air supported gyroscope containing surface roughness information is established. Also effects of mathematical models of main machining errors on vortex torque are established. By using finite element method, the Reynolds equation is solved numerically and the vortex torque in the presence of machining errors and surface roughness is calculated. The results show that surface roughness of slit has a significant effect on vortex torque. Transverse surface roughness makes vortex torque greater, while longitudinal surface roughness makes vortex torque smaller. The maximal difference approaches 11.4% during the range analyzed in this article. However surface roughness of journal influences vortex torque insignificantly. The research is of great significance for designing and manufacturing air supported gyroscope and predicting its performance.

Keywords: air supported gyroscope; surface roughness; Christensen's stochastic model; consistency transformation; vortex torque

1 Introduction

The precision of inertial navigation and guidance system is the most important target

---

作者简介：

Yingchun Liang Born in 1964, Ph.D., he is a professor and dean of School of Mechatronics Engineering, Harbin Institute of Technology. His main research interest is precision and ultra-precision machining technique. E-mail: ycliang@hit.edu.cn, +86-451-86413840.

Jingshi Liu Born in 1982, he received B.S. and M.S. degrees from Harbin Institute of Technology. He is a Ph.D. candidate of Harbin Institute of Technology. His main research interest lies in air bearing. E-mail: ljshhh@sina.com.

基金项目：National Science Fund for Distinguished Young Scholars (50925521).

文章发表信息：Chinese Journal of Aeronautics, 2011, 24: 90-95.

evaluating the quality of inertial navigation and guidance system, while the precision of gyroscope determines the precision of inertial navigation and guidance system to a great extent[1]. Air supported gyroscope is ultra precision inertial instrument. Since it is influenced by complicated and wicked mechanical environment such as vibration and shock as the work proceeds, how to effectively increase the precision of air supported gyroscope becomes key problem of its development.

Aerostatic bearing is an important part of inertial instrument, and its performance determines the precision of the inertial instrument. Vortex torque is a spin torque caused by tangential distributary on the journal surface, and the tangential distributary is caused by the non-uniform gas flow going through the throttling slit under the circumstances of zero bearing speed[2]. It is an important factor evaluating the hydrostatic bearing performance[3], and it is also the major disturbing torque affecting the drift precision of air supported gyroscope. There are many factors causing vortex torque. Generally speaking, all machining errors and structure factors causing asymmetric tangential flow between the bearing clearance are immediate cause of vortex torques. In practice, the major factors affecting the vortex torque are machining errors such as roundness error of journal surface and tilting error of throttling slit[4]. Du[5-6] and Liu[7-8] et al. studied the effects of machining errors on the vortex torque of externally pressurized gas journal-thrust bearings with slot restrictors by using finite element method, and got some achievements in the research field of vortex torque. Since the magnitude of surface roughness is close to the thickness of gas film of the bearing, there inevitably are effects on the vortex torque to some extent. Then based on the previous works, this article studies the effects of surface roughness on vortex torque in the presence of machining errors of air supported gyroscope, and accordingly guides the designing and manufacturing of air supported gyroscope.

2 Theoretical basis

2.1 Reynolds equation and consistency transformation

The air supported gyroscope consists of journal and thrust bearing, and its structure diagram is showed in Fig.1. In Fig.1, R is bearing radius, L bearing length, L_1 half L, h_0 film thickness, a_0 slit width, b_0 axial clearance, h_b clearance of throttle circle, R_a radius of slit, R_{b1} inner radius of throttle circle, R_{b2} outer radius of throttle circle, p_0 air supply pressure, p_a atmospheric pressure. Several parts of gas film domain are of different forms that are annulus and cylinder, so it is difficult to program identically and to solve Reynolds equation. Then by using dimensionless and consistency transformation method[9], different domains of slit, journal and thrust parts are changed into uniform rectangular domain in this article. The new domains after consistency transformation we obtain are shown in Fig.2, where A_1 and A_2 are slit domains; H_1, H_2 and H_3 journal domains; B_1 and B_2 thrust domains; S_{a1} and S_{a2} air supply boundaries; S_{b1} and S_{b2} atmospheric boundaries; S_{ha1}, S_{ha2}, S_{hb1} and S_{hb2} intersections of different domains; ξ is unfolded gas film thickness direction; φ

unfolded circumferential direction; ζ axial direction; o and o' points generated from the same point on bearing surface.

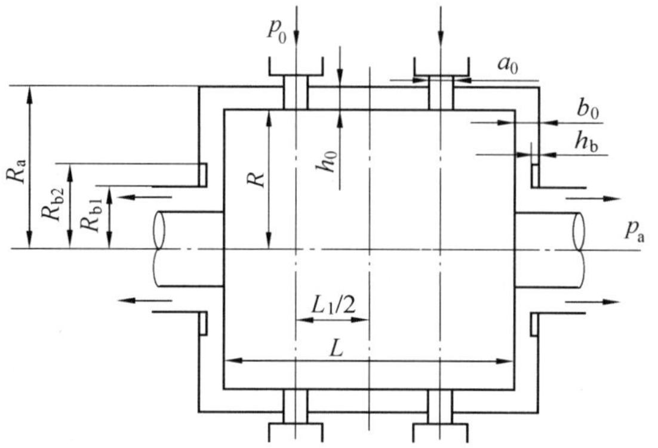

Fig. 1　Structure of air supported gyroscope

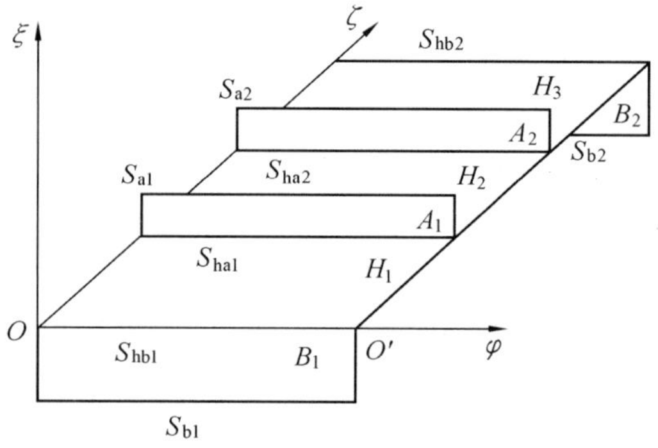

Fig. 2　Domains after consistency transformation

Reference quantities used in dimensionless method: R is the reference length, p_0 the reference pressure, and h_0 the reference film thickness.

Coordinates in consistency transformation method: x is the axial coordinate ($x \in [0, 2R]$), z the circumferential coordinate after journal film domain stretched into plane surface ($z \in [0, 2\pi R]$), φ the central angle coordinate of slit and thrust domain ($\varphi \in [0, 2\pi]$), and r the radial coordinate.

Principles of consistency transformation method: in the journal domain, $\zeta = x/R$, $\varphi = z/R$ and dimensionless journal gas film thickness $\bar{h} = h/h_0$; in the slit and thrust domains, $\zeta = \ln(r/R)$ and φ remains constant.

The obtained Reynolds equation is

$$\frac{\partial}{\partial \zeta}\left[\bar{h}^3 \frac{\partial \bar{f}}{\partial \zeta}\right] + \frac{\partial}{\partial \varphi}\left[\bar{h}^3 \frac{\partial \bar{f}}{\partial \varphi}\right] = 0 \qquad (1)$$

where $\bar{f}$ is dimensionless pressure square.

2.2　Reynolds equation with surface roughness

Dimensionless film thickness of air supported gyroscope is a random quantity under the influence of surface roughness. It consists of two parts that are constant part and random part expressed as

$$\bar{h} = \overline{h_0}(\zeta, \varphi) + \overline{h_s}(\zeta, \varphi) \qquad (2)$$

where h_0 is the nominal dimensionless film thickness and $\bar{h}_s$ is the random dimensionless film thickness variation caused by surface roughness.

Then the performance such as pressure distribution and gas flow rate will be random quantity. However, the things we concern with are the global contributions of surface roughness. So we can use mathematical expectation to calculate the average value of surface roughness, then solve the Reynolds equation and analyze the effects of surface roughness on the vortex torque of air supported gyroscope.

Taking the expectation values of both sides of Eq.(1), we get

$$\frac{\partial}{\partial\zeta}\left[E\left[\overline{h}^{3}\frac{\partial\overline{f}}{\partial\zeta}\right]\right]+\frac{\partial}{\partial\varphi}\left[E\left[\overline{h}^{3}\frac{\partial\overline{f}}{\partial\varphi}\right]\right]=0 \tag{3}$$

where $E(\cdot)=\int_{-\infty}^{\infty}(\cdot)f(h_{s})\mathrm{d}h_{s}$ is expectation operator; h_s is random journal gas film thickness and $f(h_s)$ is probability density function expressed as

$$f(h_{s})=\begin{cases}\dfrac{35}{32c^{7}}(c^{2}-h_{s}^{2})^{3} & -c<h_{s}<c\\ 0 & \text{otherwise}\end{cases} \tag{4}$$

where c is half the peak-to-valley height of surface roughness.

The direction diagram of surface roughness is shown in Fig. 3, and the left and right diagram represent longitudinal and transverse surface roughness respectively. On the basis of Reynolds equation containing surface roughness[10-16], we obtain the Reynolds equation of air supported gyroscope in the presence of surface roughness.

When there is transverse surface roughness, the new Reynolds equation is

$$\frac{\partial}{\partial\zeta}\left[\frac{\partial\overline{f}}{\partial\zeta}\cdot\frac{1}{E(1/\overline{h}^{3})}\right]+\frac{\partial}{\partial\varphi}\left[\frac{\partial\overline{f}}{\partial\varphi}\cdot E(\overline{h}^{3})\right]=0 \tag{5}$$

where

$$\begin{cases}E(\overline{h}^{3})=\overline{h}^{3}+\dfrac{1}{3}\overline{hc}^{2}\\ \dfrac{1}{E(1/\overline{h}^{3})}\approx\overline{h}^{3}-\dfrac{2}{3}\overline{hc}^{2}\end{cases}$$

When there is longitudinal surface roughness, the new Reynolds equation is

$$\frac{\partial}{\partial\zeta}\left[\frac{\partial\overline{f}}{\partial\zeta}\cdot E(\overline{h}^{3})\right]+\frac{\partial}{\partial\varphi}\left[\frac{\partial\overline{f}}{\partial\varphi}\cdot\frac{1}{E(1/\overline{h}^{3})}\right]=0 \tag{6}$$

Solving the new Reynolds equation shown above, pressure distribution in the air supported gyroscope containing surface roughness information will be obtained, then we can analyze the effects of surface roughness on vortex torque of air supported gyroscope.

2.3 Reynolds equation discretization

The so-called discretization is just a transformation of the identical Reynolds equation from partial differential form into lumped parameter equation, and a further transformation of lumped parameter equation into algebraic equation by using the finite element method, in order to be used in analysis process easily[17]. Liu[17] studied the finite element method of the Reynolds equation discretization, and his works provided some facilities to solve the equations. On the basis of predecessors' works, by using triangular element, this article discretizes the identical Reynolds equation which consists of journal, thrust and slit parts. Finite element meshes are shown in Fig.4. The slit domain, journal domain and thrust domain are denoted clearly, and they represent the slit gas film, journal gas film and thrust gas film respectively. The equations according to the pressure square of all nodes are expressed as

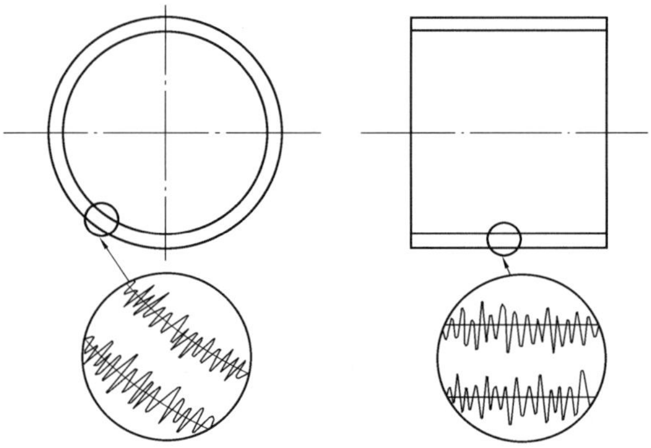

(a) Longitudinal　　(b) Transverse

Fig. 3　Diagram of roughness direction

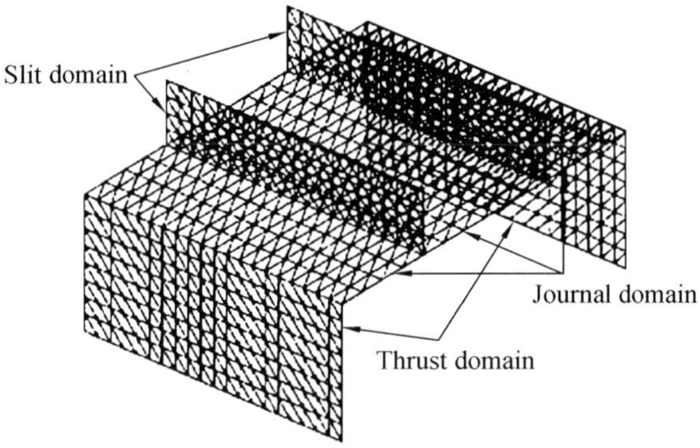

Fig.4　Finite element meshes

$$\boldsymbol{KF}=\boldsymbol{T} \tag{7}$$

where $\boldsymbol{K}$ is stiffness matrix; $\boldsymbol{F}$ is pressure square matrix; $\boldsymbol{T}$ is constant matrix.

$$\begin{cases} \boldsymbol{K} = \sum\limits_{e\subset H_1+H_2+H_3+A_1+A_2+B_1+B_2} \boldsymbol{Q}_{\mathrm{e}}^{\mathrm{T}} \dfrac{\boldsymbol{c}_{\mathrm{e}}\boldsymbol{c}_{\mathrm{e}}^{\mathrm{T}}+\boldsymbol{b}_{\mathrm{e}}\boldsymbol{b}_{\mathrm{e}}^{\mathrm{T}}}{4A_{\mathrm{e}}^2} G_{\mathrm{e}}\boldsymbol{Q}_{\mathrm{r}} \\ \boldsymbol{T} = \sum\limits_{e\subset H_1+H_2+H_3+A_1+A_2+B_1+B_2} \boldsymbol{Q}_{\mathrm{e}}^{\mathrm{T}} \dfrac{\boldsymbol{c}_{\mathrm{e}}\boldsymbol{c}_{\mathrm{e}}^{\mathrm{T}}+\boldsymbol{b}_{\mathrm{e}}\boldsymbol{b}_{\mathrm{e}}^{\mathrm{T}}}{4A_{\mathrm{e}}^2} G_{\mathrm{e}}\boldsymbol{Q}_{\mathrm{rb}}\boldsymbol{F}_{\mathrm{b}} \end{cases}$$

where e represents finite element; $\boldsymbol{c}_{\mathrm{e}}$ and $\boldsymbol{b}_{\mathrm{e}}$ are element coefficients; $\boldsymbol{Q}_{\mathrm{r}}$ and $\boldsymbol{Q}_{\mathrm{rb}}$ are relational matrixes; A_{e} is element area, the expression of G_{e} is as follows:

$$G_e = \begin{cases} \iint_e \bar{h}^{-3} \mathrm{d}\varphi \mathrm{d}\zeta & e \subset H_1 + H_2 + H_3 \\ \iint_e \bar{a}^{-3} \mathrm{d}\varphi \mathrm{d}\zeta & e \subset A_1 + A_2 \\ \iint_e \bar{b}^{-3} \mathrm{d}\varphi \mathrm{d}\zeta & e \subset B_1 + B_2 \end{cases}$$

where $\bar{a}$ and $\bar{b}$ are dimensionless slit width and dimensionless axial clearance.

2.4 Vortex torque calculation

Since the gas film thickness is so small compared with the length and diameter of the float, we can spread the journal gas film into plan surface in Cartesian coordinate system. y axis represents gas film thickness direction, z axis represents circumferential direction after spread. In other words, x, y and z replaced ζ, ξ and φ hereafter, in order to be used conveniently.

Along z axis, the gas motion equation is described as

$$\frac{\partial p}{\partial z} = \eta \frac{\partial^2 w}{\partial y^2} \tag{8}$$

where p is the gas pressure; η is the gas viscosity coefficient and w is circumferential velocity of gas flow.

By integrating Eq.(8), we have

$$w = \frac{1}{2\eta}\left[\frac{\partial p}{\partial z}\right] y^2 + C_1 y + C_2 \tag{9}$$

where C_1 and C_2 are integral constants.

The gas velocity on journal surface and bearing surface are zero, which implies that

$$w_{(y=0)} = w_{(y=h)} = 0 \tag{10}$$

Substituting Eq.(10) into Eq.(9), we can get

$$\begin{cases} C_1 = -\frac{1}{2\eta}\left[\frac{\partial p}{\partial z}\right] h \\ C_2 = 0 \end{cases} \tag{11}$$

Then substituting Eq.(11) into Eq.(9), we get

$$w = \frac{1}{2\eta}\left[\frac{\partial p}{\partial z}\right](y^2 - hy) \tag{12}$$

The gas frictional stress formula is

$$\tau = \eta \frac{\mathrm{d}w}{\mathrm{d}y} \tag{13}$$

where τ is viscous stress.

Substituting Eq.(12) into Eq.(13), we can get

$$\tau = \frac{1}{2}\left[\frac{\partial p}{\partial z}\right](2y - h) \tag{14}$$

The frictional force on the journal surface is

$$\tau = \frac{1}{2}\left[\frac{\partial p}{\partial z}\right]h \tag{15}$$

From consistency transformation, we can get

$$z=R\varphi \tag{16}$$

And from discretization, we can get

$$\frac{\partial p}{\partial z} = \frac{\partial p}{R\partial z} = \frac{\Delta p}{R\Delta\varphi} \tag{17}$$

where Δp and $\Delta\varphi$ are the pressure difference and the phase difference between adjacent nodes in the circumferential direction respectively.

Then substituting Eq.(17) into Eq.(15), we can get

$$\tau = \frac{1}{2}\left[\frac{\Delta p}{R\Delta\varphi}\right]h \tag{18}$$

By integrating Eq.(8) in the whole journal domain and by the discretization, we can get the expression of total circumferential force shown as

$$F_{\tau} = \sum_{e\subset H_1+H_2+H_3} p_0 R h_0 \frac{\Delta \overline{p}}{4\Delta\varphi}\iint_e \overline{h}\mathrm{d}\varphi\mathrm{d}\xi \tag{19}$$

where $\Delta\overline{p}$ is dimensionless pressure difference between adjacent nodes in the circumferential direction.

Eventually, the expression of vortex torque of air supported gyroscope is obtained:

$$T = \sum_{e\subset H_1+H_2+H_3} p_0 R^2 h_0 \frac{\Delta \overline{p}}{4\Delta\varphi}\iint_e \overline{h}\mathrm{d}\varphi\mathrm{d}\xi \tag{20}$$

2.5 Mathematical models of errors

From Reynolds equation, we can see that the gas film thickness of thrust, journal and slit parts influence the pressure square significantly. The gas film thickness is very small, so minute change of gas film thickness caused by machining errors will influence the stiffness matrix, and further influence the pressure distribution and vortex torque of air supported gyroscope. The machining errors affecting vortex torque significantly are introduced thereinafter. Their mathematical models are expressed as Eqs.(21)-(23), and their diagrams are shown as Figs.5-7.

Radial eccentricity is shown in Fig. 5, where e_{r} represents radial eccentricity. And $\overline{h}$ is expressed as

$$\overline{h} = 1 + \varepsilon\cos\varphi \tag{21}$$

where ε is radial eccentricity ratio.

Oval error of journal is shown in Fig.6, and its dimensionless mathematical model is expressed as

$$\bar{h} = 1 + \frac{e_1}{2h_0}\cos(2\varphi - 2\theta) \quad 0 \leqslant \theta \leqslant 2\pi \tag{22}$$

where e_1 is oval error of float and θ setting angle of float.

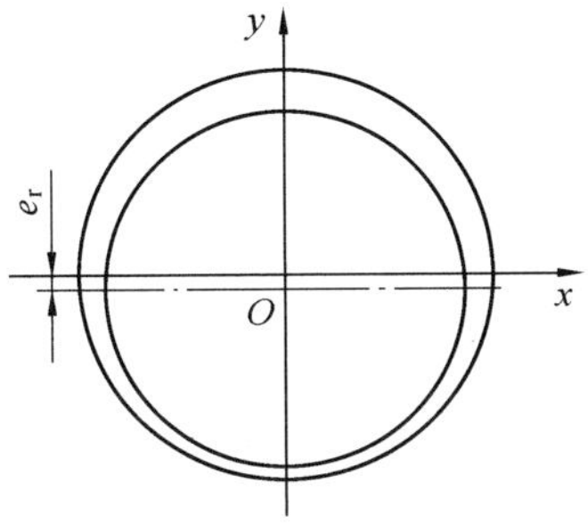

Fig.5 Diagram of radial eccentricity

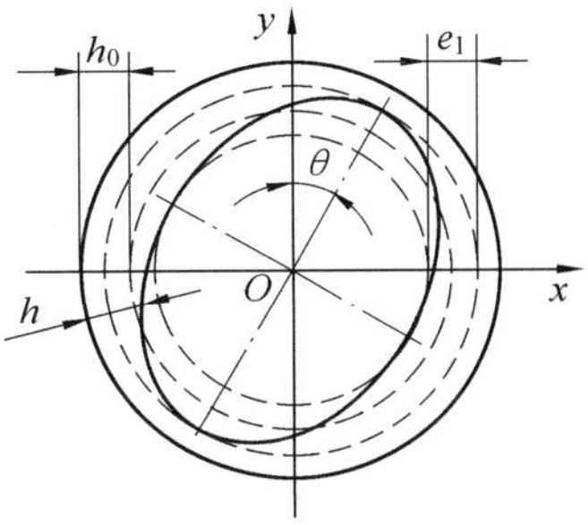

Fig.6 Diagram of oval error of float

Tilting error of throttle slit is shown in Fig.7, and its dimensionless mathematical model is expressed as

$$\bar{a} = \frac{a_0 + R\sin\alpha\cos(\varphi - \beta)e^{\xi}}{h_0} \quad 0 \leqslant \xi \leqslant \ln\frac{R_a}{R} \tag{23}$$

where α is tilting angle of throttle slit and β the tilting position of throttle slit. β is the angle between symmetry plane of slit domain (α is not equal to zero) and y axis.

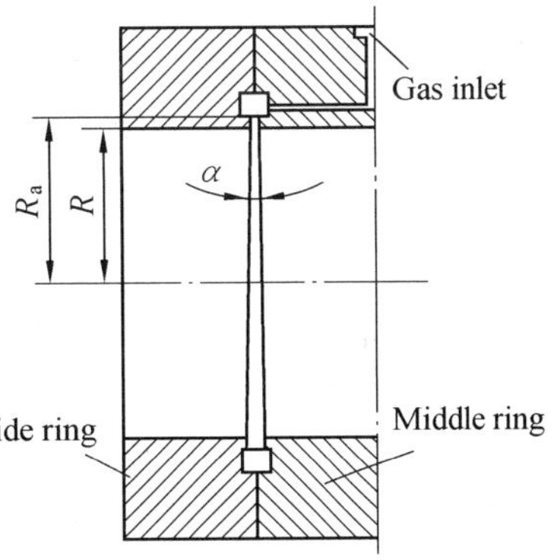

Fig.7 Diagram of tilting error of throttle slit

3 Results and discussion

This article analyzes the effects of surface roughness on vortex torque of air supported gyroscope, and the main parameters used in the research are shown in Table 1. In Table 1, D is bearing diameter.

Table 1 Parameters of air supported gyroscope

Parameter	Data
Air supply pressure : Atmospheric pressure (p_0/p_a)	3.0
Diameter of slit outer margin: Diameter of float (D_s/D)	1.057
Bearing length: Diameter of float (L/D)	1
Diameter of throttle boss: Diameter of float (D_t/D)	0.486
Slit width: Film thickness: Clearance of throttle circle (a_0: h_0: h_b)	0.389:1:2.722
Oval error of float/μm	1
Tilting error of throttle slit/μm	1
Setting angle of float/(°)	45

The film thickness of thrust part is much larger than surface roughness, so its effects on vortex torque are ignored. In order to be convenient for analysis, surface roughness of journal and slit parts are respectively defined as

$$R_{aj} = n_j a_0 \quad n_j = 0.05, 0.06, \cdots, 0.15 \tag{24}$$

$$R_{as} = n_j a_0 \quad n_s = 0.05, 0.06, \cdots, 0.15 \tag{25}$$

where n_j and ns are reference quantities of surface roughness.

When n_s is equal to 0.15, effects of journal surface roughness on vortex torque are analyzed in different sizes and directions. Then the curves are shown in Fig.8, in which the symbol Ld represents longitudinal direction, while the symbol Td represents transverse direction. It can be seen that neither the journal surface roughness size nor the direction influence vortex torque significantly. It is because journal film thickness is so large compared with journal surface roughness that effects of surface roughness are weakened in Reynolds equation. Mathematical expectation of film thickness is not enormously changed by surface roughness, so the curves have little variation.

Since journal surface roughness affects vortex torque insignificantly, effects of slit surface roughness on vortex torque are analyzed in different sizes and directions, only when n_j equals 0.15 and journal surface roughness is longitudinal, in order to reduce computation time. The vortex torque curves are shown in Fig.9 from which it can be seen that slit surface roughness affects vortex torque significantly. Longitudinal surface roughness makes vortex torque larger, while transverse surface roughness makes vortex torque smaller. The reason is that slit gas film thickness is very small and close to surface roughness. Then the effects of surface roughness are very significant in Reynolds equation. In other words, mathematical expectation of film thickness is changed by surface roughness significantly. Furthermore the pressure distribution of the whole gas film domain is changed by the variation of surface roughness magnitude and direction. Then vortex torque is influenced.

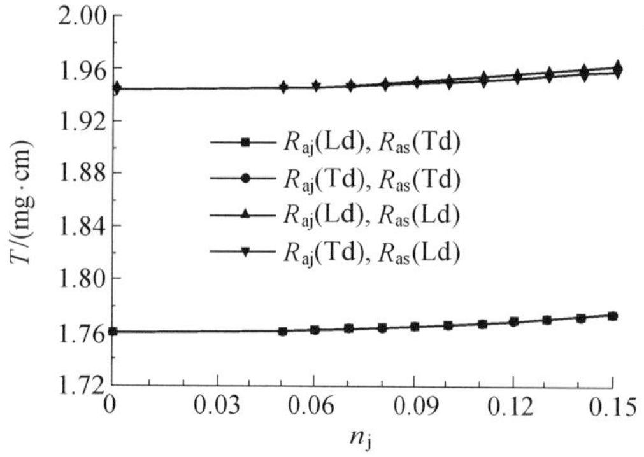

Fig.8　Influence of journal surface roughness

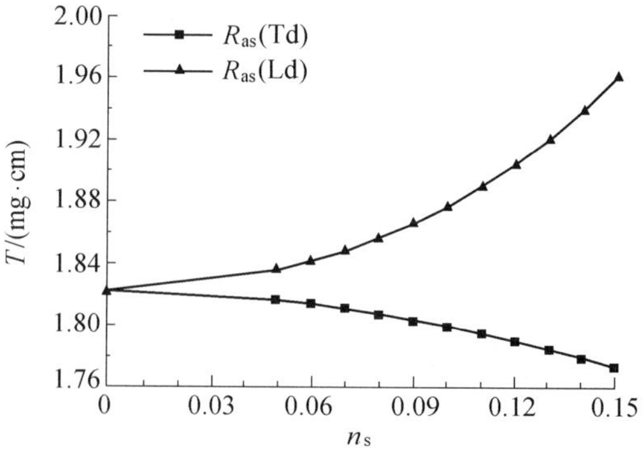

Fig.9　Influence of slit surface roughness

When slit surface roughness is of the same magnitude and different directions, the relative change rate of vortex torque (R_t) is analyzed and the curve is shown in Fig.10. It increases with increasing n_S. It approaches 1% with ns equal to 0.05, and approaches 10.6% with ns equal to 0.15. In other words, small variation of surface roughness will cause great change of vortex torque, when surface roughness is relatively large. The reason is that different surface roughness directions cause the mathematical expectation of film thickness larger and smaller respectively and further influence the relative change rate of vortex torque.

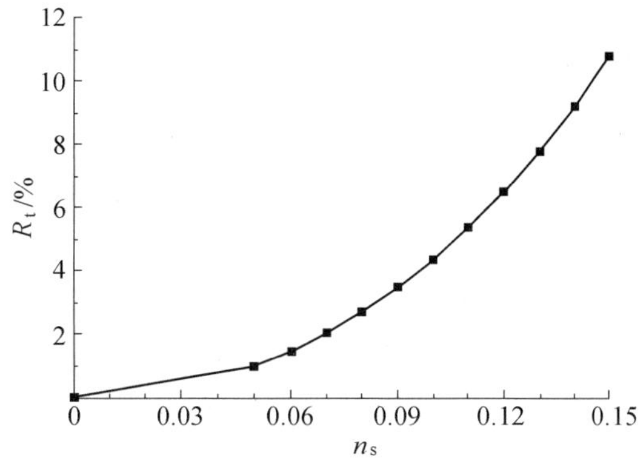

Fig.10 Relative change rate of vortex torque

In the domain analyzed in this article, the maximal value and the minimal value are

$$\begin{cases} T_{max} = 1.96 \text{ mg} \cdot \text{cm, when } n_s = 0.15(\text{Ld}) \text{ and } n_j = 0.15 \\ T_{max} = 1.76 \text{ mg} \cdot \text{cm, when } n_s = 0.15(T\text{d}) \text{ and } n_j = 0.05 \end{cases}$$

The difference between them approaches 11.4%.

To conclude, the surface roughness has effects on vortex torque of air supported gyroscope to some extent. On the basis of machining errors control, surface roughness magnitude and direction should be controlled properly. In practice, there are many factors affecting vortex torque, and surface roughness is only one of them. Therefore it is too difficult to distinguish the effects of surface roughness. However, taking account of surface roughness indeed helps to control vortex torque in the manufacturing of air supported gyroscope.

4 Conclusions

(1) On the basis of Christensen's rough surface stochastic model and by using finite element method, the correction terms in Reynolds equation are obtained and the effects of surface roughness on vortex torque of air supported gyroscope are analyzed.

(2) It is shown that journal surface roughness size and direction affect vortex torque insignificantly, while slit surface roughness affects vortex torque significantly. Longitudinal slit surface roughness makes vortex torque larger, while transverse slit surface roughness makes vortex torque smaller.

(3) The difference between the maximal vortex torque and the minimal one approaches 11.4% during the range analyzed in this article. So size and direction of surface roughness should be properly controlled in real production in order to control vortex torque of air supported gyroscope.

References

[1] LU Y J. Inertial device[M]. Beijing: Astronautic Publishing House, 1990.

[2] WU M J, YI W K, ZHOU A S. Inertial device manufacturing technology[M]. Beijing: Astronautic Publishing House, 1991.

[3] WANG Boliang, LIU Jianmei, XU Zhiqiang. Measuring turbine torque of hydrostatic fluid bearing by using image process[J]. Missiles and Space Vehicles, 2005, 5: 43-47.

[4] LU Y J. Gyroscope and inertial navigation principle[M]. Beijing: Science Press, 1964.

[5] YAO Y X, DU J J, LIU D, et al. Numerical analysis of manufacturing error influence on vortex torque of externally pressurized gas bearings[J]. Acta Aeronautica et Astronautica Sinica, 2003, 24(2): 124-128.

[6] DU J J, YAO Y X, GAO D, et al. A numerical analysis of vortex torque of externally pressurized gas journal-bearings[J]. Lubrication Engineering, 2005, 3: 57-59.

[7] LIU J S, SUN Y Z, LU L H, et al. Manufacturing errors effects on disturbing torque of aerostatic bearings[J]. Applied Mechanics and Materials, 2009,16-19: 505-509.

[8] LIU J S, SUN Y Z, LU L H, et al. Factors effect on vortex torque of aerostatic bearings[J]. Advanced Materials Research, 2010, 97-101: 3745-3748.

[9] LIU D, DU J J, YAO Y X, et al. Discretization and consistent conditions of lubrication equations for externally pressurized gas bearings with slot restrictors[J]. Chinese Journal of Mechanical Engineering, 2003, 39(1): 33-37.

[10] CHRISTENSEN H. Stochastic models for hydrodynamic lubrication of rough surfaces[J]. Tribology Group, 1969, 184(1): 1013-1026.

[11] PANDE S S, SOMASUNDARAM S. Effect of manufacturing errors on the performance of aerostatic journal bearings[J]. Wear, 1981, 66(2): 145-156.

[12] LIN J R. Surface roughness effect on the dynamic stiffness and damping characteristics of compensated hydrostatic thrust bearings[J]. International Journal of Machine Tools and Manufacture, 2000, 40(11): 1671-1689.

[13] LIN J R, HSU C H, LAI C. Surface roughness effects on the oscillating squeeze-film behavior of long partial journal bearings[J]. Computers and Structures, 2002, 80(3-4): 297-303.

[14] CHIANG H L, HSU C H, LIN J R. Lubrication performance of finite journal bearings considering effects of couple stresses and surface roughness[J]. Tribology International, 2004, 37(4): 297-307.

[15] NAGARAJU T, SHARMA S C, JAIN S C. Study of orifice compensated hole-entry hybrid journal bearing considering surface roughness and flexibility effects[J]. Tribology International, 2006, 39(7): 715-725.

[16] NAGARAJU T, SHARMA S C, JAIN S C. Influence of surface roughness on non-Newtonian thermohydrostatic performance of a hole-entry hybrid journal bearing[J]. Journal of Tribology, 2007, 129(3): 595-602.

[17] LIU D, LIU Y H, CHEN S J. Aerostatic gas lubrication[M]. Harbin: Harbin Institute of Technology Press, 1990.

An Expert System for Hydro/aero-static Spindle Design Used in Ultra Precision Machine Tool

Yingchun Liang Wanqun Chen Yazhou Sun Nan Yu Peng Zhang Haitao Liu

（Center for Precision Engineering, Harbin Institute of Technology, Harbin 150001, China）

Abstract: A novel expert hydro/aero-static spindle design system strategy is presented in this paper. It is based on the comprehensive principles of machine design, machining dynamics and metal cutting mechanics. The transmission and lubrication types of the spindle are decided by a selection system, which utilize a dedicated logical choice algorithm in the light of the specifications of both workpiece material and desired cutting condition. Hydro/aero-static spindles are designed by this system from its dynamics perspective. The chatter vibration of the spindle is automatically improved by optimizing the structural parameters of the spindle. Meanwhile, the predicted Frequency Response Function (FRF) of the spindle based on the rotor dynamics is integrated to the chatter vibration stability law. Consequently, the expert design system enables the structure of machine tools to be designed efficiently with a higher precision. The proposed system was demonstrated through an aerostatic spindle design for micro-array structures machining.

Keywords: spindle design system; hydro/aero-static spindle chatter; vibration optimization

1 Introduction

Spindle is the main mechanical component in machining centers. Its performance has a direct impact on the machining productivity and surface quality of the workpiece [1]. In recent years, the hydro and aero-static spindles are widely used in precision machines due to their lower wear and friction, lower noise, as well as less contamination and higher precision [2-4]. An important feature of designing this kind of spindle is the strategy for selecting the transmission and lubrication types and choosing structural parameters of the spindle [5,6]. Selecting suitable form and structural parameters of the spindle can not only meet the processing requirements excellently, but reduce the cost sharply as well.

Considerable efforts have been devoted to the spindle and the hydro/aero-static bearing design.

通讯作者：Tel: +86 451 86413840; fax: +86 451 86415244. E-mail address: chwq@hit.edu.cn (W. Chen).

文章发表信息：Robotics and Computer-Integrated Manufacturing, 2014, 30: 107-113.

Jahanmir et al. [7] designed an ultrahigh speed micro-machining spindle based on the rotordynamic analysis. Eskicioglu et al. [8] developed a programming language of expert systems for the selection of spindle bearing arrangement. Cheng et al. [9] presented a selection strategy for the design of externally pressurized journal bearing, the strategy concerns the selection of bearing type and configuration, the fluid feeding device and the bearing material. Maeda et al. [1] designed an expert spindle design system for rolling bearing spindle design. In their research, the spindle drive mechanism, drive motor, bearing types, and spindle shaft dimensions were selected based on the target applications. The structural dynamics of the spindle were automatically optimized by distributing the bearings along the spindle shaft. But little attention has been paid on the hydro/aero-static spindle design systematically from the transmission and lubrication types selection to the dynamic performances prediction and structural parameters optimization. Therefore, this paper will be focused on developing a systematic and practical expert system for hydro/aero-static spindle design, which can guide to develop the hydro/aerostatic spindle in a scientific manner from the dynamics point of view [10].

The overall expert spindle design system is outlined in Fig. 1. The design system of the hydro/aero-static spindle with transmission, lubrication types selection and bearing structure optimization are automated in accordance with the requirements of machining application, expert spindle design rules, cutting mechanics, rotor dynamics and chatter stability of milling process.

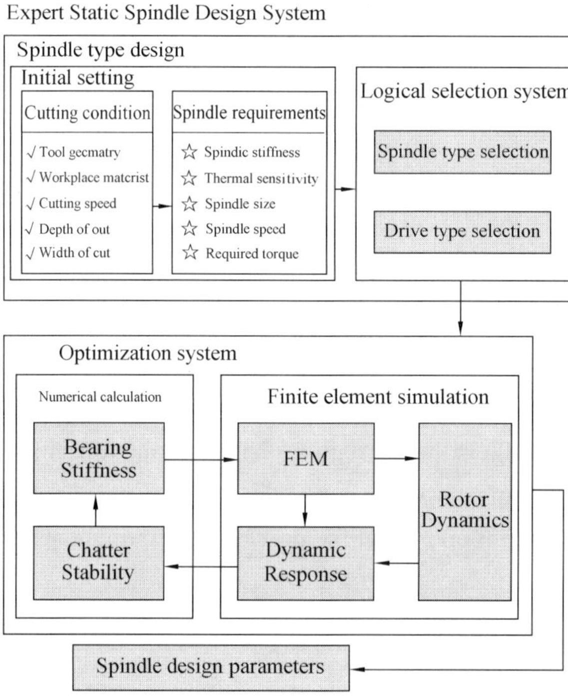

Fig. 1 Scheme of expert spindle design system

According to the cutting parameters such as tool geometry, workpiece material, cutting speed, depth of cut and width of cut, the transmission and lubrication types are selected by the logical selection system preferentially. Then, the structural parameters of the spindle are optimized by an optimization system in which the finite element theory and hydrostatic principle are integrated. Furthermore, considering the high rotation speed of a working spindle, rotor dynamics which contains the whirl effect are used to calculate the critical speed and the FRF, and the chatter stability is predicted by both the FRF and the cutting parameters. The expert system has been applied to design an aerostatic spindle, which proves the feasibility and practicality of the design system.

2 Expert system for hydro/aero-static spindle design

The expert system for hydro/aero-static spindle design is introduced to facilitate the design process based on the experience and the simulation algorithm. The application flowchart of this system is illustrated in Fig. 2. To begin with, the required input cutting parameters for the hydro/aero-static spindle design are entered into the inference system. Next, the inference system will compute the design requirements using the laws of cutting mechanics. Then, the design requirements are input to a logical choice system, which is established by hydro/aero-static spindle design experts according to the current level of technology.

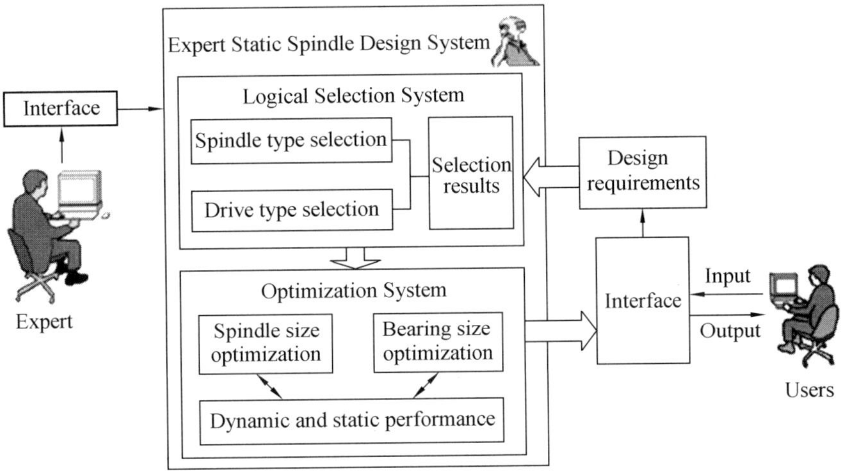

Fig. 2 Internal structure of expert system for hydro/aero-static spindle design

The supervising engineer, who is permitted to maintain this logical choice system, can modify the judgment basis as the technology evolves. In this article, the transmission and lubrication types are determined using the expert system with logic algorithm first. Then, the shaft and bearing structure parameters will be optimized by the optimization system, from the interface of which results are output.

2.1 Transmission and lubrication types selection system

Torque has to be transmitted from the motor to the spindle shaft. There are mainly two design configurations in the precision spindle: air turbined and motorized. The transmission type is determined by the torque and rotation speed. The required input data, such as the cutting torque and rotation speed, are computed using laws of cutting mechanics as shown in Fig. 3, and are entered to the transmission and lubrication type's logical selection system.

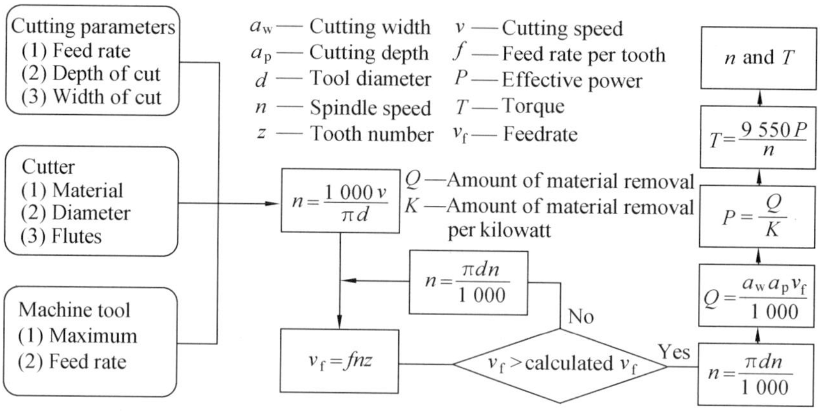

Fig. 3 The process used to determine the torque and speed

Assuming that the maximum speed of the motor-driven spindle is 100 000 r/min and the maximum torque of the turbine-driven spindle is 50 cNm in the current level of science and technology. The process of transmission and lubrication types selection system based on the logical choice algorithm can be described as follows: if the maximum speed (n_{max})≥100 000 r/min and maximum torque (T_{max})≥50 cNm, then it cannot meet the requirements according to the current technology level, so *No Available* is output. If the n_{max}≥100 000 r/min and maximum torque (T_{max})≤50 cNm, Then *Aerostatic Spindle With Turbine* Driven will be output. If the n_{max}≤100 000 r/min, both hydrostatic and aerostatic spindle with turbine or motorized driven may meet the requirements. The designer has to make sure which type of bearing is suitable and whether the choice of hydrostatic or aerostatic bearing is appropriate for the particular application. In order to select a more suitable form, a comprehensive judgment is adopted according to the characteristics of hydrostatic and aerostatic spindle as shown in Fig. 4.

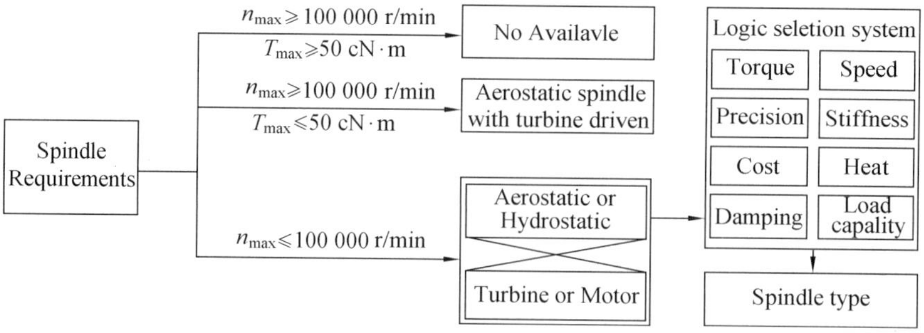

Fig. 4 Process of transmission type selection

2.2 Simplified rating system for spindle type aerostatic spindle

2.2.1 The characteristics of hydrostatic and aerostatic spindle

The further selection of the bearing type is based on the bearing operation requirements. In summary, the main factors affecting the choice of hydrostatic spindle and aerostatic spindle is listed as follows: load capacity, stiffness, precision, speed, torque, damping, costs, thermal characteristics, and cleanliness.

Table 1 shows the characteristics of hydrostatic and aerostatic spindle. What is worth mentioning is that the hydrostatic spindle has excellent static stiffness, load capacity, precision and damping characteristics. However, it has poor thermal characteristics. As a comparison, the aerostatic spindle has excellent speed and thermal characteristics, but it has bad damping characteristics and static stiffness. When both hydrostatic and aerostatic spindle meet the torque and rotation speed requirements, more suitable spindle type should be selected.

Table 1 Properties of transmission type

Index / Type	Load capacity	Stiffness	Precision	Speed	Torque	Damping	Cost	Temperature rise	Cleanliness
Hydrostatic spindle	Excellent	Excellent	Excellent	Good	Excellent	Excellent	Ok	Poor	Good
Aerostatic spindle	Good	Good	Excellent	Excellent	Ok	Poor	Good	Excellent	Excellent

Excellent　　Good　　Ok　　Poor

2.2.2 Simplified rating system

A simplified rating system has been designed to select more suitable transmission and lubrication types. For an operation factor x_i, there is a corresponding series of rating numbers: ω_{i1}, ω_{i2}. Each rating number corresponds to one of the two types of bearings. The rating shows which type of the bearing satisfies the operation requirements best. Clearly, the set of operation factors $[x_i]$ (i=1−9) can be expanded or reduced depending on each specific application. For a specific application, each operation factor x_i corresponds to a different rating which provides the weighting for the importance of the factor in a particular application. For example, the rotation speed has a large weighting in designing bearings for the spindle of a micro-mill machine, because the rotation speed has a direct impact on the machining efficiency. Each bearing type is given a rating ω_i and k_i for the particular application. A rating R_j is given as follows:

$$R_j = \sum_{i=1}^{9} w_{ij} k_i \qquad (j = 1, 2) \tag{1}$$

$w_{ij}k_i$ is the integrated rating for operation factor x_i in a particular value of j.

The rating results R_1, R_2 for each bearing type are compared. The highest result $R_j(\max) \in \max\{R_1, R_2\}$ yields the spindle type which is recommended. Fig. 5 illustrates the selection process as a selection network.

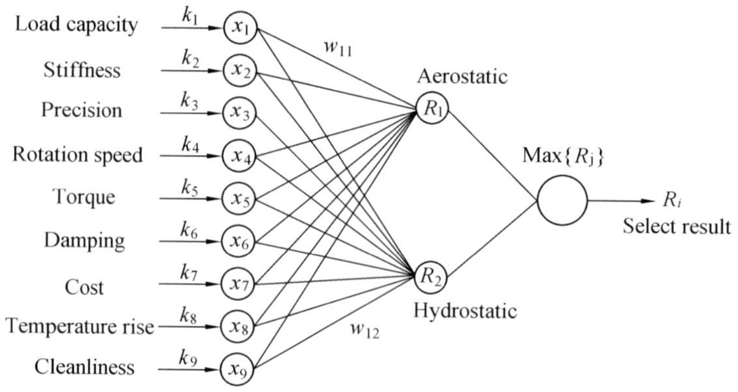

Fig. 5　The bearing selection network

3　Spindle optimization system

The overall hydro/aero-static spindle design and optimization system is outlined in Fig. 6.

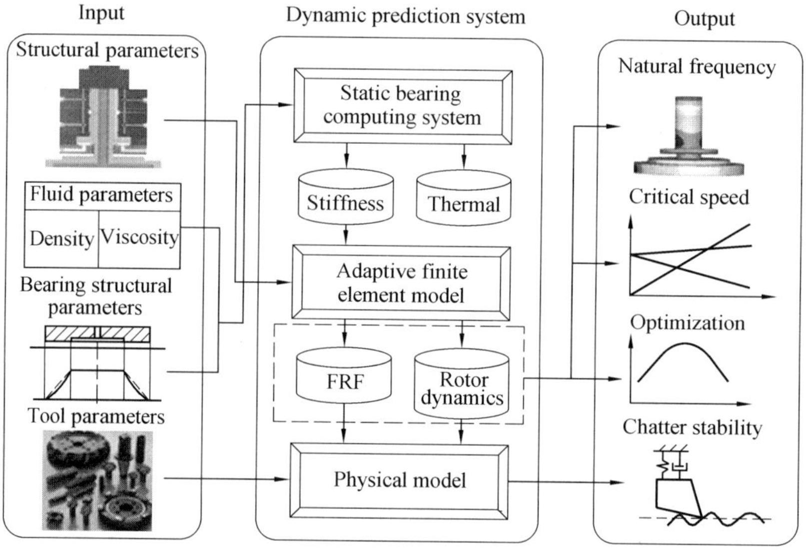

Fig. 6　The spindle design and optimization system

This system integrates the finite element theory and hydro/aero-static principle. It consists of three parts, which are static bearing computing system, adaptive finite element model and physical model. The static bearing computing system calculates the stiffness and thermal characteristics of the bearing based on hydro/aero-static principle. In the adaptive finite element model, three-dimensional solid elements are used to improve the modeling accuracy, and the mesh density is con-trolled by the design system. In addition, a spring element group is generated according to the pressure distribution in the spindle, which is introduced to represent the hydro/aero-static bearing. This spring element group, based on the actual size of the hydrostatic bearing, can be changed with the shape and size of the shaft. This finite element model (FEM) can be used to predict FRF and critical speed according to rotor dynamics. The physical model is used to predict chatter stability which indicates whether the design would lead to chatter vibration free cutting operation at the desired speed and depth of cut for different flutes of cutters.

In order to optimize the spindle dynamic performance during the design stage, the objective and design variables are established. There are numerous parameters in a typical hydro/aero-static spindle design process, such as the dimensions of the spindle shaft, housing, and the parameters of the bearing. However, the most effective design parameters need to be selected to optimize the spindle design in practice. The dynamic performances are mainly affected by the hydro/aerostatic bearings. Thus, the clearance and the orifice diameter are set as the design variables and the Quadratic Interpolation (QI) method is adopted to optimize the spindle design. The iterative optimization operations can be expressed as follows:

$$x_{k+1} = x_k + \alpha^* d \tag{2}$$

where k is the iteration number; x_k is the current design variable vector; x_{k+1} is the new design variable vector; d is a vector search direction; and a^* is the scalar quantity that defines the distance moving in direction d. The optimization algorithms are shown in Fig. 7.

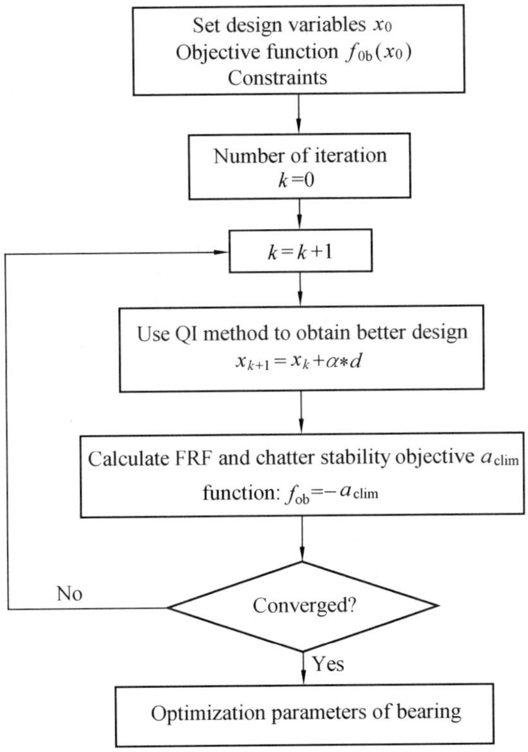

Fig. 7 Optimization algorithm

3.1 Objective function

Chatter vibration is an important issue for machine tools as it may bring the system to instability and becomes a common limitation to productivity and part quality [11]. Therefore, the chatter vibration is selected as the objective function.

The objective function (f_{ob}) is simply defined as follows:

$$\text{Minimize:}\quad f_{ob} = -\sum_{i=1}^{N_f} W_i (a_{C\lim})_i,\quad i = 1, 2, ..., N_f \tag{3}$$

where N_f is the total number of cutters with different flutes; W_i and $(a_{Clim})_i$ are the weight and critical depth of cut for the ith cutter, respectively. In order to calculate a_{Clim}, the FRF at the tool tip is required, which is evaluated by the finite element theory and hydrostatic principle.

3.2 Design variables

The design variables for the chatter free spindle design are the structural parameters of the bearings. The number of the design variables depends on the bearing structure parameters, the transmission type and bearing location.

In order to predict the critical depth of cut for chatter stability a_{Clim}, the milling chatter stability theory developed by Budak-Altintas is adopted to evaluate critical cutting depth

$$a_{C\lim} = \frac{-2\pi A_R}{NK_{tc}}\left(1 + \left(\frac{A_I}{A_R}\right)^2\right) \tag{4}$$

where N is the number of teeth and K_{tc} is the cutting coefficient. A_R and A_I are real and imaginary values of an eigenvalue A respectively. Thereinto A is obtained using the FRF at the tool tip. The details of the chatter stability theory can be found in [12].

4 Application case study of using the spindle design system

In order to machine the micro-parts, a suitable spindle should be designed. Users prefer to utilize the machine predominantly in cutting Polyvinylchlorid (PVC) and Al with a two-fluted end 0.5 mm milling cutter. Thereinto the maximum depth of cut is 1 mm, the width of cut is 0.5 mm, the feed rate is 0.004 mm/flute and the maximum feed rate of the machine tool is 50 mm/min. The commonest cutting conditions are listed in Table 2.

Table 2 Most common cutting conditions

Cutter diameter	0.5 mm
Material of the cutter	Carbide alloy
Material to be cut	PVC and Al
Maximum depth of cut	1 mm
Width of cut	0.5 mm
Feed rate	0.04 mm/flute
Maximum feed rate of the machine tool	50 mm/min

With parameters of the cutting condition being input to the expert spindle design system, the rotation speed should be larger than 112 000 r/min. Then the maximum torque less than 10 cNm are output according to the rotation speed and torque computing system in Fig. 2. Thus, the aerostatic spindle driven by the air turbine is selected by the spindle type selection system on the basis of the rotation speed and the maximum torque.

An aerostatic spindle driven by air turbine is designed in Fig. 8, and the rotation speed is 120 000 r/min with 0.5 MPa supply air pressure based on mathematic model description of aerostatic bearing. The gas film pressure distribution is shown in Fig. 9 (a) by the static bearing computing system based on the flow equilibrium, and the finite model of the spindle shaft is shown in Fig. 9 (b). The combine model of the spindle which contains the aerostatic bearing and the shaft is shown in Fig. 9 (c).

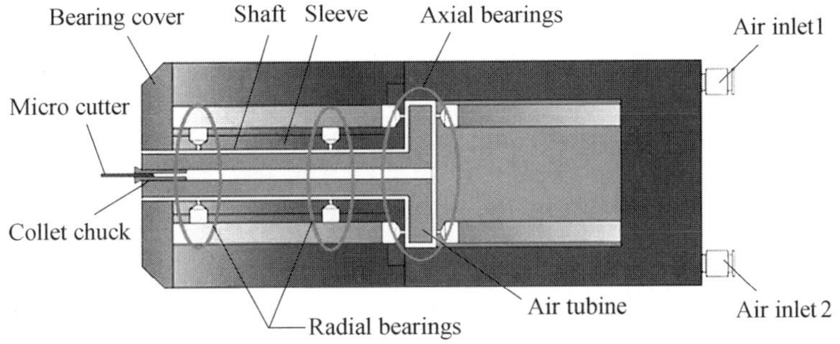

Fig. 8 Structure of the aero-static spindle driven by air turbine

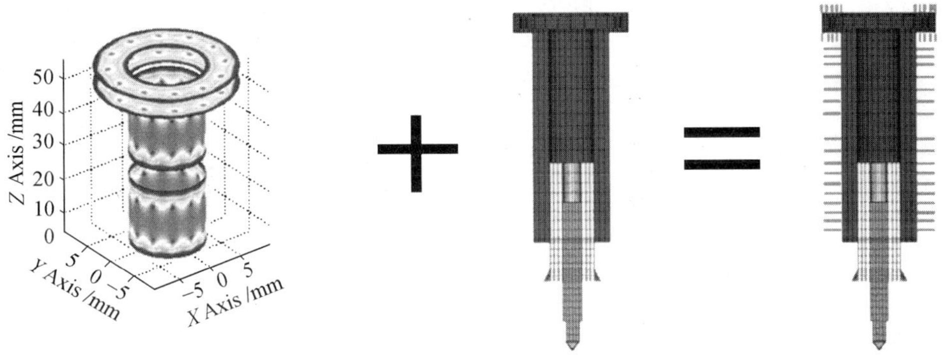

(a) the gas film pressure distribution (b) the finite model of the spindle shaft (c) the combine model of the spindle

Fig. 9 Pressure distribution and the finite model for the aero-static spindle

The influence of clearance and orifice diameter on the dynamic performance of the spindle is given by the optimization system in Fig. 10. According to Fig. 10 (a) and (b), as the clearance and orifice diameter increase, the first mode frequency of the spindle ascend rapidly in the range of 5-10 μm and 0.01-0.13 mm, then decline respectively.

Taken all factors that aspect clearance, orifice diameter and manufacturing into consideration, the clearance is given as 10 μm, and the orifice diameter is selected as 0.15 mm. Fig. 10 (c) illustrates the stability lobes diagram with the optimized parameters.

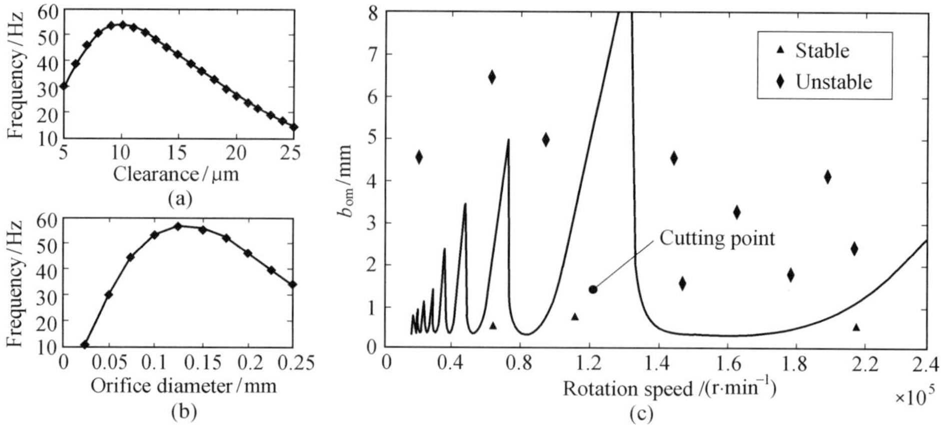

Fig. 10　The optimization results and the stability lobes diagram with the optimized parameters

5　Machining trails on the spindle designed by the system

The aero-static spindle has been utilized to machine microarray structures, the trial setup and machining results are shown in Fig. 11. It indicates that this spindle can successfully produce pyramid array structure with a feature size of 150 μm. It also shows a stable machining characteristic. It provides the evidence of the feasibility and robustness of the proposed expert static spindle design system.

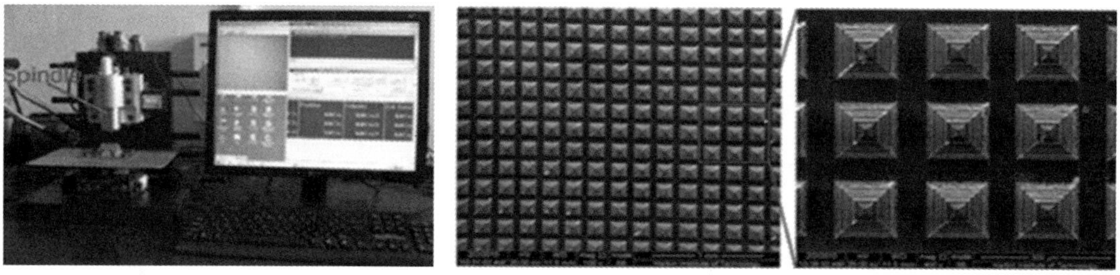

(a)　　　　(b)

Fig. 11　The machining trial setup and micro-array structures

6　Conclusions

The paper presents an expert system based approach to the design of hydro/aero-static bearing spindles and its implementation and application perspectives. The proposed expert spindle design strategy is demonstrated in an aerostatic spindle designing for micro-array structures machining. The following conclusions are drawn:

（1）The expert system leads to automatic generation of spindle configuration consisting of the transmission and lubrication types, and provides a benchmark and guiding significance for the design of the hydro/aero-static spindle.

（2）The design system proposes an alternative method to the present design practice, which is based on the experience and the simulation algorithm, and also eliminates costly trials by using the laws of machine design, solid mechanics, and metal cutting dynamics in an integrated fashion. It can reduce both time and cost.

（3）The design system achieves the hydro/aero-static spindle design from the dynamics perspective, and realizes the dynamic performance prediction and optimization at the design stage, which lays the foundation for improving the processing performance.

Acknowledgment

The authors gratefully acknowledge financial support of the National Science Fund for Distinguished Young Scholars of China (Grant number 50925521).

References

[1] MAEDA O, CAO Y, ALTINTAS Y. Expert spindle design system[J]. International Journal of Machine Tools and Manufacture, 2005, 45(4-5): 537-548.

[2] CHUN S M. Aeration effects on the performance of a turbocharger journal bearing[J]. Tribology International, 2008, 41(4): 296-306.

[3] ROWE W B. Hydrostatic, aerostatic and hybrid bearing design[M]. Oxford: Butter-worth-Heinemann, 2012.

[4] LU X D, PAONE M P, USMAN I, et al. Rotary-axial spindles for ultra-precision machining[J]. CIRP Annals-Manufacturing Technology, 2009, 58(1): 323-326.

[5] ILMAR F S, RODRIGO N. Influence of orifice distribution on the thermal and static properties of hybridly lubricated bearings[J]. International Journal of Solids and Structures, 2001, 38(10-13): 2069-2081.

[6] YANG D W, CHEN C H, KANG Y, et al. Influence of orifices on stability of rotor-aerostatic bearing system[J]. Tribology International, 2009, 42 (8): 1206-1219.

[7] JAHANMIR S, REN Z, HESHMAT H, et al. Design and evaluation of an ultrahigh speed micro-machining spindle[J]. Machining Science and Technology, 2010, 14(2): 224-243.

[8] ESKICIOGLU H, AKKOK M, YILDIZ O H. Computer aided selection of machine tool spindle bearing arrangements[J]. American Society of Mechanical Engineers, 1994, 64(8-1): 181-187.

[9] CHENG K, ROWE W B. A selection strategy for the design of externally pressurized journal bearings[J]. Tribology International, 1995, 28(7): 465-474.

[10] HUO D, CHENG K. A dynamics-driven approach to the design of precision machine tools for micro manufacturing and its implementation perspectives[J]. Proceedings of the Institution of Mechanical Engineers, Part B: Journal of Engineering Manufacture, 2008, 222: 1-13.

[11] GUILLEM Q, JOAQUIM C. Chatter in machining processes: a review[J]. International Journal of Machine Tools and Manufacture, 2011, 51(5): 363-376.

[12] ALTINTAS Y, BUDAK E. Analytical prediction of stability lobes in milling[J]. CIRP Annals-Manufacturing Technology, 1995, 44(1): 357-362.

A Mechanical Structure-based Design Method and Its Implementation on a Fly-cutting Machine Tool Design

Yingchun Liang[1]　Wanqun Chen[1]　Yazhou Sun[1]　Xichun Luo[2]　Lihua Lu[1]　Haitao Liu[1]

（[1]Center for Precision Engineering, Harbin Institute of Technology, Harbin 150001, People's Republic of China;

[2]Centre for Precision Technologies, University of Huddersfield, Huddersfield HD1 3DH, UK）

Abstract: The mechanical structure has a main influence of the machining performance and the servo performance. In this study, a mechanical structure-based design method is presented to design and optimize an ultraprecision flycutting machine tool. This method takes full account of the influence of mechanical components on the machining performance and servo performance at the design stage. The effect of the components structure on the roughness of machined surface is discussed, and an optimized structural form of the aerostatic spindle is given. The influence of the mechanical structure on the control system and electronic drives is discussed, and an integrated dynamic design model is built and used to optimize the hydrostatic slide. Furthermore, the impact of mechanical system dynamic performance of the machine tool on the processing topography is analyzed by the finite element model of the machine tool. This method provides a theoretical basis for the design and optimization of mechanical components and machine tools stiffness loop.

Keywords: mechanical structure; design method; integrated design; machine dynamics

1　Introduction

Increasing demands for optical devices in modern industries, such as digital cameras, high-energy solid-state lasers, and consider aspects from a control point of view during the design of the mechanical system, is unlikely to result in a system with optimal control performance. Moreover, to separately design and optimize each of the mechanical components will generally not result in a system that is optimal from a weight, dynamic response, or cost perspective. In addition, the dynamic loop stiffness of mechanical system is always designed as high as possible to improve the results of the machined surface, sometimes it helps and other times it makes things worse. If the designers choose the dynamic loop stiffness at random, or at least without considering its effect on the processing topography, it will lead a bad machining result, especially to the large optical parts

文章发表信息：Internal Journal of Advanced Manufacturing Technology, 2014, 70: 1915-1921.

machining.

In this paper, a mechanical structure-based design method is proposed as shown in Fig. 1. At the design stage, the influence of mechanical components structure on the machining performance is fully considered, which helps the designer to choose the design parameters. To reach the optimal design of an integrated mechatronic system, the mechanical system, the control system, and electronic drives system are treated as a whole, considering aspects from all involved engineering domains concurrently, and therefore enables global optimization. At last, the mechanical system dynamic performance of the machine tool on the processing topography is analyzed from the finite element model of the machine tool. The proposed design method is implemented on a fly-cutting machining tool design.

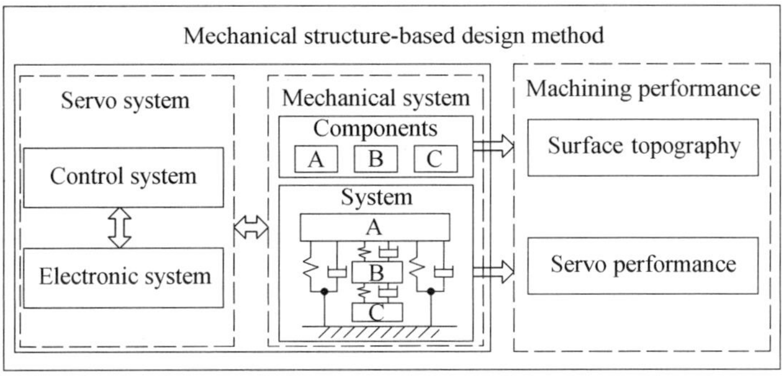

Fig. 1 The outline of the mechanical structure-based design method

2 Implementation of the mechanical structure based design method on a fly-cutting machine tool

2.1 Structural design of spindle considering its influence on the surface topography

Spindle is the key element of the ultra-precision machine tool. Many effects have been paid to the influence of its static and dynamic performance on the machining results [9, 10]. However, little attention has been focuses on the influence of the designed spindle structure on the surface topography of the workpiece. An et al. [11] pointed out that there was a relationship between tilting motions of spindle and medium- frequency waviness errors of workpiece surface in fly-cutting machining. Furthermore, the 3D locus of the diamond-cutting tool is given as following:

$$\begin{cases} X = R\cos(2\pi\omega_z t) + ft \\ Y = R\sin(2\pi\omega_z t) \\ Z = \dfrac{MR'}{2(K_T - A(2\pi\dot{\psi})^2)}\{\cos[2\pi(1 - C/A)\omega_z t]\} + \cos(2\pi\omega_z - \xi) \end{cases} \tag{1}$$

where, R denotes the radius of cutting tool locus; ω_z denotes angular velocity component; ξ denotes the initial angle; f denotes the feed rate of machine table; K_T denotes angular stiffness of spindles, denotes the precession angular velocity; M denotes torque generated by the unbalance mass; R'

denotes the distance between the tool tip with the spindle centroid; C denotes the axial inertia tensor, and A the radial inertia tensor.

Eq. (1) shows that the periods and amplitudes of waviness are mainly affected by C and A. In this design, to reduce the effect of the medium-frequency waviness and the simulation surface of the medium-frequency waviness, the structure of the spindle designed as shown in Fig. 2 has the same axial and radial inertia tensor, which makes the tool tip displacement in Z direction to be reduced as

$$Z = \frac{MR'}{2(K_{\mathrm{T}} - A(2\pi\dot{\psi})^2)}\cos(2\pi\omega_z - \xi) \tag{2}$$

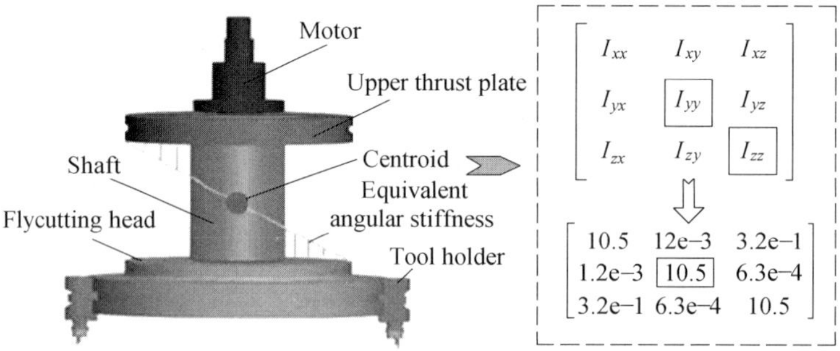

Fig. 2 The structure of the spindle

Eq. (2) shows that the angular stiffness of spindle K_{T} also has an important influence of the tool tip displacement in the Z direction. A larger angular stiffness of the spindle can reduce the tool tip displacement effectively. To improve the angular stiffness, the aerostatic bearing with a large support surface is adopted and the film gap is optimized as shown in Fig. 3. It shows that the bearing stiffness in each direction primarily increases and then decreases as film gap increases. The maximum stiffness in axial, radial, and angular are all obtained at 15 μm, 2 188 N/μm, 640 N/μm, and 1 167.5 Nm/arcsec, respectively. Therefore, the 15 μm is selected as the bearing film gap. Figure 4 shows the simulation results based on Eq. (1), which shows the roughness at less than 3 nm. The simulation conditions are as follows, the depth of cut is 5 μm, tool nose radius is 5 mm, the feed rate is 10 μm/s, and the angular stiffness of the spindle is 1 167.5 Nm/arcsec, respectively.

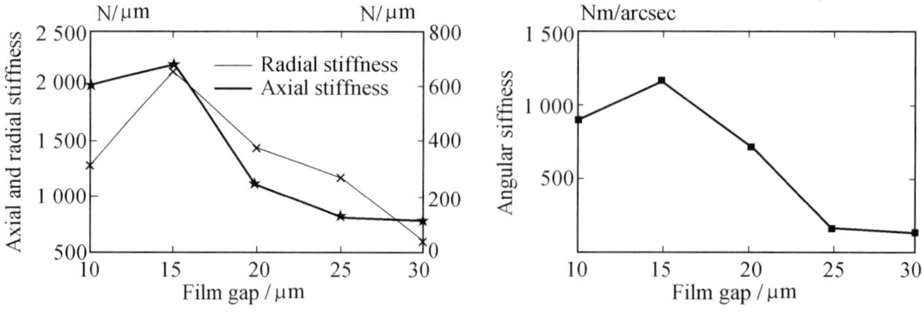

Fig. 3 The relationship between stiffness and film gap

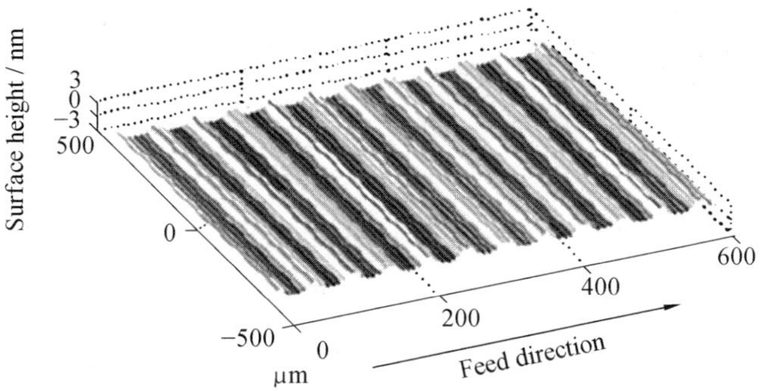

Fig. 4 The surface roughness of simulation

2.2 Integrated dynamic design and optimization of the hydrostatic slide

The performance of the slide directly affects the profile accuracy. To satisfy the targeting specification with a flatness of less than 3 μm in 415 mm×415 mm, a slide with good static, dynamic, and servo performance is needed.

In this study, the integrated design of a hydrostatic slide system is presented. A design methodology that influences the mechanical and electronic systems of the electric driver, which enables global optimization, has been developed. Furthermore, the control performance of the hydrostatic slide system is evaluated and optimized, such that the physical system design and the controller design are integrated.

The semi-dosed type is used to improve the stiffness of the slide and reduce the difficulty of assembly. In addition, the linear motor is adopted to enhance the transmission accuracy and structure compactness. The direction of the driving force must be aligned to the centroid of the slider to reduce the kinematic error during installation of the linear motor on the slide.

As shown in Fig. 5(a), the hydrostatic slide is composed of a carriage, guide, oil supply system, linear motor, and linear encoder whose resolution is 5 nm. Fig. 5(b) shows the force analysis of the carriage driven by the linear motor; the motion equation can be calculated as

$$k_{\mathrm{f}} \cdot i = m\frac{\mathrm{d}^2 x}{\mathrm{d}t^2} + B\frac{\mathrm{d}x}{\mathrm{d}t} + F_{\mathrm{L}} \tag{3}$$

Where, k_{f} is the motor thrust coefficient; i is q axis current in the linear motor (A); m is the weight of moving parts (kilograms); B is the viscosity of the oil in hydrostatic slide (newton seconds per square meter); F_{L} is interference force (newtons).

After Laplace transform, the corresponding transfer function can be formulated as

$$\frac{X(s)}{I(s)} = \frac{k_{\mathrm{f}}}{m \cdot s^2 + B \cdot s + F_{\mathrm{L}}} \tag{4}$$

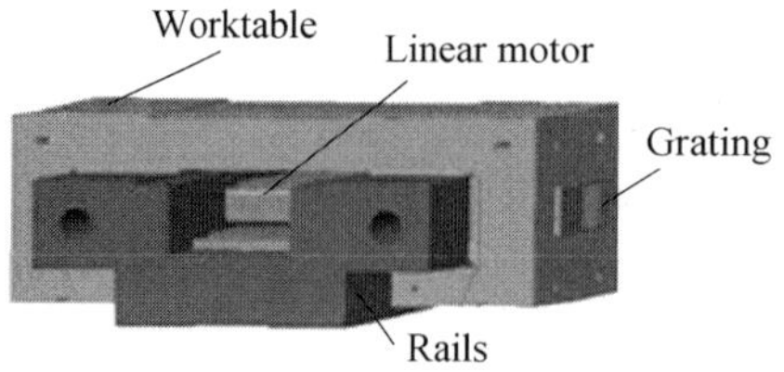

(a) structure of the hydrostatic slide

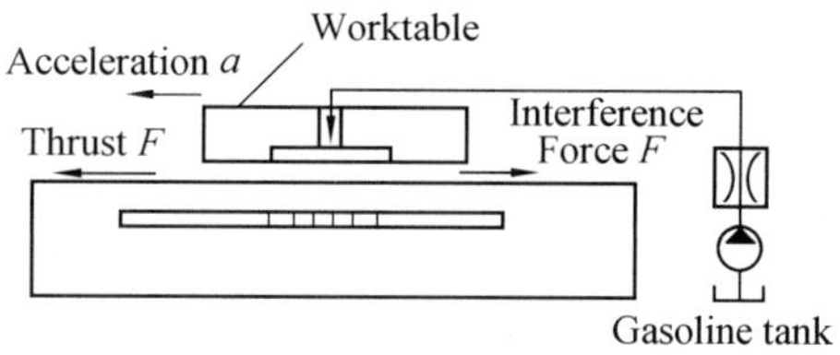

(b) force analyses of the work table

Fig. 5　Hydrostatic slide

The scheme of transfer function of the linear feeding system is established as shown in Fig. 6 and simulation analysis is carried out by Simulink.

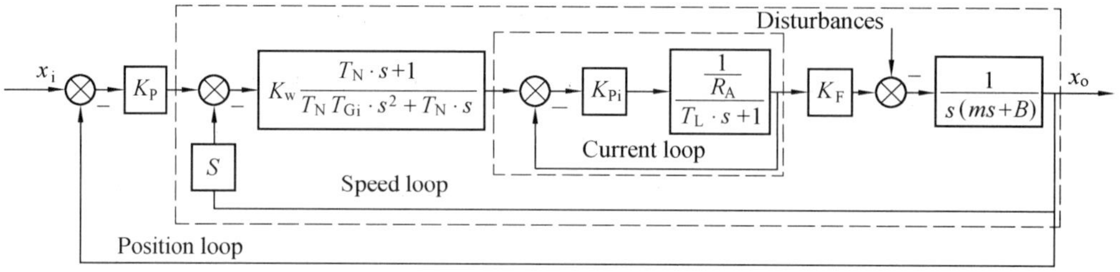

Fig. 6　Block diagram of the linear feeding system

The difference between the traditional method and the integrated method for hydrostatic slide design is determined. Fig. 7 shows the step response under interference force of 1 N and the step response of the position loop at the same gain coefficient, respectively, designed by the traditional method. It can be seen that the stiffness of the linear feed system can meet the requirement (about 166 N/μm), but the system shocking has a larger overshoot with a longer rise time (40 ms), and this problem has not been resolved by debugging the control parameters. This is because the rise time and the maximum overshoot are a pair of contradictory indicators in a traditional control system; thus, when the overshoot decreases, the rise time will increase. However, in the integrated design method, optimizing the mechanical systems provides great convenience to the control process and improves the slide performance. It can decrease the maximum overshoot while increasing the rise time.

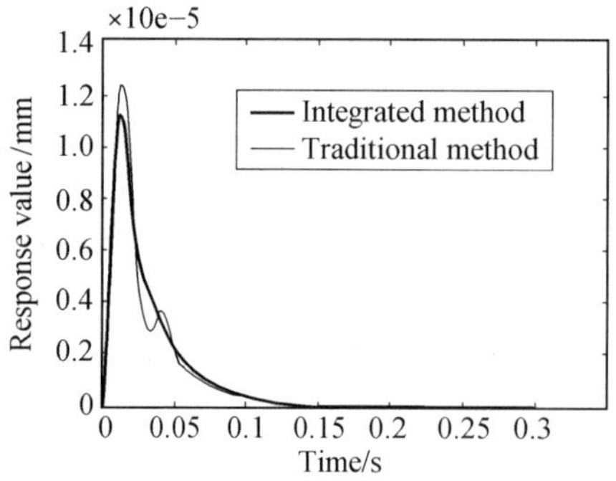

(a) the step response under interference force

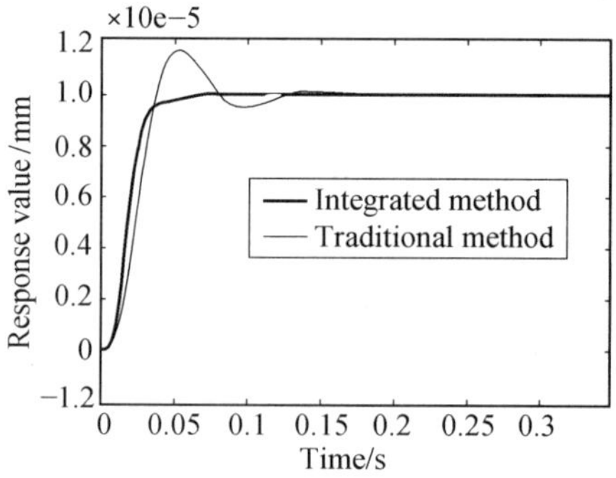

(b) the step response of the position

Fig. 7　The response of the slide

The weight of the carriage has a larger influence on the dynamic performance, and reducing it without changing the electrical equipment does not only increase the acceleration but also improve the response ability. Thus, decreasing the weight of the carriage in the initial stage of the design will benefit the servo performance and reduce the trouble of the control staff. In addition to the gravity of the carriage and workpiece, the carriage also bears the electromagnetic attraction between stator and rotor (about 0.2 MPa). The deformation of the carriage is shown in Fig. 8(a). If the carriage is not rigid enough, it will reduce the gap between the stator and rotor, damaging the linear motor. Therefore, an appropriate structure should be used to meet the strength and stiffness requirements rather than reducing the weight randomly in the design of the carriage.

Fig. 8(b) shows the structural parameters of the carriage, where *a*, *b*, *c*, and *d* account for stiffness and bearing as described by hydrostatic theory, so these four parameters remain unchanged in the optimization process. *e*, *f*, *g*, *h*, and *i* account for the design variables, while the vertical deformation is less than 20 μm as the state variable and the lightest weight as the optimal objective (the density of the carriage is unchanged so that the lightest weight is equivalent to the minimum volume). The optimization model can be calculated as.

min $V(d, e, f, g)$

s. t.

$$\begin{aligned} &DY_{\text{MAX}} < 20\ \mu\text{m} \\ &30 \leqslant d \leqslant 60 \\ &50 \leqslant e \leqslant 100 \\ &50 \leqslant f \leqslant 100 \\ &5 \leqslant g \leqslant 60 \end{aligned} \tag{5}$$

Fig. 8(c) shows that the weight of the carriage being reduced from 436 to 225 kg after optimization. Fig. 7 shows that the system stiffness has a slight increase after optimization. At the same time, the amplitude of the transient process and the oscillation frequency are reduced. After optimization, the rise time decreases from 40 ms to 20 ms, and the maximum overshoot reduces from 18 % to zero. It demonstrates that the dynamic quality is highly improved.

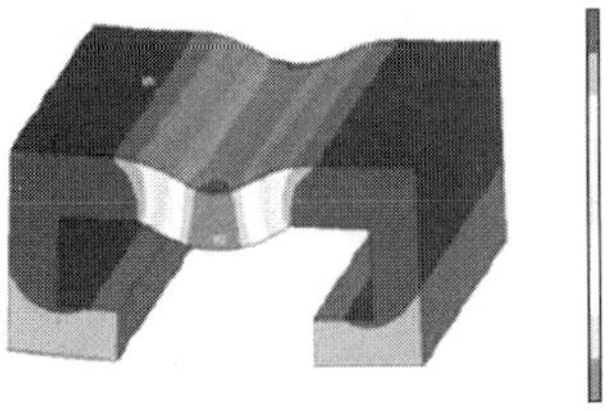

(a) deformation of the carriage

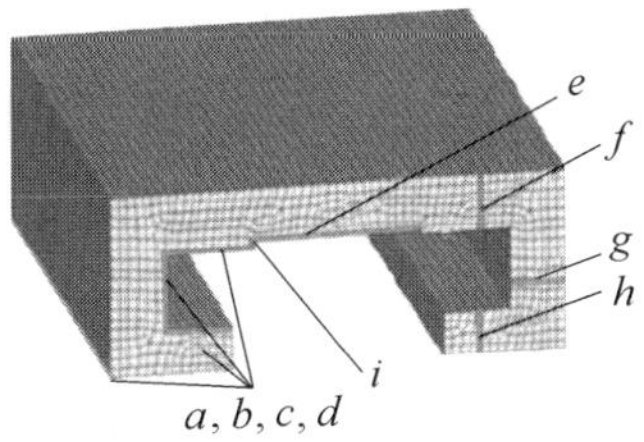

(b) carriage structure

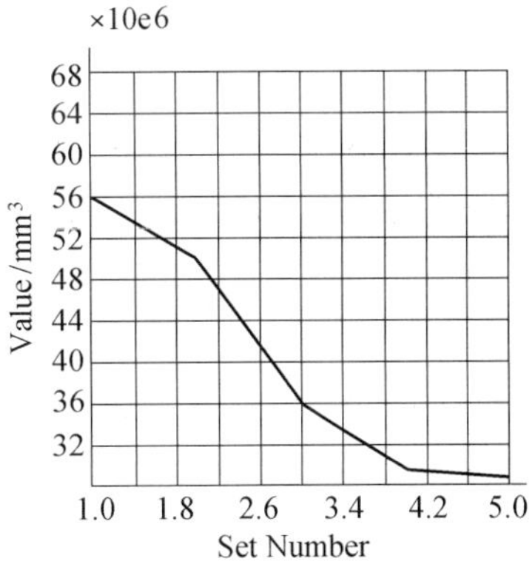

(c) optimization iteration curve

Fig. 8 Optimization of the carriage structure

2.3 Dynamics modeling and analysis of machine tool

To predict the influence of mechanical system dynamic performance on the processing topography, the finite element model (FEM) of the whole machine tool is established. The joint characteristics of the machine tool, such as the bolt joint and the bearing connection have great impact on the dynamic performance [12, 13]. Therefore, the modeling approach of the junction directly determines the accuracy of the whole model of the machine tool. In this study, the Conta173 and Targe170 are applied to the contact components. The spring elements are used for the noncontact components, such as the aerostatic spindle and hydrostatic slide. The Prets179 elements are used to simulate the bolt joint which can exert the preload by the node K. The FEM of the whole machine is shown in Fig. 9.

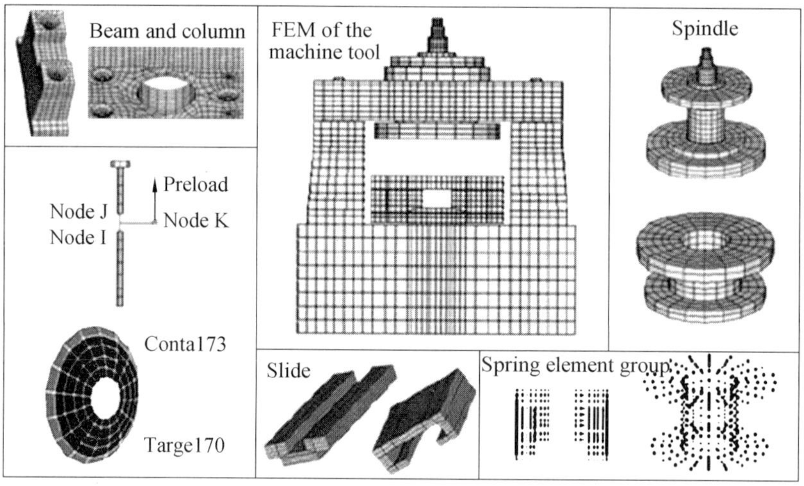

Fig. 9 The FEM of mechanical structure

After establishing the FEM of the whole machine tool, harmonic response analysis is carried out in *X*, *Y* and *Z* directions. The harmonic response analysis is able to give the response of the machine tool in different frequency excitation. The cutting force F_0 of 1 N is assumed and the frequency range from 0 to 600 Hz with 2 Hz intervals is chosen to give an adequate response curve.

Fig. 10 provides the harmonic response of relative displacement between cutting tool and workpiece in three directions. The maximum dynamic compliance in *X* direction about 0.078 μm/N occurs at 200 Hz, which corresponds to a dynamic loop stiffness of 12.8 N/μm. The maximum dynamic compliance in *Y* direction at 0.018 μm/N occurs at 234 Hz, which corresponds to a dynamic loop stiffness of 55.6 N/μm. The dynamics of this machine tool in sensitive direction (*Z* direction) are dominated by a structure resonance at 255 Hz; the dynamic loop stiffness is 35.7 N/μm. The relevant modal parameters are determined by the frequency response function in Fig.10(a). The static stiffness is 500 MN/m, and the damping factor is 3 %.

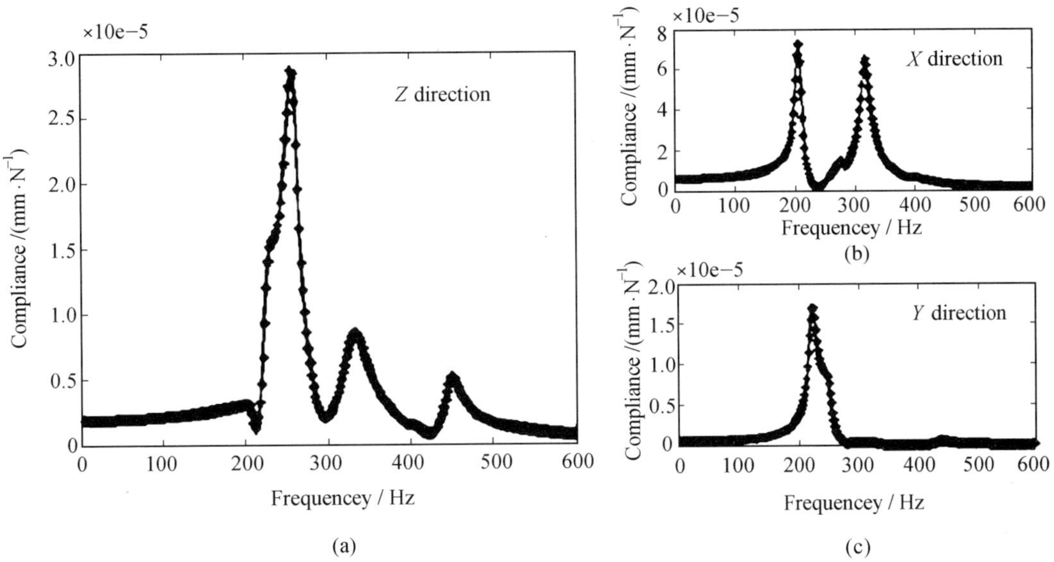

Fig. 10　Harmonic response of the machine tool

2.4　Performance prediction and the dynamic loop stiffness optimization of the machine tool

Fly-cutting is a typical intermittent machining technique. The intermittent cutting force has an important influence on the surface texture. In this particular example, the size of the workpiece is 415 mm×415 mm, and cutting occurs during 48.8 to 131.2 . Figure 11 shows a sample cutting force over two revolutions of the fly-cutting. The cutting force is inputted to the machine tool system as the input signal, the output is the displacement of the cutting tool. The predicted surface texture can be obtained by transforming output signal from time domain to the spatial domain as shown in Fig. 11. According to the machining requirements of the potassium dihydrogen phosphate crystal, the maximum amplitude of the vertical stripes should be less than 15 nm, and the period greater than 33 mm [14, 15]. Considering the two indicators above, the appropriate range of the stiffness for dominant resonant frequency is given from 125 to 800 N/μm. It provides a theoretical basis for the stiffness loop design of the mechanical system. The stiffness is 500 N/μm is designed for the mechanical structure system and the prediction surface is given in Fig. 11. This stiffness can be achieved by optimization the contact stiffness between the contact components such as changing the value of contact area and preload.

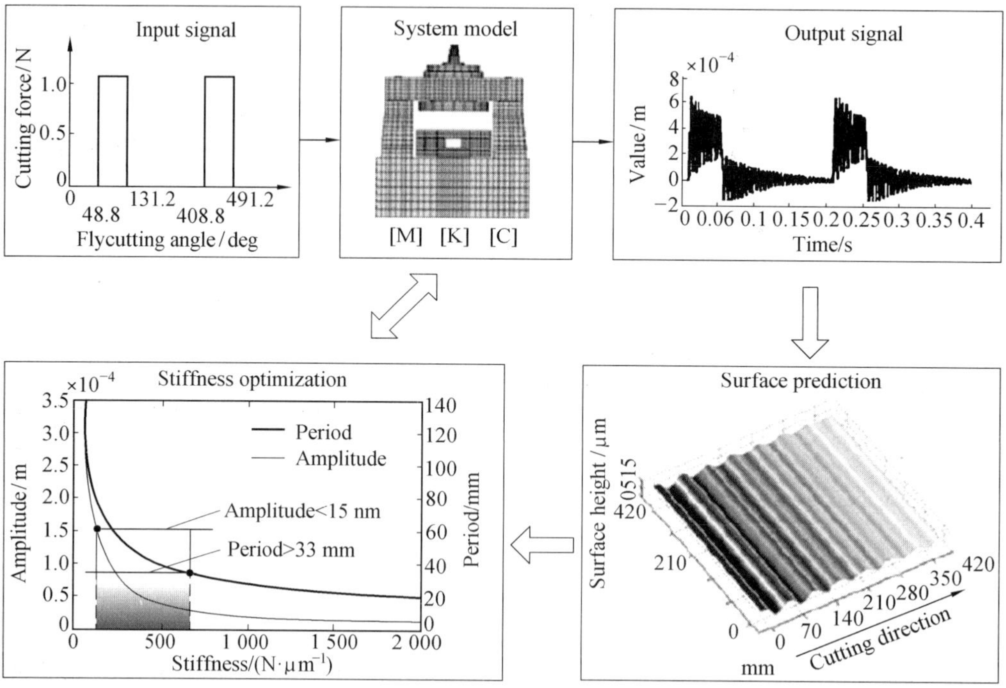

Fig. 11 The mechanical system dynamic performance of the machine tool on the processing topography

3 Preliminary machining test

The ultra precision fly-cutting machine tool is built in Fig. 12 according to the analysis above. The low-speed feed experiment under the control instructions 10 μm/s and 500 ms sampling period is conducted to verify the stability of the low-speed performance of the hydrostatic slide system as shown in Fig. 13. It can be seen that feed speed of the slide undulates within a range of ±0.1 μm/s, and actual position coincides well with feed system command position. It shows that low-speed stability of the control system is excellent. Furthermore, the machining test is carried out on this machine tool. The machining parameters such as spindle speed and feed and tool nose radius are consistent with the simulation parameters. The experimental results are examined by a 3D rough surface tester, Wyko RST-plus (Veeco Metrology Group, Santa Barbara, CA, USA), which has a 500 mm vertical measurement range and 3 nm vertical resolution. The measurement result with only tip, tilt, and piston removed are shown in Fig. 14. Fig. 14(a) shows the vertical stripes in the cutting direction, with amplitude at 10 nm and period at 58 mm. Fig. 14(b) shows the roughness of the machined surface, and the roughness values is 2.8 nm. The test results agree well with the simulation result which demonstrates the feasibility of the proposed design method.

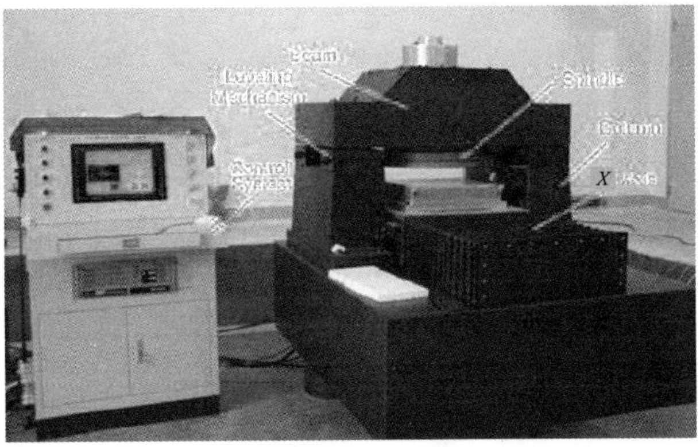

Fig. 12 Ultraprecision fly-cutting machine tool

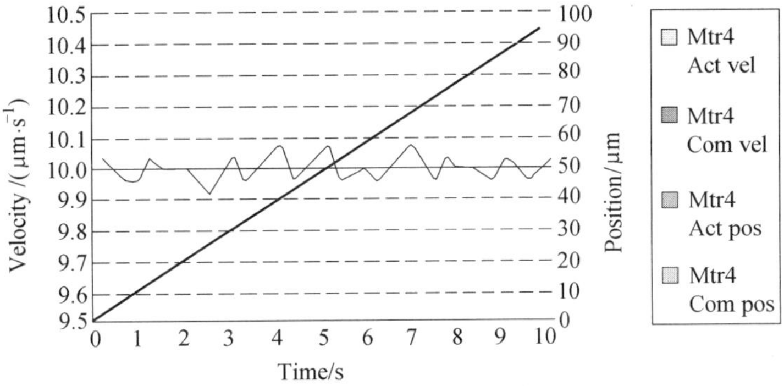

Fig. 13 The speed and displacement curves of the slide under 10 μm/s

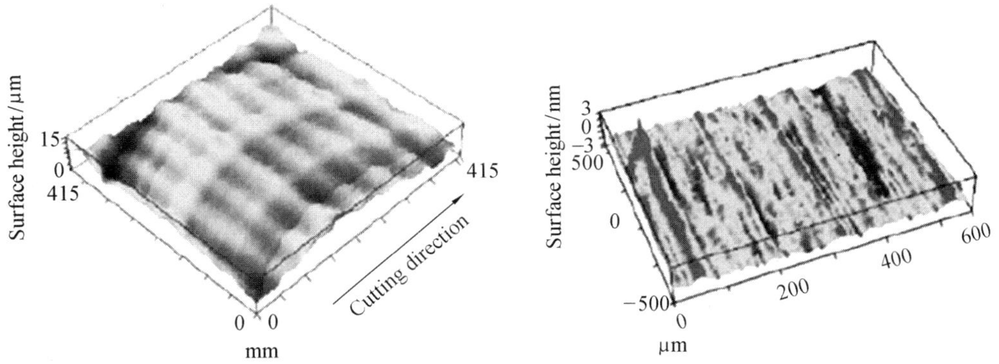

(a) the measuring vertical stripes of the workpiece

(b) surface roughness of the machined surface

Fig. 14 The 3D topography of the workpiece

4 Conclusions

The mechanical structure-based design method is presented and implemented on a fly-cutting machine tool design; the theoretical basis is provided for the mechanical structure system design. The following major conclusions are drawn.

（1）The effect of the components structure on the roughness of machined surface is discussed; an optimized structural form of the spindle is designed which can reduce the roughness of the workpiece.

（2）An integrated dynamic model considering the influence of the mechanical structure on the control system and electronic drives is built and used to optimize the slide of the machine tool. Collaborative optimization of rise time and maximum overshoot are achieved; the rise time from 40 ms decreases to 20 ms while the maximum overshoot reduces from 18 % to zero.

（3）The influence of the mechanical structure system on the surface topography is analyzed. The relationship between the machine dynamic characteristics and surface topography was established at the design stage. The appropriate range of the stiffness (125-800 N/μm) for dominant resonant frequency is given, which provides a benchmark and guiding significance for the design of the machine tool.

Acknowledgments

The authors gratefully acknowledge financial support from the National Science Fund for Distinguished Young Scholars of China (grant number 50925521), The Sino-UK Higher Education Research Partnership for PhD Studies program, and China Scholarship Council (CSC).

References

[1] WYBRANSKI B. Micro production technologies[J]. Mst News, 2004, 2: 43-45.

[2] COMLEY P, MORANTZ P, SHORE P, et al. Grinding meter scale mirror segments for the E-ELT ground based telescope[J]. CIRP Annals-Manufacturing Technology, 2011, 60(1): 379-382.

[3] SHORE P, MORANTZ P, LUO X, et al. Big Optix ultra precision grinding/measuring system[J]. Proceedings of SPIE, 2005, 5965: 1-8.

[4] LUO XC, CHENG K, DAVE W, et al. Design of ultraprecision machine tools with applications to manufacture of miniature and micro components[J]. Journal of Materials Processing Technology, 2005, 167(2-3): 515-528.

[5] CHENG K. Machining Dynamics: Fundamentals, Applications and Practices [M]. New York: Springer, 2009.

[6] HUO D H, CHENG K, WARDLE F. Design of a five-axis ultraprecision micro-milling machine-Ultra Mill. Part 1: holistic design approach, design considerations and specifications[J]. The International Journal of

Advanced Manufacturing Technology, 2010, 47(9-12): 867–877.

[7] CHEN C Y, CHENG C C. Integrated design for a mechatronic feed drive system of machine tools[C]. Monterey: IEEE/ASME International Conference on Advanced Intelligent Mechatronics, 2005.

[8] KONO D, LORENZER T, WEIKERT S, et al. Evaluation of modeling approaches for machine tool design[J]. Precision Engineering, 2010, 34(3):399-407.

[9] ZHANG S J, TO S, CHEUNG C F, et al. Dynamic characteristics of an aerostatic bearing spindle and its influence on surface topography in ultra-precision diamond turning[J]. International Journal of Machine Tools and Manufacture, 2012, 62(11): 1-12.

[10] HATEM K, MARC B, PHILIPPE R. Improving waviness in ultra precision turning by optimizing the dynamic behavior of a spindle with magnetic bearings[J]. International Journal of Machine Tools and Manufacture , 2005, 45(7–8): 841-848.

[11] AN C H, ZHANG Y, XU Q, et al. Modeling of dynamic characteristic of the aerostatic bearing spindle in an ultra-precision fly cutting machine[J]. International Journal of Machine Tools and Manufacture, 2010, 50(4): 374-385.

[12] YIGIT A S, ULSOY A G. Dynamic stiffness evaluation for reconfigurable machine tools including weakly non-linear joint characteristics[J]. Proceedings of the Institution of Mechanical Engineers, Part B: Journal of Engineering Manufacture, 2002, 216(1): 87-101.

[13] LEE S W, MAYOR R, NI J. Dynamic analysis of a mesoscale machine tool[J]. Journal of Manufacturing Science and Engineering, 2006, 128(1): 194-203.

[14] LIANG Y C, CHEN W Q, SUN Y Z, et al. Dynamic design approach of an ultra-precision machine tool used for optical parts machining[J]. Proceedings of the Institution of Mechanical Engineers, Part B: Journal of Engineering Manufacture, 2012, 226(11): 1930-1936.

[15] LIANG Yingchun, CHEN W Q, BAI Q S, et al. Design and dynamic optimization of an ultraprecision diamond fly cutting machine tool for large KDP crystal machining[J]. The International Journal of Advanced Manufacturing Technology, 2013, 69(1-4): 237-244.

Volumetric Error Modeling and Sensitivity Analysis for Designing a Five-axis Ultra-precision Machine Tool

Guoda Chen Yingchun Liang Yazhou Sun Wanqun Chen Wang Bo

(Center for Precision Engineering, Harbin Institute of Technology, Harbin 150001, China)

Abstract: The five-axis machine tools are increasingly popular for meeting the demand of machining the workpiece with growing geometric complexity and high accuracy. This paper studies the volumetric error modeling and its sensitivity analysis for the purpose of machine design. The volumetric error model of a five-axis machine tool with the configuration of *RTTTR* is established based on rigid body kinematics and homogeneous transformation matrix, in which 37 error components are involved. The sensitivity analysis of volumetric error regarding 37 error components is carried out respectively. The analysis results are successfully used for the accuracy design and manufacture of a five-axis ultra-precision machine tool. The preliminary experiment of machining sine grid surface testifies the high accuracy and effectiveness of the designed five-axis machine tool.

Keywords: machine tool; ultra-precision; five-axis; volumetric error; sensitivity analysis; machine design

1 Introduction

The five-axis machine tools are increasingly popular for meeting the demand of machining the workpiece with growing geometric complexity and high accuracy. Compared with three-axis machine tools, they have many advantages, such as better versatility and flexibility, higher machining efficiency, and accuracy. Most common five-axis machine tools have three translational axes (*T* axis) and two rotational axes (*R* axis), which can be divided to three common configurations based on the location of the rotational axis with respect to the translational axis, i.e., *TTTRR*, *RTTTR*, and *RRTTT*[1]. The machine errors directly influence the accuracy of the machined workpiece, which has many types. Ramesh et al. [2] reviewed related research on machine error and pointed out that geometric and kinematic errors make up the basic inaccuracy of a machine tool.

通讯作者：gdchen1010@gmail.com.

文章发表信息：International Journal of Advanced Manufacturing Technology, 2013: 2525-2534.

Error synthesis method is an important error identification method for the machine tool, which can obtain the total error in terms of individual error components. The main focus of this method is volumetric error modeling and compensation.

Volumetric error modeling of the machine tool is usually based on rigid body kinematics, in which homogeneous transformation matrix (HTM) or Denavit-Hartenberg (D-H) transformation matrix is used to represent the coordinate transformation between each rigid body frame with its reference coordinate system. Muchwork can be found in the related field of volumetric error modeling of five-axis machine tools. Kiridena and Ferreira [1] presented an approach to mapping the effects of the positioning errors on the volumetric accuracy of a five-axis machine tool, which was based on the rigid body kinematics and D-H transformation matrix. Srivastava et al. [3] described a systematic method for the development of geometrical and thermal errors based on the kinematic analysis of machine structure. The total volumetric error model was obtained by the propagation of both scalar and position-dependent geometrical errors, as well as time-variant errors. The presented method directly considered the shape and joint transformations for inaccurate links and joints in the place of using D-H transformations. Jha and Kumar [4] used a generalized volumetric error model of a five-axis machine based on D-H transformation matrix for geometric error compensation, which saw the quality improvement in the cam profile generation experiment. Lei and Hsu [5] reported a new probe ball measurement device to measure the overall position errors of a five-axis machine tool directly. The volumetric error modeling was carried out as a theoretical explanation based on rigid body kinematics and HTM. The kinematic chain of the machine tool was closed with the probe ball rather than cutting tool workpiece during error modeling. Many scholars [6-10] analyzed the volumetric error synthesis model of a multiaxis machine based on this method and showed its effectiveness. Bohez et al. [11] provided a new way to identify and compensate all the systematic geometric errors of five-axis milling machines. The mathematical model was based on a first-order rigid body model of the machine tool. The angular errors can be identified independently of the translational errors.

Previous literature show that most studies of error modeling mainly aimed at error compensation and accuracy improvement of the machine tool. As for sensitivity analysis of machine tool error, Huang et al. [12] used error mapping function to analyze the source errors affecting the uncompensatable pose error for a three-DOF parallel kinematic machine. Hong et al. [13] studied the influence of position-dependent geometric errors of rotary axes on cone frustum machining test in the five-axis machine tool. Lee and Lin [14] studied the effect of each assembly error term on volumetric error of a five-axis machine tool according to form-shaping theory.

The above work obtained some positive results; however, more attention should be paid to the sensitivity analysis of the volumetric error of the five-axis machine, especially for the perspective of machine design. This paper will focus on volumetric error modeling and its sensitivity analysis of a five-axis machine tool. The analysis results are applied into the accuracy design and manufacture of an ultra-precision five-axis machine tool with the configuration of *RTTTR*. The machining experiment will be carried out to test the accuracy of the designed ultra-precision machine tool.

2 Geometric error identification of a five-axis machine tool

2.1 Machine structure

The schematic diagram of a five-axis machine tool is shown in Fig. 1, which has the configuration of RTTTR. The machine tool has three translational axes and two rotational axes, i.e., *X* axis, *Y* axis, *Z* axis, *B* axis, and *C* axis, respectively. This machine can carry out several machining modes, such as turning and milling. The turning mode is chosen for error modeling of this machine in this paper, where the tool system is supported by the B axis and the workpiece is supported by the *C* axis. The *C* axis is supported by the *Y* axis, which can be used not only as the position servo axis, but as the high-speed spindle.

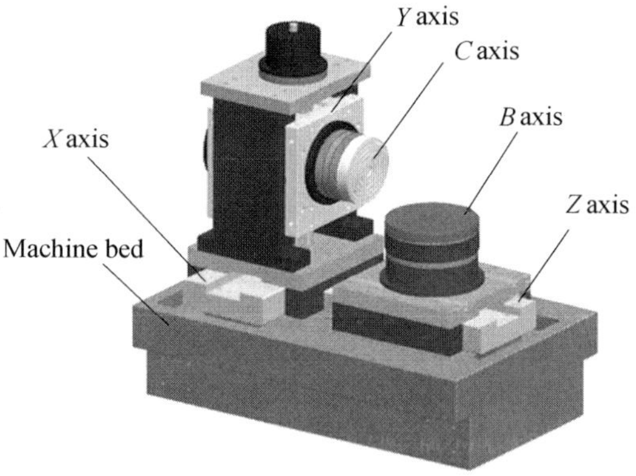

Fig. 1 Schematic diagram of a five-axis machine tool

2.2 Geometric error identification

The geometric error of the machine tool refers to the error of individual axes and those between axes. The error components are commonly expressed as positioning errors, straightness errors, angular errors, and squareness error. From the perspective of rigid body kinematics, every translational axis and rotational axis has six geometric error components that are position dependent, which contain linear and angular errors. In a translational axis, the six error components are one positioning error, two straightness errors, and three angular errors called pitch, yaw, and roll respectively. In a rotational axis, the three linear error components are one axial error and two radial errors, and the three angular error components are one angular position error and two tilt errors. Therefore, the five-axis machine tool in Fig. 1 has 30 position-dependent errors, which are shown in Table 1. In this table, δ_x, δ_y, and δ_z represent the linear errors, where the subscript represents the error direction. ε_x, ε_y, and ε_z represent the angular errors, where the subscript represents the rotation axis of angular error. x, y, and z are the linear motion coordinate values of *X* axis, *Y* axis, and *Z* axis, respectively. β and γ are the rotation angles of *B* axis and *C* axis, respectively.

There are also position-independent errors in the machine tool, which are the location errors of an axis defined as an error from the nominal position and orientation of this axis in the machine coordinate system [15]. Generally, a translational axis with regard to the nominal position has three location errors, i.e., one zero position error and two orientation errors. An example of location errors of Z axis is shown in Fig. 2. A rotational axis with regard to the nominal position has five location errors, i.e., two position errors, two orientation errors, and one zero angular position error. An example of location errors of C axis is shown in Fig. 3. However, most of the location errors can be neglected in real error modeling due to the selection of reference position and coordinate system. Only orientation errors will be left, which mean squareness errors here. In this paper, the real motion direction of X axis is selected as the reference direction of the corresponding axis of each coordinate system, so X axis has no location errors. The plane through X axis and Z axis is the selected reference plane, so Z axis has one squareness error (S_{xz}), and Y axis has two squareness errors (S_{xy}, S_{yz}). The rotational axis of B axis and C axis must be parallel to the ideal motion direction of Y axis and Z axis, respectively, so B axis has two squareness errors (S_{xyb}, S_{yzb}), and C axis has two squareness errors (S_{xzc}, S_{yzc}).

Table 1 Position-dependent errors of a five-axis machine tool

Axis name	Error components
X axis	$\delta_x(x)$, $\delta_y(x)$, $\delta_z(x)$, $\varepsilon_x(x)$, $\varepsilon_y(x)$, $\varepsilon_z(x)$
Y axis	$\delta_x(y)$, $\delta_y(y)$, $\delta_z(y)$, $\varepsilon_x(y)$, $\varepsilon_y(y)$, $\varepsilon_z(y)$
Z axis	$\delta_x(z)$, $\delta_y(z)$, $\delta_z(z)$, $\varepsilon_x(z)$, $\varepsilon_y(z)$, $\varepsilon_z(z)$
B axis	$\delta_x(\beta)$, $\delta_y(\beta)$, $\delta_z(\beta)$, $\varepsilon_x(\beta)$, $\varepsilon_y(\beta)$, $\varepsilon_z(\beta)$
C axis	$\delta_x(\gamma)$, $\delta_y(\gamma)$, $\delta_z(\gamma)$, $\varepsilon_x(\gamma)$, $\varepsilon_y(\gamma)$, $\varepsilon_z(\gamma)$

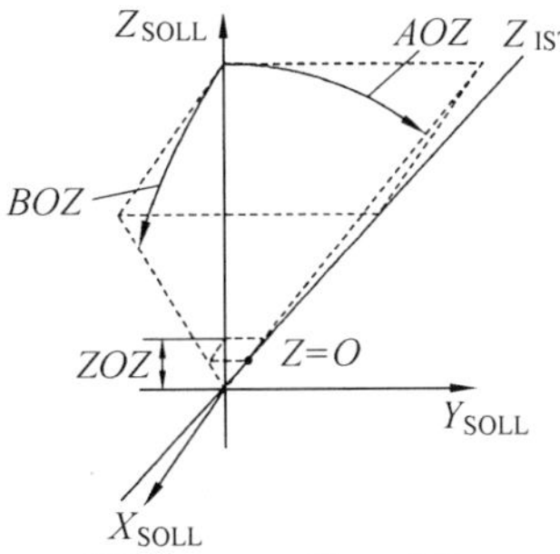

ZOZ :zero position of Z
AOZ :squareness of Z to Y
BOZ :squareness of Z to X

Fig. 2 Location errors of Z axis [15]

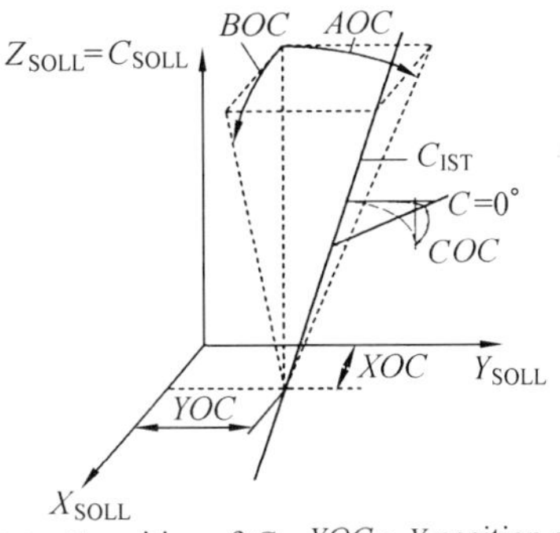

XOC: X position of C, YOC: Y position of C
AOC: squareness of C to Y, BOC: squareness of C to X
COC: zero angular position of C

Fig. 3 Location errors of C axis [15]

3 Volumetric error modeling

Volumetric error modeling of a machine tool aims to develop an error model that is composed of all geometric error components into a three-dimensional error map at the cutting point as it moves in the work space. Rigid body kinematics and HTM are used for volumetric error modeling in this paper. There are eight rigid bodies in the five-axis machine tool, whose kinematic chain diagram is shown in Fig. 4. Machine bed is selected as the zero-order body. Each rigid body is represented by a number, e.g., "1" represents X axis. There are two structural loops; one is from machine bed to workpiece, and the other is from machine bed to cutting tool, which are represented by "workpiece structural loop" and "cutting tool structural loop," respectively, in this paper. The transformation matrix between rigid body k and the adjacent low-order rigid body j is described as

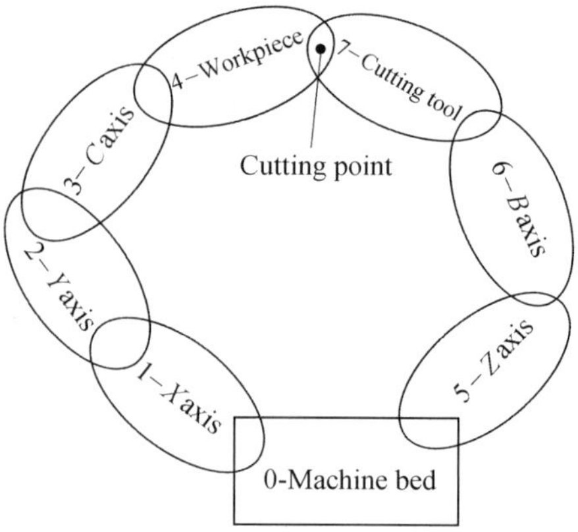

Fig. 4 Kinematic chain diagram of a five-axis machine tool

$$ {}_k^jT = {}_k^jT_p \, {}_k^jT_{pe} \, {}_k^jT_{se} \tag{1} $$

where ${}_k^jT$, ${}_k^jT_p$, ${}_k^jT_{pe}$, and ${}_k^jT_{se}$ are position transformation matrix, position error transformation matrix, motion transformation matrix, and motion error transformation matrix of body k relative to body j.

Based on Eq. (1), the transformation matrix between bodies in the workpiece structural loop and cutting tool structural loop can be obtained as

$$ {}_1^0T = {}_1^0T_p \cdot {}_1^0T_{pe} \cdot {}_1^0T_s \cdot {}_1^0T_{se} = \begin{bmatrix} 1 & 0 & 0 & p_{1x} \\ 0 & 1 & 0 & p_{1y} \\ 0 & 0 & 1 & p_{1z} \\ 0 & 0 & 0 & 1 \end{bmatrix} I_{4\times4} \begin{bmatrix} 1 & 0 & 0 & x \\ 0 & 1 & 0 & 0 \\ 0 & 0 & 1 & 0 \\ 0 & 0 & 0 & 1 \end{bmatrix} \begin{bmatrix} 1 & -\varepsilon_z(x) & \varepsilon_y(x) & \delta_x(x) \\ \varepsilon_z(x) & 1 & -\varepsilon_x(x) & \delta_y(x) \\ -\varepsilon_y(x) & \varepsilon_x(x) & 1 & \delta_z(x) \\ 0 & 0 & 0 & 1 \end{bmatrix} \tag{2} $$

$$ \begin{aligned} {}_2^1T &= {}_2^1T_p \cdot {}_2^1T_{pe} \cdot {}_2^1T_s \cdot {}_2^1T_{se} \\ &= \begin{bmatrix} 1 & 0 & 0 & p_{2x} \\ 0 & 1 & 0 & p_{2y} \\ 0 & 0 & 1 & p_{2z} \\ 0 & 0 & 0 & 1 \end{bmatrix} \begin{bmatrix} 1 & -S_{xy} & 0 & 0 \\ S_{xy} & 1 & -S_{yz} & 0 \\ 0 & S_{yz} & 1 & 0 \\ 0 & 0 & 0 & 1 \end{bmatrix} \begin{bmatrix} 1 & 0 & 0 & 0 \\ 0 & 1 & 0 & y \\ 0 & 0 & 1 & 0 \\ 0 & 0 & 0 & 1 \end{bmatrix} \begin{bmatrix} 1 & -\varepsilon_z(x) & \varepsilon_y(x) & \delta_x(x) \\ \varepsilon_z(x) & 1 & -\varepsilon_x(x) & \delta_y(x) \\ -\varepsilon_y(x) & \varepsilon_x(x) & 1 & \delta_z(x) \\ 0 & 0 & 0 & 1 \end{bmatrix} \end{aligned} \tag{3} $$

$$
{}_3^2T = {}_3^2T_p \cdot {}_3^2T_{pe} \cdot {}_3^2T_s \cdot {}_3^2T_{se}
= \begin{bmatrix} 1 & 0 & 0 & p_{3x} \\ 0 & 1 & 0 & p_{3y} \\ 0 & 0 & 1 & p_{3z} \\ 0 & 0 & 0 & 1 \end{bmatrix}
\begin{bmatrix} 1 & 0 & S_{xzc} & 0 \\ 0 & 1 & -S_{yzc} & 0 \\ -S_{xzc} & S_{yzc} & 1 & 0 \\ 0 & 0 & 0 & 1 \end{bmatrix}
\begin{bmatrix} \cos\gamma & -\sin\gamma & 0 & 0 \\ \sin\gamma & \cos\gamma & 0 & 0 \\ 0 & 0 & 1 & 0 \\ 0 & 0 & 0 & 1 \end{bmatrix}
\begin{bmatrix} 1 & -\varepsilon_z(\gamma) & \varepsilon_y(\gamma) & \delta_x(\gamma) \\ \varepsilon_z(\gamma) & 1 & -\varepsilon_x(\gamma) & \delta_y(\gamma) \\ -\varepsilon_y(\gamma) & \varepsilon_x(\gamma) & 1 & \delta_z(\gamma) \\ 0 & 0 & 0 & 1 \end{bmatrix} \tag{4}
$$

$$
{}_4^3T = {}_4^3T_p \cdot {}_4^3T_{pe} \cdot {}_4^3T_s \cdot {}_4^3T_{se} = \begin{bmatrix} 1 & 0 & 0 & p_{wx} \\ 0 & 1 & 0 & p_{wy} \\ 0 & 0 & 1 & p_{wz} \\ 0 & 0 & 0 & 1 \end{bmatrix} \tag{5}
$$

$$
{}_5^0T = {}_5^0T_p \cdot {}_5^0T_{pe} \cdot {}_5^0T_s \cdot {}_5^0T_{se}
= \begin{bmatrix} 1 & 0 & 0 & p_{5x} \\ 0 & 1 & 0 & p_{5y} \\ 0 & 0 & 1 & p_{5z} \\ 0 & 0 & 0 & 1 \end{bmatrix}
\begin{bmatrix} 1 & 0 & S_{xz} & 0 \\ 0 & 1 & 0 & 0 \\ -S_{xz} & 0 & 1 & 0 \\ 0 & 0 & 0 & 1 \end{bmatrix}
\begin{bmatrix} 1 & 0 & 0 & 0 \\ 0 & 1 & 0 & 0 \\ 0 & 0 & 1 & z \\ 0 & 0 & 0 & 1 \end{bmatrix}
\begin{bmatrix} 1 & -\varepsilon_z(z) & \varepsilon_y(z) & \delta_x(z) \\ \varepsilon_z(z) & 1 & -\varepsilon_x(z) & \delta_y(z) \\ -\varepsilon_y(z) & \varepsilon_x(z) & 1 & \delta_z(z) \\ 0 & 0 & 0 & 1 \end{bmatrix} \tag{6}
$$

$$
{}_6^5T = {}_6^5T_p \cdot {}_6^5T_{pe} \cdot {}_6^5T_s \cdot {}_6^5T_{se}
= \begin{bmatrix} 1 & 0 & 0 & p_{6x} \\ 0 & 1 & 0 & p_{6y} \\ 0 & 0 & 1 & p_{6z} \\ 0 & 0 & 0 & 1 \end{bmatrix}
\begin{bmatrix} 1 & -S_{xyb} & 0 & 0 \\ S_{xyb} & 1 & -S_{yzb} & 0 \\ 0 & S_{yzb} & 1 & 0 \\ 0 & 0 & 0 & 1 \end{bmatrix}
\begin{bmatrix} \cos\beta & 0 & \sin\beta & 0 \\ 0 & 1 & 0 & 0 \\ -\sin\beta & 0 & \cos\beta & 0 \\ 0 & 0 & 0 & 1 \end{bmatrix}
\begin{bmatrix} 1 & -\varepsilon_z(\beta) & \varepsilon_y(\beta) & \delta_x(\beta) \\ \varepsilon_z(\beta) & 1 & -\varepsilon_x(\beta) & \delta_y(\beta) \\ -\varepsilon_y(\beta) & \varepsilon_x(\beta) & 1 & \delta_z(\beta) \\ 0 & 0 & 0 & 1 \end{bmatrix} \tag{7}
$$

$$
{}_7^6T = {}_7^6T_p \cdot {}_7^6T_{pe} \cdot {}_7^6T_s \cdot {}_7^6T_{se} = \begin{bmatrix} 1 & 0 & 0 & p_{tx} \\ 0 & 1 & 0 & p_{ty} \\ 0 & 0 & 1 & p_{tz} \\ 0 & 0 & 0 & 1 \end{bmatrix} \tag{8}
$$

where p_{ix}, p_{iy}, and p_{iz} (i=1, 2, 3, 5, 6) are the position coordinates in each position transformation matrix between bodies. The workpiece and cutting tool are fixed on the C axis and B axis, respectively, which is considered as no errors. p_{wx}, p_{wy}, and p_{wz} are the relative position coordinates between the coordinate systems of the workpiece and C axis. Similarly, p_{tx}, p_{ty}, and p_{tz} are the relative position coordinates between the coordinate systems of the workpiece and B axis.

R_w and R_t are the position coordinate vectors of the cutting point in the coordinate system of the workpiece and cutting tool, which are shown as

$$R_w = \begin{bmatrix} R_{wx} & R_{wy} & R_{wz} \end{bmatrix} \tag{9}$$

$$R_t = \begin{bmatrix} R_{tx} & R_{ty} & R_{tz} \end{bmatrix}^T \tag{10}$$

The volumetric error vector E_v is shown as Eq. (11), which can be solved by Eq. (12).

$$E_v = \begin{bmatrix} E_{vx} & E_{vy} & E_{vz} \end{bmatrix} \tag{11}$$

$$\begin{bmatrix} E_v & 1 \end{bmatrix}^T = \begin{bmatrix} E_{vx} & E_{vy} & E_{vz} & 1 \end{bmatrix}^T = {}_7^0T \cdot \begin{bmatrix} R_t & 1 \end{bmatrix}^T - {}_4^0T \cdot \begin{bmatrix} R_w & 1 \end{bmatrix}^T \tag{12}$$

where

$${}_4^0T = {}_1^0T\,{}_2^1T\,{}_3^2T\,{}_4^3T \tag{13}$$

$${}_7^0T = {}_5^0T\,{}_6^5T\,{}_7^6T \tag{14}$$

4 Sensitivity analysis of volumetric error

According to the volumetric error model in the above section, the sensitivity analysis of volumetric error in cutting point with regard to each error component can be made, which will be helpful in the accuracy design of a machine tool after conceptual design. It will enhance the understanding of which error components are more important or influence the common or special machining target, and these error components should be paid more consideration in the design. In this paper, the sensitivity analysis of volumetric error in cutting point is carried out for accuracy design of an ultra-precision machine tool as shown in Fig. 1.

Firstly, the coordinate system distribution of each rigid body is established, which is shown in Fig. 5. O_i (i=1, 2, 3, 4, 5, 6, 7) is the origin of each coordinate system. The numbers represent the different bodies, just the same as that in Fig. 4. Secondly, considering the structure dimensions in the conceptual design of this machine, relative position coordinate values between adjacent coordinate systems are selected as shown in Table 2. Thirdly, 37 error components are considered, the definition of sensitivity coefficient of each error component is shown in Eqs. (15)–(18).

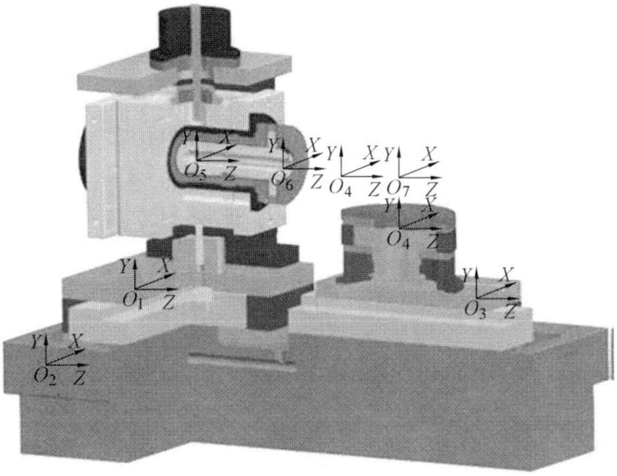

Fig. 5 Coordinate system distribution of each rigid body

$$SV_i = \frac{\partial E_v}{\partial E_i} \tag{15}$$

$$SVX_i = \frac{\partial E_{vx}}{\partial E_i} \tag{16}$$

$$SVY_i = \frac{\partial E_{vy}}{\partial E_i} \tag{17}$$

$$SVZ_i = \frac{\partial E_{vz}}{\partial E_i} \tag{18}$$

where SV_i, SVX_i, SVY_i, SVZ_i (i=1, 2, 3,…,37) represent the sensitivity coefficient of an error component E_i for E_v, E_{vx}, E_{vy}, and E_{vz}, respectively, and Table 3 shows the numbers for corresponding error components. E_{vx}, E_{vy}, and E_{vz} are the volumetric error in cutting point in three coordinate axis directions, respectively. E_v is defined by Eq. (19).

$$E_v = \sqrt{(E_{vx})^2 + (E_{vy})^2 + (E_{vz})^2} \tag{19}$$

Table 2 Relative position coordinate values

Parameter	Value /mm
$p_{1x}, p_{2x}, p_{3x}, p_{wx}, p_{5x}, p_{6x}, p_{tx}$	110, 225, 0, 0, 350, 0, 0
$p_{1y}, p_{2y}, p_{3y}, p_{wy}, p_{5y}, p_{6y}, p_{ty}$	215, 350, 0, 0, 215, 221, 144
$p_{1z}, p_{2z}, p_{3z}, p_{wz}, p_{5z}, p_{6z}, p_{tz}$	250, 0, 279, 150, 1,090, −225, 0

Table 3 Number of error components

Number	Error components
1, 2, 3, 4, 5, 6	$\delta_x(x)$, $\delta_y(x)$, $\delta_z(x)$, $\varepsilon_x(x)$, $\varepsilon_y(x)$, $\varepsilon_z(x)$
7, 8, 9, 10, 11, 12	$\delta_x(y)$, $\delta_y(y)$, $\delta_z(y)$, $\varepsilon_x(y)$, $\varepsilon_y(y)$, $\varepsilon_z(y)$
13, 14, 15, 16, 17, 18	$\delta_x(z)$, $\delta_y(z)$, $\delta_z(z)$, $\varepsilon_x(z)$, $\varepsilon_y(z)$, $\varepsilon_z(z)$
19, 20, 21, 22, 23, 24	$\delta_x(\beta)$, $\delta_y(\beta)$, $\delta_z(\beta)$, $\varepsilon_x(\beta)$, $\varepsilon_y(\beta)$, $\varepsilon_z(\beta)$
25, 26, 27, 28, 29, 30	$\delta_x(\gamma)$, $\delta_y(\gamma)$, $\delta_z(\gamma)$, $\varepsilon_x(\gamma)$, $\varepsilon_y(\gamma)$, $\varepsilon_z(\gamma)$
31, 32, 33, 34, 35, 36, 37	S_{xy}, S_{xz}, S_{yz}, S_{xzc}, S_{yzc}, S_{xyb}, S_{yzb}

For the convenience of analysis, the sensitivity coefficient of each error component is normalized, which is defined as Eqs. (20)–(23).

$$sv_i = \frac{|SV_i|}{\sum |SV_i|} \tag{20}$$

$$svx_i = \frac{|SVX_i|}{\sum |SVX_i|} \tag{21}$$

$$svy_i = \frac{|SVY_i|}{\sum |SVY_i|} \tag{22}$$

$$svz_i = \frac{|SVZ_i|}{\sum |SVZ_i|} \tag{23}$$

Therefore, the sum of sensitivity coefficient of each error component for the volumetric error at cutting point is 1, as shown in Eq. (24).

$$\sum_{i=1}^{37} sv_i = \sum_{i=1}^{37} svx_i = \sum_{i=1}^{37} svy_i = \sum_{i=1}^{37} svz_i = 1 \tag{24}$$

In the process of sensitivity analysis, all error components are considered as the same value (i.e., 0.1 μm for positioning errors and straightness errors, 0.1 μrad for angular errors and squareness errors). The sensitivity analysis under three different positions of cutting point is carried out, where *C* axis is regarded as workpiece spindle. The displacements of three translational axes, rotation angles of rotation axis, and the coordinate value of cutting point in workpiece and cutting tool coordinate system for three analysis groups are listed in Table 4. The differences between three groups are either that *B* axis rotates at two different angles (0, 30°) or *X* axis moves with different displacements (15, 30 mm). In real machining, it is common that *B* axis rotates and *X* axis moves, which is the reason that the above three groups with different positions of cutting point are analyzed.

Table 4 Parameter values for sensitivity analysis

Group number of analysis	Parameter values /mm
1	15, 15, −35, 0, 0, 0, 0, 65, 0, 0, −86
2	15, 15, −35, −30, 0, 43, 0, 76.521 8, 0, 0, −86
3	30, 15, −35, 0, 0, 0, 0, 65, 15, 0, −86

The analysis results are shown in Figs. 6, 7, 8, 9,10, 11, 12, 13, 14, 15, 16, and 17, where Figs. 6, 7, and 8 show the sensitivity analysis for E_v of three groups, Figs. 9, 10, and 11 show the sensitivity analysis for E_{vx} of three groups, Figs. 12, 13, and 14 show the sensitivity analysis for E_{vy} of three groups, and Figs. 15, 16, and 17 show the sensitivity analysis for E_{vz} of three groups. The figures indicate that the sensitive error components for the volumetric error are angular and squareness errors. The sensitivity of positioning and straightness errors is very small, which can be ignored compared with angular and squareness errors. Angular and squareness errors are much more difficult to compensate than positioning and straightness errors in real machining. Therefore, it is very necessary to identify and consider the key error components for volumetric error in the stage of machine design and manufacture, which will improve the machine accuracy fundamentally. The error compensation method for accuracy improvement is relatively limited.

The key error components for E_v, E_{vx}, E_{vy}, and E_{vz} can be obtained from Figs. 6, 7, 8, 9,10, 11, 12, 13, 14, 15, 16, and 17, which are shown in Table 5. The error components, whose sensitivity coefficients are greater than 0.05, are considered as key error components. Table 5 indicates that the key error components are the same in three groups for E_v, E_{vx}, E_{vy}, and E_{vz}, respectively, which demonstrates that different cutting points under the motion of rotation axis and translational axis do not influence the key error components for volumetric error. $\varepsilon_y(y)$, $\varepsilon_y(x)$, $\varepsilon_z(x)$, $\varepsilon_z(\mathrm{z})$, S_{xz}, $\varepsilon_y(z)$, $\varepsilon_y(\gamma)$, and S_{xzc} are the key error components for E_v. $\varepsilon_y(y)$, $\varepsilon_y(x)$, $\varepsilon_z(x)$, $\varepsilon_z(z)$, S_{xz}, $\varepsilon_y(z)$, $\varepsilon_y(\gamma)$, and S_{xzc} are the key error components for E_{vx}. $\varepsilon_x(x)$, $\varepsilon_x(y)$, $\varepsilon_x(z)$, $\varepsilon_z(x)$, $\varepsilon_x(\gamma)$, and S_{yzb} are the key error components for E_{vy}. $\varepsilon_x(x)$, $\varepsilon_x(z)$, $\varepsilon_y(x)$, $\varepsilon_x(\beta)$, and S_{yzb} are the error components for E_{vz}. Roll, pitch, and yaw errors have more influence than squareness errors on the volumetric error E_v, E_{vx}, E_{vy}, and E_{vz}. Besides, roll error $\varepsilon_y(y)$ has the biggest influence on E_v and shares the biggest influence on E_{vx} with $\varepsilon_y(x)$. $\varepsilon_x(x)$ shares the biggest influence on E_{vy} and E_{vz} with $\varepsilon_x(y)$ and $\varepsilon_x(z)$, respectively. Table 5 also shows that E_v and E_{vx} have the same key influencing error components. Comparison of figures of group 2 with figures of group 1 and 3 indicates that the motion of rotation axis in machining will significantly increase the sensitivity of some insensitive error components. Although they are still not key error components, it makes the sensitivity of key error components have small reduction. For example, the sensitivity of $\varepsilon_x(\beta)$, S_{xy}, and S_{xyb} increases significantly when B axis rotates. It will increase the difficulty to control the accuracy of the machine tool because more error components need to be considered.

The above results of sensitivity analysis can be used for the accuracy design and manufacture of a machine tool. The key error components should be paid more attention in the design and manufacture of a machine tool. Besides, the sensitivity analysis of E_{vx}, E_{vy}, and E_{vz} can be used to improve machining accuracy when one of three machining directions is the sensitive machining direction. For example, $\varepsilon_x(x)$, $\varepsilon_x(z)$, $\varepsilon_y(x)$, $\varepsilon_x(\beta)$, and S_{yzb} should be given more consideration when Z direction is the sensitive machining direction.

Table 5 Key error components for E_v, E_{vx}, E_{vy}, and E_{vz}

Volumetric error	Key error components
E_v	Group 1: $\varepsilon_y(y)$, $\varepsilon_y(x)$, $\varepsilon_z(x)$, $\varepsilon_z(z)$, S_{xz}, $\varepsilon_y(z)$, $\varepsilon_y(\gamma)$, S_{xzc}
	Group 2: $\varepsilon_y(y)$, $\varepsilon_y(x)$, $\varepsilon_z(x)$, $\varepsilon_z(z)$, S_{xz}, $\varepsilon_y(z)$, $\varepsilon_y(\gamma)$, S_{xzc}
	Group 3: $\varepsilon_y(y)$, $\varepsilon_y(x)$, $\varepsilon_z(x)$, $\varepsilon_z(z)$, S_{xz}, $\varepsilon_y(z)$, $\varepsilon_y(\gamma)$, S_{xzc}
E_{vx}	Group 1: $\varepsilon_y(y)$, $\varepsilon_y(x)$, $\varepsilon_z(x)$, $\varepsilon_z(z)$, S_{xz}, $\varepsilon_y(z)$, $\varepsilon_y(\gamma)$, S_{xzc}
	Group 2: $\varepsilon_y(y)$, $\varepsilon_y(x)$, $\varepsilon_z(x)$, $\varepsilon_z(z)$, S_{xz}, $\varepsilon_y(z)$, $\varepsilon_y(\gamma)$, S_{xzc}
	Group 3: $\varepsilon_y(y)$, $\varepsilon_y(x)$, $\varepsilon_z(x)$, $\varepsilon_z(z)$, S_{xz}, $\varepsilon_y(z)$, $\varepsilon_y(\gamma)$, S_{xzc}
E_{vy}	Group 1: $\varepsilon_x(x)$, $\varepsilon_x(y)$, $\varepsilon_x(z)$, $\varepsilon_z(x)$, $\varepsilon_x(\gamma)$, S_{yzb}
	Group 2: $\varepsilon_x(x)$, $\varepsilon_x(y)$, $\varepsilon_x(z)$, $\varepsilon_z(x)$, $\varepsilon_x(\gamma)$, S_{yzb}
	Group 3: $\varepsilon_x(x)$, $\varepsilon_x(y)$, $\varepsilon_x(z)$, $\varepsilon_z(x)$, $\varepsilon_x(\gamma)$, S_{yzb}
E_{vz}	Group 1: $\varepsilon_x(x)$, $\varepsilon_x(z)$, $\varepsilon_y(x)$, $\varepsilon_x(\beta)$, S_{yzb}
	Group 2: $\varepsilon_x(x)$, $\varepsilon_x(z)$, $\varepsilon_y(x)$, $\varepsilon_x(\beta)$, S_{yzb}
	Group 3: $\varepsilon_x(x)$, $\varepsilon_x(z)$, $\varepsilon_y(x)$, $\varepsilon_x(\beta)$, S_{yzb}

Remark: The error components are listed in terms of sensitivity coefficient value, which is from big to small, and the sensitivity coefficient value of some error components are the same

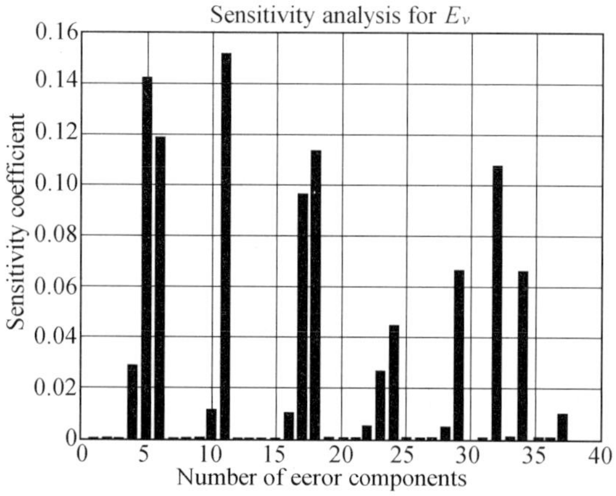

Fig. 6 Sensitivity analysis for E_v of group 1

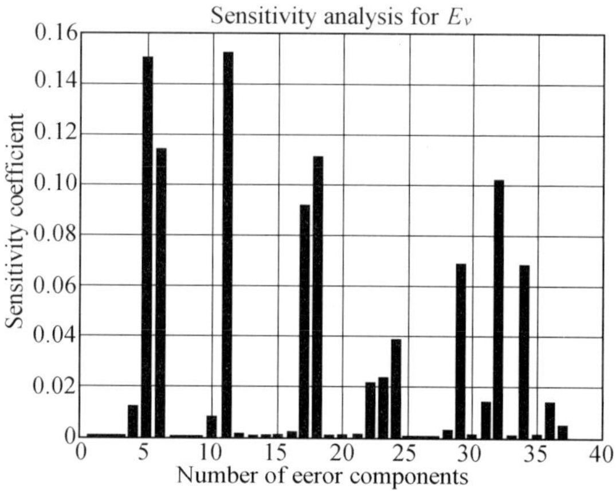

Fig. 7 Sensitivity analysis for E_v of group 2

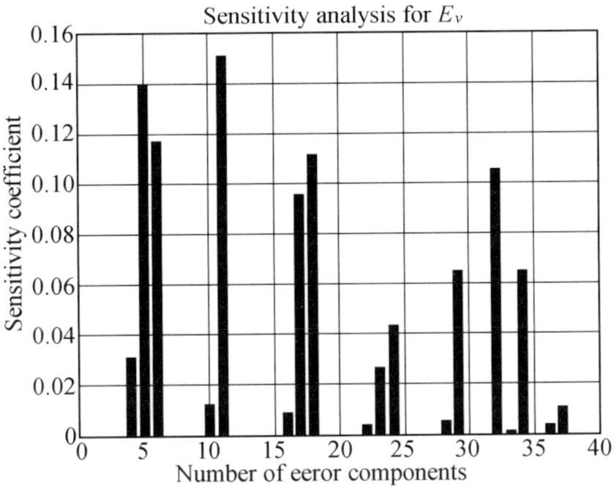

Fig. 8　Sensitivity analysis for E_v of group 3

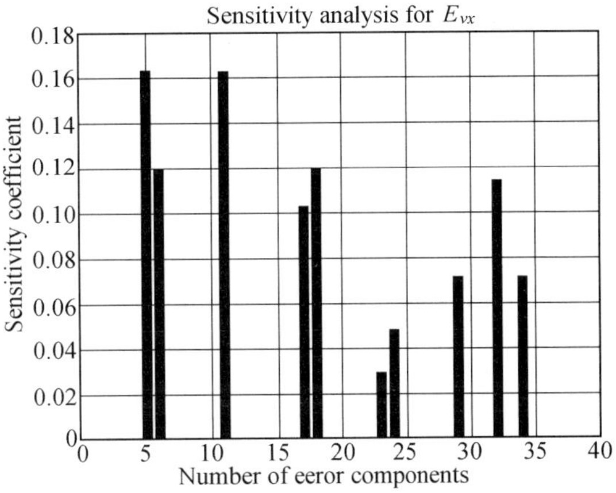

Fig. 9　Sensitivity analysis for E_{vx} of group 1

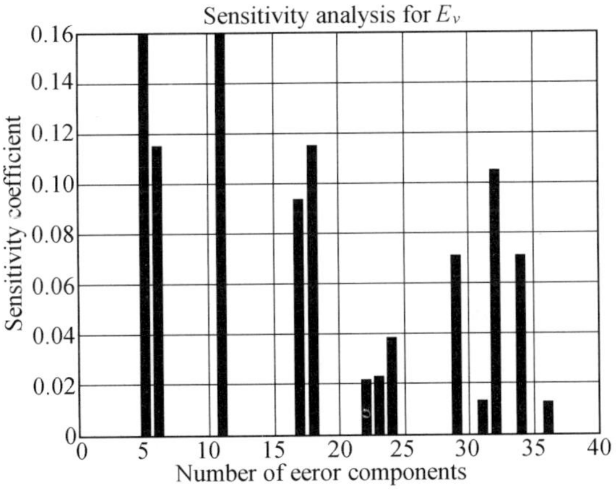

Fig. 10　Sensitivity analysis for E_{vx} of group 2

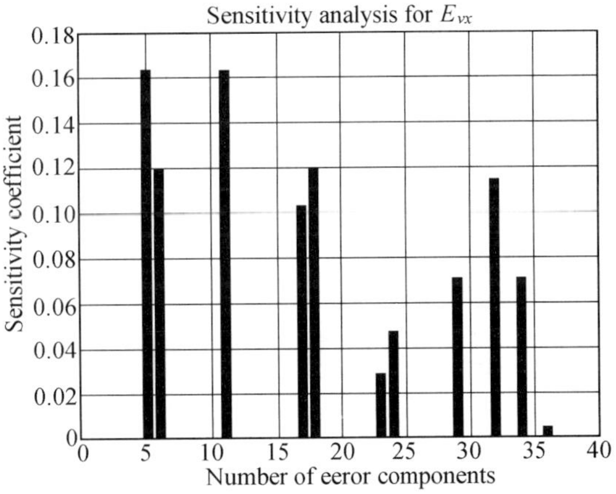

Fig. 11　Sensitivity analysis for E_{vx} of group 3

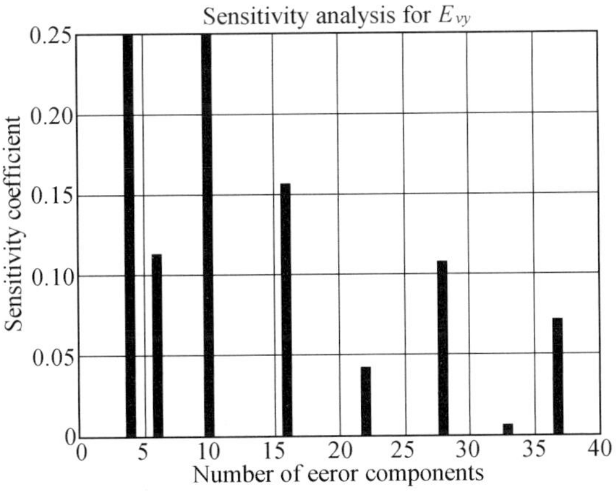

Fig. 12　Sensitivity analysis for E_{vy} of group 1

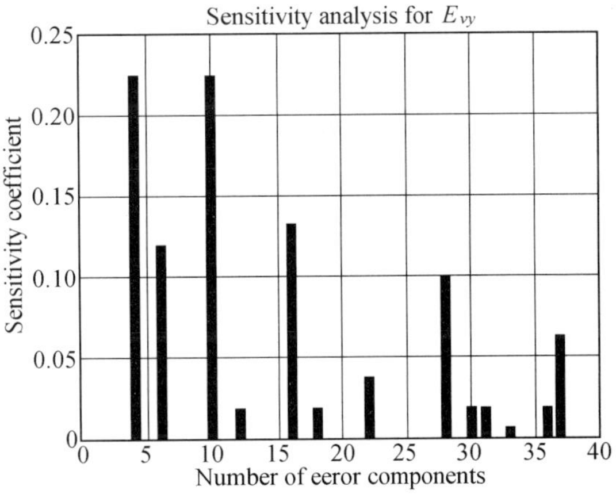

Fig. 13　Sensitivity analysis for E_{vy} of group 2

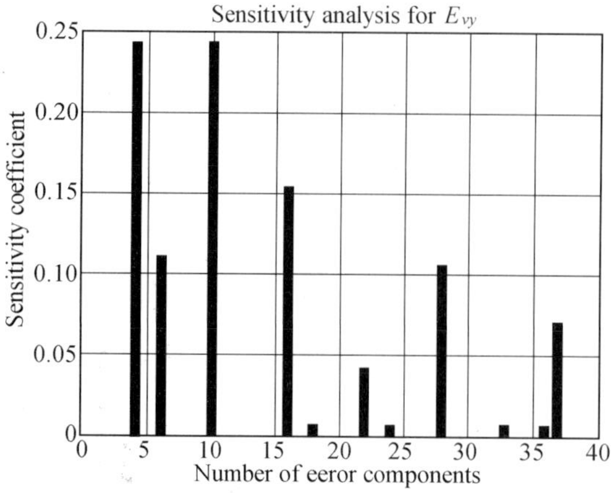

Fig. 14　Sensitivity analysis for E_{vy} of group 3

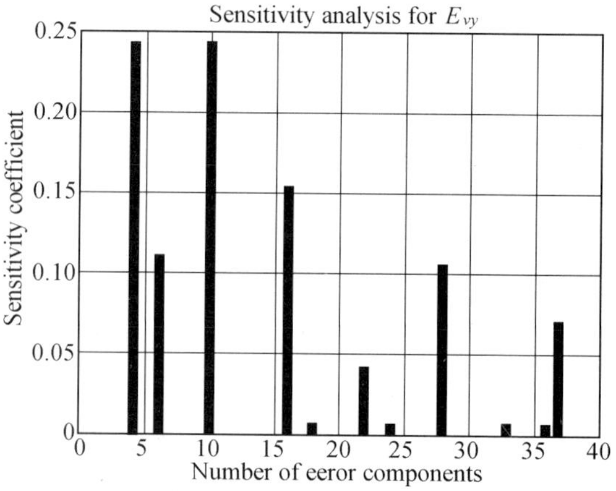

Fig. 15　Sensitivity analysis for E_{vz} of group 1

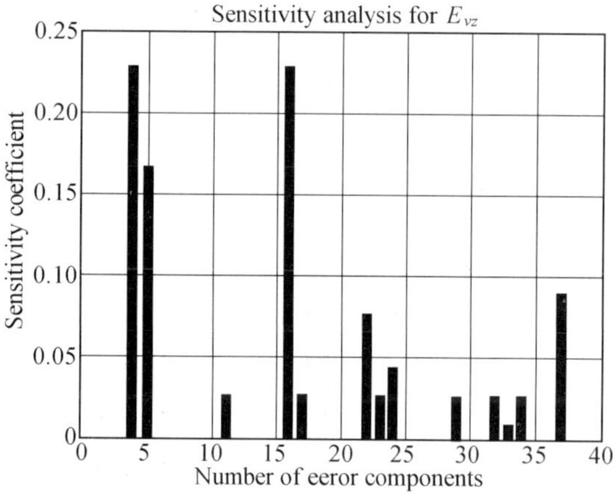

Fig. 16　Sensitivity analysis for E_{vz} of group 2

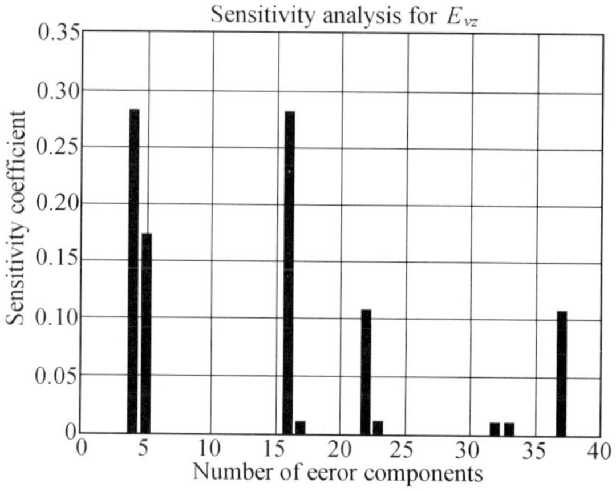

Fig. 17　Sensitivity analysis for E_{vz} of group 3

5　Designed five-axis ultra-precision machine tool and preliminary experiment

5.1　Designed five-axis ultra-precision machine tool

The results of sensitivity analysis are applied into accuracy design and manufacture of a five-axis ultra-precision machine tool. This machine tool is developed for micromachining, which contains multiple machining modes. The expected accuracy for metal micromachining is shown below: surface roughness Ra is less than 20 nm, and the figure accuracy *P-V* value is not more than 1 μm. Its configuration is shown in Fig. 1. The *X* and *Z* directions are the sensitive directions in machining. Therefore, $\varepsilon_y(y)$, $\varepsilon_y(x)$, $\varepsilon_z(x)$, $\varepsilon_z(z)$, S_{xz}, $\varepsilon_y(z)$, $\varepsilon_y(\gamma)$, S_{xzc}, $\varepsilon_x(x)$, $\varepsilon_x(z)$, $\varepsilon_x(\beta)$, and S_{yzb}, as the key error components for volumetric error E_v, E_{vx}, and E_{vz}, are considered as the key of accuracy design and manufacture, as well as assembly of machine structural components. In the accuracy design of slideways and carriage, the scheme is designed to extremely control the error value of key error components. The assembly references are selected according to the benefit of reducing the key error components. It improves the efficiency and effect of machine assembly. The designed five-axis ultra-precision machine tool is shown in Fig. 18. X axis, Y axis, and Z axis are all supported by the hydrostatic slideway and driven by the linear motor; besides, linear grating with nanoscale resolution is applied for the position feedback. B axis and C axis are supported by aerostatic slideway and driven by the rimless torque motor, where circular grating is adopted for the angular displacement feedback. The tool system can be fixed on the B axis component. C axis can be used not only as the position servo axis, but as the high-speed workpiece spindle. Two kinds of grating with low and high resolution are used to realize double feedback control, which can make C axis satisfy stable rotation under high-speed motion and stable moment under low-speed motion. When C axis is used as high-speed workpiece spindle, the motor driver receives the feedback signal of grating with low resolution. When it is used as servo axis, the feedback signal of grating with high resolution is used for the angular displacement feedback of axis. The machine specifications are shown in Table 6.

Fig. 18 Designed five-axis ultra-precision machine tool

Table 6 Specifications of the machine tool

Term	Specifications
Stroke of translational axis (X, Y, and Z axes)	200 mm×45 mm×150 mm
Stroke of B and C axes	±90°, 360°
Maximum speed of main spindle	110 000 r/min
Axial stiffness of high-speed spindle	10 N/μm
Radial stiffness of high-speed spindle	15 N/μm
Linear motion control resolution	5 nm
Positioning accuracy of translational axis	±0.2 μm/50 mm
Repositioning accuracy of translational axis	0.1 μm
Positioning accuracy of rotational axis	3 arcsec
Slideway straightness	0.1 μm/50 mm
Slideway stiffness	500 N/μm

5.2 Preliminary experiment

To test the accuracy of this five-axis machine tool, preliminary experiment of machining sine grid surface is carried out. To generate sine grid surface, Slow Tool Servo machining method is used. C axis is used as servo axis rather than high-speed spindle. The workpiece material is LY12.

The wavelength and amplitude of sine grid surface in X direction are 1,000 and 2.5 μm, respectively, which is the same as that in Y direction. In machining process, the feed speed of X axis is 10 μm/s. The machined workpiece surface is shown in Fig. 19. The sine grid surface morphology measured by Taylor Hobson Taylorsurf CCI 3000 white light interferometer is shown in Fig. 20. The surface roughness PVand Ra of sine grid surface are 129 and 14 nm, respectively. The result of the preliminary experiment testifies the high accuracy and effectiveness of the designed five-axis machine tool.

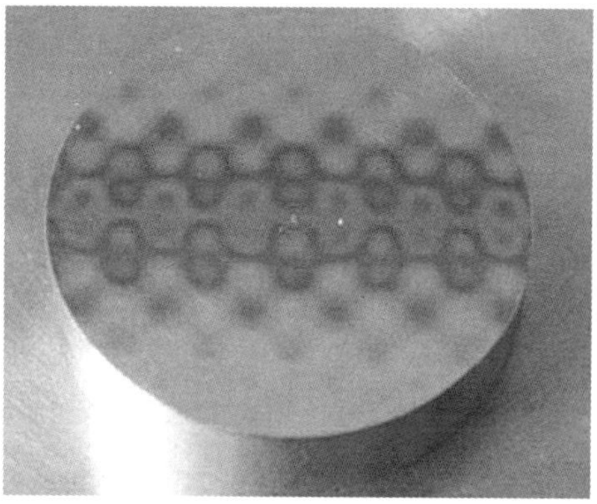

Fig. 19 The workpiece surface after machining

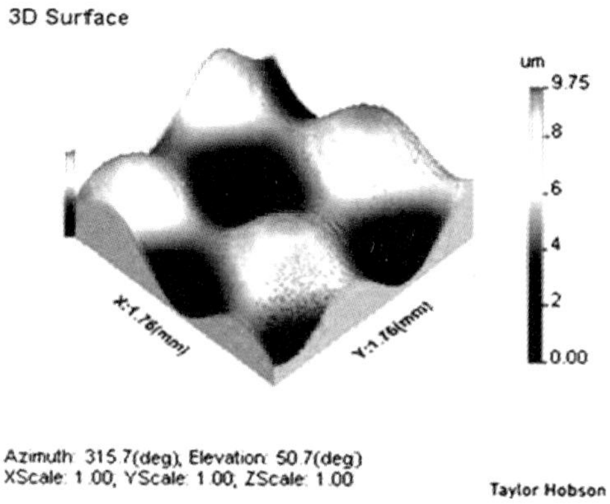

Fig. 20 Sine grid surface morphology after machining

6 Conclusions

This paper studies the volumetric error modeling and its sensitivity analysis for the design of a five-axis machine tool. The volumetric error model of a five-axis machine tool with the configuration of RTTTR is established based on rigid body kinematics and HTM, in which 37 error components are involved. Sensitivity analysis of volumetric error E_v, E_{vx}, E_{vy}, and E_{vz} regarding 37 error components are carried out, respectively. The results are shown as follows: (1) The sensitivity of positioning and straightness errors is very small, which can be ignored compared with angular and squareness errors. Different cutting points under the motion of rotation axis and translational axis do not influence the key error components for volumetric error. (2) The key error components for E_v, E_{vx}, E_{vy}, and E_{vz} are obtained. E_v and E_{vx} have the same key influencing error components, $\varepsilon_y(y)$, $\varepsilon_y(x)$, $\varepsilon_z(x)$, $\varepsilon_z(z)$, S_{xz}, $\varepsilon_y(z)$, $\varepsilon_y(\gamma)$, and S_{xzc}. $\varepsilon_x(x)$, $\varepsilon_x(y)$, $\varepsilon_x(z)$, $\varepsilon_z(x)$, $\varepsilon_x(\gamma)$, and S_{yzb} are the key error components for E_{vy}. $\varepsilon_x(x)$, $\varepsilon_x(z)$, $\varepsilon_y(x)$, $\varepsilon_x(\beta)$, and S_{yzb} are the error components for E_{vz}. Roll, pitch, and yaw errors have more influence than squareness errors on the volumetric error E_v, E_{vx}, E_{vy}, and E_{vz}. Besides, roll error $\varepsilon_y(y)$ has the biggest influence on E_v and shares the biggest influence on E_{vx} with $\varepsilon_y(x)$. $\varepsilon_x(x)$ shares the biggest influence on E_{vy} and E_{vz} with $\varepsilon_x(y)$ and $\varepsilon_x(z)$, respectively. The motion of rotation axis in machining will significantly increase the sensitivity of some insensitive error components. Although they are still not key error components, it makes the sensitivity of key error components have small reduction, which increases the difficulty to control the accuracy of the machine tool. The results of sensitivity analysis are successfully used for the accuracy design and manufacture of a five-axis ultra-precision machine tool. The preliminary experiment of machining sine grid surface testifies the high accuracy and effectiveness of designed five-axis machine tool.

Acknowledgments

This study was supported by National Science Fund for Distinguished Young Scholars (no. 50925521), National High Technology Research and Development Program of China (863 Program) (no. 2008AA042509), and China Scholarship Council (CSC).

References

[1] KIRIDENA V, FERREIRA P M. Mapping the effects of positioning errors on the volumetric accuracy of five-axis CNC machine tools[J]. International Journal of Machine Tools and Manufacture, 1993, 33(3): 417-437.

[2] RAMESH R, MANNAN MA, POO AN. Error compensation in machine tools-a review: part I: geometric, cutting-force induced and fixture-dependent errors[J]. International Journal of Machine Tools and Manufacture, 2002, 40(9): 1235-1256.

[3] SRIVASTAVA A K, VELDHUIS S C, ELBESTAWIT M A. Modelling geometric and thermal errors in a five-axis CNC machine tool[J]. International Journal of Machine Tools and Manufacture, 1995, 35(9): 1321-1337.

[4] JHA B K, KUMAR A. Analysis of geometric errors associated with five-axis machining centre in improving the quality of cam profile[J]. International Journal of Machine Tools and Manufacture, 2003, 43(6): 629-636.

[5] LEI WT, HSU YY. Accuracy test of five-axis CNC machine tool with 3D probe-ball. Part I: design and modeling[J]. International Journal of Machine Tools and Manufacture, 2002, 42(10): 1153-1162.

[6] LIN Y, SHEN Y. Modelling of five-axis machine tool metrology models using the matrix summation approach[J]. The International Journal of Advanced Manufacturing Technology, 2003, 21(4): 243–248.

[7] ZHANG H, YANG J, ZHANG Y, et al. Measurement and compensation for volumetric positioning errors of CNC machine tools considering thermal effect[J]. The International Journal of Advanced Manufacturing Technology, 2011, 55(1-4): 275-283.

[8] LU Y, ISLAM M N. A new approach to thermally induced volumetric error compensation[J]. The International Journal of Advanced Manufacturing Technology, 2012, 62(9-12): 1071-1085.

[9] CUI G, LU Y, LI J, et al. Geometric error compensation software system for CNC machine tools based on NC program reconstructing[J]. The International Journal of Advanced Manufacturing Technology, 2012, 63(1-4): 169-180.

[10] KHAN AW, CHEN W. Systematic geometric error modeling for workspace volumetric calibration of a 5-axis turbine blade grinding machine[J]. Chinese Journal of Aeronautics, 2010, 23(5): 604-615.

[11] BOHEZ ELJ, ARIYAJUNYA B, SINLAPEECHEEWA C, et al. Systematic geometric rigid body error identification of 5-axis milling machines[J]. Computer Aided Design, 2007, 39(4): 229-244.

[12] HUANG T, WHITEHOUSE D J, CHETWYND D G. A unified error model for tolerance design, assembly and error compensation of 3-DOF parallel kinematic machines with parallelogram struts[J]. CIRP Annals-Manufacturing Technology, 2002, 51(1): 297-301.

[13] HONG C, IBARAKI S, MATSUBARA A. Influence of position-dependent geometric errors of rotary axes on a machining test of cone frustum by five-axis machine tools[J]. Precision Engineering, 2011, 35(1): 1-11.

[14] LEE RS, LIN YH. Applying bidirectional kinematics to assembly error analysis for five-axis machine tools with general orthogonal configuration[J]. The International Journal of Advanced Manufacturing Technology, 2012, 62(9-12): 1261-1272.

[15] SCHWENKE H, KNAPP W, HAITJEMA H, et al. Geometric error measurement and compensation of machines-an update[J]. CIRP Annals-Manufacturing Technology, 2008, 57(2): 660-675.

Frequency Domain Error Analysis in Turning

Guoda Chen Yingchun Liang Yazhou Sun

(Center for Precision Engineering, Harbin Institute of Technology, 92 West Dazhi Street, Harbin 150001, China)

Abstract: In spite of the large body of work on error analysis in turning, there are very few references that directly address the relationship between the original frequency content of the different dynamic errors of the machine tool and of the machining process and the resulting spatial frequency content of the machined surface. In this paper, the dynamic errors of a machine tool are classified into two categories: (a) kinematics induced and (b) vibration-induced dynamic errors. Through a theoretical analysis, it will be shown that the spatial frequency content of the turned surface is not directly influenced by the original frequency factors of the machine dynamic error components, but by the aliased frequency factors which will be explained in this paper. On the basis of the establishment of the deterministic mathematical relationship between the frequency contents of the machine dynamic errors in the volumetric error model and the spatial frequency content of the turned surface in radial directions, a method for obtaining the frequency spectrum of the machined surface error in radial directions is given. In addition, a method to influence the number of spatial frequency components of the surface error in radial directions and to predict and control their magnitude is put forward. A case study of a flat surface turning is presented to highlight the effectiveness of the theoretical analysis and of the proposed methods. This study has potential applications in predicting and controlling the spatial content of machined surfaces, in selecting proper machining conditions, as well as in designing machine tools for applications in which strict spatial frequency requirements are placed on the workpiece surface.

Keywords: turning; dynamic errors; frequency domain; quantitative; prediction

1 Introduction

In ultra-precision optics and other similar fields, the surface of machined parts not only have conventional requirements of surface roughness and PV figure error, but have extreme high requirements of spatial frequency domain errors, i.e., different error demands in different ranges of spatial frequency on the machined surface. For example, KDP crystal is an important frequency

通讯作者：gdchen1010@gmail.com.

文章发表信息：International Journal of Advanced Manufacturing Technology, 2014, 73: 929-940.

conversion element in the laser-based inertial confinement fusion system, which has certain power spectral density requirement in middle frequency range of the surface error [1, 2]. Therefore, frequency spectrum of the machined surface error must be analyzed for this kind of condition.

A large body of researches has been done about the surface roughness error or figure error in turning. Cheung and Lee [3, 4] presented a model-based simulation system to analyze the surface roughness generation in ultra-precision diamond turning. In the model, the effect of tool geometry, process parameters, and relative tool-work vibration were considered. The spectrum analysis for surface roughness was used to analyze the effect of the vibration on the surface quality. Their results showed that the power spectrum of a surface roughness profile was basically composed of several periodical components which can be correlated to different process parameters and mechanisms of surface generation. Hocheng and Hsieh [5] carried out the signal analysis of the measured surface roughness in diamond turning of lens molds, by which the main influencing factors of the generated surface roughness were identified. And, a relationship between the root-mean-square summation of the surface roughness and cutting conditions was found. Yu et al. [6] analyzed the main sources of component errors and their effect on the profile accuracy of the machined micro-structured surfaces, and proposed corresponding compensation method. Zhang et al. [7, 8] investigated the effect of spindle vibration on the surface topography theoretically and experimentally in ultra-precision diamond turning. Besides, a lot of work about surface roughness error and figure error prediction was also available. The methods can be classified into those based on machining theory, experimental investigation, designed experiments, and artificial intelligence [9-16]. However, few researches have addressed the relationship between machine error and machined surface in frequency domain.

In regard to the analysis of the frequency domain characteristics of turned surfaces, Moon and Sutherland [17] investigated the origin of spatial frequencies within a turned surface profile considering the cutting process dynamics, while Kim [18] and Hong and Ehmann [19] presented a systematic qualitative and quantitative analysis method of the frequency content of turned surface profiles. Both these results focused on turning cylindrical surfaces and, as such, their machining models did not consider the dynamic component errors of the machine tool. A detailed search of the technical literature will quickly reveal that there is a lack of general results that would relate the dynamic characteristics of the machine volumetric error and of the dynamic content of the machined surface in the frequency domain.

In this paper, a systematic analysis about frequency content generated from the machined surface by turning will be carried out. At first, a general methodology for machine dynamic errors representation will be given. Both kinematics-induced dynamic errors and vibration-induced dynamic errors will be considered in the volumetric error model, and a 3D surface generation method, involving the frequency components of dynamic errors, will be presented. Also, the frequency domain error analysis will be carried out to explore the relationship between machine dynamic errors and frequency contents of the machined surface. In addition, a prediction and control method of the frequency contents of the machined surface profiles will be proposed. Then, a case study of face turning will be conducted to verify the effectiveness of the theoretical analysis. Finally, a discussion of the results and conclusions will be given.

2 Theoretical basis for frequency domain error analysis

2.1 Dynamic error hypothesis and analysis

Before carrying out the frequency domain error analysis between machine tool and machined surface, some methodological basis must be given first. Dynamic errors in machining can be considered as falling into two physically different categories depending on their source, i.e., kinematics induced and vibration-induced dynamic errors. Position-dependent error components generate dynamic variations caused by the motion process itself, and thereby, belong into the category of kinematics-induced dynamic errors. On the other hand, as a consequence of the machining process, dynamic force-induced vibrations manifest themselves through two effects that influence the tool-workpiece-machine system, i.e., vibration-induced dynamic errors in the workpiece structural loop (machine bed to workpiece) and in the cutting tool structural loop (machine bed to cutting tool).

The error components in the kinematic chains of the machine tool consist of position dependent and position independent error components [20]. The position independent error components, i.e., location errors between the kinematic axes, are generally considered as constants, so this kind of error components will not result in frequency contents on the machined surface and will be disregarded in this paper. The position-dependent error components change as a function of the position of the kinematic axes, so they result in kinematics-induced dynamic errors. They can be analytically expressed in the spatial domain for convenience.

The dynamic characteristics of the volumetric error at the cutting point can be considered as the combination result of position-dependent error components from kinematics-induced dynamic errors and time-dependent vibration-induced dynamic errors in the workpiece and cutting tool structural loops. Therefore, dynamic volumetric error can be expressed as

$$E_V(D) = E_k(D) + E_{vw}(D) + E_{vt}(D), \qquad D = x, y, z \tag{1}$$

where, $E_V(D)$, $E_k(D)$, $E_{vw}(D)$ and $E_{vt}(D)$ are dynamic volumetric error, kinematics-induced dynamic error, vibration-induced dynamic error in the workpiece structural loop, and vibration-induced dynamic error in the cutting tool structural loop in certain direction, respectively; D is the direction of the dynamic error (X, Y, or Z direction).

To study the influence of the frequency characteristics of the dynamic errors on the machined surface, it is necessary that the dynamic errors are expressed as functions of frequency and other parameters. Based on this viewpoint, Fourier Transform (FT) theory can be introduced to support the analytical representation of machine dynamic volumetric errors. Based on FT theory, a complex dynamic volumetric error function can be mathematically represented as the sum of simple waves expressed in terms of sines or cosines. In this study, therefore, this type of representation of dynamic errors in both the time domain and/or spatial frequency domain will be used.

Based on FT theory, the position-dependent kinematics-induced dynamic errors can be represented as

$$E_k(D)=\sum_{\varepsilon=1}^{\infty}A_\varepsilon\sin(2\pi f_\varepsilon d+\varphi_\varepsilon),\quad D=x,y,z \tag{2}$$

where, A_ε, f_ε, and φ_ε are the amplitude, frequency, and phase of the εth sine function for $E_k(D)$, and D is the direction of the dynamic error. d is the motion coordinate of the motion axis.

The magnitude functions of the vibration-induced dynamic errors in the workpiece and cutting tool structural loops are defined in the time domain. $E_{vw}(D)$ and $E_{vt}(D)$ in certain direction can be, respectively, described by

$$E_{vw}(D)=\sum_{\sigma=1}^{\infty}A_\sigma\sin(2\pi f_\sigma d+\varphi_\sigma),\quad D=x,y,z \tag{3}$$

$$E_{vt}(D)=\sum_{\rho=1}^{\infty}A_\rho\sin(2\pi f_\rho d+\varphi_\rho),\quad D=x,y,z \tag{4}$$

where, A_σ, f_σ, and φ_σ are the amplitude, frequency, and phase of the σth sine function for $E_{vw}(D)$, while A_ρ, f_ρ, and φ_ρ are the amplitude, frequency, and phase of the ρth sine function for $E_{vt}(D)$, and D is the direction of the vibration-induced dynamic error.

Eqs. (1)-(4) facilitate the direct consideration and inclusion of dynamic errors into the volumetric error. The dynamic characteristics of the two above-defined different types of dynamic errors can be easily described and used for further analysis.

2.2 Surface generation method based on volumetric error

As stated above, this study will deal with the influence of the dynamic characteristics of the machine's volumetric errors on the frequency domain errors of the machined surface; hence, a bridge between these two parts must be constructed. Therefore, a surface generation method is needed. There are numerous results available in the technical literature devoted to machined surface generation and processes [21, 22]. Surface generation models generally necessitate the formulation of a tool and a workpiece geometry model, machine kinematic model, machining process parameters, and a dynamics model [21, 22]. Surface generation, based on volumetric error models, establishes relationships between the machine tool errors and the machined surface form errors, through which the maximal form error can be predicted based on known machine tool errors [15]. In this study, a 3D surface generation method based on the volumetric error at the cutting point will be used for establishing the relationship between the frequency contents of the dynamic volumetric errors and that of the machined surface. Based on Eqs. (1)-(4), the time varying volumetric error vector $\boldsymbol{E}_{vt}$ at time t can be given by

$$\boldsymbol{E}_{vt}=\left[E_V(x)\ \ E_V(y)\ \ E_V(z)\right]^t=\boldsymbol{E}_{vt}(E_{vxt},E_{vyt},E_{vzt}) \tag{5}$$

where, $\boldsymbol{E}_{vt}(E_{vxt}, E_{vyt}, E_{vzt})$ is the 3D volumetric error at time t, and $(E_{vxt}, E_{vyt}, E_{vzt})$ is its magnitude in three directions.

The trajectory of the cutting point is synthetically influenced by the motion of the cutting tool and workpiece. At each point-in-time, a 3D coordinate of the cutting point and the volumetric error value can be obtained. The tool geometry is disregarded in the surface generation model, and the machining process is considered as the single point machining. Fig. 1 shows the schematic of surface generation method. The 3D surface generation method is based on interference calculation between the original workpiece surface and real cutting point trajectory. The real cutting point trajectory in 3D workspace is actually a 3D spiral line, which is obtained through the calculation of 3Dcoordinates of each cutting point with volumetric errors at discrete time points of certain machining time. According to the machine kinematics with specific machining process parameters, a time varying equation for ideal cutting point trajectory can be obtained. After the addition of volumetric errors and ideal cutting point trajectory, the real cutting point trajectory in 3D workspace can be obtained. If the original workpiece surface is considered as flat surface, the machined surface can be directly gained from the real cutting point trajectory. Eq. (6) gives the basic surface generation algorithm under the assumption of original flat surface of the workpiece.

$$S_{rt}(x_{rt}, y_{rt}, z_{rt}) = \boldsymbol{E}_{vt}(E_{vxt}, E_{vyt}, E_{vzt}) + S_{ot}(x_{ot}, y_{ot}, z_{ot}) \tag{6}$$

where, $\boldsymbol{S}_{rt}(x_{rt}, y_{rt}, z_{rt})$ represents the real 3D surface point at time t and (x_{rt}, y_{rt}, z_{rt}) are its coordinate in the X, Y, and Z directions; $\boldsymbol{S}_{ot}(x_{ot}, y_{ot}, z_{ot})$ is the nominal 3D surface point at time t, in the absence of volumetric errors, and (x_{ot}, y_{ot}, z_{ot}) are its coordinate in three directions.

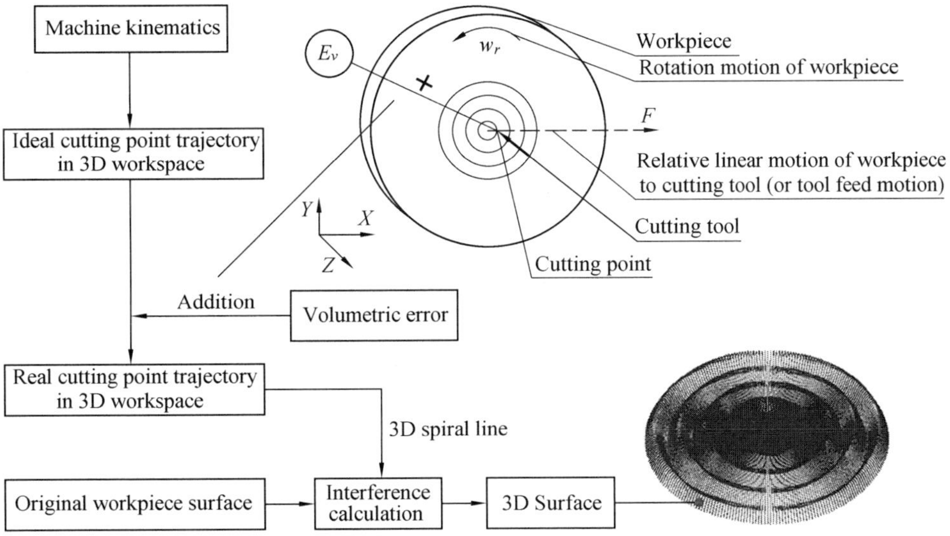

Fig. 1　Schematic of surface generation method

3 Frequency domain error analysis

The purpose of frequency domain error analysis is to find the mathematical laws that explain the origin of the spatial frequency content of the machined surface, which constitutes an important aspect of surface quality. Besides, the frequency domain error analysis may give us the way to get the frequency spectrum without FFT-based analysis. The frequencies of the vibration-induced dynamic errors are defined in the time domain, while the frequencies of the kinematics-induced dynamic errors and of the machined surface are defined in the spatial domain, so a transformation of the frequencies between these two different domains must be given.

Fig. 2 shows the schematic of the transformation between the time and the spatial domain dynamic errors on the machined surface, in which, without loss of generality, dynamic errors are only considered in the Z direction. In Fig. 2, two conditions are considered. Under the first condition, the workpiece has only one linear motion with speed F_L (in Fig. 2, the direction is supposed to be the X direction). It will be used for explaining the transformation of dynamic errors between the time and the spatial domain, which will be discussed first. Under the second condition, the workpiece has one linear motion in the X direction with speed F_L and a rotary motion with rotation speed w_r, which can result in a turned surface. The linear motion can be either in the workpiece structural loop, or in the cutting tool structural loop.

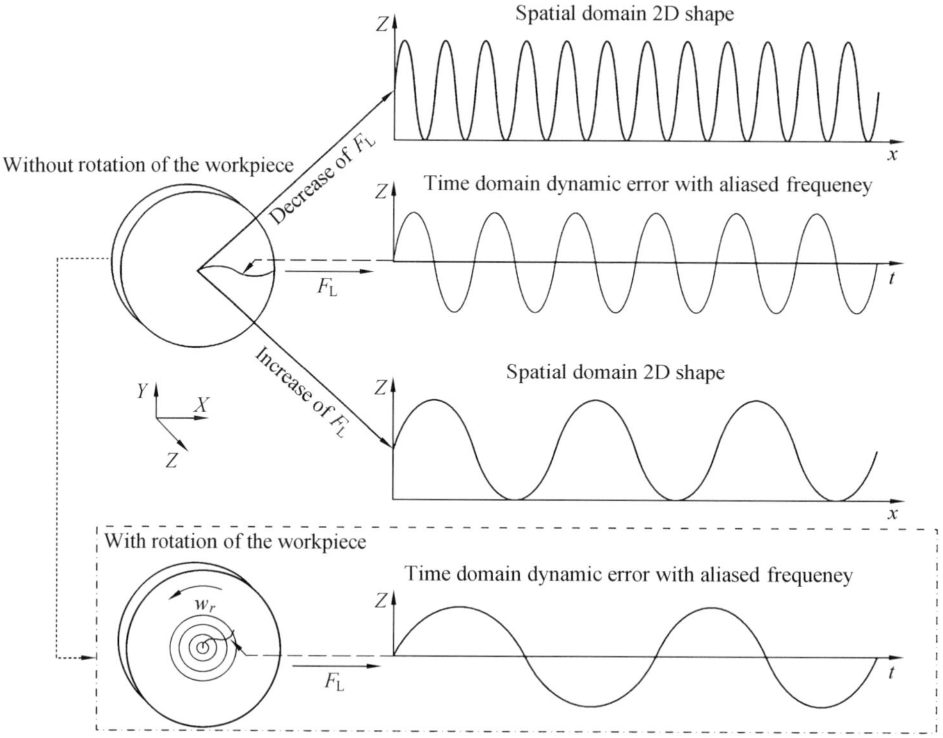

Fig. 2 Transformation of dynamic errors in the time and spatial domains in turning

Under the first condition, due to the combined effect of the linear motion in the X direction and the time domain dynamic error in the Z direction, a 2D surface shape (i.e., a spatial curved line) is obtained. Its spatial frequency depends on the time domain frequency of the dynamic error and F_L, which is in direct proportion to the former factor and inversely proportional to the latter factor. Therefore, the 2D transformation equation of the frequencies between the time domain and the spatial domain can be expressed as

$$f_{TD} = f_{SD} \cdot F_L \tag{7}$$

where f_{TD} is the time domain frequency of the dynamic error and f_{SD} is the corresponding spatial frequency of the 2D surface shape.

Under the second condition, a 3D turned surface can be realized. From Fig. 2, it can be seen that the rotary motion of the workpiece also influences the dynamic error on the surface, i.e., w_r influences the spatial frequency of the generated 3D surface. In the face turning process, the Z coordinate, which directly results from the Z direction error, is only sampled one time in every revolution of the workpiece. This means that surface generation can be regarded as an error sampling process. We define a sampling frequency f_S and the Nyquist frequency f_N related to the rotational speed of the workpiece. Their relationship and expressions are given, in units of Hz, as

$$f_S = \frac{w_r}{60} \tag{8}$$

$$f_N = 0.5 f_S = \frac{w_r}{120} \tag{9}$$

where the unit of w_r is rev/min.

This sampling process for surface generation will lead to the frequency aliasing phenomenon (see Fig. 2). The frequencies of the machine dynamic errors are aliased due to the Nyquist frequency f_N, i.e., those frequencies which are beyond f_N will be aliased by folding about 0 and f_N as many times as necessary. When the sampling frequency for surface generation is less than the frequency of dynamic errors, the aliased frequencies of the kinematics-induced dynamic error, f_{ak}, vibration-induced dynamic error in the workpiece structural loop, f_{avw}, and the vibration-induced dynamic error in the tool structural loop, f_{avt}, rather than their original frequencies f_k, f_{vw}, and f_{vt}, directly determine the frequency contents on the machined surface. The expressions for f_{ak}, f_{avw}, and f_{avt} are, in turn, given by

$$f_{ak} = \begin{cases} f_k \cdot F_L - j \cdot f_N & j \leqslant \dfrac{f_k \cdot F_L}{f_N} \leqslant j+1 \ (j = 0, 2, 4, \cdots) \\ (j+1) \cdot f_N - f_k \cdot F_L & j \leqslant \dfrac{f_k \cdot F_L}{f_N} \leqslant j+1 \ (j = 1, 3, 5, \cdots) \end{cases} \tag{10}$$

$$f_{avw} = \begin{cases} f_{vw} - j \cdot f_N & j \leqslant \dfrac{f_{vw}}{f_N} \leqslant j+1 \ (j = 0, 2, 4, \cdots) \\ (j+1) \cdot f_N - f_{vw} & j \leqslant \dfrac{f_{vw}}{f_N} \leqslant j+1 \ (j = 1, 3, 5, \cdots) \end{cases} \tag{11}$$

$$f_{\mathrm{avt}}=\begin{cases} f_{\mathrm{vt}}-j\cdot f_{\mathrm{N}} & j\leqslant \dfrac{f_{\mathrm{vt}}}{f_{\mathrm{N}}}\leqslant j+1\ (j=0,2,4,\cdots) \\ (j+1)\cdot f_{\mathrm{N}}-f_{\mathrm{vt}} & j\leqslant \dfrac{f_{\mathrm{vt}}}{f_{\mathrm{N}}}\leqslant j+1\ (j=1,3,5,\cdots) \end{cases} \tag{12}$$

where f_{k} is the spatial domain frequency of the kinematics-induced dynamic error in units of μm^{-1}. In Eq. (10), f_{k} is changed from the spatial frequency domain to time frequency domain by multiplying by F_L according to Eq. (7). The units of f_{ak}, f_{avw}, and f_{avt} are Hz.

Through the transformation from the time frequency domain to the spatial frequency domain, the spatial frequency contents of the machined surface can be obtained as

$$f_{\mathrm{K}}=\frac{f_{\mathrm{ak}}}{F_{\mathrm{L}}}=\begin{cases} \dfrac{f_{\mathrm{k}}\cdot F_{\mathrm{L}}-j\cdot f_{\mathrm{N}}}{F_L} & j\leqslant \dfrac{f_{\mathrm{k}}\cdot F_{\mathrm{L}}}{f_{\mathrm{N}}}\leqslant j+1\ (j=0,2,4,\cdots) \\ \dfrac{(j+1)\cdot f_{\mathrm{N}}-f_{\mathrm{k}}\cdot F_{\mathrm{L}}}{F_{\mathrm{L}}} & j\leqslant \dfrac{f_{\mathrm{k}}\cdot F_{\mathrm{L}}}{f_{\mathrm{N}}}\leqslant j+1\ (j=1,3,5,\cdots) \end{cases} \tag{13}$$

$$f_{\mathrm{VW}}=\frac{f_{\mathrm{avw}}}{F_{\mathrm{L}}}=\begin{cases} \dfrac{f_{\mathrm{vw}}-j\cdot f_{\mathrm{N}}}{F_{\mathrm{L}}} & j\leqslant \dfrac{f_{\mathrm{vw}}}{f_{\mathrm{N}}}\leqslant j+1\ (j=0,2,4,\cdots) \\ \dfrac{(j+1)\cdot f_{\mathrm{N}}-f_{\mathrm{vw}}}{F_{\mathrm{L}}} & j\leqslant \dfrac{f_{\mathrm{vw}}}{f_{\mathrm{N}}}\leqslant j+1\ (j=1,3,5,\cdots) \end{cases} \tag{14}$$

$$f_{\mathrm{VT}}=\frac{f_{\mathrm{avt}}}{F_{\mathrm{L}}}=\begin{cases} \dfrac{f_{\mathrm{vt}}-j\cdot f_{\mathrm{N}}}{F_{\mathrm{L}}} & j\leqslant \dfrac{f_{\mathrm{vt}}}{f_{\mathrm{N}}}\leqslant j+1\ (j=0,2,4,\cdots) \\ \dfrac{(j+1)\cdot f_{\mathrm{N}}-f_{\mathrm{vt}}}{F_{\mathrm{L}}} & j\leqslant \dfrac{f_{\mathrm{vt}}}{f_{\mathrm{N}}}\leqslant j+1\ (j=1,3,5,\cdots) \end{cases} \tag{15}$$

where f_{K} is the spatial frequency content of the machined surface profile corresponding to the kinematics-induced dynamic error, and f_{VW} and f_{VT} are the spatial frequency components corresponding to the vibration-induced dynamic error from the workpiece and cutting tool structural loops. The units of f_{K}, f_{VW}, and f_{VT} are μm^{-1}.

This analysis can also be applied in the case of multiple frequencies because the real dynamic errors of either of the two types will be the composition of many sine functions. Each sine function in the whole function representation of the dynamic error will have corresponding spatial frequency contents. Therefore, in machining, considering the kinematics-induced dynamic error and two types of vibration-induced dynamic errors, the final spatial frequency components of the machined profile belong to the following data set:

$$f(\varepsilon,\sigma,\rho)\in\left\{f_{\mathrm{K}\varepsilon}, f_{\mathrm{VW}\sigma}, f_{\mathrm{VT}\rho}\right\},\quad (\varepsilon,\sigma,\rho=1,2,3,\cdots) \tag{16}$$

where $f(\varepsilon, \sigma, \rho)$ is the final spatial frequency content, $f_{K\varepsilon}$ is the εth spatial frequency based on Eq. (13) due to the εth sine function, $f_{\mathrm{VW}\sigma}$ is the σth spatial frequency based on Eq. (14) due to the σth sine function, and $f_{\mathrm{VT}\rho}$ is the ρth spatial frequency based on Eq. (15) due to the ρth sine function.

The above analysis clarifies the frequency generation mechanism of the machined surface error. However, it only can be applied to get the frequency spectrum in the radial directions on the machined surface, rather than that in the nonradial directions if considering the flat turning case. The reason is that the Eqs. (10)-(16) are deduced only based on the direction of tool motion relative to the workpiece. Hence, Eqs. (13)-(16) can be used to get the frequency spectrum only in the radial directions on the machined surface in flat surface machining.

4 Prediction and control of the frequency content on machined surfaces

The above-introduced analysis not only predicts the frequency spectrum on the machined surface, but allows the formulation of a methodology to influence and tailor the frequency content of the machined surface. This can be done with respect to both the number of the frequency components composing a surface and in terms of their magnitudes. The number of spatial frequency components can be reduced, i.e., the number of spatial frequency components of the machined surface can be made lower than the number of the corresponding sine terms defining the machine's dynamic errors. In other words, certain sine terms with certain frequencies of the dynamic error can be eliminated from the machined surface. Suppose that a kinematics-induced dynamic error is represented by the sum of ψ sine function terms in which each sine term has a different frequency of f_k. Provided that the condition due to the sine term with frequency, f_k, can be met, the spatial frequency component of the machined surface due to this sine term will be a zero-frequency component, so that the total number of spatial frequency components due to this kinematics-induced dynamic error will reduce from ψ to ψ^{-1}. The same effect for vibration-induced dynamic errors can be obtained when f_{VW}=0 and f_{VT}=0.

To satisfy the above condition, in a real industrial application, given that the frequency f_k of the dynamic errors component is known, one can adjust the machining conditions, w_r and/or F_L, to satisfy the condition of f_K=0, f_{VW}=0, or, i.e., f_{VT}=0, to reduce the number of spatial frequency components on the machined surface or eliminate certain spatial dynamic errors with certain frequencies.

One can also predict the magnitude of the spatial frequency component of the machined surface using Eqs. (13)-(15). For example, the magnitude of the spatial component at f_K can be predicted based on known values of f_k, w_r, and F_L. A similar prediction method can be used for f_{VW} and f_{VT}. To obtain a desired magnitude of the spatial frequency of the machined surface based on the known frequency of the dynamic errors of the machine tool, i.e., to control the magnitude of the spatial frequency of the machined surface, a simple method can be used. That is, to make f_K, f_{VW}, and f_{VT} equal to the expected magnitude by adjusting or controlling the magnitude of w_r and F_L according to Eqs. (13)-(15). This control method can also be applied for selecting the values of w_r and F_L if the magnitude of the spatial frequency component of the surface must be less or more than a certain value. The above methods will be very meaningful in machining processes where the workpiece surface has special spatial frequency requirements in some industrial fields. However, it should be mentioned that this method can only deal with frequency contents in the special directions, which are radial directions on the surface if considering the flat surface turning case.

5 Case study and discussion

5.1 Dynamic errors assumption

In this section, a modeling case study of a face turning operation is carried out. The face turning operation can be realized by the linear motion of the linear axis and the rotation of the rotation axis (see Fig. 3). For the convenience of the description, the linear axis is named X axis and the rotation axis is named C axis here. The Z direction is the sensitive direction in this case, so all error components will be studied in the Z direction.

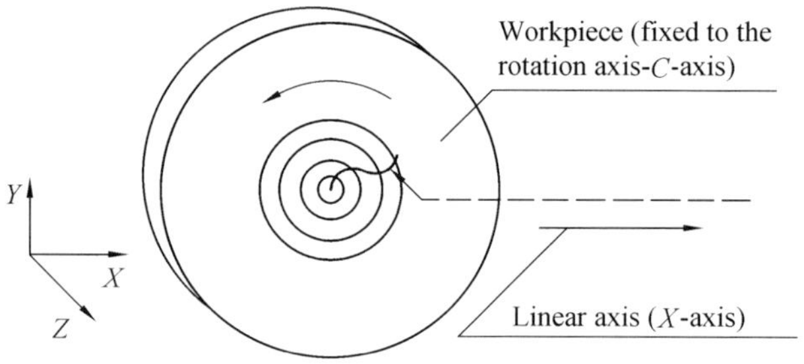

Fig. 3　Schematic of face turning

To simplify the study, the kinematics-induced dynamic error ($E_k(z)$) and two vibration-induced dynamic errors in the workpiece and the cutting tool structural loops ($E_{vw}(z)$ and $E_{vt}(z)$) are all represented by the sum of a single sine function and a constant. The functional representation of $E_k(z)$ with the motion in the X axis direction is

$$E_k(z) = A_{kz}\sin(2\pi f_{kz}x + \varphi_{kz}) + c_1 \tag{17}$$

where, A_{kz}, f_{kz}, and φ_{kz} are the amplitude, frequency, and phase of the sine function, respectively; c_1 is a constant and x is the motion coordinate of the X axis.

The vibration-induced dynamic errors are defined as the Z direction dynamic errors. Their functions are expressed by

$$E_{vw}(z) = A_{vw}\sin(2\pi f_{vw}t + \varphi_{vw}) + c_2 \tag{18}$$

$$E_{vt}(z) = A_{vt}\sin(2\pi f_{vt}x + \varphi_{vt}) + c_3 \tag{19}$$

where, A_{vw}, f_{vw}, and φ_{vw} are the amplitude, frequency, and phase of the vibration function in the Z direction from the workpiece structural loop, respectively, and A_{vt}, f_{vt}, and φ_{vt} are the amplitude, frequency, and phase of the vibration function in the Z direction from tool structural loop, respectively. c_2 and c_3 are the constants.

Based on Eq. (1), the volumetric error in Z direction $E_V(z)$ is obtained; the 3D surface can be achieved according to the method described in Section 2.2. The detailed algorithm is shown next.

5.2 Parameter values for the case study and surface generation algorithm

For comparison analysis in this case study, different rotational speeds of the C axis (R_C), feed velocities of the X axis (F_X), and spatial frequencies of the straightness error of the X axis in the Z direction (f_{kz}) will be chosen in the modeling to ascertain their influence on the spatial frequency of the machined flat surface profile, which are shown in Table 1. Besides, the sum of c_1, c_2, and c_3 is

0.1 μm. These constants will not influence the frequency contents on the machined surface. It must be noted that R_C and F_X are actually the rotational speed and linear motion speed of the workpiece, so R_C and F_X can be directly used as w_r and F_L, respectively, in Eqs. (7)-(16).

Table 1 Parameter values for comparison in the modeling

Case	R_C /(rev·min^{-1})	F_X /(μm·s^{-1})	f_{kz} /μm^{-1}	f_{vw} /Hz	f_{vt} /Hz	A_{kz} /μm	A_{vw} /μm	A_{vt} /μm	φ_{kz} /rad	φ_{vw} /rad	φ_{vt} /rad	x /μm
1	2 400	10	0.001	90	100	0.08	0.005	0.006	π/4	π/6	π/8	0 to 5 000
2	1 200	10	0.001	90	100	0.08	0.005	0.006	π/4	π/6	π/8	0 to 5 000
3	2 400	5	0.001	90	100	0.08	0.005	0.006	π/4	π/6	π/8	0 to 5 000
4	1 200	5	0.001	90	100	0.08	0.005	0.006	π/4	π/6	π/8	0 to 5 000
5	2 400	10	0.01	90	100	0.08	0.005	0.006	π/4	π/6	π/8	0 to 5 000
6	1 200	10	0.01	90	100	0.08	0.005	0.006	π/4	π/6	π/8	0 to 5 000
7	2 400	5	0.01	90	100	0.08	0.005	0.006	π/4	π/6	π/8	0 to 5 000
8	1 200	5	0.01	90	100	0.08	0.005	0.006	π/4	π/6	π/8	0 to 5 000
9	2 400	10	5.5	90	100	0.08	0.005	0.006	π/4	π/6	π/8	0 to 5 000
10	1 200	10	5.5	90	100	0.08	0.005	0.006	π/4	π/6	π/8	0 to 5 000
11	2 400	5	5.5	90	100	0.08	0.005	0.006	π/4	π/6	π/8	0 to 5 000
12	1 200	5	5.5	90	100	0.08	0.005	0.006	π/4	π/6	π/8	0 to 5 000

Based on the surface generation method in Section 2.2, the 3D machined surface in this case can be mathematically obtained by the following equation:

$$\begin{cases} x_t = F_X \cdot t \cdot \cos(\frac{\pi}{30} \cdot R_C \cdot t) \\ y_t = F_X \cdot t \cdot \sin(\frac{\pi}{30} \cdot R_C \cdot t) \\ z_t = E_V(z) = E_k(z) + E_{vw}(z) + E_{vt}(z) \end{cases} \tag{20}$$

where, $E_V(z)$ is obtained from Eq. (1); x_t, y_t, and z_t are the coordinate values of the volumetric point at time t. Actually, $E_V(z)$ is finally the mathematical function about t. It should be mentioned that the original surface of the workpiece is supposed to be flat.

5.3 FFT-based frequency spectrum analysis in radial directions

The spatial frequency components will be analyzed after simulating the machined surface by FFT method. The schematic of FFT-based frequency spectrum analysis in radial directions is shown in Fig. 4. In the Fig. 4, the points on the real 2D surface profile in radial directions are discretized to get the sampling data for frequency analysis. θ is the angle of selected radial direction.

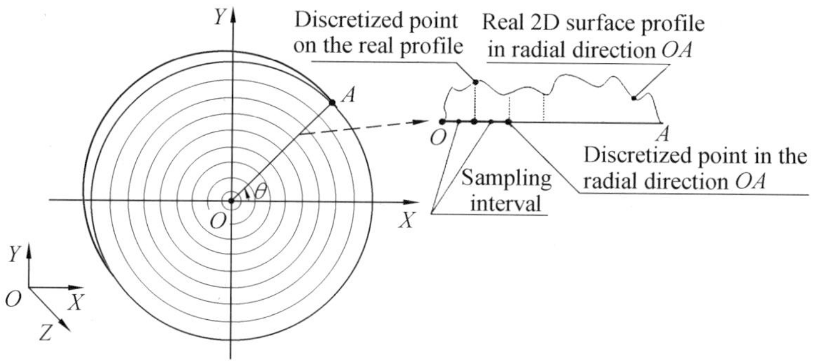

Fig. 4　Schematic of FFT-based frequency spectrum analysis in radial directions

The steps to obtain the frequency spectrum of the machined surface error in the specified radial direction (such as OA in Fig. 4) are shown below:

(1) Select the sampling number m for discretizing data in the direction OA, i.e., determine the number of sampling interval for FFT analysis (see Fig. 4), which must make the frequency resolution ratio $R_C/2\pi mF_x$ in the FFT analysis less than the minimum frequency of surface frequency contents. m is positive integer. The selection of sampling number should both consider the accuracy and efficiency of the calculation.

(2) Solve the Z coordinates of all sampling points. The z_i for the ith sampling discretized point can be solved based on Eq. (20), in which time t_i of each point is equal to $(2i\pi+\theta)/R_C$ (i=0, 1, 2, ···, m).

(3) Solve the final frequency spectrum according to the sampling number m and data vector for Z coordinates $[z_1, z_2, \cdots, z_{m-1}, z_m]$ through FFT-based frequency analysis in Matlab or other feasible softwares.

Based on the above steps, the frequency spectrum for the specified radial directions on the machined surface can be obtained, and the results will be compared to the theoretical analysis results to verify its effectiveness.

6　Results and discussion

The machined surface is obtained based on Eq. (20), an example of which, for Case 1 in Table 1, is shown in Fig. 5. Figure 6 shows the 2D surface profile in the oD_1 direction, in which different scales are used for the sake of clarity. The 2D surface profiles of the machined surface in different specified radial directions (see directions oD_1 to oD_8 in Fig. 5) are analyzed. The FFT-based frequency spectrum analysis of these 2D profile shows that data in different directions have the same frequency components, which means that the frequency components in any single radial direction are identical.

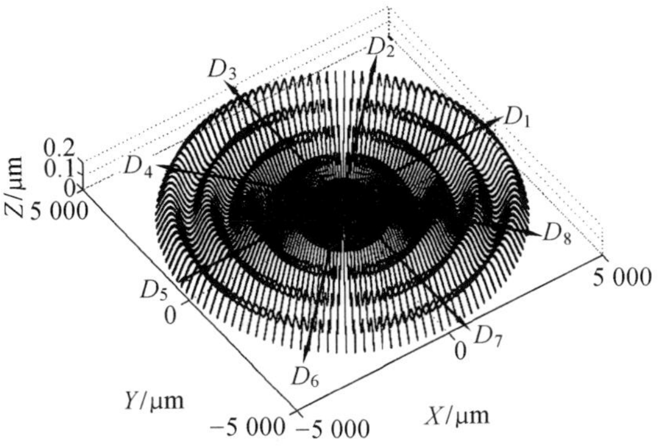

Fig. 5 Machined surface for case 1 in Table 1

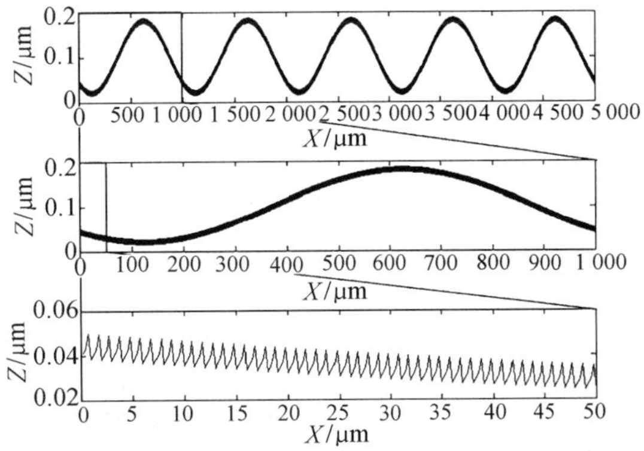

Fig. 6 2D surface profile in direction oD_1 for case 1 in Table 1

The spatial frequencies of the profiles in radial directions for the 12 cases in Table 1 are analyzed, and the results are given in Table 2. The values of the spatial frequencies fs are listed for each group in ascending order, i.e., $f_{s1}<f_{s2}<f_{s3}$. An example of the spatial frequency spectrum for Case 1 is shown in Fig. 7. In Fig. 7, it can be seen that three different frequency components can be found, 0.001, 1, and 2 μm^{-1}, respectively. Their corresponding peaks are 0.08, 0.005, and 0.006 μm, which are in accordance with the amplitudes of each original dynamic error.

Table 2 Spatial frequency components of machined surface in radial directions with aliasing effect

f_s	No. 1	2	3	4	5	6	7	8	9	10	11	12
f_{s1}	0.001	0.001	0.001	0.001	0.01	0.01	0.01	0.01	1	0.5	2	1.5
f_{s2}	1	1	2	2	1	1	2	2	1.5	1	2.5	2
f_{s3}	2	-	4	-	2	-	4	-	2	-	4	-

The units of f_{s1}, f_{s2} and f_{s3} are μm^{-1} . "–" in the column means "vacancy"

For the comparison with the spatial frequency components of the surface error in the presence of the aliasing effect on the machined surface, the corresponding spatial frequency components of the 2D surface profile without aliasing for each case are listed in Table 3. It should be mentioned that the spatial frequency data in Table 3 are obtained based on the 2D motion trajectory of the cutting tool relative to the workpiece.

According to Tables 1 and 2, it can be seen that the spatial frequency component of the machined surface profile not only depends on the frequency factors of the kinematics-induced dynamic error ($E_k(z)$) and vibration-induced dynamic errors ($E_{vw}(z)$ and $E_{vt}(z)$), but also on the rotation speed of the C axis (R_C) and the feed velocity of the X axis (F_X). Through the comparison of the magnitudes of the spatial frequencies of the machined surface profile between the simulation and that of theoretical analysis in Section 3 of this paper (see Eqs. (13)-(15)), it is found that these two results are totally consistent, i.e., the magnitude of frequency components obtained by Eqs. (13)-(15) for each group are exactly the same as that from the analysis of the simulation results.

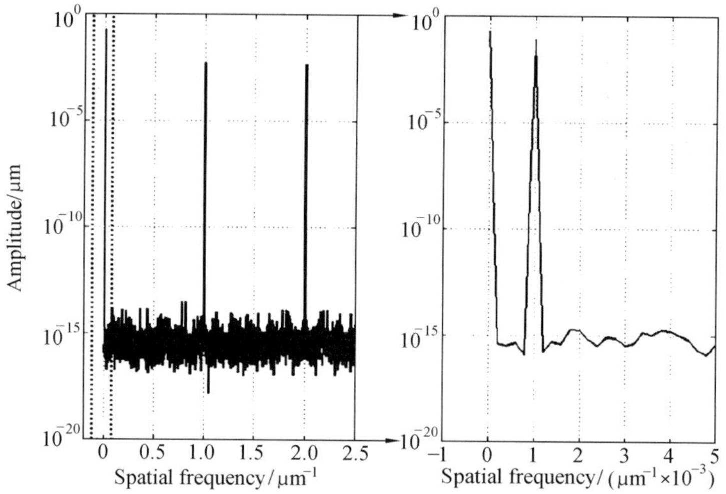

Fig. 7 Surface spatial frequency spectrum in direction oD1 for case 1 in Table 1

From Table 2, it can be seen that the spatial frequency content of the surface in Cases 2, 4, 6, 8, 10, and 12 only consists of two different frequency components, rather than three as in the other cases. The reason is that the magnitudes of R_C, F_X, and f_{vt} result in a magnitude of the corresponding f_{VT} equal to zero; see Eq. (15). This means that the vibration-induced dynamic errors will not result in a spatial frequency component of the machined surface in these cases. These results show the possibility and effectiveness of reducing the number of spatial frequency components or eliminating certain components, i.e., predicting and controlling their magnitudes.

Tables 2 and 3 clearly show the differences in the spatial frequency spectra with or without the aliasing effect. When f_{s1}=0.001 or f_{s1}=0.01, no differences in the spatial frequencies in Tables 2 and 3 can be found, see Cases 1 to 8, because the magnitude of the time domain frequency in each case is less than the Nyquist frequency f_N; hence, aliasing will not occur. In the other cases, the aliasing effect will influence the magnitudes of the final spatial frequency components because the value of the time domain frequencies of the original spatial frequency components are larger than the Nyquist frequency f_N. When the aliasing effect exists, the phenomenon that the shape of the 2D surface profile will change, just like "signal distortion." Case 9 is taken as an example here. Figures 8(a) and 9(a) show the comparison of the 2D surface profiles without and with aliasing, while Figs. 8(b) and 9(b) show the comparison of their spatial frequency spectra. It can be seen that the aliasing effect leads to a shape change of the 2D surface profile, i.e., the spatial frequency spectrumalso changes from (5.5, 9, and 10 μm^{-1}) to (1, 1.5, and 2 μm^{-1}).

In the case study, a flat surface turning is selected. However, the above frequency domain analysis results can be applied to both flat and non-flat surfaces based on the precondition that the evaluation direction of the dynamic errors must be consistent with the normal direction of the generatrix of the 3D surface of revolution in turning, i.e., the evaluation direction of the dynamic errors must be perpendicular to the trajectory of the cutting tool in the surface generation process, the schematic of which is shown in Fig. 10.

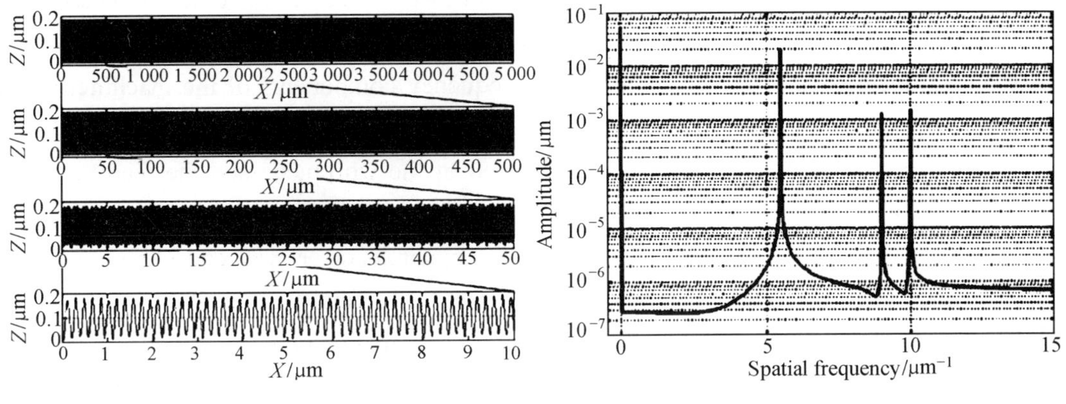

(a) (b)

Fig. 8 (a)2D surface profile in radial direction without aliasing for case 9. (b)Spatial frequency spectrum of the 2D surface profile in radial direction without aliasing for case 9

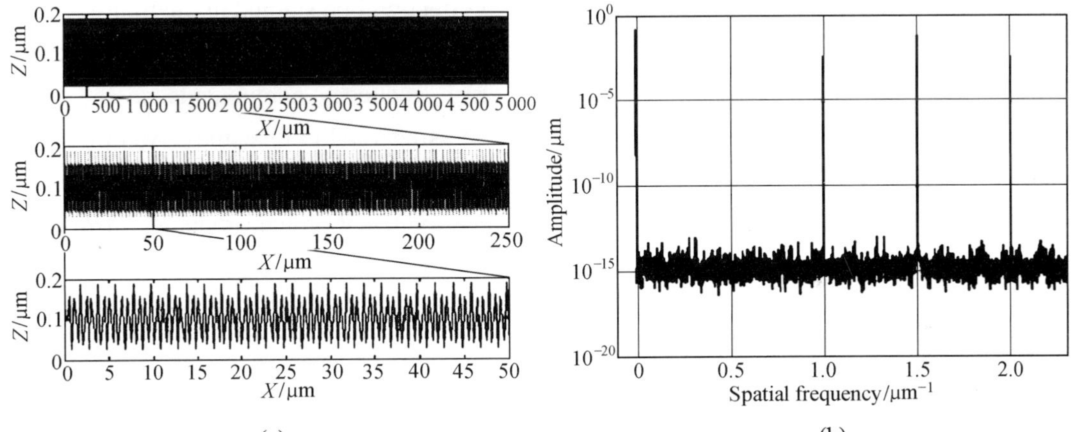

(a) (b)

Fig. 9 (a)2D surface profile in radial direction with aliasing for case 9. (b)Spatial frequency spectrum of 2D surface profile in radial direction with aliasing for case 9

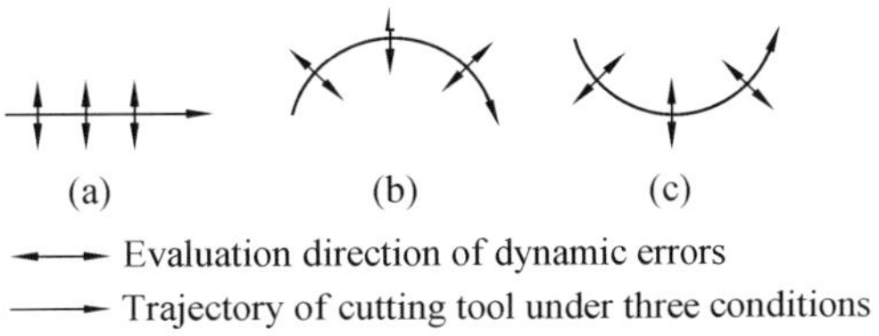

Fig. 10 Schematic of evaluation direction of dynamic errors

According to the above analysis, it can be seen that the simulation results effectively testify the correctness of the theoretical analysis and methods in Sections 3 and 4, as well as the proposed

3D surface generation method involving dynamic errors.

The volumetric points for forming the machined surface in face turning case can be considered as the function of time-varying volumetric errors, the rotation speed of the workpiece, and the feed velocity of the linear axes. Therefore, the spatial frequency components of the machined surface are actually determined by the kinematics-induced dynamic errors and vibration-induced dynamic errors in the two structural loops if the rotation speed of the workpiece and the feed velocity of linear axes are known.

In this study, only a single kinematics-induced dynamic error was considered. It should, however, be mentioned that there may be coupling effect in the final frequency components of the machined surface. The coupling effect is that the part of kinematics-induced dynamic errors in the volumetric error mathematical model has at least one sine product term simultaneously influenced by two or more position-dependent motion variables (i.e., mutual coupling), which cannot be expressed by the linear sum of series of sine functions with only one position-dependent motion variable. Usually, the coupling effect exists in the case that the targeted surface is realized by the simultaneous motion of two or more structural components during machining. The frequency domain dynamic errors analysis considering coupling effect will be studied in the future.

It should be mentioned that tool geometry, material related factors, and original surface characteristics may have some influence on the error frequency components on the machined surface as well as the error magnitude [23, 24], which is disregarded in this study. And the frequency spectrum in the non-radial directions of the machined surface is not studied in this paper, which can be obtained after considering the tool geometry. The frequency domain dynamic errors analysis considering tool geometry will be presented in the next research.

Besides the verification of the simulation case for the frequency domain error analysis in this study, the analysis results of the spatial frequency components of the machined surface in radial directions due to vibration-induced dynamic error agree well with the former research by Kim [18]. This study has potential applications in predicting and controlling the spatial frequency components of machined surfaces, as well as designing machine tool in some industrial fields where the workpiece surface has strict spatial frequency requirements.

7 Conclusions

This paper deals with the frequency domain error analysis in turning. The key attention is paid to how the two different types of dynamic errors influence the frequency domain errors of the machined surface. The conclusions can be drawn as follows.

（1）The dynamic errors of a machine tool are classified to two parts, one is kinematics-induced dynamic error and the other is vibration-induced dynamic error. The dynamic error is considered as the sum of single error sine functions based on Fourier Transformation theory. The surface generation method based on the volumetric error is proposed, in which the kinematics- and vibration-induced dynamic errors are involved.

（2）The theoretical frequency domain error analysis is given, and the mathematical laws to obtain the spatial frequency components of machined surface error in radial directions are deduced. The spatial frequency components of the machined surface in radial directions are not directly influenced by the original frequency factors of the error components, but the aliased frequency factors of which. Meanwhile, the method to reduce the number of spatial frequency components or eliminate specified one, predict and control the magnitude of spatial frequency components of the machined surface in radial directions is put forward.

（3）A case study of face turning is followed, the results of which shows the effectiveness of theoretical analysis and proposed methods.

（4）This study is meaningful which predict and control the spatial contents of machined surface, as well as design the machine tool in some industrial fields where the workpiece has strict the spatial frequency requirements. It should be mentioned that tool geometry, material related factors, and original surface characteristics are not considered in this study. Next research will aim at the frequency domain dynamic errors analysis considering tool geometry as well as the related experimental verification.

Acknowledgement

This work is supported by National Science Fund for Distinguished Young Scholars of China (No. 50925521), China Scholarship Council (CSC). The authors also would like to express their sincere thanks to Prof. Kornel F. Ehmann in Northwestern University for his help.

References

[1] SPAETH M L, MANES K R, WIDMAYER C C, et al. National Ignition Facility wavefront requirements and optical architecture[J]. Optical Engineering, 2004, 43(12): 2854-2865.

[2] LIANG Yingchun, CHEN Wanqun, SUN Yazhou, et al. Dynamic design approach of an ultra-precision machine tool used for optical parts machining[J]. Proceedings of the Institution of Mechanical Engineers Part B Journal of Engineering Manufacture, 2012, 226(11): 1930-1936.

[3] CHEUNG C F, LEE W B. A theoretical and experimental investigation of surface roughness formation in ultra-precision diamond turning[J]. International Journal of Machine Tools and Manufacture, 2000, 40(7): 979-1002.

[4] CHEUNG C F, LEE W B. Characterisation of nanosurface generation in single-point diamond turning[J]. International Journal of Machine Tools and Manufacture, 2001, 41(6): 851-875.

[5] HOCHENG H, HSIEH M L. Signal analysis of surface roughness in diamond turning of lens molds[J]. International Journal of Machine Tools and Manufacture, 2004, 44(15): 1607-1618.

[6] YU Deping, HONG G S,WONG Y S. Profile error compensation in fast tool servo diamond turning of micro-structured surfaces[J]. International Journal of Machine Tools and Manufacture, 2012, 52(1): 13-23.

[7] ZHANG S J, TO S, CHEUNG C F, et al. Dynamic characteristics of an aerostatic bearing spindle and its

influence on surface topography in ultra-precision diamond turning[J]. International Journal of Machine Tools and Manufacture, 2012, 62: 1-12.

[8] ZHANG S J, TO S, CHEUNG C F, et al. A theoretical and experimental investigation into five-DOF dynamic characteristics of an aerostatic bearing spindle in ultra-precision diamond turning[J]. International Journal of Machine Tools and Manufacture, 2013, 71: 1-10.

[9] BENARDOS P G, VOSNIAKOS G C. Predicting surface roughness in machining: a review[J]. International Journal of Machine Tools and Manufacture,2003, 43(8): 833-844.

[10] JIAO Yue, LEI Shuting, PEI Z J, et al. Fuzzy adaptive networks in machining process modeling: surface roughness prediction for turning operations[J]. International Journal of Machine Tools and Manufacture, 2004, 44(15): 1643-1651.

[11] LI X, VENUVINOD P K, DJORJEVICH A, et al. Predicting machining errors in turning using hybrid learning[J]. The International Journal of Advanced Manufacturing Technology, 2001, 18(12): 863-872.

[12] LEE S S, CHEN J C. On-line surface roughness recognition system using artificial neural networks system in turning operations[J]. The International Journal of Advanced Manufacturing Technology, 2003, 22(7-8): 498-509.

[13] LUO Xichun, CHENG Kai, WARD R. The effects of machining process variables and tooling characterisation on the surface generation[J]. The International Journal of Advanced Manufacturing Technology, 2005, 25(11-12): 1089-1097.

[14] DAMIANAKIS M A, BEMENT T, LIANG S Y. Kinematics prediction and experimental validation of machined surface roughness[J]. The International Journal of Advanced Manufacturing Technology, 2013, 65(9-12): 1651-1657.

[15] CHEN Guoda, LIANG Yingchun, SUN Yazhou, et al. Study on the direct relation between machine error and machined form accuracy[C]. Berlin, Germany: 13th International Conference EUSPEN, 2013.

[16] YANG S H, NATARAJAN U, SEKAR M, et al. Prediction of surface roughness in turning operations by computer vision using neural network trained by differential evolution algorithm[J]. The International Journal of Advanced Manufacturing Technology, 2010, 51(9-12): 965-971.

[17] MOON K S, SUTHERLAND J W. The origin and interpretation of spatial frequencies in a turned surface profile[J]. Journal of Engineering for Industry, 1994, 116(3): 340-347.

[18] KIM K N. Prediction and characterization of the machined surface topography in the frequency domain[D]. Northwestern University, Evanston, USA: 1999.

[19] HONG M S, EHMANN K F. Generation of engineered surfaces by the surface-shaping system[J]. International Journal of Machine Tools and Manufacture, 1995, 35(9): 1269-1290.

[20] CHEN Guoda, LIANG Yingchun, SUN Yazhou, et al. Volumetric error modeling and sensitivity analysis for designing a five-axis ultra-precision machine tool[J]. The International Journal of Advanced Manufacturing Technology, 2013, 68(9-12): 2525-2534.

[21] EHMANN K F, HONG M S. A generalized model of the surface generation process in metal cutting[J]. CIRP Annals-Manufacturing Technology, 1994, 43(1): 483-486.

[22] LUO X K, CHENG K, LUO X C, et al. A simulated investigation on the machining instability and dynamic

surface generation[J]. The International Journal of Advanced Manufacturing Technology, 2005, 26(7-8): 718-725.

[23] WANG H, TO S, CHAN C Y, et al. A theoretical and experimental investigation of the tool-tip vibration and its influence upon surface generation in single-point diamond turning[J]. International Journal of Machine Tools and Manufacture, 2010, 50(3): 241-252.

[24] WANG H, TO S, CHAN C Y. Investigation on the influence of tool-tip vibration on surface roughness and its representative measurement in ultra-precision diamond turning[J]. International Journal of Machine Tools and Manufacture, 2013, 69: 20-29.

Thermal Analysis of the Hydrostatic Spindle System by the Finite Volume Element Method

Hao Su　Lihua Lu　Yingchun Liang　Qiang Zhang　Yazhou Sun

（Center for Precision Engineering, Harbin Institute of Technology, P. O. Box 413, Harbin, Heilongjiang 150001, People's Republic of China）

Abstract: The temperature rise of an ultra-precision machine tool has a great impact on machining accuracy. Meanwhile, the hydrostatic spindle system is the main internal heat source of the machine tool, which consists of a hydrostatic spindle and a direct current motor. Therefore, it is very significant to study the thermal behaviors of the hydrostatic spindle system. In this paper, an integrated heat-fluid-solid coupling model of the hydrostatic spindle system is built to simulate the heat generation process and the fluid-structure conjugate heat transfer. Then a finite volume element method (FVEM) is proposed by combining the advantages of the finite volume method (FVM) and the finite element method (FEM) with consideration of the interaction of the temperature field, thermal deformation, and eccentricity. Based on the proposed model and method, the thermal characteristics of the hydrostatic spindle system are studied by the two-way heat-fluid-solid coupling analysis. The temperature variations obtained by the simulation agree well with the experimental results, which validate the proposed model and method.

Keywords: hydrostatic spindle system; heat-fluid-solid coupling model; finite volume element method; thermal behavior

1　Introduction

The thermal error caused by the internal and external heat sources of machine tools accounts for more than 50 % of the overall geometrical inaccuracies of workpieces [1, 2]. Therefore, the thermal characteristics of machine tools have been widely studied in order to improve the machining precision [3]. Meanwhile, the spindle system, which consists of the spindle and the motor used in the ultra-precision machine tool, is the main internal heat source and has been widely studied [4, 5].

通讯作者：11B908036@hit.edu.cn.

文章发表信息：International Journal of Advanced Manufacturing Technology, 2014, 71: 1949-1959.

Because thermoelastic deformation processes of machine tools are so complicated, the finite element method (FEM) has been used as the major method to study them [6]. Chen et al. studied the effects of thermal deformation on oil film thickness, stiffness, load capacity, and machining accuracy of a hydrostatic spindle by proposing a thermomechanical error model [7]. Zhao et al. simulated the temperature field and the thermal error of a spindle by the finite element method and studied the changes of the temperature and the thermal error with time [8]. Zhang et al. proposed a whole machine temperature field and thermal deformation modeling and simulated the thermal behaviors of the vertical machining centers by the thermal-structure coupling method [9]. However, in the above researches, the heating sources were just simplified to constant values (temperatures or heat generation rates) obtained by the theoretical equations, which reduced the calculation accuracy. Mayr et al. proposed a finite difference element method (FDEM) by combining the advantages of the finite difference method (FDM) and the finite element method (FEM) in a way of sequential coupling and built a compensation model of a machine tool based on the proposed method [10, 11]. Jedrzejewski et al. proposed a hybrid high-speed machining center headstock model based on the finite element method and the finite difference method in order to guide the design of machine tools [12]. Holkup et al. proposed a thermomechanical model of the spindle based on the finite element method to predict the temperature distribution and the thermal deformation [13]. Li et al. improved the accuracy of the thermal simulation of a spindle system by considering the influence of the thermal contact resistances and the convective heat transfer coefficients [14]. However, the interaction between the temperature rise and the thermal deformation was not considered in the methods and the models proposed above. Therefore, Mayr et al. suggested that the more accurate simulation model and calculation method should be proposed in the thermal analysis of the machine tools [15].

This paper proposes an integrated heat-fluid-solid coupling model of the hydrostatic spindle system. The heat generation process is simulated directly by the proposed model, and the fluid-structure conjugate heat transfer is also included in the model. So the temperature field is calculated more accurately. Meanwhile, in order to consider the interaction among temperature rise, thermal deformation, and eccentricity, a finite volume element method (FVEM) is proposed. Based on the integrated model and the FVEM, the influence of temperature rise on the performance of the hydrostatic spindle system is studied by the two-way heat-fluid-solid coupling analysis. Finally, the experiment is set up to validate the proposed model and method.

2 Structure of the hydrostatic spindle system

The structure of the studied hydrostatic spindle system of a fly cutting machine tool is shown in Fig. 1. Surfaces (1)-(4) in Fig. 1 denote the different surfaces with different heat transfer regimes used in Section 4.

For the studied hydrostatic spindle system, the spindle is driven by the motor. So the iron loss and the copper loss of the motor will cause the temperature rise. When the hydrostatic spindle works, the spindle rotates at the speed of 390 r/min, the inlet pressure is up to 11 MPa, and the designed oil film thickness is only 25 μm. So the viscous power dissipation of the hydraulic oil will be another main internal heat source. The heat taken away by the hydraulic oil will cause the temperature rise of the hydraulic oil in the oil tank. So the inlet temperature increases constantly with time. Meanwhile, the convective heat transfers between the outside surfaces of the system and the ambient air occur with the temperature differences between them.

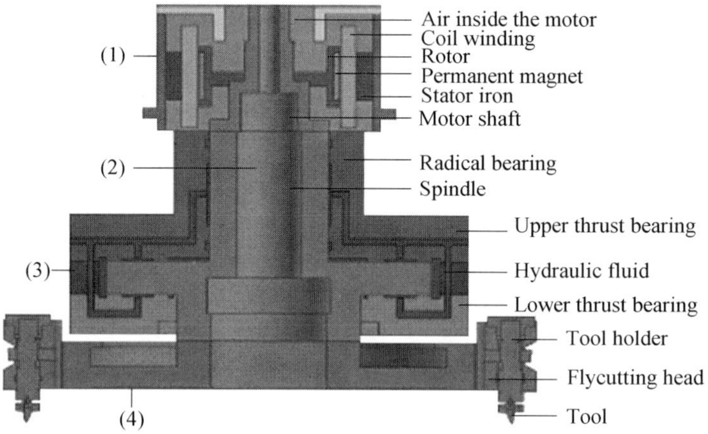

Fig. 1 Structure of the hydrostatic spindle system

In addition, thermal deformation occurs in the hydrostatic spindle system under the influence of the temperature field, which results in the change of the oil film thickness. Then the bearing load capacity will change accordingly with the oil film thickness, and the eccentricity of the bearing will also change under the influence of the external load and the self-gravity of the spindle. So the oil film thickness changes under the influence of thermal deformation and eccentricity. Meanwhile, the change of the oil film thickness also has an impact on the temperature field in return. Therefore, the interaction of thermal deformation, temperature field, and eccentricity exits during the operation of the hydrostatic spindle system.

Therefore, all the conditions mentioned above have to be considered in the simulation of the hydrostatic spindle system in order to improve accuracy. Therefore, the hydrostatic spindle system is modeled synthetically and the finite volume element method is proposed.

3 Model and FVEM

3.1 Heat-fluid-solid coupling model

The heat-fluid-solid coupling model is built based on the finite volume method. The heat generation process and the fluid-structure conjugate heat transfer are obtained by solving the energy equation in the following form [16]

$$\frac{\partial}{\partial t}(\rho\pi)+\nabla\cdot(\vec{v}(\rho E+p))=\nabla\cdot(k\nabla T+(\bar{\tau}\cdot\vec{v}))+S_{\mathrm{h}} \tag{1}$$

where ρ is the density of the fluid or solid , E is the energy content per unit mass, $\vec{v}$ is the velocity vector, p is the pressure, k is the conductivity, T is the temperature, $\bar{\tau}$ is the stress tensor, and S_h is any other volumetric heat source.

In Eq. (1), the term S_h represents the energy caused by the copper loss and iron loss of the motor, and the term $\nabla\cdot(\bar{\tau}\cdot\vec{v})$ represents the energy caused by the viscous power dissipation of the hydraulic oil. For the term $\nabla\cdot(k\nabla T)$, it is used to calculate the heat transfers among the solid, hydraulic fluid, and ambient air.

Meanwhile, the flow field is also obtained by the FVM. Because the hydraulic oil in the hydrostatic bearing is in the laminar flow regime and is assumed to be the steady viscous incompressible flow, the flow field is calculated by solving

$$\frac{\partial u}{\partial x}+\frac{\partial v}{\partial y}+\frac{\partial w}{\partial z}=0 \tag{2}$$

$$\frac{\partial}{\partial t}(\rho\vec{v})+\nabla\cdot(\vec{v}\,\vec{v})=-\nabla p+\nabla\cdot(\bar{\tau}) \tag{3}$$

where u, v, and w are x, y, and z components of velocity $\vec{v}$, and $\bar{\tau}$ is the stress tensor.

Therefore, the mathematical model of the heat-fluid-solid coupling analysis is composed of Eqs. (1), (2), and (3). Based on the mathematical model, the finite element model is built by the FLUENT software. In the finite element model, the hydraulic oil, the motor, and the hydrostatic spindle are all included. The inlet pressure (11 MPa) and the rotational speed (390 r/min) of the spindle are assigned to the finite element model. The heat generation rates are also assigned to the coil winding and the stator iron core of the motor in the model. In addition, the periodic boundary condition is adopted in the finite element model to raise the calculation speed.

3.2 Finite volume element method

As mentioned above, the oil film thickness is influenced by thermal deformation and eccentricity. So the oil film thickness can be obtained by

$$h_i=h_0-\Delta h_d-\Delta h_e \tag{4}$$

where h_i is the oil film thickness when $t=t_i$, h_0 is the initial oil film thickness, Δh_d is the change of the oil film thickness caused by the thermal deformation when $t=t_i$, and Δh_e is the change of the oil film thickness caused by the eccentricity under the influence of the external load and self-weight of the spindle when $t=t_i$.

So the FEM is used to calculate Δh_d in Eq. (4) by solving[17]

$$[K]\{\delta\}=P_T \tag{5}$$

where $[K]$ is the stiffness matrix; $\{\delta\}$ is the displacement vector; and P_T is the temperature load.

For the radial bearing and the lower thrust bearing, Δh_e can be obtained by Eq. (6). However, Δh_e of the upper bearing is the opposite of the value obtained by

$$\Delta h_e=(W_0-W_d)/J_d \tag{6}$$

where W_0 is the load capacity of the bearing before thermal deformation, W_d is the load capacity of the bearing after the thermal deformation when $t=t_i$, and J_d is the stiffness of the bearing after thermal deformation when $t=t_i$.

For the thrust bearing, the parameter W_0 can be obtained by

$$W_0 = G + f \tag{7}$$

where G is the self-gravity of the spindle and f is the external load in the z-axis direction exerted on the tool nose.

By solving Eqs. (2) and (3), the pressure field (p) of the hydraulic oil can be calculated when $t=t_i$. Then the bearing load capacity (W_d) is obtained by integrating the fluid pres-sure. Based on the bearing load capacity (W_d), the stiffness (J_d) is obtained.

In order to consider the interaction among the temperature field, thermal deformation, and eccentricity, Eqs. (1)-(3) and (4) have to be coupled together. So the finite volume element method (FVEM) is proposed. Figure 2 shows the schema of the FVEM with structural parameters, material characteristics, and machining parameters as input and thermal error, machining accuracy, and machine tool performance as output. In Fig. 2, the power losses are denoted by the terms S_h and $\nabla\cdot(\overline{\tau}\cdot\vec{v})$ of Eq. (1). In the FVEM, the temperature field T obtained by Eq. (1) is adopted as the temperature load PT in Eq. (5). Meanwhile, the thermal deformation $\{\delta\}$ obtained by Eq. (5) and the eccentricity obtained by Eqs. (2)-(3) and (6) are used to update the model, that is to update the parameters such as pressure p and velocity vector $\vec{v}$ in Eqs. (1)-(3). Therefore, the change of the oil film thickness will be fed back to the heat-fluid-solid coupling model constantly during the simulation in order to consider the interaction among the temperature field, thermal deformation, and eccentricity.

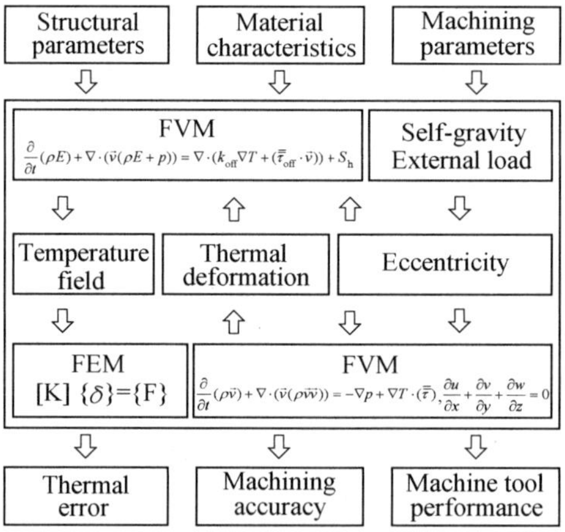

Fig. 2 Schema of the FVEM

The proposed method is realized by combining the FLU-ENT software and the ANSYS software. The data transfer between them is done by the user-defined function (UDF) and the ANSYS parameter design language (APDL). The inlet temperature change of the hydraulic oil is measured by the experiment and is imposed on the model by the UDF.

Figure 3 shows the iteration process of the FVEM, which indicates that the proposed method is an iterative algorithm. The structure of the system is assumed to be changeless at every time interval Δt and is updated at discrete time points according to thermal deformation and eccentricity.

The implementation process of the FVEM can be divided into four interrelated parts:

1. The calculation of the temperature field using the FLUENT software
2. The calculation of the thermal deformation using the ANSYS software
3. The updating of the model by thermal deformation using the UDF and the APDL
4. The updating of the model by eccentricity using the UDF and the APDL

In order to start the simulation according to Fig. 3, the heat sources are studied firstly.

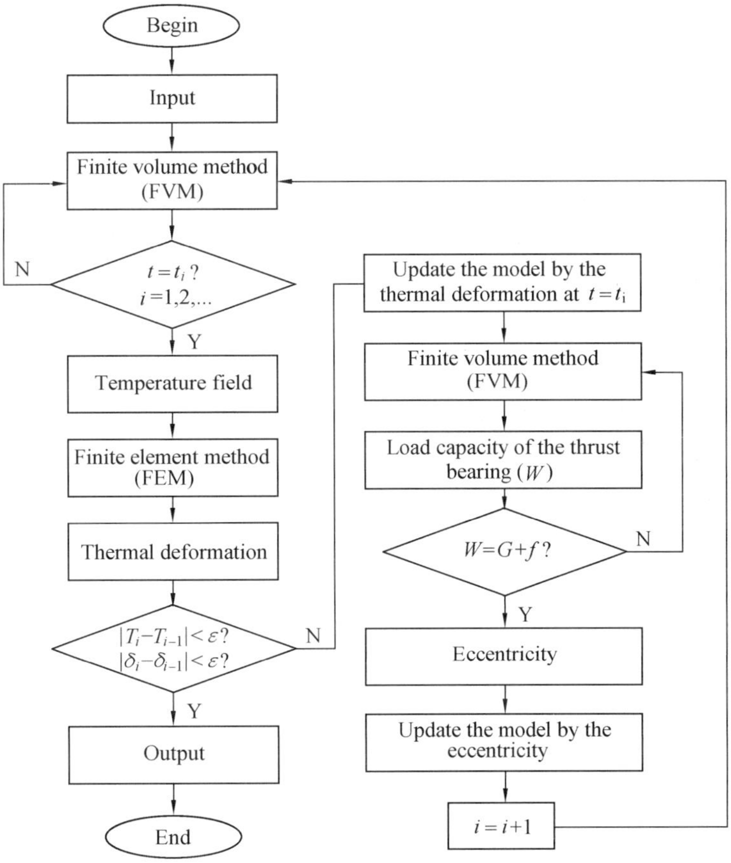

Fig. 3 Flow chart of the FVEM

4 Heat sources analysis

For the studied hydrostatic spindle system, the heat source consists of the motor, the hydraulic oil, and ambient air. The heat generation rates are assigned to the stator iron core and the coil winding to simulate the heat generation process of the motor. The heat generation process of the hydraulic oil is directly simulated by solving Eq. (1) using the FLUENT software. The influence of the ambient air is considered by imposing the convective heat transfer coefficients in all the outside surfaces of the system.

4.1　Heat generation rate of the motro

As shown in Fig. 1, the permanent magnet synchronous motor is used in the hydrostatic spindle system. So the eddy current loss of the rotor can be neglected because its magnetic field is almost constant. Therefore, the main heat sources in the motor are the iron loss and copper loss of the stator. Both the iron loss and the copper loss consist of two parts: intrinsic loss and additional loss. For the studied model, only the intrinsic loss is taken into consideration, which is the main heat source of the motor.

The heat generation rates caused by the iron loss and copper loss of the stator can be obtained respectively by [18]

$$P = K_a P_{1.0/50} B^2 (\frac{f}{50})^{1.3} \tag{8}$$

$$P_{Cu} = 3I^2 R \tag{9}$$

where P is the heat generation rate caused by the iron loss, P_{Cu} is the heat generation rate caused by the copper loss, K_a=1.5 is the correction factor, $P_{10/50}$=4.7 W/kg is the heat generation rate per unit weight when f=50 Hz and B_{max}=1.0 T, B=0.8 T is the air gap flux density, f=39 Hz is the alternative frequency, I=4.7 A is the phase current, and R=1.68 Ω is the phase resistance.

The iron core is composed of 0.5 mm thick silicon steel sheets, each of which is coated with the insulating medium which degrades the thermal conductivity of the iron core drastically. The coil winding is coated with the insulating varnish as well. Therefore, the equivalent thermal conductivities are introduced with consideration of the influence of the insulating medium and the insulating varnish, which are given by

$$\lambda_T = \frac{1}{\left(\frac{K_{Fe}}{\lambda_1} + \frac{1-K_{Fe}}{\lambda_0}\right)} \tag{10}$$

$$\lambda_R = \frac{(\delta_{Cu} + \delta_j)}{\left(\frac{\delta_{Cu}}{\lambda_{Cu}} + \frac{\delta_j}{\lambda_j}\right)} \tag{11}$$

where λ_T is the equivalent thermal conductivity of the iron core, λ_R is the equivalent thermal conductivity of the coil winding, K_{Fe}=0.95 is the lamination factor, λ_1=40 W/(m °C) is the thermal conductivity of the silicon steel, λ_0=0.2 W/(m°C) is the thermal conductivity of the insulating medium, δ_{Cu}=0.53 mm is the diameter of the copper wire, δ_j=0.05 mm is the thickness of the insulating varnish, λ_{Cu}=387.6 W/(m °C) is the thermal conductivity of the copper, and λ_j=0.2 W/(m °C) is the thermal conductivity of the insulating varnish. According to Eqs. (8)–(11), P=20.6 W, P_{Cu}=111.3 W, λ_T=3.6 W/(m °C), and λ_R=4.39 W/(m °C).

4.2 Heat source in the hydrostatic bearing

Fig. 4 shows the relative motion in the lands between the spindle and the bearing pads. The shear stresses in the x-axis direction on a two-dimensional (2D) element extracted from the hydraulic oil are also shown in Fig. 4.

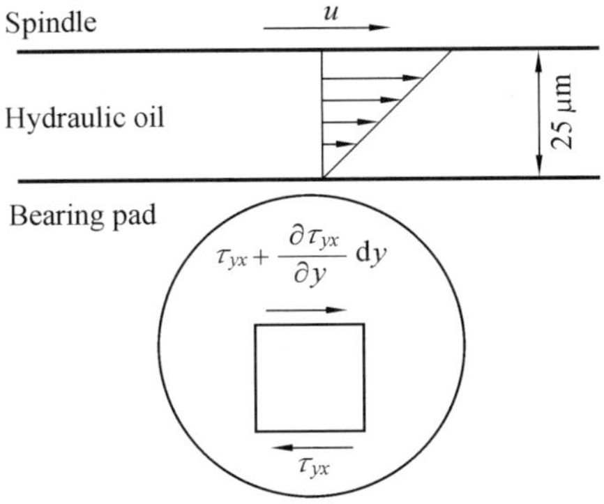

Fig. 4 Flow in the lands and the x direction shear stresses on a 2D element

From Fig. 4, it can be seen that the power of the element resulting from the shear stresses in the x-axis direction can be obtained by [16]

$$p_x=(u\tau_{yx}+\frac{\partial(u\tau_{yx})}{\partial y}\mathrm{d}y-u\tau_{yx})dx=\frac{\partial(u\tau_{yx})}{\partial y}\mathrm{d}x\mathrm{d}y \tag{12}$$

Then for the three-dimensional (3D) element, the power of the element resulting from the viscous stresses can be obtained by

$$\begin{aligned}p&=\nabla\cdot(\overline{\tau}\cdot\vec{v})\mathrm{d}x\mathrm{d}y\mathrm{d}z\\&=(\frac{\partial(u\tau_{xx})}{\partial x}+\frac{\partial(u\tau_{yx})}{\partial y}+\frac{\partial(u\tau_{zx})}{\partial z}+\frac{\partial(u\tau_{xy})}{\partial x}+\frac{\partial(u\tau_{yy})}{\partial y}+\\&\quad\frac{\partial(u\tau_{zy})}{\partial z}+\frac{\partial(u\tau_{xz})}{\partial x}+\frac{\partial(u\tau_{yz})}{\partial y}+\frac{\partial(u\tau_{zz})}{\partial z})\mathrm{d}x\mathrm{d}y\mathrm{d}z\end{aligned} \tag{13}$$

where τ_{ij} is the shear stress in the i-axis direction on the face perpendicular to the j-axis direction; τ_{xx}, τ_{yy}, and τ_{zz} are the normal stresses; and u, v, and w are the components of the velocity vector. The τ_{ij} is related to the viscosity and the velocity gradient of the hydraulic oil.

Because the velocity gradient varies with the position of the element, the heat generation rates in different positions of the hydraulic oil vary widely, and the temperature distribution of the hydraulic oil is asymmetrical. Therefore, it is inaccurate to simplify the heat source in the hydrostatic bearing to constant values (temperatures or heat generation rates). In the proposed FVEM, the temperature distribution is calculated by integrating Eq. (1) in each element using the FLUENT software so that the actual heat generation process is simulated and the more accurate temperature distribution is obtained.

4.3 Computation of the convection heat transfer coefficients

The heat convection between the outside surfaces of the spindle system and the ambient air occurs with differences in temperature between them. The heat transfer regimes (natural or forced convection) of the outside surfaces have to be determined before calculating the convection heat transfer coefficients. For the stationary surfaces such as surfaces (1) and (3) shown in Fig. 1, the heat transfer regime is the natural convection obviously. For the rotary surfaces, such as surfaces (2) and (4) shown in Fig. 1, the heat transfer regime is determined by [7]

$$\frac{Gr}{Re^2}=\frac{g\beta L\Delta T}{(R\omega)^2} \tag{14}$$

where G_r is the Grashof number, R_e is the Reynolds number, g is the acceleration of gravity, β is the volumetric thermal expansion coefficient, ΔT is the temperature difference between the wall surface and ambient air, L is a characteristic scaling length of the wall geometry, R is the rotation radius, and ω is the rotation speed.

If G_r/Re^2 >>1, the natural convection takes dominant position in the heat transfer, whereas if G_r/Re^2<< 1, the forced convection does. Based on Eq. (14), the heat transfer regimes of all outside surfaces are determined after assuming the temperature difference (ΔT) from experience for each wall surface. Then the convection heat transfer coefficient can be obtained by

$$h=(Nu\lambda)/L \tag{15}$$

where λ is the heat conductivity of the fluid, L is the characteristic scaling length of the wall geometry, and Nu is the Nusselt number.

For the natural convection, the Nusselt number is determined by the Grashof number and the Prandtl constant, which is given by [19]

$$Nu=0.59(Gr\cdot Pr)^{0.25} \tag{16}$$

For the forced convection, the Nusselt number is determined by the Reynolds number, which is given by [20]

$$Nu=0.326(Re)^{0.5} \quad 4\leqslant Re\leqslant 200\,000 \tag{17}$$

Then the convection heat transfer coefficients of all wall surfaces are obtained. Table 1 only presents the calculation results of surfaces (1)–(4) shown in Fig. 1.

Table 1　Convection heat transfer coefficients of surfaces (1)-(4)

Tpye	Wall surface	L	ΔT	Pr or Re	Gr	Nu	h
Natural convection	(1)	0.13	9	0.71	2 850 000	22	4.6
	(3)	0.155	14	0.71	5 300 000	28	4.82
Forced convection	(2)	0.107	5	66 000	880 000	83.75	21
	(4)	0.07	10	6 800	490 000	26.9	10.3

5 Calculation results and analysis

5.1 Calculation results

Based on the heat source analysis, the thermal analysis is carried out by the FLUENT software and the initial temperature field when t=5 min is obtained as shown in Fig. 5. Based on the initial temperature field, thermal deformation when t=5 min is calculated by the ANSYS software as shown in Fig. 6. Then the oil film thickness under the influence of the thermal deformation is studied. Figure 7 shows the oil film thicknesses at the position of the bearing lands after the thermal deformation when t=5 min. The arc-shaped bearing lands are displayed in the cylindrical coordinate, so they are square-shaped in Fig. 7.

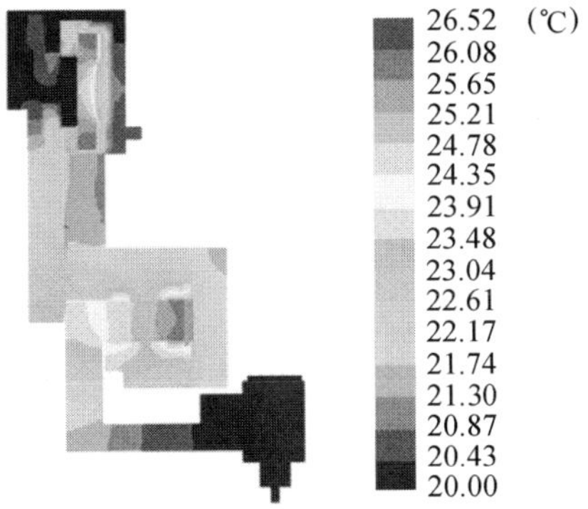

Fig. 5 Temperature field when t=5 min

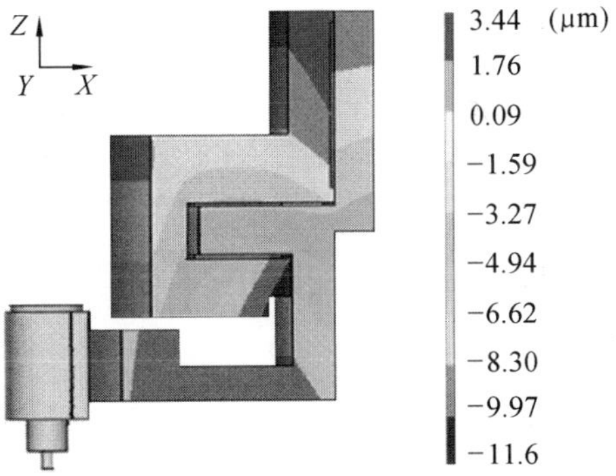

Fig. 6 Thermal deformation in z direction when t=5 min

From Fig. 7(a), it can be seen that the oil film thickness of the lower thrust bearing decreases along the radial direction. The oil film thicknesses at some positions of the lower thrust bearing land are less than the designed oil film thickness and the oil film thickness at other positions are greater than the designed oil film. As shown in Fig. 7(c), the oil film thickness of the radial bearing decreases along the z-axis direction. However, the oil film thickness of the radial bearing decreases compared with the designed oil film thickness. Under the influence of the displacement constraints, the oil film thickness of the upper thrust bearing changes in a different way, as shown in Fig. 7(b).

Based on the thermal deformation and the eccentricity of the spindle obtained by the FEM and the FVM, respectively, the heat-fluid–solid model is updated by the UDF and the APDL. Then another loop computation is carried out based on the updated model. According to the proposed method, the working process of the hydrostatic spindle system within 3 h is simulated and the influence of the temperature field on the performance of the hydrostatic spindle system is studied.

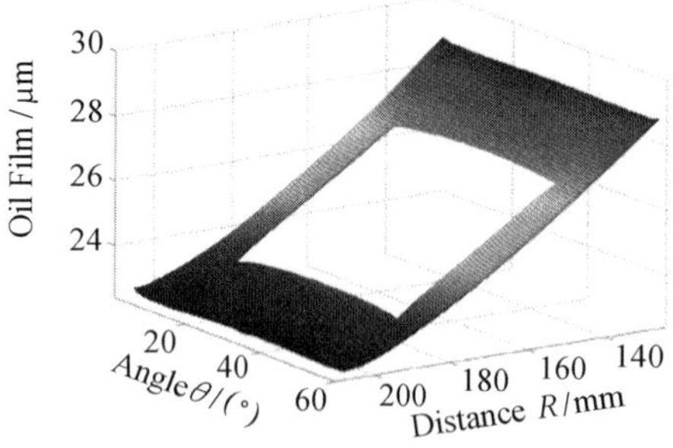

(a) the lower thrust bearing

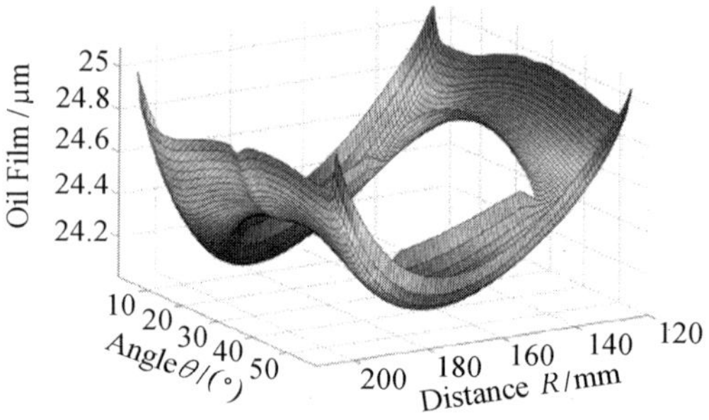

(b) the upper thrust bearing

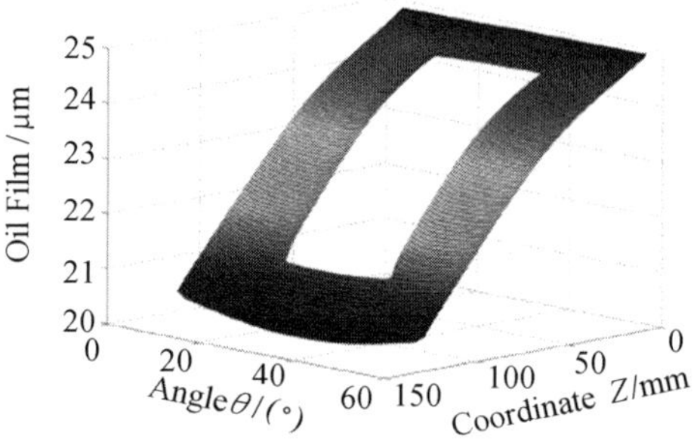

(c) the radial bearing

Fig. 7 Oil film thickness distribution

5.2 Calculation results analysis

5.2.1 Variation of the oil film thickness

Based on the calculation results, the oil film thicknesses at different times are calculated by Eq. (4). To each bearing, the shapes of the oil film at any time are like that when t=5 min shown in Fig. 7. However, the changing amplitude of the oil film thickness increases over time. In order to study the variation of the oil film thickness with time, the oil film thicknesses at different times in a certain position of each bearing land are extracted, as shown in Fig. 8.

From Fig. 8(a)-(c), it can be seen that the oil films of the lower bearing and the radial bearing are wedge-shaped under the influence of the temperature rise, and the wedge angles increase monotonously over time. Compared with the designed oil film thickness (25 μm), the oil film thickness of the radial bearing decreases with time. For the lower thrust bearing, the region where the oil film thickness is less than 25 μm decreases with time. However, for the upper bearing, the variation of the oil film thickness with time is different with the others, as shown in Fig. 8b. The oil film thickness of the upper thrust bearing decreases firstly and increases subsequently compared with the designed oil film thickness. The difference is caused by the displacement constraint imposed on the upper bearing by the beam of the studied machine tool.

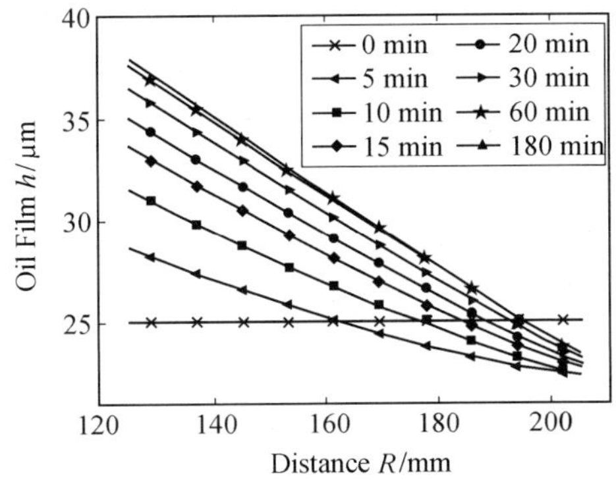

(a) The lower thrust bearing when θ=3.5°

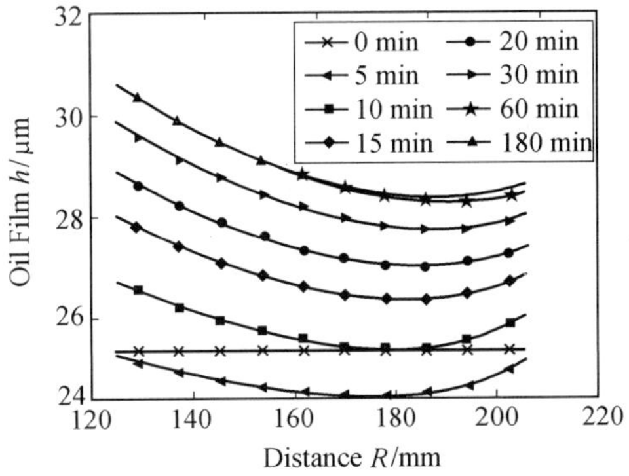

(b) the upper thrust bearing when θ=3.5°

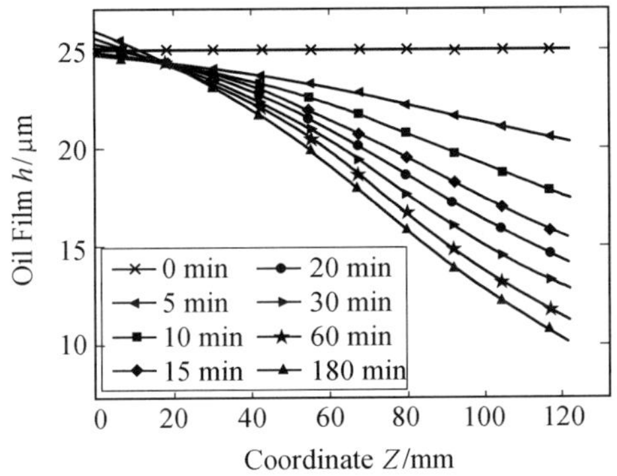

(c) the radial bearing when θ=8.85°

Fig. 8 Oil film thickness distribution at different times

5.2.2 Variation of the bearing load capacity

Because the bearing load capacity is determined by the oil film thickness, the bearing load capacity will change with the oil film thickness. Figure 9 shows the variation of the bearing load capacity with time.

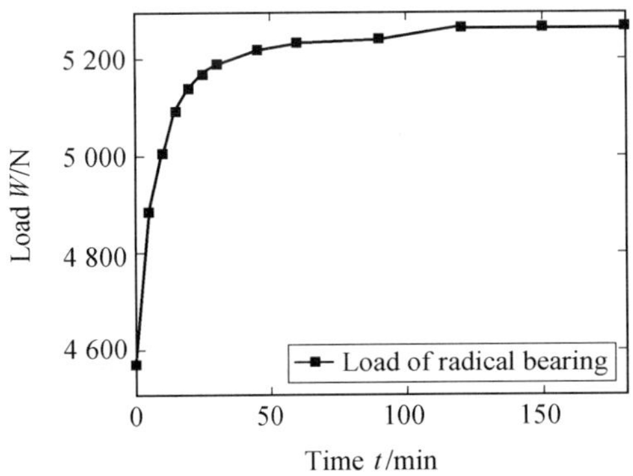

(a) The radial bearing

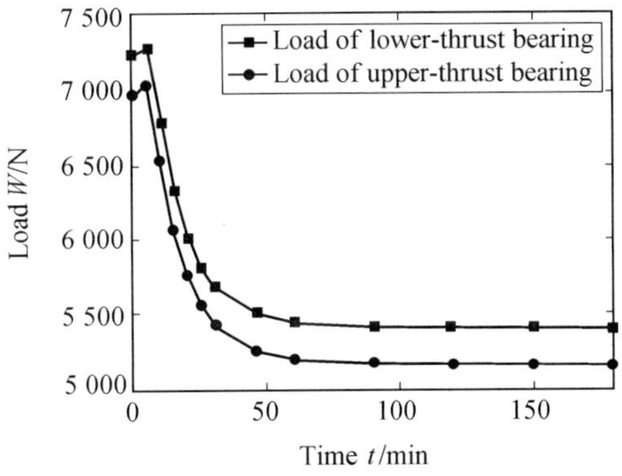

(b) the lower thrust bearing and the upper thrust bearing

Fig. 9 Variation of the bearing load capacity

As shown in Fig. 9(a), the load capacity of the radial bearing increases continuously with the oil film thickness until it becomes stable. Because the oil film thickness of the radial bearing decreases constantly as shown in Fig. 8(c), its load capacity increases with time. From Fig. 9(b), it can be seen that the load capacities of the lower thrust bearing and the upper thrust bearing increase slightly first, then decrease rapidly, and finally, tend to be stable. The variation of the upper thrust bearing's load capacity is consistent with the variation of its oil film thickness. For the lower thrust bearing, the oil film thickness in a large region decreases at the beginning, so its load capacity increases firstly.

5.2.3　Variation of the static stiffness

Under the influence of the oil film thickness, the static stiffness will also change with time, as shown in Fig. 10. As shown in Fig. 10(a), the static stiffness of the radial bearing decreases rapidly, the initial value of which is 478.68 N/μm.

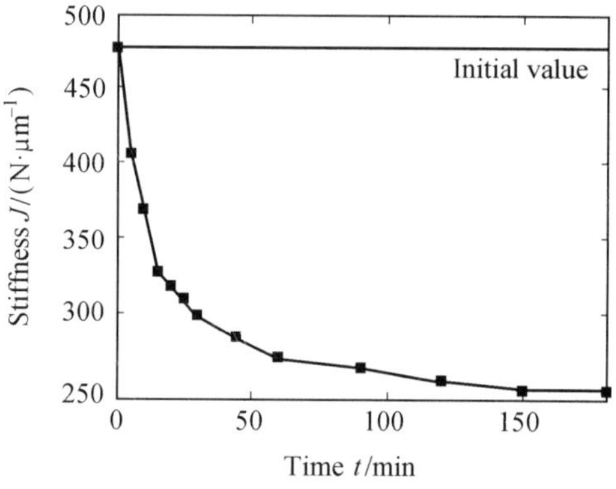

(a) The radial bearing

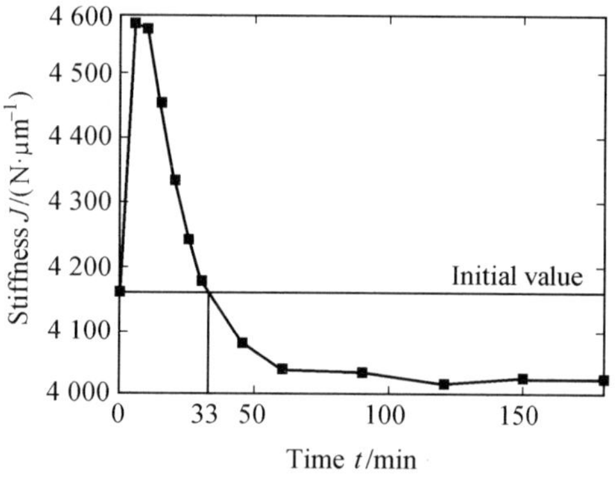

(b) the thrust bearing

Fig. 10　Variation of the static stiffness

The monotonous change of the radial bearing's static stiffness is determined by the variation of its oil film thickness. For the thrust bearing, the initial value of the static stiffness is 4 160.63 N/μm. As shown in Fig. 10b, the static stiffness of the thrust bearing increases firstly and then decreases. In the first 33 min, the static stiffness of the thrust bearing is higher than the initial value and the maximum value is up to 4 585.9 N/μm. From Fig. 10, it can be seen that the static stiffness of the radial bearing decreases by 232.38 N/μm (48.5%) after 3 h and that the static stiffness of the trust bearing decreases by 142.63 N/μm (3.4%) after 3 h under the influence of the temperature rise. Therefore, the influence of the temperature rise on the radial bearing is greater than that on the thrust bearing.

5.2.4　Influence of thermal displacement on machining precision

Considering the influence of the temperature field, the deformation of the tool nose in the z direction caused by thermal displacement and eccentricity is predicted by the proposed model and method, as shown in Fig. 11. From Fig. 11, it can be seen that the deformation of the tool nose in the z direction can reach above 30 μm, which will influence the surface precision of the workpiece directly. Then the influence of the deformation on the machining accuracy is studied.

The studied fly cutting machine tool is used to machine flat surfaces, as shown in Fig. 13. The feed of the workpiece is achieved by a horizontal axis slide. The feed speed of the slide and the cutting thickness are 300 μm/s and 10 μm, respectively. Then if the machining is processed on the workpiece when the machine tool starts for 5 min rather than when it reaches the thermal balance, the surface shape of the workpiece caused only by the temperature rise is predicted by the proposed model and method, as shown in Fig. 12.

From Fig. 12, it can be seen that the finished surface appears as a slope in the direction of the feed, that is in the x-axis direction, under the influence of the temperature rise. While in the y-axis direction, the finished workpiece is thicker in the middle than at both sides. In Fig. 12, the flatness error of the finished surface is up to 18.6 μm. So the influence of the temperature rise on the flatness error of the workpiece is great, which has to be considered before the machining process. In order to reduce the influence of the thermal displacement on the machining accuracy, the machining process should be started after the machine tool has reached thermal balance.

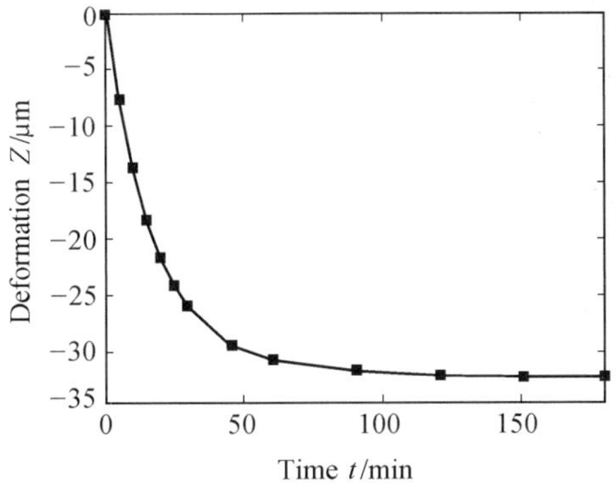

Fig. 11 Thermal displacement history of the tool nose

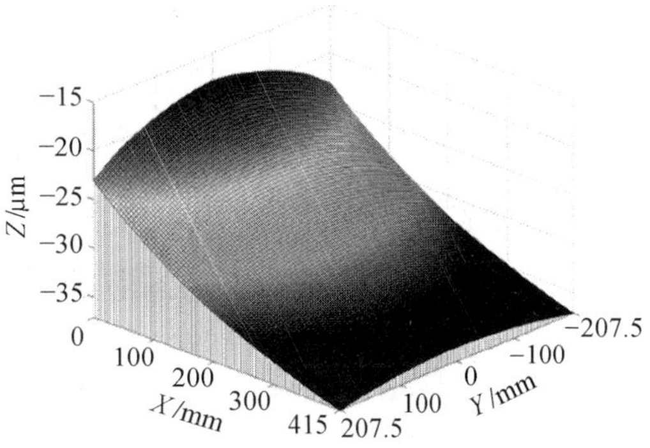

Fig. 12 Surface shape of the workpiece

6 Experiment verification

Because the hydrostatic spindle rotates at high speed, it is difficult to measure the thermal displacement of the tool nose. Meanwhile, the surface shape of the workpiece is determined by the comprehensive performance of the machine tool, so the surface shape of the workpiece cannot be used to validate the proposed model and method. Therefore, the proposed heat fluid–solid coupling model and the FVEM are validated by measuring the temperature variation of the spindle system. The experimental setup is shown in Fig. 13. The sensor system (TM190) is used to process the signals. Meanwhile, the supervisory control and data acquisition (SCADA) is realized by using a laptop. Thermistors (1) and (2) are used to obtain the temperature variations of the motor casing and the outside surface of the thrust bearing, respectively.

Panels a and b of Fig. 14 are comparisons between the measured and simulated temperature histories of two locations. The temperature variations using the FVM are obtained without consideration of the interaction among the temperature rise, thermal deformation, and eccentricity.

From Fig. 14(a), it can be seen that the temperature variations of the motor casing obtained by the FVEM and the FVM are the same, which agree with the measured values well within 3 h. So the influence of the thermal deformation on the temperature rise of the motor can be neglected. For the thrust bearing, the temperature variation obtained by the FVEM is more consistent with the experimental data than that obtained by the FVM, as shown in Fig. 14(b). Under the influence of thermal deformation, the oil film thickness of the thrust bearing increases so that the heat caused by the viscous power dissipation decreases. So the temperature obtained by the FVM is higher than that obtained by the FVEM. By comparison, the proposed heat-fluid–solid model and method are validated.

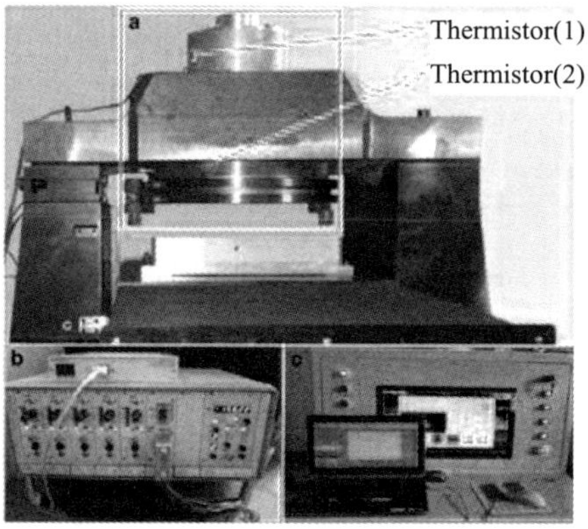

Fig. 13　Hydrostatic spindle system and experimental equipments.

a Hydrostatic spindle system; b sensor system; c control system and SCADA

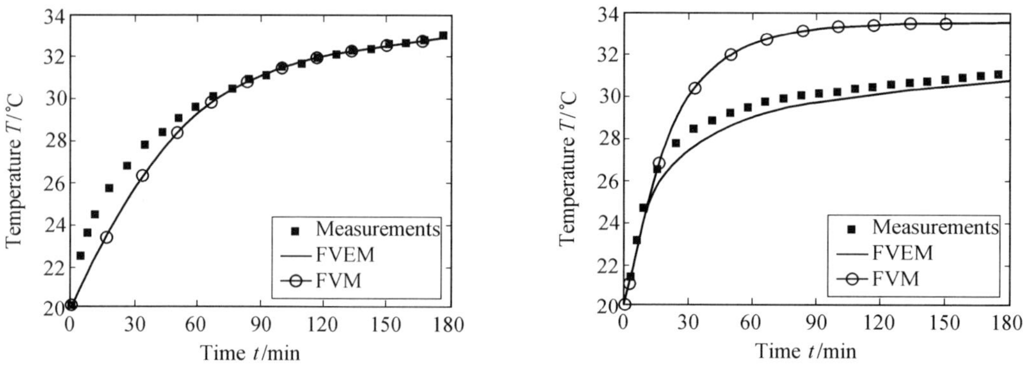

(a) Location (1)　　(b) location (2)

Fig. 14　Comparison of temperature histories

7 Conclusions

In order to study the influence of the temperature rise on the hydrostatic spindle system, the integrated heat-fluid–solid coupling model was built and the finite volume element method (FVEM) was proposed.

（1）The heat generation process and the fluid–structure conjugate heat transfer of the hydrostatic spindle system were simulated directly by the proposed heat-fluid–solid coupling model using the FLUENT software, which improved the simulation precision.

（2）Based on the heat-fluid–solid coupling model and the finite volume element method, the two-way heat-fluid–solid coupling analysis was made on the hydrostatic spindle system with consideration of the interaction among the temperature rise, thermal deformation, and eccentricity. Then the temperature field, thermal deformation, and eccentricity at different times were obtained.

（3）Based on the calculation results, the variations of the oil film thicknesses were studied considering the influence of thermal deformation and eccentricity. Then the influence of temperature rise on the load capacity, the static stiffness, and the machining accuracy was studied.

（4）The experiment was set up to validate the proposed model and the finite volume element method. The temperature histories calculated by the proposed model and the FVEM agreed well with the experimental data.

Acknowledgments

The project is supported by the National Science Fund for Distinguished Young Scholars of China [grant number 50925521].

References

[1] BRYAN J. International status of thermal error research[J]. CIRP Annals-Manufacturing Technology, 1990, 39(2): 645-656.

[2] WECK M, MCKEOWN P, BONSE R, et al. Reduction and compensation of thermal errors in machine tools[J]. CIRP Annals-Manufacturing Technology, 1995, 44(2): 89-598.

[3] LIANG Ruijun, YE Wenhua, ZHANG H H, et al. The thermal error optimization models for CNC machine tools[J]. The International Journal of Advanced Manufacturing Technology, 2013, 63: 1167-1176.

[4] HSIEH KH, CHEN T R, CHANG P, et al. Thermal growth measurement and compensation for integrated spindles[J]. The International Journal of Advanced Manufacturing Technology, 2013, 64: 889-901.

[5] CREIGHTON E, HONEGGER A, TULSIAN A, et al. Analysis of thermal errors in a high-speed micro-milling spindle[J]. International Journal of Machine Tools and Manufacture, 2010, 50(4): 386-393.

[6] KIM J J, JEONG Y H, CHO D W. Thermal behavior of a machine tool equipped with linear motors[J].

International Journal of Machine Tools and Manufacture, 2004, 44(7-8): 749-758.

[7] CHEN Dongju, BONIS M, ZHANG Feihu, et al. Thermal error of a hydrostatic spindle[J]. Precision Engineering, 2011, 35(3): 512-520.

[8] ZHAO Haitao, YANG Jianguo, SHEN Jinhua. Simulation of thermal behavior of a CNC machine tool spindle[J]. International Journal of Machine Tools and Manufacture, 2007, 47: 1003-1010.

[9] ZHANG Jianfu, FENG Pingfa, CHEN Chuang,et al. A method for thermal performance modeling and simulation of machine tools[J]. The International Journal of Advanced Manufacturing Technology, 2013, 68: 1517-1527.

[10] MAYR J, WEIKERT S, WEGENER K. Comparing the thermomechanical behavior of machine tool frame designs using a FDMFEM simulation approach[C]. Dallas: Proceedings of the ASPE annual meeting, 2007.

[11] MAYR J, ESS M, WEIKERT S, et al. Compensation of thermal effects on machine tools using a FDEM simulation approach[C]. Brunel University, London, UK: Proceedings of Lamdamap 2005 International Conference, 2009.

[12] JEDRZEJEWSKI J, KOWAI Z, KWASNY W, et al. Hybrid model of high speed machining centre headstock[J]. CIRP Annals-Manufacturing Technology, 2004, 53(1): 285-288.

[13] HOLKUP T, CAO H, KOLAR P, et al. Thermomechanical model of spindles[J]. CIRP Annals-Manufacturing Technology, 2010, 59(1): 365-368.

[14] LI Dianxin, FENG Pingfa, ZHANG Jianfu, et al. Calculation method of convective heat transfer coefficients for thermal simulation of a spindle system based on RBF neural network[J]. The International Journal of Advanced Manufacturing Technology, 2014, 70: 1445-1454.

[15] MAYR J, JEDRZEJEWSKI J, UHLMANN E, et al. Thermal issues in machine tools[J]. CIRP Annals-Manufacturing Technology, 2012, 61(2): 771-791.

[16] ANDERSON J D. Computational fluid dynamics: the basics with applications[M]. New York: McGraw Hill, 1995.

[17] LARSON M G, BENGZON F. The finite element method: theory, implementation and applications[M]. Heidelberg: Springer, 2013.

[18] ZHANG H L. Iron Losses and transient temperature field of permanent magnetic synchronous motor[D]. Harbin: Harbin institute of technology, 2010.

[19] WU T H,WANG X M, XU G L. Engineering thermodynamics[M]. Wuhan: Huazhong University of Science and Technology Press, 2011.

[20] CARDONE G, ASTARITA T, CARLOMAGNO G M. Heat transfer measurements on a rotating disk[J]. International Journal of Rotating Machinery, 1997, 3(1): 1-9.

第三部分　微纳米加工理论

单晶铝纳米切削过程分子动力学模拟技术研究

罗熙淳　梁迎春　董　申

（哈尔滨工业大学　机械工程系，哈尔滨 150001）

摘　要：运用分子动力学模拟技术建立单晶铝纳米切削模型，对纳米切削过程进行模拟，从分子间作用力和位错的角度对切屑形成过程和纳米加工表面的形成机理进行分析，并对切削刃刃口半径的大小和刀具磨损对已加工表面质量的影响进行研究。

关键词：分子动力学模拟；纳米切削；加工机理；位错

The Study of Molecular Dynamics Simulation of Nanometric Cutting Process of Single Crystal Al

Luo Xichun　Liang Yingchun　Dong Shen

（Department of Mechanical Engineering, Harbin Institute of Technology, Harbin 150001, China）

Abstract: In this paper, a nanometric cutting model of single crystal Al was built by molecular dynamics simulation technique, and the nanometric cutting process was simulated. From the interaction points of view between work piece atoms and tool atoms and dislocation, the chip formation and the surface generation mechanism were analyzed, and the effects of cutting edgeradius and tool wear on the machined surface were studied, too.

Keywords: molecular dynamics simulation; nanometric cutting; machining mechanism; dislocation

---

作者简介：

罗熙淳，男，1972 年生。哈尔滨工业大学（哈尔滨市 150001）精密工程研究所博士研究生。研究方向为超精密加工。发表论文 9 篇。

梁迎春，男，1964 年生。哈尔滨工业大学精密工程研究所教授、博生研究生导师。

董申，男，1939 年生。哈尔滨工业大学精密工程研究所所长、教授、博生研究生导师。

基金项目：国家自然科学基金资助重点项目（59835180）。

文章发表信息：中国机械工程, 2000, 11(8): 860-862.

目前，随着超精密机床制造技术、金刚石刀具刃磨，以及误差补偿等技术的发展，加工精度正向纳米级逼近，然而加工精度的提高却在一定程度上受到了对纳米加工机理缺乏认识的限制。这是因为纳米切削加工中，切削厚度很薄，只包含数个或数百个原子层，切削现象在本质上是原子的、离散的物理现象，用传统的建立在连续介质力学基础上的经典切削理论来解释切削过程显然是不合适的，必须从分子、原子的角度来分析。

由于纳米加工过程中的可控性和观察测量技术上的限制，对它的实验计算和分析不可避免地存在着很多困难，而分子动力学模拟方法则完全可以克服这些困难。分子动力学模拟可以在纳米尺度研究刀具分子和材料分子之间的作用，由于这些分子属于经典粒子，故可以忽略其量子效应，建立运动方程，数值求解运动方程便得到材料分子与刀具分子的位移与速度，从而仿真出不同时刻的运动轨迹。根据运动轨迹便可以对加工过程中材料的去除和加工过程做出合理的解释。

自 20 世纪 80 年代末以来，日本和美国的一些学者，如 Hoover、Belak、Ikawa、Shimada 等[1-3]应用分子动力学模拟（MDS）研究了纳米切削过程中最小切削厚度、切削力变化对加工表面粗糙度影响等问题，在国际上掀起了纳米加工机理分子动力学研究的热潮，天津大学的林滨[4]也进行了超精密磨削过程的分子动力学研究。

1　单晶铝纳米切削过程分子动力学模拟

1.1　单晶铝纳米切削分子动力学模型

作者建立的单晶铝纳米切削二维分子动力学模型如图 1 所示。该模型由 1 152 个 Al 原子和 276 个金刚石原子组成，材料原子分为固定边界原子层、恒温原子层和牛顿原子层 3 层。其中，边界原子被固定在它们各自的位置，晶格的振动被忽略，这样可以减小边界效应和保证晶格结构的对称性；恒温层的原子需要被标度以保持该区域温度的恒定；牛顿区原子的运动则服从牛顿第二定律。刀具原子按牛顿原子处理。牛顿原子和刀具原子的作用由 Morse 势函数计算，Morse 势能曲线如图 2 所示。原子 i 和原子 j 之间的势能

$$u(r_{ij})=D\{\exp[-2a(r_{ij}-r_0)]\ -2\exp[-a(r_{ij}-r_0)]\} \tag{1}$$

式中，r_{ij} 为原子 i 和原子 j 之间的距离；D 为结合能；a 为同弹性模量推导出的系数；r_0 为平衡态的原子间距。

具体数值见表 1。

表 1　Morse 势函数参数

参数	Al-Al	C-C	Al-C
D/eV	0.27	3.68	0.28
a/nm^{-1}	11.65	22.0	27.8
r_0/nm	0.325	0.154	0.220

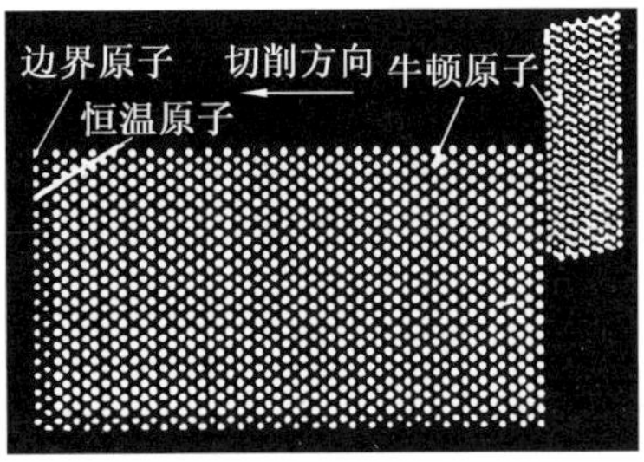

图 1　纳米切削分子动力学模型

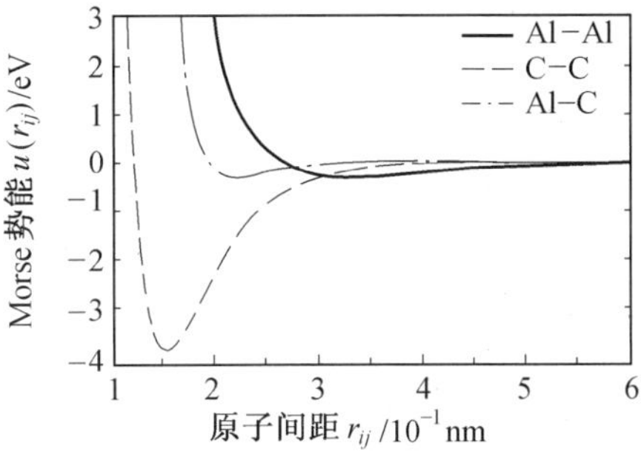

图 2　Morse 势函数

对式（1）求导便得出原子 i 与原子 j 之间的作用力

$$F(r_{ij}) = -\frac{\mathrm{d}u(r_{ij})}{\mathrm{d}r_{ij}} = 2Da\{\exp[-2a(ri_j - r_0)] - \exp[-a(ri_j - r_0)]\} \tag{2}$$

作用在每个原子的力 F_i 是其周围原子对它作用力的合力，其值为

$$F_i = \sum_j F_{ij} = \sum_j [-\frac{\mathrm{d}u(r_{ij})}{\mathrm{d}r_{ij}}] \tag{3}$$

这样牛顿原子的运动可描述为

$$\frac{\mathrm{d}^2 r_i}{\mathrm{d}t^2} = \frac{1}{m_i}\sum_{j\neq i} F_{ij} \tag{4}$$

式中，r_i 为原子 i 的位移；m_i 为所计算原子的质量。

为减小误差，采用 NVTMD 算法对上式进行求解。第 n+1 时刻原子 i 的位移 r^{n+1} 和速度 v^{n+1} 的计算式如下：

$$r_i^{n+1} = r_i^n + hv_i^n + \frac{1}{2m_i}h^2 F_i^{n+1} \tag{5}$$

$$v_i^{n+1} = v_i^n + h(F_i^{n+1} + F_i^n)/2m_i \tag{6}$$

式中，h 为积分步长。

NVTMD 算法需要知道原子的初始位置和初始速度，材料和刀具原子的初始位置可认为分别是 fcc 晶格和金刚石晶格的格点。在热平衡状态的二维系统中，原子的速度服从 Maxwell 分布，在 v_1 和 v_2 之间原子的速度

$$v_{\mathrm{M}} = \int_{v_1}^{v_2} \frac{mv}{k_{\mathrm{B}}T} \exp(\frac{-mv^2}{2k_{\mathrm{B}}T}) \tag{7}$$

式中，k_{B} 为 Boltzman 常数；T 为系统的绝对温度。

这样原子的初始速度可以由该温度下的 Boltzman 分布函数得到。通过式（5）和式（6）的迭代计算便可以求出 n+1 时刻原子 i 的位移和速度，这样就可以研究纳米切削过程中原子级的变形和断裂行为。

1.2 分子动力学模拟条件

运用分子动力学模拟了单晶铝的（111）面的纳米直角切削过程。MD 模拟的具体参数见表 2。切削速度比实际切削速度要高很多，这主要是为了减少模拟计算时间。

表 2 MD 模拟参数

模拟条件	2D 直角切削
势函数	Morse 势函数
工件原子数	1 152
刀具原子数	276
刀具刃口半径	0.35 nm
刀具前角	0°
刀具后角	10°
切削速度	100 m/s
切削方向	[010]
切削厚度	1.5 nm
系统初始温度	298 K
计算步长	10 fs

2 单晶铝纳米切削过程分析

2.1 切屑形成过程和加工表面形成机理

运用分子动力学模拟技术得到单晶铝纳米加工过程 3.4 ps、17 ps、30.6 ps、37.2 ps 等时刻的原子像（见图 3），可以看出工件晶格与刀尖接触处形成了滑移区，并产生了以原子团为单位的切屑，已加工表面有着明显的弹性恢复，且有变形层存在。由图 3 可以把单晶铝的纳米切削过程做如下解释：随着刀具的切入，与金刚石刀具接触的最外层铝原子与金刚石原子间的作用力由引力转化为斥力，同时又受到内部铝原子的作用力，由于金刚石原子的结合能大，因而最外层铝原子受的斥力占主导地位，使切削刃下部的铝原子层被压缩，从而使晶格受压变形。当储存在晶格中的应变能超过一定值时，与刀尖接触处的铝原子的晶格结构被打破，铝原子开始重新排列，以使应变能得以释放；当应变能不足以使材料原子重新排列时，在工件晶格中产生位错。发生位错的铝原子在内部力的作用下发生堆积，并随切削刃移动向前扩展，当金刚石原子对其切向的斥力被材料原子自身的斥力抵消时，一部分位错穿过切削刃前方形成的剪切区，到达自由表面，从那里消失。一些堆积的原子沿刀具的前刀面向上运动形成了切屑，另一些则在切削刃经过以后，由于刀具原子作用力的减小，在内部材料原子斥力的作用下产生弹性恢复，形成已加工表面。但同时一些位错也不可避免地在加工表面形成原子“台阶”，留在工件表面的这些“台阶”的高度可以被认为是纳米切削可以达到的表面粗糙度。

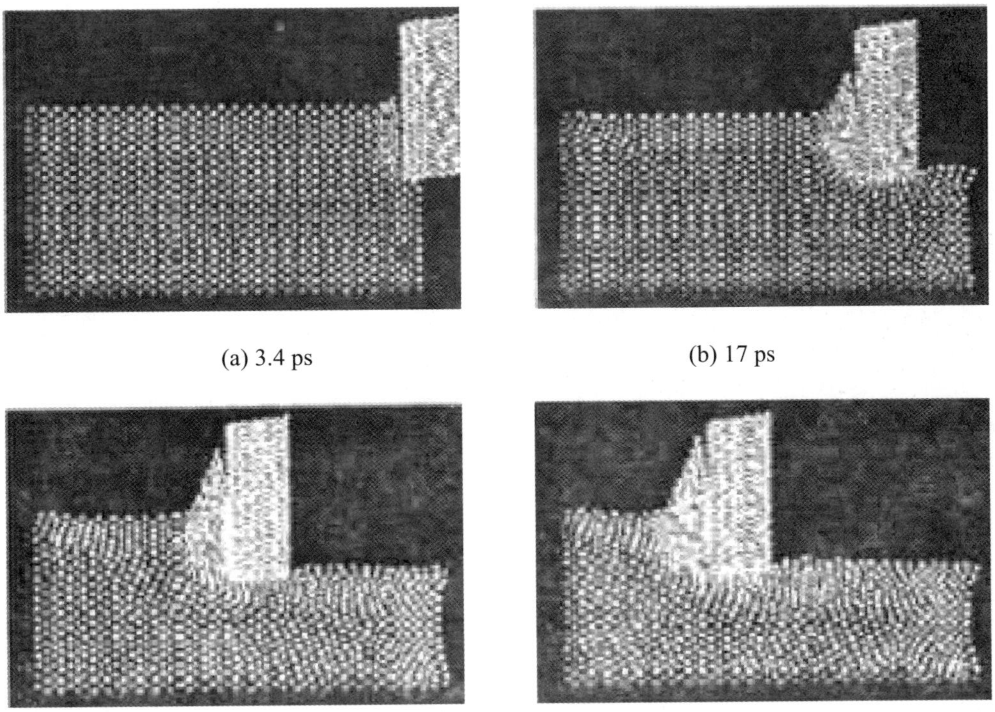

(a) 3.4 ps　　(b) 17 ps

(c) 30.6 ps　　(d) 37.2 ps

图 3　纳米加工过程的分子动力学模拟图

2.2　刃口半径对纳米加工表面的影响

在纳米切削中，切削厚度只有数个纳米，随着刀具刃磨技术的提高，切削刃刃口半径甚至可以达到几个 nm，这样在纳米切削中切削刃刃口半径对已加工表面质量的影响是不容忽略的。作者对不同切削刃刃口半径的纳米切削过程分别进行了分子动力学模拟，在模拟中用已加工表面原子“台阶”的高度表征表面粗糙度。表 3 是计算出的已加工表面粗糙度值，可见刃口半径越小，*Ra* 值越小。提高刀具刃磨技术，将会有助于提高已加工表面质量。

表 3 不同刃口半径已加工时的 *Ra* 值 nm

刃口半径	0.35	0.78	1.22	1.6
表面粗糙度 *Ra*	0.23	0.15	0.72	1.1

2.3 刀具磨损对纳米加工影响分析

在纳米切削加工中，刀具的磨损对加工质量的影响是很大的，然而国内外在这方面研究得较少。本文对此进行了初步的研究。图 4 是运用分子动力学模拟技术得到的刀具未磨损、刃口磨损、前刀面磨损和后刀面磨损几种情况下纳米加工的原子像。从已加工表面的表面形貌可以看出，刃口的磨损使得已加工表面质量严重破坏，前刀面磨损和后刀面磨损都使已加工表面破坏，但其影响较前者要小一些。在纳米切削中，刃口的受力和受热情况很复杂，要提高加工精度就必须弄清楚刃口的磨损机理，今后有必要从应力分析和切削热分布的角度对此进行深入研究。

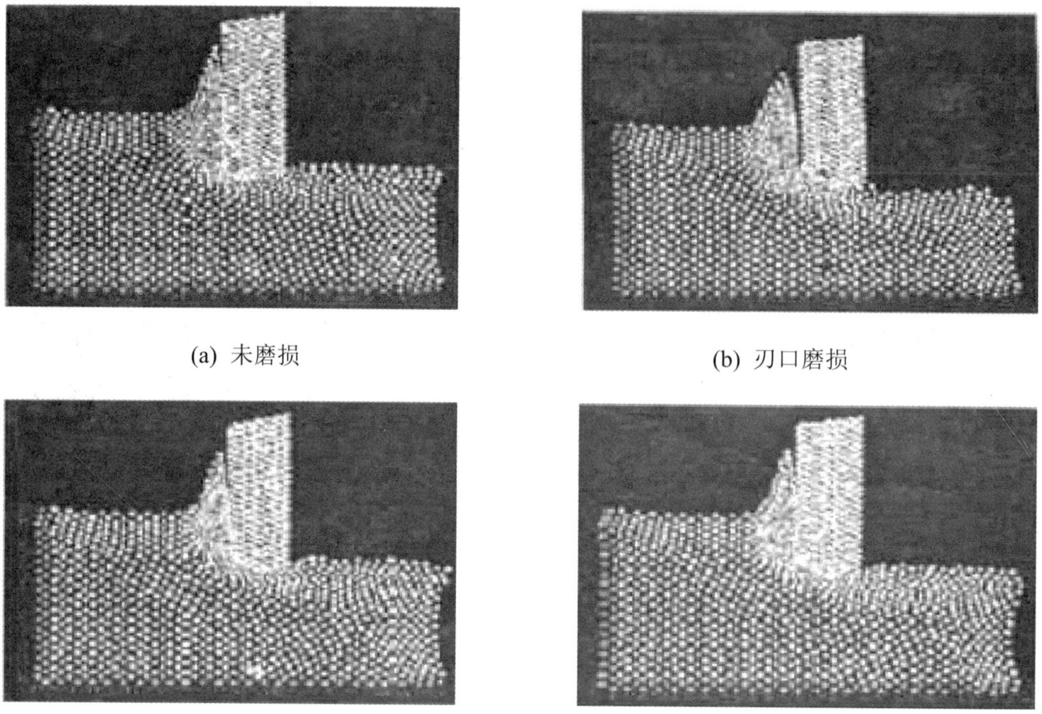

(a) 未磨损 (b) 刃口磨损

(c) 前角磨损 (d) 后角磨损

图 4 刀具磨损对纳米加工影响

3 结论

（1）分子动力学是联系宏观性质和微观结构的有力工具，利用分子动力学模拟技术可以有效地研究纳米加工机理。

（2）在纳米加工中，切屑和加工表面的形成是在刀具原子和工件原子间作用力的作用下，伴随着一系列位错产生和消失的过程。

（3）刃口半径越小，表面粗糙度值越小。

（4）刃口磨损对加工表面质量的影响比前刀面和后刀面磨损的影响要大。

参考文献

[1] HOOVER W G, HOOV ER C G, STOWERS I F, et al. Interface tribology via nonequilibium molecular dynamics simulation[C]. Boston: Fall meeting of the Materials Research Society, 1988.

[2] BELAK I F, HOOVER W G, HOOVER C G, et al. Molecular dynamics modeling applied to indentation and metal cutting problems[J]. Thrust Area Resport, 1990, 89: 4-8.

[3] SHIMADA S, IKAWA N, OHMORI G, et al. Molecular dynamics analysis as compared with the experimental result of micromachining[J]. CIRP Annals-Manufacturing Technology, 1992, 41(1): 117-120.

[4] 林滨. 工程陶瓷超精密磨削机理与试验研究[D].天津: 天津大学, 1999.

基于原子力显微镜和分子动力学的纳米压痕技术研究

霍德鸿　梁迎春　程　凯　董　申

（哈尔滨工业大学 精密工程研究所，哈尔滨 150001）

摘　要：利用原子力显微镜对真空蒸发镀膜技术制得的单晶铜薄膜试件进行了纳米压痕试验。通过进行各种压痕深度下的试验，获得了压痕深度对试件力学性能的影响关系。试验得到的试件弹性模量为（67.0±6.9）GPa。试件的硬度值随着压痕深度的减小而不断增大，表现出强烈的尺寸效应。在原子力显微镜试验的同时，使用分子动力学仿真方法对单晶铜薄膜的纳米压痕过程进行了研究。仿真结果表明单晶铜薄膜的纳米压痕的力学机理不是位错在晶体中运动产生的塑性变形，而是非晶态产生的变形，从而解释了尺寸效应产生的原因。

关键词：纳米压痕；薄膜；原子力显微镜；分子动力学；力学性能

Study on the Nanoindentation Via Atomic Force Microscope and Molecular Dynamics Simulation

Huo Dehong　Liang Yingchun　Cheng Kai　Dong Shen

（Precision Engineering Research Institute, Harbin Institute of Technology, Harbin 150001）

Abstract: Nanoindentation tests performed in an atomic force microscope have been utilized to directly measure the mechanical properties of single crystal copper thin films fabricated by the vacuum vapor deposition technique. Nanoindentation tests are conducted at various indentation depths to study the effect of indentation depths on the mechanical properties of thin films. The elastic modulus of the single crystal copper film at various indentation depths is determined as (67.0±6.9) GPa on average which is in reasonable agreement with the results reported in literature. The indentation hardness constantly increases with decreasing indentation depth, indicating a

---

作者简介：霍德鸿，男，1975 年出生，助理研究员，博士研究生。主要从事微型机械设计理论的研究，发表论文 10 余篇。E-mail: dhhuo@hit.edu.cn。

基金项目：国家自然科学基金（50175017）和哈尔滨工业大学跨学科交叉性研究基金（HIT. MD. 2000. 9）资助项目。

文章发表信息：机械工程学报, 2004, 40(6): 39-44.

strong size effects. In addition to the experimental work, molecular dynamics simulations of nanoindentation process have been conducted to elucidate the mechanics and mechanisms of nanoindentation of thin films. MD simulations results show that due to size effect the plastic deformation via amorphous transformation is more favorable than via the generation and propagation of dislocations in nanoindentation of single crystal copper thin films. Simulations results also elucidate the reason of size effects from the atomistic point of view.

Keywords: nanoindentation; thin film; atomic force microscope; molecular dynamics; mechanical properties

0 前言

薄膜材料已经被广泛应用于微电子、微型机电系统、光学器件和磁介质材料等研究领域中。由于薄膜材料的力学性能不同于相同组成元素的块状材料，而其力学性能又直接影响到可靠性和功能。因此精确地测量薄膜材料的力学性能日益成为人们关注的课题。在宏观尺度上，测定材料的力学性能通常采用拉伸试验，但在纳米尺度上拉伸试验实现存在极大的困难，即使能够实现，也会花费巨大的科研投入，而且制造适合拉伸试验用的试件也极其困难。由于纳米压痕试验不仅能够施加微小的压痕载荷，而且操作较拉伸试验方便、试件制备也很简单。 因此通常使用纳米压痕技术来测定薄膜材料的力学性能。在纳米压痕试验中，最易获得的两个力学性质是材料的弹性模量和硬度，其中硬度又和材料的失效强度有很大关系。此外，研究者也把纳米压痕试验用于研究材料的蠕变特性、塑性流动、粘弹性和断裂强度[1-3]。

原子力显微镜（Atomic force microscope，AFM）系统作为一种纳米压痕仪器，除了能够施加微小的压痕载荷，还提供了其他纳米压痕仪器无法比拟的在线成像能力。因此，应用AFM 系统进行纳米压痕的研究正在成为许多研究者关注的热点。在这方面早期的研究通常使用研究者自制的专门用于压痕的 AFM 系统，但是，近几年研究者倾向于使用商用 AFM 系统和探针，因为商用的 AFM 系统能够提供较高的成像分辨率，而且 AFM 制造商也已经提供了在压痕模式和敲击成像模式之间来回切换的功能[4]。利用原子力显微镜对单晶铜薄膜的弹性模量和硬度进行了测量。

在纳米压痕试验研究的同时，研究者也在进行着理论和计算仿真研究以阐明纳米压痕过程的力学机理。这些理论和仿真研究多集中在使用有限元方法建立基于连续介质赫兹接触理论的力学模型[5]，在本文中，使用分子动力学仿真（Molecular dynamics simulation，MDS）方法建立纳米压痕过程的模型，力图从原子的层次上解释纳米压痕过程的机理。尽管分子动力学仿真的计算还没有达到 AFM 试验的规模，但是这种原子尺度的仿真结果却能够对许多试验中观察到的现象做出微观的解释。

1 纳米压痕方法的基本原理

图1是典型的纳米压痕过程的载荷—压深曲线。图中 h_f 是完全卸载后的压痕深度；h_{max} 是压痕过程的最大压深；p_{max} 是最大载荷；S^* 是卸载曲线顶部的斜率，物理意义为系统接触刚度；h_c 是卸载曲线顶部切线和横轴的交点，物理意义为压痕接触深度。和传统的硬度试验中根据直接测量压痕几何尺寸计算力学性能不同，纳米压痕必须通过经验公式推算出接触面积，进而计算出材料的力学性能。

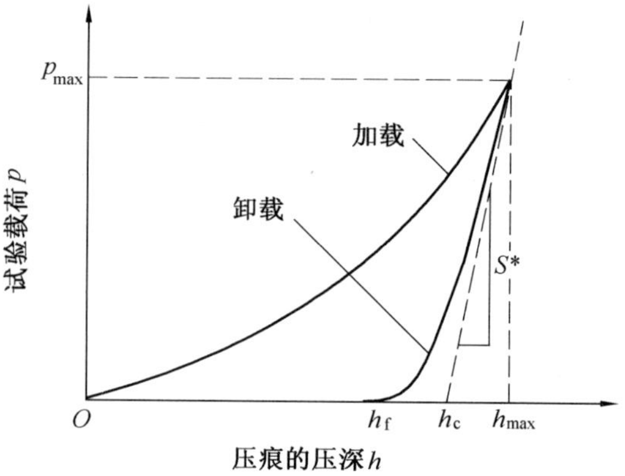

图1 纳米压痕过程的载荷—压深曲线

对于压痕载荷和压痕深度数据的分析，Oliver 和 Pharr、Pethica[6]、Doemer 和 Nix[7]以及 Briscoe 和 Sebastian[8]等都提出了一些推算方法。但目前广泛采用的是 Olivet—Pharr 方法[9]。

Oliver—Pharr 方法将卸载曲线顶部的载荷与位移的关系拟合为一指数关系

$$p = \alpha(h - h_f)^m \tag{1}$$

式中 α, m——拟合参数。

试件的接触刚度由下式计算

$$S = 2aE_r = \frac{2\beta}{\sqrt{\pi}} E_r \sqrt{A} \tag{2}$$

式中 a——接触半径；

A——针尖与样品的接触面积；

E_r——试件和压头抵抗变形能力的约化弹性模量，由下式计算

$$\frac{1}{E_r} = \frac{(1-\upsilon^2)}{E} + \frac{(1-\upsilon_i^2)}{E_i} \tag{3}$$

式中 E——试件的弹性模量；

υ——试件的泊松比；

E_i——压头材料的弹性模量；

υ_i——压头材料的泊松比。

对式（1）在最大载荷点处微分即可得到系统接触刚度 S^*

$$S^* = \left(\frac{dp}{dh}\right)_{(h_{max},\, p_{max})} = \alpha m (h_{max} - h_f)^{m-1} \tag{4}$$

如果式（1）中的位移 h 仅是压头压入试件的深度，那么存在 $S = S^*$。

接触深度 h_c 可以由下式给出

$$h_c = h_{max} - \frac{\varepsilon \beta_{max}}{S} \tag{5}$$

式中　ε ——与压头形状有关的常数。一旦确定了接触深度，接触面积可以很容易地由接触深度推算出来。对于理想的金字塔型压头有

$$A(h_c) = 25.4h_c^2 \tag{6}$$

实际压头形状往往和理想的压头存在偏离，在很小的压痕深度时，这种偏离会引起计算的误差，因此，应该根据试验数据对式（6）进行修正。

定义材料的硬度 H 为压痕过程的平均压力

$$H = \frac{p_{max}}{A} \tag{7}$$

由试验获得载荷-压深曲线数据后，根据式（1）～（7）就可以计算出材料的弹性模量和硬度值。

2　试验方法

2.1　试件制备

试验采用真空蒸发镀膜方法制得的单晶铜薄膜作为被测试件。利用原子力显微镜测得其厚度约为 1.5 μm，表面粗糙度小于 5 nm。由于试件置于空气中，表面存在一层氧化膜，因此在试验前利用 AFM 微加工技术刻划出 50 μm×50 μm 的矩形区域，以去除表面氧化膜。

2.2　AFM 测量原理

在单晶铜薄膜上的纳米压痕试验是利用 Digital Instruments 公司的 Nanoscope IIIa 原子力显微镜完成的。一个金字塔形三棱锥体的天然金刚石探针（针尖半径约为 20 nm，使用氮化硅针尖以 AFM 的接触工作模式测得）安装在一个镀硅膜的不锈钢微悬臂上，在蓝宝石试件上测定微悬臂的弹簧刚度为 230 N/m。

图 2 是利用 AFM 进行纳米压痕的试验步骤。 首先使用 AFM 测量试件的表面质量和厚度，以确定压痕的深度（步骤一）。一般认为，压痕深度不超过薄膜厚度的 10%时，基底对薄膜压痕试验结果的影响可以忽略。因此在试验中，最大压痕深度不宜超过 150 nm。另外，最小压痕深度也应该超过薄膜表面粗糙度值，以产生能够分辨的压痕。在进行压痕试验之前，将 AFM 可能产生的误差降至最低（步骤二），例如使用小范围的 z 向运动、使用光电二极管的线性区域、使用较高的 z 向扫描频率和设置适当的侧向补偿等。然后进行 AFM 探针的灵敏度标定（步骤三）。探针的灵敏度是指探针的变形信号和压电陶瓷扫描管在 z 向的位移量的比值，单位是 V/μm。试验前后在蓝宝石样件上测定 AFM 探针的灵敏度 3.45 V/μm。标定完探针的灵敏度之后，使用 Dimension3100 原子力显微镜提供的 Indent 模块进行压痕试验（步骤四）。

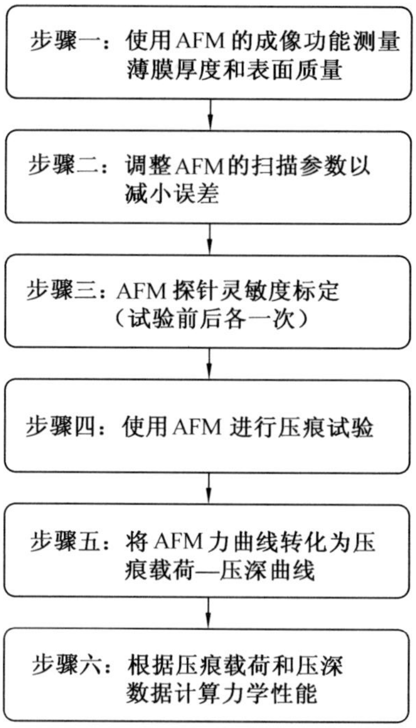

图 2 利用 AFM 进行纳米压痕的试验步骤

AFM 试验获得的力曲线不能直接用于力学性能的分析，因此要把力曲线转化为载荷压痕曲线（步骤五）。当用探针压在硬度较大的表面时（例如蓝宝石样件），可以认为压电陶瓷扫描管的位移等于探针的变形量，但当探针压入相对较软的表面时，压电陶瓷扫描管的位移包含探针变形和压痕深度两部分

$$\Delta Z_p=\Delta Z_i+\Delta Z_c\cos\theta \tag{8}$$

式中 ΔZ_p——压电陶瓷扫描管的位移；

ΔZ_c——探针的变形量；

ΔZ_i——压痕深度；

θ——探针和水平方向的夹角。

作用在探针上的力 p 为压痕的载荷

$$p=k_c\Delta Z_c \tag{9}$$

式中 k_c——探针悬臂的弹簧刚度。

而探针的变形量 ΔZ_c 由下式给出

$$\Delta Z_c=V_{def}/S \tag{10}$$

式中 V_{def}——偏转电压；

S——AFM 探针的灵敏度。

根据式（8）～（10）即可将力曲线转化为载荷－压深曲线。最后，利用 Oliver-Pharr 方法计算薄膜的硬度和弹性模量（步骤六）。

3 分子动力学仿真

3.1 原子间相互作用势

采用 Morse 对偶势作为原子间的相互作用势，为和试验进行对照，应确定 Cu-Cu、C-C 和 Cu-C 的 Morse 势参数。而 Cu-C 的 Morse 势参数不能够从文献中直接得到，因此采用 Rafii 提出的混合方法[10]来推导出 Cu-C 的 Morse 势参数。

标准的 Morse 势函数形式为

$$\varphi_{\text{Cu-Cu}}(r_{ij}) = D_{\text{Cu}}[\exp(-2\alpha_{\text{Cu}}(r_{ij} - r_{\text{Cu}})) - 2\exp(-\alpha_{\text{Cu}}(r_{ij} - r_{\text{Cu}}))] \tag{11}$$

$$\varphi_{\text{C-C}}(r_{ij}) = D_{\text{C}}[\exp(-2\alpha_{\text{C}}(r_{ij} - r_{\text{C}})) - 2\exp(-\alpha_{\text{C}}(r_{ij} - r_{\text{C}}))] \tag{12}$$

$$\varphi_{\text{Cu-C}}(r_{ij}) = D_{\text{Cu-C}}[\exp(-2\alpha_{\text{Cu-C}}(r_{ij} - r_{\text{Cu-C}})) - 2\exp(-\alpha_{\text{Cu-C}}(r_{ij} - r_{\text{Cu-C}}))] \tag{13}$$

式中 $\varphi_{\text{Cu-Cu}}(r_{ij})$ ——Cu-Cu 的 Morse 势函数；

$\varphi_{\text{C-C}}(r_{ij})$ ——C-C 的 Morse 势函数；

$\varphi_{\text{Cu-C}}(r_{ij})$ ——Cu-C 的 Morse 势函数；

α——势能曲线梯度系数；

r_{ij}——原子 i 和原子 j 之间的距离。

通过式（14）~（16）来计算 Cu-C 的 Morse 势函数

$$D_{\text{Cu-C}} = \sqrt{D_{\text{Cu}} D_{\text{C}}} \tag{14}$$

$$\alpha_{\text{Cu-C}} = \sqrt{\alpha_{\text{Cu}} \alpha_{\text{C}}} \tag{15}$$

$$r_{\text{Cu-C}} = \sqrt{r_{\text{Cu}} r_{\text{C}}} \tag{16}$$

Cu-Cu 的 Morse 势参数可以通过拟合单晶铜晶体的试验结合能、晶格常数和体弹模量来获得。C-C 的 Morse 势参数可以通过拟合金刚石晶体的试验结合能、晶面间距和弹性常数来获得。表 1 是计算得到的 Cu 和 C 的 Morse 势参数。

表 1 Cu 和 C 的 Morse 势参数

Morse 势参数	数值
Cu 的势能曲线梯度系数 α_{Cu}/A^{-1}	1.36
C 的势能曲线梯度系数 α_{C}/A^{-1}	4.95
Cu 的结合能系数 D_{Cu}/eV	0.34
C 的结合能系数 D_{C}/eV	3.10
Cu 晶体原子间的平均距离 r_{Cu}/A	2.87
C 晶体原子间的平均距离 r_{C}/A	1.24

为节省计算时间，采用了一个适当的截断半径 r_C，截断半径的选取原则是由截断引起的势能误差不超过最大势能的 4%。

3.2　仿真模型

图 3 是单晶铜纳米压痕过程三维分子动力学仿真模型。该模型包括金刚石压头和单晶铜薄膜试件两部分，试件又分为牛顿原子层、恒温原子层和边界原子层。牛顿层原子和恒温层原子符合经典牛顿运动定律；恒温层原子通过速度标定来控制系统温度恒定；边界层原子在仿真过程固定在晶格点上。仿真中没有使用周期边界条件。

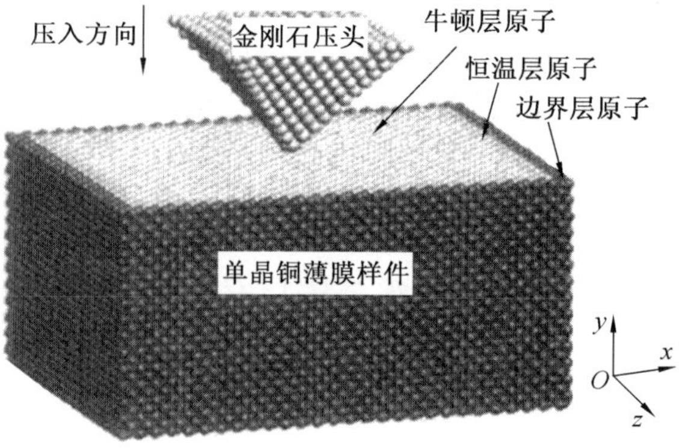

图 3　单晶铜纳米压痕过程分子动力学模型

试件的尺寸是 $28a(x)\times 14a(y)\times 20a(z)$，这里 a 是单晶铜晶体的晶格常数。分子动力学仿真的时间步设为 1×10^{-15} s，压痕仿真共进行了 120 000 个时间步。初始时原子的初始位置处于理想晶格的格点上，初始速度符合 Maxwell 分布。在压头压入之前通过 Nose-Hover 方法[11]对模型弛豫 50 ps。选择[100]方向作为压头压入方向，压入速度设为 20 m/s 以降低计算时间。和 AFM 试验中的压入速度相比这样高的压入速度是不现实的，但是由于采用了速度标定，因此对理解纳米压痕过程的力学机理基本没有影响。原子的位置通过牛顿定律计算，采用 Verlet 算法的速度形式求解运动方程。仿真过程在一个多处理器工作站上完成。

4　结果和讨论

4.1　试验结果

本试验以 0.4 V 的偏转电压为起点，以 0.2 V 电压递增直至偏转电压达到 2.0 V，共计 9 组数据。由于不同的偏转电压分别对应了不同的压痕深度，因此通过这种方式能够研究压痕深度对力学性能的影响。图 4 是对单晶铜薄膜试件进行纳米压痕试验获得的 AFM 图像。

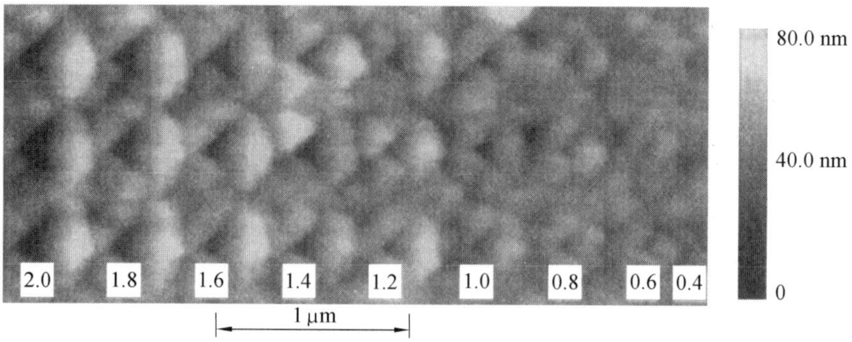

图 4　单晶铜薄膜纳米压痕试验的 AFM 图像

目前，不能通过纳米压痕试验同时计算出材料的弹性模量和泊松比，通常要事先给定一个泊松比，然后根据式（2）、（3）计算出弹性模量，给定单晶铜试件的泊松比为 0.34[12]。表 2 给出了单晶铜薄膜弹性模量的数值。

表 2　纳米压痕试验获得的单晶铜薄膜的弹性模量（ν=0.34）

偏转电压 V_{def}/V	压痕深度 h_f/nm	最大压深 h_{max}/nm	接触深度 h_c/nm	最大载荷 p_{max}/μN	约化模量 E_r/GPa	弹性模量 E/GPa
0.4	16.32	25.95	24.22	27.02	78.6	74.6
0.6	20.70	34.93	31.91	40.54	80.4	76.5
0.8	29.54	46.70	43.46	54.05	71.7	67.7
1.0	36.94	62.25	60.35	67.57	78.0	74.0
1.2	45.42	70.15	66.82	81.08	67.8	63.7
1.4	53.53	77.83	73.07	94.60	60.2	56.2
1.6	54.36	81.81	78.01	108.1	64.6	60.5
1.8	60.65	95.79	91.33	121.6	70.0	65.9
2.0	66.74	103.8	100.2	135.1	68.0	64.0
平均值	—	—	—	—	71.0±6.8	67.0±6.9

4.2　仿真结果

图 5 为单晶铜的纳米压痕 MD 仿真在通过压头针尖的（100）晶面上的试件原子图像。其中图 5（a）是压痕过程开始前的初始图状态，图 5（b）是压痕过程的某一中间状态，图 5（c）是最大压深状态，图 5（d）是压头完全卸载后的状态。

逐渐压入试件表面，可以观察到压头附近区域的原子发生堆积并严重变形（图 5（b））。试件材料在压头挤压的作用下被挤出表面形成试件表面的隆起现象（图 5（b）～（d）），这种压痕区域的隆起现象和 AFM 压痕试验获得的结果一致（图 4）。塑性变形局限在压头周围有限的几层原子内，其余原子基本保持原有的晶格状态。可以认为这种塑性变形是单晶铜的非晶态。即使在最大压深状态，也未发现位错的产生（图 5（c））。随着压头逐渐离开试件，可以观察到塑性变形现象（图 5（d））。

(a)

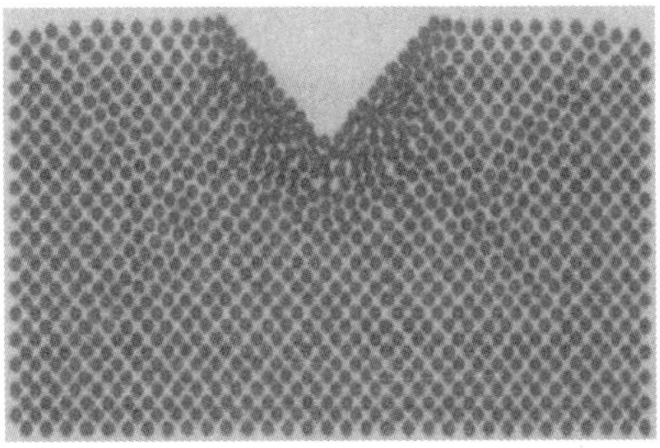

(b)

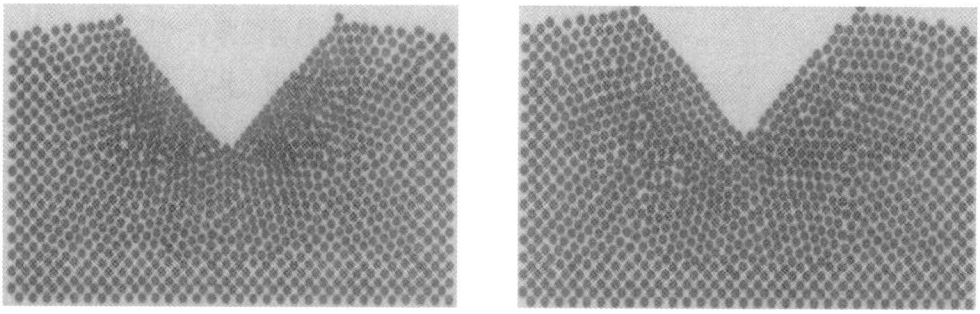

(c)　　　　　　　　　　(d)

图 5　纳米压痕的 MD 仿真图像

4.3　讨论

通过计算得到了试件在各种压痕深度下的弹性模量为（67.0±6.9）GPa。这一数值基本上符合参考文献[13]中报道的单晶铜的弹性模量值。弹性模量没有尺寸效应。

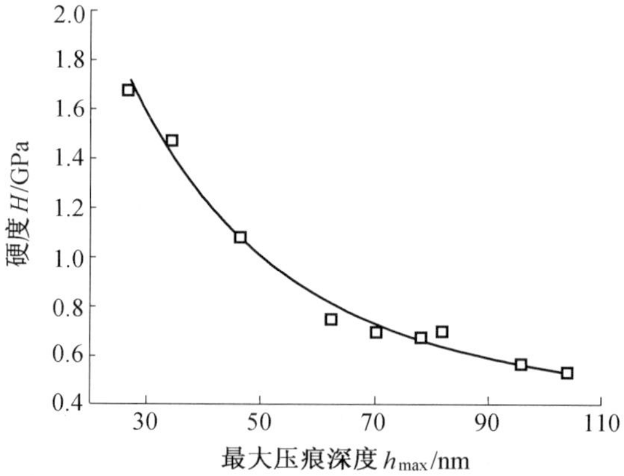

图 6　压痕深度对单晶铜薄膜硬度的影响

图 6 是根据 Oliver-Pharr 方法计算得到的单晶铜薄膜试验硬度值和压痕深度的关系曲线，从图中可以看到随着压痕深度的减小，薄膜的硬度值持续增大，表现出强烈的压痕硬度尺寸效应。产生尺寸效应原因是几何约束限制了位错的运动。得到的硬度尺寸效应的趋势和 Nix 等使用纳米压痕仪对单晶铜硬度的测量结果一致[14]，但硬度值低于他们的计算结果。造成这种硬度值偏低的原因可能是在计算压痕接触面积时存在一定的误差。

当试件的一维以上尺寸进入到微米或更小的尺度范围内，尺寸效应开始影响材料的力学性能。由于材料的弹性属性取决于原子间的结合力，因此不受尺寸效应的影响。分子动力学仿真的结果表明塑性变形和变形层的深度的比值在压痕过程中基本上保持恒定，这再次证实材料弹性属性是材料的固有物理特性，只依赖于原子间的结合能，和材料微观结构以及外形尺寸基本无关。而硬度等材料的塑性变形行为依赖于位错在诱导应力下的运动，这种运动常常受到来自晶界、缺陷和表面等的影响，而尺寸效应能够产生这种几何约束来阻碍位错的产生和滑移。分子动力学仿真也表明单晶铜薄膜的纳米压痕机理不是位错在晶体中运动产生的塑性变形，而是非晶态产生的变形。这一点和大尺寸的块体材料的塑性变形机理有本质的区别。分子动力学仿真结果揭示的单晶铜薄膜的变形机理也说明了尺寸效应限制了位错在晶体中的运动，应力没有得到释放，从而引起了压痕硬度值的提高。

5 结论

（1）通过纳米压痕的 AFM 试验得到了单晶铜薄膜试件在各种压痕深度下的弹性模量为（67.0±6.9）GPa。这一数值基本上符合参考文献中报道的单晶铜的弹性模量值。

（2）AFM 试验和分子动力学仿真均表明弹性模量没有尺寸效应，证实了材料的弹性属性本质上仅依赖于原子间的结合能，而和材料的尺寸和微观结构基本无关。

（3）试验表明随着压痕深度的减小，单晶铜薄膜的压痕硬度值持续增大，表现出强烈的压痕硬度尺寸效应。产生这种尺寸效应的原因是位错的产生和运动受到了阻碍。分子动力学仿真也表明由于尺寸效应，单晶铜薄膜的纳米压痕机理不是位错在晶体中运动产生的塑性变形，而是非晶态产生的变形。

（4）尽管分子动力学仿真的计算还没有达到试验的规模，但是这种原子尺度的仿真结果却能够对许多试验中观察到的现象做出原子尺度上的解释。

（5）使用商用原子力显微镜系统进行纳米压痕试验的局限性包括压痕接触面积计算的不准确性和系统的仪器误差等。

参考文献

[1] LI C M J. Impression creep and other localized tests[J]. Materials Science and Engineering A, 2002, 322(1-2): 23-42.

[2] CHUDOBA T, RICHTER F. Investigation of creep behaviour under load during indentation experiments and its influence on hardness and modulus results[J]. Surface and Coatings Technology, 2001, 148(2-3): 191-198.

[3] LI X, BHUSHAN B. Micro/nanomechanical characterization of ceramic films for microdevices[J]. Thin Solid Films, 1999, 340(1-2): 210-217.

[4] Digital Instruments Inc. Support note no.225, Rev F[S]. Santa Barbara, 1998.

[5] KNAPP J A, FOLLSTAEDT D M, MYERS S M, et al. Finite-element modeling nanoindentation for evaluating mechanical properties of MEMS materials[J]. Surface and Coatings Technology, 1998, 103-104: 268-275.

[6] PETHICA J B, HUNTCHINGS R, OLIVER W C. Hardness measurements at penetration depths as small as 20 nm[J]. Philosophical Magazine A, 1983, 48(4): 593-606.

[7] DOERAER M F, NIX W D. A method for interpreting the data from depth-sensing indentation instruments[J]. Journal of Material Research, 1986, 1(4): 601-609.

[8] BRISCOE B J, SEBASTIAN K S, SINHA S K. Application of the compliance method to microhardness measurements of organic polymers[J]. Philosophical Magazine A, 1996, 74(5): 1159-1169.

[9] OLIVER W C, PHARR G M. An improved technique for determining hardness and elastic modulus using load and displacement sensing indentation experiments[J]. Journal of Material Research, 1992, 7(6): 1564-1580.

[10] RAFII-TABAR H. Modelling the nano-scale phenomena in condensed matter physics via computer-based

numerical simulations[J]. Physics Reports, 2000, 325(6): 239-310.

[11] NOSE S. Constant temperature molecular dynamics methods[J]. Progress Theory Physical Supplement, 1991, 103: 1-46.

[12] SMITHELLS C J. Smithells metals reference book[M]. London: Butterworths, 1983.

[13] JAMTING A K, BELL J M, SWAIN M V, et al. Investigation of the elastic modulus of thin films using simple biaxial bending techniques[J]. Thin Solid Films, 1997, 308-309(1-4): 304-309.

[14] NIX W D, GAO H. Indentation size effects in crystalline materials: a law for strain gradient plasticity[J]. Journal of the Mechanics and Physics of Solids, 1998, 46(3): 411-425.

单晶硅和单晶铝纳米切削过程比较

唐玉兰　梁迎春　霍德鸿　程　凯

（哈尔滨工业大学　精密工程研究所，黑龙江　哈尔滨 150001）

摘　要：采用分子动力学模拟方法进行了单晶硅和单晶铝纳米切削过程的比较研究，硅原子间相互作用力采用 Tersoff 势计算，铝原子间和工件与刀具原子间相互作用力采用 Morse 势计算。通过对切削过程中切屑和加工表面、能量和切削力的分析，发现硅发生非晶态相位变换和切屑体积改变，但没有位错和弹性恢复产生；而铝发生的现象却与硅相反。

关键词：分子动力学；纳米切削；非晶态相位变换；切屑体积

Comparison of Nanometric Cutting Processes for Monocrystalline Silicon and Aluminum

Tang Yulan　Liang Yingchun　Huo Dehong　Cheng Kai

（Research Institute of Precision Engineering, Harbin Institute of Technology, Harbin 150001, China）

Abstract: A three-dimensional model of molecular dynamics (MD) was employed to study the nanometric cutting processes for monocrystalline silicon and aluminm. The model included the utilization of the Tersoff potential function to simulate the interatomic force between silicon atoms, and the Morse potential function between the workpiece and a tool and between aluminum atoms. Amorphous phase transformation, chip volume change, no dislocations and no elastic recovery in silicon were observed by analyses of chip and machined surface ,energy and cutting forces, but these were not so for aluminum. Nanometric cutting mechanism of monocrystalline aluminum is the plastic deformation involving the generation and propagation of dislocations, and silicon

---

作者简介：

唐玉兰（1971—），女，博士研究生；

梁迎春（1964—），男，博士，教授，博士生导师；

程凯（1961—），男，博士，博士生导师，特聘教授。

基金项目：国家自然科学基金海外、港澳青年学者合作研究基金资助项目（50028504）。

文章发表信息：哈尔滨工业大学学报, 2004, 36(1): 39-42.

deformation via amorphous phase transformation.

Keywords: molecular dynamics (MD); nanometric cutting; amorphous phase transformation; chip volume

由于原子间距离仅为 0.1~0.3 nm，因此纳米级加工实际上已到了加工精度的极限。在纳米级加工中，加工区域仅包含数个或数十个原子层，因此试件表面原子或分子将成为直接加工对象，所以加工现象在本质上是原子的、离散的物理现象，加工的物理实质就是切断原子键的结合，实现原子或分子的去除。单晶硅和单晶铝分别属于脆性材料和塑性材料，其宏观加工机理是有很大区别的，因此本文针对纳米级加工中单晶硅、单晶铝加工机理进行比较研究。

采用实验方法研究纳米加工机理，目前的实验条件是根本无法实现的，因为实验对超精密机床、检测仪器分辨率、切削条件、刀具及其几何形状的要求极其苛刻。而分子动力学（Molecular Dynamics, MD）模拟方法却能克服这些困难，MD 模拟方法能十分方便地改变切削条件、刀具的几何形状和加工工件材料的性质。因此本文采用分子动力学方法去模拟单晶硅和单晶铝的纳米切削过程，研究两者纳米切削机理的异同。

1 分子动力学模拟方法

1.1 模拟模型

单晶硅纳米切削过程三维分子动力学模型如图 1 所示，该模型由 1 680 个硅原子与 560 个金刚石原子组成。单晶铝纳米切削过程采用二维分子动力学模型，两种模型中工件原子分为边界区、恒温区和牛顿区。牛顿区及恒温区中原子运动符合经典牛顿运动定律，为了保证切削过程中温度恒定，恒温区中原子每隔 10 个计算步进行一次速度标定，边界区中的原子在整个模拟过程中固定不动。

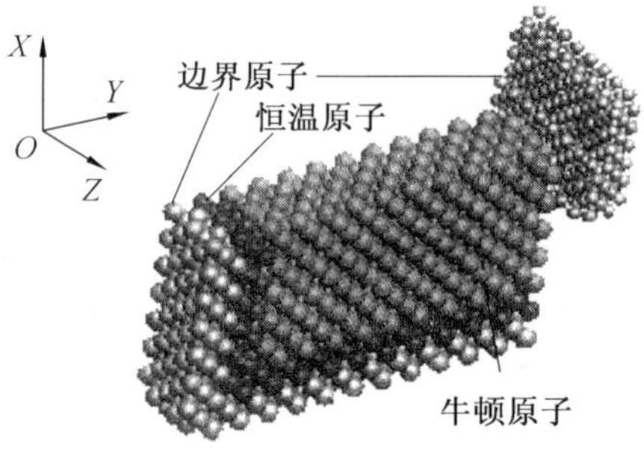

图 1 单晶硅纳米切削分子运动力学模型

Fig. 1 Molecular dynamics simulation model of silicon nanometric cutting

铝属于 FCC 晶体，Al—Al 间相互作用由 Morse 势函数计算，硅是金刚石型晶体结构，对其势能的计算应考虑多原子价键之间的相互影响因素，故采用 Tersoff[1]势能函数计算 Si—Si 的相互作用，工件与刀具原子之间（C—Si，C—Al）的相互作用采用 Morse 势函数[2, 3]计算。在整个运算过程中采用改进的 Verlet 算法，设定原子初始位置为晶格格点，初始速度设为 0，计算之前自行弛豫一段时间，使得速度满足麦克斯韦分布后，再进行计算。

1.2 分子动力学模拟条件

运用分子动力学方法模拟单晶硅、单晶铝的直角切削过程。MD 模拟的具体参数见表 1。为了减少模拟计算时间，模拟切削速度比实际切削速度高很多。

表 1 单晶硅、单晶铝纳米切削 MD 模拟参数

晶体	模拟条件	势能函数	工件原子数	工件与刀具材料	刀具原子数	刀具前角/(°)	刀具后角/(°)	切削深度	切削速度/(m·s^{-1})	系统温度/K
单晶硅	3-D 直角切削	Tersoff 势	1 680	硅、金刚石	560	0	10	1.5*a* (晶格常数)	200	293
单晶铝[4]	2-D 直角切削	Morse 势	1 152	铝、金刚石	276	0	10	1.5 nm	200	298

2 模拟结果与讨论

2.1 切屑和加工表面的分析

运用 MD 模拟技术得到单晶硅、单晶铝[2]纳米切削过程的原子像（分别见图 2、图 3）。由图 2 可看出与刀尖接触处的硅原子首先受到刀具的剪切挤压而变形，刀具切入工件不久，便产生了从晶态向非晶态的相位变换，在切屑形成之前，非晶态相位变换迅速扩展，在切屑形成时，非晶态相位变换的增长速率达到最大，此后随着刀具的移动，非晶态相位变换基本以最大增长速率扩展。由于非晶态相位变换，刀具切下的切屑体积小于工件上切削层的体积，即切屑被压实了。在整个切削过程中，没有明显的位错产生，已加工表面没有弹性恢复。

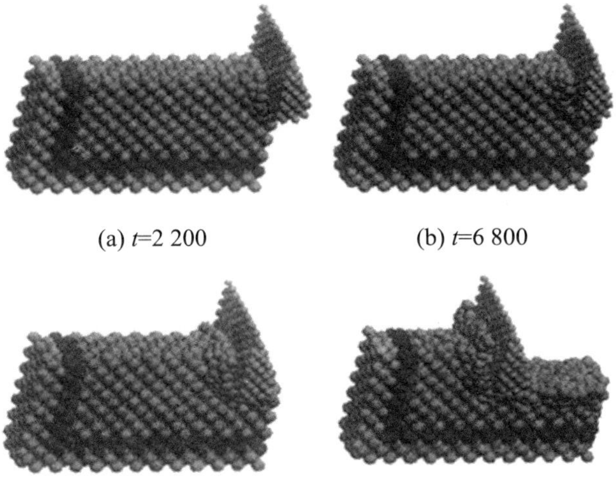

(a) t=2 200 (b) t=6 800

(c) t=10 000 (d) t=25 000

（t 为分子动力学步）

图 2 单晶硅纳米切削过程

Fig. 2 Nanometric cutting processes of silicon

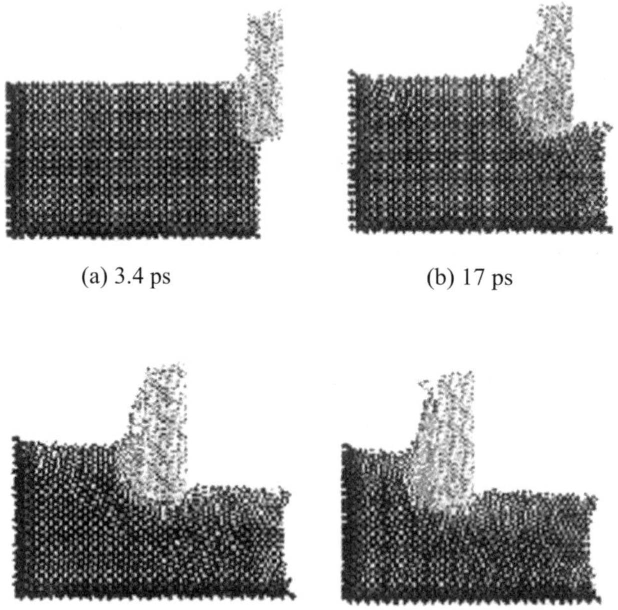

(a) 3.4 ps　(b) 17 ps

(c) 30.6 ps　(d) 37.2 ps

图 3　单晶铝纳米切削过程

Fig. 3　Nanometric cutting processes of aluminum[4, 5]

单晶铝的纳米切削变形过程与单晶硅有很大的差别，如图 3 所示。随着刀具的介入，与刀尖接触处的铝原子晶格形成滑移区，很快便在刀尖周围产生大量的位错，并随着切削刃的移动而运动，已加工表面有着明显的弹性恢复，且有变形层存在。在刀具前产生了以原子团为单位的切屑，刀具切下的切屑体积与工件上切削层的体积基本相等。

2.2　切削过程中能量变化的分析

切削过程中由于工件材料原子与刀具原子相互作用引起材料势能的变化如图 4 所示。在单晶硅切削过程中势能随着刀具的移动而增加，仅有微小的波动（见图 4（a）），这是非晶态相位变换产生、扩展引起的，不是位错引起的，因为位错的产生、运动必然要引起能量涨落，表现在能量曲线上必然要有很大的波动。由于在共价键晶体中位错的产生、运动要克服高能势垒，因此切削过程中产生的能量可能不足以形成位错。从图 4（b）中可看出，随着刀具的切入，在切削过程中单晶铝产生的能量逐渐增大，在增大的过程中，突然下降到某一数值，并在此数值周围波动，然后突然增加到某一数值，不断重复这一过程。随着切削距离的增加，能量变化更加剧烈，而且能量的变化值与位错能在同一数量级上，这说明了单晶铝切削过程中有大量的位错产生。因此，单晶铝的切削变形过程是大量位错引起的塑性变形，单晶硅的切削变形是非晶态相位变换引起的变形。单晶硅切削过程中所消耗的能量比铝小，这是因为纳米切削的本质是切断原子间键的结合，铝原子间是以金属键形式结合，硅原子间键是共价键，金属键比共价键稳定，因此切断铝原子间结合所需能量必然大于硅原子。

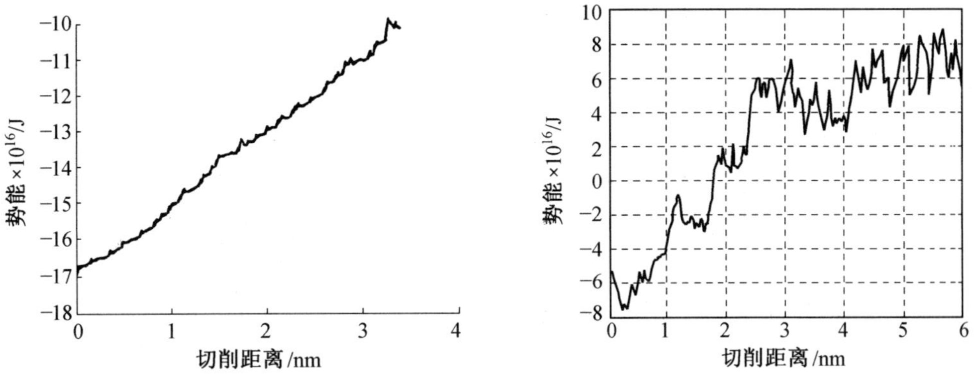

(a) 单晶硅势能的变化　　(b) 单晶铝势能的变化

图 4　切削过程中势能的变化

Fig. 4　Variation of potential energy during cutting process

2.3　切削过程中切削力变化的分析

切削力清晰反映了切屑的去除过程，是理解切削现象的重要物理参数，因此分析切削力的变化是必要的。图 5 为切削过程中切削力的变化曲线。图 5 中切向力与轴向力增加趋势与图 4 中能量的变化规律一致。图 5(a)中单晶硅切向力和轴向力缓慢稳定增加，没有由于位错的产生及其突然运动而引起的突然变化，这进一步说明了单晶硅切削过程中没有位错的产生。而图 5(b)中单晶铝的切向力与轴向力却由于切削过程中大量位错的产生和运动，使得切削力变化十分剧烈，以陡升陡降的方式增加这种切削力突然改变的现象是原子水平塑性变形的固有特性，因此单晶硅的纳米切削变形过程与单晶铝不一样。单晶铝切削过程中切削力大于单晶硅，这是由于金属键的键级大于共价键的键级，因此铝原子间相互作用力比硅原子间相互作用力大。

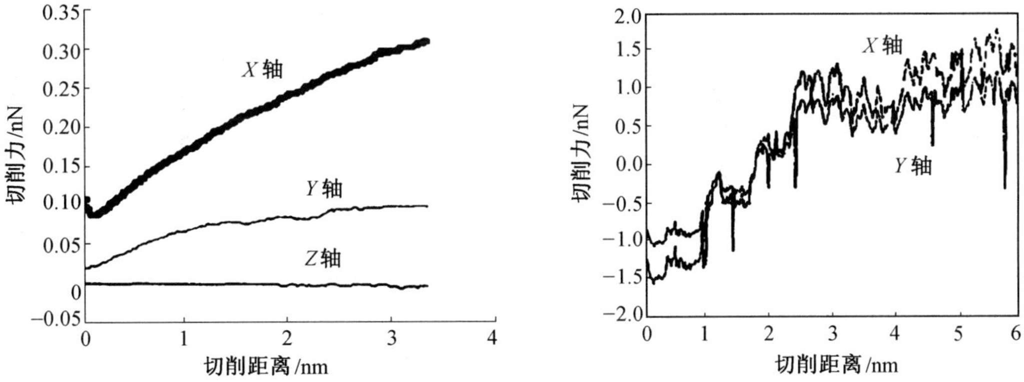

(a) 单晶硅切削力的变化　　(b) 单晶铝切削力的变化

图 5　切削过程中切削力的变化

Fig. 5 Variation of cutting forces during cutting process

从切屑和加工表面形成、切削过程中能量和切削力变化的分析，在加工过程中铝有大量位错产生，而硅没有产生，这与宏、微观加工过程相一致。

3　结论

（1）随着刀具切入工件，原子间势能不断增加，在增加的过程中，由于位错产生和运动使得铝原子间势能在反复波动中增加；由于硅切削过程中没有位错的产生，因此硅原子间势能稳定增加，由于非晶态相位变换的产生与扩展，使得势能有微小的波动。

（2）单晶硅和单晶铝的切向力与轴向力变化趋势与各自的能量变化规律一致，由于金属键键级比共价键键级强，因此切断铝原子间结合所需能量必然大于硅原子，切断铝原子键的切削力也大于硅原子。

（3）硅存在非晶态相位的变换和切屑体积的改变，而铝没有发生这些变化，单晶硅加工表面没有弹性恢复，没有位错的产生，而铝加工表面有明显的弹性恢复，有大量的位错产生。

（4）单晶硅纳米切削机理是非晶态相位变换而产生的变形，而单晶铝变形机理是位错在晶体中运动而产生的塑性变形。

参考文献

[1] TERSOFF J. Modeling solid-state chemistry: Interatomic potentials for multicomponent systems[J]. Physical Review B, 1989, 39(8): 5566 -5568.

[2] ZHANG Liangchi, TANAKA H. Towards a deeper understanding of wear and friction in the atomic scale-a molecular dynamics analysis[J]. Wear, 1997, 211(1): 44 -53.

[3] ZHANG Liangchi, TANAKA H. On the Mechanics and physics in the Nano－Indentation of Silicon Monocrystals[J]. JSME International Journal Series A, 1999,42(4): 546-559.

[4] 罗熙淳, 梁迎春, 董申. 单晶铝纳米切削过程分子动力学模拟技术研究[J]. 中国机械工程, 2000, 11(8): 860-862.

[5] 罗熙淳. 基于分子动力学的微纳米加工表面形成机理研究[D]. 哈尔滨: 哈尔滨工业大学, 2002.

[6] 韩成顺, 董申, 唐余勇. 大型光学非球面超精密磨削关键技术的研究[J]. 哈尔滨工业大学学报, 2003, 35(8): 905 -908.

基于分子动力学的纳机电开关动态特性

宫　娜[1]　梁迎春[1]　刘炳国[2]　陈明君[1]

（1. 哈尔滨工业大学　精密工程研究所，黑龙江　哈尔滨　150001;

2. 哈尔滨工业大学　自动化测试及控制系，黑龙江　哈尔滨　150001）

摘　要： 建立了碳纳米管悬臂梁分子动力学模型，并对该模型的动态特性进行研究。分析了封腔中空气分子对纳米器件的阻尼作用，模拟了真空环境下碳纳米管原子处于平衡状态的自振情况，同时通过在外加激励作用下求解出该系统中碳纳米管的固有频率，绘制出了相应的幅频响应曲线。最后，对低真空环境下碳纳米管共振时的振幅进行分析。模拟结果表明：原子自振频率为 2 THz；碳纳米管固有频率为 4.79 GHz，且在初始阶段随着外加载荷的增加略有减小，随着载荷的继续增加而加大直到开关达到闭合状态；在相同的气压变化幅度下，低压环境的振幅变化远显于高压环境下的振幅变化。

关键词： 纳机电开关；分子阻尼；固有频率；振幅；分子动力学

Dynamic Characteristic of NEM Switch Based on Molecular Dynamic Simulation

Gong Na[1]　Liang Yingchun[1]　Liu Bingguo[2]　Chen Mingjun[1]

（1. Precision Engineering Research Institute, Harbin Institute of Technology, Harbin 150001, China）

（2. Department of Automatic Measurement and Control, Harbin Institute of Technology, Harbin 150001, Chia）

Abstract: A molecular dynamics model of Nanoelect romechanical (NEM) switch is

---

作者简介：

宫娜（1976—），女，哈尔滨工业大学讲师，博士研究生，研究方向为 MEMS/NEMS 系统的仿真及优化设计。E-mail: gongna@hit. edu. cn。

梁迎春（1964—），男，哈尔滨工业大学机电工程学院院长，博士生导师，研究方向为超精密加工与纳米技术、精密非标设备的设计与制造及现代设计理论与方法。

基金项目： 国家自然科学基金资助项目（No. 50675050）；黑龙江省杰出青年科学基金资助项目（No. JC200614），

文章发表信息： 光学精密工程, 2007, 15(9): 1371-1376.

established and the dynamic characteristic of this model is investigated. The air damping effect on nanostructure is studied and auto-oscillation of an atom is simulated when CNT is in balanced state. For obtaining the natural frequency of CNT by means of exerting external force on the end of CNT, the curve of amplitude-frequency response is given too. Finally, the amplitude is analyzed when CNT is resonance vibration in low vacuum. The simulation results show the natural vibration frequency of atom is 2 THz and the natural frequency of CNT is 4.79 GHz. The results also show that the frequency of CNT decreases with the applied force increase at first , but then increases with the force increase, until the switch is closed. Finally, the experiment indicates that if the variation range of pressure is in the same, the amplitude variation under low pressure is higher than that under high pressure.

Keywords: NEM switch; air damping; natural frequency; amplitude; molecular dynamics

1 引言

纳机电系统（Nanoelect romechanical System，NEMS）是指在特征尺寸和效应上具有纳米技术特点的一类超小型机电一体的系统，一般指特征尺寸在亚纳米到数百纳米之间，以纳米级结构所产生的新效应（量子效应、界面效应和纳米尺度效应）为工作特征的器件和系统[1]。由于小尺寸效应、表面效应的影响，纳结构的设计理论与方法和传统机械设计理论与方法有着本质的不同，传统的流体力学理论不再适用，必须应用近代物理学的最新成果，从微观的角度以分子尺度去研究纳机械的力学特性[2]。

另外由于 NEMS 器件含有可动部件，外部环境中的污染能导致其输出信号发生偏移，并能腐蚀传感器内部的金属层[3]。因此，NEMS 器件大都需要在真空环境下进行封装，使其远离外界污染，以降低 NEMS 器件中灵敏元件的阻尼而获得更高的品质因子和更大的灵敏度[4]。然而，大多数情况下,做到绝对真空非常困难，因此研究封腔内空气阻尼对器件性能影响显得尤为重要。目前诸多文献中有关腔内空气阻尼问题的研究主要集中在黏性阻尼和压膜阻尼[5]。该项研究的基本前提是梁的特征尺寸远大于空气分子的平均自由程，即将所考虑的空气流体视为不可压缩的。但当器件的尺寸进入到 NEMS 领域时，在 MEMS 器件[6]分析过程中可以忽略的空气分子与器件碰撞问题此时显得尤为突出[7]，其直接或间接地影响器件的工作性能。

本文应用分子动力学仿真技术研究纳机电开关系统中碳纳米管的动态特性。这对于全面认识纳结构振动机理，指导纳结构的设计、仿真和制作过程，具有重要的理论意义和实际应用价值，将为纳机电系统的进一步发展提供理论基础。

2 纳机电开关分子动力学模型

本文建立纳机电开关的仿真模型如图 1 所示。单壁碳纳米管的半径为 0.6 nm，长度为 6.5 nm，采用铜作为电极材料，原子构型取 5×5×2 个晶胞；基体也采用铜作为材料，原子构型取 10×4×18 个晶胞；封腔体积为 50 nm×50 nm×50 nm；系统温度为 293 K。

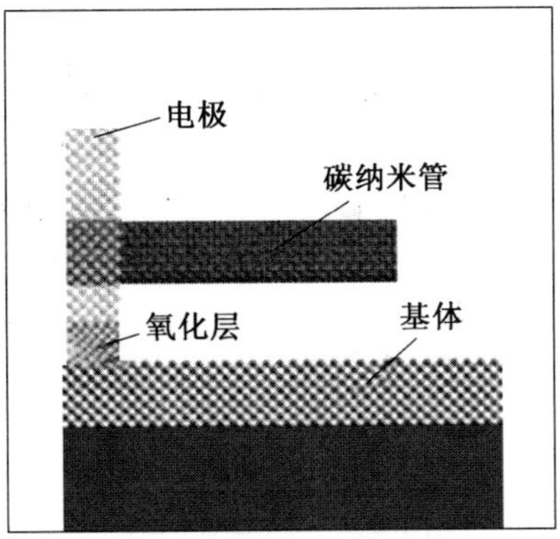

图 1　纳机电开关模型

Fig. 1　NEM switch model

纳米器件分子动力学模型中原子运动符合经典牛顿运动定律，因此采用经典牛顿运动方程。而原子间的相互作用力可通过势函数对原子间距离 r_{ij} 求导得出，即

$$F_{ij} = -\frac{\mathrm{d}v_{ij}}{\mathrm{d}r_{ij}} \tag{1}$$

作用在第 i 原子上的总原子力等于其周围所有其他原子对该原子作用力之合力，即

$$F_i = \sum_{j \neq 1} F_{ij} \tag{2}$$

本文对于 C—C 原子间相互作用，采用 Tersoff-Brenner 势函数[8]，即

$$u(r_{ij}) = V_{\mathrm{R}}(r_{ij}) - B_{ij}V_{\mathrm{A}}(r_{ij}) \tag{3}$$

式中　V_{R}——排斥项；

V_{A}——吸引项；

B_{ij}——键序参数。

对于 C—Cu 及 Cu—Cu 原子间相互作用采用 L-J 势函数，即

$$u(r_{ij}) = 4\varepsilon[(\sigma/r_{ij})^{12} - (\sigma/r_{ij})^{6}] \tag{4}$$

式中　σ——排斥项；

ε——吸引项。

考虑分子动力学的稳定性，求解运动方程的算法采用速度 Verlet 算法，即

$$r(t+\Delta t) = r(t) + v(t)\times\Delta t + \frac{f(t)}{2m}\Delta t^2 \tag{5}$$

该种格式可以同时给出位置、速度和加速度，并且不牺牲精度，计算量适中。

3　封腔内空气分子对器件的阻尼作用

从能量损失的途径来看，纳机电系统有两种阻尼形式[9]：

（1）外界能量耗散。这主要是指在非真空工作环境下，周围环境气体（一般是空气）与器件的相互作用而导致的一种能量损失方式。在纳机电系统范围、尺寸较小的情况下，其表现有两种方式：①空气分子在器件表面的吸附和解吸附带来的能量损失；②空气分子通过与梁的随机碰撞带来的能量损失。

（2）内部能量耗散。主要是由于材料的内耗而造成的。内耗的物理机制可以分为三类：晶格缺陷、热弹性阻尼和声子散射[10]。

由于本文采用碳纳米管材料作为悬臂梁模型，碳纳米管具有非常独特的微观结构，表现出良好的稳定性，结构的稳定性使碳纳米管表现出很好的抗变形能力，具有高强度特性。因此在仿真中视器件为理想结构无内部能量耗散。对于外界能量的耗散，考虑空气分子与梁的弹性碰撞而引起的能量转换问题。

3.1　梁上方空气分子与梁的能量转换

根据 Boltzmann 分布，在时间间隔 Δt 内，在梁的纵向（x 方向）具有速度 v_x 与静止的梁表面相碰撞的空气分子数为

$$\Delta n=A\times n\times f(v_x)\times v_x\times \mathrm{d}v_x\times\Delta t \tag{6}$$

式中　A——梁面积；

n——气体分子密度；

$f(v_x)$——速度分布函数。

若梁振动，碰撞梁上面的分子数为

$$\Delta n_{\mathrm{top}}=Anf(v_x)(v_x+\dot{x})\mathrm{d}v_x\Delta t \tag{7}$$

当空气分子（速度为 v_x）碰撞碳纳米管（速度为 v_{CNT}）后以 v_x'返回，碳纳米管速度发生微小变化，为 v'_{CNT}，根据动量守恒和动能定理有

$$M_{\mathrm{CNT}}\,v_{\mathrm{CNT}}-m_{\mathrm{q}}v_x=M_{\mathrm{CNT}}\,v'_{\mathrm{CNT}}+m_{\mathrm{q}}v_x' \tag{8}$$

$$M_{\mathrm{CNT}}\,v^2{}_{\mathrm{CNT}}-m_{\mathrm{q}}v^2{}_x=M_{\mathrm{CNT}}\,v'^2{}_{\mathrm{CNT}}+m_{\mathrm{q}}v_x'^2 \tag{9}$$

所以梁上面分子与梁在 Δt 时间内的能量交换为

$$\Delta E_{\mathrm{top}}=ab\int_{\dot{x}}^{\infty}[\frac{1}{2}m_{\mathrm{q}}(v_x+2\dot{x})^2-\frac{1}{2}m_{\mathrm{q}}v_x^2]\times(v_x+\dot{x})nf(v_x)\mathrm{d}v_x\Delta t \tag{10}$$

3.2　梁下方空气分子与梁的能量转换

假定空气分子进入到梁下方区域时的速度分量为 v_{yz} 和 v_x，碰撞后 v_x 将改变。若通过梁下方区域的距离为 L，则所需通过时间为

$$\Delta t=\frac{L}{v_{yz}} \tag{11}$$

所以在 Δt 时间内空气分子碰撞的次数为

$$\Delta N=\frac{\Delta t\, v_x}{2(d_0-x)}=\frac{L\, v_x}{2(d_0-x)v_{yz}} \tag{12}$$

由于每次碰撞后空气分子以 $2\dot{x}$ 的速度增加，则空气分子离开梁的速度为

$$v_x'=v_x-\Delta N\times 2\dot{x}=v_x-\frac{L\, v_x}{(d_0-x)\, v_{yz}}\times\dot{x} \tag{13}$$

若梁振动，碰撞梁下面的分子数为

$$\Delta n_{\text{bottom}}=Anf(v_x)(v_x-\dot{x})\mathrm{d}v_x\Delta t \tag{14}$$

因此梁下面分子与梁在 Δt 时间内的能量交换为

$$\Delta E_{\text{bottom}}=ab\int_{\dot{x}}^{\infty}[\frac{1}{2}m_{\text{q}}(v_x+\Delta N\times 2\dot{x})^2-\frac{1}{2}m_{\text{q}}v_x^2]\times(v_x-\dot{x})nf(v_x)\mathrm{d}v_x\Delta t \tag{15}$$

空气分子与梁碰撞总能量损失为

$$\Delta E=\Delta E_{\text{top}}+\Delta E_{\text{bottom}} \tag{16}$$

3.3 空气分子与封装腔体的能量转换

为维持系统温度在给定数值 293 K，考虑空气分子和封装腔体的碰撞引起的能量转换问题，本课题是通过对空气分子进行速度标定来实现的。速度标定的基本方法是：对运动方程积分若干分子动力学时间步长，然后停止积分过程，对速度做专门的再调整，以取走或增加系统的能量。

对速度的调整是通过标定因子式进行计算，即

$$\beta=[3Nk_{\text{b}}T/\sum_i mv_i]^{\frac{1}{2}} \tag{17}$$

式中 k_{b}——玻耳兹曼常数；

N——总的空气分子数；

T——系统温度。

m——空气分子质量；

v——空气分子速度。

3.4 系统仿真的实现

分子动力学方法首先给定研究系统的初始状态，即所有原子的初始位置和初始速度。因为计算过程中系统对初始状态将丧失全部记忆，因此无需精确选择初始条件，为了简单方便起见，一般将初始位置选在晶格的格点上，初始速度全部置为 0，进行弛豫趋衡后使速度满足玻耳兹曼分布。完成初始化后开始计算纳米器件每一个原子上的受力情况，对于运动方程的求解采用 Verlet 算法，时间步长取为 1×10^{-15} s。同时为考虑空气分子对纳米器件的阻尼作用，将碰撞后的能量损失转化为纳米器件的原子速度的改变，并进行相应的速度调整，从而体现出空气分子对梁体现的阻尼影响。

4　物理量单位的标度

在分子动力学仿真中所用的物理量单位，最好使用标度后的形式，即把各物理量化为无量纲形式。本文中分子动力学计算使用的基本物理量单位如下：

长度单位：nm；

质量单位：原子质量单位（au）；

时间单位：飞秒（fs）；

能量单位：电子伏特（eV）；

温度：开尔文（K）。

其他物理量的单位可通过基本物理量导出。

5　仿真结果

5.1　原子自振

仿真中视系统单个原子为质量 2 弹簧系统，初始化的系统通常不能对应一个稳定的状态，因此首先对系统进行弛豫，直至系统达到稳定平衡状态。原子处于平衡状态的自振情况如图 2 所示，振动频率为 2 THz，振幅为 0.002 75 nm。

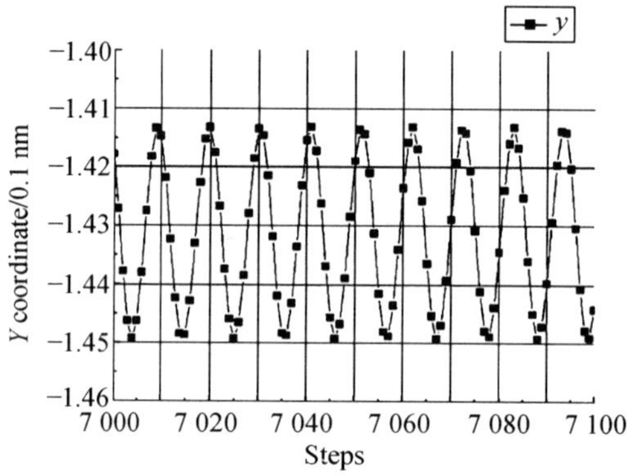

图 2　原子自振

Fig. 2　Autoosicllation of atom

5.2　固有频率的求解

图 3 为外加载荷作用下碳纳米管自由端质心的 y 坐标变化情况。

当外加载荷从 0.005 nN 增加到 0.1 nN 过程中，质心 y 坐标值呈线性增加，满足胡克定律：$\Delta F=-k\Delta d$，其中 k 为弹性系数。由计算求得 k=0.032 652 6，固有频率为 ω_0＝0.003 197 965。因此施加激励力 $F=\sin \omega t$，得到幅频响应曲线如图 4 所示。

从图中可以看出当 $\omega=\omega_0$ 时，碳纳米管质心振幅最大，达到 1.148 nm，说明此时发生共振，其共振频率 f=4.79 GHz。

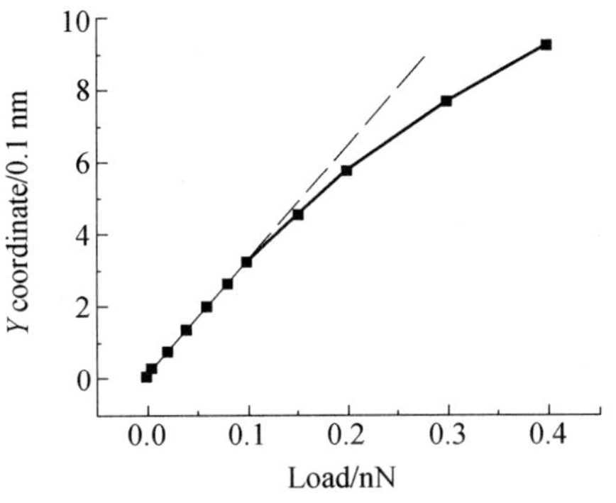

图 3　质心位置随外力变化情况

Fig. 3　Variation of center position with applied force

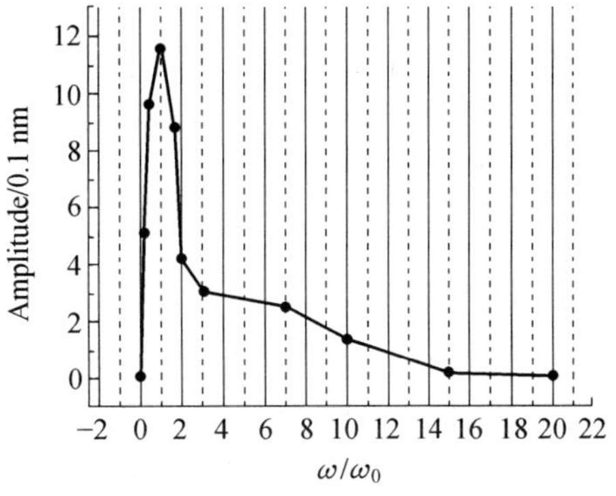

图 4　幅频响应曲线

Fig. 4　Curve of amplitude-frequency response

模拟结果表明固有频率在初始阶段随着外加载荷的增加略有减小，随着载荷的继续增加而加大直至达到闭合状态，如图 5 所示。

这主要是在外加载荷作用下，静电力和范德华力使得梁的柔性增加，非线性碳纳米管随着变形增大而硬度增强，当变形小时，忽略梁的非线性，柔性增强占主要地位，随着变形加大梁硬度增强，因此固有频率增加。这与美国学者 Dequesnes 和 N. R. Aluru 等人的研究结论相符合[11]。

5.3　低真空环境下系统共振时振幅分析

图 6 为低真空状态下气压变化对碳纳米管振幅变化的影响。

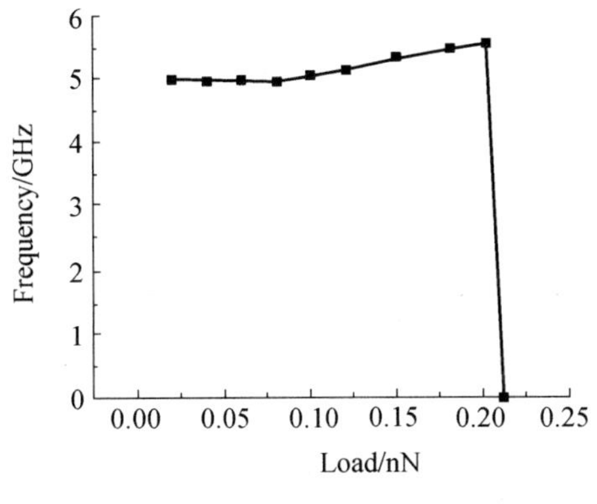

图 5　固有频率

Fig. 5　Natural frequency of CNT

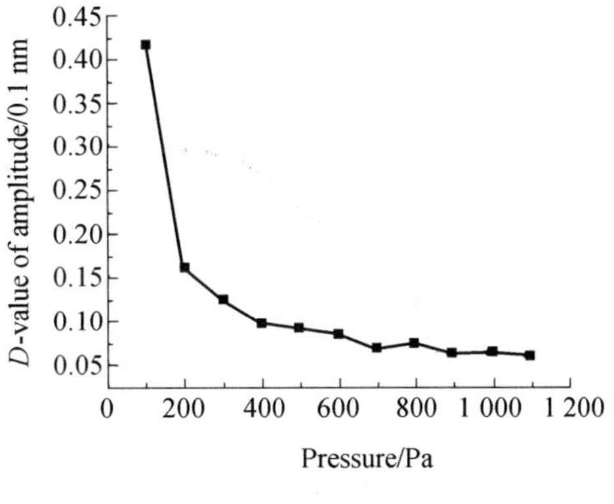

图 6　振幅差值随气压变化情况

Fig. 6　Variation of amplitude difference with pressure

由图 6 可知在气压从 200 Pa 降到 100 Pa 时，碳纳米管振幅变化相当明显；而当气压从 1 000 Pa 降到 900 Pa 时，振幅变化相对较弱。这是由于气压从 200 Pa 降到 100 Pa 时所需抽出的气体分子数占总气体分子数的比率要远高于气压从 1 000 Pa 降到 900 Pa 时需抽出的气体分子数占总气体分子数的比率。因此在低真空环境中，相同的压强变化幅度时，较低压强的改变对纳结构的影响要明显于较高压强改变的影响。

6　结论

以纳机电开关中的碳纳米管悬臂梁为模型，应用分子动力学的仿真方法探讨了纳结构在外加载荷作用下的动态特性。通过仿真和分析结果得出如下结论：

（1）系统经过弛豫后达到稳定平衡状态。原子自振频率为 2 THz，振幅为 0.002 75 nm。

（2）碳纳米管固有频率为 4.79 GHz，当外加载荷的频率等于其固有频率时，碳纳米管发生共振，最大振幅可达到 1.148 nm。同时模拟结果表明，碳纳米管的固有频率在初始阶段随着外加载荷的增加略有减小，随着载荷的继续增加而加大，直到开关闭合。

（3）在低真空环境中，相同的气压变化幅度条件下，相对较低压强环境下的振幅变化要远明显于相对较高压强环境下的振幅变化。

纳机电系统的外界能量耗散除了空气分子与梁的碰撞之外还有空气分子在器件表面的吸附和解吸附的影响，由于受仿真条件的限制，没有考虑吸附和解吸附现象，使得仿真得到的原子自振频率和碳纳米管的固有频率将与实际值略有差异。另外由于 NEMS 器件的尺寸很小，使得空气分子与碳纳米管的碰撞并不一定能够完全符合弹性碰撞理论。因此，建立能够精确地描述纳米尺度器件动态特性的分子动力学模型还需要进行更深入的研究。

参考文献

[1] 周兆英, 杨兴. 微/纳机电系统[J]. 仪表技术与传感器, 2003 (2): 1-5.

ZHOU Zhaoying, YANG Xing. Micro and nano elect romechanic systems[J]. Instrument Technique and Sensor, 2003 (2):1-5.

[2] 尤政, 张高飞, 林杨, 等. MEMS 固体化学推进器设计与建模研究[J]. 光学精密工程, 2005, 13(2): 117-126.

YOU Zheng, ZHANG Gaofei, LIN yang, et al. Design and modeling of MEMS-based solid propellant propulsion [J]. Optics and Precision Engineering, 2005, 13 (2): 117-126.

[3] 程迎军, 朱锐, 许薇, 等. MEMS 器件真空封装模型模拟[J]. 传感器技术, 2004, 23 (12): 86-88.

CHENG Yingjun, ZHU Rui, XU Wei, et al. Modelling and simulation of vacuum packaging of MEMS devices[J]. Journal of Transducer Technology, 2004, 23(12): 86-88.

[4] 李智, 王向军. 微机电系统测试技术及方法[J]. 光学精密工程, 2003, 11(1): 37-44.

LI Zhi, WANG Xiangjun. MEMS measurement technologies and methods[J]. Optics and Precision Engineering, 2003, 11(1): 37-44.

[5] 杜全根, 胡元太, 陈传尧. 微梁谐振器高阶振动时的挤压薄膜阻尼效应[J]. 华中科技大学学报, 2003, 31(10): 79-81.

DU Quangen, HU Yuantai, CHEN Chuanrao. Squeeze film damping effects on a beam-shaped micro resonator at high excited frequency[J]. Journal of Huazhong University of Science and Technology, 2003, 31(10): 79-8.

[6] 周连群, 吴一辉, 张平, 等. 基于 MEMS 技术的微型分光光度计[J]. 光学精密工程, 2006, 14(6): 990-997.

ZHOU Lianqun, WU Yihui, ZHANG Ping, et al. Design and modeling of MEMS-based solid propellant propulsion[J]. Optics and Precision Engineering, 2006, 14(6): 990-997.

[7] 张培玉, 武国英, 郝一龙, 等. 微夹钳研究的进展与展望[J]. 光学精密工程, 2000, 8(3): 292-296.

ZHANG Peiyu, WU Guoying, HAO Yilong, et al. Development of microgripper technology[J]. Optics and Precision Engineering, 2000, 8(3): 292-296.

[8] 李峰, 白朔, 郑宏, 等. Tersoff-Brenner 势函数在纳米碳管研究中的应用[J]. 新型炭材料, 2001, 16(2): 73-78.

LI Feng, BAI Shuo, ZHENG Hong, et al. The application of Tersoff-Brenner potential in the study of carbon nano-tubes[J]. New Carbon Materials, 2001,16(2): 73-78.

[9] 王平, 黄庆安, 于虹. 纳机电系统阻尼及噪声研究进展[J]. 电子器件, 2004, 27(3): 527-532.

WANG Ping, HUANG Qingan, YU Hong. Research and progress of damping and noise in NEMS[J]. Chinese Journal of Electron Device, 2004, 27(3): 527-532.

[10] YASUMURA K Y, STOWE T D, CHOW E M, et al. Quality factors in micro and submicron-thick cantilevers[J]. Journal of Micro electromechanical Systems, 2000, 9(1): 117-125.

[11] DEQUESNES M, TANG Z H, ALURU N R. Static and dynamic analysis of carbon nanotube-based switches[J]. Journal of Engineering Materials and Technology, 2004, 126(3): 230-237.

Molecular Dynamics Simulation and Experiments of Nano-Indentation of Single Crystal Silicon (111) Plane

Degang Li　Yingchun Liang　Qingshun Bai　Shen Dong

(School of Mechatronics Engineering, Harbin Institute of Technology, Harbin 150001, China)

Abstract: To investigate micro mechanisms of brittle material single crystal silicon (111) plane from an atomic level, molecular dynamics (MD) simulation was used to analyze diamond nano-indention process. In this paper a new method was set up to investigate the indentation process through computing average potential and radial distribution function (RDF) of workpiece at the same time. The results show that lattices phase transformation occurs around the diamond indenter tip in the workpiece. It is also found that the deformed area has about 27% elastic recovery through comparing motions of demarcation line which represents the dislocation motions inner workpiece. The nano-indentation experiments were carried out by Tribo-indenter made by Hysitron Incorporated Company. Comparison of reduced modulus values between simulation and experiments is conducted and the results indicate that the simulation error rate is smaller than 31%.

Keywords: molecular dynamics (MD) simulation; indentation; average potential; radial distribution function; reduced modulus

单晶硅(111)晶面纳米压痕过程分子动力学仿真及实验

李德刚　梁迎春　白清顺　董　申

（哈尔滨工业大学　机电工程学院，哈尔滨 150001）

摘　要：为了研究脆性单晶材料单晶硅（111）晶面微观机械特征，应用分子动力学对压痕过程进行仿真分析。本文应用平均势能和径向分布函数相结合方法对压痕过程进行考察。仿真结果表明，工件在压头附近的晶格结构发生变化。在仿真过程中通过确定工件内部的分界线来表明位错传播运动；在压痕结束后工件自身弛豫过程变形区域弹性恢复大约 27%。应

作者简介：李德刚（1975—），男，博士研究生，lideganghit@sina.com。

基金项目：国家自然科学基金项目（50675050）。

文章发表信息：纳米技术与精密工程, 2008, 6(4): 242-248.

用 Hysitron 公司的 Triboindenter 纳米原位压痕仪进行压痕实验，并把实验得到的材料压痕折合模量与分子动力学仿真计算结果进行比较，结果表明仿真的误差率小于 31%。

关键词： 分子动力学仿真；压痕；平均势能；径向分布函数；折合模量

As an advanced testing instrument, atomic force microscope (AFM) has led to the general availability of materials micro mechanics and mechanisms through micro- and nano-indentation tests. Some researchers carried out experiments on nano-indentation testing of brittle materials by AFM[1-2]. However, the mechanism of nano-indentation has not been fully clear because nano-scale indenting involves workpiece deformation in only a few atomic layers near the workpiece. It is also extremely difficult to observe various microscopic physical phenomena occurring in actual experiments. At the same time the nano-indentation process is affected by some factors such as indenter shape, testing temperature, material surface oxidation and so on. The conventional theory based on “continuum mechanics” cannot explain these complicated phenomena at such a short range accurately.

Based on quantum mechanics, molecular dynamics (MD) is drawn from physics and empirical elements which are added from the material science side to match the results of experiments. As an advanced computational method, MD simulation is able to describe the changing process of materials atoms motion and inner structure deforming which cannot be observed through experiments at almost situations. Through using Newton motion equations to simulate motion principle of atoms in the object studied, MD method describes every atom’s position and velocity, and then draws a conclusion about the dynamic and static rules in the nano-indentation process.

Some researchers used MD simulation to make studies on micro mechanics of material during nano-indentation process: A. Gannepalli[3], Yu Hualiang[4] and F. N. Dzegilenko[5] carried out MD simulation on nano-indentation processes through analyzing indenting force, phase transformations, surface characteristics and so on. However, the micro deforming mechanisms of brittle material remain to be considered fully. Thus, this study presents MD simulation of deformation behavior of single crystal silicon (111) plane during nano-indentation process. Indenting force, radial distribution function（RDF）and average potential of deformed and un-deformed areas were discussed along with trailing the dislocation motion in the workpiece. And nano-indentation experiments were carried out and the experimental results were compared with the MD simulation ones.

1 Indentation simulation

1.1 Indentation simulation model

The workpiece is modeled as finite slab (2.688 nm×5.985 nm× 3.762 nm) of 3 024 silicon atoms plane with a reconstructed (111) top surface exposed to diamond indenter as shown in Fig.1. The work material consists of Newton atoms, fixed atoms and thermostat atoms which are positioned between the two formers.

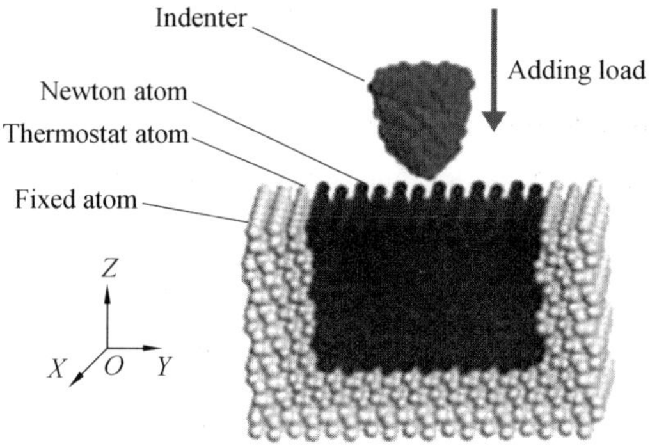

Fig.1　Sketch of indenting model

The indenter tip 360 carbon atoms are arranged a circular cone shape which has a coning angle of 120° with radius of 0.357 nm and the diamond indenter is considered rigid during the simulation process. The indenter moves forwards the workpiece at constant velocity of 40 m/s during adding load phase of indenting process firstly. When the indenter dips into the workpiece at a special depth at the end of adding load, the indenter begins to move away the workpiece with the same velocity in conversing direction.

1.2　Interaction potential

Silicon and diamond consist of covalent bonds which exhibit a strong directional dependence that leads to the formation of molecules and crystals with a characteristic structure. The forces between the atoms of indenter and workpiece involved in interaction depend not only on their respective chemical identities and distance between them, but also on the atoms angular orientation with the others nearby. Brenner[6] tight-binding potential not only describes the crystal structures of diamond and silicon, their interaction energy, but also expresses the chemical process including formation and breaking of covalent bonds between the atomic particles. In this study Brenner potential is employed to describe the interactions of Si-Si and Si-C and the detailed parts are expressed in the following equations[6]:

$$E_b = \sum_i \sum_{j>i} [V_R(r_{ij}) - \bar{B}_{ij} V_A(r_{ij})] \tag{1}$$

$$V_R(r_{ij}) = f_{ij}(r_{ij}) \cdot \frac{D_{ij}}{S_{ij}-1} \cdot \exp[-\sqrt{2S_{ij}} \cdot \beta_{ij} \cdot (r_{ij} - R_0)] \tag{2}$$

$$V_A(r_{ij}) = f_{ij}(r_{ij}) \cdot \frac{D_{ij} \cdot S_{ij}}{S_{ij}-1} \cdot \exp[-\sqrt{2/S_{ij}} \cdot \beta_{ij} \cdot (r_{ij} - R_0)] \tag{3}$$

$$f_{ij}(r)=\begin{cases}1 & r<R_{ij,1}\\ \{1+\cos[\dfrac{\pi(r-R_{ij,1})}{R_{ij,2}-R_{ij,3}}]\}/2 & R_{ij,1}<r<R_{ij,2}\\ 0 & r>R_{ij,2}\end{cases}\tag{4}$$

$$\overline{B}_{ij}=\frac{B_{ij}+B_{ji}}{2}+F_{ij}(N_{i,(T)},N_{j,(T)},N_{ij,\mathrm{conj}})\tag{5}$$

$$B_{ij}=1+\sum_{k(\neq i,j)}G_i(\theta_{ijk})f_{ik}(r_{ik})\exp\{\alpha_{ijk}[(r_{ij}-R_0)-(r_{ik}-R_0)]\}\tag{6}$$

$$G_i(\theta_{ijk})=a_0[1+\frac{c_0^2}{d_0^2}-\frac{c_0^2}{d_0^2+(1+\cos\theta_{ijk})^2}]\tag{7}$$

$$N_{j,(T)}=\sum_{k(\neq i,j)}f_{ik}(r_{ik})\tag{8}$$

where E_b is total interatomic potential between atom i and j; $V_R(R_{ij})$, $V_A(r_{ij})$ and $f_{ij}(r)$ are repulsive, attractive action and cutoff function, respectively; r is length of the ij bond; θ_{ijk} is angle between bonds of ij and ik; B_{ij}, F_{ij}, and $G(\theta_{ijk})$ correspond to modulating, tricubic spline and bond angles functions, respectively; $N_{i,(T)}$ is the total neighbour number of atom i; $N_{ij,\mathrm{conj}}$ is the parameter presenting whether atom i and j forming covalent bond.

1.3 Motion of workpiece atoms

The predictor corrector Verlet algorithm, which is expressed in Eqs. (9) and (10), is used for integration of silicon atoms motions at every simulation step which stands for 1 fs.

$$r(t+\Delta t)=r(t)+\Delta t\cdot v(t)+\Delta t^2\cdot\frac{F(t)}{2m}\tag{9}$$

$$v(t+\Delta t)=v(t)+\Delta t\cdot[F(t)+F(t+\Delta t)]/(2m)\tag{10}$$

where the parameters $r(t)$, $v(t)$ and $F(t)$ are position, velocity and force of the atom at current time, respectively; Δt is time step size; m is the atom mass.

The initial velocities of silicon atoms are assigned based on the Maxwell distribution at 293 K. In the thermostat layers, kinetic energy of atoms is adjusted for every computation time so as to maintain the equivalent temperature at 293 K through Eq.(11) and the excess heat induced by the indenter is completely extracted by the thermostat atoms away the control volume.

$$v(t+\Delta t)=v(t)\sqrt{\frac{N_f N k_B T_0}{2}\left[\sum_{i=1}^{N}\frac{m(v_{i,\mathrm{old}})^2}{2}\right]^{-1}}\tag{11}$$

where N_f and N are the freedom and total number of atom in the system, respectively; k_B is Bolzman constant, $k_B=1.38\times10^{-23}$ J/K; T_0 is specified temperature.

2 Simulation results

2.1 Change of indenting force

The cross section of workpiece and the indenter at different phases are shown in Fig. 2. As shown in Fig. 2 (a)，there is demarcation line under the indenter tip which is between the deformed area *A* and un-deformed area *B*. In another word, the demarcation line presents dislocation motion in workpiece.

When the indenter contacts the silicon (111) surface just at about 10 000 step, some crystal lattices on the top of the workpiece begin to deform and pile up around the indenter tip so as to initiate the indenting force. With the indenter's motion down forwards further into the silicon (111) body there are more and more irregular crystal structures. The number of silicon atoms in the deformed lattices just mentioned above, is increasing because indenting force is also added. As soon as the deformed lattices are broken, some atoms escape to other nearby ideal lattices. The degree of extrusion between the indenter and workpiece body is weakened and there are sudden losses in indenting force at about 13 000 step. After the moment the material deformation tended to be intensive and the indenting force is in creased in deformed zone. Until the indenter reaches the maximum depth into the workpiece body at the end of adding load process (shown in Fig. 2 (b)), the value of indenting force is vibrating around a comparatively steady value. It should be noted that the fluctuations of the indenting forces in the deforming zones are due to the stress and strain fluctuations as a result of deformation in zones formed by limited number of atoms.

After the point of simulation time 30 000 step，the indenter moves upwards and the simulations come into the phase of unloading. During the phase of about 30 000-35 000 step the indenting force begins to decrease to low values gradually. The phenomena show that crystal structures elastic restitutions occur in the compressive region around the indenter tip. After the simulation time point the indenting force keeps comparative low values. After about 35 000 step there is enough space (shown in Fig. 2 (c)and Fig. 2 (d)) when the distance is over the equilibrium range in which the silicon atom and diamond atom have force with zero values so that the indenter is under field of little force from the workpiece atoms.

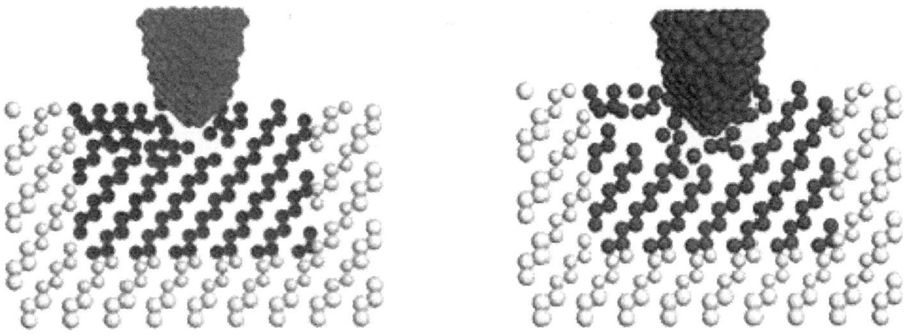

(a) T=20 000 step　　　　(b) T=30 000 step

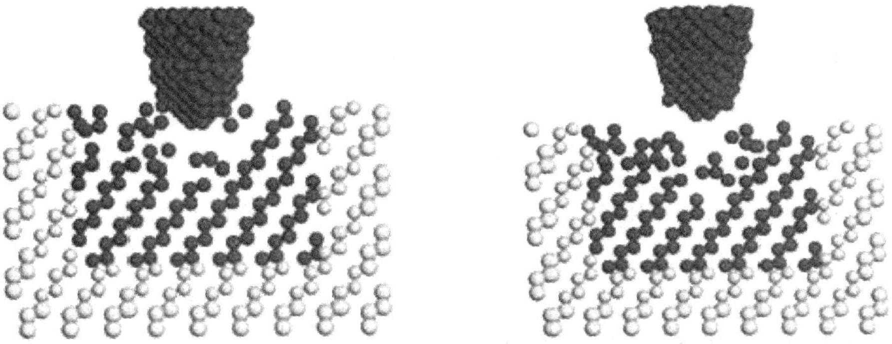

(c) T=40 000 step　　　　(d) T=50 000 step

Fig. 2　Cross section of workpiece structure change and tool during indentation process

2.2　Potential change and RDF analysis

In this paper, the average potential of every atom and RDF in area A and B mentioned in Fig. 2 (a) are computed to investigate the phase transformation in silicon during indentation. In a crystal structure system the number of atoms at a special bond distance contrasting to every atom is constant in the condition that the crystal structure is not changed. RDF is able to present the crystal structure changes and phase transformation in the workpiece from atomic view point. Due to the fact that area A and B have changing volume during indentation, a formally modified RDF, $g(r)$, expressed in Eq.(12), is used to compute percentage of the number mentioned above to the total number which is the sum of atom numbers at different bond distances. As a circular center, every atom has neighbors which locate spheriform shell ranging from r to $(r+\Delta r)$, where $r_i(n)$ presents the sum of the neighbors numbers.

$$g(r) = r(n) \Big/ \sum_i r_i(n), \quad r_i(n) = \sum n(r_i, r_i + \Delta r), \quad r_{i+1} = r_i + \Delta r \tag{12}$$

As shown in Fig. 3 and Fig. 4, there is little change of average potential and RDF in area *B*, while in area *A* obvious changes happen in average potential and RDF during the whole indentation process. This indicates that the demarcation line is able to separate area *A* from area *B* correctly. In area *B* the bond number with a length of about 0.235 nm is up to maximum, i.e. every atom is around four atoms and the ideal crystal structure , α-type silicon prevails in this area.

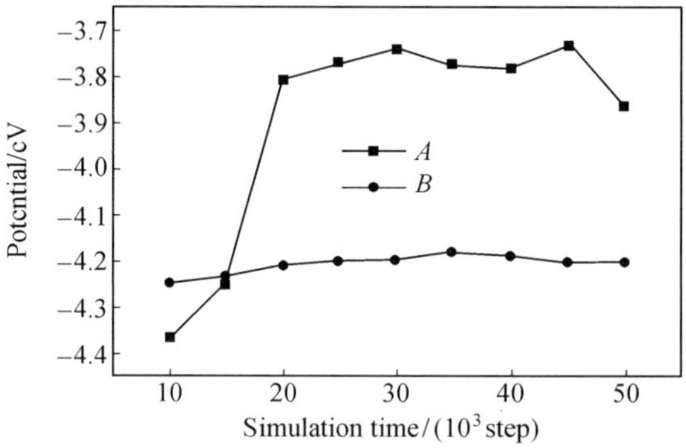

Fig. 3 Average potential change of every atom in area *A* and *B* versus simulation time

The average potential and RDF in area *A* have great changes at different indentation phases. Due to the pressures from indenter, crystal structure begins to change and the amorphous state is more and more obvious in area *A* along with the indenting process (shown in Fig. 4 (a) and Fig. 4 (b)). At the time of 20 000 step the bond number percentage at 0.235 nm decreases and there is atoms distribution at almost bond distance in the range of 0.235-0.543 nm different from ideal crystal lattices. In area *A* there are some atoms that locate on the sites which are in within the distance 0.235 nm relative to their neighbors at the end of adding load process. This kind of crystal structure just mentioned above is resulted from continued high hydrostatic pressure similar to "dynamic hard particles" in process nano-cutting[7].

After 30 000 step the tool moves upwards away the workpiece the deformed crystal lattices come into selfrelax phase during which atoms in amorphous state tend to move to the sites of ideal crystal structure. There is elastic come-back phenomenon in deformed area to some extent. The atom number distribution percent at special typical bond distance, including 0.235 nm, 0.384 nm, 0.450 nm, increases to some extents (shown in Fig. 4 (e)). At the same time "dynamic hard particles" disappear due to the relaxation process.

However, the inner crystal structures do not come back to their initial state. The average potential keeps a high value during the phase of 20 000-45 000 step and little decrease after workpiece relaxation, which is corresponding to RDF changes. The results mean that phase transformations occur inner the workpiece, which is supported by actual indentation experiments[8-10] when the loads are greater than 9-11 GPa on samples.

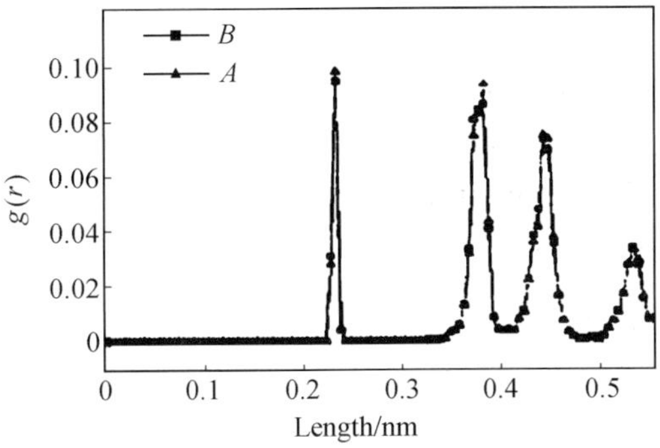

(a) 10 000 step

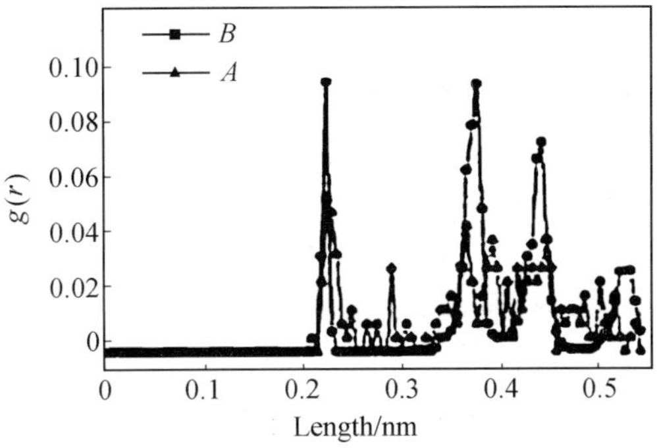

(b) 20 000 step

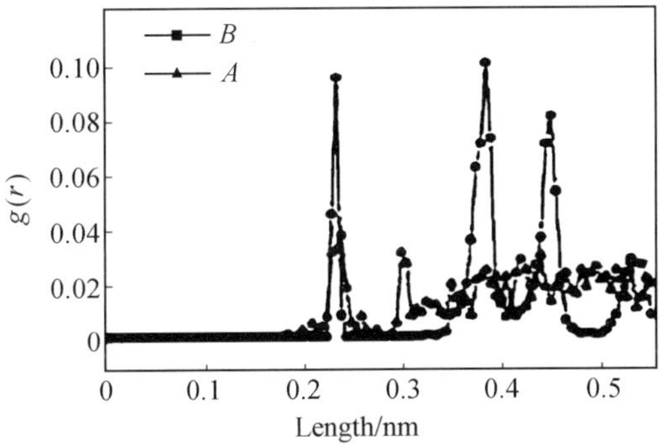

(c) 30 000 step

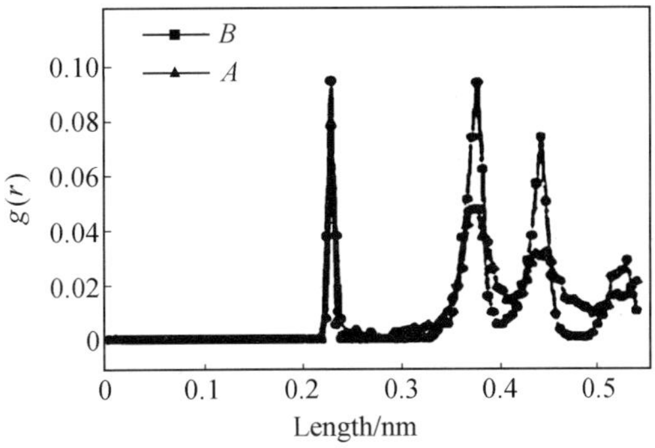

(d) 40 000 step

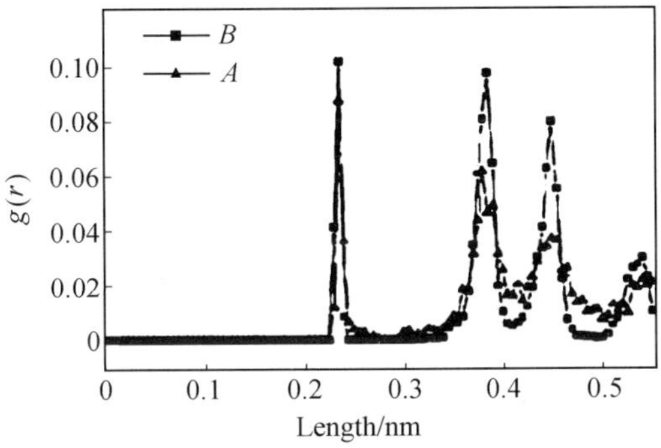

(e) 50 000 step

Fig. 4　$g(r)$ of area A or B versus length

2.3　Demarcation line motion analysis

The position of demarcation line, which represents the dislocation motion, is trailed during indentation process (see Fig. 5). During the phase of 10 000-15 000 step, the demarcation line does not move because there are enough spaces in the workpiece top surface where the atoms in deformed lattices transfer to undeformed lattices with equal depths. The demarcation line motion is corresponding to the indenting force changes. Until the end of adding load process, the demarcation line moves down forwards inner structures with different velocities unlike indenter velocity. After 30 000 step, the position of demarcation line springs back to a special value and then keeps comparatively constant value around 2.45 nm. This phenomenon reverifies that phase transformation occurs in the workpiece and then elastic recovery happens to some extents. It is found that after the indenter moving away, the deformed area has about 27% elastic recovery through computing the ratio of restore distance to whole dislocation depth.

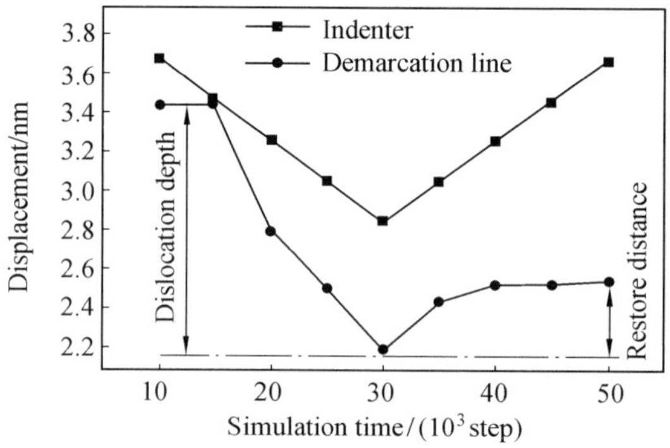

Fig. 5 Displacements of indenter and demarcation line versus simulation time

3 Experimental results

Indentation experiments on single crystal silicon are conducted by Triboindenter made by USA Hysitron Incorporated Company under temperature of 293 K and atmospheric pressure of $1.013\ 5\times10^5$ N/m^2.

The reduced modulus, E_r, is measured at a series of loads in the range (0-5 000 μN). There are a lot of elements, such as temperature, humidity, oxide silicon and so on that affect sample top surface characters. As shown in Fig. 6, when the load is over 1000 μN, E_r is about 150-160 GPa and has little differences from each other. On the other hand, experimental E_r values with loads smaller than 1 000 μN fluctuate greatly. Indentation images with loads over 1 000 μN are shown obviously and the other indentation images with lower loads are more ambiguous as shown in Fig. 7. Moreover, the curves of loads over 1 000 μN have very similar changing trends during indentation process, as shown in Fig. 8. The phenomena indicate that the measure of E_r values are not affected greatly by top surface characters when the bigger load depths resulted from greater loads under present experimental conditions.

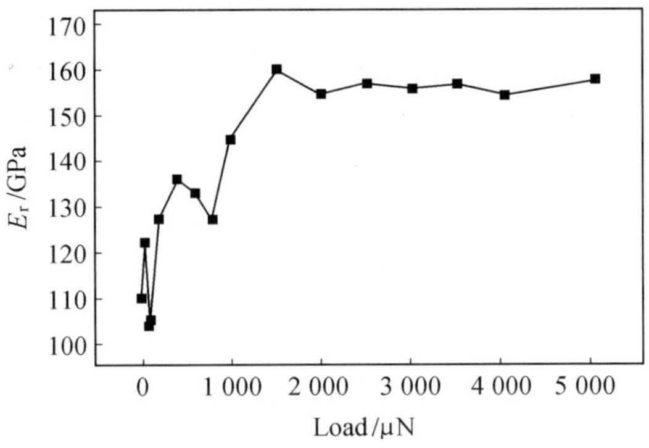

Fig. 6 E_r values versus loads

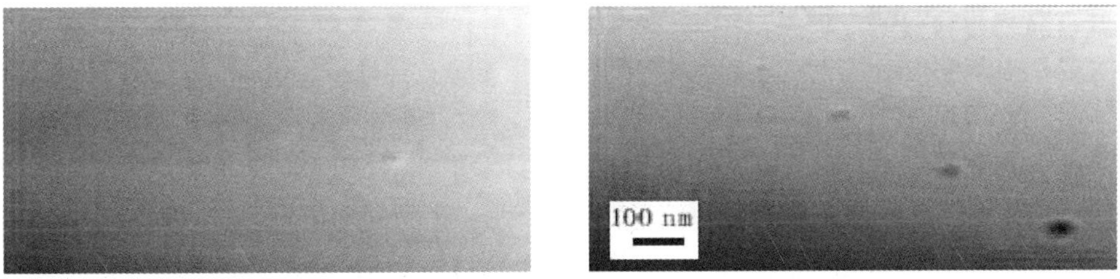

(a) smaller than 1 000 μN

(b) bigger than 1 000 μN

Fig. 7 Indentation images versus loads

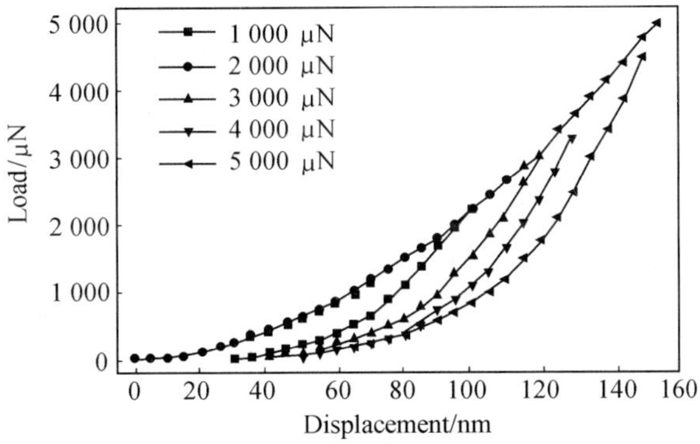

Fig. 8 Changes of loads over 1 000 μN versus displacements

4 Comparison between simulation and experiments

Reduced modulus computed by MD simulation, E_{MDR} is computed from the simulation results at 30 000 step according to Eq. (13).

$$E_{\mathrm{MDR}}=\frac{\sqrt{\pi}}{2\beta}\frac{K}{\sqrt{S}} \tag{13}$$

where β is 1.034; K is elastic contact rigidity which is ratio between unloading "D-value" (as shown in Fig. 9) and the indenter unloading distance between two simulation time points during the range of about 30 000-35 000 step; S is projected area of indenter on workpiece[11]. In order to compensate the errors resulted from computations, a series of D-values are picked up through selecting two different simulation time points between which the indenter displacements are changed accordingly. E_{MDR} values are distributed in the range of 188-210 GPa which are in the same order of magnitude with the values form experiments and the MD simulation error rate is smaller than 31%.

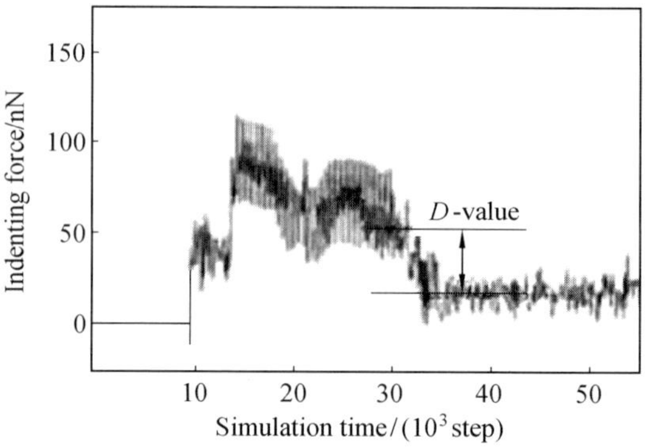

Fig. 9　Indenting force versus simulation time

In the simulation, the indenter velocity is much bigger than the actual indenting velocity in experiments. At the same time the indenter of simulation is rigid and there is not rebound motion of indenter so that the extrusion state around the indenter tip is serious throughout adding load process. MD simulation overcomes defects from external interferences such as oxidation, shock and so on. Although the simulation scale is smaller than that in actual conditions, MD simulations are able to basically describe nano-indentations process in ideal situations.

5　Conclusions

In this study, MD method is applied to simulating indenting of single crystal silicon (111) plane to investigate micro mechanisms with a diamond indenter. A demarcation line is set up in the inner workpiece and trailed to investigate the dislocation motion. Through computing the average potential and RDF of the deformed and un-deformed areas, it is verified that phase transformations occur in workpiece deformed area and there is 27% elastic recovery. Indentation experiments are carried out to make reduced modulus values comparisons with simulations, and the results show that MD simulation error rates are within 31%.

参考文献

[1]　VAN LOENEN E J, DIJKKAMP D, HOEVEN A J, et al. Direct writing in Si with a scanning tunneling microscope[J]. Applied Physical Letters, 1989, 55(13): 1312-1314.

[2]　LI YANJUN, NOMURA H, OZAKI N, et al. Origin of **p**(2×1) phase on Si (001) by noncontact atomic force

microscopy at 5 K[J]. Physical Review Letters, 2006, 96(10): 106104.

[3] GANNEPALLI A, MALLAPRAGADA S K. Molecular dynamics studies of plastic deformation during silicon nanoindentation[J]. Nanotechnology, 2001, 12(3): 250-257.

[4] YU HUALIANG, ADAMS J B, HECTOR L G. Molecular dynamics simulation of high-speed nanoindentation [J]. Modelling and Simulation in Materials Science and Engineering, 2002, 10(3): 319-329.

[5] DZEGILENKO F N, SRIVASTAVA D, SUBHASH S. Nanoscale etching and indentation of a silicon (001) surface with carbon nanotube tips[J]. Nanotechnology, 1999, 10(3): 253-257.

[6] BRENNER D W. Relationship between the embedded-atom method and Tersoff potential[J]. Physical Review Letters, 1989, 63(9): 1022.

[7] CAI M B, LI X P, RAHMAN M. Study of the mechanism of groove wear of the diamond tool in nanoscale ductile mode cutting of monocrystalline silicon[J]. Manufacturing Science and Engineering, 2007, 129(2): 281-286.

[8] JANG J, LANCE M J, WEN S, et al. Indentation-induced phase transformations in silicon: Influences of load, rate and indenter angle on the transformation behavior[J]. Acta Materialia, 2005, 53(6): 1759-1770.

[9] GERK A P, TABOR D. Indentation hardness and semiconductor-metal transition of germanium and silicon [J]. Nature, 1978, 271(5647): 732-733.

[10] OLIJNYK H. Raman scattering in metallic Si and Ge up to 50 GPa[J]. Physical Review Letters, 1992, 68(14): 2232-2234.

[11] BS EN ISO 14577-1. Metallic Materials-Instrumented Indentation Test for Hardness and Materials Parameters [S]. 2002.

基于分子动力学的原子力显微镜表面成像

梁迎春　窦建华　白清顺　董　申

（哈尔滨工业大学　精密工程研究所，哈尔滨 150001）

摘　要：基于非接触式原子力显微镜针尖扫描成像机理，应用分子动力学方法采用非刚性针尖-表面原子团簇相互作用模型，模拟超低温环境下，非接触式原子力显微镜单晶硅针尖扫描单晶硅(111)-(7×7)表面成像过程。仿真计算采用两种原子间经验势函数描述针尖-表面原子间相互作用，两种晶向针尖末端模型都实现了对单晶硅(111)-(7×7)表面原子级分辨率仿真成像，在某些超原子级分辨率仿真图像中在单晶硅(111)-(7×7)表面 Adatom 原子位置出现了的双月牙峰形结构，模拟计算与成像试验文献中得到的图像基本一致。同时对采用确定的势函数及确定的晶向针尖末端，实现稳定成像的扫描针尖-表面距离进行讨论。扫描过程中针尖和被测表面形貌轻微改变，对扫描成像结果影响不大。

关键词：分子动力学；原子力显微镜；成像仿真

Surface Imaging of Atomic Force Microscopy Based on Molecular Dynamics

Liang Yingchun　Dou Jianhua　Bai Qingshun　Dong Shen

（Precision Engineering Research Institute, Harbin Institute of Technology, Harbin 150001）

Abstract: Based on the non-contact atomic force microscopy (nc-AFM) imaging principle, molecular dynamics method is used for modeling non-rigid silicon tip-surface atomic-cluster interaction. With the model, in ultra low temperature environment, the imaging process of AFM tip on monocrystalline reconstructed silicon (111)-(7×7) surface is investigated. Two kinds of potential

---

作者简介：

梁迎春，男，1964 年出生，博士，教授，博士研究生导师。主要研究方向为超精密加工与纳米技术等。E-mail: ycliang@hit.edu.cn。

窦建华，男，1975 年出生，博士研究生。主要研究方向为纳米尺度力学模拟。

基金项目：国家自然科学基金资助项目（50675050，50175017）。

文章发表信息：机械工程学报, 2009, 45(1): 27-34.

function is adopted to describe the tip-surface interaction. The atomic resolution imaging of monocrystalline silicon (111)-(7×7) surface is obtained by using two kinds of termination tips with various crystal planes. The simulation results show that distinct substructure (two crescents) images of individual. Adatom on silicon (111)-(7×7) surface are obtained in some subatomic simulated images, which validates the experimental results. Furthermore, the distance between tip and surface in stable imaging conditions is discussed with certain potential and tip termination. It is shown that the deformations of tip and surface are slight during scanning process, the influence of which on the imaging effect can be neglected.

Keywords: molecular dynamics; atomic force microscope; imaging simulation

0 前言

直接观察微观物体表面的原子排布曾一直是人类的梦想。一般认为，扫描隧道显微镜（Scanning Tunneling Microscope，STM）具有比原子力显微镜（Atomic Force Microscope，AFM）更高的表面分辨率。在 STM 发明的当年就实现了清晰分辨表面原子[1]，AFM 在发明 10 年后才得以实现[2]，原因在于：①原子力显微镜依靠针尖-表面原子间作用力获取材料表面形貌信息，对原子级结构信息敏感的针尖-表面原子间键合力识别却非常困难，与 STM 的隧道电流相比，原子间有效作用距离更小，且原子间作用力随距离的极微小变化难以准确地辨识出来。②根据不同表面间力相互作用规律，且当针尖靠近表面时，表面间作用力呈非单调变化，STM 隧道电流呈单调变化。③表面成像受表面质量、环境影响比较大等。

1995 年，Giessibl 等[2]首次采用非接触式原子力显微镜（non-contact AFM，或 nc-AFM）将单晶硅(111)-(7×7)表面 adatom 原子分辨出来。在随后的研究试验中用 nc-AFM 甚至可以得到比 STM 更高清晰度的固体材料表面拓扑形貌[3]。nc-AFM 突破了前面提到的主要技术难题，实现了原子级成像，引起科学界广泛的兴趣。nc-AFM 甚至可以依据针尖-表面间力随距离的变化，定性地辨识表面原子类型[4]。近年来，随着微机电系统（Micro-electro mech-anical systems，MEMS）技术的进步，将 AFM 应用于微纳结构材料表面物理、化学性质（如原子黏附行为）、表面重构等，以及纳米尺度表面摩擦和磨损、微操纵等研究正方兴未艾。因此研究原子力显微镜扫描成像机理对于纳米尺度表面接触相关研究具有重要意义。

1998 年 Perez 等[5]采用量子化学计算长程范德华力，发现在针尖靠近表面过程中变化极小，对于原子级成像贡献主要来自与共价化合键大小相当的针尖-表面间作用力。Lantz 等[6-7]采用试验方法测量 nc-AFM 硅针尖与单晶硅(111)-(7×7)表面间成像力时，发现该力与采用量子化学方法得到的 Si—Si 间共价键合力大小相当，对 Perez 的观点予以支持。

2000 年 nc-AFM 得到改进，Giessibl 等在超低温液氮环境下得到超过原子级分辨率的扫描图像。在一些扫描图像中，单晶硅表面硅原子位置出现圆球上双月牙峰形结构，Giessibl 等基于分子动力学方法采用硅针尖对单晶硅(111)-(7×7)表面静态成像得到与试验一致的仿真图像。对表面单个 adatom 原子的超原子级分辨率仿真成像的解释，作者认为是(100)晶向的针尖末端原子两个悬空共价键与单晶硅(111)-(7×7)表面原子的一个悬空键作用的结果。

2001 年 TAGAMI 等[9]采用紧束分子动力学方法模拟碳纳米管 AFM 针尖对 Si(001)表面进行动态扫描成像，得到与文献[2]类似原子级分辨率仿真图像。2003 年 Huang 等[10]通过基于密度泛函理论的第一原理计算方法，采用硅(001)和(111)十余个原子团簇仿真针尖分别对单晶硅(111)-(7×7)表面静态扫描成像，得到了与文献[2]相似的超原子分辨率形貌。

与 Perez 等研究不同，2006 年，Caciuc 等[11] 采用非刚性针尖-表面量子化学模型考察动态成像过程能量变化发现，在(001)晶向针尖末端没有得到两个悬空的共价键，且由于针尖扫描引起的表面重构现象非常显著，将导致针尖末端形貌发生永久改变。有关 nc-AFM 实现原子级分辨率表面成像机理的研究至今仍然存在争论，对于 AFM 针尖-表面间成像力构成等目前仍没有定论。

国内有关 AFM 成像机理仿真研究很少，中科院物理所高鸿钧小组采用 STM 对单晶硅(111)-(7×7)表面 Ge 原子黏附成像进行了试验与仿真研究[12]。

在数值模拟技术中，对于针尖-表面原子团簇间长程短程相互作用，近代量子化学计算方法给出了很好的描述，但是，采用量子化学方法，模型复杂，计算量庞大，目前只能应用在至多数十个原子的团簇中。分子动力学方法从大规模原子团簇出发，原子间相互作用采用经验势描述，与基于量子化学的第一原理计算方法相比，准确性虽然稍有降低，但计算效率大大增加。

本文基于分子动力学方法，采用自行开发的分子动力学程序模拟超低温真空条件，实现了单晶硅针尖向单晶硅(111)-(7×7)表面准动态扫描成像过程，同时考察了不同成像高度时成像力，针尖-表面势能变化，以及扫描成像时原子位置变化。本文针对两种类型针尖及两种势函数，给出了能够稳定成像的扫描针尖高度范围。仿真结果与文献[2, 8, 13] 类似，在某些超原子级分辨率仿真图像中在表面单原子位置也出现了双月牙峰形结构。扫描过程中针尖-表面原子位置发生轻微改变，但对扫描成像结果影响不大。

1　nc-AFM 成像原理

原子力显微镜针尖-表面作用可以宏观地概括为特殊的表面接触问题。与 STM 不同，AFM 采用对微小力敏感的悬臂梁代替了导电针尖基座，具有化学结构稳定性的微小针尖代替导电针尖。针尖与样品表面的至近距离形成一个复杂的“场”[14]，包括力、电、磁等共同作用。针尖与样品表面间作用力包括很广的范围，如黏弹力、摩擦力、电磁力及与针尖接触而引起的一系列力等。在纳米尺度下，针尖-表面间各种原子分子间复杂作用共同存在，包括量子效应、电子结构、化学键等，具体表现为短程化学键合力、长程范德华力、静电力等。传统 AFM 成像力主要是范德华力，构成复杂，随针尖-表面距离变化不明显，难以实现原子级分辨率。

nc-AFM 与传统 AFM 不同，它不是直接测量针尖-表面作用力，而是通过监测悬臂梁振动频率变化间接得到表面原子尺度信息，即所谓频率调节的方法。nc-AFM 采用高弹性系数的悬臂梁，抬起力远远大于针尖-表面最大吸引作用，能够有效避免悬臂梁针尖与表面间发生突跳黏附。当悬臂梁在高频小振幅振动时，对原子尺度信息敏感的短程化学键合力的变化对悬臂梁振动频率的影响远大于长程范德华力变化的影响，因此能有效避免范德华力带来的干扰。同时通过外加电场，抵消一部分范德华力背景干扰的作用。

2 单晶硅重构表面成像的仿真计算

2.1 成像模型

学术界对单晶硅(111)-(7×7)重构表面研究进行了很长时间。目前被广泛承认的结构是DAS（Dimer Adatom Stacking-fault）模型[15]，模型稳定独特的表面形貌，经常被用来作为原子级分辨率的标志性样品。如图1所示，将单晶硅从(111)面切开后，表面会有很多未键合键或称悬空键，表面能最低的是(111)-(7×7)重构表面。如图1所示，菱形晶胞由两个正三角形半晶胞构成，在一个半晶胞中有9.5个悬空键，这些悬空键容易跟外来原子或原子团簇产生反应。仿真被测平面为经过弛豫计算的单晶硅(111)-(7×7)晶胞局部，共包含200个硅原子。图2为针尖与被测表面模型，图2(b)中针尖模型分别包含硅原子72个（左上，(111)晶向）、102个（下，(100) 晶向）。形状呈倒置金字塔型（正四棱锥形），在计算过程中，仿真针尖顶部与仿真平面底部分别有两层原子保持刚性（恒温层）。温度控制采用Anderson提出的恒温热浴方法，温度保持在10 K，仿真时间步置为0.002 fs。扫描成像前针尖模型经过5 000时间步系统弛豫，弛豫前为标准晶格。仿真过程中在仿真平面x和y方向施加周期性边界条件，保证在水平方向不受小尺寸效应的影响。在本文中，所有针尖非刚性原子的z轴受力总和定义为下压力。在计算过程中，系统总势能、针尖下压力、原子势能、运动速度以及原子位置坐标被同步记录下来。

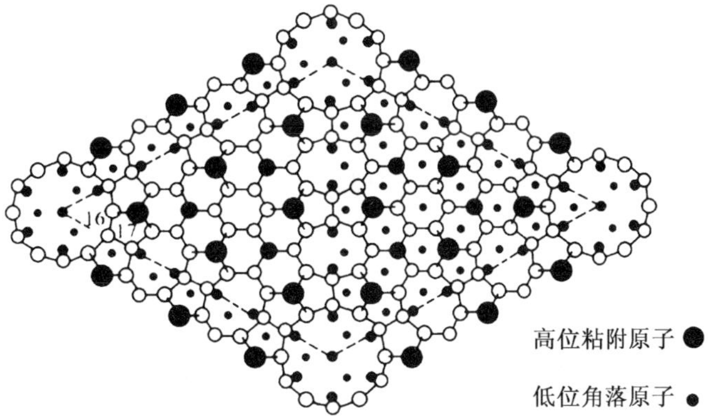

图1 单晶硅(111)-(7×7) DAS模型

(a) 单晶硅(111)-(7×7)表面模型及扫描区域

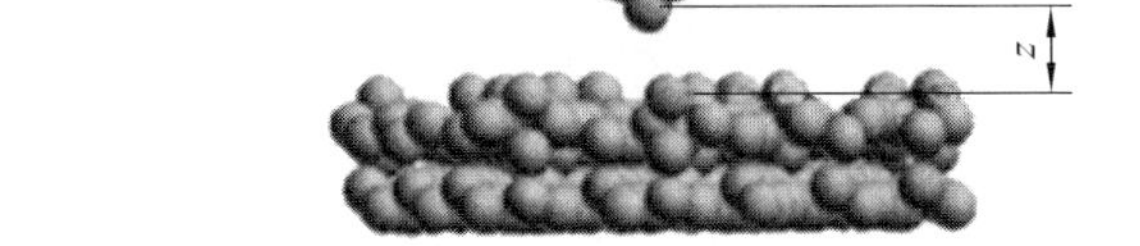

(b) 针尖一单晶硅(111)-(7×7)表面作用模型

图2 针尖与被测表面模型

2.2　仿真图像计算方法

在 nc-AFM 中，弹性悬臂梁（固有频率 f_0，弹性系数 k，有效质量 m）以恒定的振幅 A 振动。当悬臂梁针尖末端扫描表面时受到表面原子作用（作用力为 $F_{ts}(z)$），原子间作用力变化导致悬臂梁振动频率改变，此时调整针尖与表面距离 z，保持悬臂梁振动频率恒定，从而得到表面原子高度分布图。

依据 Hamilton-Jacobi 振动干扰理论[16]分析 nc-AFM 悬臂梁振动频率与针尖-表面间作用力关系，有

$$\Delta f = \frac{f_0}{kA^{2/3}} \int_0^\infty \frac{F_{ts}(z)}{\pi\sqrt{2(z-z_0)}} \mathrm{d}z \tag{1}$$

式中　z_0——针尖-表面间最小距离，依据文献[8]，f_0=16.86 Hz，k=1 800 N/m，A=0.8 nm。

由式（1）可知

$$\Delta f \propto \int_0^\infty \frac{F_{ts}(z)}{\pi\sqrt{2(z-z_0)}} \mathrm{d}z$$

定义高度因子

$$\gamma = \int_0^\infty \frac{F_{ts}(z)}{\pi\sqrt{2(z-z_0)}} \mathrm{d}z$$

如式（1）针尖－表面间原子作用力的变化直接导致频率变化，因此扫描过程中针尖-表面间相互作用是仿真成像的关键。

扫描区域如图 2(a)所示，针尖在以单晶硅(111)-(7×7)菱形晶胞顶点为中心的正方形区域（图 2 正中浅色正方形，1.8 nm×1.8 nm）内，6 个带有标号的高位附着悬空硅原子分两组（1、3、5 号和 2、4、6 号，后者比前者高 0.008 nm）。扫描正方形区域均布共 900 个扫描点上做垂直扫描，即针尖顶部朝向样品表面由上至下做纵向运动，间隔 0.001 nm，得到 900 组该扫描高度的所在扫描点在针尖-表面原子间相互作用下针尖成像力、针尖能量随针尖-表面距离变化的数据。针尖-表面作用包括针尖-表面间（以及各自内部原子间）短程原子化学键合作用以及长程范德华力、电场力。长程作用力包括范德华力、电场力计算

$$F_{ts}= F_{chem}+ F_{vdW}+ F_c \tag{2}$$

2.3　分子动力学势能与长程力计算

2.3.1　Tersoff 与 SW 势函数势能与长程力计算

在分子动力学计算中对描述原子间短程键合相互作用的势函数选取至关重要。短程化学键合力计算采用两种常用的 Stillinger-Weber (SW)和 Tersoff 势函数计算得到。在分子动力学计算中，描述原子间化学键合作用的原子势直接影响计算准确性。目前，对于共价键结构的单晶硅来说，基于量子力学键级观念发展起来的 Tersoff 多体势[17]与 SW 势函数[18]可以考虑 IV 族元素的成键及原子局部环境、键角等因素对键级的影响，在有关单晶硅材料微结构、结合能、熔化与体积模量等计算中得到广泛应用。这两种经验势考虑了周围电场对共价键断裂、新键形成的影响，很好地描述了原子间共价键扭转以及短程斥力，具体参数见表 1、2。

表 1　Tersoff 势函数参数

Tersoff 参数	数值
斥力系数 A/keV	1.830 8
引力系数 B/keV	4.711 8
斥力指数系数 λ/nm^{-1}	0.247 99
引力指数系数 μ/nm^{-1}	0.173 22
调制函数系数 β	1.15×10^{-6}
调制函数指数系数 n	0.998
键角参数 c	$1.003\,9\times10^{5}$
键角参数 d	16.217
键角参数 h	−0.745 25
截断半径内径 R/nm	0.27
截断半径外径 S/nm	0.30
调制函数系数 χ	1.0

表 2　SW 势函数参数

SW 参数	数值
对势项系数 A	7.049 6
对势项系数 B	0.602 22
对势项系数 p	4.0
对势项系数 q	0
能量标定参数 ε/eV	2.17
截断半径 b/nm	0.18
多体项系数 λ	21.0
多体项系数 γ	1.20
多体项指数系数 δ	1.0
长度标定参数 σ/nm	0.209 51

2.3.2　范德华力与电场力计算

在本文对于长程范德华力与电场力作用，计算方法参照文献[10]。

$$F_{\mathrm{vdW}}(\xi)=-\frac{A_{\mathrm{H}}R}{6\xi^2} \tag{3}$$

$$F_{\mathrm{e}}(\xi)=-(\pi\varepsilon_0 RU^2/\xi) \tag{4}$$

式中 ξ——针尖钝圆圆心到表面原子距离；

A_{H}——Hamaker 常数，$A_{\mathrm{H}}=1.86\times10^{-18}$ J；

R——针尖钝圆半径，R=1 000 nm；

ε_0——真空介电常数，ε_0＝8.85 pF·m^{-1}；

U——针尖－表面间电位差，U=1.16 V。

3 仿真成像计算结果与比较

3.1 采用两种势函数描述针尖－表面垂直扫描成像能量变化比较及获取稳定成像高度

为单独比较两种势函数不同，本文在图 2（a）中 1 号原子为中心的 0.6 nm×0.6 nm 正方形区域内，分别就两种势函数以及两种针尖晶向沿针尖轴向得到针尖末端原子能量-针尖表面距离变化曲线（图 3）。 由于势函数构成差异，两种势函数在随针尖-表面作用距离变化时能量变化差异较大。此外由于针尖晶向排列不同，能量变化也存在一定差异。

为得到清晰稳定的原子级分辨率的图像，经过大量仿真计算：在 0.05~0.4 nm 范围内间隔 0.001 nm 共 350 个成像高度得到 4 组（两种势函数对应两种晶向针尖）每组 900 个扫描点数据。对于 SW 势函数和 Tersoff 势函数来说，能够清晰得到原子级分辨率的成像高度分别为 0.32~0.34 nm 和 0.30~0.32 nm。如图 3 稳定成像高度都处在针尖与表面原子刚刚开始发生作用时的一小段高度以内，大于或小于稳定成像高度时，难以清晰分辨原子形貌。当针尖特别靠近表面 adatom 原子（大于 0.15 nm）时，将导致针尖末端和表面 adatom 原子位置发生转变，针尖离开后，将恢复原有形貌。

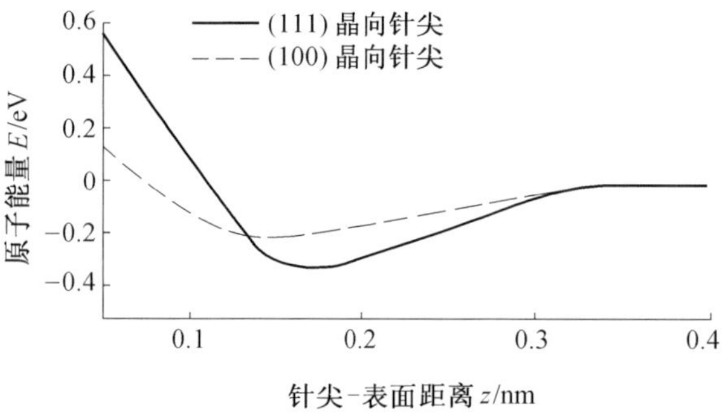

(a) SW 势函数

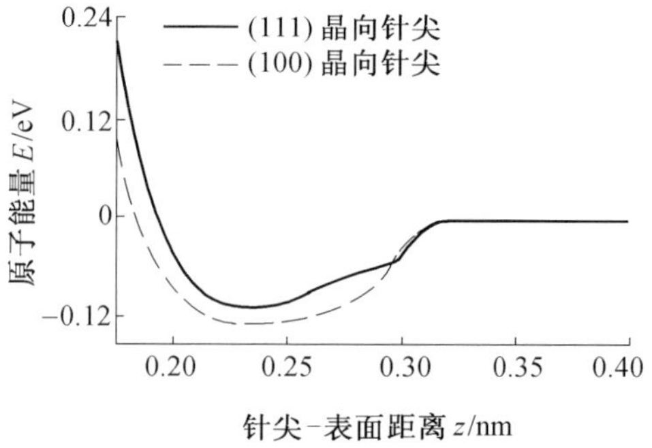

(b) Tersoff 势函数

图 3 针尖末端原子能量－针尖表面距离变化

3.2 采用两种势函数得到原子高度精度差异与原子形貌

为考察扫描图像对原子高度的获得精度，在图 2（b）中，1 号原子为中心的 1.8 nm×1.8 nm 正方形区域内水平方向沿如图 2（a）水平中线所示位置扫描，得到包含 1、4 号高位粘附原子的扫描成像中线位置原子高度图谱（图 4）。图 4（a）中，采用 SW 势函数高度差分别为 0.007 4 nm ((100)晶向、成像高度设定 0.33 mn)、 0.012 17 nm ((111)晶向、成像高度设定 0.33 nm)，图 4(b)中采用 Tersoff 势函数高度差分别为 0.007 08 nm ((100) 晶向、成像高度设定 0.31 nm)、0.013 65 nm((111)晶向、成像高度设定 0.31 nm)。使用两种针尖采用两种势函数的扫描仿真成像与模型相比(0.008 nm)都可以得到较好的原子高度差。

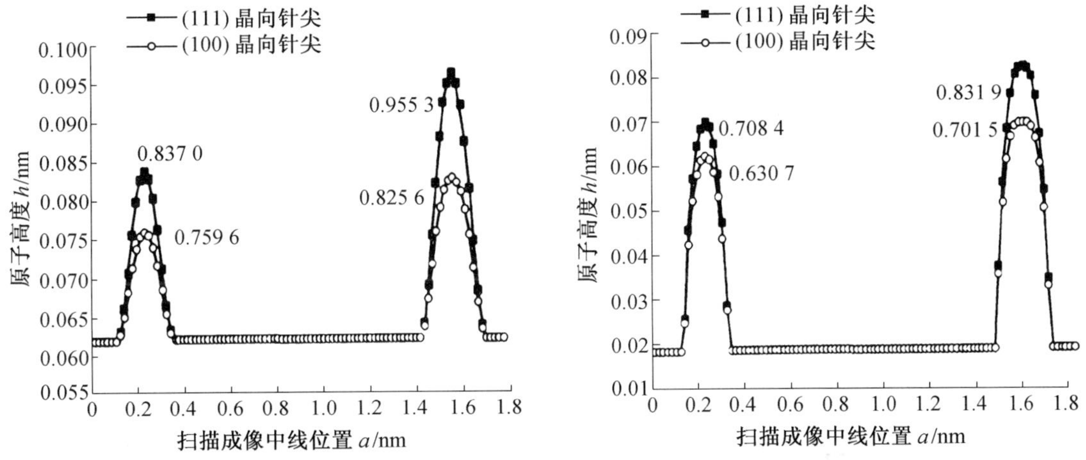

(a) SW 势函数　　(b) Tersoff 势函数

图 4　仿真图像原子高度与真实形貌对照图

在式(1)中，γ 直接反映原子尺度形貌信息，是与非接触式原子力显微镜固有频率 f_0、弹性系数 k、有效质量 m、恒定的振幅 A 无关的量，经过计算发现长程范德华力和电场力对原子形貌信息影响不足化学键合力影响的 5%，且针尖运动行程内变化微小。为直观起见，在以下扫描图谱中不考虑长程范德华力和电场力作用，在本文中用高度因子 γ 取代原子高度作为扫描图谱的原子高度。

采用两种势函数并且采用两种晶向的针尖，在清晰稳定成像的成像高度内扫描可以得到相似的仿真图像。如图 5 所示采用 SW 势函数成像高度分别为 0.37 nm(图 5(a)), 0.32 nm(图 5(b))。图 5(a)中位置较低的 1、3、5 号原子不能清晰分辨。图 5(b)中可以看出 1、3、5 号与 2、4、6 号原子大小明显不同。

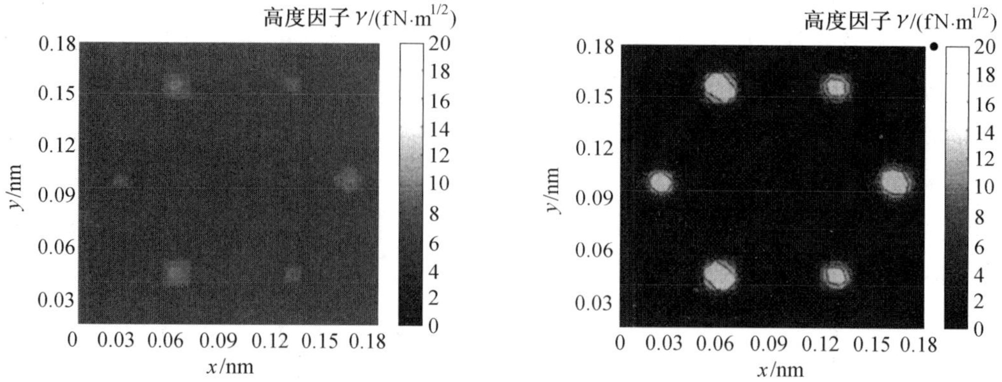

(a) 成像高度为 0.37 nm　　(b) 成像高度为 0.32 nm

图 5　(100)晶向针尖及采用 SW 势函数得到的清晰原子分辨率仿真图像

3.3　针尖末端形貌对超原子级分辨率成像的影响

为了解 AFM 超原子分辨率图中高位粘附原子位置出现双月牙峰形结构的原因，本文中两种晶向针尖分别采用 SW 和 Tersoff 势函数时在稳定成像高度基础上进一步降低成像高度。发现在采用 SW 势函数且晶向为(100)的针尖，在成像高度为 0.315~0.318 nm 时扫描图像中出现了双月牙峰结构，随着成像高度的进一步降低，原子成像变得模糊，如图 6 所示。

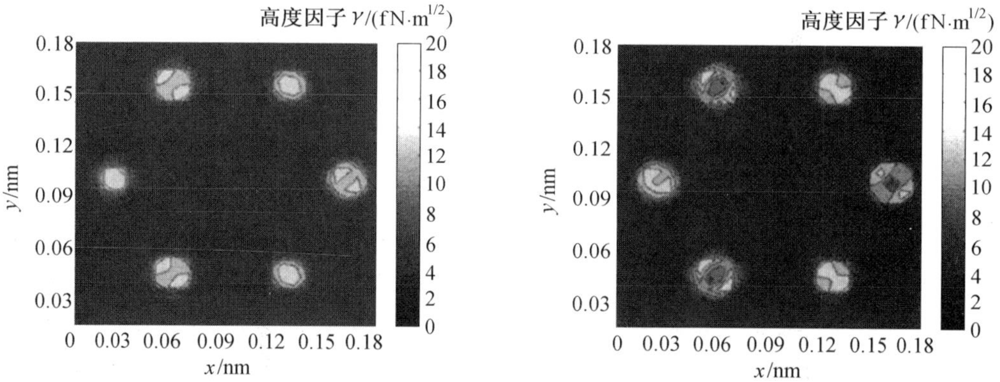

(a) 成像高度为 0.317 nm　　(b) 成像高度为 0.310 nm

图 6　(100)晶向针尖及采用 SW 势函数和得到的清晰原子分辨率仿真图像

为了得到更加清晰的图像，对表面单一高位粘附原子成像，扫描区域缩小为图 2(b)中以 1 号原子为中心的小正方形区域内，扫描面积 0.6 nm×0.6 nm。在均布共 900 个扫描点 100 个不同的成像高度做扫描。采用(100)针尖，采用 SW 势函数在成像高度为 0.317 nm 时得到清晰的双月牙峰形结构图像（扫描前针尖沿轴心逆时针旋转 45°），如图 7 所示。

扫描完成后提取不同扫描高度图谱中如图 7 中水平中心线所示位置包含两个峰值的高度数据，即共 4 组两种势函数对应两种针尖晶向，得到图 8~11。

如图 8~11 所示，只有在图 8(b)中幅度很小的成像高度范围（0.315~0.318 nm）内能够得到双月牙峰形结构，而在图 9~11 中没有类似结构。

在稳定成像高度以外，针尖晶向为(111)的成像高度-原子高度图谱中呈现明显的非对称性。这是由于(111)针尖原子排布针尖末端原子与 3 个高度相同正三角形排布的针尖原子连接，引起扫描图像(图 12)中原子呈现明显的正三角形特征，针尖末端形状极大地影响了扫描成像结果。在稳定成像成像高度以外不同的针尖末端形貌导致不同的原子成像。

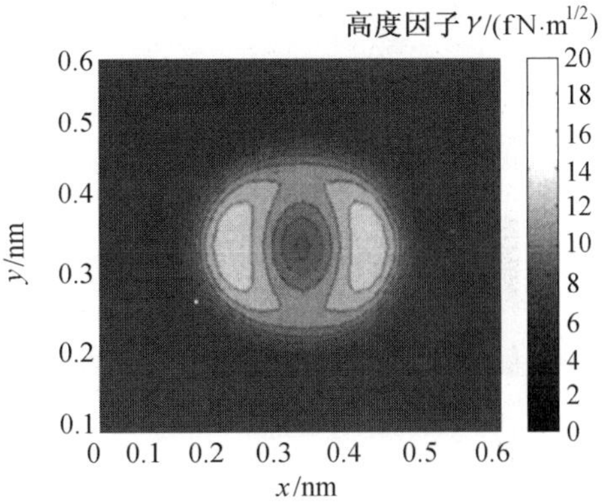

图 7　具有双峰结构的超原子分辨率仿真图像

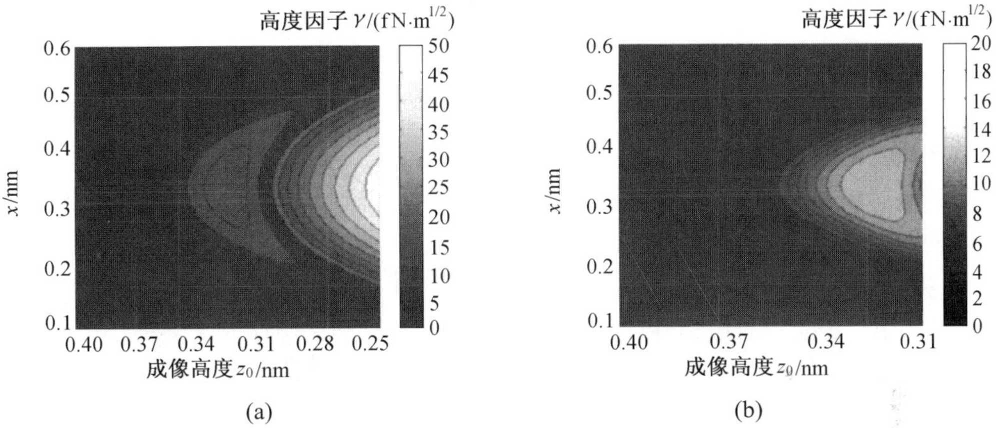

图 8　SW 势函数(100)晶向针尖成像高度－原子高度图

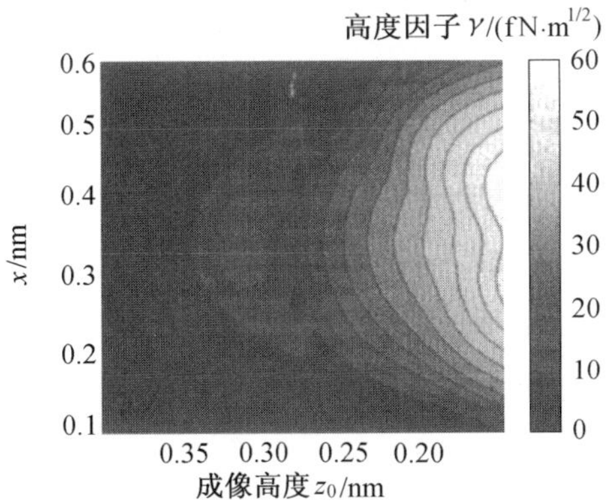

图 9　SW 势函数(111)晶向针尖成像高度－原子高度图

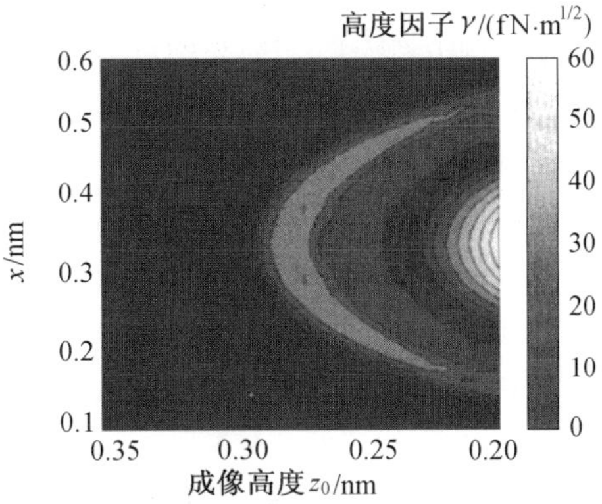

图 10　Tersoff 势函数(100)晶向针尖成像高度－原子高度图

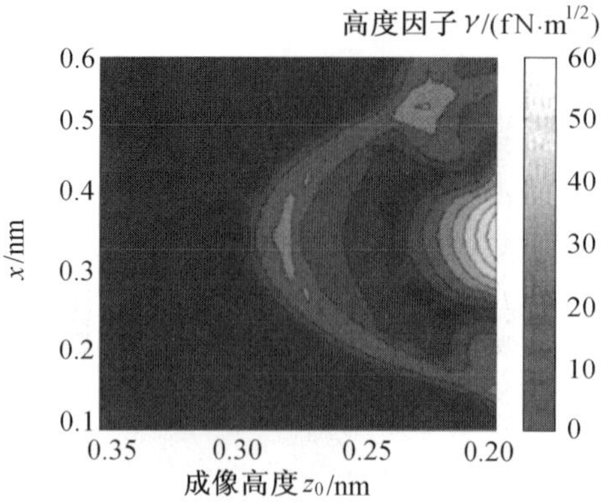

图 11 采用 Tersoff 势函数(111)晶向针尖成像高度－原子高度图

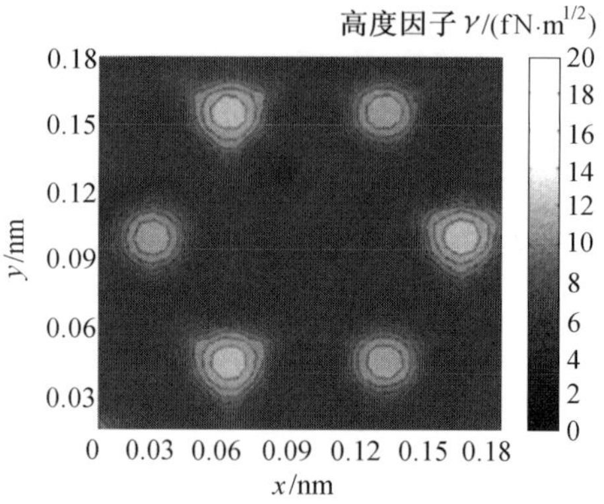

图 12 采用 SW 势函数(111)晶向针尖成像高度－原子高度图

4 结论

（1）采用两种晶向针尖，两种原子间势函数在稳定成像高度内得到了相似的原子级分辨率仿真图像。在稳定成像高度值以外的成像因针尖末端形状不同呈现明显差异。使用两种针尖采用两种势函数的扫描仿真成像与模型相比都可以得到较好的原子高度差。描述原子间相互作用的分子动力学势函数对仿真扫描成像有一定影响。SW 势函数稳定成像的扫描高度比 Tersoff 势函数略高，两者分别为 0.32~0.34 nm 和 0.30~0.32 nm。

（2）使用(100)晶向的单晶硅针尖，采用 SW 势函数描述原子间化学键合作用，在扫描高度为 0.315~0.318 nm 时，非接触式原子力扫描仿真图像中出现了超原子级分辨率的双峰形结构，而采用 Tersoff 势函数不能得到双峰形结构的仿真图像。

参考文献

[1] BINNIG G, ROHRER H, GERBER C H, et al. Surface studies by scanning tunneling microscopy[J]. Physical Review Letters, 1982, 49(1): 120-123.

[2] GIESSIBL F J. Atomic resolution of the silicon (111)-(7×7) surface by atomic force microscopy[J]. Science, 1995, 267(5194): 68-71.

[3] HEMBACHER S, GIESSIBL F J, MANNHART J. Force microscopy with light-Atom probes[J]. Science, 2004, 305(5682): 380-383.

[4] EGUCHI T, FUJIKAWA Y, AKIYAMA K, et al. Imaging of all dangling bonds and their potential on the Ge/Si (105) surface by noncontact atomic force microscopy[J]. Physical Review Letters, 2004,93(26): 266102.

[5] PEREZ R, ST1CH 1, PAYNE M C, et al. Surface-tip interactions in noncontact atomic-force microscopy on reactive surfaces: Si (111)[J]. Physical Review B, 1998, 58(16): 10835-10849.

[6] LANTZ M A, HUG H J, SCHENDEL P J A, et al. Low temperature scanning force microscopy of the Si (111)-(7×7) surface[J]. Physical Review Letters, 2000, 84(12): 2642-2645.

[7] LANTZ M A, HUG H J, HOFFMANN R, et al. Quantitative measurement of short-range chemical bonding forces[J]. Science, 2001, 291(5513): 2580-2583.

[8] GIESSIBL F J, HEMBACHER S, B1ELEFELDT H, et al. Subatomic features on the silicon (111)-(7×7) surface observed by atomic force microscopy[J]. Science, 2000, 289(5478): 422-425.

[9] TAGAMI K, SASAKI N, TSUKADA M. Simulated nc-AFM images of Si (001) surface with nanotube tip [J]. Applied Surface Science, 2001, 172(3-4): 301-306.

[10] HUANG M, CUMA M, LIU F. Seeing the atomic orbital: first-principles study of the effect of tip termination on atomic force microscopy[J]. Physical Review Letters, 2003, 90(25-27): 256101.

[11] CACIUC V, HOLSCHER H, BLUGEL S, et al. Atomic-scale sharpening of silicon tips in noncontact atomic force microscopy[J]. Physical Review Letters, 2006, 96(1-13): 016101.

[12] WANG Y L, GAO H J, GUO H M. Bonding configurations and collective patterns of Ge atoms adsorbed on Si (111)-(7×7)[J]. Physical Review Letters, 2005, 94(10): 106101-106104.

[13] GIESSIBL F J, HEMBACHER S, BIELEFELDT H, et al. Subatomic features in atomic force microscopy images[J]. Science, 2001, 291(5513): 2509a.

[14] 郭万林, 台国安, 姜燕. 针尖的化学物理力学研究[J]. 力学进展, 2005, 35(4): 585-599.
GUO Wanlin, TAI Guoan, JIANG Yan. Research on probe's chemical and physical mechanics[J]. Advances in Mechanics, 2005, 35(4): 585-599.

[15] BROMMER D K, NEEDELS M, LARSON B, et al. Ab initio theory of the Si (111)-(7×7) surface reconstruction: a challenge for massively parallel computation[J]. Physical Review Letters, 1992, 68(9): 1355-1358.

[16] GIESSIBL F J, BIELEFELDT H. Physical interpretation of frequency-modulation atomic force microscopy[J]. Physical Review B, 2000,61(15): 9968-9971.

[17] TERSOFF J. New empirical model for the structural properties of silicon[J]. Physical Review Letters, 1986, 56(6): 632-635.

[18] STILLINGER H F, WEBER T A. Computer simulation of local order in condensed phases of silicon[J]. Physical Review B, 1985, 31(8): 5262-5271.

Adsorption Mechanism of Arg-gly-asp on Rutile TiO_2 (110) Surface in Aqueous Solution

Yingchun Liang Daiping Song Mingjun Chen Qingshun Bai

(Precision Engineering Research Institute, Harbin Institute of Technology, Harbin 150001, China)

Abstract: Molecular dynamics simulations were performed to investigate the adsorption mechanism of arg-gly-asp (RGD) tripeptide on pit and perfect rutile TiO_2 (110) surfaces in aqueous solution and the competitive mechanism of RGD and water. It is shown that the adsorption of RGD on pit surface is more stable than that on perfect surface, and the adsorption energy of the pit surface is −106.14 kcal mol^{-1}, which is 1.8 times as big as that of the perfect surface. Water influences significantly RGD adsorption on the surface. The water molecules reach first the surface and occupy the adsorption sites, i.e., the water oxygen atoms bond to the surface fivefold titanium atoms to form the stable first hydration layer and interact with the surface bridging oxygen atoms to form the second hydration layer. The subsequent arrival RGD edges out the adsorbed water molecules bonding to the surface oxygen atoms and forms hydrogen bonds with these oxygen atoms. Electrostatic and van der Waals interactions are the main interactions between RGD and hydrophilic TiO_2 surfaces.

I Introduction

Ti materials have good biocompatibility, biological responses, osseointegration, excellent mechanical properties, corrosion resistance, and lower cost, which make them metallic materials for extensive biomedical applications,[1] especially in medical implant and prosthesis.[2] In fact, in nature or surface processing, there is a layer of oxides, which is composed mainly of TiO_2, on Ti and Ti-alloy surfaces. Therefore, the TiO_2 layer on the Ti-biomaterial surface directly contacts biomolecules, proteins, cells, and solution. It influences strongly biological response and is an important factor that affects directly the success of implant.[3,4]

The surface topographic characters of implant at the micro-/nanoscale are related to the host's biological response.[5] The microrough surface with a surface roughness of more than 10 μm has an

通讯作者：songdp@yahoo.cn.

文章发表信息：Journal of Vacuum Science and Technology B, 2009, 27(3): 1548-1554.

influence on implant biocompatibility, the mechanical characteristics, the stress distribution and transfer, the mechanical interlocking effect between implant and tissue. Due to the same size as cell or biomacromolecule, the microrough surface ranging from 10 nm to 10 μm influences weakly the mechanical characteristics of interface, whereas it influences remarkably biocompatibility. [6] The microroughness less than 10 nm has a significant influence on the interface structures. The reason is that the defects of crystal structure are in this size range, such as vacancy, grain boundary, step, pit, etc., which are active region for adsorption and affect further the integration of biomolecular and implant surface. [7]

Singhvi et al. [8] found that cell adhesion is based on interrecognition and interaction of the integrin receptor and the protein ligand in extracellular matrix (ECM). In fact, many ECM proteins regulating cell adhesion and migration contain arg-gly-asp (RGD) sequence, such as fibronectin, vitronectin, fibrinogen, platelet-binding protein, nestin, and collagen. RGD-containing peptides regulate the cell adhesion by linking cell surface integrin receptor $\alpha5\beta1$, $\alpha x\beta1$, and $\alpha3\beta1$. [9] Therefore, one can enhance the cell adhesion by the peptide patterning on biomaterial surface. [10]

The rutile (110) surface is a very stable crystal face. Bandura and Kubicki [11] investigated the adsorption of water on TiO_2 (110) surface by ab initio and molecular dynamics (MD). Kornherr et al.[12] simulated the multilayer water adsorption on TiO_2 (110) surface by Discover module of MATERIALS STUDIO software package. They reported that the adsorption energy of the oxygen-reduced surface is more than that of perfect surface and the adsorbed water have two conformations: water oxygen atoms bond to fivefold titanium atoms on the surface to form the first adsorption layer and water hydrogen atoms bond to surface bridge oxygen atoms to form the second adsorption layer. Di Valentin et al. [13] studied the water adsorption on rutile TiO_2 (011)-(2×1) reconstruction surface by Car-Parrinello MD and found there is the stronger adsorption on the surface. Selloni et al.[14] studied small molecule adsorption on anatase TiO_2 (101) by first principle MD. Předota et al.[15] and Zhang et al.[16] simulated the interaction between TiO_2 surface and aqueous solution containing Rb^+, Sr^{2+}, Zn^{2+}, Na^+, Ca^{2+}, and Cl^- by MD. Besides, Calzado et al. [17] and San Miguel et al.[18] simulated K and Na ions adsorption on TiO_2 (110) by *ab initio* and MD, respectively.

Recent years, some scholars studied the adsorption of organic molecules and amino acid on rutile TiO_2 (110). Borodin et al.[19] studied the interface of poly (ethylene oxide) and TiO_2 by MD. Sushko et al. [20] studied the interaction between rutile TiO_2 (110) and organic molecules containing methyl, benzyl, and carboxylic by ab initio and MD. Carravetta and Monti[21] studied the interaction of TiO_2 and peptide (alanine, alanine-glutamic acid, and alanine-lysine) in solution by ab initio and MD.

So far, many scholars have researched the adsorptions of water and organic molecules on the TiO_2 (110) surface. However, they used the perfect or the oxygen-reduced rutile TiO_2 (110) surface as the adsorption substrate, without considering complex micro-/nanoscale surface morphology. In this article, we will use practical pit surface as the substrate to study RGD adsorption process by

MD. We will also study the effect of surface morphology and water on RGD adsorption, and analyze the competitive mechanism and conformation of RGD and water adsorbed on the surface, which will help to investigate theoretically the patterned peptide surface and the cell adhesion mechanism.

II Methods and modeling

The interaction mechanisms that take place during the adsorption of a large organic molecule on a surface are complex and depend on several characteristics of the full system, including the nature of the adsorbed species, the structure of the surface, the presence of a solvent, etc. To perform a welldefined investigation of the processes involved in the adsorption of RGD on titanium oxide, we had to focus on a welldefined system. This was done by starting from the choice of a specific surface of TiO_2 rutile (110), on which the deposition is supposed to occur from an aqueous solution of RGD.

In the case of rutile TiO_2, (110) is the most stable surface. The surface contains five- and sixfold titanium atoms and two types of oxygen atoms (in plane and bridging). The sixfold titanium atoms are covered by the outermost bridging oxygen atoms (O_{bs}) on the surface, while the fivefold titanium atoms (Ti_5) are coordinated to in-plane oxygen atoms on the surface. The (110) surface unit cell (1×1) has a dimension of $\sqrt{2}\,a\times c$ which corresponds to 6.497 and 2.959 Å along the [$\bar{1}$10] and [001] directions, respectively.[22] One Ti–O layer of the rutile TiO_2 (110) surface unit cell (1×1) is built up of symmetrical three-plane O–Ti_2O_2–O unit along the (110) direction, containing six atoms (2 Ti and 4 O). Therefore, the sequence of Ti–O layer is O–Ti_2O_2–O–O–Ti_2O_2– O–…–O–Ti_2O_2–O.

Surface Ⅰ is the perfect TiO_2 (110) model (10×18×16) that corresponds to a dimension of 64.969 Å×53.262 Å×51.974 Å[3]. Surface Ⅱ is the nanoscale morphology surface model that is given by cutting out some atoms in (5×6.5×1) from surface Ⅰ to create pits. Surfaces Ⅰ and Ⅱ were relaxed for 250 ps, and their average conformations of last 50 ps were used as the adsorption substrates of the perfect TiO_2 (110) adsorption model (model Ⅰ) and of the nanoscale morphology surface adsorption model (model Ⅱ), respectively. Model Ⅰ contains 5 760 TiO_2, 1 RGD and 3 377 water molecules, totally 27 457 atoms; while model Ⅱ contains 5 695 TiO_2, 1 RGD and 3 377 water molecules, totally 27 262 atoms, as shown in Fig. 1 (b).

Models Ⅰ and Ⅱ were carried out under the same simulation conditions. Periodic boundary conditions were applied along the *x* and *y* directions, with a periodic vacuum gap of threefold slab model thickness along *z* direction. The bottom two Ti–O layers were fixed, while the rest layers were allowed to relax. MD simulations were carried out at 310.15 K with time step of 0.5 fs. Simulations were fulfilled in the canonical ensemble —i.e., NVT ensemble, and the thermostat derived by Nose-Hoover[23] was employed to maintain a constant temperature. The velocity Verlet algorithm was used to calculate the atomic motions and the particle-particle particle-mesh[24] solver was applied for the calculation of the electrostatic interactions. A 12.0 Å cutoff distance was used for van der Waals interactions.

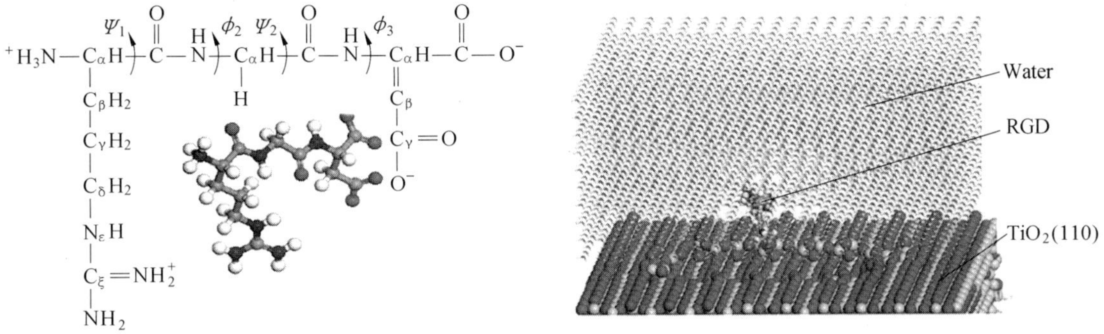

Fig. 1 (Color online) RGD (a) and the nanoscale morphology adsorption model (model Ⅱ) (b). TiO_2, RGD, and water are shown by CPK mode, ball-and-stick mode, and line mode, respectively. Color codes: oxygen, dark gray; hydrogen, white; nitrogen, black; carbon, medium gray; titanium, light gray

The interaction potential parameters necessary to carry out molecular dynamics simulations of the rutile/RGD/ aqueous solution system were taken from the published data,[19,21,25,26] existing force fields, [27] and parameters derived. TiO_2 was calculated by using Buckingham potential, [25] water molecules were described by using the TIP3P model, [26] and the AMBER force field[27] was employed to adequately represent peptide structures. The SHAKE algorithm[28] was used to constrain all bond lengths and bond angles of hydrogen atoms.

The adsorption procedure proceeded as follows:

(i) Optimization of the solvent energy: keeping the RGD structure (solute) and the surface fixed, the water solvent was minimized to remove the abnormal VDW interaction by using Polak-Ribiere of the conjugate gradient algorithm.

(ii) The solvent was calculated by restrained molecular dynamics (RMD). After the energy minimization, still keeping RGD and the TiO_2 surface fixed, the water molecules around RGD were simulated for 20 ps by MD, i.e., the water solvent was equilibrated for solvent molecules to fill empty space.

(iii) The special atoms (O_{coo}) of RGD were calculated for 50 ps by RMD.

(iv) The adsorption equilibration (production simulation) was run 5 ns for model Ⅰ and 2.5 ns for model Ⅱ by MD and was analyzed.

III Results and discusion

During the absorption simulation, the first molecules reaching the surface are water molecules. Water is known to interact and bond very differently at surfaces depending on the surface properties and forms the surface water shells which influence RGD that arrives a little later. This process is the same as that in Ref.[29].

A. Analysis of radial distribution functions

Radial distribution functions (RDFs) of Ti_5–O_w (water oxygen), O_{bs}–H_w (water hydrogen), O_{bs}–O_w, O_s (surface oxygen)–N_{NH2} (amino nitrogen) in model Ⅰ and O_s–N_{NH3}^+ (amino nitrogen) in model Ⅱ are shown in Fig. 2. Ti_5–O_w has a sharp first neighbor peak centered at about 2.01 Å that corresponds to the first layer of adsorbed water molecules, whereas the well separated lower second peak centered at about 3.58 Å that corresponds to the second water layer. The data are in excellent agreement with X-ray experimental findings[16] which give average positions of 2.1 and 3.8 Å for the first and second peaks, respectively. The presence of very low amplitude of RDF between the first and the second peaks indicates that water molecules do not diffuse but are truly adsorbed onto the TiO_2 surface.

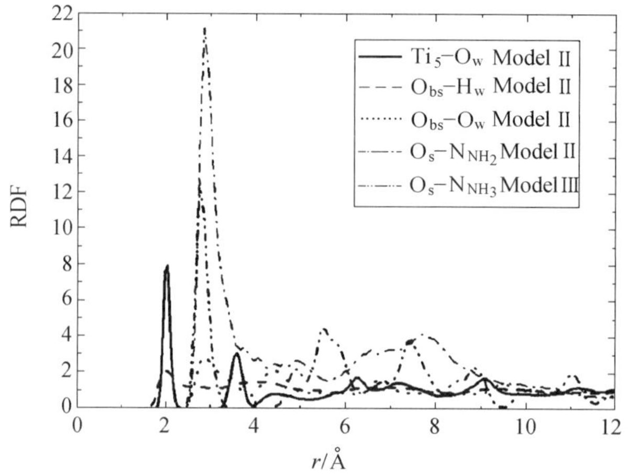

Fig. 2 (Color online) RDFs of O_{bs}–water, Ti_5–O_w, O_s–N_{NH2} and O_s–N_{NH3}^+

O_{bs}–H_w and O_{bs}–O_w have the first peaks centered at 2.0 and 2.88 Å and the first minimum centered at 3.15 and 3.86 Å, respectively. According to the definition of hydrogen bond, the water molecules of the first layer around O_{bs} bond to the surface bridging oxygen atoms by hydrogen bonds, and the average H-bond number is 1.08 per surface bridging oxygen atom. Compared to water adsorbed on Ti_5, the water molecules in the first water layer interchange those in the second water layer, and there is obvious amplitude between the first peak and the second peak of the O_{bs}–O_w RDF.

The RDFs of water and surface atoms in model Ⅱ are the same as those of water in model Ⅰ. In models Ⅰ and Ⅱ, the nitrogen atoms form hydrogen bonds with the surface oxygen atoms, but the amino nitrogen types are different. For model Ⅰ, the amino nitrogen N_{NH2} of Asp side chain bonds to the surface oxygen by hydrogen bond and its RDF has a sharp first neighbor peak at about 2.85 Å and a first minimum at about 3.64 Å. For model Ⅱ, the amino nitrogen N_{NH3}^+ of

N-terminal forms hydrogen bonds with the surface oxygen and its RDF has a sharp first neighbor peak at about 2.77 Å and a first minimum at about 3.41 Å. The data are in agreement with the results from Carravetta and Monti[21] which are 2.77 and 3.6 Å, respectively.

B. Analysis of adsorption conformation of RGD

For the perfect surface, after long-time equilibration, the amino NH_2 of arg side chain adsorbs on the surface. The type of bond to the surface atoms do not change once RGD have adsorbed on the surface, i.e., the amino nitrogen N_{NH2} forms hydrogen bonds with the surface bridging oxygen atoms, as the green dashed lines show in Figs. 3 (a) an3 (b). In the hydrogen bond N–H...O_{bs}, the average bond length N–O_{bs} is (2.93±0.15) Å and the average bond angle NHO_{bs} is 151.96°±11.20°. The side chain of arg is almost perpendicular to the surface, and the backbone of RGD turns at gly.

However, the pit surface influences significantly the conformation of adsorbed RGD. The conformations of model Ⅱ at three times are illustrated in Figs. 3 (c)-3 (e). Figure 3 (c) shows the conformation of RGD adsorbed on the pit surface at 0.34 ns, which is the same as that on the perfect surface. The amino nitrogen forms hydrogen bonds with the surface oxygen atoms in the pit, the average bond length and the average angle are (2.94±0.15) Å and 151.54°±9.77°, respectively. Figure 3 (d) shows the conformation of RGD at 0.6 ns. The amino NH_3^+ of N-terminal turns to one side in contrast with the previous conformation, and forms hydrogen bonds with the surface oxygen atom exposed around the pit rim and the water oxygen atoms bonding to the surface oxygen by hydrogen bonds. With the increase in absorption time, the adsorption configuration becomes more and more stable. Figure 3 (e) shows the conformation of RGD at 0.95 ns. The distances from the nitrogen atom NH_3^+ and the carbon atoms of arg backbone to the oxygen atom exposed around the pit rim are further reduced. The amino NH_3^+ also forms hydrogen bonds with the oxygen atom and the water oxygen atoms bonding to the surface oxygen by hydrogen bonds, which form hydrogen bond network. The average bond length and the average angle are (2.88±0.13) Å and 145.96°±9.59°, respectively.

A more detailed description of the conformational dynamics and flexibility of the RGD tripeptide segments can be obtained by analyzing the distributions of backbone dihedral angles together with their time evolution during the course of the simulation. The distributions of Φ (C–N–C_α–C) and Ψ (N–C_α–C–N) backbone dihedrals are displayed in Fig. 4. The backbone ω dihedral angles (C_α–C–N–C_α), identifying a *trans* (180°) or *cis* (0°) arrangement of the peptide bond, oscillate around 180° which implies trans peptide bonds. The dihedral angles pair (Φ and Ψ) of Gly peptide turns at about 0.45 ns and about 0.8 ns, which results from that RGD adsorbs on the different sites of the pit surface shown in Figs. 3 (c)-3 (e).

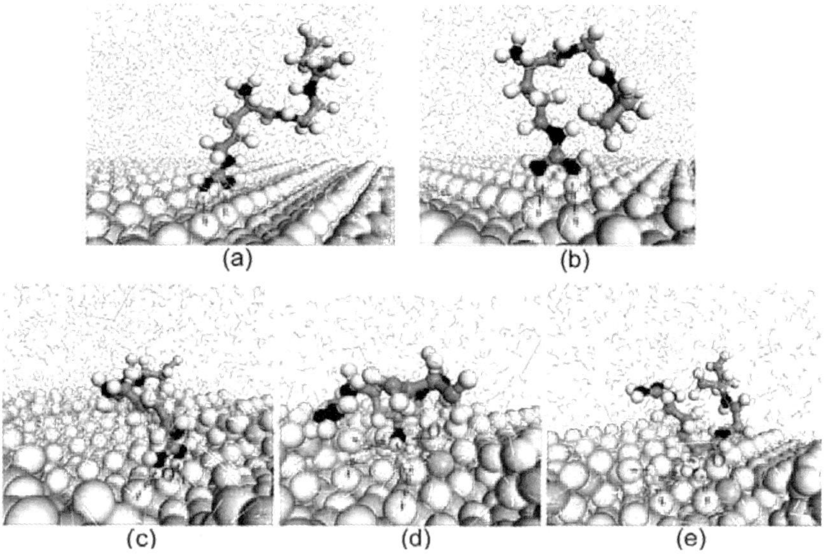

Fig. 3 (Color online) Conformations of RGD adsorbed on the perfect TiO_2 (110) at 2 ns (a), 4 ns (b), and the nanoscale TiO_2 (110) at 0.34 ns (c), 0.6 ns (d), and 0.95 ns (e). The dashed lines show the hydrogen bonds. TiO_2, RGD, and water molecule are shown in CPK mode, ball-and-stick mode and line mode, respectively. Color codes: oxygen, dark gray; hydrogen, white; nitrogen, black; carbon, medium gray; titanium, light gray

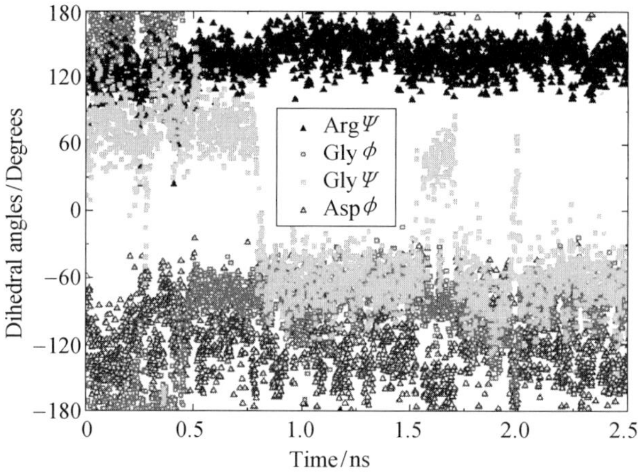

Fig. 4 (Color online) Distributions of backbone dihedral angles of RGD adsorbed on the pit surface as a function of simulation time

C. Analysis of adsorption mechanism of RGD

To study the competitive adsorption mechanism, we analyzed the function of the interaction forces of water and RGD with the surface oxygen atoms during the course of the simulation.

It is generally accepted that the most important interaction forces between protein and biomaterials are hydrophobic interaction and electrostatic attraction and/or repulsion interactions, combined with an entropy gain caused by conformational changes in the protein during the adsorption.[30] Chen et al.[31] stated that electrostatic interaction may be the main interaction between fibrinogen and TiO_2 surfaces. Our results indicate that electrostatic interaction and van der Waals interaction (including hydrogen bond interactions) are the main interaction between RGD and hydrophilic TiO_2 surfaces. Some hydroxyl retained on the TiO_2 surface and the surface oxygen atom can also interact with RGD through electrostatic interaction and van der Waals interaction, $O_s...H_2O...^{+}H_3N$-RGD, $O_s...^{+}H_3N$-RGD and $O_s...H_2N$-RGD. Fig. 5 shows the sum of electrostatic force and van der Waals force between water molecule or RGD and surface oxygen atoms.

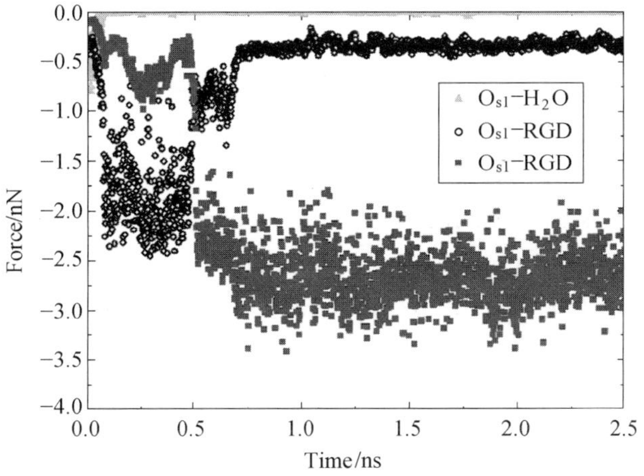

Fig. 5 (Color online) Interaction forces of water and RGD with the surface oxygen atoms as a function of simulation time

During the initial adsorption simulation, water form hydrogen bonds with the oxygen atom (O_{s1}) in the pit surface, and the interaction force between them is about 0.70 nN, while the force between RGD and O_{s1} is 0.35 nN. Then, the force between RGD and O_{s1} increases sharply to about 2.09 nN which far from that between water and O_{s1}. RGD edges out the adsorbed water molecule bonding to the oxygen atom (O_{s1}) and interacts with O_{s1}, and the interaction force between the prior adsorbed water molecule and O_{s1} reduces to almost zero. The adsorption conformation at this time is shown in Fig. 3 (c). At 0.5 ns, the interaction forces between RGD and oxygen atoms change abruptly, i.e., the force between RGD and other surface oxygen atom (O_{s2}) increases to about 2.43 nN, while the force of RGD with O_{s1} decreases to about 0.83 nN. The conformation and the backbone dihedral angles of RGD change correspondingly, as shown in Figs. 3 (d), respectively. With the increase in simulation time, the interaction force between RGD and the oxygen atom (O_{s2}) increases further up to about 2.81 nN. RGD adsorption on the pit surface also tends to be stable. Its conformation and backbone dihedral angles are shown in Figs. 3 (e).

Besides, as the direct characterization of surface adsorption capacity, adsorption energy is the energy difference between systems before and after adsorption, the greater adsorption energy and the more stable adsorption. The adsorption energy of RGD on the perfect surface is

−59.28 kcal·mol^{-1}, while the adsorption energy of the pit surface is −106.14 kcal·mol^{-1}. The main reason is there are more adsorption sites on the pit surface. Therefore, the adsorption of RGD on the pit surface is more stable than that on the perfect surface.

D. Analysis of hydration layers

Water molecules first reach surface and form the surface water shells that further influence RGD adsorption on the surface. Because of the same distributions of water on perfect and pit surfaces, for clearly describing the properties of hydration layers, model Ⅰ is used for the following analysis. The water density $\rho(z)$ relative to the surface distance was obtained according to

$$\rho(z)=\frac{\langle n(z)\rangle}{\upsilon(z)}m_{\mathrm{w}} \tag{1}$$

where $n(z)$ and $v(z)$ are the number of water molecules and the volume at a height z, respectively; m_{w} is the mass of single water molecule.

The water density has at least four peaks, as shown in Fig. 6. When z>10 Å, the water molecules are distributed uniformly like the bulk water. Water density converges to 0.971 g·cm^{-3}, which is in agreement with 0.975 g·cm^{-3} from calculation[32] and 0.994 g·cm^{-3} from experiment.

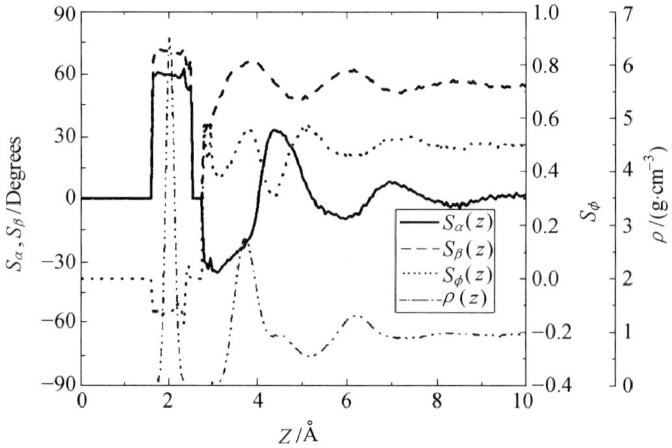

Fig. 6　(Color online) Surface water density and orientation order parameter as a function of distance from the surface

As a way of understanding the bonding mechanism of water with the surface, we calculated the orientation order parameters as function of distance to the surface. The orientation order parameters $S_\Phi(z)$,[33,34] $S_\alpha(z)$, and $S_\beta(z)$ were given by

$$S_\Phi(z)=\left\langle\frac{1}{N_z}\sum_{i=1}^{N_z}\frac{1}{2}(3\cos^2\alpha_i-1)\right\rangle \tag{2}$$

$$S_\alpha(z)=\left\langle\frac{1}{N_z}\sum_{i=1}^{N_z}\alpha_i\right\rangle \tag{3}$$

$$S_{\beta}(z)=\left\langle \frac{1}{N_z}\sum_{i=1}^{N_z}\beta_i \right\rangle \tag{4}$$

where α_i describes the steric angle of the water molecule with the surface by measuring the angle between the surface and the vector of the O atom to the center of the two H atoms (i.e., the rotational axis) of the molecule. Ranging from −90° to +90°, a value of +90° corresponds to an orthogonally orientated water molecule with O down and both H atoms up. β_i *i*, on the other hand, is the tilting angle between the rutile surface and the plane defined by the three atoms of the water molecule, with 0° corresponding to parallel and 90° to orthogonal orientation of the water molecule with respect to the surface plane. N_z is the number of water molecules at a distance z from the surface. For $S_{\Phi}(z)$, a value of −0.5 means that the water rotational axis is perpendicular to the surface, and a value of 1 indicates that it is parallel to the surface. $S_{\alpha}(z)$ and $S_{\beta}(z)$ are the mean values of α_i and β_i of the water molecules at a distance z from the surface, respectively. They may express more intuitively the water orientation than $S_{\Phi}(z)$.

Fig. 6 shows the clear ordering of the water orientation of the first few angstroms of the surface. According to the peaks of surface water density and the plus-minus alternation of $S_{\alpha}(z)$, there are at least four water layers on the surface. In the first layer, α and β of the water molecules are 60.1° and 71.2°, respectively, i.e., their conformations are oxygen down and hydrogen up. In the second layer, α of the water molecules changes sharply to −35.6°, the conformation also converts into the oxygen up and hydrogen down. $S_{\Phi}(z)$ also increases from −0.17 to 0.58 and then sharply decreases to 0.37 at the boundary of the second layer. This probably indicates the water molecules rotates as they move away from the surface to form hydrogen bonds with other water molecules and then quickly reorientate upon entrance in the second layer. We can also see a similar sharp change in orientation at the limit between the second and third layer. In both the third and fourth layers, the water molecules still show some order in their orientation. Further away from the surface, the water orientation seems to be completely random, $S_{\alpha}(z)\rightarrow 0°$, $S_{\beta}(z)\rightarrow 57.3°$, and $S_{\Phi}(z)\rightarrow 0.5$.

The thicknesses of the first two hydration layers are 1.05 and 1.45 Å, respectively. The probability distributions of their positions on the surface are shown in Fig. 7. All water molecules in the first hydration layer are located over the fivefold titanium atoms and bond stably to them, as shown in Fig. 7 (a). The water molecules in the second hydration layer are above the surface bridging oxygen atoms and form hydrogen bonds with them and the water oxygen in the first hydration layer, as shown in Fig. 7 (b).

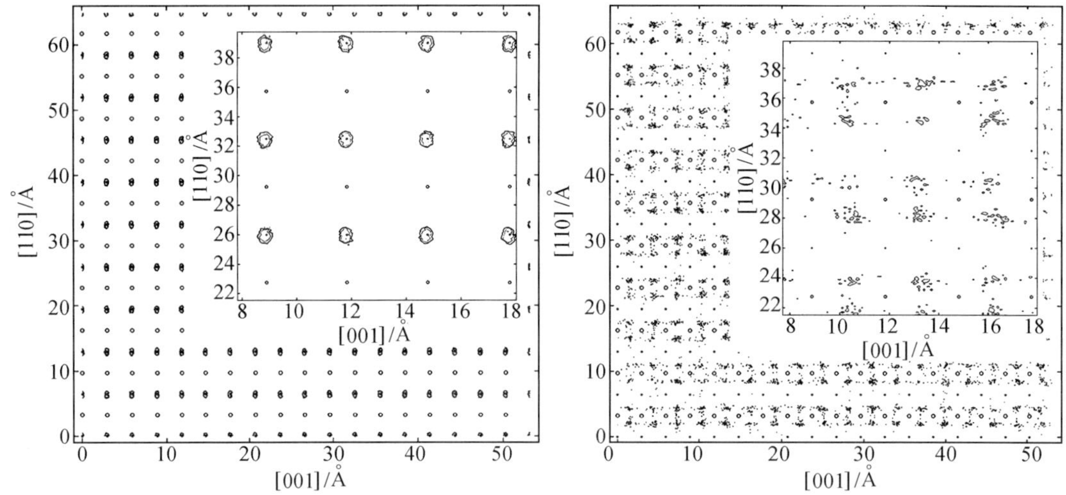

Fig. 7 (Color online) Probability distributions of water on the perfect TiO_2 (110) surface: (a) first hydration layers, (b) second hydration layers. Color codes: surface bridging oxygen, small circle; fivefold titanium, dot

E. Analysis of residence time

To understand further the RGD competition with water for surface adsorption sites, we calculated the dynamics parameter of water in the first two hydration layers, i.e., residence time.

To obtain a precise definition of the residence time, we used a function $p_{\gamma,j}(t_k, t; t^*)$,[35,36] which is a property of the water molecule j and is equal either to 0 or to 1. It takes the value 1 if molecule j lies within the first coordination shell of the ion γ at both time steps t and $t+t_k$, and in the interim does not leave the coordination shell for any continuous period longer than t^*. Under all other circumstances, it takes the value 0. We defined an averaged quantity $P_\gamma(t)$, characteristic of the atomα, by the expression

$$P_\gamma(t)=\frac{1}{N_z}\sum_{i=1}^{N_z}\sum_{j=1}^{N_w}P_{\gamma,j}(t_k,t;t^*) \tag{5}$$

From this definition, $P_\gamma(0)$ is the coordination number of ion γ; $P_\gamma(t)$ decays exponentially, i.e., $P_\gamma(t)=P_\gamma(0)\exp(-t/\tau)$, where τ is the residence time. According to the literature,[36] we set t^* equal to 2 ps.

The water molecules in the first hydration layer that bond to the surface titanium atoms have infinite residence time, which indicates that they do not desorb once they adsorb on the surface. In the second hydration layer, the residence time of the water molecules that form hydrogen bonds with the surface oxygen atoms and the water oxygen atoms is 15.4 ps. When z15 Å, it is 2.6 ps which is in agreement with the experimental value (2.5-10 ps) of water in the bulk from Bopp.[37] Therefore, the first hydration layer is very stable, whereas the water in the second hydration layer will diffuse and interchange those in the outer layers, which results in that it is probable for RGD amino NH_2 and NH_3^+ to form hydrogen bonds with surface oxygen atoms.

IV Conclusions

Molecular dynamics simulations show that the adsorption of RGD on pit surface is more stable than that on perfect surface and the adsorption energy of the pit surface is −106.14 kcal·mol^{-1}, which is 1.8 times as big as that of the perfect surface. Water influences significantly the RGD adsorption on the surface. Water oxygen atoms bonding to the surface fivefold titanium atoms form the stable first hydration layer on the surface, and water hydrogen atoms interacting with the surface bridge oxygen atoms form the second hydration layer. The peptide amino nitrogen atoms N_{NH2} and N_{NH3}^{+} compete with the water oxygen atoms for the adsorption sites. Although water molecules arrive rapidly at the rutile TiO_2 (110) surface, RGD tripeptide sequence subsequently reaching the surface will replace the adsorbed water molecules and bond to the surface bridging atoms. Electrostatic and van der Waals interactions are the main interaction between RGD and hydrophilic TiO_2 surfaces. The main bonding forms are $O_s...H_2O...{}^{+}H_3N$−RGD, $O_s...{}^{+}H_3N$−RGD, and $O_s...H_2N$−RGD. These results will help to investigate theoretically the patterned peptide surface and the cell adhesion mechanism.

Acknowledgments

This work has been funded by the National Natural Science Foundation of China (Grant No. 50675050) and the Multidiscipline Scientific Research Foundation of Harbin Institute of Technology (Grant No. HIT. MD 2003. 10).

References

[1] LEYENS C, PETERS M. Titanium and Titanium Alloys[M]. Beijing: Chemical Industry Press, 2005.

[2] Diebold U. The surface science of titanium dioxide[J]. Surface Science Reports, 2003, 48(5-8), 53-229.

[3] HUNTER A, ARCHER C W, WALKER P S, et al. Attachment and proliferation of osteoblasts and fibroblasts on biomaterials for orthopaedic use[J]. Biomaterials, 1995, 16(4): 287-295.

[4] BOYAN B D, HUMMERT T W, DEAN D D,et al. Role of material surfaces in regulating bone and cartilage cell response[J]. Biomaterials,1996, 17(2): 137-146.

[5] LIANG Yingchun, SONG Daiping, CHEN Mingjun, et al. New development on effect of surface roughness of Ti-material for biomedical applications on cell adhesion[J]. Chinese Journal of Mechanical Engineering, 2008, 44(7): 6-15.

[6] KASEMO B. Biocompatibility of titanium implants: Surface science aspects[J]. The Journal of Prosthetic Dentistry, 1983, 49(6): 832-837.

[7] KASEMO B, LAUSMAA J. Material selection surface characteristics and chemical processes at implant surface[M]. Chicago: Quintessence, 1985.

[8] SINGHVI R, STEPHANOPOULOS G, WANG I I C. Effects of substratum morphology on cell physiology[J]. Biotechnology Bioengineering, 1994, 43(8), 764-771.

[9] YAO K D, YIN Y J. Biomaterials related to tissue engineering[M]. Beijing: Chemical Industry Press, 2003.

[10] HASENBEIN H E, ANDREN T T, BIZIOS R. Micropatterned surfaces modified with select peptides promote exclusive interactions with osteoblasts[J]. Biomaterials, 2002, 23(19): 3937-3942.

[11] BANDURA A V, KUBICKI J D. Derivation of force field parameters for TiO_2-H_2O systems from ab initio calculations[J].The Journal of Physical Chemistry B, 2003, 107(40): 11072-11081.

[12] KORNHERR A. Multilayer adsorption of water at a rutile TiO_2 (110) surface: towards a realistic modeling by molecular dynamics[J]. The Journal of Chemical Physics, 2004, 121(8), 3722.

[13] DI VALENTIN C, TILOCCA A, SELLONI A, et al. Adsorption of water on reconstructed rutile TiO_2(011)-(2×1): Ti=O double bonds and surface reactivity[J]. Journal of the American Chemical Society, 2005, 127(27), 9895-9903.

[14] SELLONI A, VITTADINI A, GRÄTZEL M. The adsorption of small molecules on the TiO_2 anatase (101) surface by first-principles molecular dynamics[J]. Surface Science, 1998, 402-404: 219-222.

[15] PŘEDOTA M, BANDURA A V, CUMMINGS P T, et al. Electric double layer at the rutile (110) surface. 1. structure of surfaces and interfacial water from molecular dynamics by use of ab initio potentials[J]. The Journal of Physical Chemistry B, 2004, 108(32): 12049-12060.

[16] ZHANG Z, FENTER P, CHENG L, et al. Ion adsorption at the rutile-water interface: linking molecular and macroscopic properties[J]. Langmuir, 2004, 20(12), 4954-4969.

[17] CALZADO C J, SAN MIGUEL M A, SANZ J F. Theoretical analysis of K adsorption on TiO_2 (110) rutile surface[J]. The Journal of Physical Chemistry B, 1999, 103(3): 480-486.

[18] SAN MIGUEL M A, CALZADO C J, SANZ J F. Molecular dynamics simulations of Na deposition on the TiO_2 (110) surface[J]. Surface Science, 1998, 409(1): 92-100.

[19] BORODIN O, SMITH G D, BANDYOPADHYAYA R, et al. Molecular dynamics study of the influence of solid interfaces on poly(ethylene oxide) structure and dynamics[J]. Macromolecules, 2003, 36(20): 7873-7883.

[20] SUSHKO M L, GAL A Y, SHLUGER A L. Interaction of organic molecules with the TiO_2 (110) surface: ab inito calculations and classical force fields[J]. The Journal of Physical Chemistry B, 2006, 110(10): 4853-4862.

[21] CARRAVETTA V, MONTI S. Peptide-TiO_2 surface interaction in solution by ab initio and molecular dynamics simulations[J]. The Journal of Physical Chemistry B, 2006, 110(12): 6160-6169.

[22] ABRAHAMS S C, BERNSTEIN J L. Rutile: normal probability plot analysis and accurate measurement of crystal structure[J]. The Journal of Chemical Physics, 1971, 55(7): 3206.

[23] HOOVER W G. Canonical dynamics: equilibrium phase-space distributions[J]. Physics Review A, 1985, 31: 1695.

[24] EASTWOOD H. Computer Simulation Using Particles[M]. New York: Adam Hilger, 1989.

[25] MATSUI M, AKAOGI M. Molecular dynamics simulation of the structural and physical properties of the four polymorphs of TiO_2[J]. Molecular Simulation, 1991, 6(4-6): 239-244.

[26] JORGENSEN W L. Quantum and statistical mechanical studies of liquids. 10. transferable intermolecular potential functions for water, alcohols, and ethers. application to liquid water[J]. Journal of the American

Chemical Society, 1981, 103(2): 335-340.

[27] CORNELL W D, CIEPLAK P, BAYLY C I, et al. A Second generation force field for the simulation of proteins, nucleic acids, and organic molecules[J]. Journal of the American Chemical Society, 1995, 117(19): 5179-5197.

[28] RYCKAERT J P, CICCOTTI G, BERENDSEN H J C. Numerical integration of the cartesian equations of motion of a system with constraints: molecular dynamics of n-alkanes[J]. Journal of Computational Physics, 1977, 23(3): 327-341.

[29] KASEMO B. Biological surface science[J]. Surface Science, 2002, 500(1-3), 656-677.

[30] NORDE W. Adsorption of proteins from solution at the solid-liquid interface[J]. Advances in Colloid and Interface Science, 1986, 25(4): 267-340.

[31] CHEN Yongli, ZHANG Xiufang, GONG Yandao, et al. Conformational changes of fibrinogen adsorption onto hydroxyapatite and titanium oxide nanoparticles[J]. Journal of Colloid and Interface Science, 1999, 214(1): 38-45.

[32] HESS B, VAN DER VEGT N F A. Hydration thermodynamic properties of amino acid analogues:□ a systematic comparison of biomolecular force fields and water models[J]. The Journal of Physical Chemistry B, 2006, 110(35): 17616-17626.

[33] WAGNER W, PRUB A. The IAPWS formulation 1995 for the thermodynamic properties of ordinary water substance for general and scientific use[J]. Journal of Physical and Chemical Reference Data, 2002, 31(2): 387.

[34] STÖCKELMANN E, HENTSCHKE R. A molecular-dynamics simulation study of water on NaCl(100) using a polarizable water model[J]. The Journal of Chemical Physics, 1999, 110(24): 12097.

[35] IMPEY R W, MADDEN P A, McDONALD I R. Hydration and mobility of ions in solution[J]. The Journal of Physical Chemistry, 1983, 87(25): 5071-5083.

[36] GARCIA A E, STILLER L. Computation of the mean residence time of water in the hydration shells of biomolecules[J]. Journal of Computational Chemistry, 1993, 14(1): 1396-1406.

[37] BOPP P. The physics and chemistry of aqueous ionic solutions[M]. Amsterdam: Springer, 1987.

Molecular Dynamics Study on Surface Structure and Surface Energy of Rutile TiO_2 (110)

Daiping Song　Yingchun Liang　Mingjun Chen　Qingshun Bai

（Precision Engineering Research Institute, Harbin Institute of Technology, Harbin 150001, China）

Abstract: The formula for surface energy was modified in accordance with the slab model of molecular dynamics (MDs) simulations, and MD simulations were performed to investigate the relaxed structure and surface energy of perfect and pit rutile TiO_2 (110). Simulation results indicate that the slab with a surface more than four layers away from the fixed layer expresses well the surface characteristics of rutile TiO_2 (110) surface; and the surface energy of perfect rutile TiO_2 (110) surface converges to (1.801±0.001) $J\cdot m^{-2}$. The study on perfect and pit slab models proves the effectiveness of the modified formula for surface energy. Moreover, the surface energy of pit surface is higher than that of perfect surface and exhibits an upper-concave parabolic increase and a step-like increase with increasing the number of units deleted along [001] and [110], respectively. Therefore, in order to obtain a higher surface energy, the direction along which atoms are cut out should be chosen in accordance with the pit sizes: [$\bar{1}$10] direction for a small pit size and [001] direction for a big pit size; or alternatively the odd units of atoms along [110] direction are removed.

Keywords: molecular dynamics; TiO_2; surface energy; surface structure; pit

1　Introduction

Ti-materials have extensive biomedical applications[1], especially in medical implant and prosthesis[2], for their good biocompatibility, biological responses, osseointegration, excellent mechanical properties and corrosion resistance. In fact, there is a layer of TiO_2 on Ti and Ti-alloy surfaces, which has a strong direct effect on the success of implant[3, 4].

The surface topographic characters of an implant at the micro/nano-scale are related to the biological response of a host. The roughness of more than 10 mm of micro-rough surface will has an influence on the biocompatibility, mechanical characteristics and mechanical interlocking effect

通讯作者：Tel.: +86 451 86413840; fax: +86 451 86415244. E-mail address: songdp@yahoo.cn (D.-P. Song).

文章发表信息：Applied Surface Science, 2009, 255: 5702-5708.

between implant and tissue. Due to the same size as a cell or a biomacromolecule, the micro-rough surface with a roughness ranging from 10 nm to 10 mm has remarkable influences on the biocompatibility and weakens the mechanical characteristics of the interface[5]. The micro-roughness of less than 10 nm of the surface has a significant influence on the interface structures of the implant. The reason is that the defects in a crystal structure, such as vacancy, grain boundary, step and pit, are in this size range, which are active region for adsorption and influence further the integration of biomolecular and implant surface[6].

Moreover, the surface energy of biomaterials significantly influences the adhesion, spreading and growth of a cell. The surface with a higher surface energy promotes adhesion and spreading of a cell[7,8]. For example, good spreading only occurs when surface energy is higher than approximately 0.057 $J{\cdot}m^{-2}$[9]. Baier et al.[10, 11] also showed the relationship between critical surface energy and cell adhesion: materials with a low surface energy show a low cell attachment.

The rutile (110) surface is a very stable crystal face. Many scholars [12-17] have researched the surface structure of rutile (110) by ab initio calculations, such as density functional theory (DFT) local density approximation (LDA)[12,13], generalized gradient approximation (GGA)[14], full-potential linear augmented plane wave (FP-LAPW) [15, 16] and linear combination of atomic orbitals (LCAO) [17]. On the other hand, Matsui and Akaogi [18] and Kim et al. [19] have developed the molecular dynamics (MDs) potential energy function and its parameters for TiO_2 since 1991. A few scholars [20, 21] studied the relaxed structure of the TiO_2 (110) surface by MDs. However, there was a discrepancy between their theoretical [12-17, 20-23] and experimental [24] results.

The surface energy of the rutile TiO_2 (110) surface has been calculated recently by first principles [12-14, 25, 26], but there is few systematic calculations by MD possibly because the calculation accuracy of MD simulation is lower than that of first principles for small-scale models. However, the larger amount of computational work and the smaller atom amount of first principles make it very difficult to calculate the large-scale surface structures and evaluate the changes in surface energies resulting from the difference of the large-scale complex surface structures.

Therefore, we modify the formula for surface energy in accordance with the slab model of MD simulations. Then, we study the relaxed structures of the rutile TiO_2 (110) surface by MD and investigate the relationship between surface energy and slab thickness. Finally, we also cut out some atoms to create pits, calculate the surface energies and relaxed structures of pit surfaces and study the influence of pit size on the surface energy.

2 Methods and surface modeling

2.1 Molecular dynamics simulation method

A survey of the literature indicated that several force fields have been published for titanium dioxide and titanium oxide [18, 19, 27-32]. A detailed analysis of the different available force fields has been published by Smith and his co-worker [31]. They concluded that the force field of Matsui and

Akaogi[18] is the most suitable of the available force fields for use in classical molecular dynamics simulation. Matsui and Akaogi [18] developed the following force fields for TiO_2 in 1991.

$$V_{ij} = \frac{q_i q_j}{r_{ij}} - \frac{C_i C_j}{r_{ij}^6} + f(B_i + B_j)\exp(\frac{A_i + A_j - r_{ij}}{B_i + B_j}) \qquad (1)$$

where the terms represent Coulomb, dispersion, and repulsion interactions, respectively. Here r_{ij} is the interatomic distance between atoms i and j, and q_i, A_i, B_i, and C_i are the effective charge, repulsive radius, softness parameter, and van der Waals coefficient of atom i, respectively. A_i and B_i are relative to atom size and compressibility. The quantity f is a standard force of 4.184 kJ $A^{-1}mol^{-1}$. For many oxides, Coulomb and repulsion interactions are necessary. Consequently, in this paper we used the reduced form for Eq. (1), i.e. Buckingham potential together with Coulombic interactions from partial charges

$$V_{ij} = A_{ij}\exp(\frac{-r_{ij}}{\rho_{ij}}) - \frac{C_{ij}}{r_{ij}^6} + \frac{q_i q_j}{r_{ij}} \qquad (2)$$

where V_{ij} is the interaction energy between atoms i and j, and the parameters A_{ij}, ρ_{ij}, C_{ij}, q_{Ti} and q_O are shown in Table 1 [18].

Table 1　Interaction parameters for TiO_2

Interaction	A_{ij}/(kcal·mol^{-1})	ρ_{ij}/A	C_{ij} /(kcal·mol^{-1}·A^6)
Ti–Ti	717 653.957 1	0.154	120.996 7
Ti–O	391 052.744 2	0.194	290.392 0
O–O	271 718.831 1	0.234	696.940 7

Notes: Atomic charges, q_{Ti}=+2.196, q_o=−1.098

MD simulations were carried out at 310 K for further study on the interaction between TiO_2 surface and biomolecules. Simulations were carried out in the canonical ensemble (i.e. NVT ensemble), and the thermostat derived by Hoover [34] was employed to maintain a constant temperature. The velocity Verlet algorithm was used to calculate the atomic motions and the particle-particle particle-mesh (PPPM) [35] solver was applied for the calculation of electrostatic interactions. A 10.0 A cutoff distance was used for van der Waals interactions.

2.2　Perfect surface models

The most stable (110) surface of rutile TiO_2 was investigated in this paper. The (110) surface unit cell (1×1) has a dimension of $\sqrt{2}$ $a \times c$ which corresponds to 6.497 and 2.959A along $[\bar{1}10]$ and [001] directions, respectively [36, 37]. The surface contains five and six-coordinate Ti atoms and two types of O atoms (in-plane and bridging). The six-coordinate Ti atoms are covered by the outermost bridging oxygen on the surface, while the five coordinate Ti atoms are coordinated to in-plane oxygen atoms on the surface. One Ti–O layer of rutile TiO_2 (110) surface unit cell (1×1) is built up of symmetrical three-plane O–Ti_2O_2–O unit along [110] direction, containing 6 atoms (2 Ti and 4 O), so that the sequence of Ti–O layers is O–Ti_2O_2–O–O–Ti_2O_2–O … , as shown in Fig. 1.

We constructed (10×18) surface slabs with the thickness of n Ti–O layers based on the rutile (110) surface unit cell (1×1), as shown in Table 2. For example, when n=13, this corresponds to a dimension of 64.969 A×53.262 A×42.229 A, containing 14 040 atoms. Periodic boundary conditions were applied along [$\bar{1}$10] and [001] directions of the surface, with a periodic vacuum gap of threefold slab thickness (3×3.248 4 n A) in the direction normal to the (110) surface. The simulations were carried out for 50 ps with time step of 0.5 fs, and the simulation results of last 30 ps were analyzed.

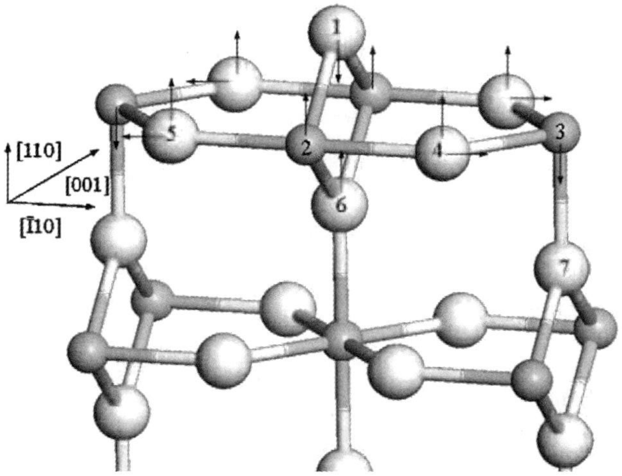

Fig. 1 Rutile TiO_2 (110) surface (1×1): O, big red ball; Ti, small grey ball. Atom labels follow as bridging oxygen O1, six-coordinate titanium Ti2, five-coordinate titanium Ti3, three-coordinate in-plane oxygen O4, O5, out-of-plane oxygen O6, and reference atom O7

Table 2 Perfect surface slab models

Model set ID	Number of total layers n	Number of fixed layers n_{fixed}
Perfect Ⅰ	2-16	1 for n=2; 2 for n=3-6
Perfect Ⅱ	2-16	1 for n=2-5; floor (n/2) for n=6-16
Perfect Ⅲ	2-17	1

Notes: Type of fixed layers: Perfect Ⅰ and Ⅱ are one side fixed, and Perfect Ⅲ are the central ceil(n=2)th layer fixed

Table 3　Pit surface slab model

Model set ID	Pit size ($[\bar{1}10]\times[001]\times[110]$)	$N_{delunit}$
PitL16B2S1x[a]	$N_{delunit}\times6\times1$	1-7
PitL16B2S1y[a]	$5\times N_{delunit}\times1$	2-14
PitL16B2S1z[a]	$5\times6\times N_{delunit}$	1-6
PitL17C1S1x[b]	$N_{delunit}\times6\times1$	1-7
PitL17C1S1y[b]	$5\times N_{delunit}\times1$	2-14
PitL17C1S1z[b]	$5\times6\times N_{delunit}$	1-4
PitL17C1S2x[c]	$N_{delunit}\times6\times1$	1-7
PitL17C1S2y[c]	$5\times N_{delunit}\times1$	2-14
PitL17C1S2z[c]	$5\times6\times N_{delunit}$	1-4

Notes: [a] is based on the 16-layer slab with the bottom 2 layers fixed and pit locates on the top surface.b,c is based on the 17-layer slab with the central 9th layer fixed. [b] Pit locates on the top surface.c Pits locate on the top and bottom surfaces

2.3　Pit surface models

Based on the perfect TiO_2 (110) surface model, we cut out some atoms from the relaxed surface to create pit, as shown in Table 3. Fig. 2 shows the unrelaxed pit surface model (PitL16B2S1x (5×6×1)) in which the deleted atoms range over (5×6×1). For the pit surface models, due to the longer time to equilibrate the surface atoms, the simulations were carried out for 200 ps, and the results of last 50 ps were analyzed. The other conditions of MD simulations for the pit surfaces are the same as those for the perfect surfaces given above.

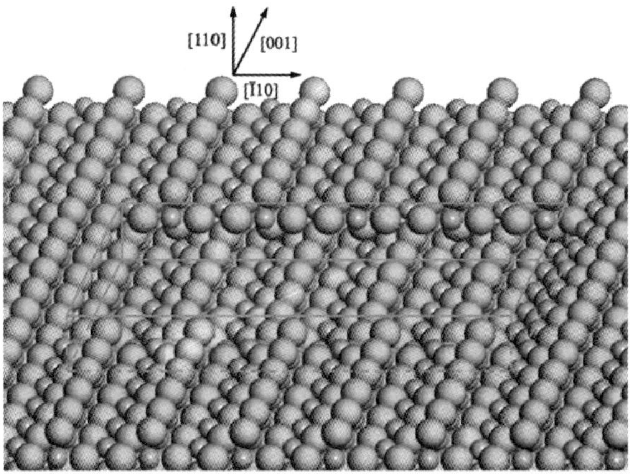

Fig. 2　Unrelaxed pit surface model PitL16B2S1x (5×6×1): O, big red ball; Ti, small grey ball. The box with green lines represents the pit

2.4 Surface energy calculations

According to the Gibbs definition[38], the surface energy density (s) of a solid, which corresponds to the energy variation (per unit area) due to the creation of a surface, is given by

$$\sigma = \frac{E_{\mathrm{slab}}^{n} - nE_{\mathrm{bulk}}}{A_{\mathrm{slab}}} \tag{3}$$

where A_{slab} is the total area of the surface considered, E_{slab}^{n} is the total energy of a n-layer slab and E_{bulk} is the bulk energy per layer of an infinite solid.

However, the surface energy calculated in Eq. (3) is very sensitive to the accuracy in determination of the bulk energy term [39, 40]. A small error in that term can make the calculated surface energies diverge linearly with increasing slab thickness. To avoid the divergence problem, we have employed the method [26, 41, 42] that makes use of Eq. (3) rewritten in the following form:

$$E_{\mathrm{slab}}^{n} = A_{\mathrm{slab}}\sigma + nE_{\mathrm{bulk}} \tag{4}$$

which implies that the bulk energy can be extracted from the slope of a linear fit of the slab_s total energy plotted versus n. This value is subsequently used in Eq. (3).

For molecular dynamics simulations, a slab model, especially one with defects, usually needs to contain fixed layers, otherwise the slab structure will be distorted. To calculate the effect of the fixed layers on E_{slab}^{n} and surface energy, we simulated the following perfect surface slab models which will not be distorted: (i) a sufficiently large number of layers are unconstrained and other layers are fixed, totallymlayers; (ii) allmlayers are unconstrained. The effect ($\Delta E_{\mathrm{fixed}}$) of fixed layers can be estimated from the difference between the total energies of the former and the latter. $\Delta E_{\mathrm{fixed}}$ is relative to the type and number of fixed layers (Tables 2 and 3). The effect of fixed layers on E_{slab}^{n} and surface energy can then be avoided by subtracting $\Delta E_{\mathrm{fixed}}$ from E_{slab}^{n}. Therefore, the surface energy of slab model containing fixed layers can be given by the following modified equation:

$$\sigma = \frac{E_{\mathrm{slab}}^{n} - nE_{\mathrm{bulk}} - \Delta E_{\mathrm{fixed}}}{A_{\mathrm{slab}}} \tag{5}$$

For a large-scale complex surface structure, Eq. (5) can be rewritten as

$$\sigma = \frac{E_{\mathrm{slab}}^{N} - NE_{\mathrm{bulk}} - \Delta E_{\mathrm{fixed}}}{A_{\mathrm{slab}}} \tag{6}$$

where N is the total number of units in slab.

For our slab models, the numerators in Eqs. (3), (5) and (6) are the energy variation due to the creation of top and bottom surfaces, denoted as ΔE. Because the structure and area of the top surface is the same as those of the bottom surface in the perfect surface slab, the contribution of each perfect surface to ΔE is 50% of the energy variation ($\Delta E_{\mathrm{fixed}}$) of the slab model with two-sided perfect surfaces. However, for the slab model with a perfect surface on one side and a pit surface on the other side, the contribution of the pit surface to ΔE is not 50% of the energy variation ($\Delta E_{\mathrm{HybridM}}$) of this slab model and the surface energy of the pit surface cannot be directly obtained using Eqs.

(5) and (6).

To calculate the surface energy of pit surface and compare ΔE and σ with those of other slab models, we removed the contribution of the perfect surface to ΔE by transforming the slab model with one-sided pit (PitL16B2S1x, PitL17C1S1x, PitL16B2S1y, PitL17C1S1y, PitL16B2S1z and PitL17C1S1z) into the slab model with two sided pits (PitL16B2S1TS2x, PitL17C1S1TS2x, PitL16B2S1TS2y, PitL17C1S1TS2y, PitL16B2S1TS2z and PitL17C1S1TS2z, respectively). 2 ($\Delta E_{\text{HybridM}}-\Delta E_{\text{PerfM}}/2$) and twice the surface area of the pit surface are used as the energy variation ΔE and the surface area A_{slab} of the transformed slab model, respectively. So, the surface energy of the pit surface of slab model with one-sided pit can be calculated using Eq. (6). The surface energy of the pit surface is the surface energy of the slab model with two-sided pits or the transformed slab model with two-sided pits.

3 Results and discussion

3.1 Analysis on perfect TiO_2 (1 1 0) surface structure

The perfect surface unit cell (1×1) of the rutile TiO_2 (110) contains bridging oxygen O1, six-coordinate titanium Ti2, five coordinate titanium Ti3, three-coordinate in-plane oxygen O4 and O5, and out-of-plane oxygen O6, as shown in Fig. 1. Supposing that O7 are reference atoms, Fig. 3 shows the relationship between the average displacements of (110) surface unit cells (10×18) along [110] and the slab thickness, which is a function of slab thickness. Although the average displacements of O1, Ti2 and O6 change considerably, the displacements of all atoms reach certain values if $n \geqslant 6$ for Perfect Ⅰ and $n \geqslant 9$ for Perfect Ⅲ.

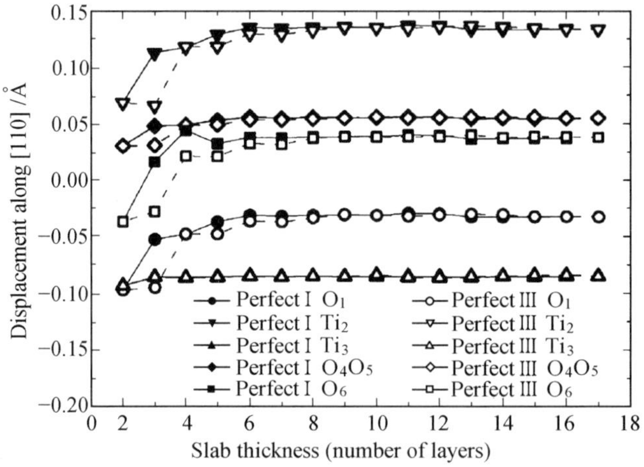

Fig. 3 Calculated displacements of perfect surfaces

We compared further the average displacements of surface atoms in slabmodels Perfect Ⅰ containing 6-16 layers with those of other scholars' works in Table 4. The average displacements of all surface atoms are qualitatively in agreement with the experimental finding of Charlton [24] and the previous calculations[12-15, 17, 20-23]. Moreover, our calculations coincide quantitatively with the experimental work[24] for the surface atoms except O1 and Ti3. On the outermost surface layer, the bridging oxygen atoms O1 and the five-coordinate titanium atoms Ti3 relax inward, while the six-coordinate titanium atoms Ti2 and the neighboring three-coordinate oxygen atoms O4 and O5 move outward, which causes a rumpled appearance of the surface.

Table 4 Atomic displacements for the perfect rutile TiO_2 (110) surface Å

Atom[a]	9–18[b]	Exp[c][24]	4[d][20]	6[e][21]	7[f][15]	5[g][12]	5[h][14]	3[i][22]	4[j][23]
O1	−0.032	−0.27±0.08	−0.03	−0.11	−0.02	−0.06	−0.02	−0.09	−0.04
Ti2	0.134	0.12±0.05	0.22	0.02	0.23	0.13	0.23	0.09	0.19
Ti3	−0.085	−0.16±0.05	−0.19	−0.26	−0.17	−0.17	−0.11	−0.12	−0.14
O4, O5	0.055	0.05±0.05	0.10	0.0	0.03	0.12	0.18	0.11	0.15
O4, O5 (1 1 0)	±0.044	±0.16±0.08	–	–	±0.05	±0.04	±0.05	±0.05	±0.05
O6	0.038	0.03±0.08	0.00	0.0	0.02	−0.07	0.03	−0.05	–
O7	0	0±0.08	−0.04	0.0	0	0.02	0.03	–	–

[a] Atom labels refer to Fig. 1. [b] This paper: MD, average displacements of 6-16 layers in Perfect Ⅰ, S. D. ⩽ 0.001 A. [c] Charlton: SXRD experimental results [24]. [d] Yin: MD, four layers [20]. [e] San Miguel et al.: MD, six layers [21]. [f] Harrison et al.: LCAO, seven layers [15]. [g] Ramamoorthy et al.: PW-PP-LDA, five layers [12]. [h] Bates et al.: PW–GGA, five layers[14]. [i] Lindan et al.: PW-PP-GGA, three layers [22]. [j] Maria et al.: GGA-PBE, four layers [23]

Although the average displacements of O1 and Ti3 are different considerably from those of experimental work [24], the average displacements of O6, O4, O5, and Ti2 along [110] are in good agreement with those of experimental work [24]. Langer et al. [43] reported that the bridging oxygen displaces laterally into an asymmetric position and the Ti–O distances are 1.75 and 2.1 Å. However, in the experimental work [24], the bridging oxygen locates in the center of the neighboring six-coordinate titanium along [001], and the Ti–O distance is reduced to (1.71±0.07) Å mainly by relaxed inward largely (−0.27 Å). In our calculations, the O1 also locates laterally in a symmetric position and the Ti2–O1 average distance is 1.845 Å, which is close to 1.82 and 1.83 Å for a five-layer slab and a three-layer slab, respectively by GGA calculations [37] and also in good agreement with 1.85 Å by MD simulation [18].

In addition, the average displacements of the three-coordinate in-plane oxygen atoms O4 and O5 along [$\bar{1}$10] are very close to those of some works [12, 14, 15, 22, 23], and the in-plane oxygen atoms displace toward the neighboring five-coordinate titanium by 0.044 Å, while the rest atoms displace by less than 1×10^{-4} Å. Moreover the average displacements of the atoms of (110) surface are less than 6×10^{-4} Å along [001]. Thus it may seem that all atoms oscillate slightly in bulk positions along

[$\bar{1}$10] and [001] except the displacements of in-plane oxygen atoms along [$\bar{1}$10].

3.2　Surface energy of perfect TiO_2 (1 1 0) surfaces

Using $-1\ 828.656\ 8$ kcal·mol^{-1} for E_{bulk}^{unit}, as determined from a linear fit (Eq. (4)) to the slab energies (the energy of a thinnest four-layer slab), yields very well converged ΔE and σ (Figs. 4(a) and 5(a), respectively). Thus, the above values of E_{bulk}^{unit} is adopted in all further calculations of σ.

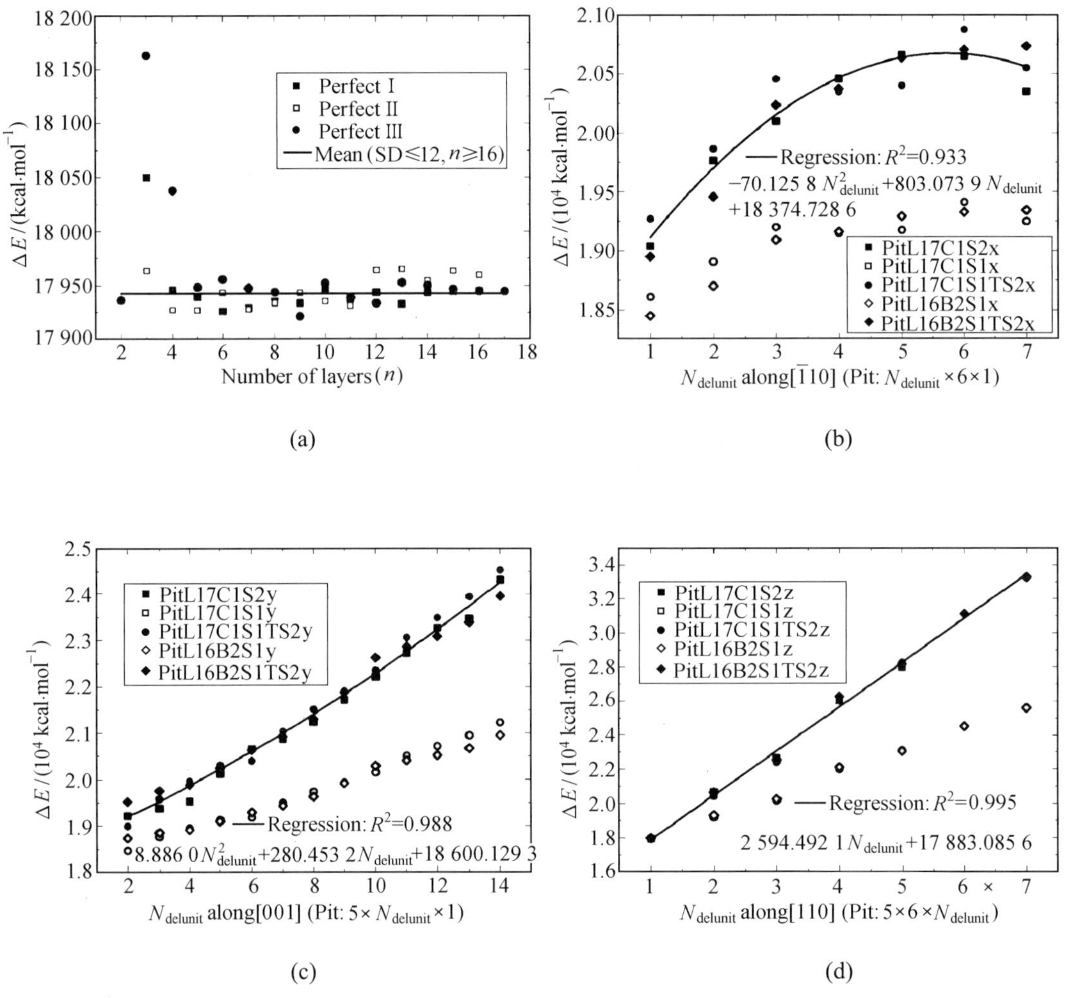

Fig. 4　Energy variations ΔE of rutile TiO_2 surfaces: (a) perfect (110) surface slabs, (b) surface slabs with pit by cutting out atoms along [$\bar{1}$10], (c) surface slabs with pit by cutting out atoms along [001] and (d) surface slabs with pit by cutting out atoms along [110]

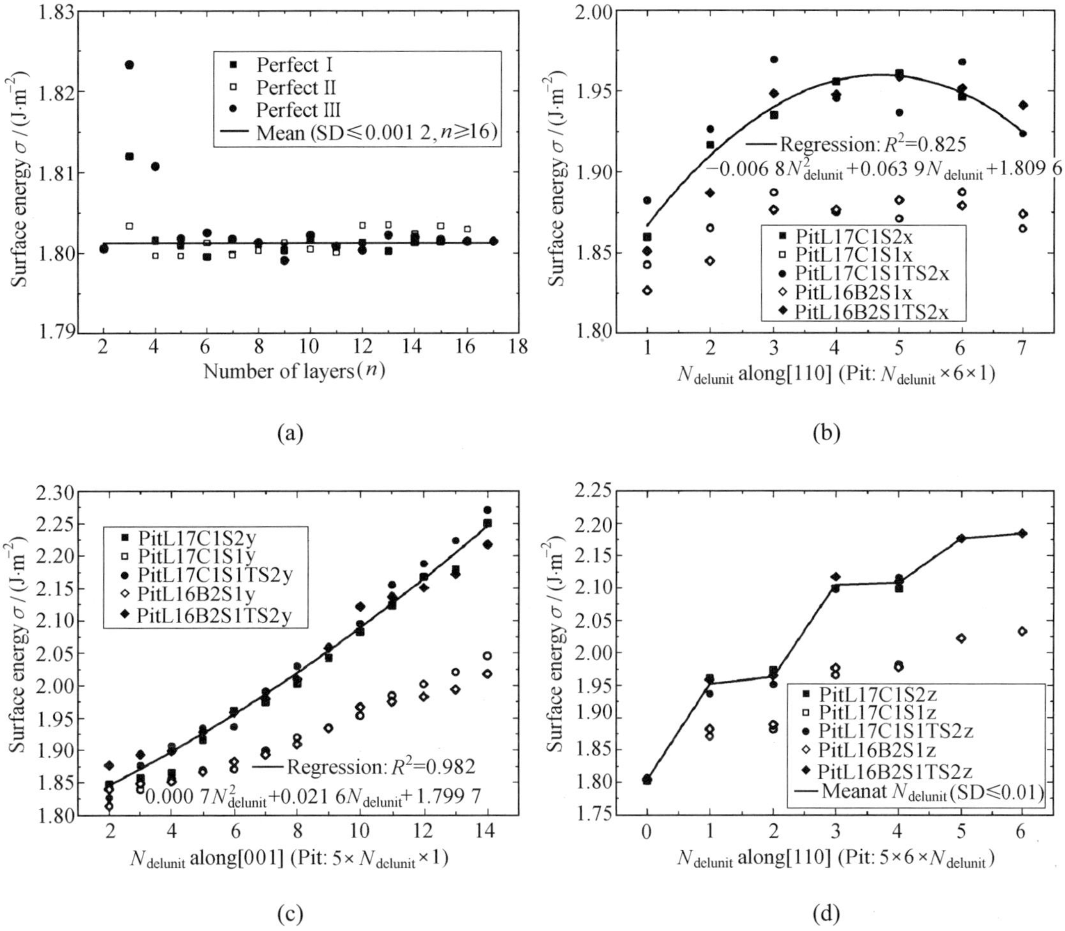

Fig. 5 Surface energies σ of rutile TiO_2 surfaces: (a) perfect (110) surface slabs, (b) surface slabs with pit by cutting out atoms along [$\bar{1}$10], (c) surface slabs with pit by cutting out atoms along [001] and (d) surface slabs with pit by cutting out atoms along [110]

Our calculations of energy variation ΔE and surface energies σ versus slab thickness n are shown in Figs. 4(a) and 5(a), respectively. For the one-sided relaxed perfect surface models with different fixed layers and the two-sided relaxed perfect surface models (Table 2), their surface energies are converged to a value of (1.801±0.001) J·m^{-2} as the slab thickness increases, which is very close to 1.78 J·m^{-2} from the MD simulations of Oliver et al. [44].

Although the surface energies obtained by MD simulations [33, 44] are more than those by ab initio calculations, such as 0.89 J·m^{-2} from the average of the 5- and 6-layer LDA calculations of Ramamoorthy et al. [12], 0.73 J·m^{-2} from the 7-layer GGA calculations of Bates et al. [14], 0.64 J·m^{-2} from the average of the 9- and 10-layer PW-GGA calculations of Bredow et al. [45], 0.57 J·m^{-2} by GGA-PW91 and 0.47 J m^{-2} by GGA-PBE from the average of the 10- and 11-layer of Kiejna et al. [26], large-scale surface slabs with complex morphologic surfaces can be evaluated more easily by MD simulations than by ab initio calculations.

In addition, the calculation temperature results partly in the difference between our calculations and first-principles calculations [12, 14, 26, 45]. The theoretical results of our reference literature of first-principles calculations are strictly valid only at zero temperature, while our MD simulations were carried out at 310 K.

The surface energies of one-sided relaxed models are much the same as those of two-sided relaxed models by MD simulations, which is different from the result obtained by ab initio calculations from Kiejna et al. [26] that the surface energies of one-sided relaxed models are much more than those of two-sided relaxed models. Moreover, the slab model with one-sided relaxation is usually used as the adsorption substrate [46,47]. Therefore we will continue our study on the surface structure and surface energy of one-sided relaxed slab model with surface micro/nano-morphology.

To determine the contribution of each atomic layer to the surface energy, we calculated the energetic contribution of any atomic layer to the surface energy using the formula in Refs. [48-50]. We found that, for the perfect TiO_2 (110) surface, σ is stored mainly in the first four layers, especially the two outer layers, with 86.4%, 9.9%, 1.9% and 1.0% of the energy, respectively.

As shown in Figs. 3 and 5(a), the changes in the atomic displacements govern the changes in the surface energy as a function of slab thickness, which is in agreement with the results of Bates et al. [14].

Therefore, it can be concluded that the slab with a surface more than four layers away from the fixed layer can express well the surface characteristics of rutile TiO_2 (110) surface.

3.3 Surface energy of pit TiO_2(110) surfaces

In order to describe the atomic displacements in the pit surface, according to the formula for slip vector [51],we defined the atomic displacement vector as

$$s^{\alpha} = -\frac{1}{k}\sum_{\beta\neq\alpha}^{k}(\boldsymbol{x}^{\alpha\beta} - \boldsymbol{X}^{\alpha\beta}) \qquad (7)$$

where k is the number of the nearest neighbors to atom a, and $\boldsymbol{x}^{\alpha\beta}$ and $\boldsymbol{X}^{\alpha\beta}$ are the vector differences of atoms α and β at current and reference positions, respectively. The reference configuration is the arrangement of atomic positions with unrelaxation.

The unstable atoms with the dangling bonds around the pit result in the maximum displacement vectors. Fig. 6 shows the displacement vector of the relaxed pit surface model PitL16B2S1x (5×6 ×1) with atoms colored by

$$|s^{\alpha}|, \text{if } |s^{\alpha}| \geqslant 0.2$$

As shown in Figs. 4 and 5, due to the effect of the perfect surface on energy variation ΔE and surface energies s, ΔE and σ of the slab models with one-sided pit are lower than those of the slab models with two-sided pits.

For the pit surfaces, we also calculated the energetic contribution of any atomic layer to the surface energy. We found that σ is stored mainly in the first two layers. For example, for the pit surface PitL16B2S1x (5×6 ×1), the energetic contribution of the first two layers is 97.9% and 1.8% of the energy, respectively.

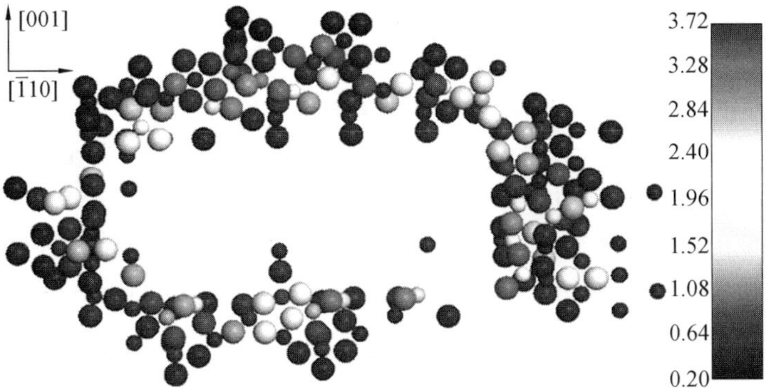

Fig. 6 Displacement vector of pit surface PitL16B2S1x (5×6 ×1) with atoms colored by $|s^{\alpha}|$

It can be seen from Figs. 4 and 5 that the energy variations and surface energies of the pit surfaces are higher than those of the perfect surfaces. The reason is that the pits created by removing some atoms from the perfect surfaces weaken the interaction of the atoms on the interface of the pits and many unstable atoms remain, and after relaxation these atoms offset their initial positions as shown in Fig. 6, which lead to a significant increase in the surface energy. Furthermore, according to the theory of solid surface physics [52], the closer the arrangement of atoms is, the stronger the interaction of atoms is and the lower the surface energy is, which is in agreement with our calculations.

Figs. 4(b–d) and 5(b–d) show the relationship between ΔE and σ of pit surfaces and the number (N_{delunit}) of units deleted along [$\bar{1}$10], [001] and [110]. The energy variations and surface energies of the surfaces with pit by cutting out atoms along [$\bar{1}$10] change slightly along a middle-convex parabola, and the changes in their surface energies are less than about 0.1 J·m^{-2}. When the number of units deleted along [001] is 6 and that along [110] is 1, the quadratic regressions of N_{delunit} values along [$\bar{1}$10] with ΔE and σ values of the pit surfaces are shown as the solid lines in Figs. 4(b) and 5(b), respectively.

The energy variations and surface energies of the surfaces with pit by cutting out atoms along [001] exhibit an upper-concave parabolic increase with the increasing number of units deleted. When the number of units deleted along [$\bar{1}$10] is 5 and that along [110] is 1, the quadratic regressions of N_{delunit} values along [001] with ΔE and σ values of the pit surfaces are shown as the solid lines in Figs. 4(c) and 5(c), respectively.

The energy variations ΔE of the surfaces with pit by cutting out atoms along [110] is linearly relative to the number of units deleted. When the number of units deleted along [$\bar{1}$10] is 5 and that along [001] is 6, the linear regression of N_{delunit} values along [110] with ΔE values is shown as the solid line in Fig. 4(d). However, as their surface areas increases significantly, their surface energies σ show a step-like increase with the increasing number of units deleted. When N_{delunit} is odd, σ increases significantly. The means of σ at N_{delunit} are shown as the solid line in Fig. 5(d). If the number of deleted atoms is more than 180 atoms as shown in Fig. 5, the surface energy of the pit surface from which the atoms are removed along [001] is higher than that along [$\bar{1}$10]. In order to obtain a higher surface energy, the direction along which atoms are cut out should be chosen in accordance with the pit sizes: [$\bar{1}$10] direction for a small pit size and [001] direction for a big pit size. We can also remove the odd units of atoms along [110] direction. Because the pit surface has higher surface energy and more adsorption sites than the perfect surface, one can design the surface structure of implant using Figs. 4 and 5, and the regression equations therein, and investigate further the effect of surface structure and surface energy on biomolecular adsorption on Ti-materials.

4 Conclusions

We modified the formula used for calculation of surface energy in accordance with the slab model of MD simulation and studied the surface energy and relaxed structure of perfect and pit rutile TiO_2 (110) through MD simulation. The following are our findings:

（1）The outermost surface bridging oxygens and five-coordinate titaniums relax inward, whereas the six-coordinate titaniums and the in-plane oxygens move outward. The slab with a surface more than four Ti−O layers away from the fixed layer expresses well the surface characteristics of rutile TiO_2 (110) surface. To reduce the amount of the computational work and improve computational efficiency, it is feasible to use the slab model with one-sided relaxation as the surface model. The unstable atoms with the dangling bonds around the pit in the pit surface have the maximum displacement vectors. Larger pit size generally results in an increase in the region of atoms with large displacement vectors.

2. The study on perfect and pit slab models proves the effectiveness of the modified formula for surface energy. The Surface energy of the perfect rutile TiO_2 (110) surface converges to (1.801±0.001) $J\cdot m^{-2}$.

3. The surface energy of the pit surface is higher than that of the perfect surface and exhibits an upper-concave parabolic increase and a step-like increase with increasing the number of units deleted along [001] and [110], respectively. The surface energy of the surface with pit by cutting out atoms along [001] or [110] changes more significantly than that along [$\bar{1}$10]. Moreover, if the number of deleted atoms is over a certain value (180 atoms in this paper), the surface energy of the pit surface from which the atoms are cut out along [001] is higher than that along [$\bar{1}$10]. Thus, in order to obtain a higher surface energy, the direction along which atoms are cut out should be chosen in accordance with the pit sizes: [$\bar{1}$10] direction or a small pit size and [001] direction for a big pit size; or alternatively the odd units of atoms along [110] direction are removed.

It can therefore be concluded that the modified formula for surface energy and the displacement vector can be used to calculate the surface energy of the large-scale complex structures and evaluate these surface structures by MD, respectively, which will be aid to analyze further the effect of surface micro/nanomorphology of the TiO_2 covering titanium implant surfaces on cell adhesion and protein adsorption.

Acknowledgments

This work is funded by the National Natural Science Foundation of China (No. 50675050) and the Multidiscipline Scientific Research Foundation of Harbin Institute of Technology (No. HIT. MD 2003. 10).

References

[1] LEYENS C, PETERS M. Titanium and titanium alloys[M]. Translated by CHEN Zhenghua. Beijing: Chemical Industry Press, 2005.

[2] DIEBOLD U. The surface science of titanium dioxide[J]. Surface Science Reports, 2003, 48(5-8): 53-229.

[3] HUNTER A, ARCHER C W, WALKER P S, et al. Attachment and proliferation of osteoblasts and fibroblasts on biomaterials for orthopaedic use[J]. Biomaterials, 1995, 16(4): 287-295.

[4] BOYAN B D, HUMMERT T W, DEAN D D,et al. Role of material surfaces in regulating bone and cartilage cell response[J]. Biomaterials,1996, 17(2): 137-146.

[5] KASEMO B. Biocompatibility of titanium implants: Surface science aspects[J]. The Journal of Prosthetic Dentistry, 1983, 49(6): 832-837.

[6] KASEMO B, LAUSMAA J. Material selection surface characteristics and chemical processes at implant surface[M]. Chicago: Quintessence, 1985.

[7] VAN KOOTEN T G, SCHAKENRAAD J M, VAN DER MEI H C, et al. Influence of substratum wettability on the strength of adhesion of human fibroblasts[J]. Biomaterials, 1992, 13(13): 897-904.

[8] REDEY S A, RAZZOUK S, REY C, et al. Osteoclast adhesion and activity on synthetic hydroxyapatite, carbonated hydroxyapatite, and natural calcium carbonate: Relationship to surface energies[J]. Journal of Biomedical Materials Research Part A, 1999, 45(2): 140-147.

[9] SCHAKENRAAD J M, BUSSCHER H J, WILDEVUUR C R H, et al. The influence of substratum surface free energy on growth and spreading of human fibroblasts in the presence and absence of serum proteins[J]. Journal of Biomedical Materials Research Part A, 1986, 20(6): 773-784.

[10] BAIER R E. Surface properties influencing biological adhesion[M]. New York: Academic Press, 1970.

[11] BAIER R E, MEYER A E, NATIELLA J R, et al. Surface properties determine bioadhesive outcomes: Methods and results[J]. Journal of Biomedical Materials Research Part A, 1984, 18(4): 337-355..

[12] RAMAMOORTHY M, VANDERBILT D, KING-SMITH R D. First-principles calculations of the energetics

of stoichiometric TiO_2 surfaces[J]. Physical Review B, 1994, 49(23): 16721-16727.

[13] RAMAMOORTHY M, KING-SMITH R D, VANDERBILT D. Defects on TiO_2 (110) surfaces[J]. Physical Review B, 1994, 49(11): 7709-7715.

[14] BATES S P, KRESSE G, GILLAN M J. A systematic study of the surface energetics and structure of TiO_2 (110) by first-principles calculations[J]. Surface Science, 1997, 385(2-3): 386-394.

[15] HARRISON N M, WANG X G, MUSCAT J, et al. The influence of soft vibrational modes on our understanding of oxide surface structure[J]. Faraday Discussions, 1999, 114: 305-312.

[16] VOGTENHUBER D, PODLOUCHY R, NECHEL A, et al. Electronic structure and relaxed geometry of the TiO_2 rutile (110) surface[J]. Physical Review B, 1994, 49(3): 2099-2103.

[17] REINHARDT P, HEB B A. Electronic and geometrical structure of rutile surfaces[J]. Physical Review B, 1994, 50(16): 12015-12024.

[18] MATSUI M, AKAOGI M. Molecular dynamics simulation of the structural and physical properties of the four polymorphs of TiO_2[J]. Molecular Simulation, 1991, 6(4-6): 239-244.

[19] KIM D W, ENOMOTO N, NAKAGAWA Z, et al. Molecular dynamic simulation in titanium dioxide polymorphs: rutile, brookite, and anatase[J]. Journal of the American Ceramic Society, 1996, 79(4): 1095-1099.

[20] YIN Xilin, MIURA R, ENDOU A, et al. Structure of TiO_2 surfaces: a molecular dynamics study[J]. Applied Surface Science, 1997, 119(3-4): 199-202.

[21] SAN MIGUEL M A, CALZADO C J, SANZ J F. Molecular dynamics simulations of Na deposition on the TiO_2 (110) surface[J]. Surface Science, 1998, 409(1): 92-100.

[22] LINDAN P J D, HARRISON N M, GILLAN M J, et al. First-principles spin-polarized calculations on the reduced and reconstructed TiO_2 (110) surface[J]. Physical Review B, 1997, 55(23): 15919-15927.

[23] MARIA L S, ANDREY Y G, ALEXANDER L S. Interaction of organic molecules with the TiO_2 (110) surface: ab inito calculations and classical force fields[J] The Journal of Physical Chemistry B, 2006, 110(10): 4853-4862.

[24] CHARLTON G, HOWES P B, NICKLIN C L, et al. Relaxation of TiO_2 (110)-(1×1) using surface X-Ray diffraction[J]. Physical Review Letters, 1997, 78(3): 495-498.

[25] GONIAKOWSKI J, HOLENDER J M, KANTOROVICH L N, et al. Influence of gradient corrections on the bulk and surface properties of TiO_2 and SnO_2[J]. Physical Review B, 1996, 53(3): 957-960.

[26] KIEJNA A, PABISIAK T, GAO S W. The energetics and structure of rutile TiO_2 (110)[J]. Journal of Physics: Condensed Matter, 2006, 18(17): 4207-4217.

[27] MOSTOLLER M, WANG J C. Ionic potential models in insulators having the rutile structure[J]. Physical Review B, 1985, 32(10): 6773-6786.

[28] SWAMY V, GALE J D. Transferable variable-charge interatomic potential for atomistic simulation of titanium oxides[J]. Physical Review B, 2000, 62(9): 5406-5412.

[29] OGATA S, IYETOMI H, TSURUTA K, et al. Variable-charge interatomic potentials for molecular-dynamics simulations of TiO_2[J]. Journal of Applied Physics, 1999, 86(6): 3036-3041.

[30] LE ROUX H, GLASSER L. Transferable potentials for the Ti-O system[J]. Journal of Materials Chemistry, 1997, 7(5): 843-851.

[31] COLLINS D R, SMITH W. Evaluation of TiO2 force fields[R]. Council for the Central Laboratory of Research Councils, 1996.

[32] STREITZ F H, MINTMIRE J W. Charge transfer and bonding in metallic oxides[J]. Journal of Adhesion Science and Technology, 1994, 8(8): 853-864.

[33] NAICKER P K, CUMMINGS P T, ZHANG Hengzhong, et al. Characterization of titanium dioxide nanoparticles using molecular dynamics simulations[J]. Physical Chemistry B, 2005, 109(32): 15243-15249.

[34] HOOVER W G. Canonical dynamics: Equilibrium phase-space distributions[J]. Physical Review A, 1985, 31(3): 1695-1697.

[35] HOCKNEY R W, EASTWOOD J W. Computer simulation using particles[M]. Bristol, UK: Hilger, 1989.

[36] ABRAHAMS S C, BERNSTEIN J L. Rutile: normal probability plot analysis and accurate measurement of crystal structure[J]. The Journal of Chemical Physics, 1971, 55(7): 3206-3211.

[37] BANDURA A V, KUBICKI J D. Derivation of force field parameters for TiO_2-H_2O systems from ab initio calculations[J].The Journal of Physical Chemistry B, 2003, 107(40): 11072-11081.

[38] GIBBS J W.Thermodynamics[M]. New York: Dover Publictions, 1926.

[39] BOETTGER J C. Nonconvergence of surface energies obtained from thin-film calculations[J]. Physical Review B, 49(23): 16798-16800.

[40] FIORENTINI V, METHFESSEL M. Extracting convergent surface energies from slab calculations[J]. Journal of Physics: Condensed Matter, 1996, 8(32): 6525-6529.

[41] BOETTGER J C. Persistent quantum-size effect in aluminum films up to twelve atoms thick[J]. Physical Review B, 1996, 53(19):13133-13137.

[42] GAY J G, SMITH J R, RICHTER R, et al. Summary abstract: surface energies in *d*-band metals[J]. Journal of Vacuum Science & Technology A: Vacuum, Surfaces, and Films, 1984, 2(2): 931-932.

[43] LANGEL W. Car-Parrinello simulation of H_2O dissociation on rutile[J]. Surface Science, 2002, 496(1-2): 141-150.

[44] OLIVER P M, WATSON G W, KELSEY E T, et al. Atomistic simulation of the surface structure of the TiO_2 polymorphs rutile and anatase[J]. Journal of Materials Chemistry, 1997, 7(3): 563-568.

[45] BREDOW T, GIORDANO L, CINQUINI F, et al. Electronic properties of rutile TiO_2 ultrathin films: odd-even oscillations with the number of layers[J]. Physical Review B, 2004, 70(3): 035419.

[46] GOMES J R B, RAMALHO J P P. Adsorption of Ar atoms on the relaxed defect-free TiO_2 (110) surface[J]. Physics Review B, 2005, 71(23): 235421.

[47] PŘEDOTA M, BANDURA A V, CUMMINGS P T, et al. Electric Double Layer at the Rutile (110) Surface. 1.

Structure of Surfaces and Interfacial Water from Molecular Dynamics by Use of ab Initio Potentials[J]. The Journal of Physical Chemistry B, 2004, 108(32): 12049-12060.

[48] POLITANO O, GARRUCHET S, SALAZAR J M. Numerical and theoretical considerations on the surface energy for pure solids under strain[J]. Materials Science and Engineering: A, 2004, 387-389: 749-752.

[49] GARRUCHET S, POLITANO O, SALAZAR J M, et al. An empirical method to determine the free surface energy of solids at different deformations and temperature regimes: an application to Al[J]. Surface Science, 2005, 586(1-3): 15-24.

[50] GARRUCHET S, POLITANO O, SALAZAR J M, et al. An empirical model for free surface energy of strained solids at different temperature regimes[J]. Applied Surface Science, 2006, 252(15): 5384-5386.

[51] ZIMMERMAN J A, KELCHNER C L, KLEIN P A, et al. Surface step effects on nanoindentation[J]. Physical Review Letters, 2001, 87(16): 165507.

[52] WEN Lishi. Physics basis of solid materials interface research[M]. Beijing: Science Press, 1991.

Integrated MD Simulation of Scratching and Shearing of 3D Nanostructure

Yingchun Liang[a] Jiaxuan Chen[a,*] Mingjun Chen[a] Yulan Tang[b] Qingshun Bai[a]

([a]Center for Precision Engineering, Harbin Institute of Technology, No. 92, West Da-Zhi Street, Harbin, Heilongjiang 150001, China;

[b]Municipal and Environment Engineering Institute, Shenyang Jianzhu University, Shenyang 110168, China)

Abstract: An integrated MD simulation of scratching and shearing with one specimen is conducted to analyze the nanomachining mechanism and mechanics properties of nanostructures. Simulation results indicate that during scratching the onset and propagation of dislocations depend on the scratch depths; during shearing, the yielding stress of a small-size nanostructure is more sensitive to nanomachining imperfection and residual defects. Dislocations nucleate first near the burr in a scratched specimen. In an ideal nanostructure or a nanostructure with shallow scratched groove, the distribution of stress is generally lower and flatter. As the depth of groove increases, high stresses transit from the corner to either end of groove, especially near the burr or around the location of tool withdraw. During the deformation of nanostructures, shear stress plays a leading role in the elastic stage, and both normal stress gradients and shear stress determine the onset and evolvement of defects in the plastic stage. When the ratio of the depth of groove to the height of specimen is up to one third, the scratched groove determines the breakpoint of a nanostructure. The fluctuation of shear stress during the plastic deformation of specimen is caused by the competition between atoms which form new atomic planes and slip on different slip planes.

Keywords: MD; scratch; shear; nanostructure; stress

1 Introduction

Much work has been done on the nanomachining mechanisms and mechanical properties of nano scale metals in recent years. For example, Shimada et al.[1,2] simulated the nanometer-cutting processes of single crystal copper with free defects using fine edge under perfect machining conditions and attempted to analyze the attainable surface, chip formation and generation of

---

通讯作者：Tel.: +86 451 86413840. E-mail address: cxncjx@163.com (J.-X. Chen).

文章发表信息：Computational Materials Science, 2008, 43: 1130-1140.

surfaces. Komanduri et al. [3-6] tried different cutting orientations and tool geometries used for nanomachining and conducted MD tensile experiments with ideal single crystal FCC metal material. However what they used for calculations were two-body potentials and 2D models. Fang et al. [7-9] proposed a three-dimensional MD model to study the effect of tool geometry and processing resistance on atomic-scale cutting mechanism. Results show that both resultant force and surface roughness have a positive correlation with rate of feed when the feed is smaller than a critical value, after which they remain constant. Ye et al. [10] also conducted MD simulations of nanometric cutting of single crystal copper with EAM and analyzed the mechanism of material removal, chip formation, defects in material and frictional forces. Pei et al. [11] found that a higher cutting speed results in more lattice defects in the cutting region and high cutting force in the cutting process, and the crystal orientation and cutting direction have a significant effect on material deformation, dislocation movement and cutting process. Many others [12-20] did excellent work using MD simulation on surface integrity, work-affected layer of machined surface, mechanisms of wear and friction, chip formation and side flow, atomic-scale stick slip in nanomachining process. On the other hand, Dreher et al. [21] employed finite and small strain discrete dislocation plasticity to investigate the effect of boundary conditions and lattice rotation on the tensile response of a micron-sized single-slip system. Horstemeyer et al. [22, 23] simulated the shearing process of an ideal single crystal metal, and found that yield stress increases as size scale decreases, and the results of MD simulation are similar to the results of a finite element simulation or a physical experiment. It can be seen by comparing the three numerical frameworks that maximum dislocation nucleation occurs where maximum stress and strain gradients are. They suggested that the yield stress in the specimen was related to the aspect ratio of the specimen. Fang et al. [24] found that a single crystal has the smallest Bauschinger effect, and high angle grain boundary (GB) has the strongest Bauschinger effect. Dislocation nucleation occurred earlier in low angle GB than in single crystal and high angle GB cases. This finding was true for both fixed-end and flexible-end boundary conditions. Diao et al. [25] attempted to study the asymmetry of tensile/compressive yield stress, consider the effect of surface stress and different slip systems active in tensile and compressive yielding. Lin et al. [26, 27] also analyzed different multishell structures made of ideal Au nano wires for their effect on Young's modulus. Heino et al. studied the mechanical properties of copper with different defects [28].

It can be seen from what is mentioned above that all these studies focused on simulation of nanoscratching, tension and shear of crystal material with free or artificial defects. As a matter of fact, a variety of defects can be generated in nano components during nanomachining processes; it is therefore, of great importance to have a suitable description of the material properties of nano machined components. So, in order to find a better way to predict the material properties of microstructures, we conduct an integrated MD simulation of scratching and shearing with one specimen, instead of a MD simulation of either scratching or shearing with different specimen to characterize single crystal copper components so that the material properties of nano components can eventually turn out to be what they really are.

2 Simulation methodology

What we used for simulation is single crystal copper and rigid diamond tool. The initial atomic configuration of the specimen used is a face-centered cubic (FCC) copper lattice. The upper part of specimen is made of 36 layers of Newtonian atoms, and the atoms in the surfaces are free. While the lower part of the specimen is made of four layers of boundary atoms which are fixed in the scratching process. Morse potential model [3-6] is used to predict the interaction between diamond atoms and Cu atoms in the calculation process because it is known that the model is simple and computationally inexpensive, and has been used to effectively depict the interaction between two molecules combined by covalent bonding in several similar studies [8, 9, 11, 16-20]. The model function can be expressed as shown below:

$$u(r_{ij})=D[\exp(-2A(r_{ij}-r_0)-2\exp(-A(r_{ij}-r_0)))] \tag{1}$$

where $u(r_{ij})$ is a pair potential energy function; D, A, r_0 and r_{ij} are cohesion energy, elastic modulus, atomic distance at equilibrium and atomic distance between atom i and atom j, respectively. The parameters of Morse potential used for this study are as shown in Table 1.

Table 1 Parameters in morse potentials

Parameters in morse potentials	Cu—C
D /eV	0.100
A /(10^{10} m^{-1})	1.700
$r_0/10^{-10}$	0.220

In this paper, EAM [29, 30] potential model function is widely used to predict the interaction between Cu and Cu atoms as shown below:

$$E=\sum_{i}^{N}[F(\rho_i)+\sum_{j>i}^{N}\phi(r_{ij})] \tag{2}$$

$$\rho_i=\sum_{j}f(r_{ij}) \tag{3}$$

where E is the sum of energy; $\phi(r_{ij})$ is a pair interaction between atoms i and j with separation given by r_{ij}; $F(\rho_i)$ is the embedding function which represents the energy to embed an atom of type i into background electron density ρ_i at site i; ρ_i is the electron density at atom i due to all other atoms; $f(r_{ij})$ is the contribution to the electron density at atom i due to atom j at distance r_{ij} from atom i; $F(\rho_i)$ can be given by

$$F(\rho)=-E_{\mathrm{c}}\left[1-\frac{\alpha}{\beta}\ln(\frac{\rho}{\rho_{\mathrm{e}}})\right]\left(\frac{\rho}{\rho_{\mathrm{e}}}\right)^{\alpha/\beta}-\Phi_{\mathrm{e}}\left(\frac{\rho}{\rho_{\mathrm{e}}}\right)^{\gamma/\beta} \tag{4}$$

where

$$\rho_e=12f_e \tag{5}$$

$$\Phi_e=6\phi_e \tag{6}$$

$$f(r_{ij}) = f_e \exp\left[-\beta\left(\frac{r_{ij}}{r_e}-1\right)\right] \tag{7}$$

$\varphi(r_{ij})$ in Eq. (2) represents the two-body potential between atoms i and j, which can be expressed as

$$\phi(r_{ij}) = \phi_e \exp\left[-\gamma\left(\frac{r_{ij}}{r_e}-1\right)\right] \tag{8}$$

The parameters of the EAM potential used for this study are as shown in Table 2.

During the simulation, it may be necessary to compute the stress field. The stress during atomistic simulation σ_{mn} on plane m and in n-direction can be given by

$$\sigma_{mn} = -\frac{1}{N_S}\sum_i\left[\frac{m_i v_i^m v_i^n}{v_i} + \frac{1}{2V_i}\sum_j F_{ij}\frac{r_{ij}^m r_{ij}^n}{r_{ij}}\right] \tag{9}$$

where m_i is the mass of atom I; V_i is the volume assigned to atom I; N_S is the number of particles contained in region S, where S is defined as the region of atomic interaction; r_{ij} is the distance between atoms i and j; and r_{ij}^m and r_{ij}^n are two components of the vector from atom i to j. The first term on the right-hand side of Eq. (9) represents the kinetic effect associated with atomic motion and influenced by temperature. The second term is related to the interactive forces and the distance between atoms. In this paper, lattice constant a_0 is 0.362 nm. Velocity Verlet algorithm is employed to calculate the position and velocity of Newtonian atoms. The simulations are conducted at temperature of 293 K controlled by a Noose-Hoover thermostat [31, 32]. We also used the visualization technique of atomic coordinates for display and analysis [33].

To identify the location and type of defects, we used RDF and perspective of defects to analyze the local atomic ordering.

We used the visualization technique of slip vector that had successfully proven to be effective for the studies of dislocation nucleation in FCC crystals by Zimmerman et al. [34] to quantify and visualize the plastic deformation in the process of simulation

$$s^a = -\frac{1}{n_s}\sum_{\beta\neq\alpha}^{n}(x^{\alpha\beta} - X^{\alpha\beta}) \tag{10}$$

where n is the number of the nearest neighbors of atom a; n_s is the number of slipped neighbors; and $x^{\alpha\beta}$ and $X^{\alpha\beta}$ are the position vector difference of atoms α and β in the current and reference positions.

3 Scratching simulation of nanostructure

3.1 Model of scratching simulation

The diamond tool used scratches the {010} surface of specimen along [001] direction as shown in Fig. 1.

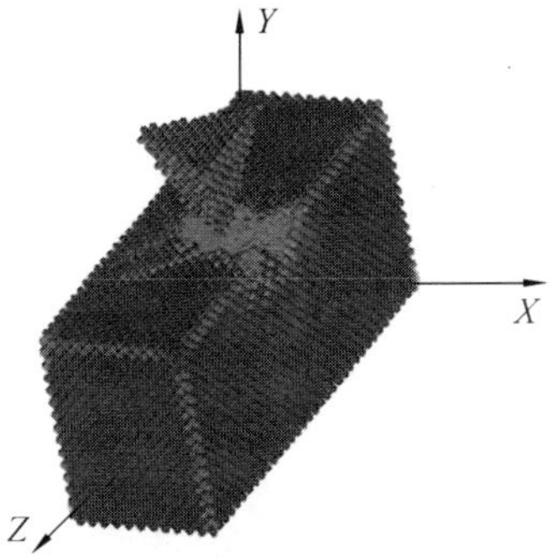

Fig. 1 Nanoscratching Cu (010) plane with a tool at a rake angle of 60°

The initial displacement of the specimen results from the FCC copper lattice, the coordinate system is selected to be axis *x*, *y*, and *z* in the [100], [010], and [001] directions, respectively. The size of the specimen is 12–17–20a_0 and 12–17–35a_0 from axis *x*, *y* and *z*, respectively, where a_0 is the equilibrium lattice constant (for FCC Cu, a_0 = 0.362 nm). The tool is a tri-pyramid diamond tip with a rake angle of 60° and the angle of diamond tip is 60°, and the depth of scratch is 0.5, 1, 2 and 3a_0, respectively. The scratching speed is 180 ms^{-1}.

3.2 Results and discussion

At the initial stage of simulation, the atomic arrangement is composed of a FCC crystal which relaxes at 293 K to minimum energy, and the corner of specimen tends to be a curved surface to decrease the surface energy, as an indication of size effect. And then, the diamond tool starts moving along [001] from *X* positive to *X* negative. In the process of scratching, due to the plowing of tool, the atoms of the specimen near the tool are subjected to a strong shear force, and a shear zone is set up in front of the tool in the specimen. When the shear stress is up to the threshold, the lattice of the specimen is buckled, and some atoms in the specimen start leaving the specimen and are adsorbed onto the surface of the tool under the shear and attraction forces of the tool, which is the initial stage of chip formation. As the tool moves forwards, the numbers of pile-up atoms ahead of the tool increase as the atoms gradually climb up the tool's front surface, and form a chip. As the scratch depths increase, the numbers of pile-up atoms in front of tool increase and the atoms in the surface and subsurface are subject to an increasing shear force.

As shown in Fig. 2, the cutting force changes at different scratch depths during machining, the cutting force increases as the scratch depths increase. The distribution of shear stress in the second layers (*xz* plane) of atoms under tool tip is as shown in Fig. 3 below.

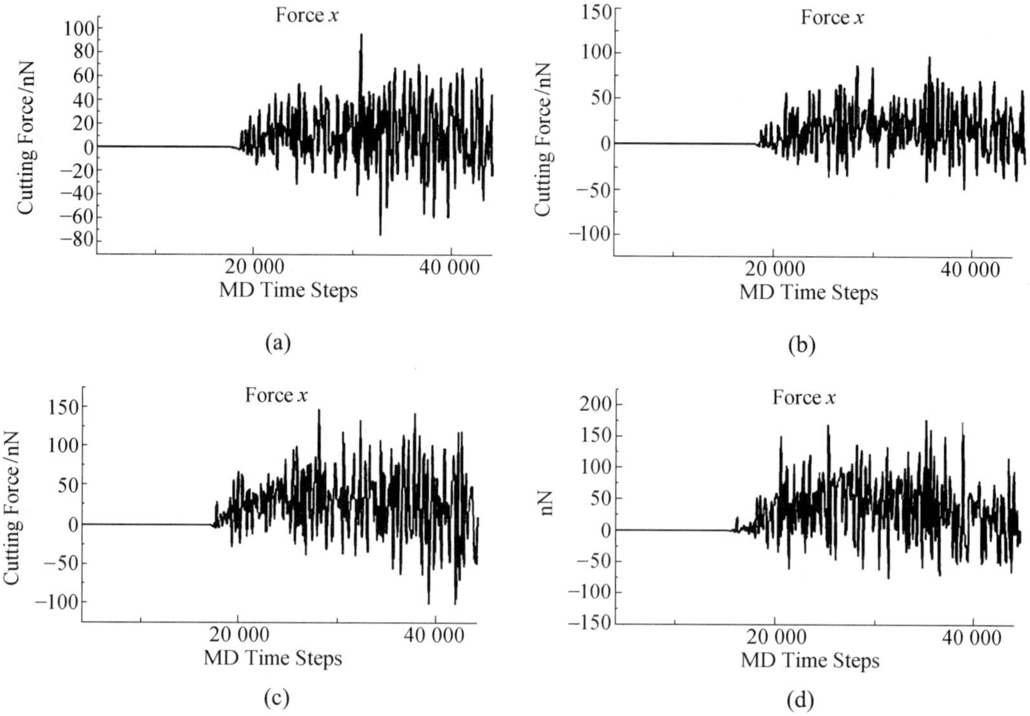

Fig. 2　Cutting forces at scratching depths of 0.5, 1, 2, $3a_0$

It can be seen from Fig. 3 that the atomic shear stresses in the subsurface increase remarkably with the increase of scratch depths. In terms of both area and intensity, when the scratch depth is shallow, scratching has a little effect on the shear stress in the subsurface of the specimen, the effect of scratching on the shear stress in the subsurface of the specimen increases as the scratch depth increases. In the scratching process, the lattices of the specimen are deformed under the action of shear stress, and when the shear stress exceeds a specific level, the atoms begin to rearrange, and some dislocations are generated in the specimen. As the cutting edge moves forward, many dislocations are generated successively near the tool-specimen interface. As the dislocations are intrinsically linked to the stress level of atoms in the subsurface of specimen, the high atomic stress in the subsurface resulting from the cutting effect of tool is high enough to cause the nucleation of dislocations and drive the dislocations downwards along different slip planes in the specimen as shown in Fig. 4(a). When the level of shear stress in the subsurface is low while the scratch depth is shallow, there is no enough drive force to move the dislocations downwards, and the dislocations do not penetrate into the specimen under the cutting edge, and propagate in the surface and subsurface only as shown in Fig. 4(b). Dislocations disappear when they reach the free boundary. With the passage of tool, the stress of affected atoms in the subsurface are partially released, and some atoms do not rearrange, and move upwards to cause the partial recovery of deformed areas as shown in Fig. 4(c). Some defects remain in the subsurface because the stress is not fully released, which is a hidden trouble, and has its inevitable effect on the mechanical properties of a nanostructure.

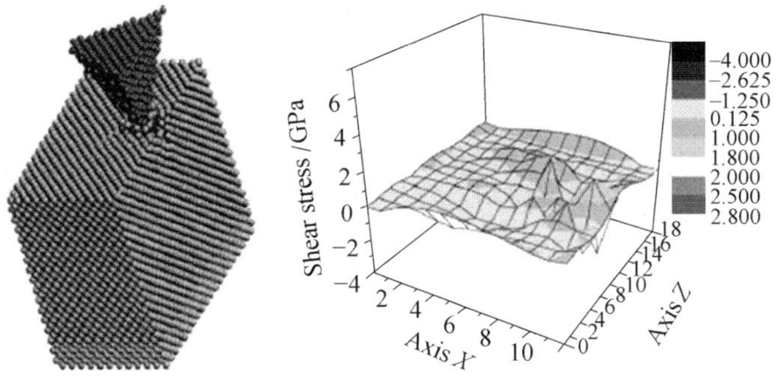

(a)

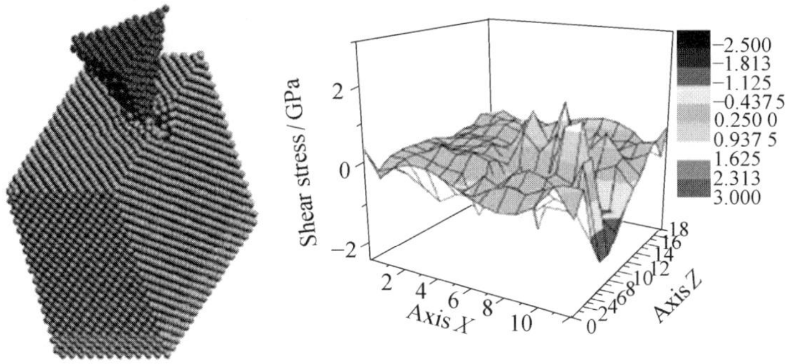

(b)

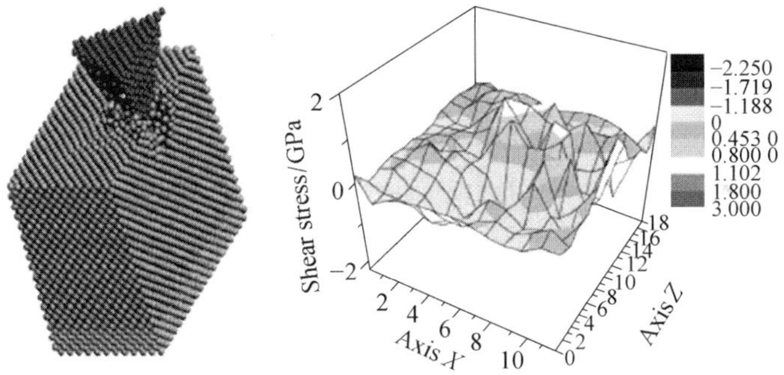

(c)

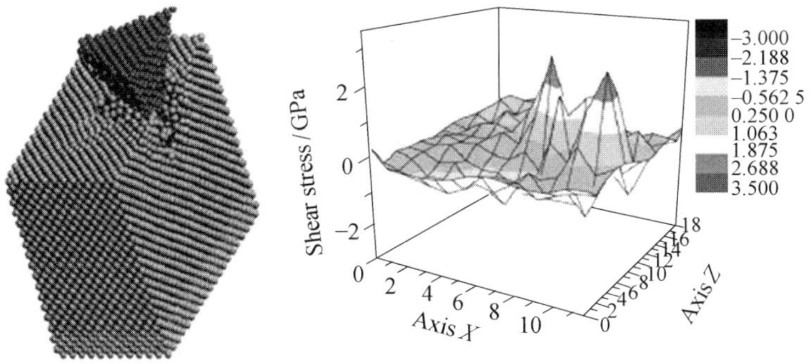

(d)

Fig. 3 Atomic view of 12 500 MD time step at scratch depths of 0.5, 1, 2 and $3a_0$, and distribution of atomic shear stress in specimen under tool tip at scratch depths of 0.5, 1, 2 and $3a_0$

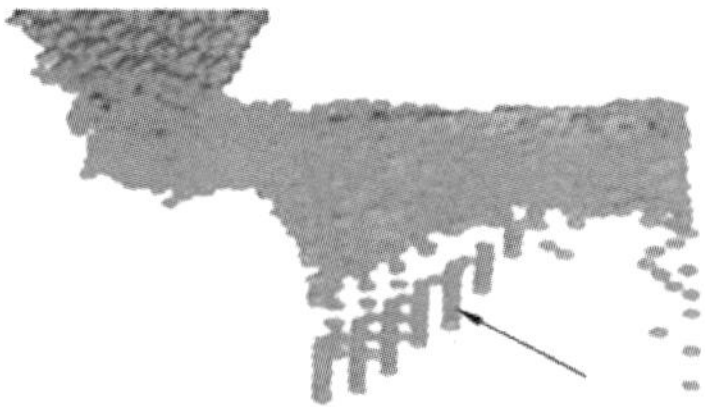

(a)

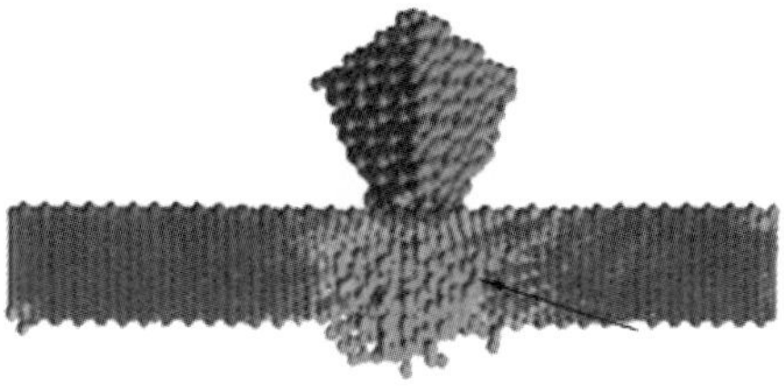

(b)

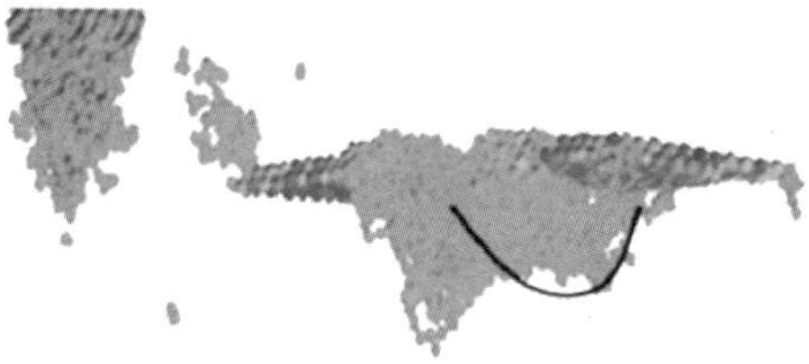

(c)

Fig. 4 Effect of tool scratching specimen (010) plane at (a) scratch depth of $3a_0$ with arrow denoting downward propagation of dislocations; (b) scratch depth of $0.5a_0$, arrow denotes dislocations propagating in subsurface and (c) with changes in the subsurface work-affected layer below tool during scratching; atoms shown with slip vector index > 0.3

After the tool scratches the surface of specimen, some atoms take away by tool come back and rearrange under the action of interactive force, and the groove left in the surface restores to a certain extent. When the tool moves out from the specimen, some pile-up atoms in specimen are attracted backwards, and form a protrusion on the specimen, which is a burr as shown in Fig. 5. Others pile-up atoms are adsorbed onto the tool surface and taken away by the tool. The number of defects in the surface and subsurface of the specimen increases as the scratch depth increases. The radial distribution of atoms in the specimen are as shown in Fig. 6(a) and (b).

Fig. 5 Effect of tool withdraw from specimen, the arrow denotes burr and surface recovery

It can be seen from Fig. 6 that the scratch depth has an important effect on the crystal formation in the surface and subsurface of the specimen. The atomic distribution is regular at its initial position and shows several discrete peaks as shown in Fig. 6(a). After scratching, such defects as dislocations, pile-up atoms and amorphous atoms remain in the surface and subsurface of the specimen, and many atoms deviate from their regular positions. There is an obvious decrease in the degree of lattice ordering, especially of short-range ordering as shown in Fig. 6(b). The decrease in the number of atoms in regular position may have an important effect on the mechanical properties of nanostructures.

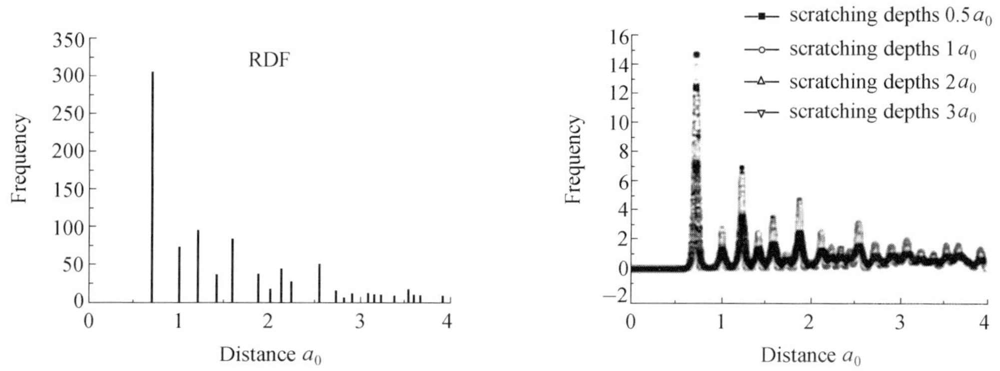

(a) (b)

Fig. 6 Shearing simulation model for scratched specimen with arrows denoting directions of loading

4 Shearing simulation

4.1 Model and method of shearing simulation

After the (010) plane of specimen is scratched along [001] direction, Newton layers of atoms are kept as what they are, the Newton atoms distributed over 2a0 at either ends of specimen along axis Z are made boundary atoms. The shearing simulation model for a scratched specimen is as shown in Fig. 7.

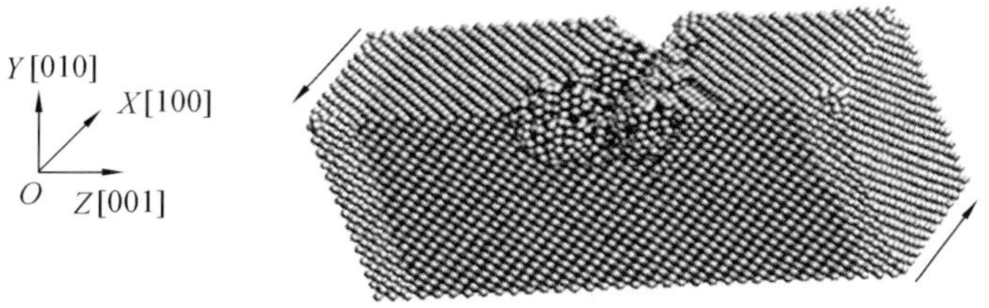

Fig. 7 Shearing simulation model for scratched specimen with arrows denoting directions of loading

The potential model function is also the EAM potential used in the calculation process. Defects identification are basing on the calculation of Eq. (10). The simulation of shearing is conducted at a temperature of 293 K with double shear loads applied at either side of the scratched specimen along [100] and [$\bar{1}$00] direction of axis *X*.

Shear strain ε in the shear direction can be given by

$$\varepsilon = \frac{\bar{x}_r - \bar{x}_l}{x_0} \tag{11}$$

where $\bar{x}_l$ and $\bar{x}_r$ are the current average position of the left and right boundary atoms in the specimen in the shear direction, and x_0 is the initial length of the specimen in shear direction.

The use of average applied strain for MD simulation is one of the ways commonly used for calculation of strains in nanostructures. As a matter fact, there is a difference between the applied strains and the average computed Green strains and Almansi strains for a large strain. Gullett et al.[51] proposed deformation gradient for computation of strain or other deformation-related quantities, which also can be used to make the accurate identification of defects in a specimen.

4.2 Results and discussion

In the shearing process, high-speed shear loads are continuously applied to both ends of the specimen, and the strain energy resulting from shear loads is stored in the lattices. The specimen is anisotropy, and the distribution of stress in the specimen is uneven for shear loads. As the specimen is scratched, lots of defects are generated in the specimen. The number of defects in the specimen increases as the scratch depth increases. The defects in the specimen result in stress concentrations and so, there are more stress concentration fields in the specimen. The lattices in the specimen are deformed to release higher stress, and diminish the gradient of stress. In the initial stage of shear deformation, shear stress τ_{xz} plays a leading role, and the gradient of normal stress σ_{xx} in *Z* direction plays an important role as well. The higher level of stress in specimen causes the onset of dislocations, which determines the yield point of specimen [35]. When the shear stress and the gradient of normal stress are beyond a specific point, the atoms begin to rearrange, and some dislocations are generated in the specimen. The orientations of atoms and perspectives of defects for an ideal specimen and specimen with grooves at different scratch depths are as shown in Figs. 8-10. The distributions of shear stress τ_{xz} and normal stress σ_{xx} in the subsurface of specimen are as shown in Figs. 11-13. There is an obvious difference in the distribution of defective atoms and stresses under shear loads between ideal and scratched specimens.

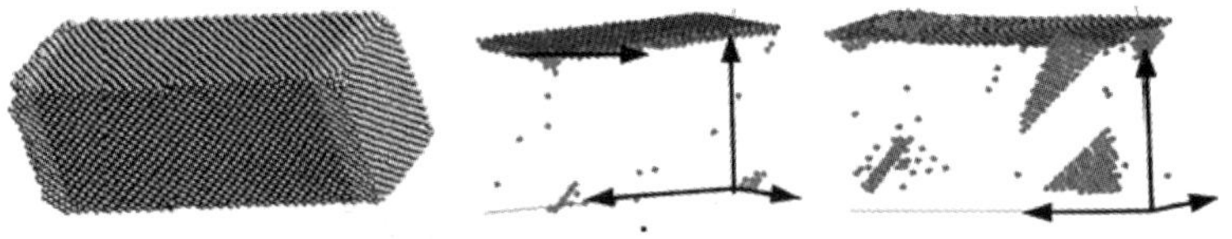

(a) (b) (c)

Fig. 8 (a) and (b) Atomistic view and perspective of defect atoms in specimen with no defect at strain of 0.16 for shear simulation and (c) the evolvement of defects in specimen at strain of 0.26, and defective atoms shown with slip index≥0.30

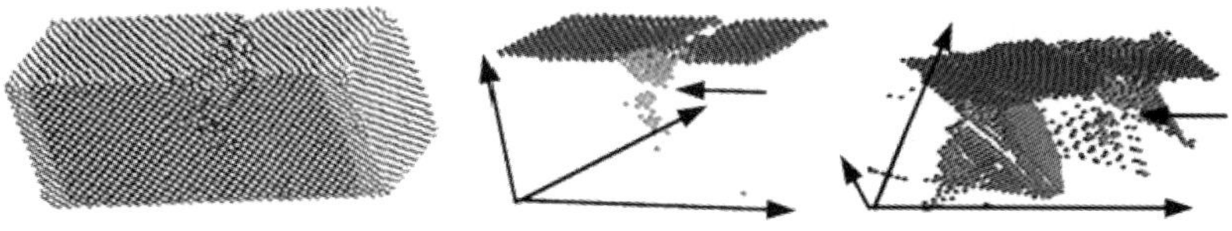

(a) (b) (c)

Fig. 9 (a) and (b) Atomistic view and perspective of defect atoms in specimen at scratching depth of 0.5 a_0 at strain of 0.12 for shearing simulation and (c) evolvement of defects in specimen at strain of 0.28, defect atoms shown with slip index≥0.30

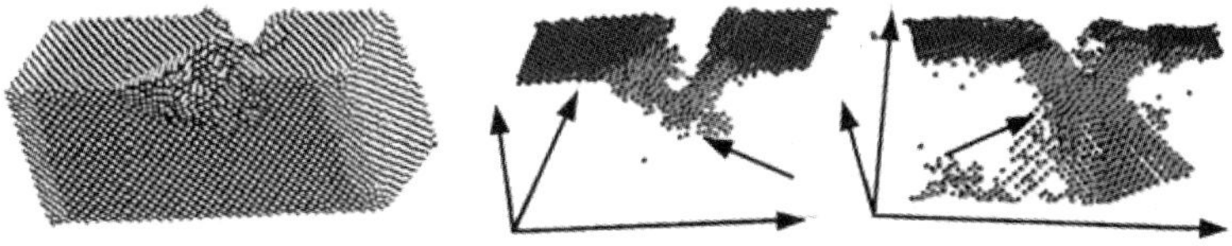

(a) (b) (c)

Fig. 10 (a) and (b) Atomistic view and perspective of defect atoms in specimen at scratching depth of 3 a_0 at strain of 0.12 for shearing simulation and (c) evolvement of defects in specimen at strain of 0.25, defect atoms shown with slip index≥0.30

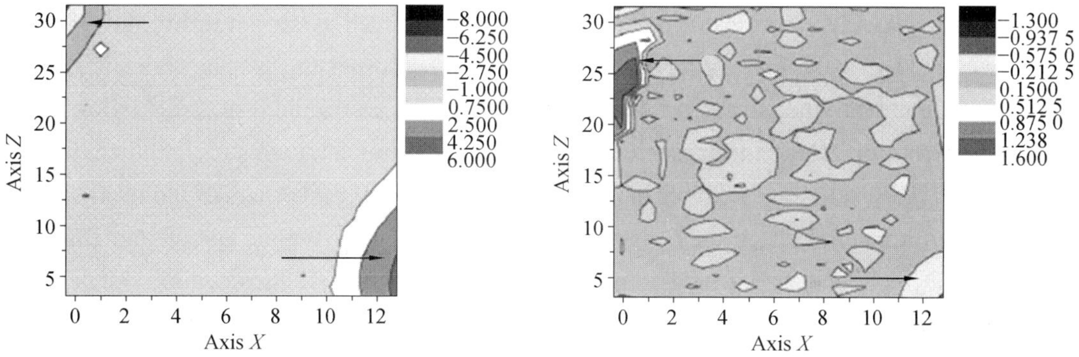

(a) (b)

Fig. 11 (a) 2D (two dimension) contour distribution of stress σ_{xx} in the third layer atoms of an ideal specimen under upper plane and (b) 2D contour distribution of shear stress τ_{xz} in the same position

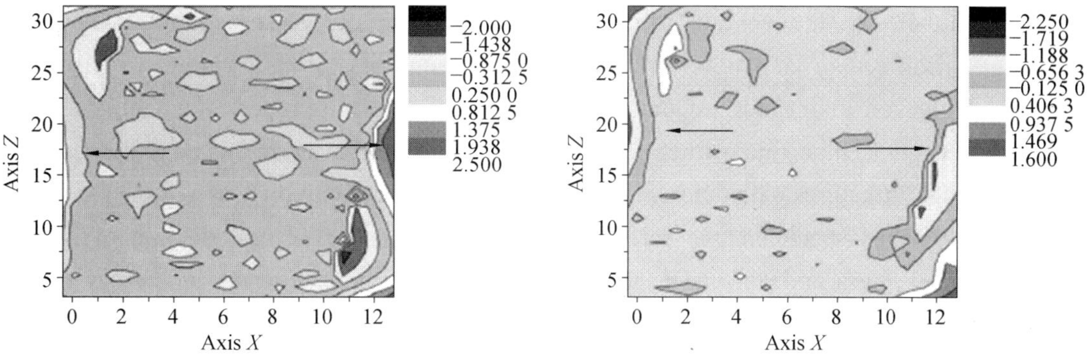

(a) (b)

Fig. 12 (a) 2D contour distribution of normal stress σ_{xx} in the second layer atoms in the specimen at scratching depth of 0.5a_0 at the bottom of groove and (b) 2D contour distribution of shear stress τ_{xz} in the same position

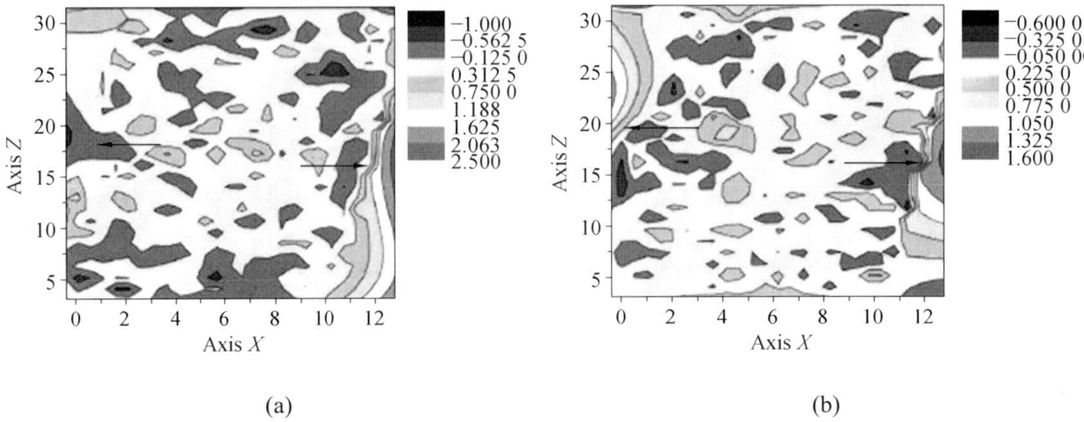

Fig. 13 (a) 2D contour distribution of normal stress σ_{xx} in the second layer atoms in the specimen at scratching depth of $3a_0$ at the bottom of groove and (b) 2D contour distribution of shear stress τ_{xz} for same position.

The distribution of shear stress τ_{xz} and normal stress σ_{xx} in the subsurface of an ideal specimen is as shown in Fig. 11, the arrows in Fig. 11(a) and (b) point to the stress concentrations corresponding to the distributions of defective atoms in specimen as shown in Fig. 8(b). It can be seen from Fig. 11 that the highest level stress occurs at the corner or near the free surface of the specimen, and generally the stress gradients is flatter and the distribution of stress is lower in the specimen, which is similar to those reported in Ref. [36]. To diminish high stress gradient of normal stress σ_{xx} and high shear stress fields at the left-upper and lower-right corners of the ideal specimen, the atoms begin to deviate from their initial positions, which cause the nucleation and emission of dislocations. Defects occur first at the corner or near the surface of the specimen under double shear loads, and dislocations propagate along different slip planes in the specimen under shear loads as shown in Fig. 8(c). So the high shear stress and the high gradient of normal stress in the specimen drive the nucleation of the atomic dislocation.

Some researchers [37-41] studied the properties of nanostructure with artificial defects such as notches, nanoholes and nanovoids, and thought that these defects cause the nucleation of dislocations near voids, nano holes and the tip of the notches when loads are applied to the specimen. However, to the best of our knowledge, no research is reported on the mechanical properties of nanomachined nanostructures so far. Therefore we discuss in this paper the properties of scratched nanostructures with defects resulting from nanomachining processes.

For a scratched specimen, the scratching process results in the imperfection of specimen surface, residual stress and defects in specimen, especially where the tool comes out from the specimen.

Though residual stress and some defects can be eliminated by annealing, a few of them remain in the specimen, which result in the nucleation of dislocations under loads. The distribution of shear stress τ_{xz} and normal stress σ_{xx} in the subsurface of the specimen at different scratch depths is as shown in Figs. 12 and 13, and the arrows point to the region of stress concentration in the specimen's subsurface. It is noticed that the high stress concentrations exist not only near the corner of specimen, but also beneath the groove, especially near the burr. In the specimen with shallow scratches, the stress concentrations exist both at the corner of the specimen and either end of the groove as well. While the distribution of stress is generally lower and the stress gradients are flatter in specimen beneath groove, the dislocations in nanostructures nucleate first near the burr as shown in Fig. 9(b). With the progress of shear process, high shear stress and normal stress gradient near the corner and either end of the groove cause the propagation of dislocations. As shown in Fig. 9(c), the nucleation and propagation of dislocations exist at the corner and near either end of the groove as well. The onset of defects such as dislocation in the specimen is due to the joint action of uneven distributions of the gradient of normal stress and shear stress under shear loads. As the scratch depth increases, high stress exist mainly beneath the groove at the initial stage, especially where the tool goes into or out from the specimen, which is main cause for the gradual nucleation of dislocations. The level of stress beneath the groove or near the burr increases as the scratch depth increases.

The nucleation and propagation of dislocations are as shown in Fig. 10(b) and (c). It is very interesting to see that the nucleation of dislocations occurs first where tool comes out from the specimen near the burr for a scratched specimen as shown in Figs. 9(b) and 10(b), which is different from what is reported in Ref. [37] and [40]. This is caused by the tool coming out from the specimen results in the higher level of stress and more residual defects such as the burr, pile-up atoms and voids in specimen. The high stress concentrations result in defects in the specimen as shown in Figs. 12 and 13, the arrows in Figs. 9(c)-Fig. 10(c) denote the nucleation and emission of dislocations from the burr in the specimen at different scratch depths. With the progress of shear process, dislocations propagate in different slip planes such as $\{111\}$, $\{\bar{1}11\}$ and $\{11\bar{1}\}$ planes. More and more dislocations begin to nucleate and propagate, and result in the plastic yielding of specimen. (See supporting file for the evolvements of dislocations in scratched nanostructures under shear loads.)

During the simulation of shearing, shear stress τ_{xz} and normal stress σ_{xx} of each atom are calculated using Eq. (9). When the atomic stress is averaged over a spatial region, the atomic stress quickly converges to a macroscopic stress field. The average shear stress τ_{xz} vs. strain curves generated from the simulations of shearing with specimens without defect and specimen with groove at scratch depths of 0.5, 1, 2, 3, $5a_0$ are as shown in Fig. 14.

It can be seen from Fig. 14(a) that for a specimen of smaller size, the initial stage of simulation is an elastic process, and the relation between shear stress τ_{xz} vs. strain is nearly linear before peak shear stress (PSS). The onset of some dislocations results from shear loads. Shear stress τ_{xz} begins to drop after the peak, and first yield of specimen occurs at the nano scale, and then enters the full plastic stage, which is indicated by remarkable decline in shear stress τ_{xz} as a result of the rearrangement of atoms on slip plane [31]. From the moment when plastic yielding occurs in the specimen to the moment when the specimen plastically fails under continuous shear loads, shear stress τ_{xz} first drops, and remains steady for a certain length of time before another decline starts, and the stress-strain curves decrease again, and are shown in zigzag changes, and a total failure occurs at the end of the second decline. Normal stress σ_{xx} fluctuates around zero first, and it begins to gradually increase when the nanostructures begin to yield.

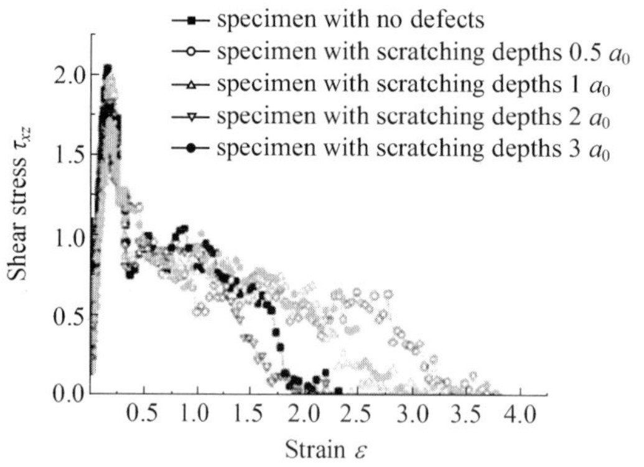

(a)

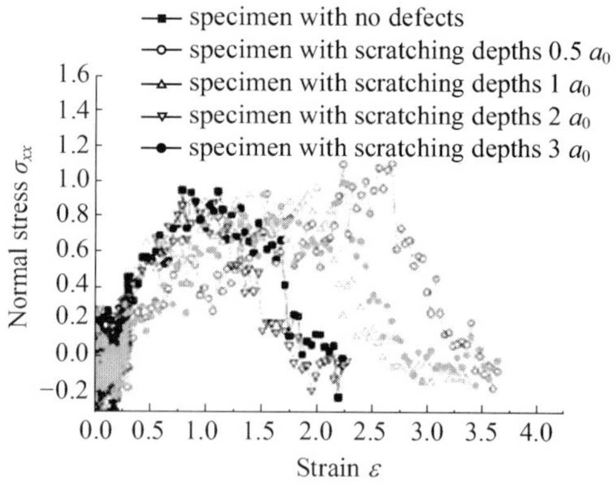

(b)

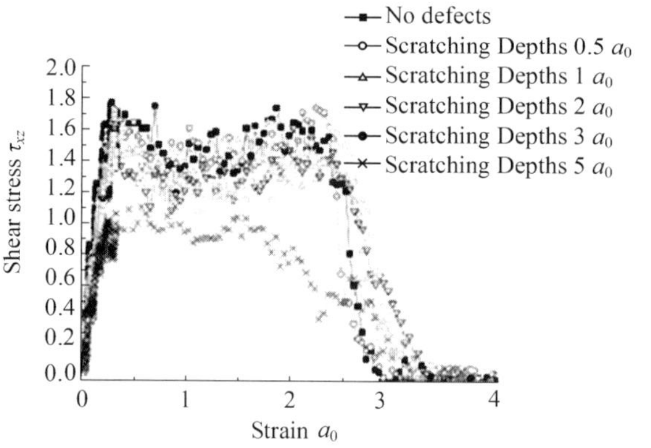

(c)

Fig. 14 (a) and (b) Normal stress τ_{xz} and shear stress σ_{xx} stress-strain curves for specimen at size 12-15-20a_0 without defects and scratching depths of 0.5, 1, 2 and 3a_0 and (c) shear stress-strain for specimen at sizes 12-15-35a_0 without defects and at scratching depths 0.5, 1, 2, 3 and 5a_0

When normal stress σ_{xx} goes up to the same level as shear stress τ_{xz}, normal stress σ_{xx} begins to decrease with shear stress τ_{xz}. It can be seen from the stress-strain curves shown in Fig. 14(a) and (b) that shear stress τ_{xz} plays a leading role in the initial stage of shearing process. The contribution of normal stress σ_{xx} begins to increase when the yielding starts, and normal stress σ_{xx} and shear stress τ_{xz} play the same role for plastic deformation of specimen. (See Supporting files for the changes and response of normal stress σ_{xx}, shear stress τ_{xz} and shear stress τ_{xy} of the specimen under shear loads.)

For the specimen of a larger size, it can be seen from Fig. 14(c) that shear stress τ_{xz} goes through the same elastic process at the initial shearing process. It can be seen from Figs. 8(b), 9(b) and 10(b) that there is a transition from elasticity to elasticity–plasticity near PSS, and there are some dislocations in the specimen. At the end of elastic stage, a lot of dislocations results from the local lattice instability under shear, and the curves of shear stress τ_{xz} vs. strain begin to decrease sharply after the first peak shear stress. It is noticed that with loads applied continuously the curves of shear stress τ_{xz} vs. strain show plateau characteristics, which is attribute to that when the number of the increasing stress from atoms forming new atomistic planes is approximately equal to that of the decreasing stress from atoms slipping on different slip planes. After plateau stage, shear stress increases again, which is mainly because atoms of specimen form new atomic planes and re-orient leads to increase in shear stresses for further loading [42]. Shear stress τ_{xz} decrease again obviously when necking starts.

PSS of specimen for different sizes and different depths are shown in Fig. 15. From Fig. 15, it can be seen that shear stress τ_{xz} at the first peak is 1.75 GPa, 1.74 GPa, 1.65 GPa, 1.61 GPa and 1.30 GPa for a large specimen at scratch depths of 0.5, 1, 2, 3 and $5a_0$, respectively. At the same time, the shear stress at the first peak for an ideal specimen is 1.78 GPa. It shows that PSS decreases with the increasing depths of scratching. The existence of defects results in a decrease in the strength of single crystalline materials [43]. Dislocations are likely to nucleate in the specimen with many defects on nano scale, which results in the decreasing of shear intensity, so PSS τ_{xz} of an ideal specimen is the highest, PSS of specimen decrease as the scratch depth increases. After PSS, the specimen under shear loads enters the full plastic stage. The strength of an ideal solid is inversely proportional to the material size as described by Horstemeyer et al. [44,45]. It also can be seen from Fig. 15 that the yield stress of scratched specimen also decreases with the increasing specimen size. The yield stress is observed to decrease with the increasing specimen size, which is due to the enhanced opportunities for dislocation motion to occur at a larger size [46]. For small specimen sizes, PSS increases at the same scratch depths, which show size effect; PSS of an ideal specimen is 2.06 GPa, the effect is closed to that predicted by Robert et al. [47], Douglas et al. [48] and Ogata et al. [49]. While Roundy et al. [50] predict the strength as 2.65 GPa for Cu, which is owing to different structure and small specimen size. It is noted that there is significant reduction in PSS when the scratch depth for large specimen size is up to $5a_0$. While it happens when scratch depth is up to $2a_0$ for small specimen. It indicates that a small specimen is more sensitive to surface integrity of specimen compared to a large size specimen.

For a ideal specimen or a specimen with shallow scratch depths, the stress gradients is flat near the groove, the dislocations resulting from the stress field at the corner are the main sources of plastic deformation. Because the stress level near the corner is higher, there is enough driving force to move those dislocations, the yield plastic deformation is likely to occur near the corners, and the breakpoint of failure is close to the either end of the specimen. With the increasing scratch depths, more residual defects in the specimen result in higher level of stress, the gradient of stress is steep near the groove, and higher stress level and the high gradient of stress are likely to overtake the bafflement to cause the movement of dislocations, the stress field near the groove becomes the main cause for the dislocations. Thus the stress gradients near the corners and/or the groove induce the dislocations to determine the yielding point. In this way, the yield plastic deformation is likely to occur near the groove, and the breakpoint of failure is close to the groove of the specimen. Zhao et al. [41] studied the breakpoint of ideal nanowire under tensile loads, and thought that breakpoint is related to the initial states of atoms in nanowire.

In this paper, we study the relation between the breakpoint and scratch depths of nanostructures. In order to study the relation between the rupture formation of nanostructures and scratch depths, the breakpoint P is defined as follows:

$$P=N_1/(N_1+N_2) \tag{12}$$

where N_1 is atom number in the smaller part of fractured specimen, and N_2 is atom number in the larger part, respectively. The breakpoints of specimen under shear loads are as shown in Fig. 16. It can be seen from Fig. 16 that the breakpoint is close gradually to the groove as the depth of groove increases. At the same scratched depths, the breakpoint is closer to the groove for a small specimen. It is noted that the breakpoint (see Supporting file) of specimen can be determined by groove when the ratio of the depths of groove to the height of specimen is up to one third (scratched depths $5a_0$) regardless of size and strain rates.

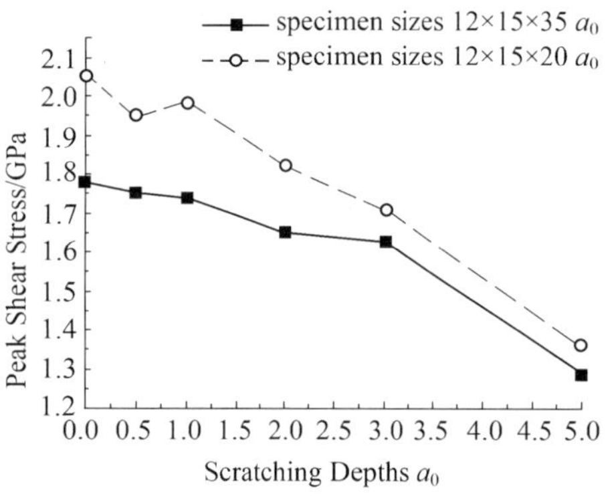

Fig. 15 Peak shear stress τ_{xz} obtained with specimens of different sizes at different scratching depths

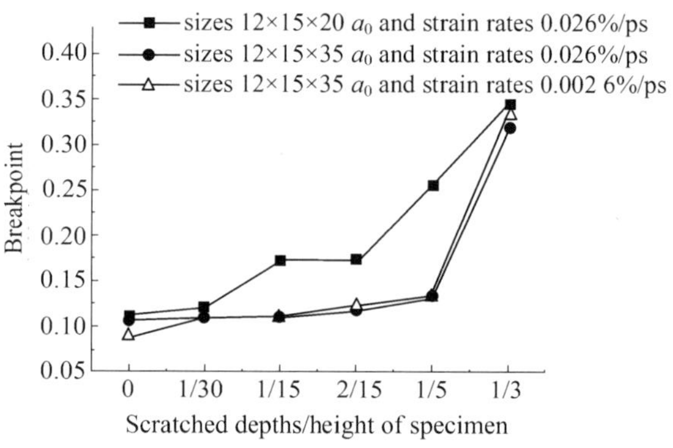

Fig. 16 the breakpoint of specimen under high-speed shear loads

When the specimen is continuously subjected to the shear load, the specimen begins to yield and break down. The snapshots of the rupture processes of specimen are as shown in Fig. 17.

After the second yield, the scratched specimen begins to neck under shear loads. As stress goes down to zero at the end of stress-strain curve, the specimen begins to rupture. It is of interest to notice that the formation of rupture of scratched specimen show in two ways: (1) the vacancy clusters begin to form in the neck region, and broaden to the boundary of specimen under shear loads, and begins to break at one side, and another side also occurs to break in the end; (2) the neck region of the scratched specimen gradually becomes thin under shear loads, and shows a helical structure, and there are two atoms at the cross-section. Those atoms become a single atom chain and break in the end.

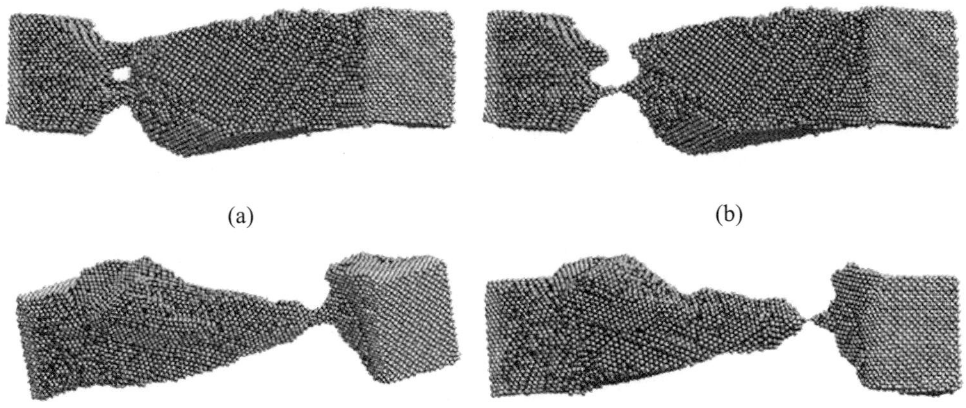

(a) (b) (c) (d)

Fig. 17 (a) and (b) the formation of rupture of specimen with no defects for shear simulation. (c) and (d) that of specimen with scratching depths of $5a_0$

5 Conclusion

The method of integrated MD simulation of scratching and shearing with one specimen is conducted to analyze the nanomachining mechanism and mechanics properties of Cu nanostructure:

(1) During the scratching simulation, the chip formation is contributed mainly to the effect of compression, shear and attraction of the tool. The burr is formed as the competing results of the attractive force of the tool and the body of specimen. The level of shear stress is higher ahead and beneath the tool during scratching. When the scratch depth is shallow, the dislocations do not penetrate into the specimen beneath the cutting edge, and they appear in the surface and subsurface. As the scratch depth increases, the dislocations beneath the tool begin to propagate downwards along the {111} plane under the shear force of tool, The cutting force, the number of defects increases as the scratch depth increases, and the ordering of specimen decreases.

(2) During shearing simulations, dislocations nucleate first near the burr for a scratched specimen. In ideal nanostructures and nanostructures with groove scratched at shallow depths, the distribution of stress state is generally lower and flatter. With increasing depths of groove, high stress fields change from the corner to two ends of groove, especially near the burr around the location of cutting tool withdrawal. The higher normal stress gradient and shear stress cause the

onset of dislocation nucleation and drive the propagation of dislocations; For deformation of nanostructure, shear stress play a lead role in elastic stage, and then the normal stress gradients and shear stress determine commonly the onset and evolvement of defects. When the ratio of the depths of groove to the height of specimen is up to one third, the breakpoint of nanostructure can determined by scratched groove. The fluctuation of shear stress during the plastic deformation of specimen owe to competing between atoms which form new atomic planes and slip on different slip planes.

（3）During shearing simulations, the deformation of specimen experience an elastic response at the initial stages, and then elastic-plastic stage near PSS, and total plastic stage after PSS. The decreasing and increasing of shear stress during plastic deformation of specimen owe to competing between atoms which form new atomic planes and slip on different slip planes. Compared with the PSS of specimen, the PSS of small specimen is high, which shows the size effects. The PSS decreases as a whole as the scratch depth increases. The yielding strength of small nanostructure is more sensitive for imperfection of surface and defects in it.

（4）The formations of rupture of nanostructure are that the development of vacant clusters in the neck region which causes the rupture of specimen, or gradual thinning of the neck region of the scratched specimen into a single chain of atoms.

Acknowledgements

We would like to thank the national natural science foundation of China under Contract No. 50675050 and the Outstanding Youth Fund of Heilongjiang Province under Contract No. JC200614 for their financial supports.

Appendix A. Supplementary data

Supplementary data associated with this article can be found, in the online version, at doi:10.1016/j.commatsci.2008.03.012.

References

[1] SHIMADA S. Molecular dynamics analysis of nanometric cutting process[J]. International journal of the Japan Society for Precision Engineering, 1995, 29(4): 283-286.

[2] SHIMADA S, INOUE R, UCHIKOSHI J, et al. Molecular dynamics analysis on microstructure of diamond-turned surfaces[J]. Proceedings of SPIE, 1995, 2576: 396-405.

[3] KOMANDURI R, CHANDRASEKARAN N, RAFF L M. MD simulation of indentation and scratching of single crystal aluminum[J]. Wear, 2000, 240(1-2): 113-143.

[4] KOMANDURI R, LEE M, RAFF L M. The significance of normal rake in oblique machining[J]. International Journal of Machine Tools and Manufacture, 2004, 44(10): 1115-1124.

[5] KOMANDURI R, CHANDRASEKARAN N, RAFF L M. Molecular dynamics (MD) simulation of uniaxial

tension of some single-crystal cubic metals at nanolevel[J]. International Journal of Mechanical Sciences, 2001, 43(10): 2237-2260.

[6] KOMANDURI R, CHANDRASEKARAN N, RAFF L M. Molecular dynamic simulations of uniaxial tension at nanoscale of semiconductor materials for micro-electro-mechanical systems (MEMS) applications[J]. Materials Science and Engineering: A, 2003, 340(1-2): 58-67.

[7] FANG Tehua, WENG I W. Three-dimensional molecular dynamics analysis of processing using a pin tool on the atomic scale[J]. Nanotechnology, 2000, 11(3): (2000) 148-153.

[8] FANG Tehua, WENG I W, CHANG J G. Molecular dynamics simulation of nano-lithography process using atomic force microscopy[J]. Surface Science, 2002, 501(1-2): 138-147.

[9] FANG Tehua, CHANGB W J, WENG C I. Nanoindentation and nanomachining characteristics of gold and platinum thin films[J]. Materials Science and Engineering: A, 2006, 430(1-2): 332-340.

[10] YE Y Y, BISWAS R, MORRIS J R, et al. Molecular dynamics simulation of nanoscale machining of copper[J]. Nanotechnology, 2003, 14(3): 390-396.

[11] PEI Q X, LU C, FANG F Z, et al. Nanometric cutting of copper: A molecular dynamics study[J]. Computational Materials Science, 2006, 37(4): 434-441.

[12] CHENG Kai, LUO Xichun, WARD R, et al. Modeling and simulation of the tool wear in nanometric cutting[J]. Wear, 2003, 255(7-12): 1427-1432.

[13] LUO Xichun, CHENG Kai, GUO X, et al. An investigation on the mechanics of nanometric cutting and the development of its test-bed[J]. International Journal of Production Research, 2004, 41(7): 1449-1165.

[14] RENTSCH R, INASAKI I. Investigation of surface integrity by molecular dynamics simulation[J]. CIRP Annals-Manufacturing Technology, 1995, 44(1): 295-298.

[15] SHIMIZU J, ZHOU L B, EDA H. Simulation and experimental analysis of super high-speed grinding of ductile material[J]. Journal of Materials Processing Technology, 2002, 129(1-3): 19-24.

[16] MAEKAWA K, ITOH A. Friction and tool wear in nano-scale machining-a molecular dynamics approach[J]. Wear, 1995, 188(1-2): 115-122.

[17] ZHANG Liangchi, TANAKA H. Towards a deeper understanding of wear and friction in the atomic scale-a molecular dynamics analysis[J]. Wear, 1997, 211(1): 44 -53.

[18] ISONO Y, TANAKA T. Three-dimensional molecular dynamics simulation of atomic scale precision processing using a pin tool[J]. JSME International Journal Series A Solid Mechanics and Material Engineering, 1997, 40(3): 211-218.

[19] SHIMIZU J, EDA H, YORITSUNE M, et al. Molecular dynamics simulation of friction on the atomic scale[J]. Nanotechnology, 1998, 9(2): 118-123.

[20] KOMANDURI R, CHANDRASEKARAN N, RAFF L M. Molecular dynamics simulation of atomic-scale friction[J]. Physical Review B, 2000, 61(20): 14007-14019.

[21] DREHER M, PAULY F, HEURICH J, et al. Structure and conductance histogram of atomic-sized Au contacts[J]. Physical Review B, 2005, 72(7): 075435.

[22] HORSTEMEYER M F, BASKES M I, PLIMPTON S J. Computational nanoscale plasticity simulations using embedded atom potentials[J]. Theoretical and Applied Fracture Mechanics, 2001, 37(1-3): 49-98.

[23] HORSTEMEYER M F, BASKES M I, PRANTIL V C, et al. A multiscale analysis of fixed-end simple shear using molecular dynamics, crystal plasticity, and a macroscopic internal state variable theory[J]. Modelling and Simulation in Materials Science and Engineering, 2003, 11(3): 265-286.

[24] FANG H, HORSTEMEYER M F, BASKES M I, et al. Atomistic simulations of Bauschinger effects of metals with high angle and low angle grain boundaries[J]. Computer Methods in Applied Mechanics and Engineering, 2004, 193(17-20): 1789-1802.

[25] DIAO J K, GALL K, DUNN M L, et al. Atomistic simulations of the yielding of gold nanowires[J]. Acta Materialia, 2006, 54(3): 643-653.

[26] JU S P, LIN J S, LEE W. A molecular dynamics study of the tensile behaviour of ultrathin gold nanowires[J]. Nanotechno, 2004, 15(9): 1221-1225.

[27] LIN J S, JU S P, LEE W J. Mechanical behavior of gold nanowires with a multishell helical structure[J]. Physical Review B, 2005, 72(8): 085448.

[28] HEINO P, KKINEN H, KASKI K. Molecular-dynamics study of copper with defects under strain[J]. Physical Review B, 1998, 58(2): 641-652.

[29] FOILES S M, BASKES M I, DAW M S. Embedded-atom-method functions for the fcc metals Cu, Ag, Au, Ni, Pd, Pt, and their alloys[J]. Physics Review B, 1986, 33(12): 7983-7991.

[30] JOHNSON R A. Analytic nearest-neighbor model for fcc metals[J]. Physical Review B, 1988, 37(8): 3924-3931.

[31] NOSE S. A unified formulation of the constant temperature molecular dynamics methods[J]. The Journal of Chemical Physics, 1984, 81(1): 511-519.

[32] HOOVER W G. Canonical dynamics: Equilibrium phase-space distributions[J]. Physical Review A, 1985, 31(3): 1695-1697.

[33] LI Ju, VAN VLIET K J, ZHU Ting, et al. Atomistic mechanisms governing elastic limit and incipient plasticity in crystals[J]. Nature, 2002, 418(6895): 307-310.

[34] ZIMMERMAN J A, KELCHNER C L, KLEIN P A, et al. Surface step effects on nanoindentation[J]. Physical Review Letters, 2001, 87(16): 165507.

[35] BENZERGA A A, SHAVER N F. Scale dependence of mechanical properties of single crystals under uniform deformation[J]. Scripta Materialia, 2006, 54(11): 1937-1941.

[36] HORSTEMEYER M F, BASKES M I, GODFREY A, et al. A large deformation atomistic study examining crystal orientation effects on the stress–strain relationship[J]. International Journal of Plasticity, 2002, 18(2): 203-229.

[37] DOYAMA M, KOGURE Y, NOZAKI T, et al. Plastic deformation of copper single crystals by simulation using X-ray Lang method and molecular dynamics[J]. Nuclear Instruments and Methods in Physics Research Section B: Beam Interactions with Materials and Atoms, 2003, 202: 64-67.

[38] NOZAKI N, DOYAMA M, KOGUR Y. Plastic deformation of copper thin foils[J]. Thin Solid Films, 2003, 424(1): 88-92.

[39] ABRAHAM F F, BROUGHTON J Q, DAVIDSON B N. Large-scale simulations of crack–void and void–void plasticity in metallic fcc crystals under high strain rates[J]. Journal of Computer-Aided Materials

Design, 1998, 5(1): 73-80.

[40] ABRAHAM F F, WALKUP R, GAO H, et al. Simulating materials failure by using up to one billion atoms and the world's fastest computer: Work-hardening[J]. Proceedings of the National Academy of Science, 2002, 99(9): 5783-5787.

[41] WANG D X, ZHAO J W, HU S, et al. Where, and How, Does a Nanowire Break?[J]. Nano Letters, 2007, 7(5): 1208-1212.

[42] KOH S J A, LEE H P, LU C, et al. Molecular dynamics simulation of a solid platinum nanowire under uniaxial tensile strain: Temperature and strain-rate effects[J]. Physical Review B, 2005, 72(8): 085414.

[43] WU H A, LIU G R, WANG J S. Atomistic and continuum simulation on extension behaviour of single crystal with nano-holes[J]. Modelling and Simulation in Materials Science and Engineering, 2004, 12(2): 225-233.

[44] HORSTEMEYER M F, BASKES M I, PLIMPTON S J. Length scale and time scale effects on the plastic flow of fcc metals[J]. Acta Materialia, 2001, 49(20): 4363-4374.

[45] HORSTEMEYER M F, MCDOWELL D L, MCGINTY R D. Design of experiments for constitutive model selection: application to polycrystal elastoviscoplasticity[J]. Modelling and Simulation in Materials Science and Engineering, 1999, 7(2): 253-273.

[46] GUO Y, ZHUANG Z, LI XY, et al. An investigation of the combined size and rate effects on the mechanical responses of FCC metals[J]. International Journal of Solids and Structures, 2007, 44(3-4): 1180-1195.

[47] ROBERT D B, JU L, SHIGENOBU O, et al. Analysis of shear deformations in Al and Cu: empirical potentials versus density functional theory[J]. Modelling and Simulation in Materials Science and Engineering, 2004, 12(5): 1017-1029.

[48] DOUGLAS E S, KARL I J, DAVID L M, et al. Effect of deformation path sequence on the behavior of nanoscale copper bicrystal interfaces[J]. Journal of Engineering Materials and Technology, 2005, 127(4): 374-382.

[49] OGATA S B, LI J, HIROSAKI N, et al. Ideal shear strain of metals and ceramics[J]. Physical Review B, 2004, 70(10): 104104.

[50] ROUNDY D, KRENN C R, COHEN M L, et al. Ideal Shear Strengths of fcc Aluminum and Copper[J]. Physical Review Letters, 1999, 82(13): 2713-2716.

[51] GULLETT P M, HORSTEMEYER M F, BASKES M I, et al. A deformation gradient tensor and strain tensors for atomistic simulations[J]. Modelling and Simulation in Materials Science and Engineering, 2008,16(1): 015001.

Three-dimensional Molecular Dynamics Simulation of Nanostructure for Reciprocating Nanomachining Process

Yingchun Liang　Jiaxuan Chen　Mingjun Chen　Daiping Song　Qingshun Bai

（Center for Precision Engineering, Harbin Institute of Technology, Harbin 150001, China）

Abstract: Three-dimensional molecular dynamics simulations are conducted to investigate the effect of reciprocating nanomachining process on the subsurface damaged layers, surface integrity, cutting force, stress variation of subsurface, and changes of energy and defects in the workpiece. Results show that there is no obvious shear zone ahead the tool during nanomachining. Dislocation nucleations are near the free surface ahead the tool and the interface of the tool and the workpiece and propagate in the surface and downward in the workpiece. There are the generations of dislocation jog and dislocation loops ahead the tool during the reciprocating cutting. The values of the reciprocating cutting force for the (111)orientation and (100) orientation under offset distance of $0a_0$ are not zero but 11.756 and 13.049 8 nN, respectively. When the offset distance of the tool is up to $10a_0$, the ratio of primary cutting force to reciprocating force is nearly 90%. The shape of the machined groove in the (111) orientation remains better than that in the (111) orientation in cases of both the primary cutting process and the reciprocating process. Reciprocating cutting with the offset distance of 5 a_0 of the tool results in the pile-up atoms filling in the primary machined groove and forming the order lattice by surface reconstruction. Primary cutting force decreases with the reduction of workpiece sizes, which shows the size effects. With the increasing cutting depths, average primary cutting force and average reciprocating force increase. It is noted that reciprocating cutting force in the case of the (111) workpiece is larger than that of the (100) orientation except for the offset distance of $0a_0$. With the increasing offset distance of the tool, the residual shear stress increases in the subsurface of the workpiece, and the order degree of subsurface atoms of the workpiece decreases in the cases of both the (111) orientation and (100) orientation. It is denoted that, with the offset distance at 5 a_0, the peak of the average shear stress is highest during the reciprocating cutting. Meanwhile, the order degree of subsurface atoms in the case of the (111) orientation is better than that of the (100) orientation.

通讯作者：electronic mail: cxncjx@163.com.

文章发表信息：Journal of Vacuum Science and Technology B: Microelectronics and Nanometer Structures, 2009, 27(3): 1536-1542.

I Introduction

Nanometric machining technology which involves removal of materials at the order of a few nanometers or less is one of the development directions and tendency of modern manufacture industry. However, it is also difficult for nanomachining process to achieve nanometer tolerances and subnanometer surfaces finishes, and to guarantee such size accuracy and surface roughness of specimen, it needs the highly resolved control systems and the high surface quality of the tool. At the same time, it is also a challenge for the measurement and characterization of nanomachining process. At such a small length scale, the molecular dynamics simulation (MDS) is an important tool in studying the nanometric machining mechanism and process. The MDS can be useful in studying the indentation, adhesion, friction, fracture, surface defect, and cutting at an atomic scale and provide sufficient details of the atomic-scale phenomena related to contact formation, friction sliding, dislocation nucleation, and fracture interfaces.

As pioneers, Landman et al.,[1] Holian et al.,[2] and Stowers and co-workers[3,4] made the two-dimensional nanoscratching and nanoindentation processes for single crystal metal using the MDS. Subsequently, Shimada et al., [5-7] Komanduri et al., [8-10] and Rentsch and Inasaki[11] investigated nanometric cutting of single crystal copper and aluminum using the simple pair potential to model interatomic forces. They studied the microscopic deformation and the nanometer scale material removal process, and considered the effect of tooledge radius, different crystal orientations, depths of cut, cutting direction, and tool geometry on the chip formation process, the removal mechanism, and nature of deformation of these materials. Fang and Weng[12] conducted a threedimensional (3D) MD model to study the effect of tool geometry and processing resistance on atomic-scale cutting mechanism. Lin and Huang[13] proposed a nanoscale contact pressure factor that is applicable to the probes at different tip radii to estimate the cutting force for nanoscale cutting. In order to reveal the nanomachining mechanism and describe accurately the metallic bonding in a specimen, many researchers began to apply many-body potentials in their MDS. For example, Ye et al. [14] also conducted MD simulations of nanometric cutting of single crystal copper with embedded atom method (EAM) and analyzed the mechanism of material removal, chip formation, defects in material, and frictional forces. In Refs. [15-17] the effects of tool rake angle on cutting forces and residual stress in addition to analysis of the mechanical properties of scratched nanostructure were considered. Pei et al. [17-19] also investigated nanoimprint and nanocutting processes using EAM and also found that a higher cutting speed results in more lattice defects at the cutting region and higher cutting forces, and the crystal orientation and cutting direction have a strong effect on material deformation, dislocation movement, and cutting. Fang et al., [20] Zhang and Zarudi, [21] and Cheng et al. [22] attempted to explain why brittle materials are removed in ductile mode and analyzed the relationship between the temperature and sublimation energy of the diamond atoms.

Previous studies show the MD simulations of nanoscale cutting process; they focus mostly on straight-line cutting and only move one time and a short distance on the surface of the workpiece. However, forming functional nanostructure requires generally the tool cuts or scratches the surface of the workpiece many times and performs the different motion routes. At the same time, the nanomachining mechanism, the subsurface damaged layers, and the distribution of residual stress, remaining defects from the reciprocating nanomachining process (RNP), is also different than that from a short distance and one time of straight-line cutting process. In this article, a three-dimensional MD model is utilized to investigate the effect of RNP on the subsurface damaged layers, surface integrity, cutting force, stress variation of subsurface, energy, and defects in the workpiece in order to know well the properties of the nanomachined nanostructure.

II Model and methods

Our MD system is composed of a single crystal copper slab with fcc structure exposing (001) surface bodies, (111) surface bodies, and a three-pyramid diamond tip for scratching process. The details of the sizes and parameters of slab are shown in Table 1, where a_0 is the equilibrium lattice constant (for fcc Cu, a_0=0.362 nm).

Table 1　Workspace and simulation parameters

Potential for substrate	EAM
Potential for substate	Morse
Substrate	fcc copper
Tool	Ridid diamond tip of triangular-based pyramid
Workspace dimensions	12−17−35a_0 (001)surface
	20−17−35a_0 (001)surface
	20−17−12a_0 (111)surface
	30−17−12a_0 (111)surface
	35−17−12a_0 (111)surface
	30−17−20a_0 (111)surface
Rake angle	−30
Cutting directions	[001] on (010) surface
Cutting depth	1a_0,2a_0,and 3a_0
Cut interval distance	0a_0,5a_0,and 10a_0
Cutting speed	180 ms^{-1}
Substrate temperature	293 K

The substrate contains four bottom boundary layers and[30] Newton atom layers. The models of simulation for the nanomachining process are shown in Fig. 1.

In our simulations, the interactions of atoms in the workpiece used here is EAM,[23,24] which has also been widely applied to surface properties, successfully describing surface energies, surface reconstructions, and adsorption on metal surfaces. While the Morse potential is utilized to the interactions between atoms of the workpiece and tool, which was applied successfully to nanomachining simulations in Refs [5-10] and [12-14]. The half-step frog leap algorithm was used for time integration of the atomic coordinates. The temperature of the entire system was maintained at 293 K with a Nosé-Hoover thermostat.[25,26]

In order to analyze the relations between the stress states of atoms and the onset of defects, the stress of every atom in the atomistic simulation σ_{mn} on plane m and in the n direction can be given by

$$\sigma_{mn} = -\frac{1}{N_S}\sum_i \left[\frac{m_i v_i^m v_i^n}{v_i} + \frac{1}{2V_i}\sum_j F_{ij}\frac{r_{ij}^m r_{ij}^n}{r_{ij}} \right] \qquad (1)$$

where m_i is the mass of atom I; v_i is the volume assigned to atom I; N_S is the number of particles contained in region S, S is defined as the region of atomic interaction; r_{ij} is the distance between atoms i and j; and r_{ij}^m and r_{ij}^n are two components of the vector from atom i to j.

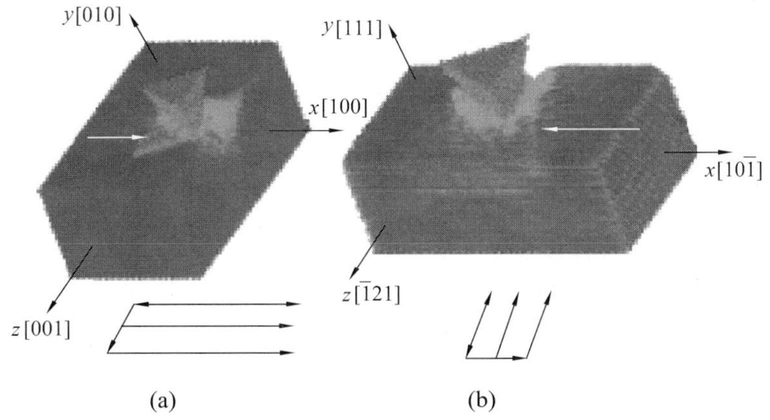

Fig. 1 (Color online) Models of MD simulations for the nanomachining process: (a) (100) orientation and (b) (111) orientation; light arrows show the tracks of the tool movement, and dark arrows denote the emission of dislocations on the surface of the workpiece

We used the visualization technique of slip vector that has successfully proven to be effective for the studies of dislocation nucleation in fcc crystals by Zimmerman et al.[27] to quantify and visualize the plastic deformation in the process of simulation,

$$s^a = -\frac{1}{n_s}\sum_{\beta\neq\alpha}^{n}(x^{\alpha\beta} - X^{\alpha\beta}) \qquad (2)$$

where n is the number of the nearest neighbors of atom a; n_s is the number of slipped neighbors;

and $x^{\alpha\beta}$ and $X^{\alpha\beta}$ are the position vector difference of atoms α and β in the current and reference positions. At the same time, defect atoms such as dislocation can be shown by noting that the potential energies of individual atoms at values are above the cohesive energy; [28] the method that the defects are characterized by the individual atoms energy has been applied successfully in Refs. [28-30]. So we also use the energy and stress of individual atoms to denote and characterize the evolvement of defects in the workpiece during nanomachining.

III Results and discussion

To study the mechanism of nanometric cutting and the effects of the subsurface damaged layers of the nanostructure from the nanomachining process, MD simulations of the reciprocating nanometric cutting are conducted at different cutting depths, cutting directions, workpiece sizes, and offset distances compared to the primary nanomachining path. When the tool begins cutting the surface of the workpiece, the atoms ahead of the tool are extruded and lifted up from the workpiece under the cutting action from the tool, and then those atoms pile up and climb along the frontier flank of the tool for the attractive action of the tool as if by buckling, which is the initial state of the forming chip in the nanoscale. At the same time, dislocations begin to emit from the interface between the tool and the workpiece as shown in Fig. 1, and these dislocations begin to propagate away as the continuous cutting action. However, dislocations nucleate not only in the interface between the tool and the workpiece and propagate in the surface of the workpiece but in the surface of the workpiece and ahead the tool and propagate downward into the workpiece as shown in Fig. 2(a).

Fig. 2 (Color online) *yz* cross-section views of the workpiece during nanometric cutting at orientation (100): (a) 20 ps, (b) 170 ps, (c) 180 ps, and (d) 220 ps; yellow arrows denote the propagation in the workpiece and the colors of atoms are shown according to its energy

Fig. 2 shows the evolvement of inner defects in the workpiece during the primary cutting and reciprocation cutting. Fig. 2(a) shows the *yz* cross-section view of the workpiece and ahead the tool for the primary cutting process, Figs. 2(b) and 2(c) show those for the reciprocating cutting process, and Fig. 2(d) shows the same cross-section view after the reciprocating cutting process. It can be seen from Fig. 2(a) that the dislocations in the workpiece propagate at the angles of 45° to the cutting direction for the cases of orientation (001) (100), which is similar to the results of Ref. [19]. It is denoted that there are only a few defect atoms such as dislocation and pile-up atoms, and there is no clear formation of the shear bands, which is different to the traditional cutting process. It is due to that the nanomachining process is the removal for discrete points (individual atoms). After the primary cutting process, the tool moves along the *z* axis $5a_0$ (offset of $5a_0$) and begins cutting the workpiece again. It can be seen from Figs. 2(b) and 2(c) that there exist dislocation jog and dislocation loop in the subsurface of the workpiece, which is owed to the defects from the foregoing cutting process that result to the change of dislocation pathway. From Figs. 2(a) and 2(d), it can be seen that the numbers of high energy atoms in the workpiece subsurface from the preciprocating cutting process is much more than that from the primary cutting process. Since there are close relations between the energy of atoms and the temperature in the workpiece, the reciprocating cutting process causes that the subsurface temperature of the workpiece increases obviously compared to the primary cutting process. Figs. 3(a)-3(c) and Figs. 3(d)-3(f) show the *yz* cross-section views for orientation (100) and *xy* cross-section views for orientation (111) of the workpiece at different times, respectively, during the three-pyramid tool nanometric cutting of the single crystal copper surface. Figs. 3(a) and 3(d) denote the snaps after the primary time cutting process, Figs. 3(b) and 3(e) are snaps during the reciprocating cutting, and Figs. 3(c) and 3(f) are those after the reciprocating cutting process. From Figs. 3(a) and 3(b), it can be seen that the shape of the scratched groove for orientation (111) keeps better than that for orientation (100), and the scratched groove becomes a rectangle groove. The result shows that the (111) orientation compared to the (100) workpiece is more suitable in achieving the desired functional constructure by the nanomachining cutting process. For reciprocating cutting with offset of $5a_0$, reciprocating cutting process results in the scratched groove from the primary nanomachining process filled for the cases of both orientation (100) and orientation (111) as shown in Figs. 3(b) and 3(e). It can be seen from the figures that those fill-in atoms are disordered and only pile up into the foregoing scratched groove, and the energy of those atoms is higher than that of atoms in the workpiece. It is noted that those piled-up atoms transform from disordered to ordered after the reciprocating cutting process as shown in Figs. 3(c) and 3(f). It is attributed to that the cutting action of the tool results in the high energy and stress of those atoms. The high energy and stress can drive those atoms to move to the new position, and the high energy and stress can be decreased by the movement and reconstruction of atoms. At the same time, there are more and higher energy atoms remaining in the workpiece's subsurface in the reciprocating cutting process than that of the primary cutting process. It can also be seen from the figure that there is only one groove remaining in the cases of both the (100) orientation and (111) orientation under the reciprocation cutting with offset of $5a_0$. However, the shape of the scratched groove from the reciprocating cutting process for the (111) orientation is better than that for the (100) orientation. It also shows that the (111) orientation of the workpiece compared to the (100) orientation is more suitable to be the desired functional surface for the nanomachining process. When the offset distance of the tool is up to $10a_0$ for the reciprocating cutting process, it has little effect on the primary scratched groove, and the scratched groove remains the initial form.

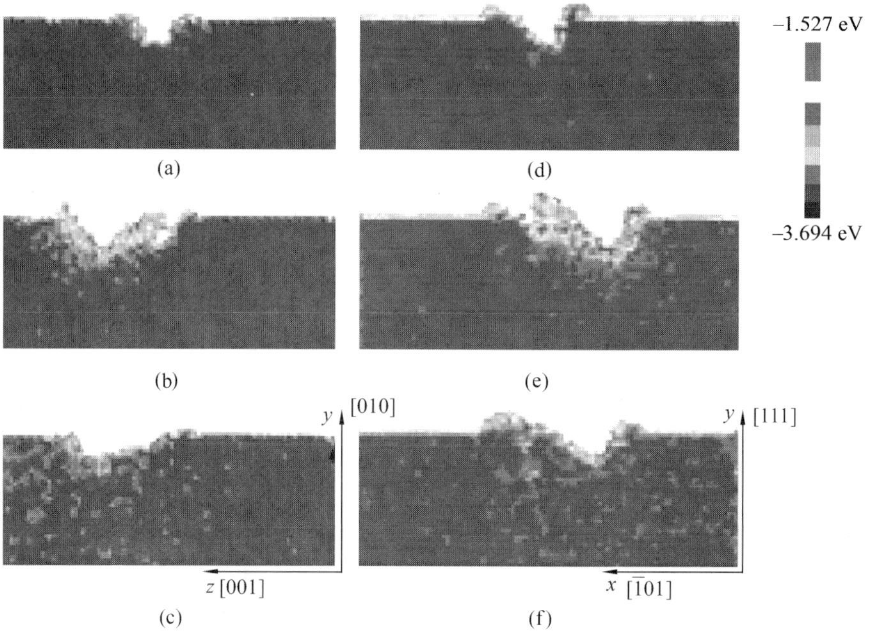

Fig. 3 (Color online) *yz* cross-section views for orientation (100) and *xy* cross-section views for orientation (111) of the workpiece during nanometric cutting at orientation (100): (a) and (d) 100 ps, (b) and (d) 180 ps, and (c) and (e) 220 ps; the colors of atoms are shown according to its energy

For the cutting force, the reciprocating cutting process is different from the primary cutting process. Fig. 4 shows the variation and ratio of the average cutting force in the primary cutting process and the reciprocating cutting process under different offset distances. The first peaks of curves show the average primary cutting force in the cases of both the (111) orientation and (100) orientation. It can be seen from the figure that the value of the average primary cutting forces for the (111) orientation is higher than that for the (100) orientation, which is consistent with the result of Ref. [18]. The values of the reciprocating cutting force for the (111) orientation and (100) orientation under offset distance of $0a_0$ are all not 0 but 11.756 and 13.049 8 nN, respectively, and their ratio to their primary cutting force is close to 30%. When the offset distance of the tool is up to $2.5a_0$, the ratio of the primary cutting force to the reciprocating cutting force is closed to 68%, and they are all nearly 90% with the offset distance at $10a_0$. It is noted that the value of the reciprocating cutting force for the (111) orientation under offset distance of $0a_0$ is lower than that for the (100) orientation, which is owed to the variation of shape and the reduction of size of the scratched groove for the (100) orientation after the primary cutting process as shown in Fig. 3(a). Meanwhile, the shape of the scratched groove for the (111) orientation has little changes. In this way, the reciprocating cutting force of the former under offset distance of $0a_0$ is higher than that of the latter. With the increasing of offset distance, the reciprocating cutting force for the (111) orientation begins beyond that for the (100) orientation. It can also be seen from the figure that the reciprocating cutting force for two kinds of the workpiece all increases with increasing offset distance, but the reciprocating cutting force compared to the primary cutting force is lower for two kinds of the workpiece.

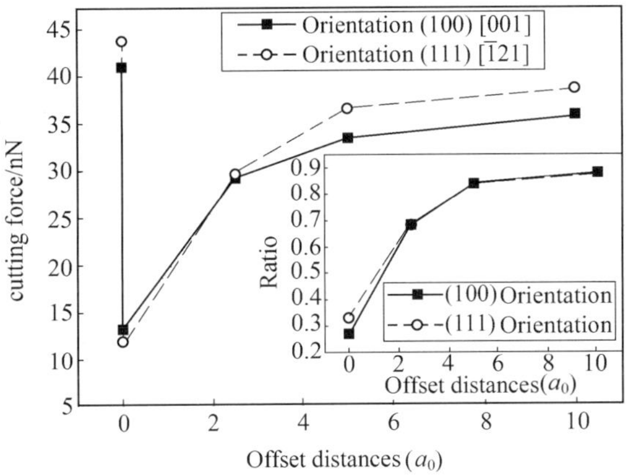

Fig. 4 (Color online) Primary cutting force and reciprocating cutting force under different offset distances of the tool

In addition to the different orientations and offset distances, MDSs are also conducted to consider the effect of different cutting depths and the sizes of the workpiece on the reciprocating cutting process as shown in Figs. 5 and 6. It can be seen from Fig. 5 that the primary cutting force, primary normal force, reciprocating cutting force, and reciprocating normal force all increase with the increasing cutting depths. However, the ratio of the normal force to the cutting force in the cases of both the primary and reciprocating cutting processes decreases at the same condition and for the reciprocation cutting case, the ratio of that shows a larger slope. Fig. 6 shows the variation of average cutting force under different workpiece sizes. It can be seen from Fig. 6(a) that the primary cutting force increases with the increasing workpiece sizes, which shows the obvious size effects. It can be seen from the figure that their difference decreases with the increasing workpiece sizes. It is owed to the high ratio of surface area to volume for the small size workpiece and the increasing surface energy. The high energy atoms are easy to move to the new position under the cutting action. Thus the atoms of small size workpiece are more convenient to be removed than those of the large size workpiece. Fig. 6(b) shows the difference of the primary and the reciprocating cutting force under offset distance of $0a_0$. It can be seen from the figure that their difference decreases with the increasing workpiece sizes.

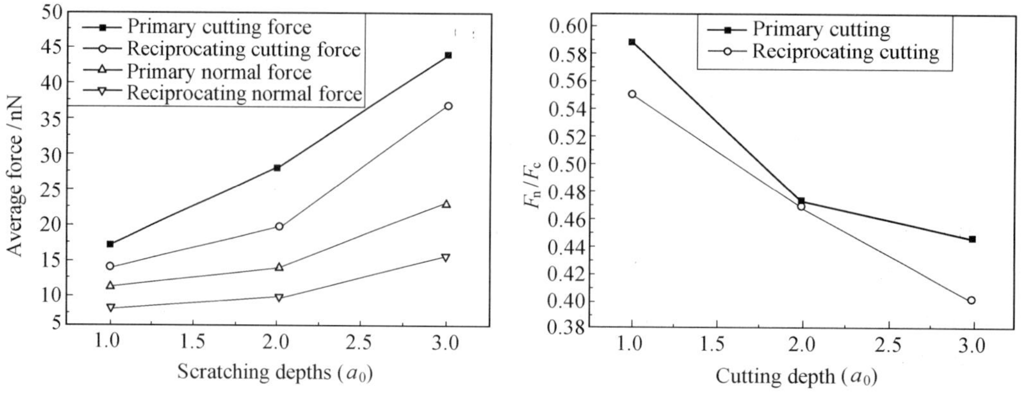

(a)　　(b)

Fig. 5　the effect of different cutting depths and the sizes of the workpiece on the reciprocating cutting process

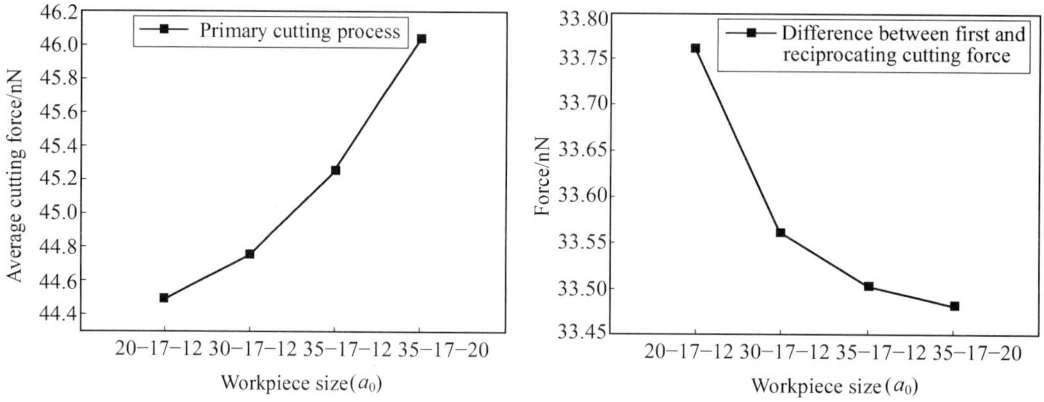

(a)　　(b)

Fig. 6　Variation of the cutting force with different workpiece sizes at cutting depth of $3a_0$ (a) first cutting force and (b) the difference of the first cutting force and the reciprocating cutting force with offset distance of $0a_0$

To investigate the subsurface damaged layers, the shear stress and radial distribution function of subsurface layers are also utilized to study the effects of the reciprocating cutting process on the subsurface damaged layers as shown in Figs. 7 and 8. It shows the functions of subsurface average shear stress τ_{xz} for both the (111) orientation and (100) orientation in Fig. 7. It can be seen from the figure that the curves of the average stress τ_{xz} of subsurface atoms show the two waves. The first wave denotes the primary cutting process, and the second wave indicates the reciprocating cutting process. From Figs. 7(a) and 7(b), it can be seen that the values of subsurface average shear stress τ_{xz} in the reciprocating cutting process are obviously higher that those in the primary cutting process, except for the reciprocating cutting process with offset distance at $0a_0$. Atom migration and restructure can result in the increasing atomic stress,[31] and after that, the atomic stress will decrease significantly. At the same times, the onset of defect atoms also causes the increasing atomic stress, and the annihilation of defects leads to the decreasing atomic stress again. From Figs. 7(a) and 7(b), it can also be seen that the peak of atomic shear stress τ_{xz} in the reciprocating cutting process at offset distance of $5a_0$ is higher than that in the reciprocating cutting process at offset distance of $10a_0$. It is owed to the onset of atom migration and restructure in the former. After that, atomic stress begins to decrease siginificantly as shown in Fig. 7. Compared to Figs. 7(a) and 7(b), it can also be found that the average stress τ_{xz} after the reciprocating cutting process in the (111) orientation is lower than that in the (100) orientation, in which the value of the residual shear stress of the former is also low. The atomic stress is close to the annihilation of defects, which shows that the number of remaining defect atoms for the former is also lower than that for the latter. At the same time, the number of remaining defect atoms is also presented by the radial distribution function. Fig. 8 shows the order degree of subsurface atoms after the reciprocating cutting process. It can be seen from Fig. 8 that the order degree of subsurface atoms of the workpiece with offset distance of $5a_0$ is also better than that of the workpiece with offset distance of $10a_0$ after the reciprocating cutting process, Meanwhile, the order degree of the subsurface atoms of the (111) orientation is also better than that of the (100) orientation. Fig. 8 also shows that, with the increasing offset distance of the tool during the reciprocating cutting, the order degree decreases in the cases of both the (111) orientation and (100) orientation.

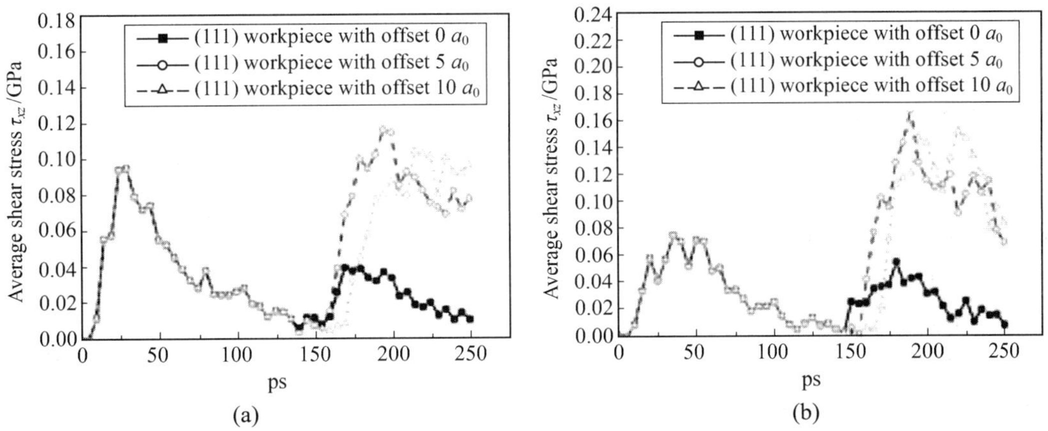

Fig. 7 (Color online) Average shear stress τ_{xz} of the subsurface for cutting depth of $3a_0$: (a) (100) workpiece with sizes at 20–17–$35a_0$ and (b) (111) workpiece sizes at 35–17–$20a_0$

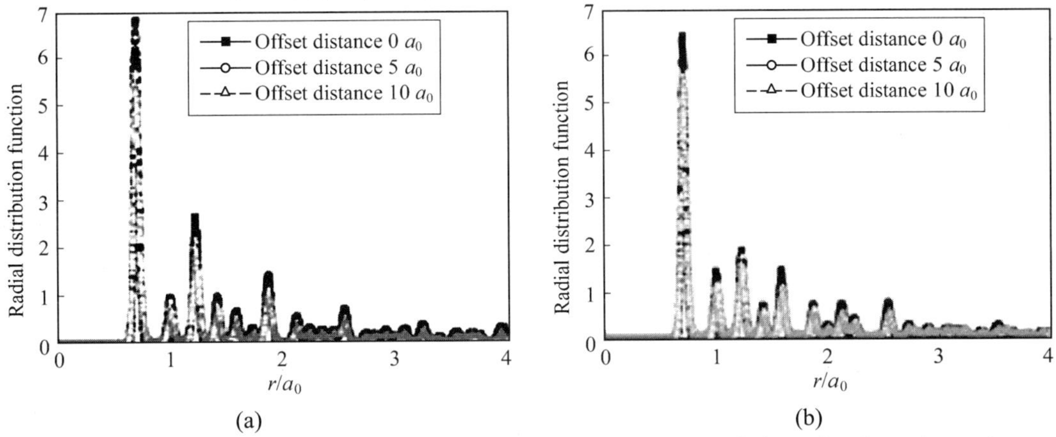

Fig. 8 (Color online) Radial distribution function of the subsurface of the workpiece after the reciprocating cutting process: (a) (111) plane and (b) (100) plane

IV Conclusion

3D MD simulations of reciprocating nanomachining are conducted to investigate the subsurface damaged layers, the surface integrity, the cutting force, the stress variation of the subsurface, the changes of energy, and the defects in the workpiece.

（1）There is no obvious shear zone ahead the tool during nanomachining. Dislocation nucleation is near the free surface ahead the tool and the interface of the tool and the workpiece and propagates in the surface and downward in the workpiece; there are the onset of dislocation jog and dislocation loop ahead the tool during the reciprocating cutting.

（2）The values of the reciprocating cutting force for the (111) orientation and (100) orientation under offset distance of $0a_0$ are not zero but 11.756 and 13.049 8 nN, respectively. When the offset distance of the tool is up to $10a_0$, the ratio of primary cutting force to reciprocating force is nearly 90%. The shape of the machined groove in the (111) workpiece remains better than that in the (111) workpiece in the cases of both the primary cutting process and the reciprocating process. It shows that the (111) orientation of the workpiece is more suitable to be the surface of the desired functional nanostructure than the (100) orientation of the workpiece. The reciprocating cutting process compared to the primary cutting process results in the increasing subsurface atom energy significantly and cause the obvious temperature rising of the subsurface.

（3）Reciprocating cutting with the offset distance of $5a_0$ of the tool causes the piled-up atoms to fill in the primary machined groove and forms the order lattice by surface reconstruction. Primary cutting force decreases with the workpiece size reduction, which shows the size effect. With the increasing cutting depths, the average primary cutting force and average reciprocating force increase. However, the ratio of the normal force to cutting force both in the primary cutting process and the reciprocating cutting process decreases at the same condition, and for the reciprocation cutting case the ratio of that shows a larger slope. It is noted that reciprocating cutting force in case of the (111) orientation is larger than that of the (100) orientation except for the offset distance of $0a_0$.

（4）With the increasing offset distance of the tool, the residual shear stress increases in the subsurface of the workpiece, and the order degree of subsurface atoms of the workpiece decreases in cases of both the (111) orientation and (100) orientation. It is denoted that, with the offset distance at $5a_0$, the peak of the average shear stress is highest during the reciprocating cutting. Meanwhile, the order degree of subsurface atoms in the case of the (111) orientation is better than that of the (100) orientation.

Acknowledgments

The authors would like to thank the National Natural Science Foundation of China under Contract No. 50675050 and the Outstanding Youth Fund of Heilongjiang Province under Contract No. JC200614 for their financial supports, research project of the Liaoning province, New Century

Elitist Supporting Program Foundation by the Ministry of Education of China (No. NCET-06-0332), Department of Education (Grant No. No. 2008s191), and the Key Laboratory Open Foundation of the Shenyang Jianzhu University (Grant No. JX200707).

Reference

[1] LANDMAN U, LUEDTKE W D, NITZAN A. Dynamics of tip-substrate interactions in atomic force microscopy[J]. Surface Science Letters, 1989, 210(3): L177-L184.

[2] HOOVER W G, DE GROOT A J, HOOVER C G, et al. Large-scale elastic-plastic indentation simulations via nonequilibrium molecular dynamics[J.]Physical Review A, 1990, 42(10): 5844-5853.

[3] STOWERS I F, BELAK J F. A molecular dynamics model of the orthogonal cutting process[C]. Santa Fe, New Mexico, USA: Proceedings of the ASPE Annual Meeting, 1991.

[4] BELAK J F, STOWERS I F. A molecular dynamics model of the orthogonal cutting process[R]. Lawrence Livermore National Lab Report, 1990, UCRL-102697.

[5] SHIMADA S, IKAWA N, OHMORI G. Molecular dynamics analysis as compared with experimental results of micromachining[J]. CIRP Annals-Manufacturing Technology, 1992, 41(1): 117-120.

[6] SHIMADA S, IKAWA N, TANAKA H, et al. Feasibility study on ultimate accuracy in microcutting using molecular dynamics simulation[J]. CIRP Annals-Manufacturing Technology , 1993, 42(1): 91-94.

[7] SIMADA S, IKAWA N, TANAKA H, et al. Structure of micromachined surface simulated by molecular dynamics analysis[J]. CIRP Annals-Manufacturing Technology, 1994, 43(1): 51-54.

[8] KOMANDURI R, CHANDRASEKARAN N, RAFF L M. Some aspects of machining with negative-rake tools simulating grinding: A molecular dynamics simulation approach[J]. Philosophical Magazine Part B, 1997, 79(7): 955-968.

[9] KOMANDURI R, CHANDRASEKARAN N, RAFF L M. Molecular dynamics simulation of atomic-scale friction[J]. Physical Review B, 2000, 61(20): 14007-14019.

[10] KOMANDURI R, LEE M, RAFF L M. The significance of normal rake in oblique machining[J]. International Journal of Machine Tools and Manufacture, 2004, 44(10): 1115-1124.

[11] RENTSCH R, INASAKI I. Investigation of surface integrity by molecular dynamics simulation[J]. CIRP Annals-Manufacturing Technology, 1995, 44(1): 295-298.

[12] FANG Tehua, WENG I W. Three-dimensional molecular dynamics analysis of processing using a pin tool on the atomic scale[J]. Nanotechnology, 2000, 11(3): 148-153.

[13] LIN Z C, HUANG J C. A study of the estimation method of the cutting force for a conical tool under nanoscale depth of cut by molecular dynamics[J]. Nanotechnology, 2008, 19(11): 115701.

[14] YE Y Y, BISWAS R, MORRIS J R, et al. Molecular dynamics simulation of nanoscale machining of copper[J]. Nanotechnology, 2003, 14(3): 390-396.

[15] CHEN Jiaxun, LIANG Yingchun, BAI Qingshun, et al. Researching nanometric cutting of copper based on molecular dynamics[J]. Journal of Computational and Theoretical Nanoscience, 2008, 5(8): 1485-1489.

[16] LIANG Yingchun, CHEN Jiaxuan, CHEN Mingjun, et al. Mechanical properties of machined nanostructures[J]. Chinese Journal of Chemical Physics, 2007, 20(6): 649-654.

[17] LIANG Yingchun, CHEN Jiaxuan, CHEN Mingjun,et al. Integrated MD simulation of scratching and shearing of 3D nanostructure[J]. Computational Materials Science, 2008, 43(4), 1130-1140.

[18] PEI Q X, LU C, FANG F Z, et al. Nanometric cutting of copper: A molecular dynamics study[J]. Computational Materials Science, 2006, 37(4): 434-441.

[19] PEI Q X, LU C, LEE H P. Large scale molecular dynamics study of nanometric machining of copper[J]. Computational Materials Science, 2007, 41(2): 177-185.

[20] FANG F Z, WU H, LIU Y C. Modelling and experimental investigation on nanometric cutting of monocrystalline silicon[J]. International Journal of Machine Tools and Manufacture, 2005, 45(15): 1681-1686.

[21] ZHANG Liangchi, ZARUDI I. Towards a deeper understanding of plastic deformation in mono-crystalline silicon[J]. International Journal of Mechanical Sciences, 2001, 43(9): 1985-1996.

[22] CHENG K, LUO X, WARD R. Modeling and simulation of the tool wear in nanometric cutting[J]. Wear, 2003, 255(7-12): 1427-1432.

[23] JOHNSON R A. Analytic nearest-neighbor model for fcc metals[J]. Physical Review B, 1988, 37(8): 3924-3931.

[24] JOHNSON R A. Alloy models with the embedded-atom method[J]. Physical Review B, 1989, 39(17): 12554-12559.

[25] NOSE S. A unified formulation of the constant temperature molecular dynamics methods[J]. The Journal of Chemical Physics, 1984, 81(1): 511-519.

[26] HOOVER W G. Canonical dynamics: Equilibrium phase-space distributions[J]. Physical Review A, 1985, 31(3): 1695-1697.

[27] ZIMMERMAN J A, KELCHNER C L, KLEIN P A, et al. Surface step effects on nanoindentation[J]. Physical Review Letters, 2001, 87(16): 165507.

[28] ZHOU S J, BEAZLEY D M, LOMDAHL P S, et al. Large-scale molecular dynamics simulations of three-dimensional ductile failure[J]. Physical Review Letters, 1997, 78(3): 479-482.

[29] ZHOU S J, PRESTON D L, LOMDAHL P S, et al. Large-scale molecular dynamics simulations of dislocation intersection in copper[J]. Science, 1998, 279(5356), 1525-1527.

[30] LI M, CHU W Y, GAO K W, et al. Molecular dynamics simulation of healing of an ellipsoid crack in copper under compressive stress[J]. Materials Letters, 2004, 58(5): 543-546.

[31] KOH S J A, LEE H P, LU C, et al. Molecular dynamics simulation of a solid platinum nanowire under uniaxial tensile strain: Temperature and strain-rate effects[J]. Physical Review B, 2005, 72(8): 085414.

Multi-Path Nanometric Cutting of Molecular Dynamics Simulation

Jiaxuan Chen[1, 2, *] **Yingchun Liang**[1] **Mingjun Chen**[1] **Liquan Wang**[2]

（[1]Harbin Institute of Technology, Harbin 150001, China;

[2]Harbin Engineering University, Harbin 150001, China）

Abstract: Molecular dynamics simulations for multi-path nanomachining process are performed to study the nanomachining mechanism, and to analysis the effect on the surface quality, the subsurface damaged layers, reciprocating cutting force. The results show that the prior cutting process is accompanied with the development of many dislocations. However, in the reciprocating cutting process, atoms are removed mainly by the compressing, extruding and attracting because the defects from the prior cutting process restrict the movement of dislocations. The cutting force from reciprocating cutting process shows more obvious size effect than that from the prior cutting process. Under the same total cutting depth and the different feeding depth, the total cutting force increases as the second feeding depth decreases. While the order degree of the subsurface of the nanostructure increases. The surface quality of the nanomachined surface and the shape of the scratched groove is relation closely to the offset distance of the tool. The affected zone from the second feeding cutting process is larger than that from the prior cutting process. The second feeding cutting force increases as the offset distance of the tool increase. It is noted that the second feeding cutting force is not zero but closed to 30 percent of the prior cutting force under the condition of the offset distance of the tool at $0a_0$. When the offset distance of the tool is $10a_0$, the reciprocating cutting force is up to 90 percent of the prior cutting force.

Keywords: molecular dynamics; subsurface damaged layers; multi-path nanomachining; size effect; dislocation

1 Introduction

In atomic-scale processing, the approach of the molecular dynamics (MD) can provide the required visualization, and is an effective and feasible way to trace the behaviors of atoms at this short-range and short time interaction. As a consequence, the molecular dynamics simulation

文章发表信息：Journal of Computational and Theoretical Nanoscience, 2012, 9: 1303-1308.

method can be useful in studying the cutting,[1] indentation, [2] adhesion, [3] friction, [4] fracture, [5] phase transformation, [6] and the properties of the nanowire and nanostructure. [7] In initial stage, many analyses were based on a two-dimensional (2D) model and simple two-body potential to reduce the calculation time. After that, 3D MD analysis and many-body potentials such as EAM that considered environment-dependent atomistic interaction are utilized to provide a deep insight into this process. Based on the MD simulation, Fang et al. [8] and Zhang et al. [9] analysized brittle materials could be removed in ductile mode using Tersoff potential. Lin et al. [10] proposes a nanoscale contact pressure factor (NCP factor) that is applicable the probes at different tip radii to estimate the cutting force for nanoscale cutting. Liang et al. [11-12] considered of the effects of different orientation and cutting depths on cutting forces and residual stress in addition to analysis the mechanical properties of scratched nanostructure. Pei et al. [13-14] also investigated nanoimprint and nanocutting process using EAM. A four-stage deformation is observed for the mould with a small taper angle during nanoimprint, and also found that a higher cutting speed results in more lattice defects at the cutting region and higher cutting forces, and the crystal orientation and cutting direction have a strong effect on material deformation, dislocation movement and cutting. Chen et al. [15] perform atomic simulations on single-crystal aluminium cutting process, and investigate the chip formation, generation and propagation of the material dislocation during the cutting process. Mulliah et al. [16-17] used 3D MD model to study the nanomachining process and the stick-slip behaviour of friction.

For macro specimen, the subsurface deformation of the specimen from the machining process had little effect on its mechanical properties. However, it is noted that the surface integrity and subsurface damaged layer resulting from nanomachining process have important effects on the properties of nanostructure. However, from the papers published we found that previous studies focused on showing the surface finish, chip forming, the cutting forces and system potential energy from nanomachining process with single pass operation. Little attention has been paid to investigate the relationship of the subsurface potential energy and stress variation to deformation behavior, the effects on the cutting force, subsurface damaged layers, and the onset and evolvement of defects from multi-path cutting process.

In the current work, 3D molecular dynamics simulations using a three-pyramid tip to scratch the surface of single crystal copper are conducted to investigate the effects of subsurface potential energy and atomic stress variation on the subsurface damaged layer and surface integrity with different scratching depths, offset distance, scratching direction and variable feed.

2 Simulation model

In the current simulation, the model of the simulation consists of the monocrystalline copper and the tool of three pyramid diamond. The initial atomic configuration of the workpiece material is created from the face-centred cubic (FCC) copper lattice. The details of the sizes and parameters of workpiece are shown in Table 1, where a_0 is the equilibrium lattice constant (for FCC Cu, a_0=

0.362 nm). The substrate contains four bottom boundary layers and thirty Newton atoms layers. The models of simulation for the nanomachining process are shown in Fig. 1.

The Morse potential model is adopted for the diamond atoms and the Cu atoms, which is applied successfully to nanomachining simulations in Refs. [18-20]. While, the interactions of atoms in workpiece used here is the embedded atom method (EAM), [21,22] which has also been widely applied to surface properties as well, successfully describing surface energies, surface reconstructions and adsorption on metal surfaces.

The Velocity Verlet algorithm is employed to calculate the position and velocity of Newton atoms. The temperature of the entire system was maintained with a Nosé-Hoover thermostat at the condition of temperature 293 K. [23,24] Details of the workspace and the tool are summarized in Table 1.

Table 1 Workspace and simulation parameters

Potential for substrate	EAM
Potential for substrate	Morse
Substrate	FCC copper
Tool	Rigid diamond tip of triangular-based pyramid
Workspace dimensions	35 a_0–17 a_0–20a_0 (111) surface
Rake angle	−30
Cutting directions	[001] on (010) furface
Cutting depth	1a_0, 2a_0, 3a_0, 4a_0,
Cut interval distance	0a_0, 2.5a_0, 5a_0, 7.5a_0, and 10a_0
Cutting speed	180 ms^{-1}
Substrate temperature	293 K

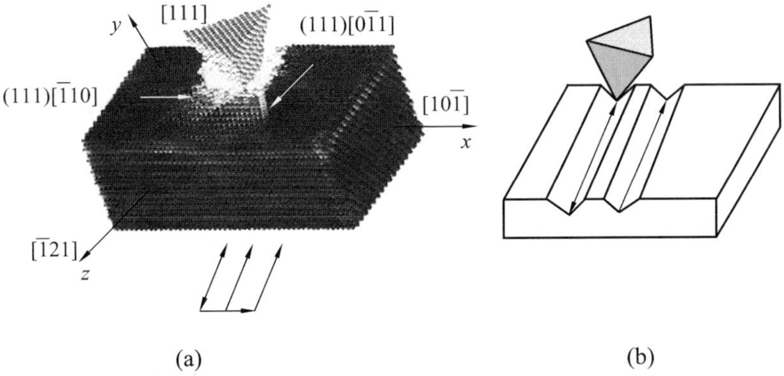

Fig. 1 The models of MD simulations for the nanomachining process: (a) atomic model and (b) scheme model; blue arrows show the tracks of the tool movement, and yellow arrows denote the emission of dislocations on surface of the workpiece

In order to analyze the evolvement of defects during nanomachining, the visualization centro-symmetry parameter that has successfully proven to be effective for the studies of dislocation nucleation in FCC crystals by Kelchner et al. [25] is applied this simulation to quantify and visualize the plastic deformation in process of simulation. However, centro-symmetry parameter method is difficult to identify the defects atoms in the surface. Thus, we used the visualization technique of revised centro-symmetry parameter quantify and visualize the plastic deformation in process of simulation.

$$P_g = \sqrt{\sum_{i=1,6} \left|R_i + R_{i+6}\right|^2 - \sum_{i=1,6} \left|R_{i0} + R_{i0+6}\right|^2} \tag{1}$$

where R_i and R_{i+6} are the vectors corresponding to the six pairs of opposite nearest-neighbors in the FCC lattice, and R_{i0} and R_{i0+6} are the vectors corresponding to the six pairs of opposite nearest-neighbors in the initial FCC lattice. Meanwhile, defects atoms such as dislocation can be shown by noting that the potential energies of individual atoms at values are above the cohesive energy,[26] the method that the defects characterized by the individual atoms energy has been applied successfully to Refs. [26-28]. So we also use the energy and stress of individual atoms to denote and characterize the evolvement of defects in workpiece in the nanomachining process.

3 Results and discussion

In order to study the mechanism of nanometric cutting, the effects on the subsurface damaged layers of nanostructure, cutting force, and the evolvement of defects from multipath nanomachining process, MD simulations of the multipath and reciprocating nanometric cutting are conducted at different cutting depths, offset distances compared to the prior nanomachining path. The cutting direction of the tool is along *z* axial ([1-21] and [121]). When the tool begin to cut the surface of the workpiece for the first times, the atoms ahead of the tool are extruded and lifted up from the workpiece under the cutting action from the tool, and then those atoms pile up and climb along the frontier flank of the tool for the attractive action of the tool as if by buckling, which is the initial state of the forming chip in the nano scale. At the same time, dislocations begin to emit from the interface between the tool and the workpiece as shown in Fig. 1, and these dislocations begin to propagate away from there as the continuous cutting action (defects atoms such as dislocations are shown according to formula (2)).

However, dislocations not only nucleate in the interface between the tool and the workpiece, and propagate in the surface and subsurface of the workpiece as shown in Figs. 1 and 2(c), but are nucleate in the surface of the workpiece and below the tool, and propagated downward into the workpiece as shown in Figs. 2(a). Fig. 2 shows the evolvement of subsurface defects in the workpiece during the prior cutting and reciprocation cutting. The Figs. 2(a)-(b) show the *yz* cross-section view of workpiece and ahead the tool for the prior cutting process and reciprocating cutting process, and Figs. 2(c)-(d) is the *xz* cross-section view of workpiece subsurface for that. It can be seen from Figs. 2(a), (c) that the dislocations nucleate from the interface between the workpiece and the tool, and propagate in the subsurface of the workpiece, and disappear at the boundary. Meanwhile, dislocations also propagate downward in the workpiece below the tool in the prior cutting process. However, in reciprocating cutting process, no obvious dislocation is visible ahead or below the tool as shown in Figs. 2(b), (d). It can be seen from the figures that many defects from the prior cutting process ahead the tool exist the subsurface of the workpiece, and those defects such as vacancies and pile-up atoms result in the dislocation jog and dislocation pin, and restrict dislocations movement in the reciprocating cutting process. It shows that the material removal mechanism in the reciprocating cutting process that atoms removed mainly by the compressing, extruding and attracting is different to that in prior cutting process. The latter is accompanied with the development of many dislocations. Dislocations emission result in the decreasing of cutting force in the cutting process.

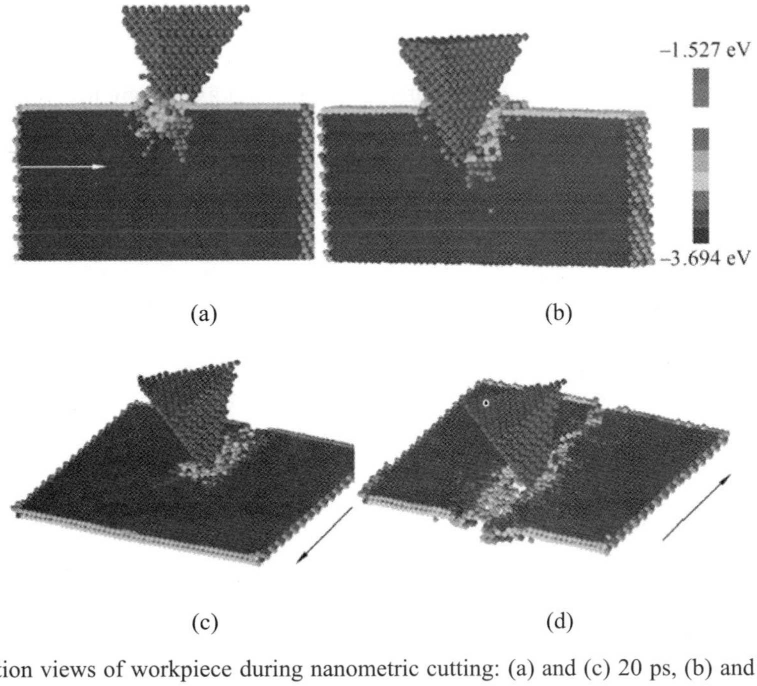

Fig. 2 Cross-section views of workpiece during nanometric cutting: (a) and (c) 20 ps, (b) and (d) 170 ps, and the red arrows illustrate the direction of motion of the tip, and the yellow arrows denote the emission of dislocations; the colors of atoms are shown according to its energy

In this way, the prior cutting force is lower than the reciprocating cutting force as shown in Fig. 3. Fig. 3 shows the curves of average prior cutting force and reciprocating cutting force under the same cutting depths. It can be seen from the Fig. 3 that the average prior cutting force decreases rapidly as the cutting depths decrease. The average prior cutting force under cutting depths at $1a_0$ is beyond half of that under cutting depths at $2a_0$, and the cutting force under cutting depths at $2a_0$ is also beyond half of that under cutting depths at $4a_0$, which is similar to the effects in Ref.[14] and shows the size effect. For the reciprocating cutting case, the average cutting force also decreases rapidly as the cutting depths decrease. It is denoted that the average reciprocating cutting force is larger than the prior cutting force under the same cutting depths. It is surprised that the average reciprocating cutting force with cutting depths at $1a_0$ is close to that with cutting depths at $2a_0$, which shows an obvious very size effect, which owe to the increasing surface atoms from the prior cutting process and defects. It is well known that the strength of the individual bond has a strong dependence on the local environment. The bonding becomes stronger at the surface due to the localization of the electron density. The smaller the cutting depth, the larger the ratios of surface to cutting depth, and thus the bigger the cutting force.

Meanwhile, those defects restrict the movement of the dislocations. Thus the reciprocating cutting force shows more obvious size effect than the prior cutting force.

The Fig. 4 shows the curve of the sum of the prior cutting force and the reciprocating cutting force from the cutting process under total cutting depth at $5a_0$, and the prior cutting depth is different to the reciprocating cutting depth. It is interest to that the total cutting force is different with the same total cutting depth and different prior cutting depths. It is denoted that the total cutting force increases as the reciprocating cutting depth decreases, which owes to the increasing surface atoms and defects after the prior cutting process. So the size effect for reciprocating cutting force shows more obvious than that for the prior cutting force.

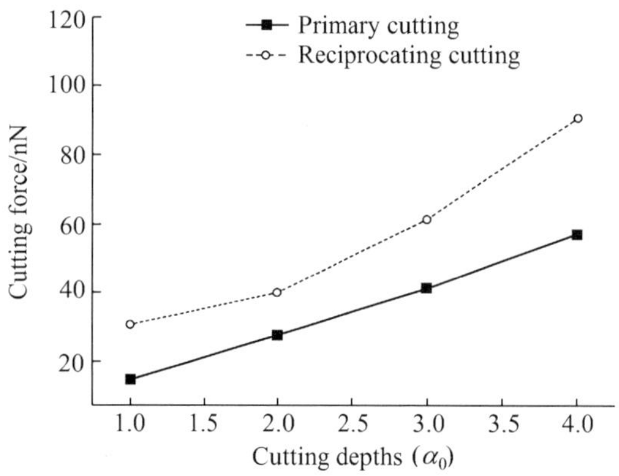

Fig. 3 The average prior cutting force and average reciprocating cutting force at offset distance $0a_0$ and cutting depths from $1a_0$ to $4a_0$

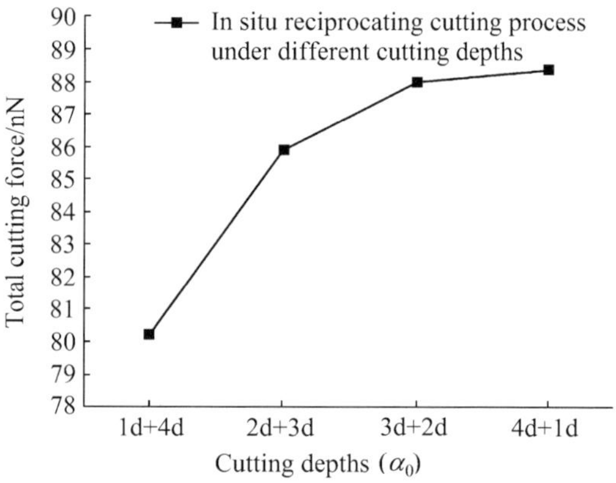

Fig. 4 The sum of average prior cutting force and average reciprocating cutting force under the same cutting depths $5a_0$ and offset distance $0a_0$

The radial distribution function is utilized to study the subsurface damage after the multiple feeds. Fig. 5 shows the order degree of the subsurface layers of the workpiece with the total cutting depth is the same and the prior cutting depth is different. It can be seen from the figure that the order degree of the subsurface layers decrease as the second feed increases, which shows that the reciprocating cutting depth play the leading role for the order degree of the subsurface layers of the workpiece.

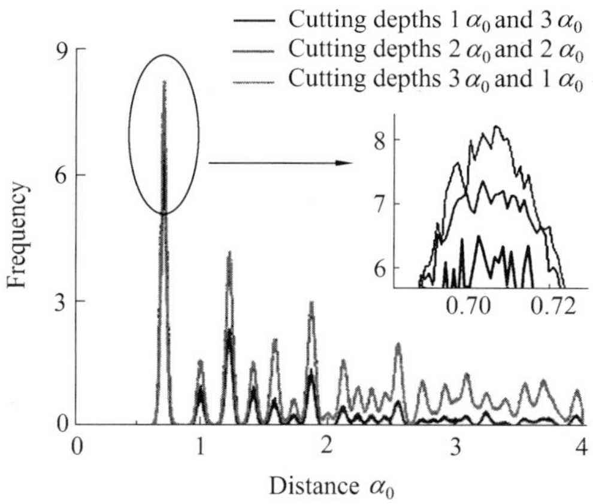

Fig. 5 The radial distribution functions of the subsurface of the workpiece under different prior and reciprocating cutting depths at the same position after the reciprocating cutting process

Since the functional surfaces of nanostructure play an increasingly important role in nanoscience and nanotechnology, and the functional surface of it can be formed using nano tip by multi-path nanomachining process. It is necessary to investigate the effect of multi-path nanomachining process on the cutting force, the surface quality and the subsurface damaged layer. Fig. 6 shows atomic snaps and *xy* cross-section views of the workpiece with the prior cutting direction and the reciprocating cutting direction under the same cutting depth, where the offset distance of the tool compared to the prior cutting process is $5a_0$ along the *x* axial for the reciprocating cutting process.

Dislocations can be observed ahead the tool in the prior cutting process as shown in Fig. 6(a). Dislocations propagate at 30 ℃ to the cutting direction at the top surface, and dislocations glide in the [1−10] direction and [01−1] direction, and the flying chip remains in the surface of workpiece after the prior cutting process as shown in Fig. 6(b). Dislocation besides chip can be also seen in the surface of workpiece ahead the tool.

It can be seen from the Figs. 6(c), (d) that the region of the high energy atom in workpiece subsurface for the reciprocating cutting process is larger than that for the prior cutting process, the affected zone from the second feeding cutting process is larger than that from the prior cutting process.

The Figs. 6(e), (f) show the *xy* cross-section views of the prior cutting groove and the reciprocating cutting groove after the reciprocating cutting process, respectively. It can be seen from the figures that there exist many atomic step on the machined surface, which is the roughness of nanostructure from the nanomachining process. It notes that the height of scratched groove from the reciprocating cutting process is higher than that from the prior cutting process, which is owe to that the reciprocating cutting process result in the surface atoms and pile-up atoms form the prior cutting process fill in the prior cutting groove. It is denoted that cutting action of the tool result in the high energy and stress of those atoms, the high energy and stress drive those atoms to move the new position, and the high energy and stress can be decreased by the movement and reconstruction of atoms. It can be seen from Fig. 6(f) that those fill-up atoms are not piled up the prior cutting groove simply but transforming from disorder to order gradually by the atomic reconstruction, and the high stress and energy of atoms are also released. However, there are still some defects such vacancy remained in the prior cutting groove. Thus, in the case of the multi-path cutting process, the surface quality of the nanomachined surface and the shape of the scratched groove is relation closely to the offset distance of the tool. When the offset distance of the tool is up to $10a_0$, the reciprocating cutting process has little effect on the prior cutting groove.

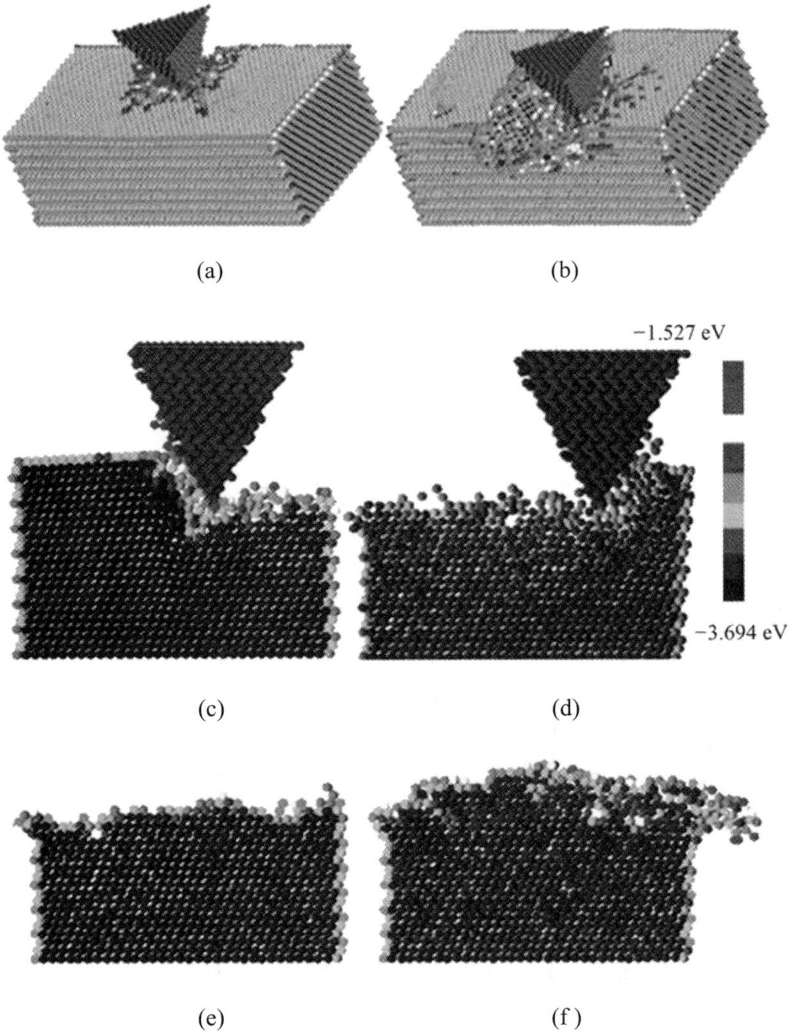

Fig. 6 The atomic snaps and *xy* cross-section views of workpiece during nanometric cutting: atomic snaps at 20 ps (a) and 200 ps (b); cross section views for the prior cutting process at 20 ps (c), the reciprocating process at 180 ps (d), cross-section views of the reciprocating groove and the prior cutting groove after reciprocating cutting process (e) and (f), respectively. The colors of atoms are shown according to its energy

Fig. 7 shows the relation of the offset distance of the tool and the reciprocating cutting force. It can be seen from figure that the reciprocating cutting force increases as the offset distance of the tool increases. It is noted that the average reciprocating cutting force is not zero but is near to 30 percent of the average prior cutting force. When the offset distance of the tool is $2.5a_0$, the ratio of the reciprocating cutting force to the prior cutting force is above 70 percent; the offset distance of the tool is $10a_0$, the ratio of that is close to 90 percent. Thus, the reciprocating cutting force is gradually closed to the prior cutting force, but is low to it.

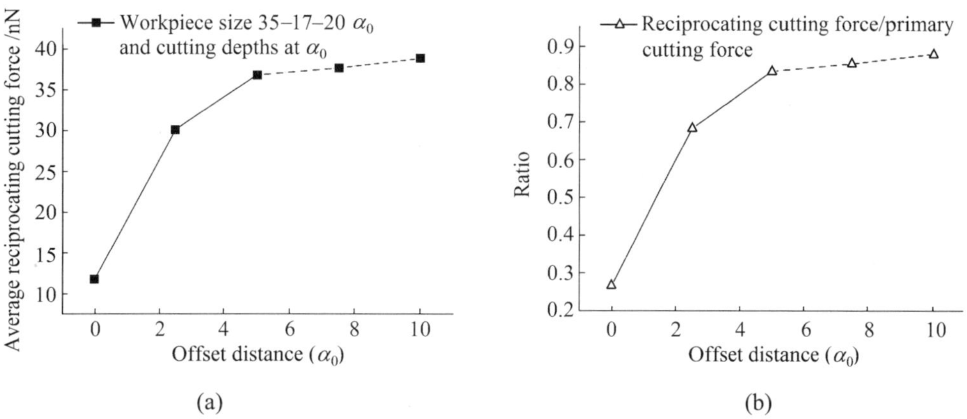

Fig. 7 (a) The average reciprocating cutting force under the cutting depths $3a_0$ at different offset distance and (b) the ratio of the average reciprocating cutting force to average prior cutting force

4 Conclusions

Three-dimensional MD simulations of multi-path nanomachining process with different cutting depths, offset distances compared to the prior nanomachining path are conducted to investigate the subsurface damaged layers, the surface integrity, the cutting force, the changes of energy and defects in the workpiece. From the simulation results, the following conclusions are obtained:

(1) The material removal mechanism in the reciprocating cutting process that atoms are removed mainly by the compressing, extruding and attracting is different to that in the prior cutting process because the defects from the prior cutting process are easy to restrict the movement of dislocations. The latter is accompanied with the development of many dislocations during cutting, and dislocation nucleation is near the free surface ahead the tool and the interface of the tool and the workpiece, and propagates in the surface and downward in the workpiece.

(2) Both the reciprocating cutting force and the prior cutting force from the two pass operation decreases as the cutting depth decreases. However, the prior cutting force decreases rapidly. The reciprocating cutting process shows more obvious size effect than the prior cutting

process. Under the condition of the same total cutting depth and the different feeding depth, the sum of the reciprocating cutting force and the prior cutting force increases as the second feeding depth decreases. Meanwhile, the order degree of the subsurface of the workpiece increases as the depth of the second feeding decreases.

（3）In the case of the multi-path cutting process, the affected zone from the second feeding cutting process is larger than that from the prior cutting process. The surface quality of the nanomachined surface and the shape of the scratched groove is relation closely to the offset distance of the tool. When the offset distance of the tool is below $5a_0$, the prior scratched groove is filled up from the action of the second feeding cutting process. However, the second feeding cutting process has little effect on the prior scratched groove. The second feeding cutting force increases as the offset distance of the tool increase. It is noted that the second feeding cutting force is not zero but closed to 30 percent of the prior cutting force under the condition of the offset distance of the tool at $0a_0$. When the offset distance of the tool is $10a_0$, the reciprocating cutting force is up to 90 percent of the prior cutting force.

Acknowledgments

We would like to thank the National Science Fund for Distinguished Young Scholars of China (No. 50925521), the Natural Science Foundation of China (No. 51075092), the Natural Science Foundation of Heilongjiang Province in China (No. E200903), Harbin Innovative Talents Fund (No. 2011RFQXG017), China Postdoctoral Science Foundation (No. 20100471020) for their financial supports.

References

[1] CHENG K, LUO X, WARD R. Modeling and simulation of the tool wear in nanometric cutting [J]. Wear, 2003, 255(7-12): 1427-1432.

[2] LI Ju, VAN VLIET K J, ZHU Ting, et al. Atomistic mechanisms governing elastic limit and incipient plasticity in crystals[J]. Nature, 2002, 418(6895): 307-310.

[3] SONG Daiping, CHEN Mingjun, LIANG Yingchun, et al. Adsorption of tripeptide RGD on rutile TiO_2 nanotopography surface in aqueous solution[J]. Acta Biomater, 2010, 6(2): 684-694.

[4] CHO M H, KIM S J, LIM D S, et al. Atomic scale stick-slip caused by dislocation nucleation and propagation during scratching of a Cu substrate with a nanoindenter: a molecular dynamics simulation[J]. Wear, 2005, 259(7-12): 1392-1399.

[5] ZHOU K, NAZAROV A A, WU M S. Continuum and atomistic studies of a disclinated crack in a bicrystalline nanowire[J]. Physical Review B, 2006, 73(4): 045410.

[6] DIAO J K, GALL K, DUNN M L. Surface-stress-induced phase transformation in metal nanowires[J]. Natural Materials, 2003, 2(10): 656-660.

[7] LIANG Yingchun, CHEN Jiaxuan, CHEN Mingjun, et al. Mechanical properties of machined nanostructures[J]. Chinese Journal of Chemical Physics, 2007, 20(6): 649-654.

[8] ZHANG Liangchi, ZARUDI I. Towards a deeper understanding of plastic deformation in mono-crystalline

silicon[J]. International Journal of Mechanical Sciences, 2001, 43(9): 1985-1996.
[9] FANG F Z, WU H, LIU Y C. Modelling and experimental investigation on nanometric cutting of monocrystalline silicon[J]. International Journal of Machine Tools and Manufacture, 2005, 45(15): 1681-1686.
[10] LIN Z C, HUANG J C. A study of the estimation method of the cutting force for a conical tool under nanoscale depth of cut by molecular dynamics[J]. Nanotechnology, 2008, 19(11): 115701.
[11] CHEN Jiaxun, LIANG Yingchun, BAI Qingshun, et al. Researching nanometric cutting of copper based on molecular dynamics[J]. Journal of Computational and Theoretical Nanoscience, 2008, 5(8): 1485-1489.
[12] LIANG Yingchun, CHEN Jiaxuan, CHEN Mingjun,et al. Integrated MD simulation of scratching and shearing of 3D nanostructure[J]. Computational Materials Science, 2008, 43(4), 1130-1140.
[13] PEI Q X, LU C, FANG F Z, et al. Nanometric cutting of copper: A molecular dynamics study[J]. Computational Materials Science, 2006, 37(4): 434-441.
[14] PEI Q X, LU C, LEE H P. Large scale molecular dynamics study of nanometric machining of copper[J]. Computational Materials Science, 2007, 41(2): 177-185.
[15] SUN Xizhi, CHENG Kai. Multi-scale simulation of the nano-metric cutting process[J]. The International Journal of Advanced Manufacturing Technology, 2010, 47(9-12): 891-901.
[16] MULLIAH D, KENNY S D, SMITH D. Modeling of stick-slip phenomena using molecular dynamics[J]. Physical Review B, 2004, 69(20): 205407.
[17] MULLIAH D, KENNY S D, SMITH D, et al. N Molecular dynamic simulations of nanoscratching of silver (100)[J]. Nanotechnology, 2004, 15(3): 243-249.
[18] SHIMADA S, IKAWA N, TANAKA H, et al. Feasibility study on ultimate accuracy in microcutting using molecular dynamics simulation[J]. CIRP Annals-Manufacturing Technology , 1993, 42(1): 91-94.
[19] KOMANDURI R, CHANDRASEKARAN N, RAFF L M. Molecular dynamics simulation of atomic-scale friction[J]. Physical Review B, 2000, 61(20): 14007-14019.
[20] KOMANDURI R, CHANDRASEKARAN N, RAFF L M. Some aspects of machining with negative-rake tools simulating grinding: A molecular dynamics simulation approach[J]. Philosophical Magazine Part B, 1997, 79(7): 955-968.
[21] JOHNSON R A. Analytic nearest-neighbor model for fcc metals[J]. Physical Review B, 1988, 37(8): 3924-3931.
[22] JOHNSON R A. Alloy models with the embedded-atom method[J]. Physical Review B, 1989, 39(17): 12554-12559.
[23] NOSE S. A unified formulation of the constant temperature molecular dynamics methods[J]. The Journal of Chemical Physics, 1984, 81(1): 511-519.
[24] HOOVER W G. Canonical dynamics: equilibrium phase-space distributions[J]. Physics Review A, 1985, 31(3): 1695.
[25] KELCHNER C L, PLIMPTON S J, HAMILTON J C. Dislocation nucleation and defect structure during surface indentation[J]. Physical Review B, 1998, 58(17): 11085-11088.
[26] ZHOU S J, BEAZLEY D M, LOMDAHL P S, et al. Large-scale molecular dynamics simulations of three-dimensional ductile failure[J]. Physical Review Letters, 1997, 78(3): 479-482.
[27] ZHOU S J, PRESTON D L, LOMDAHL P S, et al. Large-scale molecular dynamics simulations of dislocation intersection in copper[J]. Science, 1998, 279(5356), 1525-1527.
[28] LI M, CHU W Y, GAO K W, et al. Molecular dynamics simulation of healing of an ellipsoid crack in copper under compressive stress[J]. Materials Letters, 2004, 58(5): 543-546.

低温沉积制造壳聚糖-纳米羟基磷灰石支架

郑雄飞　翟文杰　梁迎春　孙　涛

（哈尔滨工业大学 精密工程研究所，哈尔滨 150001）

摘　要：为满足骨组织工程对支架孔隙可控及良好力学性能的要求，基于低温沉积制造方法，加工了壳聚糖-纳米羟基磷灰石多孔组织工程支架。开发了载荷力挤出喷头，实现了加工过程材料挤出的均匀性，层与层粘接良好。研究了支架分级结构的形成规律，支架孔隙由大孔和微孔组成，大孔完全联通，且大小完全可控；微孔由材料配比、成型温度、交联剂等参数影响，较高的纳米羟基磷灰石含量获得较小的孔隙；较低的成型温度获得更大的孔隙，交联剂使微孔变小。小鼠前成骨细胞系 MC3T3-E 支架培养结果表明，较高的纳米羟基磷灰石含量提高了支架的生物活性，联通的大孔，保证了细胞爬行至支架的中心位置。

关键词：快速成型；低温沉积制造；支架；壳聚糖；纳米羟基磷灰石

Fabrication of Chitosan-nanohydroxyapatite Scaffolds via Low-temperature Deposition Manufacturing

Zheng Xiongfei　Zhai Wenjie　Liang Yingchun　Sun Tao

（Precision Engineering Research Institute, Harbin Institute of Technology, Harbin 150001, China）

Abstract: To meet the requirement of scaffold in bone tissue engineering with controllable macro and micro pores and good mechanical properties, chitosan-nanohydroxyapatite 3D porous scaffolds were fabricated by low-temperature deposition manufacturing. A load force driven injecting nozzle was proposed and developed to extrude natural derived polymers. Strand of biomaterials was extruded steady, uniformly and bonded to each other well. Hier-archial structure of scaffold was studied. Morphology of scaffolds pores contains macropores and micropores. Macropores are fabricated controllably according to fabricating path. Morphology of micropores

作者简介：郑雄飞（1982—），男，博士研究生，E-mail: jimmyfigo@163.com。

基金项目：哈尔滨市科技创新人才研究专项基金（2007RFXXS02），Harbin Science and Technology Innovation Reseachers Project (2007RFXXS02)。

文章发表信息：无机材料学报, 2011, 26(1): 12-16.

are affected by materials ratio and fabricating temperature, cross-link, etc. A higher nanohydroxyapatite ratio leads to smaller micropores. Larger micropores are obtained under lower fabriacating temperature. Cross-link causes micropores become smaller. Results of in vitro mouse MC3T3-E1 cell culture studies reveal a good biocompatibility for a high nanohydroxyapatite content scaffold. The regular and highly interconnected macropores ensure cells to migrate into the center of 3D scaf fold.

Keywords: rapid prototyping; low-temperature deposition; scaffold; chitosan; nano-hydroxyapatite

壳聚糖为天然的高分子多聚糖，其结构类似于细胞外基质中的糖胺聚糖，是良好的骨传导材料，在组织工程中有广泛应用[1-2]。但是壳聚糖分子主要呈线性结构，强度较弱，需要交联或者加入无机材料如羟基磷灰石或者生物玻璃以增强力学性能。纳米羟基磷灰石是优异的骨生物材料[3]，壳聚糖和纳米羟基磷灰石两种材料复合来制备骨组织工程支架可以发挥有机和无机材料各自的优势，利于调控支架的降解性，获得更好的力学性能、更优异的骨传导及骨诱导性能[4]。

传统制备壳聚糖支架的方法主要是冷冻干燥法, 通过控制冷冻过程中的冰晶大小来调控支架的孔隙[5]，这种方法操作简单，但是支架的孔隙可控性较差，孔隙联通性不好，营养往往无法到达支架的内部，细胞只能在支架表面以下 500 μm 内。快速成型作为加工支架的新方法，被用来加工组织工程支架，由于壳聚糖材料的高黏度，不容易成型加工。Hutmacher 等利用壳聚糖溶液中的乙酸和氢氧化钠的中和反应来获得凝胶的原理加工支架，但是加工干燥之后的支架有很大变形，也很难成型微孔[6]。低温沉积制造是加工组织工程支架的一种快速成型新工艺，目前主要应用于聚乳酸类材料的加工[7]。本工作利用低温沉积制造技术加工壳聚糖/纳米羟基磷灰石支架，对材料组分配比、加工温度等参数进行了较系统的研究，并采用小鼠前成骨细胞系 MC3T3-E1 进行了细胞学评价。

1 实验

1.1 材料

壳聚糖，购自济南海德贝海洋生物有限公司，药用级，黏度 1 000 cps，脱乙酰度 85%以上。纳米羟基磷灰石(nano-HA)，购自国药集团化学试剂有限公司，生物试剂级。冰醋酸和氢氧化钠为分析纯，水为超纯水。

1.2 低温沉积制造设备

如图 1 所示，低温沉积制造是一种快速成型工艺，基于快速成型离散/堆积的原理。主要由两部分组成，一是计算机中的信息处理过程，包括支架建模，分层及轨迹生成；二是在低温沉积机床上的制造过程。材料的挤出是低温沉积制造工艺的核心部分之一，喷头由两部分组成：加热保温套筒和挤压注射部分。铜质套筒由电热棒和温控系统组成，保证注射器内壳聚糖/纳米羟基磷灰石溶液温度均匀可控。材料的挤出由注射器顶部的砝码质量的大小调控，根据注射器内材料的黏度和挤出速度要求，选择合适的加载质量。

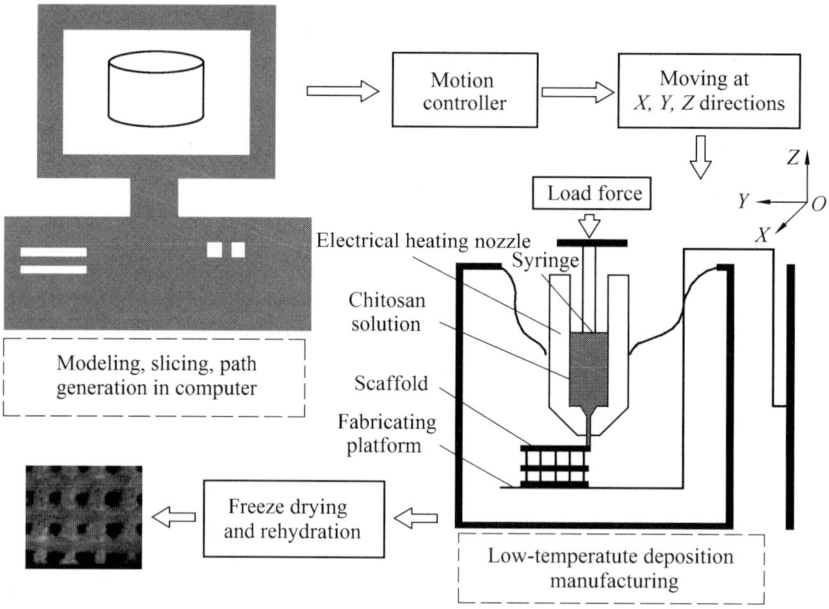

图 1　三维支架的低温沉积制造过程

Fig. 1　Low-temperature deposition manufacturing for fabrication of 3D scaffolds

1.3　低温沉积制造工艺

用超纯水和冰醋酸配置体积分数为 2%的乙酸溶液，将壳聚糖以浓度 4 g/100 mL 溶于乙酸溶液中，搅拌溶解得到完全透明溶液，加入一定量的纳米羟基磷灰石固体粉末，进行超声处理。

支架加工时即设计成与 24 孔培养板的孔直径大小一致，以便细胞接种。如图 1，计算机中生成的扫描轨迹通过运动控制卡控制喷头及加工平台在三维的运动，加工平台通过“几”字形组件在 Z 方向上运动，喷头在 X、Y 方向上扫描。每加工一层，平台下降一个层厚的高度。在 X 方向扫描三层之后，Y 方向扫描三层，如此往复最后堆积出三维多孔支架。整个成型过程材料被挤出后在低温成型室内堆积，粘接，固化成型。喷头温度设为 20 ℃，低温成型室温度为−20 ℃。扫描速度为 15 mm/s，层厚为 0.18 mm，材料挤出喷嘴大小为 0.3 mm。

1.4　冷冻干燥

将加工后冷冻的支架放入日本东京理化 FDU-1100 冻干机，冷冻干燥 3 d。冰晶在真空条件下升华后留下孔隙，乙酸较大部分仍然留在支架中。

1.5　支架结构的稳定

为去除残留的乙酸，将支架置入 0.1 mol/L 的 NaOH 溶液，浸泡 2 d，后用超纯水浸泡 2 d 洗净 NaOH，每天换水 3 次。−20 ℃预冻，然后重复冷冻干燥过程。部分壳聚糖支架在第二次冻干后，采用 1% 戊二醛交联。

1.6 细胞培养及接种

小鼠前成骨细胞系 MC3T3-E1，购自武汉大学细胞典藏中心。在含 10%胎牛血清的 a-MEM 培养基中，置于 37 ℃、5% CO_2 的培养箱中培养，隔天换新鲜培养液。支架高压灭菌，然后再用含 10%胎牛血清的 a-MEM 培养液浸泡两次（每次 2 h）。圆柱形支架嵌入 24 孔培养板圆柱形孔内，细胞悬液逐滴滴加到支架表面并下渗，翻转支架以同样方式滴加在另一面。细胞-支架构建物置入含 10%胎牛血清的 a-MEM 培养基中，置于 37 ℃、5% CO_2 的培养箱中培养 15 d。培养之后的样品用 PBS 漂洗，2%戊二醛固定 4 h，系列乙醇逐级脱水，室温干燥。

1.7 形貌表征

液氮淬冷样品后掰断得到要看的样品断面，喷金 15 min，样品形貌检测采用美国 FEI 扫描电镜（SEM, Quanta, 200 F），加速电压为 15 kV。

2 结果与讨论

2.1 支架的大孔结构

由于各种材料加工性能不同，材料挤出的方式也不同，螺杆挤压喷头主要应用在人工合成高分子如聚乳酸类材料的加工上，对天然高分子如壳聚糖溶液挤出效果很差。有采用气压挤压方式加工壳聚糖、胶原等天然高分子材料[6, 8]，但是气压挤出有时间延迟的缺点，同时挤出力小，不能加工较高浓度壳聚糖溶液。Liu 等[9]提出了活塞挤出加工的方法，由步进电机通过螺杆传动推进活塞进给，由于注射器和喷头直径比很大，并且支架加工过程扫描速度较慢，如果不能满足很高的运动精度，往往挤出材料粗细不一，且容易出现断丝现象。

由图 2、3 可见，基于载荷力挤出低温沉积加工过程中，材料挤出稳定均匀，获得的支架大孔具有较高的一致性。由图 3（a）、（c）、（e)可以看出层与层之间粘接良好，没有明显的分界线。

本工艺在加工支架大孔的同时，能在扫描丝上获得几十微米的微孔结构，由于微孔结构对细胞的粘附和迁移有重要影响，需要对微孔的形成深入研究。以下分析微孔的形成及分布规律。

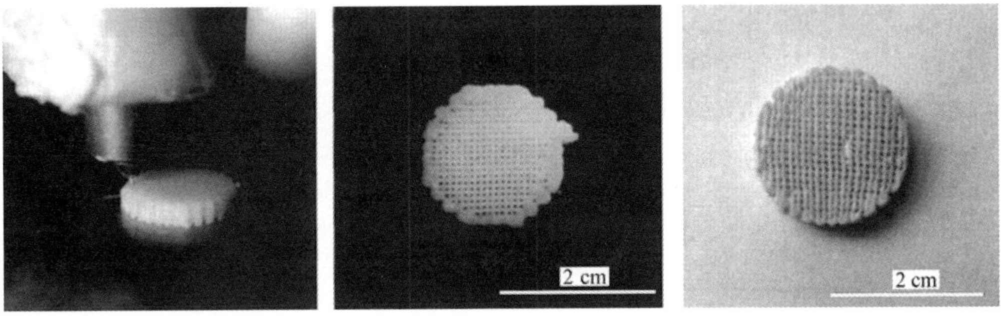

(a) Fabrication of 3D scaffold (b) Frozen scaffold (c) Freeze-dried scaffold

图 2 壳聚糖-纳米羟基磷灰石支架的加工过程

Fig. 2 Fabrication of chitosan-nanohydroxyapatite scaffolds

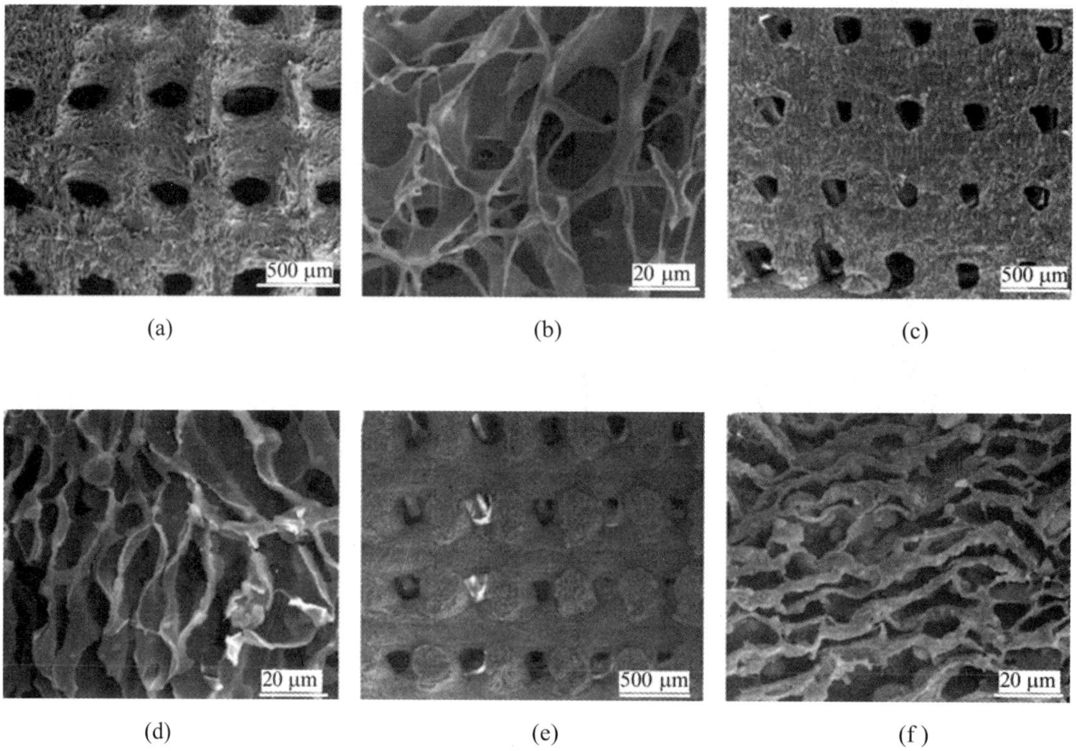

图 3 不同壳聚糖：纳米羟基磷灰石配比的支架 SEM 照片

Fig. 3 SEM images of chitosan-nanohydroxyapatite scaffolds with different nano-HA ratios (a) Pure chitosan scaffold; (b) Microstructure of pure chitosan scaffold; (c) *w*(chitosan): *w*(nano-HA)=l:l; (d) Microstructure of scaffold with *w*(chitosan):*w*(nano-HA)=l:l; (e) *w*(chitosan):*w*(nano-HA)=l:5; (f) Microstructure of scaffold with *w*(chitosan):*w*(nano-HA)=l:5

2.2 不同 HA 含量支架的微观结构

加工了三种材料配比的支架，材料配比分别为纯壳聚糖，*w*（壳聚糖）: *w*（纳米羟基磷灰石）=1:1，*w*（壳聚糖）:*w*（纳米羟基磷灰石）=1:5。如图 3 所示，随着 nano-HA 含量的增加，支架扫描丝上的微孔变得越来越小，这是由于 HA 颗粒等增多，给冰晶的非均匀形核提供了更多的形核点，同时也阻碍了冰晶形核之后的生长。

2.3 交联的影响

如图 4 所示，戊二醛交联之后，材料之间连接增多，这也是交联剂能提高力学性能的原因。同时可以看到支架的微孔大小基本不变，这可能是由于支架冻干之后进行交联所致。交联剂往往用来稳固壳聚糖支架的结构，提高支架的力学性能，但是具体优化的交联剂的选用以及交联程度需经过动物试验兼顾降解及生物相容性才能最后确定。

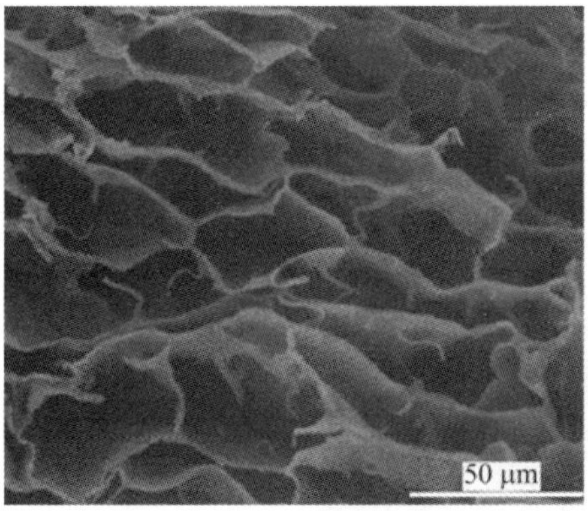

(a) With cross-link

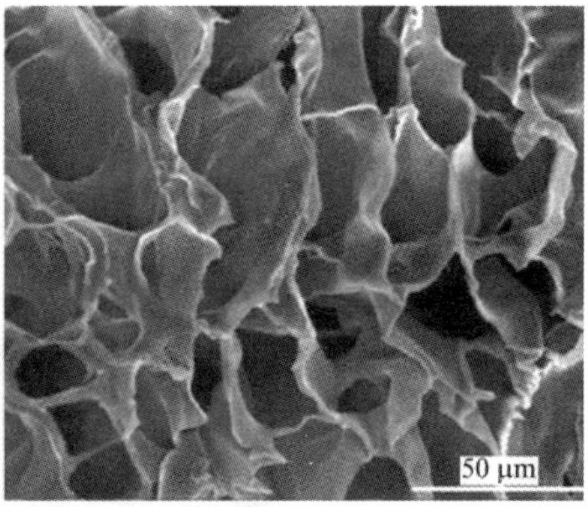

(b) Without cross-link

图 4　交联对支架微观形貌的影响

Fig. 4　Effect of cross-link to microstructure of scaffolds (a) With cross-link; (b) Without cross-link

2.4　支架不同位置上的微观形貌

图 5(a)是支架竖直方向截面图，为支架扫描丝内部的孔隙特征。在壳聚糖溶液加工固化过程中，这部分溶液主要通过固体接触冷却固化，有较高的传热速度，即会造成较大的过冷度，形成的冰晶颗粒较小，最后造成孔隙较小。此处孔的方向主要是竖直方向的，且竖直方向的孔之间几乎没有通孔，这是由于在竖直方向上的温度梯度太大，结晶几乎全部沿这个方向上发生。图 5(b)是支架扫描丝表面的微孔形貌，它的孔隙要比扫描丝内部的孔隙稍大，这是因为扫描丝表面在挤出凝固过程中主要靠成型室的低温气体冷却，有相对较小的传热速度，较低的过冷度。图 5(c)是扫描丝的俯视图，如图中箭头所示，孔隙显示出明显的方向性。由于溶液刚挤出时为液态，它与先挤出已发生凝固区域会形成一个沿喷头扫描反方向的降温温度梯度，这同时也是结晶发生的方向。扫描丝与下一层的交汇处的孔隙沿下层扫描线方向分布，这是因为下层材料已经凝固一段时间，比扫描丝刚挤出凝固区域有更低的温度，因此与下层粘接的位置有更大的传热速度，结晶取向就与原来扫描丝正常的方向发生了改变。

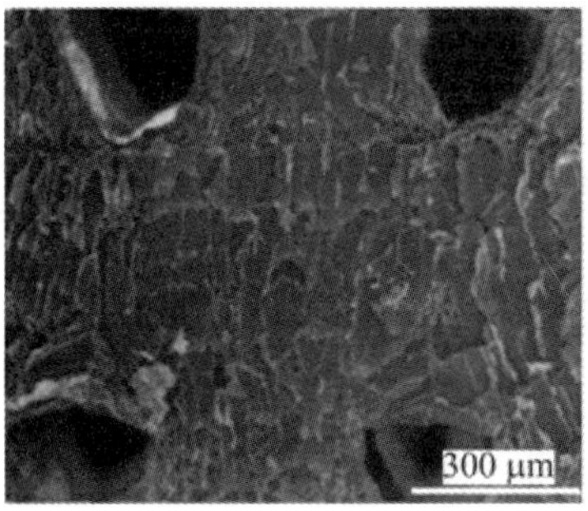

(a)

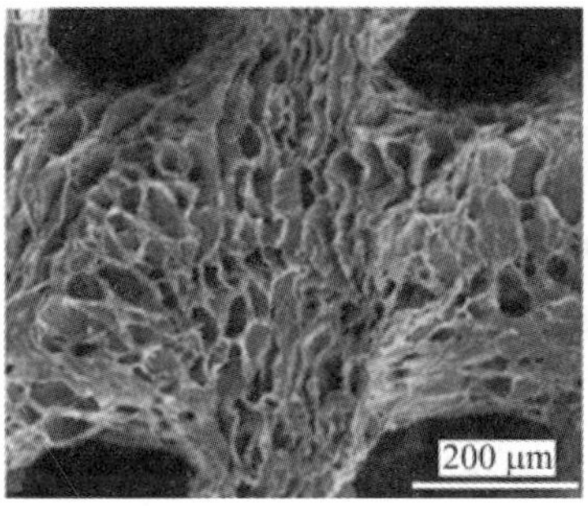

(b)

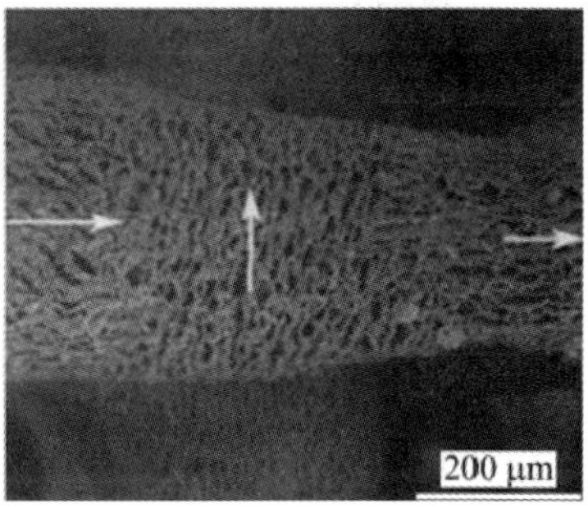

(c)

图 5　支架的不同位置的微观形貌电镜照片

Fig. 5　SEM micrographs of microstructure of scaffold's different place (a) Cross-section of scaffold at vertical direction; (b) Surface of scaffold at horizontal direction; (c) Microstructure of a thread

2.5　细胞培养

图 6 是小鼠前成骨细胞 MC3T3-E1 在 w（壳聚糖）:w（纳米羟基磷灰石）=1:5 配比支架上培养之后的支架内部中心位置扫描电镜图，在纯壳聚糖支架上电镜观察几乎没有细胞，但是在含纳米羟基磷灰石较高量的支架上有较多的成骨细胞，且细胞伪足伸展良好（如箭头所示），这是由于纳米羟基磷灰石有较好的生物活性[2]。

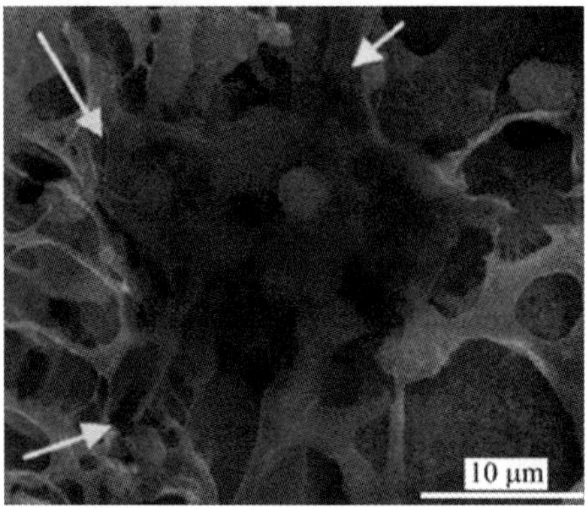

图 6　MC3T3-E1 前成骨细胞在壳聚糖/nano-HA 支架上培养 15 d 后扫描电镜照片

Fig. 6　SEM micrograph of MC3T3-E1 osteoblast cells cultured on chitosan/nano-HA scaffolds for 15 d

3　结论

基于低温沉积制造工艺加工了壳聚糖-纳米羟基磷灰石支架，载荷力挤出条件下材料挤出稳定均匀，层与层粘接良好，实现了支架大孔和小孔的可控加工。由于支架微孔对细胞黏附和迁移有较大影响，同时为了制备细胞能爬行进入的微孔，实验研究了影响微孔形成的工艺参数；HA 颗粒对水的结晶的干扰造成 HA 含量的提高，导致支架微孔变小。支架扫描丝上不同位置由于温度梯度不同形成垂直交错的微孔分布方向。提高支架微孔的大小以便细胞能爬行进入，改善纳米 HA 的分散性。深入的支架细胞学评价需要进一步的研究。

参考文献

[1]　ALBERTO D M, MICHAEL S, MAKARAND V, et al. Chitosan: a versatile biopolymer for orthopaedic tissue-engineering[J]. Biomaterials, 2005, 26(30): 5983-5990.

[2]　KONG L J, GAO Y, CAO W L, et al. Preparation and characterization of nano-hydroxyapatite/chitosan composite scaffolds[J]. Journal of Biomedical Materials Research A, 2005,75(2): 275-282.

[3]　WEBSTER T J, ERGUN C, DOREMUS R H, et al. Enhanced functions of osteoblasts on nanophase ceramics[J]. Biomaterials, 2000, 21(17): 1803-1810.

[4]　AYLIN S U, RUSSELL D. The addition of biphasic calcium phosphate to porous chitosan scaffolds enhances bone tissue development in vitro[J]. Journal of Biomedical Materials Research A, 2007, 81(3): 624-633.

[5]　MADIHALLY S V, MATTHEW H W. Porous chitosan scaffolds for tissue engineering[J]. Biomaterials,

1999, 20(12): 1133-1142.

[6] ANG T H, SULTANA F S, HUTMACHER D W, et al. Fabrication of 3D chitosan-hydroxyapatite scaffolds using a robotic dispensing system[J]. Materials Science and Engineering C, 2002, 20(1-2): 35-42.

[7] LIU Li, XIONG Zhuo, YAN Yongnian, et al. Porous morphology, porosity, mechanical properties of poly(-hydroxy acid)-tricalcium phosphate composite scaffolds fabricated by low-temperature deposition[J]. Journal of Biomedical Materials Research A, 2007, 82(3): 618-629.

[8] KIM G H, AHN S H, YOON H, et al. A cryogenic direct-plotting system for fabrication of 3D collagen scaffolds for tissue engineering[J]. Journal of Materials Chemistry, 2009,19(46): 8817-8823.

[9] LIU Li, XIONG Zhuo, YAN Yongnian, et al. Multinozzle low-temperature deposition system for construction of gradient tissue engineering scaffolds[J]. Journal of Biomedical Materials Research B, 2008, 88(1): 254-263.

基于桥域理论的 Cu 单晶纳米切削跨尺度仿真研究

梁迎春 盆洪民 白清顺 卢礼华

（哈尔滨工业大学 机电工程学院，哈尔滨 150001）

摘 要：桥域方法是一种典型的跨尺度仿真研究方法。基于桥域理论，本文分析了原子和连续介质耦合区域的处理问题，即在耦合区采用不同的权重计算系统的能量，通过Lagrange乘子法对原子和连续介质位移进行约束。采用桥域方法，建立了单晶 Cu 纳米切削的跨尺度仿真模型，获得了单晶 Cu 纳米切削的材料变形机理。同时，研究了不同切削速度对纳米切削过程和原子受力分布的影响，仿真结果表明：随着切削速度的提高，切削区原子所受的力值增大，切屑变形系数减小，已加工表面变质层厚度增加。本文基于桥域理论，实现了 Cu 单晶纳米切削跨尺度的建模和仿真，为探索纳米切削的跨尺度仿真研究提供理论基础。

关键词：桥域法；纳米切削；单晶 Cu；切削速度

Multiscale Simulation of Nanometric Cutting of Single Crystal Cu Based on Bridging Domain Method

Liang Yingchun Pen Hongmin Bai Qingshun Lu Lihua

（School of Mechatronics Engineering, Harbin Institute of Technology, Harbin 150001, China）

Abstract: One of the significant methods of multiscale simulation named bridging domain method which is a mixed atomistic continuum formulation is reviewed. The mode related to atomistic / continuum coupling is introduced. The coupled method with the treatment of the overlapping subdomain is discussed, in which different scaling parameters (weigh factors) are adopted to calculate the energy of the system in the overlapping subdomain and to constrain the atomic and the continuum displacements by the Lagrange multiplier method. A bridging domain model is set up to investigate the effect of cutting speed on chip and workpiece atom force

通讯作者：E-mail: hmpen23@ 126. com.

基金项目：国家杰出青年基金(批准号：50925521)、国家自然科学基金(批准号：50705023)和哈尔滨工业大学科研创新基金(批准号: HIT. NSRIF. 2009012) 资助的课题。

文章发表信息：物理学报, 2011, 60(10): 100205.

distribution in the nanometric cutting of single crystal copper. Simulation results show the cutting deformation coefficient decreases and the workpiece atom force increases with the increase of cutting speed. In addition, the machined surface qualities at different cutting speeds are investigated. The multiscale model and simulation of nanometric cutting are accomplished based on the bridging domain method，which lays a theoretical foundation for exploring the trans-scale simulation of nanometric cutting.

Keywords: bridging domain; nanometric cutting; single crystal copper; cutting speeds

1 引言

纳米切削是制造纳米级表面精度和亚微米级成形精度零件的机械加工方法。由于切削行为的特殊性，使得纳米切削具有许多与传统切削相异的特征。从材料去除、能量演化以及加工表面的形成等方面来看，纳米切削过程是涉及复杂条件下的多尺度变形行为。工件和刀具接触区域变形的复杂性使得分析纳米切削机理和其影响因素成为实现高效而可靠的纳米加工技术的关键。

分子动力学（molecular dynamics，MD）方法是研究材料微观变形机理的一种重要数值模拟方法。[1-4]采用 MD 模拟方法研究纳米切削过程同样能够从原子的角度研究纳米切削过程中的本质问题。因此近几年人们利用 MD 方法对纳米加工机理进行了较为广泛的研究，并取得了丰富的成果。Ikawa 等[5]采用 MD 方法研究切削刃锋利度和工件材料间相互作用对最小切削厚度的影响。Maekawa 和 Itoh[6]通过降低碳原子的凝聚能来模拟微加工单晶 Cu 过程中金刚石刀具的磨损，结果表明刀具磨损机理为工件-刀具原子间的相互扩散和磨损粒子向刀具的重新黏着。Kim 和 Moon[7]采用 MD 方法模拟研究亚纳米切屑厚度下的微加工现象。Komanduri 等[8]通过 MD 模拟纳米切削单晶 Al 过程，发现晶向和切削方向对材料的塑性变形模式有重要影响。Fang 等[9]进行单晶 Si 纳米切削的 MD 模拟，发现切屑形成基于挤压。

然而，由于计算效率和仿真规模的局限，使得现有纳米切削 MD 的仿真结果很难达到与现实实验相匹配的最终目标。因此，扩大原子级模拟的规模已经成为当前纳米切削研究的焦点问题。同时，纳米切削是涉及宏观、介观甚至纳米尺度的复杂过程，需要采用跨尺度的方法研究不同尺度条件的刀具-工件之间的作用机理。针对工件和刀具间的纳米尺度接触区，需要采用 MD 模拟的方法，从原子的角度来分析纳米切削的变形过程。而距接触区域较远的区域变形较小，可利用连续介质力学理论模拟，以节省计算时间。近几年，计算材料领域发展了很多连接原子和连续介质方法的跨尺度方法[10, 11]。然而这些多尺度方法多侧重于研究材料的力学性能[12-15]，尚少应用到纳米切削领域。

本文基于桥域（bridging domain，BD）跨尺度理论，建立了单晶 Cu 纳米切削的仿真模型，研究了纳米切削单晶 Cu 加工过程中材料变形机理及切削速度对纳米切削的影响规律。

2 BD 法耦合模型

BD 法首先是由 Belytschko 和 Xiao 提出来的一种跨尺度仿真理论，主要用于研究波的传播和裂纹的扩展问题[16]。该方法中，系统的整个能量为原子能量和连续介质能量之和。在原子尺度模型中，材料作为晶体描述，其变形符合经典牛顿定律。在宏尺度模型中，材料的非线性弹性变形采用有限元（finite element，FE）中的 Lagrangian 方法描述。其中，非线性本构方程由 Cauchy-born 规则给出[17]。

原子模型的控制方程通过著名的 Hamiltonian 正则运动方程的推导，可写为

$$m_I \ddot{d}_I = f_I^{\text{ext}} - f_I^{\text{int}} \tag{1}$$

其中，d_I 为原子 I 的位移，f_I^{ext} 和 f_I^{int} 分别为外部和内部原子力。

在连续介质区，可得如下离散方程：

$$M_I \ddot{u}_I = f_I^{\text{extC}} - f_I^{\text{intC}} \tag{2}$$

其中，M_I 是节点 I 的集中质量矩阵，u_I 是节点位移，f_I^{extC} 和 f_I^{intC} 分别为外部和内部节点力。

在 BD 区，整个 Hamiltonian 函数为原子和连续介质 Hamiltonian 函数的线性连接

$$H = (1-\alpha)H^M + \alpha H^C \tag{3}$$

其中，权重函数 $\alpha(X) = l(X)/R$，代表每个区域对整个 Hamiltonian 函数的贡献[18]。$l(X)$ 和 R 分别为距 Γ^R 边界（进入桥区第一个原子）的距离和 BD 区的长度，如图 1 所示。

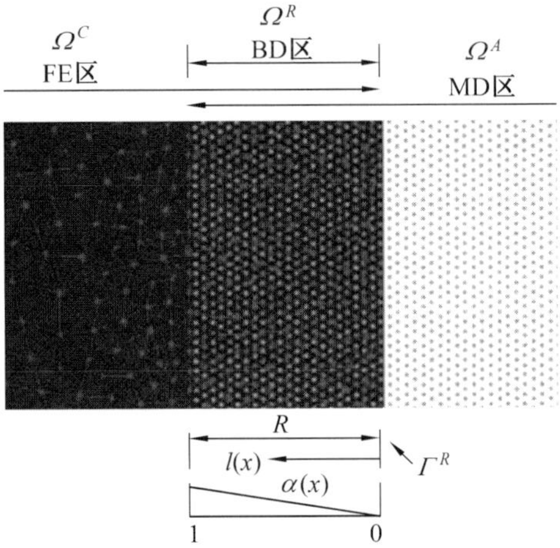

图 1　BD 法耦合模型

BD 区中原子区和连续介质区分别通过 Lagrange 乘子约束

$$g_I = \left\{ \sum_J N_J(X_J) u_{iJ} - D_{iI} \right\} = 0 \tag{4}$$

其中，g_I 是 Lagrange 乘子；u_{iJ} 是单元节点位移；d_{iI} 是 MD 原子位移。

在 Lagrange 乘子法中，系统的整个 Hamiltonian 函数为

$$H_{\text{L}} = H + \sum_J \lambda_I^{\text{T}} g \tag{5}$$

其中，$\lambda_I = \{\lambda_{iI}\}$ 为 Lagrange 乘子向量，其向量组件为原子 I 的位移。

由 Lagrange 乘子法得整个系统的耦合运动方程为

$$M_I\ddot{u}_I = f_I^{\mathrm{extC}} - f_I^{\mathrm{int\,C}} - f_I^{\mathrm{LC}} \tag{6}$$

$$m_I\ddot{d}_I = f_I^{\mathrm{ext}} - f_I^{\mathrm{int}} - f_I^{\mathrm{L}} \tag{7}$$

其中，$\bar{m}_I=\alpha(X_I)\,M_I$，$\bar{M}_I=(1-\alpha(X_I))\,m_I$，$f_I^{\mathrm{LC}}$和 f_I^{L} 为由 Lagrange 乘子引入的约束

$$f_I^{\mathrm{LC}} = \sum_J \lambda_J^{\mathrm{T}} \frac{\partial g_J}{\partial u_I}, \quad f_I^{\mathrm{L}} = \sum_J \lambda_J^{\mathrm{T}} \frac{\partial g_J}{\partial u_I} \tag{8}$$

3 仿真模型

跨尺度仿真分析是在高性能计算机上进行。图 2(a)为纳米切削 BD 跨尺度仿真模型，采用的程序为 LibMultiScale-1.3[19]。工件的上表面为(100)，x 方向为晶向[100]，作为刀具的切削方向；y 和 z 方向分别为晶向[101]和[001]。其中工件尺度约为 29 nm×44 nm×4 nm，包含约 2.6×10^5 个原子，9 216 个六面体单元和 10 625 个节点。刀具尺度约为 7 nm×9 nm× 4 nm，包含约 3.6×10^4 个原子。工件 Cu 原子间相互作用采用嵌入原子势（EAM）[20]描述，刀具和工件间与刀具 C 原子间分别采用 Morse 势[21]描述。表 1 给出模拟中的主要计算参数。图 2(b)显示切削速度 200 m/s、切削距离为 10 nm 时的位移分布。在塑性变形较大的剪切区，MD 区到 FE 区的位移连续性变化。这表明原子区的高频波穿过 BD 区以低频波的形式进入连续介质区。工件材料位移的分布验证本多尺度模型 MD 和 FE 区间的耦合是有效的。

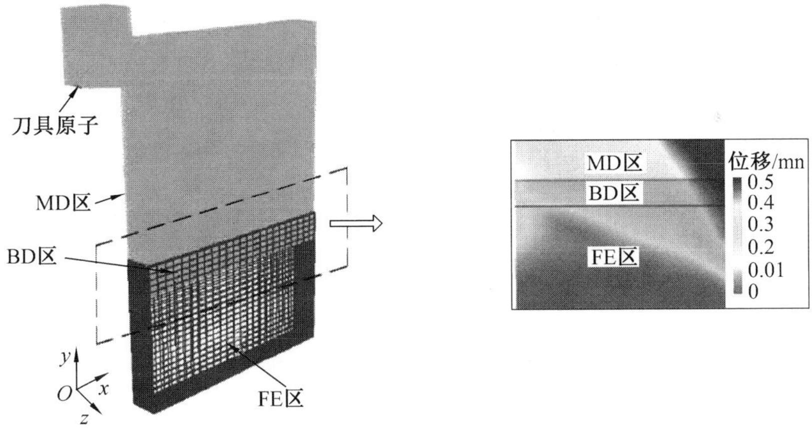

(a) 仿真模型　　(b) 位移场，切削速度 200 m/s，切削距离 10 nm

图 2 BD 法跨尺度纳米切削原理图

表 1 主要计算参数

参数	工件		刀具		后角/(°)	切削深度/nm	切削速度 v/(m·s^{-1})	系统温度/K
	材料	晶向设置	材料	前角/(°)				
BD 法切削	单晶 Cu	(100)[100]	金刚石	6	6	5	100，200 400，800	293

4　结果和讨论

4.1　材料去除机理分析

图 3 为切削速度为 200 m/s 时切削距离 *s* 分别为 1、5 和 10 nm 时工件原子的变形情况，图中云图为原子位移标量值，箭头显示原子位移向量，箭头方向表示位移矢量方向，箭头大小标明位移大小。从原子位移方向可把工件变形区分为三个区域：切屑区 A，位错形成区 B 和已加工表面区 D，如图 3(c)所示，其中位错形成区是工件亚表层缺陷的主要形成区域。切屑区工件原子位移与切削方向大约成 45°角，位错形成区与切削方向大约成-45°角，已加工表面区的原子近似垂直于已加工表面的方向向下运动。

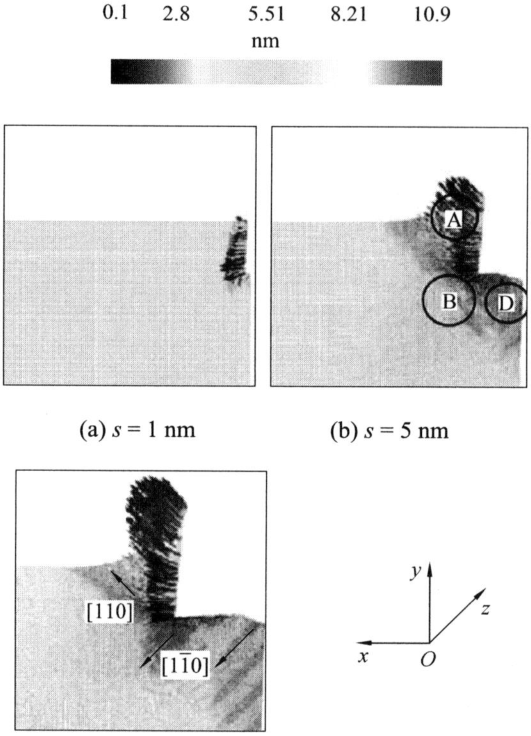

(a) $s = 1$ nm　(b) $s = 5$ nm

(c) $s = 10$ nm

图 3　不同切削距离下工件原子的变形情况

随着切削的进行，与金刚石刀具接触的最外层 Cu 原子受到切削刃的挤压和内部 Cu 原子的作用，使刀具前端和切削刃附近的 Cu 原子晶格受压发生扭曲变形。当存储在变形晶格中的应变能超过原子间结合所需能量时，Cu 原子键发生断裂以释放晶格应变能，如图 3(a)刀尖与工件接触最大原子位移处所示。从原子键断裂处工件原子运动分为两部分：一部分沿着前刀面向上向前运动逐渐形成切屑，如图 3(b)区域 A 处原子所示；另一部分向下向前移动，如图 3(b)区域 B 所示，且随着刀具的切过流回母体材料形成已加工表面。当变形过程中工件材料所受挤压产生的最大分切应力超过单晶 Cu 临界剪切应力时，工件晶格中便产生位错滑移来释放晶格应变能，如图 3(b)和(c)所示。位错主要产生在两个区域，即 A 区域和 B 区域。在 A 区域由于前刀面的挤压和剪切作用，在刀尖和工件接触的切屑根部首先形成位错，位错发射方向为[110]，如图 3(c)所示。这部分位错穿过剪切区向前运动，直到到达自由表面消失。在B 区域由于后刀面的挤压和剪切作用，在工件基体形成大量的位错，位错发射方向为[110]，如图 3(c)所示。且随着切削的进行，这部分位错相对于刀具逐渐向后移动。对应 A 和 B 区域，我们可发现原子位移方向近似和位错的发射方向一致。刀具滑过后，已加工表面区域发生弹性恢复。此时大部分位错消失，但一部分位错由于表面的吸引流向已加工表面，并露出已加工表面使已加工表面变得粗糙不平，这些位错在加工表面的突出可看作是纳米切削可达到的表面粗糙度；另一部分位错残留在工件亚表层并和其他变形原子共同构成已加工表面的变质层，如图 3(c)所示。

4.2　切削速度对工件变形的影响

图 4 显示切削距离为 10 nm 时不同速度下原子 y 方向位移的变化。在切削速度为 100 m/s 时，切屑前端工件原子由于刀具前刀面的挤压作用发生较大的堆积变形，如图 4(a)所示。这种堆积变形可看作是纳米切削加工后加工表面毛刺产生的原因。随着切削速度的提高，这种堆积变形逐渐减小，如图 4 中(b)～(d)所示。由图 4 还可看出，随着切削速度的提高，切屑变形系数减小。这主要是由于在小的切削速度下，切削过程产生的位错向前扩展的缘故，而在大的切削速度下位错尚没来得及堆积，切削就已经发生。

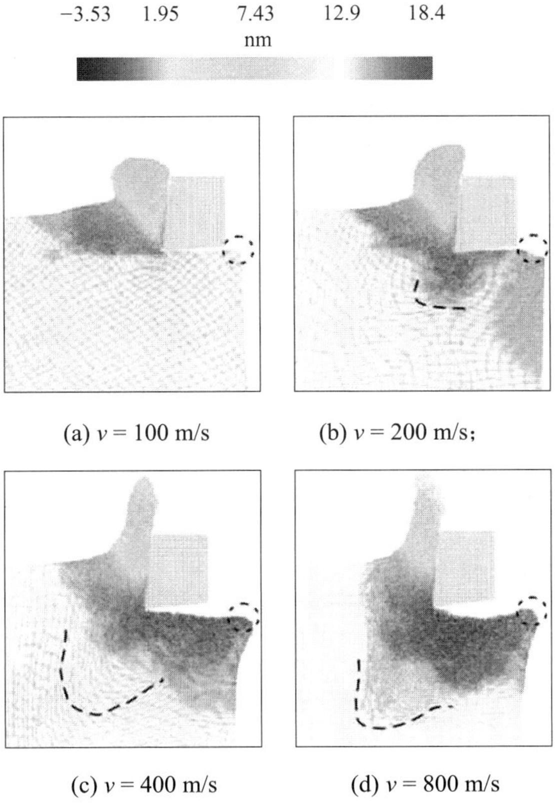

(a) v = 100 m/s　(b) v = 200 m/s;

(c) v = 400 m/s　(d) v = 800 m/s

图 4　不同切削速度下原子 y 方向位移分布云图

从已加工表面来看，切削速度为 100 m/s 时，已加工表面晶格缺陷最少。而随着切削速度的提高，工件已加工表面产生的滑移面深度变大。这点可从切削切入点处工件原子的变形方式看出，如图 4 圆圈所标区域。在切削速度为 100 m/s 和 200 m/s 时，该处工件原子朝着切削方向变形，也就是主要受刀具后刀面拉力作用；而在切削速度为 400 m/s 和 800 m/s 时，工件原子朝着切削反向变形，受到刀具大的挤压作用。这种挤压作用导致已加工表面变质层加深。

同时可看出，工件产生大量的与切削方向成 45°角的位错，如图 4 中曲线标注所示。且速度越大，这种位错传播得越深。但当切削速度为 800 m/s，远高于单晶 Cu 塑性波扩展速度[22]时，切屑已不再是晶体状态，呈散乱状，如图 4 (d)所示。该切削速度下，工件原子处在融化状态，而不是发生塑性变形，这与文献[22]所得结论一致。

4.3　切削速度对原子受力分布的影响

工件材料原子受力为其周围 Cu 原子和刀具 C 原子作用力的合力。可通过原子受力大小和分布研究工件材料变形情况。图 5 为切削速度为 200 m/s 时原子受力分布云图。由图可看出，工件受 x 和 y 方向力主要集中在工件与刀具前刀面和后刀面接触的区域。由于受到前刀面和后刀面的挤压和剪切作用，工件原子在该区主要受压力作用。刀具经过以后，已加工表面发生弹性恢复，工件表面所受压力得到一定的释放，导致已加工表面原子区域主要受拉力作用。

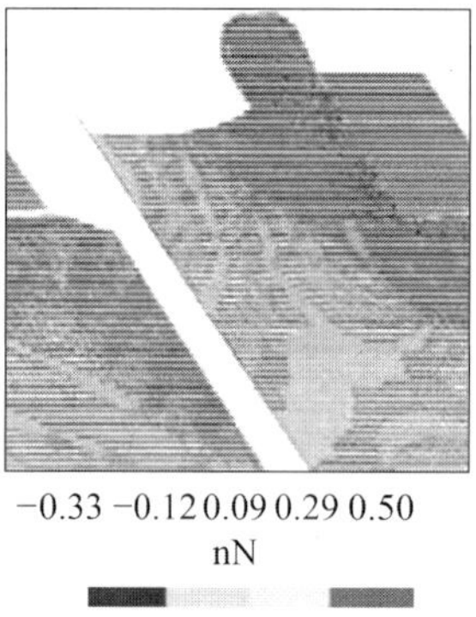

(a) x 向力

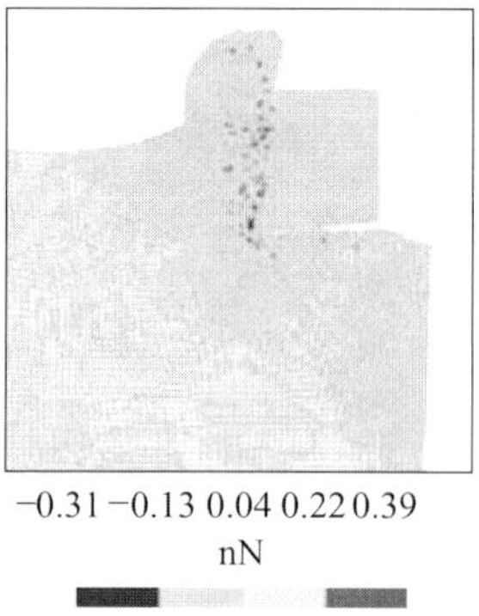

(b) y 向力

图 5　切削速度为 200 m/s 下原子受力分布云图

图 6 和 7 显示在切削距离 10 nm 时不同切削速度下工件原子 x 和 y 方向受力的统计分布结果。图中横坐标轴为每个原子受力大小，纵坐标轴为对应的原子数。从两幅图中可看出，工件原子所受力主要分布在−0. 5～0. 5 nN，近似服从 Gaussian 分布。从两幅图的局部放大图中可看出，四种不同切削速度下工件 x 和 y 方向原子受力分布相似。略有不同的是：在切削速度为 100 m/s 和 200 m/s 时，工件原子 y 方向受力分布差别不明显。

图 6 和图 7 表明工件大部分原子受力约为零，即工件的大部分原子发生弹性变形。且高的切削速度对应最多的原子受力值偏离零值越远，即受力结果偏离零值的原子越多。这表明高切削速度下，受影响的工件原子数增多，这点可以从温度角度来解释。切削速度提高，工

件原子的平均速度增加，切削区域的温度升高，导致原子的活性增强，增加对周围原子的影响。从图中也可看出，高的切削速度对应曲线与横坐标轴所围成的面积较大，即高切削速度下，工件受力原子数增多。这是由于高速切削条件下，切削区的工件原子进行重新排布的时间很短，导致切削区域位错堆积，进而增加该区域工件材料的强度。同时较高切削速下变形系数小，形成的切屑高，对刀具运动的阻碍越大，也导致原子所受力的增加。这同样验证了4.2 节的结论：工件原子受力越大，在切削区产生的位错越多。

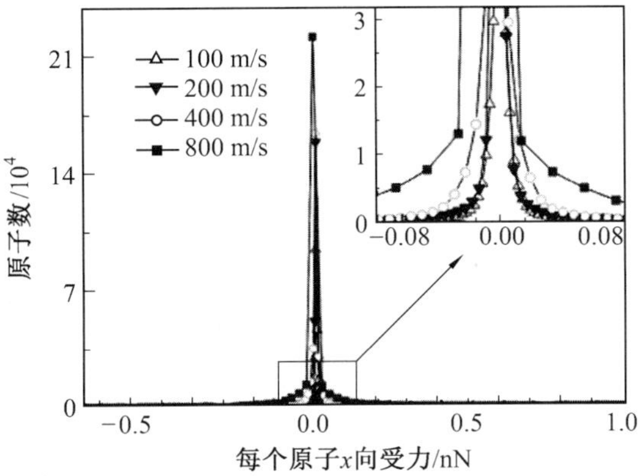

图 6　不同切削速度下原子 x 方向受力分布

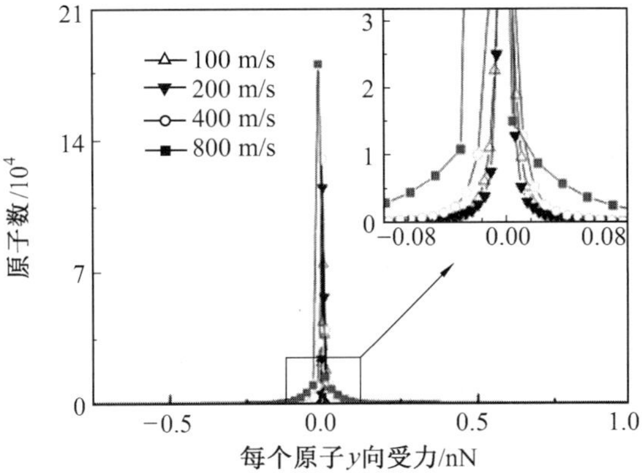

图 7　不同切削速度下原子 y 方向受力分布

5　结论

本文基于 BD 理论建立了纳米切削单晶 Cu 的跨尺度模型，该模型既实现了对纳米切削的原子级模拟，同时扩大了规模，获得了较大空间尺度上的模拟结果。模型减小了边界条件对计算结果的影响，缩短了计算时间。从原子位移角度研究了纳米切削单晶 Cu 的变形机理，把工件变形分为切屑区、位错形成区和已加工表面区三个区域。研究结果表明：位错形成区是工件亚表面缺陷的主要形成区域。切削速度远高于材料的塑性波扩展速度时，切屑和已加工表面发生非晶相变。随着切削速度的提高，工件受力原子数增多，工件切屑变形系数减小，工件切削区晶格缺陷和已加工表面变质层厚度增加。

参考文献

[1] LI Rui, HU Yuanzhong, WANG Hui, et al. Numerical distortion and effects of thermostat in molecular dynamics simulations of single-walled carbon nanotubes[J]. Chinese Physics B, 2008, 17(11): 4253-4259.

[2] XIE Hongxian, WANG Chongyu, YU Tao, et al. Dislocation formation and twinning from the crack tip in Ni_3Al: molecular dynamics simulations[J]. Chinese Physics B, 2009, 18(1): 251-258.

[3] HE Anming, SHAO Jianli, WANG Pei, et al. Plastic deformation of single-crystalline copper films with surface orientation [001] : molecular dynamics simulations[J]. Acta Physica Sinica, 2010, 59(12): 8836-8842.

[何安民, 邵建立, 王裴, 等. 单晶 Cu(001)薄膜塑性变形的分子动力学模拟[J]. 物理学报, 2010, 59(12): 8836-8842.]

[4] WANG Hailong, WANG Xiuxi, WANG Yu, et al. Atomistic simulation of stress-induced crystallization behavior during the indentation process for amorphous Cu[J]. Acta Metallurgica Sinica, 2007, 43(3): 259-263.

[王海龙、王秀喜、王宇、梁海弋压痕过程中非晶 Cu 形变诱导晶化行为的原子模拟[J].金属学报, 2007, 43(3): 259-263.]

[5] IKAWA N, SHIMADA S, TANAKA H, et al. Ultraprecision metal cutting-the past, the present and the future[J]. CIRP Annals-Manufacturing Technology, 1991, 40(2): 587-594.

[6] MAEKAWA K, ITOH A. Friction and tool wear in nano-scale machining-a molecular dynamics approach[J]. Wear, 1995, 188(1-2): 115-122.

[7] KIM J D, MOON C H. A study on microcutting for the configuration of tools using molecular dynamics[J]. Journal of Materials Processing Technology, 1996, 59(4): 309-314.

[8] KOMANDURI R, CHANDRASEKARAN N, RAFF L M. Orientation effects in nanometric cutting of single crystal materials: an MD simulation approach[J]. CIRP Annals-Manufacturing Technology, 1999, 48(1): 67-72.

[9] FANG F Z, WU H, LIU Y C. Modelling and experimental investigation on nanometric cutting of monocrystalline silicon[J]. International Journal of Machine Tools and Manufacture, 2005, 45(15): 1681-1686.

[10] MILLER R E, TADMOR E B. The quasicontinuum method: overview, applications and current directions[J]. Journal of Computer-Aided Materials Design, 2002, 9(3): 203-239.

[11] LIU W K, KARPOV E G, ZHANG S, et al. An introduction to computational nanomechanics and materials[J]. Computer Methods in Applied Mechanics and Engineering, 2004, 193(17-20): 1529-1578.

[12] ZHAO Xing, LI Jiuhui, WANG Shaoqing, et al. Quasicontinuum method simulation of the initial plastic deformation of single crystal Cu in nanoindentation[J]. Acta Metallurgica Sinica, 2008, 44(12): 1455-1460.

[赵星, 李久会, 王绍青, 等. 纳米压痕实验中单晶 Cu 初始塑性变形的准连续介质模拟[J]. 金属学报, 2008, 44(12): 1455-1460.]

[13] JIANG Wugui, LI Junwan, SU Jjianjun, et al. Quasicontinuum simulation of the single-crystal copper in nanoindentation[J]. Acta Mechanica Solida Sinica, 2007, 28(4): 375-379.

[江五贵, 黎军顽, 苏建君, 等. 纳米压痕试验中压头尺寸效应的准连续介质法分析[J].固体力学学报, 2007, 28(4): 375-379.]

[14] WANG Huatao, QIN Zhaodong, NI Yushan, et al. Multi-scale simulation of the deformation in nano-indentation under different crystal orientations[J]. Acta Physica Sinica, 2009, 58(2): 1057-1063.

[王华滔, 秦昭栋, 倪玉山, 等. 不同晶体取向下纳米压痕的多尺度模拟[J].物理学报, 2009, 58(2): 1057-1063.]

[15] SHAO Yufei, WANG Shaoqing. Quasicontinuum simulation of crack propagation in nanocrystalline Ni[J]. Acta Physica Sinica, 2010, 59(10): 7258-7265.

[邵宇飞, 王绍青. 基于准连续介质方法模拟纳米多晶体 Ni 中裂纹的扩展[J]. 物理学报, 2010, 59(10):

7258-7265.]

[16] XIAO S P, BELYTSCHKO T. A bridging domain method for coupling continua with molecular dynamics[J]. Computer Methods in Applied Mechanics and Engineering, 2004, 193(17-20): 1645-1669.

[17] TADMOR E B, ORTIZ M, PHILLIPS R. Quasicontinuum analysis of defects in solids[J]. Philosophical Magazine A, 1996, 73(6): 1529-1563.

[18] ANCIAUX G, COULAUD O, ROMAN J. High performance multiscale simulation or crack propagation[C]. Columbus: International Conference on Parallel Processing Workshops, 2006.

[19] ANCIAUX G. Introduction of the LibMultiScale [EB/OL]. http:// libmultiscale. gforge. inria. fr / index. html, 008.

[20] DAW M S, BASKES M I. Embedded-atom method: Derivation and application to impurities, surfaces, and other defects in metals[J]. Physical Review B, 1984, 29(12): 6443-6453.

[21] GIRIFALCO L A, WEIZER V G. Application of the morse potential function to cubic metals[J]. Physical Review, 1959, 114(3): 687-690.

[22] SHIMIZU J, ZHOU L B, EDA H. Simulation and experimental analysis of super high-speed grinding of ductile material[J]. Journal of Materials Processing Technology, 2002, 129(1-3): 19-24.

Multiscale Simulation of Nanometric Cutting of Single Crystal Copper and Its Experimental Validation

Hongmin Pen[a,b] Yingchun Liang[a] Xichun Luo[b,*] Qingshun Bai[a] S. Goel[b] J. M. Ritchie[b]

([a]School of Mechatronics Engineering, Harbin Institute of Technology, Harbin 150001, China;

[b]School of Engineering and Physical Sciences, Heriot-Watt University, Edinburgh EH14 4AS, UK)

Abstract: In this paper a multiscale simulation study was carried out in order to gain in-depth understanding of machining mechanism of nanometric cutting of single crystal copper. This study was focused on the effects of crystal orientation and cutting direction on the attainable machined surface quality. The machining mechanics was analyzed through cutting forces, chip formation morphology, generation and evolution of defects and residual stresses on the machined surface. The simulation results showed that the crystal orientation of the copper material and the cutting direction significantly influenced the deformation mechanism of the workpiece materials during the machining process. Relatively lower cutting forces were experienced while selecting crystal orientation family {111}. Dislocation movements were found to concentrate in front of the cutting chip while cutting on the (111) surface along the [$\bar{1}$10] cutting direction thus, resulting in much smaller damaged layer on the machined surface, compared to other orientations. This crystal orientation and cutting direction therefore recommended for nanometric cutting of single crystal copper in practical applications. A nano-scratching experiment was performed to validate the above findings.

Keywords: nanometric cutting mechanism; multiscale simulation; nano-scratching; defect structures; microstructures

1 Introduction

Single crystal copper has found its wide applications for the fabrication of high accurate instruments and civil communication equipments because of its explicit properties, such as signal transportation and fatigue resistance[1-3]. Nanometric cutting, in which depth of cut is less than 100 nm, is a perfect choice to fabricate microstructures required for such intrinsic products.

通讯作者：Tel.: +44 131 4513197; fax: +44 131 4513129. E-mail address: x.luo@hw.ac.uk (X.C. Luo).

文章发表信息：Computation Materials Science, 2011, 50: 3431-3441.

Nanometric cutting offers nanometer level surface roughness and submicron form accuracy which can meet the demand on high accuracy for these products. In nanometric machining operation, the ratio of cutting edge radius to the depth of cut is larger which is indeed the distinguishing feature compared to conventional machining[4]. On the other hand, some phenomena in nanometric cutting are difficult to observe by experimental means due to the complexity and miniaturization of the cutting process. However, computational simulation method provides an alternative way to accomplish the “on-line” observation of the machining process.

Since the late 1980s Molecular Dynamics (MD) simulation method has been used to study nanometric cutting processes. Ikawa et al.[5] proposed that the sharpness of the diamond tool had a strong influence on the minimum thickness of cut. Maekawa and Itoh[6] investigated the phenomena of tool wear of a diamond-like tool in micro-machining of single crystal copper. Kim and Moon[7] studied the phenomenon of microcutting with sub-nanometer chip thickness. Kim et al.[8] conducted a three dimensional MD simulation for AFM-based nano-lithography process which showed that different crystal orientations and ploughing directions had significant influences on the nano-deformation patterns. Liang et al.[9] conducted an integrated MD simulation of scratching and shearing experiments on a single crystal copper specimen. They suggested that the yielding strength of a small-size nanostructure was very sensitive to the imperfection and defect of the copper surface. Zhang et al.[10] simulated the groove fabrication process at atomistic scale using MD method. Results showed that the groove geometry had a huge impact on the groove machining process. In addition, MD method has been extensively applied for the simulation of nanometric cutting, nanoscratching and chemical mechanical polishing processes for other materials, such as silicon, aluminum and multi-layered films[11-14]. However, due to the limitations of computational power, the dimensions of a MD simulation model were usually in the range of few nanometers. Simulation of the full scale of nanometric cutting is still a challenging task.

In recent years, multiscale simulation approach has been developed in the computational materials area. The philosophy of this approach is to retain full atomistic details in the regions of interest but uses continuum assumption in the other regions so as to reduce the computational demand. Multiscale method has been used to correlate the mechanical properties of materials with their microstructures [15, 16] very little work has been carried out to apply this approach in the study of nanometric cutting. Furthermore, nanometric cutting is basically a multiscale deformation process. The generation, evolution and pile-up of the nanometer level dislocations and breakage of the atomic bonds in the cutting region determine the mechanism of nanometric cutting process. It is essential to explore the atomistic mechanism in this region using MD method. The residual stress in the machined surface and subsurface is a crucial factor for the service performance of the final products. Continuum methods, such as finite element method, can be used to analyze the micro-scale deformation features which are related to the generation of the residual stress. With continuum method the computational time can be saved significantly. In this paper, a multiscale simulation method, Quasicontinuum (QC) [17] was used to study the effect of crystal orientation and the cutting direction on the deformation mechanism in nanometric cutting of single crystal copper.

2　Multiscale simulation model

The multiscale nanometric cutting model is shown in Fig. 1. This model has a plane strain configuration with thickness in the out of plane direction which is equal to the minimal repeat distance in the z direction. Periodic boundary condition was applied in the x and y directions respectively. In this model fix boundary conditions were applied to the nodes in the right and bottom sides of the workpiece. A diamond tool with a cutting edge radius of 5 nm was used to cut the free surface of the workpiece. The region close to the cutting surface was simulated with atomic resolution, while the remaining regions are simulated according to a continuum framework. Finite element nodes were meshed to atomistic size by using the remeshing technology in the cutting region. This multiscale simulation model needs approximately 100 representative atoms against the requirement of 3×10^5 atoms of a similar size atomistic model thus, saves computational time. In this study six setups of the crystal orientation of the copper workpiece and the cutting direction were chosen to be adopted in the simulation in order to study their effects on the machining mechanism. The process parameters used in the simulations were summarized in Table 1.

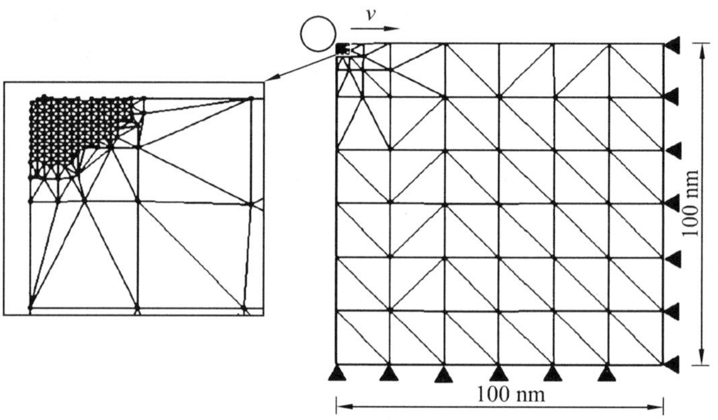

Fig. 1　Multiscale model of nanometric cutting

Table 1　Computational parameters used in simulations

Parameters	2-D multiscale cutting model
Workpiece material	Copper, EAM, potential
Workpiece dimensions	0.1×0.1 μm
Tool edge radius	5 nm
Depth of cut	3 nm
Cutting speed	20 m/s
Workpiece orientation	(001) $[\bar{1}10]$ (001)[110][001]
	(110) $[\bar{1}10]$ (111) $[\bar{1}10]$ (111) $[\bar{2}11]$

3 Simulation results and discussions

3.1 The analysis of material removal mechanism

3.1.1 (001) orientation and $[\bar{1}10]$ cutting direction setup

Fig. 2 shows the workpiece deformation under different time steps during the nanometric cutting process when the (001) workpiece surface was cut along the $[\bar{1}10]$ direction. It could be seen that when the tool advanced towards the workpiece, the workpiece began to deform. The workpiece material atoms would be rearranged when the strain energy reserved in the deformed lattice was larger than the binding energy of the workpiece atoms. On the other hand, when the primary shear stress generated by the intrusion action of the cutting tool was larger than the critical shear stress of single crystal copper, dislocation slips would be generated in the lattices to release the strain energy (as shown in Fig. 2(a)). There were more dislocations generated as the tool advances. Because of the intrusion and the shear action of the tool, some dislocations moved forward along the tool rake face and gradually formed a chip. Some dislocations moved along the lower left side and flew back to the workpiece bulk to form the machined surface as the tool passed by. Meanwhile, elastic recovery occurred in the machined surfaces. At this time, majority of dislocations disappeared, but one portion of dislocation slid and emerged in the machined surface. The emergence of dislocations caused an uneven surface, which could be called the surface roughness in the nanometric cutting progress. As shown in Fig. 2(c), there were still some dislocations remained in the bulk of workpiece and formed a deformation layer. The above analysis unveiled the basic deformation mechanism in nanometric cutting of single crystal copper. However, under different combinations of crystal orientation and cutting directions the deformation process will show different characteristics in various aspects such as generation and evolution of dislocations and surface recovery. These differences will be discussed in the following sessions.

Due to the intrusion action of the tool edge, the slip plane $(\bar{1}11)$ activated continuously, thus the generated dislocations continued to move forwards and backwards. Some dislocations moved backward to the bulk of the workpiece surface and appeared underneath the machined surface which aroused a large plastic deformation near the initial cutting point, as shown in Fig. 2(a). Some dislocations moved forwards along the slip planes with an angle of 55° to the cutting direction across the shear area and eventually disappeared on the free surface. At this time, the materials were removed and chips are generated. But there were no obvious shear band observed. The main reason was that the movement of dislocations was not exactly along the slip planes but along a bended direction due to the intrusion action of the tool cutting edge.

As the tool advanced, the workpiece materials in the lower right side of the contact region between the tool and the workpiece slipped along the slip plane $(1\bar{1}1)$ which has an angle of about −55° to the cutting direction. Surface elastic recovery occurred as these dislocation slips moved backwards. At the same time, new dislocation slips were generated along the slip plane $(\bar{1}11)$.

These dislocations moved below the workpiece surface and generated jogs. Many dislocation reactions like this could be observed to take place on the bottom of the tool cutting edge. The jogs or kinks generated by these dislocation reactions would block the successive movement of dislocations. Since the dislocation movement remained confined, the crystal lattice below the tool edge deformed severely (as shown in Fig. 2(c)). It can be seen from Fig. 2(c)-(d) that the dislocations which have a jog reaction showed no obvious movement after a cutting distance of 3 nm. A lot of jogs reactions and the intrusion of tool caused the subsurface hardening.

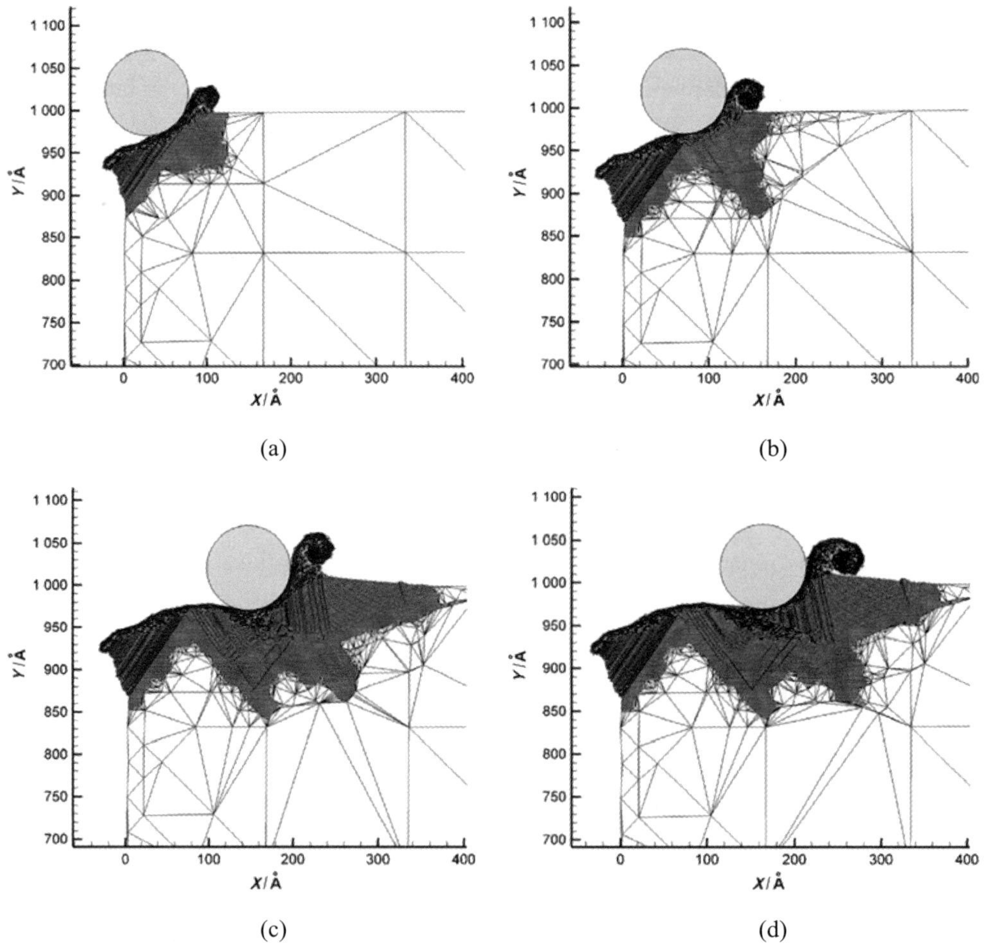

Fig. 2 Snapshots of the multiscale simulation at the cutting distances of 8 nm (a), 12 nm (b), 18 nm (c) and 21 nm (d) in (001) $[\bar{1}10]$ orientation setup

Fig. 2(c)-(d) also indicates that the angle between the cutting direction and the slip planes in the front of the tool became large and the crystal lattices of material rotated. This meant that the material had a whole deformation under the intrusion action of the cutting tool.

3.1.2 (001) orientation and [100] cutting direction setup

Fig. 3 shows the workpiece deformation under different cutting distances during the nanometric cutting process when the (001) surface was cut along the [100] direction. There were dislocations emitted in the subsurface and in front of the tool cutting edge. But there was no obvious piled deformation like that appears under the (001) $[\bar{1}10]$ setup. This phenomenon indicated that the material is not amendable to machining using this combination of crystal orientation and cutting direction.

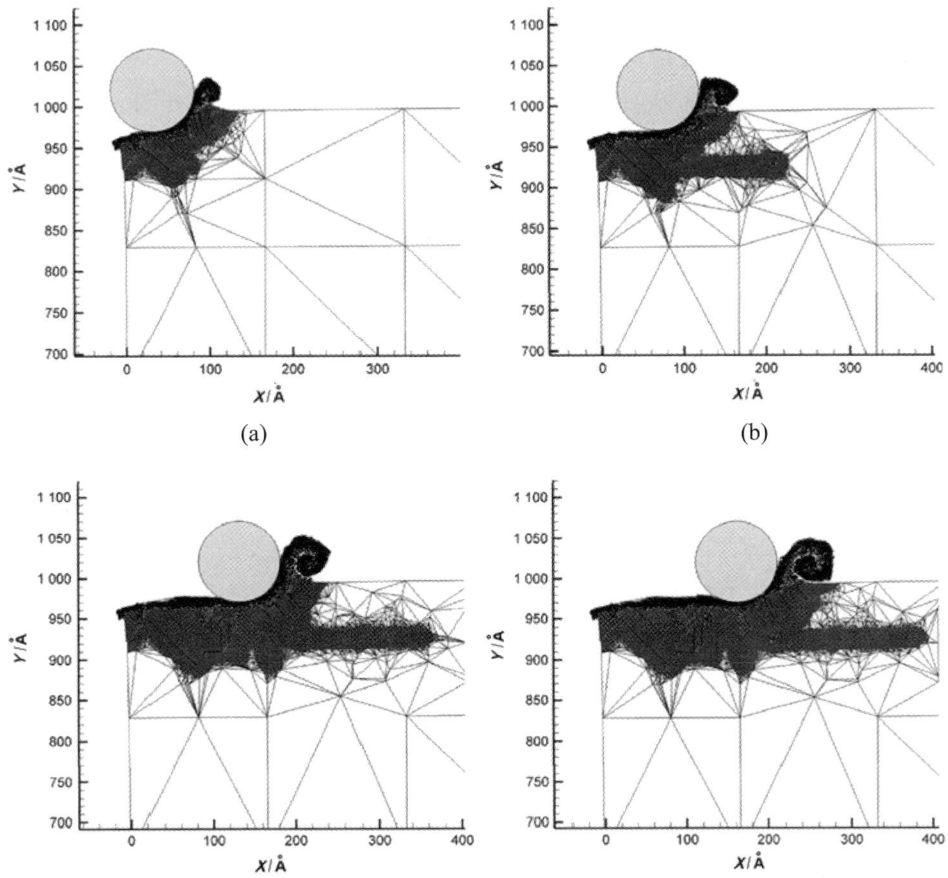

(a) (b)

(c) (d)

Fig. 3 Snapshots of the multiscale simulation at the cutting distances of 8 nm (a), 12 nm (b), 18 nm (c) and 21 nm (d) in the (001)[100] orientation setup

3.1.3 (110) orientation and [001] cutting direction setup

Fig. 4 shows the workpiece deformation under different time steps during the nanometric cutting process when the (110) surface was cut along the [001] direction. The dislocations emitted along the slip surface e11_1T soon after the contact of the tool edge and the workpiece. Due to a short cutting distance, these dislocations moved across the shear zone and went out of the surface of the workpiece and formed steps which resulted in the generation of the cutting chips. These slip planes had an angle of around 35° to the cutting direction which indicated a phenomenon of shear bank like traditional cutting. This meant that the deformation of the workpiece was mainly based on the shear action in this orientation setup. As the tool advanced, some dislocations emitted along the slip plane (111), as shown in Fig. 4(a). The dislocations which emitted along an angle of around 35° to the cutting direction move towards the shear zone and help to remove the materials although few of them moved backwards. This type of shear band made the intrusion action of the tool cutting edge to be released timely, so the cutting action had a little effect on the deformation ahead of the chip. Dislocations along the plane (111) emit and move deep into the workpiece with further advancement of the tool. From Fig. 4(d), it could be seen that the dislocation length increased up to a length of 17 nm as there was no restriction on the other slip planes. A thickness of 0.5 nm of elastic recovery layer in the machined surface was observed under this orientation and cutting direction setup.

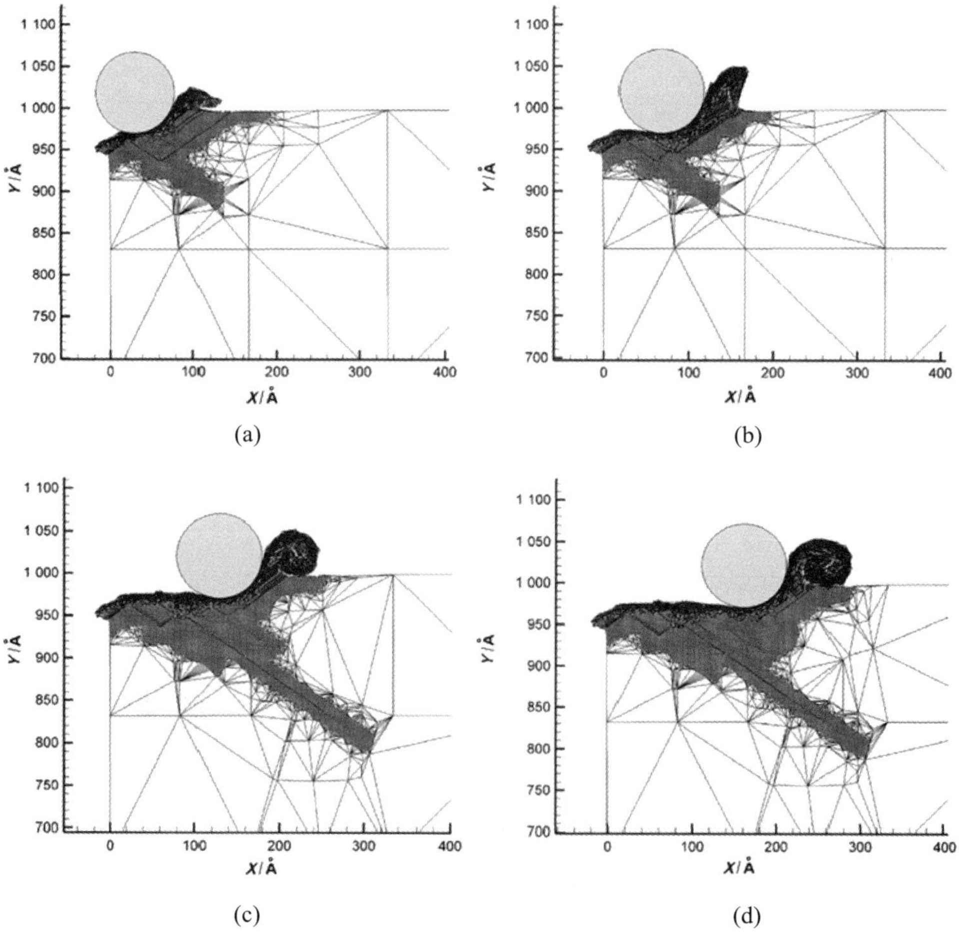

Fig. 4　Snapshots of the multiscale simulations at the cutting distances of 8 nm (a), 12 nm (b), 18 nm (c) and 21 nm (d) in the (110)[001] orientation setup

3.1.4 (110) orientation and $[\bar{1}10]$ cutting direction setup

Fig. 5 shows the workpiece deformation during the nanometric cutting process when the (110) surface was cut along the $[\bar{1}10]$ direction. The cutting chip started to generate soon after the cutting action took place. There was little plastic deformation near the initial cutting point. This deformation mechanism was similar to that observed under the (001)[100] setup. The reason was that the {111}-type planes were precluded in these two orientations due to the application of plane strain conditions in this multiscale cutting model. It also resulted in the plastic deformation because of the climb of the dislocations which indicated that the cutting action was not stable when the material properties were changed because of the confinements from the grain boundary, dislocation lock and impurity in the workpiece materials.

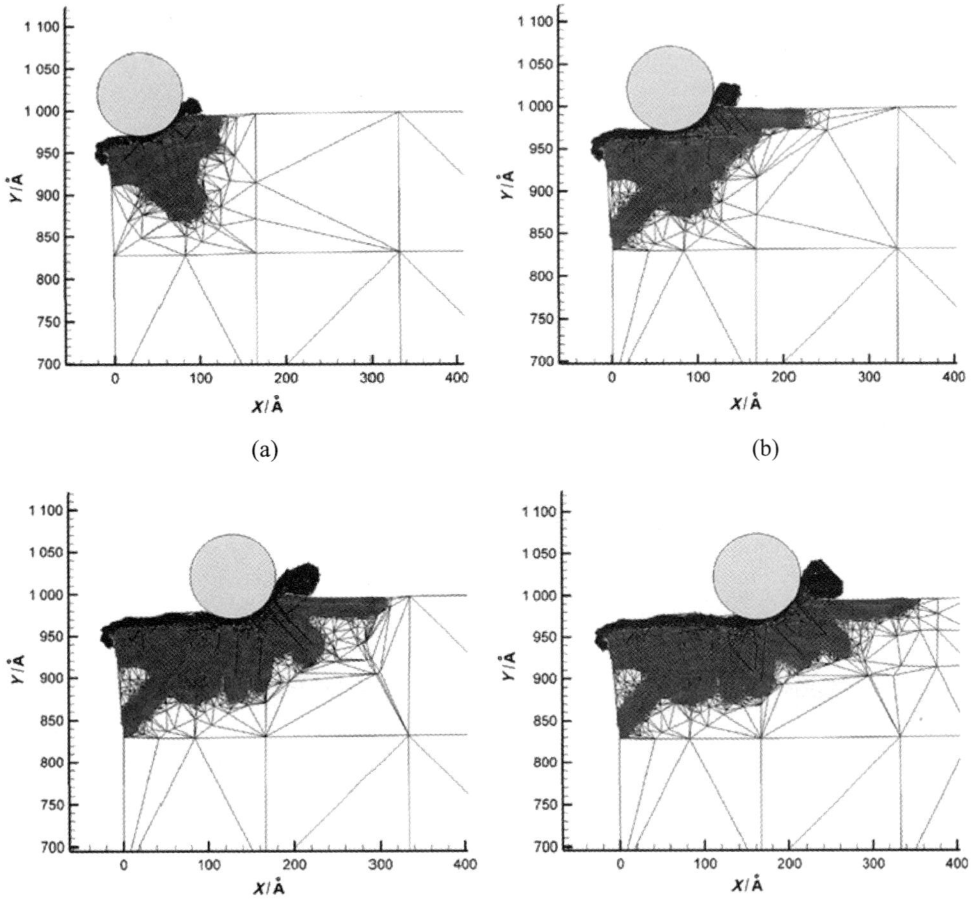

(c) (d)

Fig. 5 Snapshots of the multiscale simulation at the cutting distance of 8 nm (a), 12 nm (b), 18 nm (c) and 21 nm (d) in the (110) $[\bar{1}10]$orientation setup

3.1.5　(111) orientation and $[\bar{1}10]$ cutting direction setup

Fig. 6 shows the workpiece deformation under different time steps during the nanometric cutting process when the (111) surface was cut along the $[\bar{1}10]$ direction. Under this combination the cutting direction remained parallel to the slip planes of the single crystal copper. After the initial contact of the tool and the workpiece, crystal slips were generated in the two layers near the surface of the workpiece along the slip plane (111). The partial dislocations emitted forwards quickly. The atoms contacting with the tool rake face were intruded out to form the cutting chip, as shown in Fig. 6(a). When these partial dislocations emitted to some extent, distorted deformation took place at a place of 15 nm from the tool rake face. This deformation caused a blow-up in the surface of the workpiece, which prohibited the evolvement of the dislocations moving forwards. After that, new partials emitted along the (111) slip plane, which resulted in parts of workpiece appeared above this slip plane and moved forwards. This phenomenon could be seen in Fig. 6(b). As the cutting loads increased, some atoms ahead of the tool rake face moved up due to the intrusion of the cutting tool. This movement blocked the continuous evolvement of the partial dislocations.

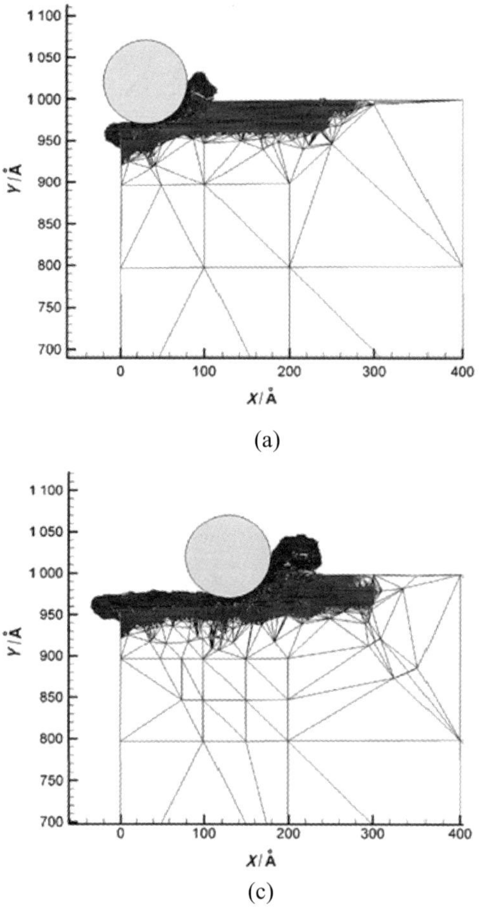

Fig. 6　Snapshots of the multiscale simulation at the cutting distance of 8 nm (a), 12 nm (b), 18 nm (c) and 21 nm (d) in the (110) $[\bar{1}10]$ orientation setup

3.1.6 (111) orientation and $[\bar{2}11]$ cutting direction

Fig. 7 shows the workpiece deformation under different time steps during the nanometric cutting process when the (111) surface was cut along the $[\bar{2}11]$ direction. Similar to earlier observation on the (110)$[\bar{1}10]$ orientation setup, the partial dislocations emitted along the (111) slip plane near the contact region soon after the tool advanced. But under this orientation setup only partial dislocations along the (111) slip plane were activated. The dislocations on the finished surface slipped along the direction of 70° to the cutting direction which tended to move towards the subsurface. On the other hand, dislocations moved upwards in the shear zone. Shear band could be seen similar to the earlier observation on the (110)[001] orientation setup. Under a cutting distance of 20 nm, the deepest dislocation had already moved to a position of 13 nm from the machined surface. The distinguishing feature of the cutting process from the (110) $[\bar{1}10]$ orientation was that the dislocations along the (111) plane had moved to a position of 55 nm away from the tool rake face. The main reason for this phenomenon was that the dislocations could move forward because a part of energy could be released by the (111) slip plane after the dislocations moved to some extent. Similar to the other orientations setups above, there occurred elastic recovery on the machined surface as the tool passes by.

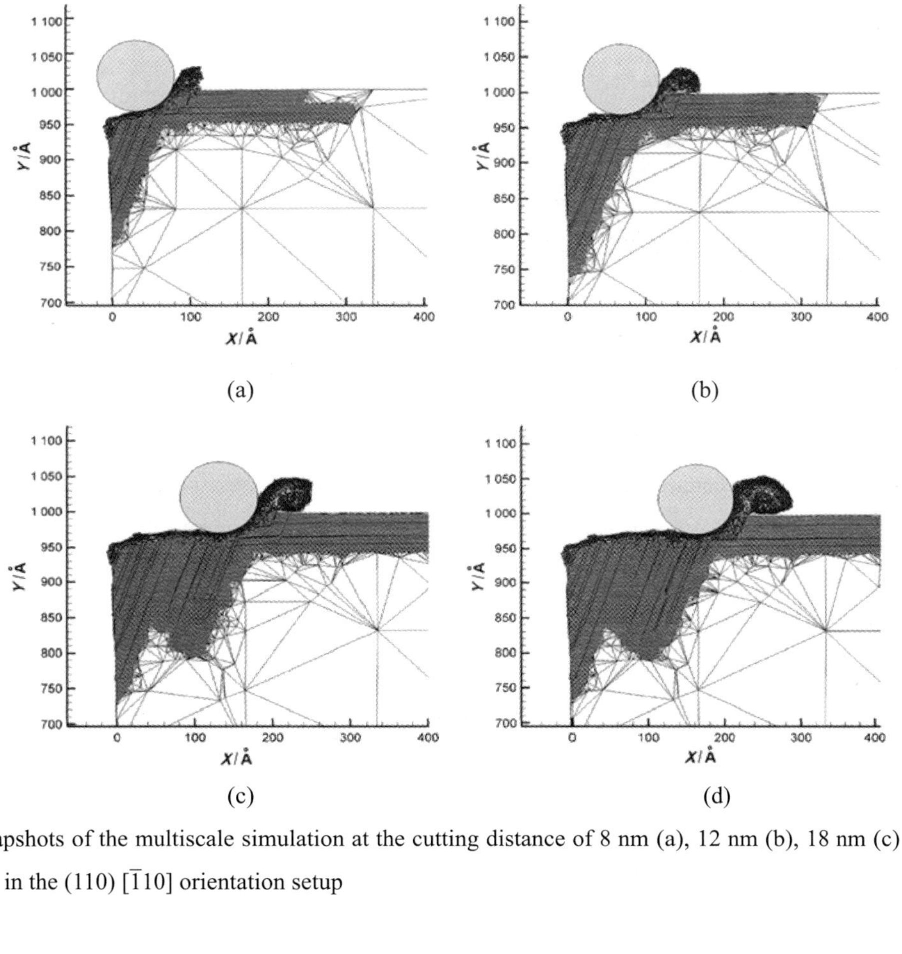

Fig. 7 Snapshots of the multiscale simulation at the cutting distance of 8 nm (a), 12 nm (b), 18 nm (c) and 21 nm (d) in the (110) $[\bar{1}10]$ orientation setup

3.2 Cutting forces and friction coefficients

3.2.1 Cutting forces

Fig. 8 shows the variation of cutting forces for a combination of (001)[100] orientation. The forces were found to be stable at about a cutting distance of 3 nm. The normal cutting force remained larger than the tangential force. This meant that the tool had a large intrusion action to the workpiece. The fluctuations of the cutting forces were caused by the generation and evolution of the dislocations.

Fig. 9 represents the average tangential cutting forces F_x, normal cutting forces F_y and resultant forces F_s at different crystal orientations and cutting directions setups. The cutting force was obtained as an average value among 10–20 nm cutting distance. The value of F_x was found to be relatively lower in the (111) $[\bar{2}11]$ orientation setup followed by (111) $[\bar{1}10]$ combination. This indicated that the F_x in the crystal orientation family {111} remained lower compared to those in the {100} and {110} crystal orientation families. This conclusion is consistent with the theory suggesting that low tangential cutting force should be observed in the easiest slip plane in the FCC type materials (i.e. (111) [110]).

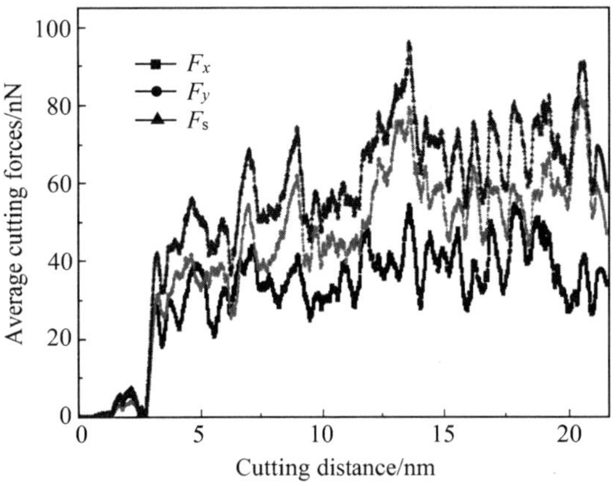

Fig. 8 The variation of the cutting forces with the cutting distances in the (001)[100] orientation

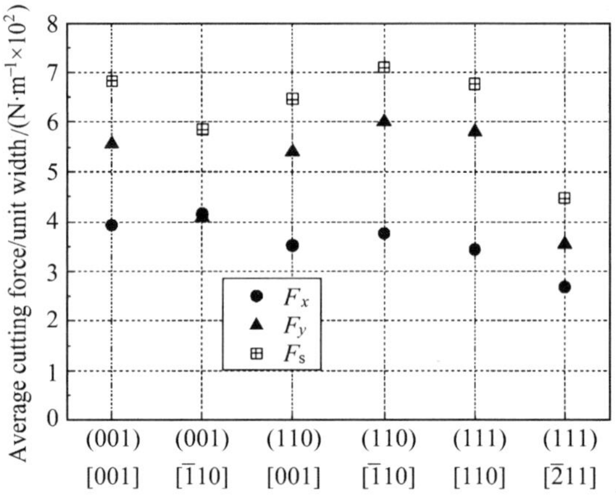

Fig. 9 The variations of the cutting forces at different orientation setups

3.2.2 Average friction coefficients

Fig. 10 shows the ratio of F_x to F_y under different orientation setups. This ratio could be defined as friction coefficient between the workpiece and the tool. It could be seen that the friction coefficients were all above 0.55 under the orientation setups.

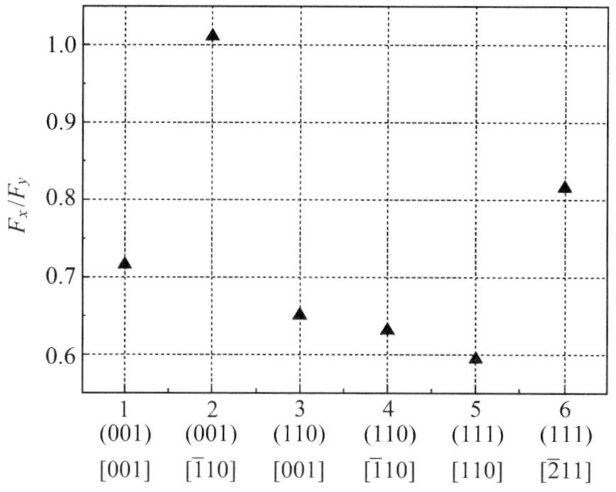

Fig. 10 The values of F_x/F_y at different orientation setups

3.3 The distribution of residual stress in the machined surface

Fig. 11 shows the distribution of Von Mises equivalent stress at six different crystal orientations and cutting directions setups when the cutting distances reached 20 nm. High stress values were observed in the regions of the dislocation emission. This meant that the workpiece materials deformed severely near the dislocations. The simulation results showed that under these orientation setups the effective stress in the cutting region were all higher than 10 GPa. This value was in excellent agreement with the earlier reported value by Liang et al. [17]. Since the theoretical yield strength of the single crystal copper (9.73 GPa) [18], was lower than this value, it helped to break the bonds of the copper atoms and removed the materials.

Comparing Fig. 11(a) to (b), it could be seen that the stress layer remained thinner under the (111) [$\bar{1}$10] orientation setup which was an indication of minimal subsurface damage using this orientation setup.

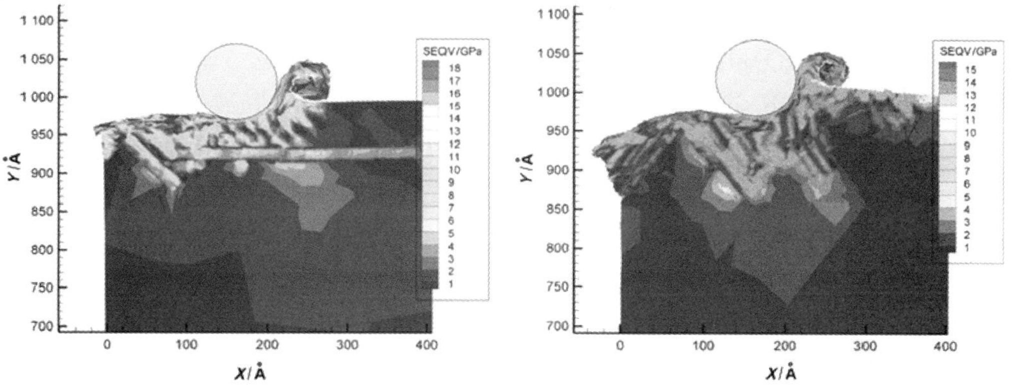

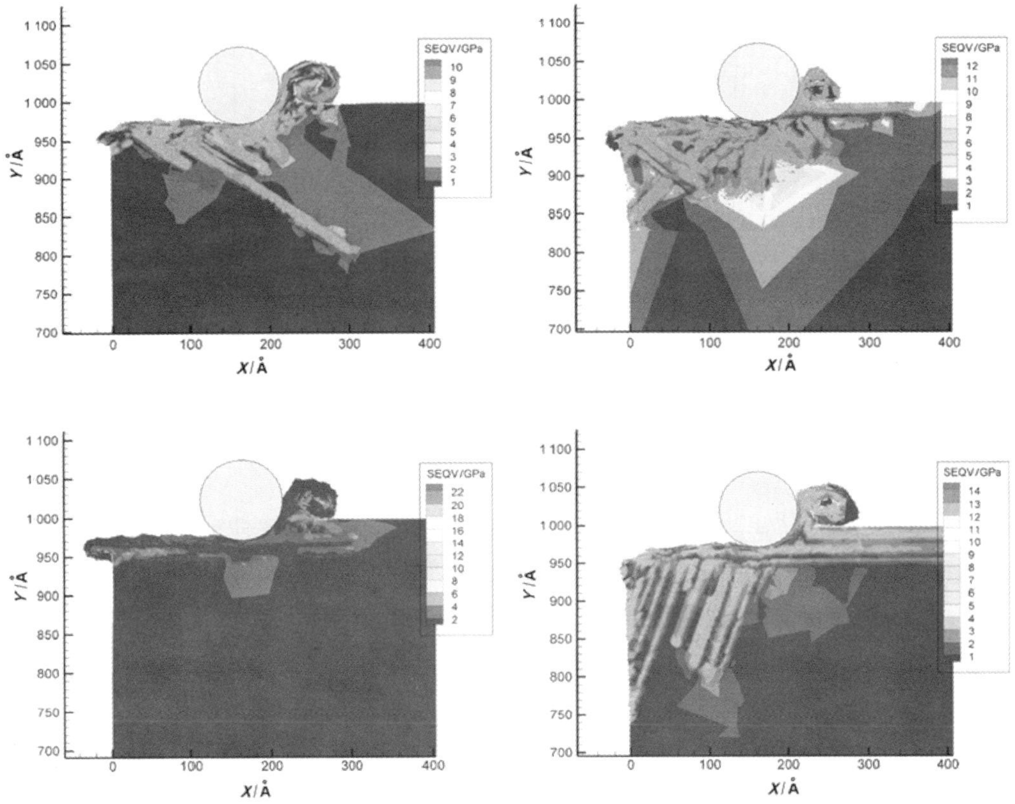

Fig. 11　Contour distribution of Von Mises equivalent stress at cutting distance of 20 nm. Units: coordinates Å and contour plots GPa

4　Experimental validation

4.1　Nano-scratching experiments

Nano-scratching experiments were carried out to emulate the nanometric cutting process and validate the multiscale simulation. The material of the single crystal copper was prepared by the Bridgeman method. Its crystal orientation was determined by an X-ray orientation device (YX-2). The crystal orientations and cutting directions used in the experiments were shown in Fig. 12. The sample material was cut into six rectangle blocks of 10 mm×10 mm×3 mm (in length, width and height). The surface of the copper specimens was polished to remove surface residual stresses before the nanoscratching experiments.

The nano-scratching experiment was performed on a Hysitron Tribo Indenter on which a conical indenter with a 1 lm tip radius was used. During the experiment the ambient temperature was kept at 20 ℃. Six scratching experiments were carried out on each specimen by using six different loads (100, 400, 700, 1000, 1 300 and 1 600 μN respectively) as per the multiscale simulations.

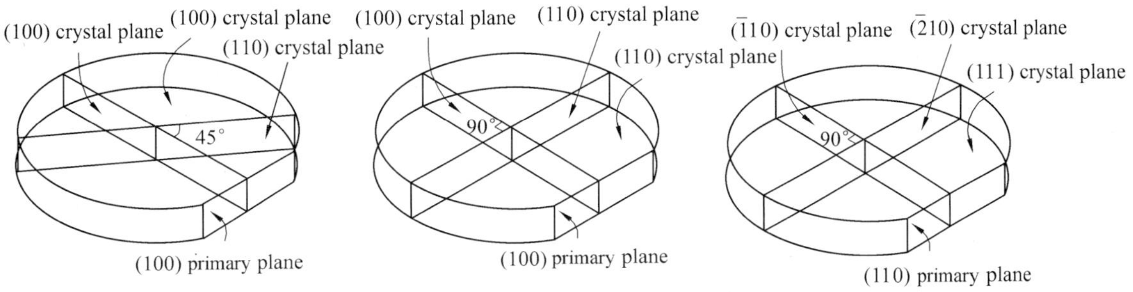

(a) (100)　　(b) (110)　　(c) (111)

Fig. 12　Schematic diagram of the different orientations and directions setup used in the nano-scratching

4.2　Experimental results

Fig. 13 represents the surface topography of the single crystal copper at different orientation setups after the nano-scratching experiments under a normal load of 1 000 μN. It could be seen that there were side flows to some extent on both sides of furrows. A lot of pile-ups were observed ahead of the furrows. Obvious differences were observed in terms of the directions and heights of the side flows and pile-uped ahead of the furrows under different orientation setups. This phenomenon may have been caused by the fact that the different patterns of dislocation slips were in existence under the different orientation setups which in principle determined the level and format of plastic deformation of the single crystal copper in nanometric cutting.

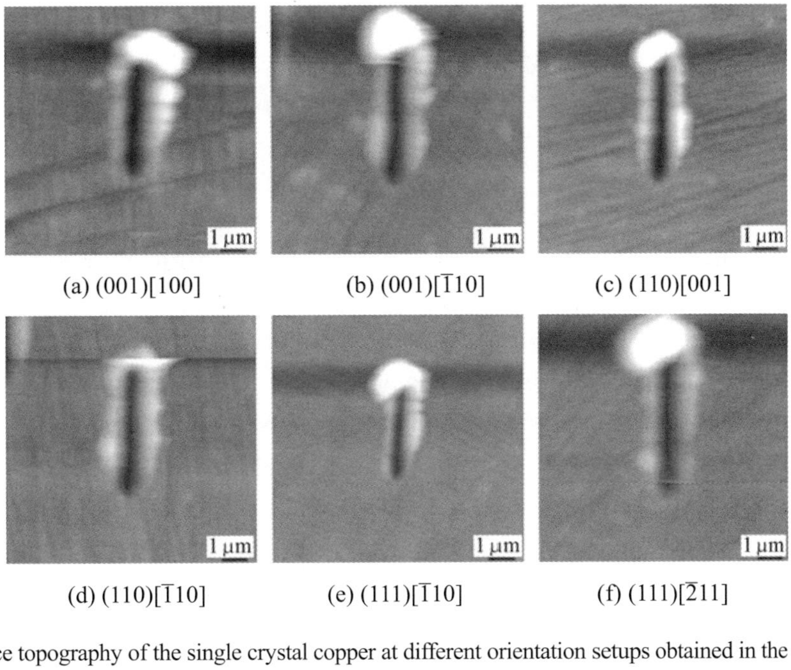

(a) (001)[100]　　(b) (001)[$\bar{1}$10]　　(c) (110)[001]

(d) (110)[$\bar{1}$10]　　(e) (111)[$\bar{1}$10]　　(f) (111)[$\bar{2}$11]

Fig. 13　Surface topography of the single crystal copper at different orientation setups obtained in the nano-scratching

Fig. 14 represents the variation of the tangential forces under different scratching depths. It can be seen that the tangential forces increased with the increment of the cutting depths. The tangential forces remain almost the same value when scratching the (001) and the (110) faces of the copper specimens. However, the tangential forces for scratching the (111) face of the copper specimen were much smaller than those measured in scratching the (001) and the (110) faces which were consistent with the simulation results. The variation of the tangential cutting forces in different orientation was also consistent with the experimental results obtained by ultra precision diamond turning experiment [19].

Fig. 15 represents the variation of the friction coefficients under different normal loads. It could be seen that the friction coefficients showed an obvious increase with the rise of the normal loads when the loads were lower than 700 μN. When the normal loads were larger than 1 000 μN, the friction coefficients became stable. The value of friction coefficient remained lower while using (111) $[\bar{1}10]$ orientation leading to good surface quality which was again consistent with the simulation result.

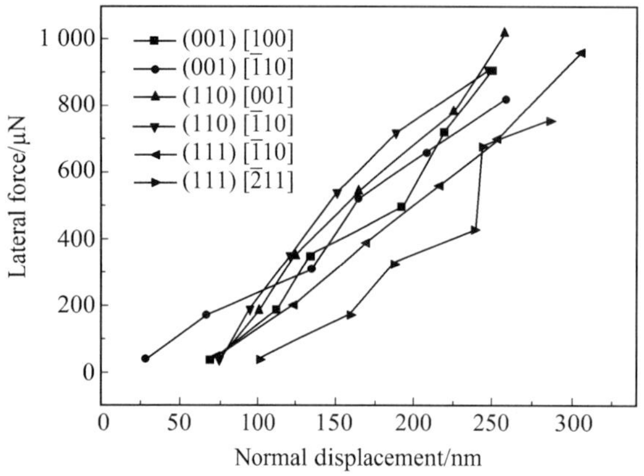

Fig. 14 Normal displacements under different normal loads in the nano-scratching

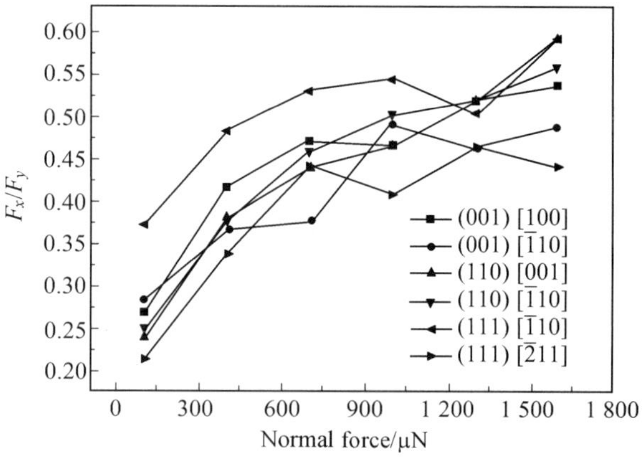

Fig. 15 The friction coefficients under different normal loads in the nano-scratching

5 Conclusions

In this paper QC method was utilized to build a multiscale model for nanometric cutting of single crystal copper. The resulting chip morphology, generation and evolution of defects, residual stresses and cutting forces were analyzed under different crystal orientations and cutting directions which were validated by nano-scratching. The following conclusions can be drawn:

(1) The crystal orientations of the cooper workpiece and the cutting directions have a pronounced effect on the nanometric cutting mechanism. For the (111) $[\bar{1}10]$ orientation setup, the $(\bar{1}11)$ and the $(1\bar{1}1)$ slip planes were found to be activated. The dislocations emitted on these two slip planes reacted to form jogs or kinks, which prohibited the dislocation movement. Under the

intrusion action of the tool cutting edge, the machined surface became hard. At the same time, the workpiece material lattices rotate with further advance of the tool cutting edge. In the (110)[001] orientation setup, a lot of dislocations with around 35° to the cutting direction were generated and a shear band like traditional cutting was formed. In the (111) $[\bar{1}10]$ orientation setup, the generations and reactions of the dislocations concentrated in the front of the chip. There were few dislocations evolvement towards to the machined surface resulting in a thinner damaged layer in the machined surface. In the (111) $[\bar{2}11]$orientation setup, the $(11\bar{1})$ and the (111) slip planes were found to be activated resulting in smooth movement of the dislocation ahead of tool.

(2)The tangential cutting force had the smallest value in the crystal orientation family {111}. The cutting forces in the {100} and {110} crystal orientation families were almost the same. The cutting force and friction coefficients obtained in the multiscale simulation were consistent with the results obtain from the nano-scratching experiments.

(3) Residual stress analysis showed that there exists a high value of stress in the regions of dislocations. The distributions of the residual stress in the machined surface were quite different under different orientation setups. The thinnest deformation layer was observed when (111) $[\bar{1}10]$ orientation was used. This indicates that the (111) $[\bar{1}10]$ orientation setup is the most amendable to machining for practical purposes and thus, recommended.

(4) Multiscale simulation methodology is much efficient to study nanometric turning process compared to the classical molecular dynamic simulation model.

Acknowledgements

The authors would like to thank the financial supports from National Science Foundation for Distinguished Young Scholars of China (Project No. 50925521), the National Nature Science Foundation of China (Project No. 50705023) and Scotland-China Higher Education Research Partnership for PhD Studies (Project No. 112978).

References

[1] OHNO A. Continuous casting of single crystal ingots by the OCC process[J]. The Journal of The Minerals, Metals and Materials Society, 1986, 38(1): 14-16.

[2] XU Zhenming, LI Jianguo, LI Jingshan, et al. Mechanical properties and electrical resistivity of continuous casting single-crystal copper[J]. Mechanical properties and electrical resistivity of continuous casting single crystal copper[J]. The Chinese Journal of Nonferrous Metals, 1999, 9(3): 577-581.

[3] DING Yutian, XU Guangji, GUO Fasheng, et al. Properties of single crystal copper produced by heated mould continuous casting[J]. The Chinese Journal of Nonferrous Metals, 2003, 13(5): 1071-1076.

[4] LUO Xichun, CHENG Kai, GUO X, et al. An investigation on the mechanics of nanometric cutting and the development of its test-bed[J]. International Journal of Production Research, 2004, 41(7): 1449-1165.

[5] IKAWA N, SHIMADA S, TANAKA H, et al. An atomistic analysis of nanometric chip removal as affected by tool-work interaction in diamond turning[J]. CIRP Annals-Manufacturing Technology, 1991, 40(1): 551-554.

[6] MAEKAWA K, ITOH A. Friction and tool wear in nano-scale machining-a molecular dynamics approach[J]. Wear, 1995, 188(1-2): 115-122.

[7] KIM J D, MOON C H. A study on microcutting for the configuration of tools using molecular dynamics[J]. Journal of Materials Processing Technology, 1996, 59(4): 309-314.

[8] KIM Y S, NA K H, CHOI S O, et al. Atomic force microscopy-based nano-lithography for nano-patterning: a molecular dynamic study[J]. Journal of Materials Processing Technology, 2004, 155-156: 1847-1854.

[9] LIANG Yingchun, CHEN Jiaxuan, CHEN Mingjun,et al. Integrated MD simulation of scratching and shearing of 3D nanostructure[J]. Computational Materials Science, 2008, 43(4), 1130-1140.

[10] ZHANG Junjie, SUN Tao, YAN Yongda, et al. Molecular dynamics study of groove fabrication process using AFM-based nanometric cutting technique[J]. Applied Physics A, 2009, 94(3): 593-600.

[11] FANG F Z, WU H, LIU Y C. Modelling and experimental investigation on nanometric cutting of monocrystalline silicon[J]. International Journal of Machine Tools and Manufacture, 2005, 45(15): 1681-1686.

[12] HAN Xuesong, HU Yuanzhong, YU Siyuan. Investigation of material removal mechanism of silicon wafer in the chemical mechanical polishing process using molecular dynamics simulation method[J]. Applied Physics A, 2009, 95(3): 899-905.

[13] KOMANDURI R, CHANDRASEKARAN N, RAFF L M. Orientation effects in nanometric cutting of single crystal materials: an md simulation approach[J]. CIRP Annals-Manufacturing Technology, 1999, 48(1): 67-72.

[14] FANG T H, LIU C H, SHEN S T, et al. Nanoscratch behavior of multi-layered films using molecular dynamics[J]. Applied Physics A , 2008, 90(4): 753-775.

[15] MILLER R E, TADMOR E B. The quasicontinuum method: overview, applications and current directions[J]. Journal of Computer-Aided Materials Design, 2002, 9(3): 203-239.

[16] LIU W K, KARPOV E G, ZHANG S, et al. An introduction to computational nanomechanics and materials[J]. Computer Methods in Applied Mechanics and Engineering, 2004, 193(17-20): 1529-1578.

[17] LIANG Yingchun, PEN Hongmin, BAI Qingshun. Molecular dynamics simulations of nanometric cutting characteristics of single crystal Cu[J]. Acta Metallurgica Sinica, 2009, 45(10): 1205-1210.

[18] LIANG Haiyi, NI Xianggui, WANG Xiuxi. Atomistic simulation of tension properties of nano crystal copper wire under surface effects[J]. Acta Metallurgica Sinica, 2001, 37(8): 833-836.

[19] TO S. Effect of crystallographic orientation on material behaviour in ultraprecision diamond turning of single crystals[D]. Hong Kong: The Hong Kong Polytechnic University, 2000.

Atomistic Simulation of Thermal Effects and Defect Structures During Nanomachining of Copper

Yongbo Guo　Yingchun Liang

(School of Mechatronics Engineering, Harbin Institute of Technology, Harbin 150001, China)

Abstract: Molecular dynamics (MD) simulations of monocrystalline copper (100) surface during nanomachining process were performed based on a new 3D simulation model. The material removal mechanism and system temperature distribution were discussed. The simulation results indicate that the system temperature distribution presents a roughly concentric shape, a steep temperature gradient is observed in diamond cutting tool, and the highest temperature is located in chip. Centrosymmetry parameter method was used to monitor defect structures. Dislocations and vacancies are the two principal types of defect structures. Residual defect structures impose a major change on the workpiece physical properties and machined surface quality. The defect structures in workpiece are temperature dependent. As the temperature increases, the dislocations are mainly mediated from the workpiece surface, while the others are dissociated into point defects. The relatively high cutting speed used in nanomachining results in less defect structures, beneficial to obtain highly machined surface quality.

Keywords: monocrystalline copper; atomistic simulation; thermal effects; molecular dynamics simulation; nanomachining; temperature distribution; defect structures; dislocations; vacancies

单晶铜纳米加工过程中热效应及缺陷结构的原子尺度模拟

郭永博　梁迎春

（哈尔滨工业大学 机电工程学院，哈尔滨 150001）

摘　要：基于建立的新型三维仿真模型，采用分子动力学方法模拟单晶铜(100)表面纳

通讯作者： GUO Yong-bo; Tel: +86-451-86413840; Fax: +86-451-86415244; E-mail: ybguo@hit.edu.cn.

基金项目： Project (50925521) supported by the National Natural Science Fund for Distinguished Young Scholars of China.

文章发表信息： Transactions of Nonferrous Metals Society of China, 2012, 22: 2762-2770.

米加工过程，研究材料的去除机理和纳米加工过程中系统的温度分布与演化规律。仿真结果表明：系统的温度分布呈同心型，切屑温度最高，并且在金刚石刀具中存在较大的温度梯度。采用中心对称参数法区分工件中材料缺陷结构的形成与扩展。位错和点缺陷是纳米加工过程中工件内部的主要缺陷结构。工件中的残余缺陷结构对于工件材料的物理属性和已加工表面质量具有重要影响。位错的成核与扩展、缺陷结构的类型均与纳米加工过程中系统的温度有关。加工区域温度升高有利于位错从工件表面释放，使工件内部位错结构进一步分解为点缺陷。采用相对高的加工速度时，工件中残留缺陷结构较少，有利于获得高质量的加工表面。

关键词：单晶铜；原子尺度模拟；热效应；分子动力学模拟；纳米加工；温度分布；缺陷结构；位错；空位

1 Introduction

In manufacturing of nanoscale devices, a fundamental understanding of the material removal mechanism and deformation processes is becoming important. Nanomachining involves material deformation in only a few atomic layers. At such a small length scale, the traditional continuum theory, such as finite element methods (FEM), becomes questionable. Furthermore, the effect of temperature and defect structures during nanomachining process becomes more important, while these effects are hard to capture by experiment. Since 1990s, molecular dynamics (MD) simulation techniques have been successfully performed to investigate the material removal mechanisms, because of the availability of accurate interatomic potentials for various materials and the advantage of being unlimited in sample preparation.

Over past decades, much typical work has been done[1-4]. These studies provided a fundamental understanding of ductile material removal mechanisms[5], brittle and somewhat semi-brittle material removal mechanisms [6], and effects of tool edge geometry and tool wear[7, 8]. The workpiece materials considered in these investigations are mainly focused on monocrystalline copper, silicon, aluminum and silver that are described by Lennard-Jones (LJ), Morse, Embedded atom method (EAM) and Tersoff potentials, respectively. In recent years, MD and quasi-continuum methods (QC) have attracted much attention to defect structures investigation in a large simulation scale. Pei et al[9, 10] studied the nanomachining of copper, and found that as the cutting depth decreased, the specific cutting force increased rapidly, however, the tangential cutting force decreased faster than the normal cutting force. Miller et al[11, 12] successfully coupled a finite elements with molecular dynamics and developed the QC method to investigate the atomistic details of material removal, chip formation, surface generation, and the propagation of dislocations in a wide range of cutting speeds (20-800 m/s) at room temperature.

The previous work mainly focused on clarifying the mechanism of material removal processes and provided significant insight into the workpiece-tool interaction phenomena. Little work has been done for the investigation of thermal effects on the material defect structures. In the nanomachining processes, however, temperature imposes a major change on the defect structures in workpiece, tool wear and machined surface quality. The primary purpose of this investigation aims to fill this gap and provide an atomistic understanding of the system temperature distribution and defect structures during the nanoscale material removal process. In this work, MD simulations of nanoindentation followed by nanocutting are conducted on a face-centered cubic (FCC) monocrytalline copper (100) surface. The system temperature distribution and the defect structure variation in workpiece are investigated with Morse, EAM and Tersoff potentials. A series of MD simulations have been performed under different machining speeds in the range of 1 to 5 m/s to keep the computation time in a reasonable scale. Due to the computing power limitations, the machining speeds reported in the literature are in the order of 1 to 200 m/s for most MD simulations of nanomachining. Although the machining speeds in the current simulations are several orders higher than the typical experimental values, it is sufficiently slow to allow equilibration of the system and permits the system to become a quasi-static state at each time step [13]. Shimada et al [14] and Mehrez et al [15] confirmed that MD simulations carried out at a relatively high speeds, not only could reveal the main features of the atomic rearrangements, but also have a small effect on the surface quality, such as surface roughness and deformed layer depth. Liang et al [16] performed MD simulations to study the dislocation nucleation mechanisms during nanoindentation. With respect to the influence of indenter velocity on the dynamic effect of the material deformation behavior, they found that the relationship between applied load and indentation depth shows little change and the dislocation structures do not differ substantially.

2 MD simulation method

2.1 Model geometry and simulation process

A new three-dimensional simulation model for nanomachining of monocrystalline copper (100) plane by a diamond cutting tool is illustrated in Fig. 1. Unlike previous simulation models which took the diamond cutting tool as rigid and did not consider the interactions between carbon atoms [17, 18], in the present work, both workpiece and tool are divided into fixed atoms, thermostat atoms and Newton atoms, to represent a more precise nanomachining model. The velocities of thermostat atoms are rescaled when the temperature departs more than 10 K of the specified temperature, and this algorithm allows heat energy transfer from the machined region into the workpiece interior, similar to the experiments. The motion of Newton atoms and thermostat atoms obeys Newton's second law. The clearance angle of diamond cutting tool is 11° and the rake angle is 10°, and the cutting edge radius is set to be 1.2 nm. The workpiece contains about 1×10^6 copper atoms with a size of $118a \times 55a \times 50a$, where "$a$" (0.362 nm) represents the lattice constant of copper. Periodic boundary conditions (PBC) are imposed on the four sides of the simulation domain. In this way, the bulk-material-like conditions can be realized and the reflecting hard boundaries can be avoided. The integration time step is set as 1 fs, which is a relatively small value compared with the oscillation frequency between carbon and copper atoms. Surfaces are assumed to be passivated, so physisorption and chemisorption of surfaces are not considered. In the initial stage, the tool is positioned 8 Å apart from the workpiece in order to avoid the effect of long-range attractive force between the workpiece surface and the diamond cutting tool. The velocity-Verlet algorithm is used to derive new positions and velocity vectors of tool and workpiece from the corresponding data obtained in the previous step. After the initial construction, the defect free sample is performed by the conjugate gradient (CG) method for energy minimization, and then the system is thermally equilibrated to 300 K for 200 ps using a Nosé-Hoover thermostat [19, 20]. After that the fixed atoms are fixed in positions to reduce boundary effects and maintain a proper symmetry of lattice. The NVT ensemble is used to govern the dynamics of the nanomachining system. Furthermore, in order to improve the statistical accuracy of the simulation results, the system has been averaged over three full nanomachining process at each machining speed. The atomic parameters, such as cutting force, system temperature, computed from the time series of atom trajectory are then averaged over a sufficiently long time to obtain the equilibrium value.

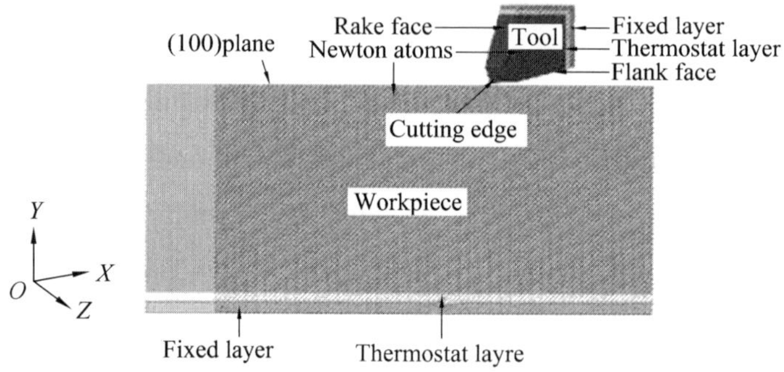

Fig. 1 Equilibrium configuration of monocrystalline Cu workpiece and diamond tool for nanomachining

At the beginning of each simulation, the tool has its thermal velocity plus a translational velocity v_t (1-5 m/s). In the MD simulation process, all fixed atoms of tool are held at the specified machining speed v_t. Diamond cutting tool moves along the following two stages: nanoindentation and nanocutting. The diamond cutting tool first indents downwards normally to the workpiece (100) plane with a constant speed, then after it reaches the required cutting depth (1.4 nm), it stops movement immediately and holds the position unchanged for 10 ps. Finally, the tool moves at the specified cutting speed along the [$\bar{1}$00] direction.

2.2 Interatomic potential

Before carrying out MD simulation of nanomachining, it is important to ensure that the used potential function gives a reliable result for the simulation. In the present work, distinct empirical energy potentials appropriate to simulate the C–C, Cu–Cu, and Cu–C bonding are employed, respectively. The interatomic actions of carbon atoms were depicted by the Tersoff potential [21], and EAM potential was used to describe the Cu–Cu interactions [22]. So far, there are no specific empirical potentials that can be used for the simulation of Cu–C bonding, like the Tersoff potential for the covalent bonding and the EAM potential for the metallic bonding. An applicable Morse type pair potential was adopted to derive the Cu–C bonding[23], which is relatively simple and computationally inexpensive compared to the EAM and Tersoff potential. The Morse type pair potential can be written as

$$\phi(r_{ij})=D[\exp(-2a(r-r_0))-2\exp(-a(r-r_0))] \quad (1)$$

where r is the length of a Cu–C bond; and D, α and r_0 correspond to cohesive energy, elastic modulus and atomistic distance at equilibrium, respectively. The parameters utilized in the current MD simulation are D=0.1 eV, α=1.7 Å^{-1}, and r_0=2.2 Å, which were used successfully in the nano-scale machining process [24-26].

2.3 Temperature and structure defect definition

It is informative to investigate the evolution of temperature fields and defect structures during nanomachining. For the workpiece, the conversion between kinetic energy and the temperature of each atom can be computed at each time step with the following equation:

$$\frac{3}{2}nk_{\rm B}T_i=\frac{1}{2}\sum_i m_i v_i^2 \quad (2)$$

where n is the number of atoms; $k_{\rm B}$ is the Boltzmann constant; m_i, v_i and T_i represent the ith atomic mass, instantaneous velocity and temperature, respectively. For the diamond tool, the temperature of the moving atoms is estimated by

$$\frac{3}{2}nk_{\rm B}T_i=\frac{1}{2}\sum_i m_i (v_i-v_t)^2 \quad (3)$$

For the sake of comparing simulation results with macroscopic thermo-mechanism properties, a suitable data average algorithm should be taken. The average temperature over 5 ps of the relaxation period is taken as the temperature of each atom. Furthermore, the contribution of tool motion in the cutting direction should not be considered in the calculation of kinetic energy. However, the contribution from the angular motion of particles should be taken into account, which is normally neglected by MD simulations.

One of the most important ingredients in the atomistic simulation of nanomachining is the technology to visualize interior defects selectively. Up to now, the most common methods to identify dislocations and other lattice defects are centrosymmetry parameter (CSP) [27], slip vector [28] and atomic coordination number technique [29]. In the current simulation, the well-known visualization technique of CSP is employed to identify the defect structures in workpiece, which is less sensitive to the temperature fluctuation. In a centrosymmetric material (such as Cu or other FCC metals), each atom has pairs of equal and opposite bonds to its nearest neighbors. As the material is distorted, these bonds will change direction and/or length, but they will remain equal and opposite. If a defect is introduced nearby, however, this equal and opposite relation no longer holds for all of the nearest-neighbor pairs. The CSP for each atom is defined as follows:

$$\mathrm{CSP} = \sum_{i=1,6} \left| \boldsymbol{R}_i + \boldsymbol{R}_{i+6} \right|^2 \tag{4}$$

where $\boldsymbol{R}_i$ and $\boldsymbol{R}_{i+6}$ are the vectors corresponding to the six pairs of opposite nearest-neighbors in the FCC lattice. By definition, the CSP is zero for an atom in a perfect FCC material under any homogeneous elastic deformation and non-zero for an atom which is near a defect such as vacancy, dislocation or free surface.

3 Simulation results

3.1 (100) surface machining

Fig. 2 illustrates the MD simulations of nanometric cutting of monocrystalline Cu (100) surface at cutting distance of 7.6 nm, 15 nm and 20 nm. During the nanomachining process, the atomic Cu–C interactions between Cu (100) surface atoms and diamond tool atoms are changed from attraction force to repulsion force, as the tool indents into workpiece surface, lattices of workpiece atoms beneath as well as ahead of cutting edge radius (shear zone) are severely compressed combined with shear in the cutting direction. When the strain energy accumulated in the deformed lattice exceeds the critical value, the atoms are rearranged successively into the lattice with less strain so as to release the deformed lattice strain. Simultaneously, some defect structures, such as dislocations, are nucleated and emitted into workpiece interior. As the cutting tool moves forward, some dislocations in shear zone emit into workpiece as defect structures, while some dislocations move upwards and finally mediate from workpiece surface. Some deformed atoms move along the rake face of cutting tool as chips, similar to the traditional cutting process, and some removed atoms accumulate on the both sides of the groove. After cutting, the machined surface undergoes a relaxation period, resulting in partial elastic recovery. It can be concluded that there are three types of deformation occurring in the workpiece: plastic deformation, elastic deformation and the combination of elastic and plastic deformation. As shown in Fig. 2, both the dislocation propagation and the chip accumulation are along the <110> direction.

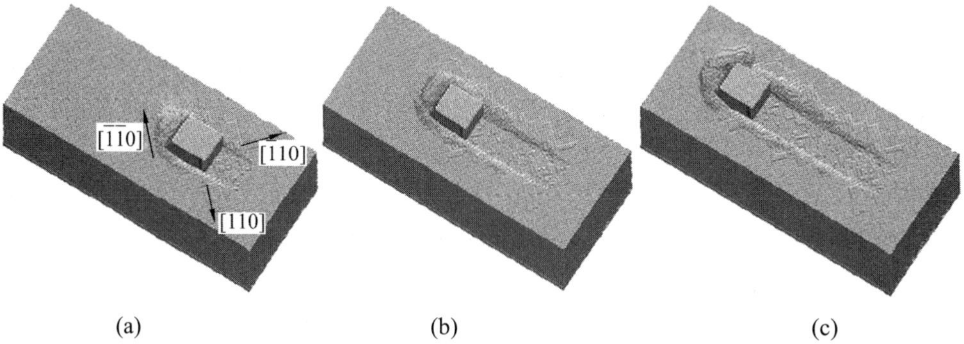

Fig. 2 MD simulation plots showing nanometric cutting of copper (100) surface at cutting distance of 7.6 nm (a), 15 nm (b) and 20 nm (c) (The cutting speed is 5 m/s and the cutting depth is 1.4 nm)

Fig. 3 shows the variations of thrust force or normal force (F_y), cutting force (F_x) and lateral force (F_z) with cutting distance. Unlike in the traditional cutting process, the simulation results indicate that in nanometric cutting process the thrust force is larger than the cutting force. Initially, the surface atoms located in front of cutting tool and in the vicinity of cutting edge radius are suffering less deformation, the cutting force and the thrust force increase dramatically since the workpiece material is on the elastic stage. As the tool moves forward, when the accumulated local shear stress in shear zone approaches the theoretical strength of lattice, the deformed lattice strain is released by the nucleation and propagation of defect structures, which results in the fluctuation of cutting force on the diamond tool.

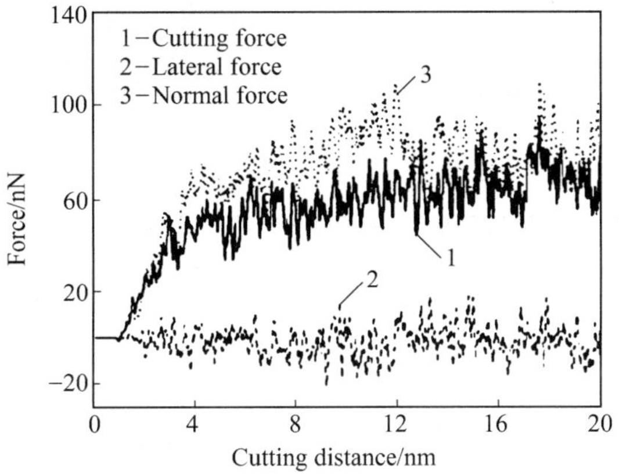

Fig. 3 Variation of thrust force, cutting force and lateral force with cutting distance

3.2 Temperature distribution

To understand the variation of system temperature distribution at different nanomachining stages, the central cross-sectional views and top views of system temperature distribution at cutting distance of 10.6 nm and 15 nm are selected for analysis, as shown in Fig. 4. Atoms are colored according to different system temperature ranges. It can be seen that the system temperature distribution presents a roughly concentric shape, and the highest temperature in chip is approximately 400-450 K. The temperature is about 360 K in shear zone and a relatively high temperature (~330 K) remains in the machined surface. It is worth mentioning that there is a steep temperature gradient in the cutting tool, which is much lower than in the workpiece. Compared with workpiece, the relatively smaller distance between thermostat atoms and Newton atoms enhances the temperature gradient in the cutting tool. In fact, diamond has a much higher thermal conductivity than copper and tool holder (used for installation and fixation of cutting tool)[30]. Secondly, the small volume ratio of diamond to tool holder also enhances the temperature gradient. Furthermore, from the top views of system temperature distribution, it can be seen that the atoms with higher temperature are not located in front of the tool rake face, but on the <110> direction, which is considered to be the result of dislocation nucleation and propagation as discussed in the following.

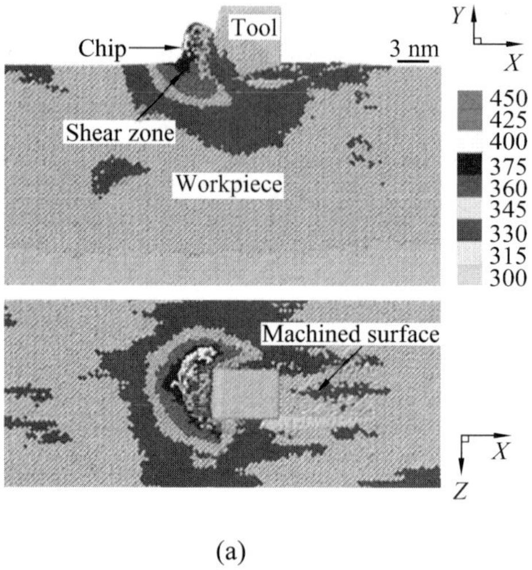

Fig. 4 Simulation results of system temperature distribution at cutting distance of 10.6 nm (a), 15 nm (b) (Atoms are colored according to different temperature ranges. The cutting speed is 5 m/s and the cutting depth is 1.4 nm)

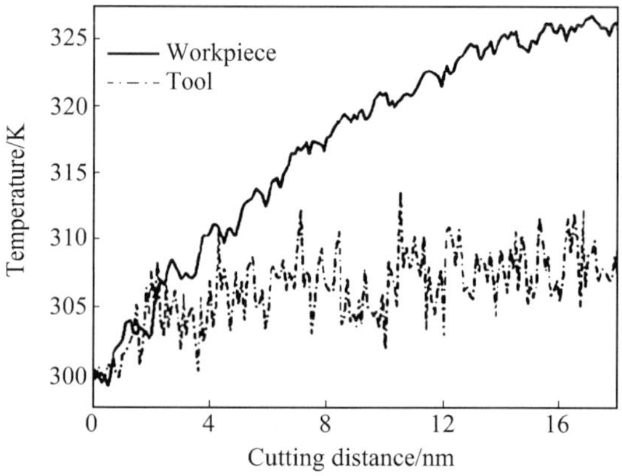

Fig. 5 Variations of system temperature with cutting distance in nanocutting process

The defect structure nucleation and propagation during nanomachining process leads to the fluctuation of system temperature, as shown in Fig. 5, from which we can find that the average temperature in both of tool and workpiece are increased as the cutting distance increases. Initially, the temperature of tool rises rapidly and then keeps at a certain stable level. When the stress induced by the deformation of copper reaches the yield condition, the plastic deformation of workpiece would occur. The variation of system temperature can be summarized as follows.

（1）The high temperature in shear zone means building up of stress in a local region. Most of heat is generated by the friction and extrusion between tool atoms and workpiece atoms. The atoms in shear zone with high temperature move forward along the rake face of cutting tool, metallic bonds are broken and bond energy is released due to plastic deformation in the workpiece. Almost all the chemical and kinetic energy are transformed into heat energy.

（2）Most of heat is taken away by the chip, but the relatively small chip size and lack of energy conversion raise the system temperature ultimately. Besides, the thermostat atoms in workpiece are so far away that they can not affect the temperature of Newton atoms significantly.

（3）The thermal conductivity of nanoscale particles decreases dramatically as the temperature increases, which is considered to be the result of a reduced phonon mean free path (MFP). The system temperature rises gradually with the increase of cutting length.

3.3 Defect structure

The deformed structures in workpiece are examined to obtain a better insight into the observed temperature distribution. Prior to this study, different CSP values under various nanomachining parameters were tested, seeking an optimal CSP value to trace and identify the variation of the defect structures during the nanomachining process.

Fig. 6 illustrates the defect structures at the nanoindentation depth of 0.8 nm, 1.4 nm and 1.4 nm (after relaxation for 10 ps). Atoms are colored according to the value of CSP, while the FCC atoms with the value of CSP smaller than 3.5 $Å^2$ are not shown for clarity. It can be seen that stacking faults are bounded by partial dislocations. A single vacancy is formed and then more vacancies generate as the indentation depth increases. Initially, the arc-shaped cutting tool edge indents into Cu (100) surface, the dislocation loops nucleate and emit symmetrically due to the even external loading, as shown in Fig. 6 (a). As the indentation depth increases, more flank face atoms of cutting tool indent into the workpiece, resulting in more defect structures nucleating and emitting. Fig. 6 (b) shows the defect structures at the maximum indentation depth of 1.4 nm, in which the length of dislocation loop below the tool flank face (right side) is longer than the left side due to the uneven external loading. Fig. 6 (c) shows the defect structures at the maximum indentation depth (1.4 nm) after relaxation for 10 ps. It can be seen that fewer defect structures and dislocation loops leave in the workpiece after relaxation, but a small dislocation loop still can be seen in the workpiece interior, which indicates that elastic recovery deformation occurs during the relaxation period. Fig. 7 shows the variation of normalized principal defect structures (partial dislocation and stacking faults) in the nanoindentation stage. When the indentation depth is less than 4 Å (point *A*), no dislocation loop nucleates and emits from (100) surface into workpiece interior, which means that the local stress in the vicinity of the indentation site is far from the theoretical strength of copper and elastic deformation occurs in workpiece, and then the volume of stacking faults and partial dislocations increases as the tool moves downward, making up to 0.69% and 0.4% at the maximum indentation depth (point *B*). After relaxation (point *C*), the percentage of stacking faults and partial dislocation is reduced to 0.58% and 0.31%, respectively.

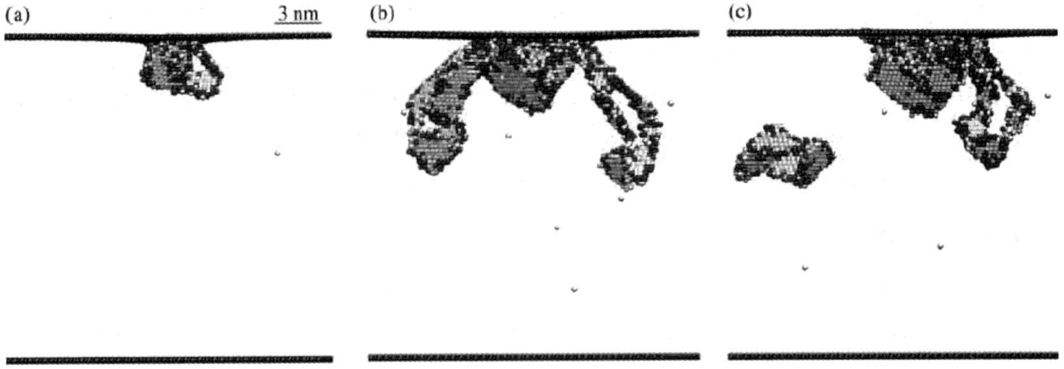

Fig. 6　Partial side views of defect structures at indentation depth of 0.8 nm (a), 1.4 nm (b) and 1.4 nm (c), after relaxation for 10 ps (Atoms are colored according to the value of CSP. CSP=3.5–4.0 stands for vacancies, CSP=4.0–5.0 stands for partial dislocations, CSP=5.0–10.0 stands for stacking faults, CSP=10.0–20.0 stands for surface and bottom atoms and CSP>20.0 stands for partial dislocations at surface. FCC atoms with value of CSP smaller than 3.5 $Å^2$ are not shown for clarity. The indentation speed is 1 m/s and the maximum indentation depth is 1.4 nm)

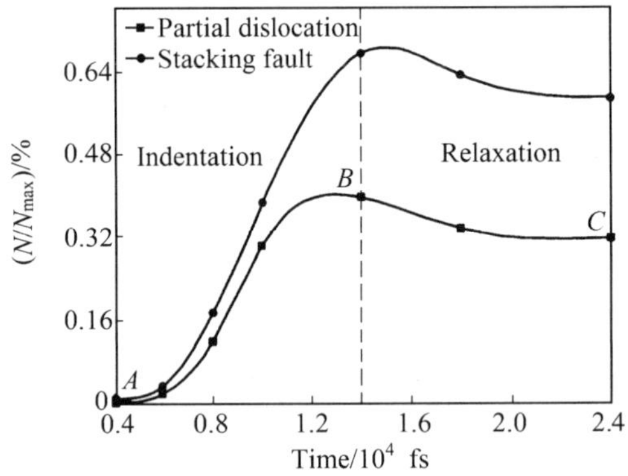

Fig. 7　Statistics of normalized principle defect structures in nanoindentation stage

Fig. 8 illustrates the defect structures in the workpiece at the cutting distance of 4 nm, 10.6 nm and 15 nm. Atoms are colored according to CSP values and only the surface atoms, bottom atoms and the defect-related structures are shown for clarity. From the top views of the simulation results, it can be seen that some atoms pile up in front of tool rake face as chips, while some atoms accumulate along both sides of the machined surface. When the local stress in shear zone approaches the theoretical strength of lattice, dislocations nucleate and emit away. The emission of half dislocation loops around the cutting edge intersects with the workpiece surface, making surface steps and propagating along <110> direction (top view of Fig. 8 (a)), which is the slip direction of FCC crystals. Another important phenomenon is that some atoms at the workpiece surface are shown as a bump-like pile-up in front of chips (called hillock). The hillock also emits along the <110> direction (top view of Fig. 8 (b)). This similar phenomenon is in remarkably good agreement with the previous studies by Fuente et al [31] for studying dislocation emissions during nanoindentation by scanning tunneling microscopy (STM) on Au (001) surface. The high stress field close to shear zone promotes hillocks and half dislocation loops slide away from the cutting region to interact with other defects and workpiece surface atoms. More chip atoms with high temperature are located in the [110] direction, since temperature increment is the function of the relative velocity of atom movement, which results in more atoms with high temperature along the dislocation emission direction.

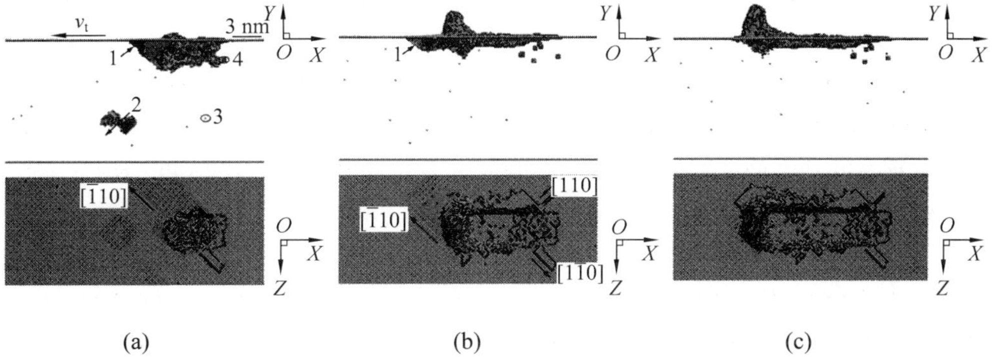

Fig. 8 Simulation results of defect structures at cutting distance of 4.0 nm (a), 10.6 nm (b) and 15 nm (c) (Atoms are colored according to the value of CSP. CSP=3.5–4.0 stands for vacancies, CSP=4.0–5.0 stands for partial dislocations, CSP=5.0–10.0 stands for stacking faults, CSP=10.0–20.0 stands for surface and bottom atoms and CSP>20.0 stands for partial dislocations at surface. FCC atoms with value of CSP smaller than 3.5 $Å^2$ are not shown for clarity. The cutting speed is 5 m/s and the cutting depth is 1.4 nm)

The prevailing defect structures during nanocutting process are labeled by numbers as shown in Fig. 8. Number 1 stands for the V-shaped dislocations and number 2 stands for dislocation loops. The simulation results show that the V-shaped dislocations and the dislocation loops are mobile, which can be diffused into other types of defects. These two types of dislocation structures will gradually disappear with the increase of cutting distance as shown in the side view of Fig. 8 (c). Number 3 and number 4 stand for single vacancy and vacancy clusters respectively. Unlike dislocation-related defects, these two types of defects are immobile, and more defect structures are nucleated as the cutting distance increases. The increasing vacancies and other types of dislocations generate and emit around shear zone, indicating that an enhanced stress field is formed in the workpiece. The enhanced stress field could be relieved by dislocation starvation in the workpiece surface, making surface steps, as shown in the top views of Figs. 8 (b) and 8 (c). Surface defect structures with high temperature will aggravate the localized atoms vibration and dislocation propagation. Temperature and defect structures impose a major change on the workpiece physical properties, resulting in a poor machined surface quality.

4 Discussion of temperature dependency of defect structures

In nanomachining process, the material deformation is highly localized. Some dislocations mediate from the workpiece surface, making surface steps, while others emit into the workpiece interior as defect structures. Generally, dislocation emission is a stress dependent process [32]. The local stress in the vicinity of the nucleation site must approach the theoretical strength of lattice, in the order of several GPa. Once a dislocation is nucleated and emitted, the local stress near the nucleation sites decreases by a certain amount. Then, in order to nucleate another dislocation, the local stress must become higher than before because the previous dislocations are piled up in the workpiece and assert a back stress on the critical region [33]. Since the influence of the environmental factors is not considered here, almost all the chemical and kinetic energy are transformed into heat energy. From the temperature distribution simulation results, it can be seen that the atoms with higher temperature are mainly concentrated in chip and shear zone. High temperature accelerates lattice vibration and the thermal fluctuation becomes more severe, which inevitably results in weakening the bonding force, so atoms may have enough energy to overcome the local energy barrier. It is also indicated that as the temperature increases, the material becomes “soft” during the nanomachining process, the higher temperature in shear zone results in a smaller cutting force.

In the initial nanomachining stage, the system temperature is much lower, so the dislocation nucleation and emission can be easily observed. Then, the system temperature increases remarkably as the cutting progresses, especially in chip and shear zone. At high temperature, when the dislocation has been nucleated, it does not move away at once, but hovers around shear zone [34]. Kitagawa et al [35] found that the relation between thermally activated energy and temperature is linear. As the temperature increases, the critical stress intensity factor decreases, which means that high temperature reduces the activation barrier for dislocation nucleation and emission. As the tool moves forwards, the highly localized stress and temperature field in shear zone and chip will promote the dislocations to be emitted from the free surface, which could lead to dislocation starvation in the bulk, as shown in Fig. 8(c). As expected, few defect structures exist in the workpiece. Furthermore, when the temperature in shear zone is higher than the critical value, the material has already been plastic before removed [36]. A high machining velocity results in system temperature increasing, especially in shear zone and chip, which indicates that a relatively high machining velocity used in nanomachining results in few defect structures in the workpiece, beneficial to obtain better machined surface quality. Point defects such as single vacancy and vacancy clusters are immobile, and they are thermodynamically stable defects. However, the dislocation-related defects are thermo- dynamically unstable. As the temperature increases, these defect structures would be dissociated into point defects during the emission process. More point defects leave in the workpiece as the system temperature increases.

5 Conclusions

A series of MD simulations of nanomachining monocrystalline copper (100) surface based on a new 3D simulation model were performed. The system temperature distribution and the corresponding thermal effect on material defect structures were investigated, which brought a new aspect to understand the defect structures nucleation and propagation in the nanomachining process. The material removal mechanism was discussed, and the temperature distribution during nanomachining was simulated. The simulation results demonstrated that the system temperature distribution showed a roughly concentric shape and a steep temperature gradient was observed in diamond tool, and the highest temperature was found to be in chip. Both chip pile-up direction and dislocation emission topologies were propagated along the <110> orientation. Then, centrosymmetry parameter technique was used to monitor and elucidate defect structures in nanomachining process. It was found that stacking faults are bounded by partial dislocations. Dislocations and vacancies are the two major defect structures. In addition, the residual defect structures impose a major change on the workpiece physical properties and machined surface qualities.

Thermal effects on the nucleation and emission of defect structures during nanomachining were discussed. It was revealed that the defect structures in the workpiece are temperature dependent. The highly localized stress and temperature field in shear zone and chip reduce the activation barrier for dislocation nucleation and emission. As the tool moves forwards, dislocations are mainly mediated by the workpiece surface, while some of them are dissociated into point defects. The simulation results also indicated that a relatively high cutting speed used in nanomachining results in few defect structures in the workpiece, beneficial to obtain highly machined surface quality. Future work is needed to understand the effect of fluid or other chemical agents on the structure transformation during nanomachining processes.

References

[1] KOMANDURI R, CHANDRASEKARAN N, RAFF L M. MD simulation of nanometric cutting of single crystal aluminum-Effect of crystal orientation and direction of cutting[J]. Wear, 2000, 242(1-2): 60-88.

[2] FANG T H, WENG C I. Three-dimensional molecular dynamics analysis of processing using a pin tool on the atomic scale[J]. Nanotechnology, 2000, 11(3): 148-153.

[3] JEONG W P, SOO C C, HYUN C, et al. Portable nano probe for micro/nano mechanical scratching and measurin [J]. Transactions of Nonferrous Metals Society of China, 2011, 21(s1): s205-s209.

[4] TSURU T, SHIBUTANI Y. Atomistic simulation of elastic deformation and dislocation nucleation in Al under indentation-induced stress distribution[J]. Modelling and Simulation in Materials Science and Engineering, 2006, 14(5): 55-62.

[5] LEUNG T P, LEE W B, LU X M. Diamond turning of silicon substrates in ductile-regime[J]. Journal of Materials Processing Technology, 1998, 73(1-3): 42-48.

[6] DOYAMA M, NOZAKEI T, KOGURE Y. Cutting, compression and shear of silicon small single crystals[J]. Nuclear Instruments and Methods in Physics Research Section B: Beam Interactions with Materials and Atoms, 1999, 153(1-4): 147-152.

[7] KIM Y S, NA K H, CHOI S O. Atomic force microscopy-based nano-lithography for nano-patterning: A molecular dynamic study[J]. Journal of Materials Processing Technology, 2004, 155-156: 1847-1854.

[8] CHENG K, LUO X, WARD R. Modeling and simulation of the tool wear in nanometric cutting[J]. Wear, 2003, 255(7-12): 1427-1432.

[9] PEI Q X, LU C, LEE H P. Study of materials deformation in nanometric cutting by large-scale molecular dynamics simulations[J]. Nanoscale Research Letters, 2009, 4(5): 444−451.

[10] PEI Q X, LU C, LEE H P. Large scale molecular dynamics study of nanometric machining of copper[J]. Computational Materials Science, 2007, 41(2): 177-185.

[11] MILLER R E, SHILKROT L E, CURTIN W A. A coupled atomistics and discrete dislocation plasticity simulation of nanoindentation into single crystal thin films [J]. Acta Materialia, 2004, 52(2): 271-284.

[12] SHIARI B, MILLER R E, KLUG D D. Multiscale simulation of material removal processes at the nanoscale [J]. Journal of the Mechanics and Physics of Solids, 2007, 55(11): 2384-2405.

[13] ZHU C, GUO W, YU T X, et al. Radial compression of carbon nanotubes: deformation and damage, super-elasticity and superhardness[J]. Nanotechnology, 2005, 16(8): 1035-1039.

[14] SHIMADA S, IKAWA N, TANAKA H, et al. Structure of micromachined surface simulated by molecular dynamics analysis[J]. CIRP Annals-Manufacturing Technology, 1994, 43(1): 51-54.

[15] MEHREZ H, CIRACI S. Yielding and fracture mechanisms of nanowires[J]. Physical Review B, 1997, 56(19): 12632-12642.

[16] LIANG H Y, WOO C H, HUANG H, et al. Dislocation nucleation in the initial stage during nanoindentation[J]. Philosophical Magazine, 2003, 83(31-34): 3609-3622.

[17] MULLIAH D, KENNY S D, SMITH R, et al. Molecular dynamic simulations of nanoscratching of silver (100)[J]. Nanotechnology, 2004, 15(3): 243-249.

[18] YE Y Y, BISWAS R, MORRIS J R, BASTAWROS A, et al. Molecular dynamics simulation of nanoscale machining of copper[J]. Nanotechnology, 2003, 14(3): 390-396.

[19] NOSÉ S. A unified formulation of the constant temperature molecular dynamics methods[J]. The Journal of Chemical Physics, 1984, 81(1): 511-519.

[20] HOOVER W G. Canonical dynamics: Equilibrium phase-space distributions[J]. Physical Review A, 1985, 31(3): 1695-1697.

[21] TERSOFF J. Modeling solid-state chemistry: Interatomic potentials for multicomponent systems[J]. Physical Review B, 1989, 39(8): 5566-5568.

[22] DAW M S, BASKES M I. Embedded-atom method: Derivation and application to impurities, surfaces, and other defects in metals[J]. Physical Review B, 1984, 29(12): 6443-6453.

[23] GIRIFALCO L A, WEIZER V G. Application of the Morse potential function to cubic metals[J]. Physical

Review, 1959, 114(3): 687-690.

[24] FANG T H, WENG C I, CHANG J G. Molecular dynamics analysis of temperature effects on nanoindentation measurement[J]. Materials Science and Engineering: A, 2003, 357(1-2): 7-12.

[25] MAEKAWA K, ITOH A. Friction and tool wear in nano-scale machining-A molecular dynamics approach[J]. Wear, 1995, 188(1-2): 115-122.

[26] INAMURA T, TAKEZAWA N. Atomic-scale cutting in a computer using crystal models of copper and diamond[J]. CIRP Annals-Manufacturing Technology, 1992, 41(1): 121-124.

[27] KELCHNER C L, PLIMPTON S J, HAMILTON J C. Dislocation nucleation and defect structure during surface indentation[J]. Physical Review B, 1998, 58(17): 11085-11088

[28] ZIMMERMAN J A, KELCHNER C L, KLEIN P A, et al. Surface step effects on nanoindentation[J]. Physical Review Letters, 2001, 87(16): 165507-165510.

[29] LI Ju, VAN VLIET K J, ZHU Ting, et al. Atomistic mechanisms governing elastic limit and incipient plasticity in crystals[J]. Nature, 2002, 418(6895): 307-310.

[30] XIA Yang, SONG Yueqing, LIN Chenguang, et al. Effect of carbide formers on microstructure and thermal conductivity of diamond-Cu composites for heat sink materials[J]. Transactions of Nonferrous Metals Society of China, 2009, 19(5): 1161-1166.

[31] FUENTE O R, ZIMMERMAN J A, GONZÁLEZ M A, et al. Dislocation emission around nanoindentations on a (001) FCC metal surface studied by scanning tunneling microscopy and atomistic simulations[J]. Physical Review Letters, 2002, 88(3): 036101.

[32] WU Hongjun, MA Wenhui, CHEN Xiuhua, et al. Effect of thermal annealing on defects of upgraded metallurgical grade silicon[J]. Transactions of Nonferrous Metals Society of China, 2011, 21(6): 1340-1347.

[33] Van VLIET K J, LI Ju, ZHU Ting, et al. Quantifying the early stages of plasticity through nanoscale experiments and simulations[J]. Physical Review B, 2003, 67(10): 104105.

[34] ZHANG Y W, WANG T C, TANG Q H. The effect of thermal activation on dislocation processes at an atomistic crack tip[J]. Journal of Physics D: Applied Physics, 1995, 28(4): 748-754.

[35] KITAGAWA H, NAKATANI A. Study on computational modeling for materials with crystalline structure[J]. Transactions of the JSME, 1993, 59: 256-262.

[36] HSIEH J Y, JU S P, LI S H, et al. Temperature dependence in nanoindentation of a metal substrate by a diamond-like tip[J]. Physical Review B, 2004, 70(19): 195424.

Molecular Dynamics Simulations of Thermal Effects in Nanometric Cutting Process

Yongbo Guo*　Yingchun Liang　Mingjun Chen　Qingshun Bai　Lihua Lu

（Precision Research Engineering Institute, Harbin Institute of Technology, Harbin 150001, China）

Abstract: Understanding the basic action of how material removing in nanoscale is a critical issue of producing well-formed components. In order to clarify thermal effects on material removal at atomic level, molecular dynamics (MD) simulations of nanometric cutting of mono-crystalline copper are performed with Morse, EAM and Tersoff potential. The effects of cutting speed on temperature distribution are investigated. The simulation results demonstrate that the temperature distribution shows a roughly concentric shape around shear zone and a steep temperature gradient lies in diamond tool, a relative high temperature is located in shear zone and machined surface, but the highest temperature is found in chip. At a high cutting speed mode, the atoms in shear zone with high temperature implies a large stress is built up in a local region.

Keywords: molecular dynamics; nanometric cutting; temperature distribution

1　Introduction

In recent years, nanomachining has attracted an increasing attention due to the remarkable advancement in science and technology. Therefore, it is instructive to get a better understanding of material removal mechanism in nanoscale. In nanometric cutting process, surface and subsurface atomic interactions play an important role. At such a small governing length scale, the traditional continuum representation of the problem becomes questionable. Furthermore, it is extremely difficult to observe machining phenomena and measure cutting parameters by experiment. To study such a process, molecular dynamics (MD) simulation method is more appropriate. Since the 1990s, MD has been used to study cutting mechanism in atomic scale. Much work has been preformed to study the chip formation, surface generation, tool wear, plastic and elastic deformation etc[1-7].

Some typical work has been done by many researchers. Blake et al. [8] and Ikawa et al. [9] investigated the effect of cutting edge radius and minimum cut thickness in nanometric cutting

通讯作者：Email: yongbo.guo@gmail.com.

文章发表信息：Science China Technological Sciences, 2010, 53(3): 870-874.

process. Komanduri et al.[10] simulated nanometric cutting under different cutting conditions to investigate the burr formation and exit failure in copper. They reported that the positive burr with no crack propagation into workpiece material was observed in more ductile material, in contrast, negative burr with crack propagation into workpiece material was observed in the not-so-ductile or somewhat brittle material. Cutting speed, crystal orientation and cutting direction have a strong effect on material deformation. Pei et al.[11] studied nanometric machining of copper with the model size of more than four million atoms, they found that as cutting depth decreases, the specific cutting force increases rapidly and a higher cutting speed results in more lattice defects at the cutting region and higher cutting forces. Lin et al.[12] investigated the effect of atmosphere in ultra-micro cutting by modifying the potential of surface atoms of diamond tool and silicon workpiece. The simulation results showed that principal cutting force decrease if the rake face of tool and the rear face of chips are exposed to atmosphere. Zhang et al.[13] used MD to study atomic scale deformation in silicon induced by two-body and three-body contact sliding and found that amorphous phase transformation is the main deformation mechanism.

However, the previous work mainly focused on clarifying the material removing mechanisms in nanoscale, examples can be found in discussion of tool wear, energy consumption, dislocation nucleation and emission etc, little work has been down on investigation of temperature distribution and corresponding thermal effects. In this work, the temperature distribution during nanometric cutting of mono-crystalline copper is investigated based on Morse, EAM and Tersoff potential. The simulation results are shown in 3D images and analyzed in detail.

2 MD simulation method

The simulation model for nanometric cutting includes a mono-crystalline copper workpiece and a diamond tool, as shown in Fig. 1. The copper workpiece has the size of 90 a×45 a×11 a, where "a" (3.62 Å) represents the lattice constant of copper. The employed process model consists of 195 309 fully dynamic workpiece and tool atoms. The workpiece is divided into three different kinds, namely, boundary atoms, thermostat atoms and Newton atoms, respectively. The initial temperature of the system is 300 K. The boundary atoms are fixed in positions to reduce the edge effects and maintain the proper symmetry of lattice. The motions of Newton and thermostat atoms obey Newton's second law, and are determined by direct integration of classical Hamiltonian equations of motion using the Velocity-Verlet algorithm. Periodic boundary condition is imposed in Z direction to reduce the effect of simulation scale. The top surface of workpiece is (100) plane and X direction is in the <100> orientation. The tool is divided into fix atoms and Newton atoms, respectively. The initial velocity of copper atoms is assigned based on Maxwell distribution, and the time step is set as 1 fs. Details of the simulation parameters are summarized in Table 1.

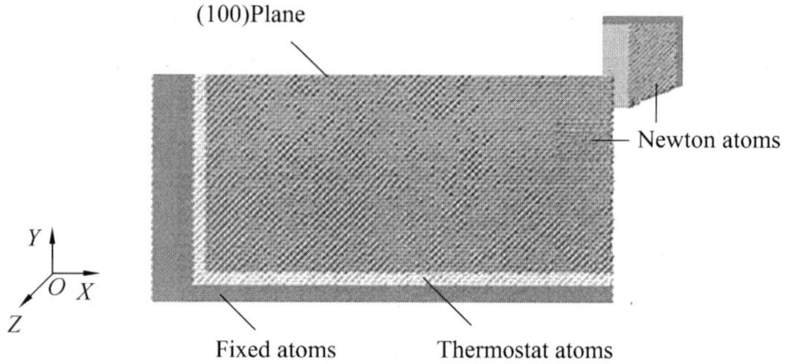

Fig. 1　The MD simulation model of nanometric cutting

Table 1　Workspace and simulation parameters

Potential for simulations	Tersoff, Morse, EAM
Workpiece material	Copper
Workpiece crystal structure	fcc
Workpiece dimensions	90 *a*×45 *a*×11 *a*
Clearance angle	15°
Rake angle	0°
Cutting directions	$[\bar{1}00]$ on (100) surface
Cutting depth	1.81 nm
Cutting speed	150-400 m/s
Initial temperature	300 K
MD time step	1 fs

There are three different atomic interactions in the current MD simulation: (1) the interactions between copper atoms (Cu−Cu); (2) the interactions between copper atoms and diamond atoms (Cu−C); (3) the interactions between diamond atoms (C−C). The interactions of diamond atoms (C−C) are depicted by Tersoff potential, which has been used successfully in nanometric cutting process [14-17]. For Tersoff potential, the total atomic potential energy of atoms in system is computed as follows

$$E=\sum_{i}E_i=\frac{1}{2}\sum_{i\neq j}V_{ij},\quad V_{ij}=f_{\mathrm{c}}(r_{ij})[f_R(r_{ij})+bf_{\mathrm{A}}(r_{ij})] \tag{1}$$

$$f_{\mathrm{R}}(r_{ij})=A\exp(-\lambda r_{ij}),\quad f_{\mathrm{A}}(r_{ij})=-B\exp(-\mu r_{ij}) \tag{2}$$

$$f_c(r_{ij})=\begin{cases}1 & r_{ij}<R\\ \frac{1}{2}+\frac{1}{2}\cos[\pi\frac{r_{ij}-R}{S-R}] & R<r_{ij}<S\\ 0 & r_{ij}>S\end{cases} \tag{3}$$

$$b_{ij}=(1+\beta_i^n\xi_{ij}^n)^{-1/2n},\quad \xi_{ij}=\sum_{k\neq i,j}f_c(r_{ik})\omega_{ikg}(\theta_{ijk}),\quad g(\theta_{ijk})=1+\frac{c^2}{d^2}-\frac{c^2}{d^2+(h-\cos\theta_{ijk})^2} \tag{4}$$

where E_i is the site energy; V_{ij} is the bond energy about all the atomic bonds; *i, j, k* label the atoms of the system; r_{ij} is the length of the *ij* bond; b_{ij} is the bond order term; θ_{ij} is the bond angle between the bonds *ij* and *ik*; f_R represents a repulsive pair potential; f_A represents attractive pair potential; f_c merely represents a smooth cutoff function to limit the range of the potential; and ξ_{ij} counts the number of other bonds to atom *i* besides the *ij* bond.

The Cu–Cu interactions between copper atoms are described by the EAM potential [18]. The total atomic potential energy of a system is expressed as

$$E_{\text{tot}}=\frac{1}{2}\sum_{ij}\varphi_{ij}(r_{ij})+\sum_i F_i(\rho_i) \tag{5}$$

where φ_{ij} is the pair-interaction energy between atoms *i* and *j*; and F_i is the embedding energy of atom *i*; ρ_i is the host electron density at site *i* induced by all other atoms in the system, which is given by

$$\rho_i=\sum_{j\neq i}\rho_i(r_{ij}) \tag{6}$$

For the Cu−C interactions between tool and workpiece atoms, Morse type pair potential is derived [19], the Morse potential is written as

$$\phi(r_{ij})=D[\exp(-2a(r-r_0))-2\exp(-a(r-r_0))] \tag{7}$$

where $\phi(r_{ij})$ is the pair potential energy function; D is the cohesion energy; a is the elastic modulus and r_{ij} and r_0 are the instantaneous and the equilibrium distance between atoms *i* and *j*, respectively.

The conversion between kinetic energy and temperature of each atom can be computed at each time step, as the follows equation

$$\frac{1}{2}\sum_i m_i v_i^2=\frac{3}{2}nk_BT_i \tag{8}$$

where N is the number of atoms, *vi* represents the instantaneous velocity; k_B is the Boltzmann constant and T represents the temperature of atoms. However, the kinetic energy of per atom could not be transformed into temperature immediately, the velocity of atoms should be averaged and reassigned to each atom every N steps, namely, for the sake of comparing the simulation results with macroscopic thermo-mechanism properties, and suitable data average algorithm should be taken. Furthermore, the contribution of tool movement in the cutting direction should not be included in computing the kinetic energy. The simulation results show that an average over about

2 000 time steps led to significantly stable mean properties, but still provide a certain time resolution to study some dynamics of the cutting phenomena. The velocities of thermostat atoms are rescaled when the temperature departs more than 10 K of the specified temperature. This algorithm allows the transfer of heat from the machined region on the surface to the bulk of the workpiece material, similar to experiment[20]. The various temperature zones are coded by different colors to distinguish the system temperature distribution during nanometric cutting process.

3 Results and discussion

The defect-free specimen is relaxed for 20 ps to minimize energy. The variations of the average temperature of workpiece and tool with relaxation time are shown in Fig. 2. The periodicity intermittence of surface atoms and the coordination number of overlapped atoms in workpiece are changed during relaxation process, and those atoms would be departed and vibrated around their lattice position to achieve a new equilibrium. From Fig. 2, it can be seen that the average temperature fluctuations in both of workplace and tool becomes descending and keeps constant at about 300 K after 20 ps, which predicates the thermal equilibrium has achieved.

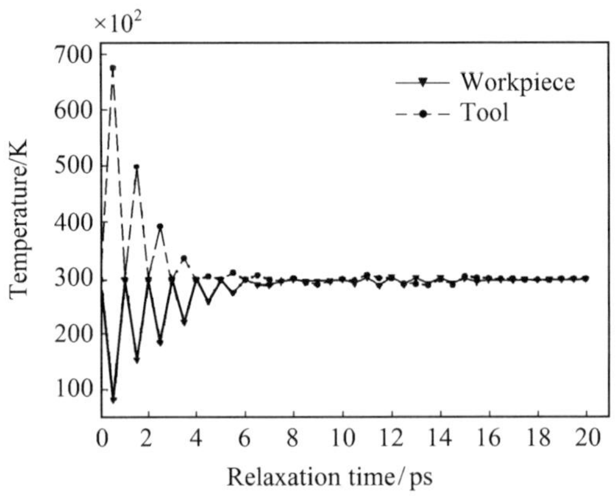

Fig. 2　The average temperature-time curves during relaxation

To study the effect of cutting speed on nanometric cutting process, simulations with cutting speeds of 150, 300 and 400 m/s have been conducted. The average temperature curves of workpiece and tool under different cutting speeds are shown in Figs. 3 and 4, respectively. The corresponding cutting depth is 1.81 nm. It can be seen that the temperature in both of tool and workpiece are raised with cutting distance, the high cutting speed results in a relative high temperature in workpiece material, but the temperature in tool changes slightly. At a high cutting speed mode, dislocations and the atoms in shear zone have a shorter time to rearrange, thus the dislocations pile up in the cutting region and strengthen the workpiece material, in which the extrusion and friction between atoms become more intensively. The friction and strain energy released from the deformed crystal lattice will be transformed into cutting heat, and results in a higher deformation force and generates more thermal energy. Besides, little chip is formed in the initial cutting stage, and almost all the thermal energy is concentrated in the tool-workpiece contact area, which leads to the rapid rise of the average temperature in tool as shown in Fig. 4. Furthermore, it is clearly demonstrated that the fluctuation and increasing of the average temperature becomes smoothly with the increase of cutting distance, since most of heat is taken away by chips during stable cutting process. In addition, compared with copper, diamond has a much higher thermal conductivity which could transform heat faster and maintain a relative low average temperature in tool as discussed in the next part.

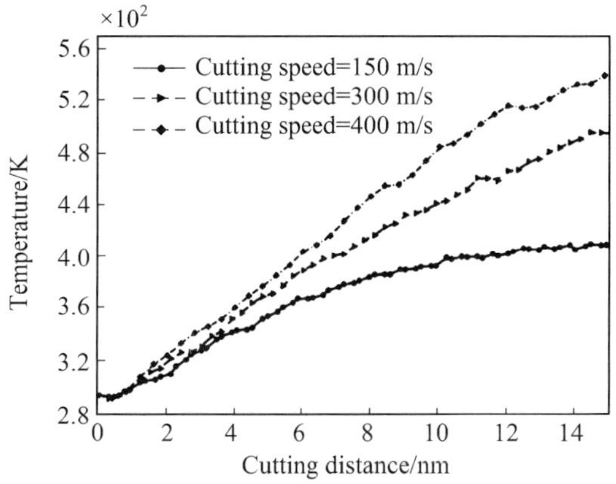

Fig. 3 The average temperature curves of workpiece under different cutting speeds

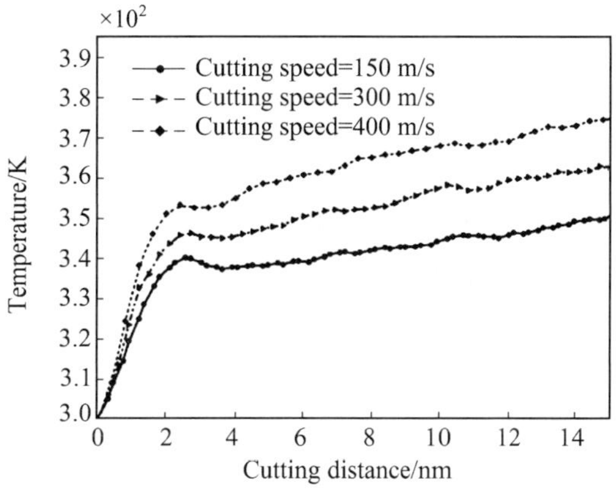

Fig. 4 The average temperature curves of tool under different cutting speeds

Fig. 5 shows the side cross-sectional view of temperature distribution at cutting speed of 400 m/s, the cutting depth is 1.81 nm and the cutting distance is 15 nm. It can be seen that the temperature distribution shows a roughly concentric shape around shear zone, and a steep temperature gradient is observed in diamond tool. The temperature is about 700 K in shear zone and a relative high temperature (about 500-600 K) is remained in the machined surface, but the highest temperature lies in chip (about 1 000-1 100 K). In addition, from the topology of temperature distribution, it can be inferred that the temperature of some chip atoms is more than 1 200 K, which is very close to the melting point of copper (1 357 K), and the temperature level at the bottom of workpiece preserves about 300 K. The number of atoms in different temperature ranges is shown in Fig. 6, It can be seen that when the cutting speed is 150 m/s, the atoms with temperature less than 400 K accounts for 73% and the atoms with temperature more than 700 K only holds about 8%, and the highest temperature in chips is about 800 K. One can found that the number of atoms with high temperature is increased as the cutting speed increases. A significative phenomenon is that there are about two layers atoms in the surface of tool rake face, which has a considerable lower temperature than chips. Furthermore, the temperature of some tool atoms even lower than 350 K, and an obvious temperature gradient in tool can be observed. The temperature increment is a function of the relative atomic velocity and could be less in the case of smaller velocities. Additionally, diamond has a relative high thermal conductivity and could transfer heat faster. However, Newton atoms are so close to the thermostat atoms that the temperature drops obviously and results in a steep temperature gradient in tool. This similar phenomenon also is virtually all in good agree with the fact, compared with tool shank, that the volume ratio of diamond is very small.

Fig. 5　Side cross-sectional view of temperature distribution at cutting speed of 400 m/s

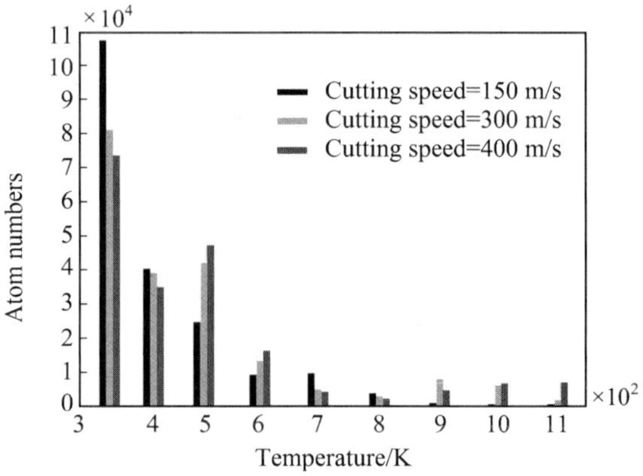

Fig. 6　The number of atoms in different temperature ranges

The high temperature region in shear zone means a build up of large stress in a local region. Most of heat is generated by the friction and excursion between tool edge and workpiece atoms, and the atoms in shear zone with high temperature move along the rake face of tool forward, bonds are broken and bonds energy are released due to plastic deformation in workpiece material, and almost all the chemistry and kinetic energy are transformed into cutting heat. Most of heat is taken away by chips, but the relative small chip size and lack of energy conversion raised the system temperature ultimately. Furthermore, the thermostat atoms are so far away that they can not affect the temperature of Newton atoms significantly in workpiece. Although many dislocations and deformations are distributed around diamond tool, most of shear stress is concentrated in shear zone, which implies the formation of new shear plane with small effective shear angle and raises the chip cross-section[21]. Besides, the atoms vibrate more frequently and the distance between neighbor atoms increased with the raise of system temperature, which inevitably results in weakening the bonding force between atoms. Surface and subsurface atoms with high temperature in workpiece could be removed easily when external force are imposed on the tool, that is why workpiece could be deformed under a relative low cutting force as the temperature increases.

4 Conclusion

In the present work, MD simulations using Tersoff, EAM and Morse potential are conducted to study the thermal effects in nanometric cutting process. MD simulations provide a foundation insight into atomic process of cutting monocrystalline copper on (100) surface. The temperature distribution is roughly presents a concentric shape around shear zone. During cutting process there is a narrow region with the highest temperature in chip, which is nearly reaches the melting point of copper and implies that a relative high stress is generated and concentrated. Diamond has a good thermal conductivity and results in a steep temperature gradient in tool. High machining speed leads to a relative high deformation in workpiece, more chips are generated, and more kinetic energy and stress are transformed into cutting heat. At a lower cutting speed, dislocations and the atoms in shear zone have a longer time to rearrange, thus the highest temperature in shear zone is much lower and a smaller chip formation can be achieved.

Acknowledgement

This work was supported by the National Natural Science Foundation of China (Grant No. 50675050) and the Outstanding Youth Fund of Heilongjiang Province (Grant No. JC200614).

References

[1] HAN Xuesong, HU Yuanzhong. Analysis micro-mechanism of burrs formation in the case of nanometric cutting process using numerical simulation method[J]. Science in China Series E: Technological Sciences, 2007, 50(2): 129-137.

[2] FANG Yunzhang, WU Fengmin, ZHENG Jinju, et al. AFM research on Fe-based nanocrystal crystallization mechanism[J]. Science in China Series E: Technological Sciences, 2008, 51(9): 46-57.

[3] KOMANDURI R, CHANDRASEKARAN N, RAFF L M. MD simulation of single crystal aluminum-effect of crystal orientation and direction of cutting[J]. Wear, 2000, 242(1): 60-88.

[4] CAI Minbo, LI Xiaoping, RAHMAN M. Study of mechanism of nanoscale ductile mode cutting of silicon using molecular dynamics simulation[J]. International Journal of Machine Tools and Manufacturing, 2007, 47(1): 75-80.

[5] MAEKAWA K, ITOH A. Friction and tool wear in nano-scale machining-a molecular dynamics approach[J]. Wear, 1995, 188(1): 115-122.

[6] FANG Tehua, WENG C I. Three-dimensional molecular dynamics analysis of processing using a pin tool on the atomic scale[J]. Nanotechnol, 2000, 11(3): 148-153.

[7] KIM J D, MOON C H. A study on microcutting for the configuration of tools using molecular dynamics[J]. Journal of Materials Processing Technology, 1996, 59(4): 309-314.

[8] BLAKE P N, SCATTERGOOD R O. Ductile-regime machining of germanium and silicon[J]. Journal of the American Ceramic Society, 1990, 73(4): 949-957.

[9] IKAWA N, SHIMADA S, TANAKA H, et al. An atomic analysis of nanometric chip removal as affected by tool-work interaction in diamond turining[J]. CIRP Annals-Manufacturing Technology, 1991, 40(1): 29-32.

[10] KOMANDURI R, CHANDRASEKARAN N, RAFF L M. MD simulation of exit failure in nanometric cutting[J]. Materials Science and Engineering: A, 2001, 311(1): 1-12.

[11] PEI Q X, LU C, LEE H P. Large scale molecular dynamics study of nanometric machining of copper[J]. Computational Materials Science, 2007, 41(2): 177-185.

[12] LIN Yanjie, INAMURA T. Molecular dynamics simulation of ultra-micro cutting of monocrystalline silicon with the effect of air[J]. The Japan Society of Mechanical Engineers, 2006, 49(1): 70-75.

[13] ZHANG Liangchi, TANAKA H. Atomic scale deformation in silicon monocrystals induced by two-body and three-body contact sliding[J]. Tribology International, 1998, 31(8): 425-433.

[14] TERSOFF J. Modeling solid state chemistry: Interatomic potentials for multicomponent systems[J]. Physical Review B, 1989, 39(8): 5566-5568.

[15] CAI Minbo, LI X P, RAHMAN M. Study of the mechanism of groove wear of the diamond tool in nanoscale ductile mode cutting of monocrystalline silicon[J]. Journal of Manufacturing Science and Engineering, 2007, 129(2): 281-286.

[16] FANG F Z, WU H, LIU Y C. Modelling and experimental investigation on nanometric cutting of monocrystalline silicon[J]. International Journal of Machine Tools and Manufacture, 2005, 45(15): 1681-1686.

[17] FANG F Z, WU H, ZHOU W, et al. A study on mechanism of nano-cutting single crystal silicon[J]. Journal of Materials Processing Technology, 2007, 184(1): 407-410.

[18] DAW M S, BASKES M I. Embedded-atom method: Derivation and application to impurities, surfaces, and other defects in metals[J]. Physical Review B, 1984, 29(12): 6443-6453.

[19] GIRIFALCO L A, WEIZER V G. Application of the Morse potential function to cubic metals[J]. Physical Review, 1959, 114(3): 687-690.

[20] YE Y, BISWAS R, MORRIS J R, et al. Molecular dynamics simulation of nanoscale machining of copper[J]. Nanotechnol, 2003, 14(3): 390-396.

[21] PEI Q X, LU C, FANG F Z, et al. Nanometric cutting of copper: A molecular dynamics study[J]. Computational Materials Science, 2006, 37(4): 434-441.

单晶硅微纳构件加工表面性能的时变性研究

胡兴雷[1,2] 孙雅洲[1] 梁迎春[1] 陈家轩[1]

([1]哈尔滨工业大学　机电工程学院，哈尔滨 150001;

[2]北京自动化控制设备研究所，北京 100074)

摘　要：采用蒙特卡罗方法和分子动力学方法相结合，模拟单晶硅微纳构件加工表面的时效过程，研究其对加工表面质量和构件力学性能的影响。模拟结果表明：在时效过程中，单晶硅微纳构件加工变质层的有序度显著提高，残余应力大幅降低，表面粗糙度略有增加，此外还发现加工变质层中非晶硅原子在时效过程中大幅减少，部分非晶硅出现了再结晶现象，其中部分 BCT5-Si 以及金属相(Si-II)结构原子转化为金刚石结构(Si-I)。时效作用对加工后单晶硅微纳构件表面性能具有重要的影响，同时可以提高微纳构件的拉伸力学性能。

关键词：蒙特卡罗方法；纳米加工；表面性能；时变性

Performance Evolution Process of Machined Surface of Monocrystalline Silicon Micro/Nanostructures

Hu Xinglei[1,2]　Sun Yazhou[1]　Liang Yingchun[1]　Chen Jiaxuan[1]

([1]School of Mechatronics Engineering, Harbin Institute of Technology, Harbin 150001, China;

[2]Beijing Institute of Automatic Control Equipment, Beijing 100074, China)

Abstract: The machined workpiece has high mechanical storage energy because of the defect structures formed in nanocutting and their evolution from high energy state to the low energy state by adjusting atom positions automatically is called surface-energy aging. The effect of surface-energy aging on the surface properties of monocrystalline silicon workpiece is analyzed by Monte Carlo simulations of machined surface. It is shown that the surface-energy aging effect can increase the surface roughness and the degree of order of damaged layer, however reduce the

通讯作者：E-mail: sunyzh@hit.edu.cn。

基金项目：国家杰出青年基金(批准号: 50925521) 和国家自然科学基金(批准号: 51075092) 资助的课题。

文章发表信息：物理学报, 2013, 62(22): 220704.

residual stress and the average potential energy of workpiece. Amorphous silicon structure in metamorphic layer decreases and recrystallization phenomenon occurs in the surface-energy aging process. It is found that some β-Si phase structures and BCT5-Si phase structures transform into the diamond cubic structure of Si in the surface-energy aging process. Surface-energy aging effect has a great influence on the surface properties of the machined surface of monocrystalline silicon workpiece, and can improve the mechanical properties of micro/nanostructures.

Keywords: Monte Carlo simulation; nanomachining; surface properties; performance evolution

1　引言

单晶硅是制造半导体硅器件的重要材料。随着微机电系统（MEMS）和纳机电系统（NEMS）的发展，微纳构件的尺寸要求越来越小，甚至要求达到纳米量级，此时微纳构件的比表面积大。加工表面质量包括表面微观形貌和加工变质层，对器件性能的影响也越来越大，甚至成为影响器件使用性能的决定性因素。微纳构件加工表面形成后，工件从高能量状态向低能量的稳定状态演变，时效作用对构件的表面质量具有重要影响，进而对材料性质和器件使用性能产生重要的影响。因此研究单晶硅微纳构件加工变质层在时效过程中性能的时变性具有重要的意义。

在微纳构件加工过程中，工件受到切削力作用发生变形，引起点阵畸变，形成大量结构缺陷，因此工件内部尤其是加工表面具有较高的机械储存能，包括残余弹性应变能和结构缺陷能。机械储存能是形变材料再结晶驱动力，工件原子通过自行调整其位置来降低工件能量，使工件向能量最低的稳定状态演变，同时工件的表面形貌、内部的应力状态和缺陷结构等会发生显著变化，这一过程称之为表面能量时效过程，简称时效过程。本文研究时效过程对单晶硅微纳构件加工表面性能演变规律的影响。

目前主要通过分子动力学（MD）方法模拟微纳构件加工表面的弛豫过程，进而研究其性能的演变规律。Ye 等[1]采用 MD 方法模拟了弛豫作用对单晶铜微纳构件加工表面的影响，结果表明，弛豫作用可以影响加工表面质量，同时切削速度对工件加工缺陷的弛豫作用具有重要影响。但是采用弛豫的方式，可以预测已加工表面在极小时间尺度上的演变，时间尺度往往是皮秒（ps），达到纳秒（ns）的时间尺度都非常困难，这与真实的时间尺度有很大的差距。

蒙特卡罗（MD）方法是一种随机性模拟方法，广泛应用于材料学和微纳加工领域。王浩等[2-4]采用 MC 方法模拟了三维晶粒长大的过程，仿真验证了三种现存的三维个体晶粒长大速率拓扑依赖性方程，同时研究了晶粒棱长、尺寸与拓扑学特征之间的统计关系。郑小平等[5, 6]采用 MC 方法模拟了薄膜生长的随机过程，模拟了薄膜的早期成核情况以及表面粗糙度和相对密度，同时研究薄膜生长的三维立体成像，结果表明在低温和高温时薄膜的早期成核和表面形貌完全不同，并且早期成核对薄膜后续的生长有重要的影响。Wang 等[7]采用三维 MC 模拟方法分析了衬底偏置效应以及 Si/SiO_2 界面附近表面粗糙度对鳍式场效应晶体管（FinFET）性能的影响。Komanduri 等[8, 9]采用 MC 方法首次对单晶材料在传统切削速度下的切削进行模拟，同时对常见面心立方体结构金属的纳米拉伸过程进行仿真，通过与相同条件下的 MD 模拟直接比较来评估其效果。为了减少计算时间，Narulkar 等[10]对纳米切削的 MC 方法进行了改进，新的 MC 模拟结合了最速下降法和 MC 程序，大幅减少了计算时间。

本文基于随机性算法，采用 MC 方法和 MD 方法相结合，建立了单晶硅微纳构件加工后时效过程的 MC 分析模型，并搭建 GPU 高性能并行计算平台，在宏观时间尺度上研究单晶硅微纳构件加工表面性能的时变性，以及时效作用对单晶硅微纳构件力学性能的影响。

2 MC 方法基本原理与仿真模型

2.1 MC 方法基本原理

假设系统由 N 个原子组成，其初始状态量 H_0。在 MC 模型中, 通过随机从 N 个原子中选择 m 个，并且改变它们的位置，可以得到系统新的状态。对于第 i 个原子，新的位置由下式确定：

$$H_i^{\text{new}} = H_i^{\text{old}} + \xi_i \Delta d \tag{1}$$

其中，H_i^{new} 和 H_i^{old} 分别是第 i 个原子的新、旧坐标；Δd 为原子移动最大步长；ξ_i 为均匀分布[0, 1]之间的随机数。对于正则系统，这个新的位置是否被接受，取决于玻耳兹曼概率。如果下式满足，新的位置被接受：

$$\exp\left(-\frac{\Delta V(H_0)}{KT}\right) \geqslant \xi_k \tag{2}$$

其中，ξ_k 是在第 k 步原子移动中产生的位于[0, 1]之间的随机数；ΔV 是原子移动前后系统势能的变化。如果原子移动导致系统势能减小，那么新的位置将直接被接受；如果原子移动导致系统势能增加，那么新的位置被接受的概率随着 ΔV 的增加而减少；如果原子移动被拒绝，那么移动原子的原有位置将被保留，这个过程就叫一个 Markov 运动。Markov 运动将不停地循环直到系统势能达到最低点。

本文在微纳构件加工表面时效过程的 MC 模拟中，每次从工件中随机选择 1 个原子，并对这个原子进行 Markov 运动，在三个坐标方向上最大步长都设为 0.1 A。如果新的位置使系统的势能减小，那么该运动被接受，这个原子的位置将发生改变。通常最大步长越小，每次势能改变越小，Markov 运动越容易被接受。

2.2 仿真模型

首先采用 MD 方法模拟金刚石刀具对单晶硅微纳构件的纳米切削过程。如图 1 所示。切削模型中刀具前角、后角和钝圆半径分别为−7°、6°和 1 nm。为了简化模型，在纳米切削过程中刀具视为绝对刚体。单晶硅工件含有 50 653 个原子，尺寸为 36 a_0×18 a_0×10 a_0，其中 a_0 为晶格参数，a_0=0.543 nm。在 MD 模拟中，采用 Tersoff 势描述单晶硅工件原子之间的相互作用，而采用 Morse 势描述刀具和工件原子间的相互作用，切削速度为 200 m/s，切削深度为 1 nm。在切削过程中，切削深度与刀具钝圆半径比值为 1，切屑以一种脆性拉伸切屑的方式形成。随着切削的进行，刀具前方剪切区、切屑以及加工表面的原子在高应力作用下，单晶硅微纳构件内部材料组织结构会出现相变，加工后的工件中仍有非晶硅结构[11]。

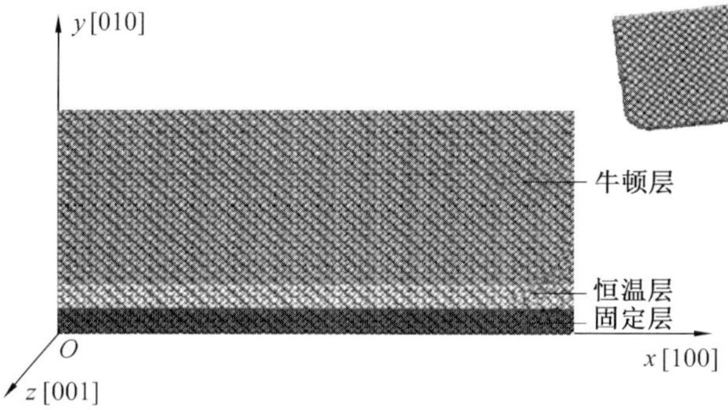

图 1　单晶硅纳米切削的 MD 模型

单晶硅微纳构件切削后的模型如图 2(a)所示，固定层原子在切削过程中一直保持理想晶格，为了减少 MC 方法的计算量，可以去除工件的固定层而不影响计算结果。因此将加工后的微纳构件提取出来并去除固定层，作为 MC 模拟加工工件时效过程的分析模型，去除固定层后工件还有 40 841 个原子，所有原子设为一个原子类型。MC 方法模拟时效后的单晶硅加工工件如图 2(b)所示。

采用 MD 方法再分别模拟时效前后微纳构件的拉伸过程，以研究时效作用对微纳构件力学性能的影响。理想单晶硅工件在纳米切削中，工件约被切去 1 nm 的厚度，去除加工中产生的毛刺，并重新设定边界，形成单晶硅工件时效前的拉伸模型，如图 2(c)所示；加工过程中，工件内部会产生大量的非晶结构，工件处于高能量不稳定状态，在时效过程中，工件内部结构达到稳态，重新设定边界作为单晶硅微纳构件时效后的拉伸模型，如图 2(d)所示。两组拉伸过程的仿真采用相同的模拟参数，x、y、z 轴分别取晶向[100]、[010] 和[001]，并统一固定工件左边界，从右边界沿 x 轴进行拉伸，拉伸速度都为 10 m/s。

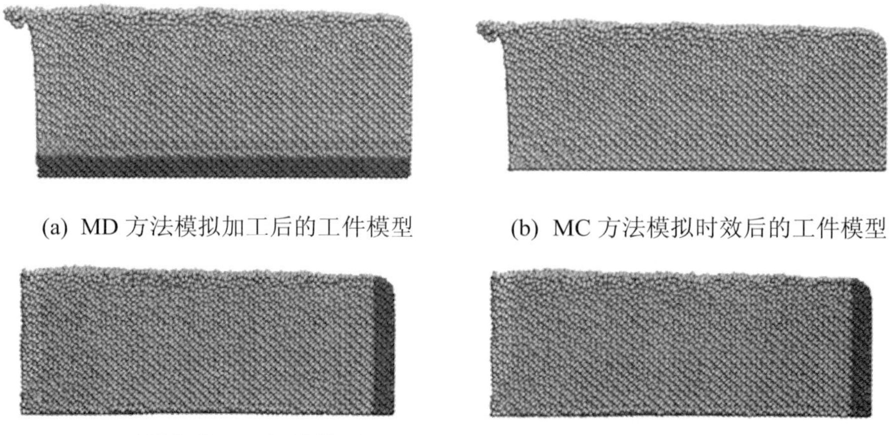

(a) MD 方法模拟加工后的工件模型　　(b) MC 方法模拟时效后的工件模型

(c) 时效前的 MD 拉伸模型　　(d) 时效后的 MD 拉伸模型

图 2　仿真模型

3 仿真结果与讨论

3.1 时效过程中微纳构件势能的演变

如图 3 所示，在 MC 方法模拟时效过程中，单晶硅工件中原子平均势能随时效时间逐渐降低，直到微纳构件达到稳定状态。时效前，单晶硅微纳构件加工后平均原子势能为−4.387 eV；时效后，平均原子势能为−4.413 eV；平均原子势能约减小 0.03 eV，减小比例约为 0.6%。在时效过程的初始阶段，平均原子势能下降速度比较快。这主要是由于纳米切削过程破坏了单晶硅工件的理想结构，微纳构件表面出现大量的非晶结构，微纳构件中尤其是加工表面具有较高的势能，势能高的原子可以快速迁移到势能低的位置。随着微纳构件加工表面中部分缺陷结构得以修复，工件中原子势能逐渐下降，同时工件中的应力状态以及能量状态都趋近均一。工件已经处于相对稳定的状态，原子向低能位置迁移比较困难，因而平均原子势能下降速度降低，最终趋于稳定。

采用原子势能法提取工件内部缺陷结构，并且根据原子势能进行着色，其中青色代表微纳构件中边界原子，其势能值大于−3.7 eV；红色原子代表微纳构件中原子高势能区，势能值在−4.43～−3.7 eV。工件中原子对势能比较敏感，大部分原子势能集中在−4.5～−4.63 eV。图 4 为 MC 方法模拟时效过程中单晶硅微纳构件高能原子比例的变化曲线。在时效过程中，微纳构件中势能高的缺陷结构原子通过自行调整位置，迁移到低势能的位置，直到微纳构件趋于稳定，工件中很多高能原子又重新回到晶格点，并出现再结晶现象。因此在时效过程中高能原子数占总原子数的比例越来越小，最后稳定在 6.7%左右。

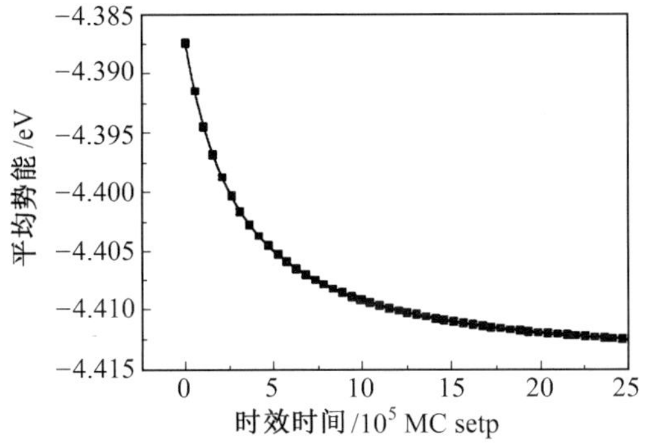

图3 MC方法模拟时效过程中单晶硅微纳构件中原子平均势能随着时效时间的变化曲线

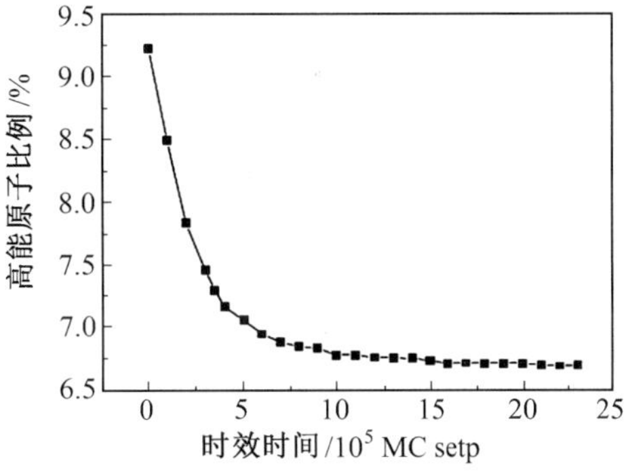

图4 MC方法模拟时效过程中单晶硅微纳构件中高能原子的变化数

图 5 所示为 MC 方法模拟时效过程中单晶硅微纳构件中高能原子区域的演变过程。时效前，工件内部充满了无规则的高能量原子，而在时效过程中工件内部的高能原子数逐渐减少，并最终完全消失；高能原子最后主要集中于工件加工表面，表明工件加工表面由于缺陷结构的存在，原子具有较高的势能。

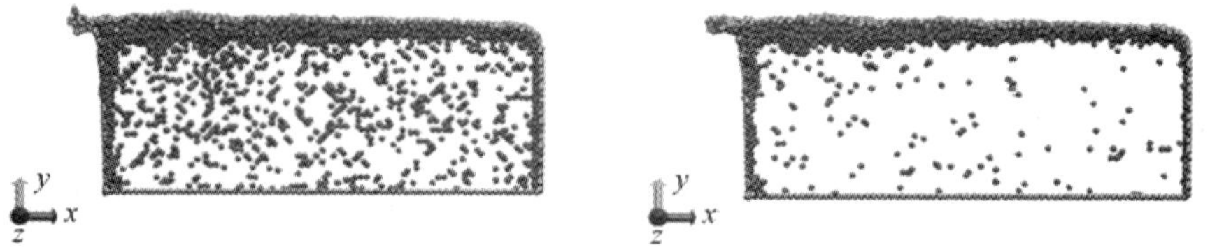

(a) 时效前　　　　(b) 时效 5×10^5 步

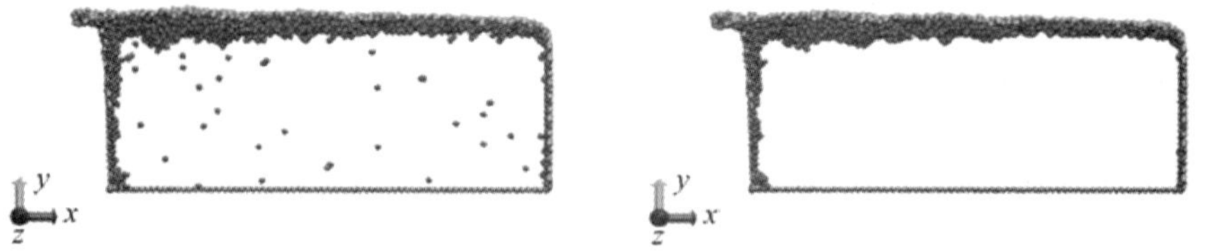

(c) 时效 10^6 步　　　　(d) 时效后

图 5　MC 方法模拟时效过程中单晶硅微纳构件中高能原子区域的演变过程

3.2　时效作用对微纳构件表面形貌的影响

单晶硅微纳构件加工表面在 MC 时效前后的形貌图如图 6 所示，从蓝色到绿色再到红色代表工件表面高度逐渐增高，这样根据颜色来判断工件加工表面时效前后形貌的变化。经过时效作用，工件加工表面的高度普遍得到增加，但是增加的幅度比较小。在刀具切出阶段形成的加工表面的左侧不仅高度较高，而且在时效过程中的变化也相对较大。

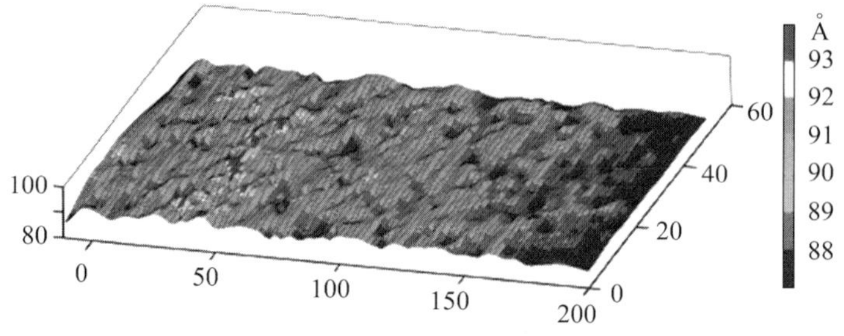

(a) 时效前

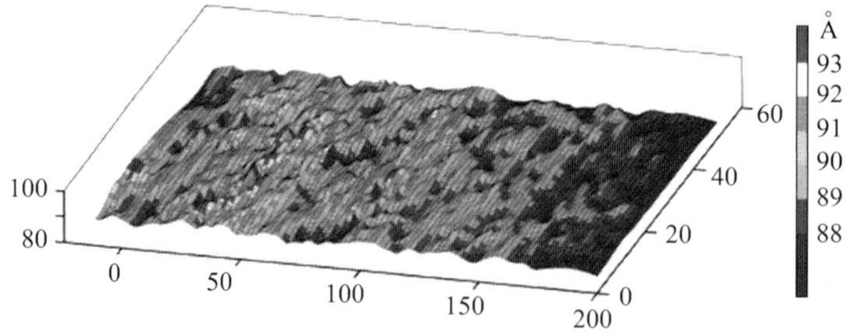

(b) 时效后

图 6　单晶硅微纳构件加工表面在 MC 时效前后形貌

图 7 所示为单晶硅微纳构件 MC 时效过程中原子迁移距离分布图。在时效过程中，高能原子通过向低能位置自发迁移，使工件重新处于稳定状态。图中的原子分别代表迁移距离在 0.04～0.05 nm、0.05～0.1 nm、0.1～0.5 nm 和超过 0.5 nm 的原子。在时效过程中迁移距离较大的原子主要集中在切削过程中形成的毛刺区域；其次刀具切出端的表面原子以及工件内部缺陷结构原子迁移距离也比较大。在时效过程中原子的最大迁移距离约为 1 nm，该原子位于切削形成毛刺的尖端。

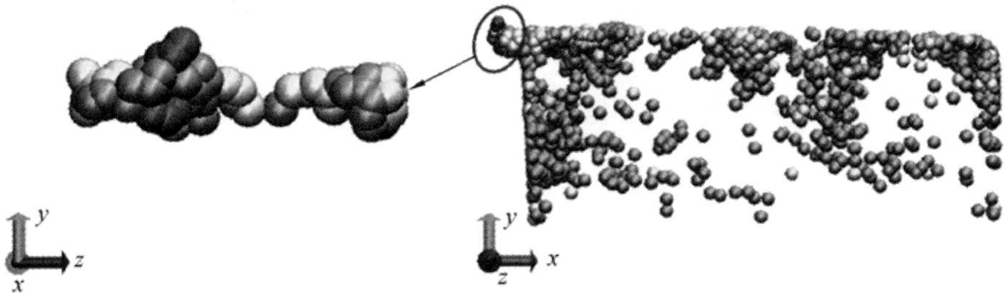

图 7　单晶硅微纳构件 MC 时效前后原子迁移距离分布

表 1 所示为单晶硅微纳构件加工表面时效前后的表面粗糙度，加工表面原子平均高度增加 0.06 A，约增加 0.1%，说明在时效过程中微纳构件加工表面的高度普遍增加，同时粗糙度也增加。轮廓算术平均偏差(R_a)和轮廓均方根偏差(R_q)分别增加了 4.3%和 3.5%，而轮廓最大高度(R_y)减少了 3.0%，其中 R_a 变化比例最大。R_a 和 R_q 的增加主要是因为非晶硅再结晶引起；R_y 的减少主要是因为加工过程中产生的毛刺在时效过程中收缩引起。

表 1　单晶硅微纳构件 MC 时效前后加工表面的粗糙度

	$\bar{y}$/Å	R_0/ Å	R_q/Å	R_y/Å
时效前	89.98	1.17	1.43	6.98
时效后	90.04	1.22	1.48	6.77
变化值	0.06	0.05	0.05	−0.21
变化比例	0.1%	4.3%	3.5%	−3.0%

3.3　时效作用对微纳构件加工变质层残余应力的影响

单晶硅微纳构件 MC 时效前后原子残余应力分布如图 8 所示，其中的原子分别代表其应力大于 1.5 GPa、应力小于−1.5 GPa 和边界原子。在纳米切削后，微纳构件内部产生大量的残余应力，应力比较高且应力分布没有规律性，而时效后微纳构件内部应力大幅减小，残余应力主要集中在加工表面的缺陷结构处。时效作用大大减小了单晶硅工件内部的残余应力，从而有利于提高微纳构件的使用性能。

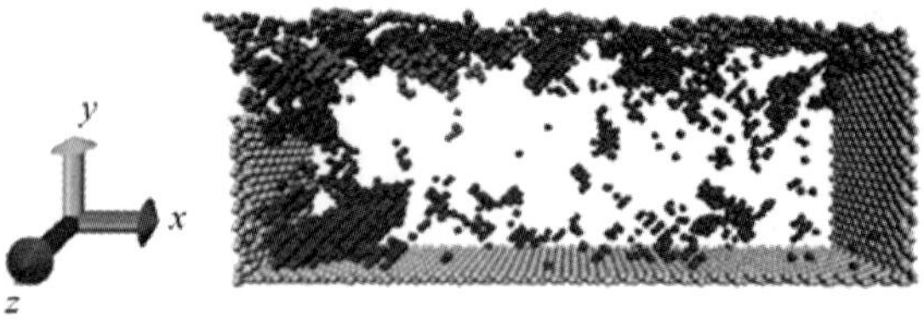

(a) 时效前

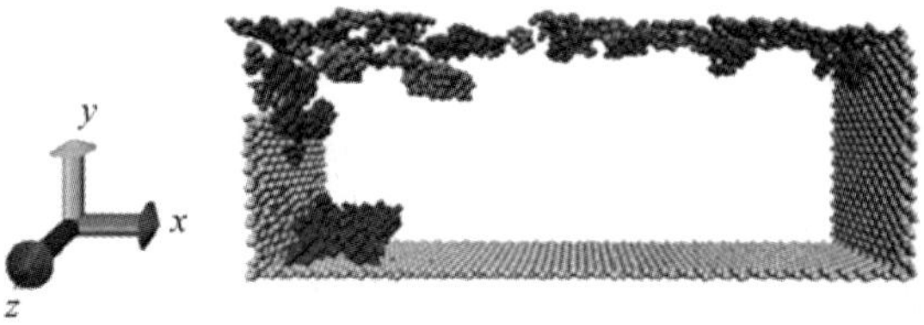

(b) 时效后

图 8　单晶硅微纳构件 MC 时效前后原子残余应力分布

单晶硅加工工件 MC 时效前后原子平均应力列于表 2 中，表层原子指工件表面高度大于 85 Å 的原子，亚表层原子指工件表层下方 1 nm 厚度的变质层。从表中数据可见，加工工件的残余应力在时效过程中普遍降低，包括工件整体、表层原子和亚表层原子的应力都下降，其中工件原子平均应力减少约 0.18 GPa，减少比例为 19%；表层和亚表层原子平均应力减少基本相等，减少 0.15 GPa，应力减少比例分别约为 10%和 15%。单晶硅纳米切削中产生的非晶结构主要集中于微纳构件表层，亚表层的残余应力明显小于表层的残余应力，但两者在时效中残余应力减少基本相等，因而亚表层平均应力减少比例稍大于表层平均应力的减少比例。

表 2　单晶硅加工工件时效前后原子平均应力变化

	工件原子平均应力/GPa	表层原子平均应力/GPa	亚表层原子平均应力/GPa
时效前	0.92	1.32	0.99
时效后	0.74	1.17	0.85
变化值	−0.18	−0.15	−0.15
变化比例	−19%	−10%	−15%

3.4　时效作用对微纳构件加工变质层缺陷结构的影响

径向分布函数（RDF）可以表征微纳构件的有序度。图 9 所示为单晶硅微纳构件经过纳米切削加工后，MC 时效前后工件有序度的变化图。图中曲线分别表示时效前的 RDF 和时效后的 RDF。从图中可知时效后 RDF 的各个峰值都高于时效前的，其中首个峰值在时效过程中大幅增加了 33%。因此时效后，微纳构件的有序度明显增加，无论是短程有序度还是长程有序度都得到明显提高。单晶硅加工表面有序度的提高主要是由于工件中处于高能量位置的原子迁移到低能量位置上，大量非晶硅原子从非晶状态又恢复到晶体状态，使缺陷结构原子减少。

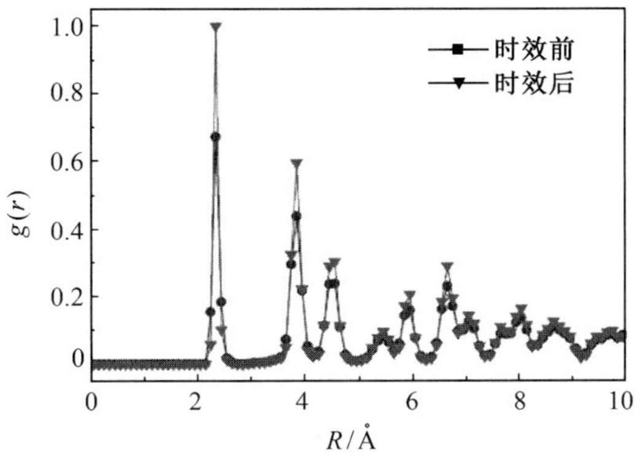

图 9　加工后单晶硅微纳构件 MC 时效前后的 RDF

在单晶硅材料中，相变对材料的性质起着重要作用。单晶硅为一种多晶型材料，其在不同压力条件下存在稳态或者亚稳态的晶体结构有 12 种之多[12, 13]。通过配位数来研究时效过程中单晶硅工件的相变。表 3 统计了单晶硅工件时效前后不同配位数对应的原子数。从表中可以看出，在时效过程中配位数小于等于 4 的原子在增加，说明工件的表面和工件中理想晶格原子增加；而配位数大于等于 5 的原子数在减少，说明在时效过程中单晶硅工件中非晶原子在逐渐减少。配位数为 4 的原子数增加最多，而配位数为 5 的原子减少最多，这可说明工件中的非晶硅原子大部分将转化为理想晶体硅，其次配位数为 3 和配位数为 6 的原子减少也比较多。

表 3　单晶硅加工工件 MC 时效前后不同配位数对应的原子数

配位数	时效前原子数	时效后原子数	变化值
1	39	41	2
2	1 987	2 007	20
3	1 645	1 746	101
4	35 804	36 172	368
5	1 072	795	−277
6	238	80	−158
7	44	0	−44
8	12	0	−12

在时效过程中，配位数大于等于 7 的原子配位数转变为 4、5 和 6；配位数为 6 的原子有 118 个配位数转变为 5，27 个转变为 4；配位数为 5 的原子中有 202 个配位数转变为 4，其余的大部分保持不变。经过统计有 95 个原子配位数由 5 转变为 4 且键角为 109°，说明在时效过程中这 95 个原子从 BCT5-Si 结构转变为金刚石结构(Si-I)，体积增加 15%；另外有 15 个原

子配位数由 6 转变为 4 且键角为 109°，说明这 15 个原子从金属相(Si-II)转变为金刚石结构(Si-I)，体积增加 23%。图 10 为时效过程中相变示意图。

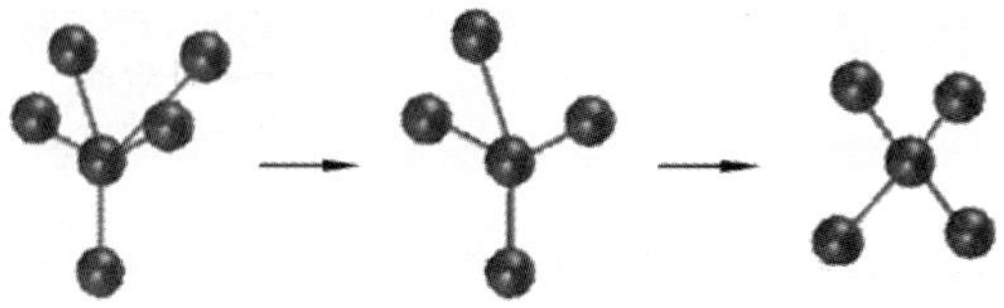

(a) BCT5-Si

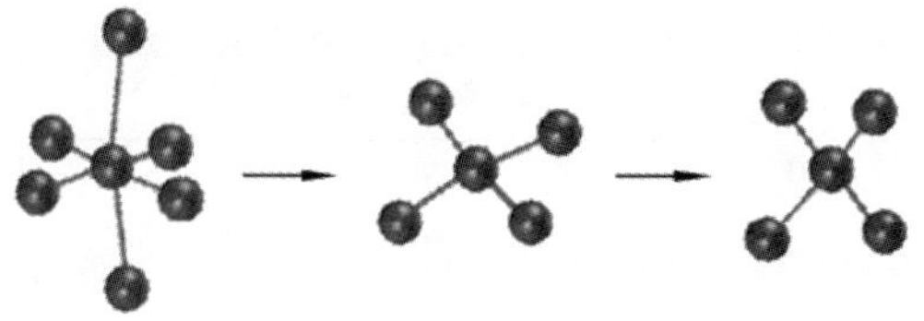

(b) Si-II

图 10 在 MC 时效过程中单晶硅不同相转变为金刚石结构示意图

图 11 所示为单晶硅微纳构件 MC 时效前后工件中不同配位数原子的分布，图中原子分别代表配位数为 5 的原子、配位数为 7 的原子和配位数大于等于 7 的原子，配位数小于等于 4 的原子没有显示。以往的研究表明：Si-I、Si-II 和 BCT5-Si 结构对应的配位数分别为 4、6 和 5，其中 Si-II 相中 4 个近邻原子间距为 2.43 Å，另外两个近邻原子为 2.58 Å，而 BCT_5-Si 相中 4 个近邻原子间距为 2.44 Å，1 个近邻原子间距为 2.31 Å 。在单晶硅纳米加工中，加工表面非晶相包括 Si-I、Si-II 和 BCT_5-Si 相，其中配位数大于等于 7 的原子属于亚稳相。

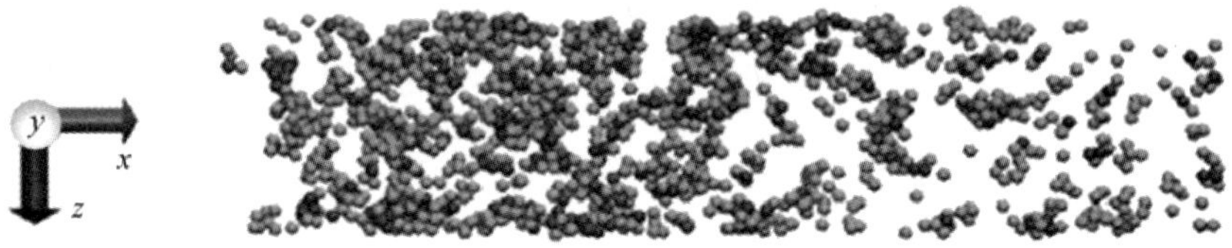

(a) 时效前

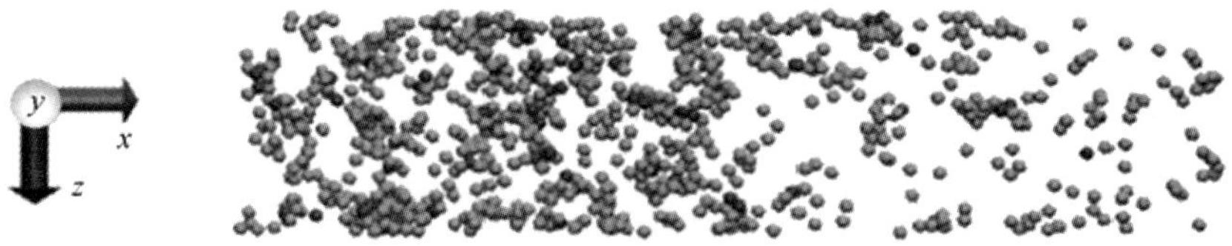

(b) 时效后

图 11 单晶硅工件 MC 时效前后工件配位数分布

在时效过程中，配位数为 5 的原子即 BCT5-Si 的结构原子大幅减少，其中有 95 个转化为 Si-I 结构，而大部分仍以非晶形式存在；配位数为 6 的原子即 Si-II 结构原子也减少很多，其中有 15 个转化为金刚石结构(Si-I)；而配位数大于等于 7 的原子在时效过程中消失。时效作用对单晶硅工件的缺陷结构具有一定的影响，但是由于共价键结合极为牢固，影响比较小。

3.5 时效作用对微纳构件力学特性的影响

采用 MD 方法对单晶硅工件时效前以及时效后拉伸过程进行仿真，以研究 MC 时效作用对微纳构件力学性能的影响。如图 12 所示，在加载的初始阶段，应力-应变曲线基本成线性，应力增加速度基本一致，说明在这两种情况下单晶硅工件的弹性模量大小基本一样。根据图中的应力-应变曲线，可以计算出工件在加工后以及时效后获得的弹性模量分别为 77.82 GPa 和 77.76 GPa，大小基本相等。也就是说在相同的晶向设置条件下，时效作用对单晶硅的弹性模量的影响都非常小，这主要还是因为弹性模量是原子间结合能的一种表征，而与工件的尺寸以及表面结构等没有直接关系。

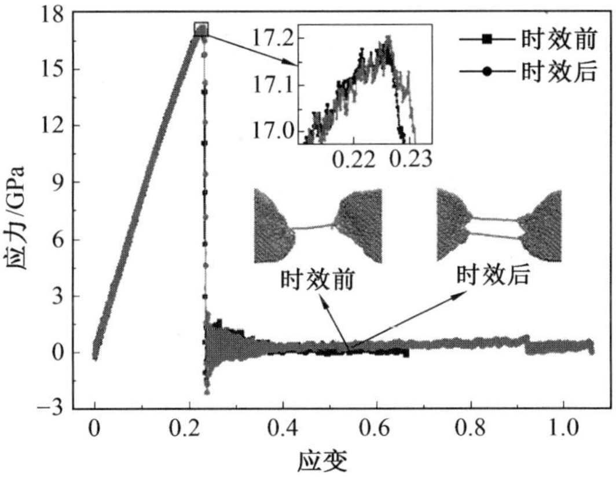

图 12　加工后单晶硅微纳构件时效前以及时效后的 MD 拉伸应力-应变曲线

对于加工后时效前的单晶硅微纳构件，在单轴拉伸的初始阶段，工件首先均匀地弹性变形，当应变达到 0.228 15 时，单晶硅工件开始出现不可恢复的塑性变形，在工件左侧迅速产生颈缩现象。颈缩区域迅速变细，当应变为 0.4 时，非晶区域发展出一个单层硅原子链，进一步拉伸，单原子链不断地伸长，当应变达到 0.66 时，单原子链断裂，工件彻底断裂。

时效后单晶硅微纳构件拉伸出现了两个单原子链，且长度也大大增加，类似于理想单晶硅的拉伸过程。由于只有工件内部的能量和应力相对均一才可能形成双原子链，这也说明时效作用对工件加工后内部的缺陷结构、应力状况以及能量状况都有所修复，尤其是对拉伸过程中非晶硅单原子链结构形成条件的修复最大。

时效前后单晶硅工件的应力-应变曲线在弹性阶段以及屈服的初始阶段基本一致，但是从图 12 中应力-应变曲线局部放大图可以发现，时效后的工件屈服得要晚一点，同时拉伸强度也比时效前增加 0.1 GPa，增加 0.6%。表 4 为单晶硅工件时效前后拉伸力学特性，对于单晶硅，加工作用使工件的拉伸强度和塑性都降低，而时效作用使工件的拉伸强度和塑性又得到小范围的恢复。时效作用对于单晶硅变形过程影响最显著的是工件屈服后内部产生的单原子链结构。理想单晶硅在应变为 0.5 时，产生双原子链结构，时效前的工件则产生单原子链结构，而时效后又变为双原子链结构。主要原因是时效后工件残余应力下降，内部应力得以均一化，在外力作用下，工件受力比较稳定，易于产生稳定的双链结构。

表 4 单晶硅微纳构件 MC 时效前后拉伸力学特性

	拉伸强度/GPa	拉伸强度时应变	弹性模量/GPa	断裂应变
时效前	17.19	0.228 15	77.82	0.66
时效后	17.20	0.228 2	77.76	1.06
变化值	0.10	0.000 05	−0.06	0.4
变化比例	0.6%	0.02%	−0.08%	60%

4 结论

采用 MC 方法和 MD 方法相结合，模拟加工后单晶硅微纳构件的时效过程，以研究时效作用对单晶硅工件加工表面质量及其力学性能的影响。模拟结果表明，在时效过程中，单晶硅微纳构件的表面粗糙度 R_q 增加约 3.5%，原子最大迁移距离约为 1 nm，平均原子势能约降低 0.03 eV；时效过程中,加工工件的残余应力普遍降低，同时变质层的有序度明显提高；非晶硅原子出现了再结晶现象，其中部分 BCT5-Si 相及金属相(Si-II)结构原子转化为金刚石结构(Si-I)；时效作用对单晶硅工件加工表面质量具有一定的影响，提高了加工工件的拉伸强度和工件的塑性。

参考文献

[1] YE Y, BISWAS R, MORRIS J R, et al. Molecular dynamics simulation of nanoscale machining of copper[J]. Nanotechnol, 2003, 14(3): 390-396.

[2] WANG Hao, LIU Guoquan, QING Xiangge. Verification of three 3D individual grain growth rates with large-scale monte carlo simulation[J]. Acta Metallurgica. Sinica, 2008, 44(1): 13-18.
[王浩, 刘国权, 秦湘阁. 三维晶粒长大速率方程的大尺度 Potts 模型 Monte carlo 仿真验证[J]. 金属学报, 2008, 44(1): 13-18.]

[3] WANG Hao, LUAN Junhua, YUE Jingchao, et al. Study on the relation among grain edge length, grain size and topology with monte carlo simulation[J].Acta Physica Sinica 2009, 58(13): s132-s136.
[王浩, 栾军华, 岳景朝, 等. 晶粒棱长、尺寸与拓扑学特征之间关系的 Monte Carlo 仿真研究[J]. 物理学报, 2009, 58(13): s132-s136.]

[4] WANG Hao, LIU Guoquan, QIN Xiangge. Simulation of 3D grain growth from different initial states and their quasi-stationary state distirbutions[J]. Rare Metal Materials and Engineering, 2009, 38(1): 126-130.
[王浩, 刘国权, 秦湘阁. 不同初始组织的 3D 晶粒长大仿真及其准稳态分布研究[J]. 稀有金属材料与工程, 2009, 38(1): 126-130.]

[5] ZHENG Xiaoping ZHANG Peifeng, LIU Jun, et al. Computer simulation of thin-film epitaxy growth[J]. Acta Physica Sinica, 2004, 53(8): 2687-2693.
[郑小平, 张佩峰, 刘军, 等. 薄膜外延生长的计算机模拟[J]. 物理学报, 2004, 53(8): 2687-2693.]

[6] ZHENG Xiaoping, ZHANG Peifeng. Kinetic Monte Carlo simulation of surfactant-mediated Cu thin-film growth[J]. Computational Materials Science, 2010, 50(1): 6-9.

[7] WANG Juncheng, DU Gang, WEI Kanglian,et al. Three-dimensional Monte Carlo simulation of bulk fin field effect transistor[J]. Chinese Physics B, 2012, 21(11): 117308.

[8] KOMANDURI R, NARULKAR R, RAFF L M. Monte Carlo simulation of nanometric cutting[J]. Philosophical Magazine, 2004, 84(11): 1155-1183.

[9] KOMANDURI R, RAFF L M. A combined Monte Carlo-damped trajectory simulation of nanometric testing of FCC metals under uniaxial tension[J]. Philosophical Magazine Letters, 2002, 82(5): 247-256.

[10] NARULKAR R, RAFF L M, KOMANDURI R. Monte Carlo-steepest descent (MC-SD) simulations of nanometric cutting[J]. Proceedings of the Institution of Mechanical Engineers, Part N: Journal of Nanoengineering and nanosystem, 2005, 218(1): 7-16.

[11] FANG F Z, WU H, ZHOU W, et al. A study on mechanism of nano-cutting single crystal silicon[J]. Journal of Materials Processing Technology, 2007, 184(1-3): 407-410.

[12] PILTZ R O, MACLEAN J R, CLARK S J, et al. Structure and properties of silicon XII: A complex tetrahedrally bonded phase[J]. Physical Review B, 1995, 52(6): 4072-4085.

[13] SI Lina, GUO Dan, LUO Jianbin. A molecular dynamics study of silica cluster cutting single crystalline silicon asperity[J]. Acta Physica. Sinica., 2012, 61(16): 168103.
[司丽娜, 郭旦, 雒建斌. 氧化硅团簇切削单晶硅粗糙峰的分子动力学模拟研究[J]. 物理学报, 2012, 61(16): 168103.]

Study of Dislocation Nucleation Mechanism in Nanoindentation Process

Yingchun Liang [1]　**Quanlong Wang** [1]　**Yu Nan** [1]　**Jiaxuan Chen** [1,2]　**Fushun Zha** [1]　**Yazhou Sun** [1]

(1 Harbin Institute of Technology, Harbin, China;

2 Harbin Engineering University, Harbin, China)

Abstract: Molecular dynamics simulations method is used to simulate nano-indentation process of single crystal copper. The improved centro symmetry parameters (ICSP) and radial distribution function (RDF) method are used to analyze the dislocation nucleation mechanism and defects evolution mechanism of workpiece during nano-indentation process. The simulation results show that: during nano-indentation process, the dislocation nucleate and launch near the stacking atoms at the interface between the indenter and workpiece, expand along the slip plane and terminated on the profile-surface of the workpiece. In the sub-surface of the workpiece, there are stacking atoms, partial dislocation and stacking fault, and we found that the formation of partial dislocations half-loops. To our interested that we find a "V" shape dislocation loop in the simulation and study its formation mechanism. In addition, we also study impact of the indentation depths on the dislocation nucleation mechanism and the atomic spatial order degree.

Keywords: nanoindentation; centro-symmetry parameters; sub-surface; dislocation nucleation mechanism

1 Introduction

Mechanical effects on nanostructures and their properties have been paid much attention[1-3]. For example, during nanofabrication process, the workpiece sub-surface dislocation defects affect the quality of the machined surface and the strength of mechanical and optical components, which restricts the use performance and service life. Many scholars carried out extensive research using molecular dynamics method.

E. B. Tadmor[4] simulated nano-indentation of single crystal aluminum and gold, discussed the initial plastic deformation of the crystal near the squeeze head. Krystn J. Van Vliet[5] established a

---

通讯作者：chenjiaxuan@hit.edu.cn

文章发表信息：Nanoscience and Nanotechnology Letters, 2013, 5(5): 536-541.

criterion of plastic deformation. C.L. Liu[6] simulated nano-indentation process of diamond materials and gold materials in different load force, temperature and load rate using molecular dynamics method. Zimmerman[7] studied the surface bench morphology effect during nanoindentation process. Diao[8] and Liu[9] analysed the lattice anisotropy effect on the mechanical behavior in nano-indentation. Rao[10] and Wang[11] studied the dislocation nucleation process and the grain boundary interaction process.

Y.C. Liang[12] researched anisotropic single crystal silicon nano-indentation process by experiments, studied the nano-rods mechanical properties and defects in nano-stretch, and also simulated nano-machining process under a complex path. L.C. Zhang[13] explored the evolution mechanisms of metastable phases during the nanoindentation on monocrystalline silicon. X.C. Luo[14] investigated the atomistic aspects of ductile response of SiC during nanometric cutting process using molecular dynamics simulation method. D.H. Huo[15] researched the mechanical properties and size effect of the single crystal copper thin film by doing nanoindentation test performed in an atomic force microscope and MD simulation method.

S.R. Jian[16] investigated the mechanical responses of GaN/AIN multilayers grown on Si (111) substrates by using the metal-organic vapor phase epitaxy (MOVPE) and by combining the Berkovich nanoindentation and the cross-sectional transmission electron microscopy (XTEM) techniques. Q.K. Li[17] simulated indentation of single crystal aluminum process, analyzed the stress's change and the force-displacement curve during the process. S. Zhang[18-20] successfully load the film, using a nanoindentation system integrated with a microscope interferometer, simultaneously obtained the Young’s modulus and hardness during testing the fracture toughness of thin films.

Current research work focuses on the workpiece plastic deformation characterization in nano-indentation process, but the analysis of sub-surface dislocation nucleation mechanism and defect evolution discipline was not enough. This paper will use to modify the centro- symmetry parameter method to analyze the dislocation nucleation mechanism in nano-indentation process, combined with the radial distribution function to analyze the atomic spatial component order changes.

2 Model and methodology

In the established molecular dynamics model, the interaction between diamond tool and copper atoms is described by Morse potential function, the effect among copper atoms is described by EAM[21-24] potential. The Morse[25] potential function expressed as follow:

$$\mu(r_{ij})=D[\exp(-2A(r_{ij}-r_0)-2\exp(-A(r_{ij}-r_0)))] \qquad (1)$$

Where D is the binding energy; A is the bulk modulus; r_0 is balanced spacing; r_{ij} is the transient distance between atom and atom. The parameters of Morse potential used for this study are shown in Table 1.

Table1 Parameters used in the Morse potential for Cu–C interactions

Parameters	Cu–C
D/eV	0.087
A/nm^{-1}	5 114
r_0/nm	0.205

EAM potential function is expressed with the following two equations.

$$E=\sum_{i}^{N}F(\rho_i)+\frac{1}{2}\sum_{i\neq j}^{N}u(r_{ij}) \qquad (2)$$

$$\rho_i=\sum_{i\neq j}\rho_i(r_{ij}) \qquad (3)$$

where E is the sum of energy; $u(r_{ij})$is a pair interaction between atoms i and j with separatin give by r_{ij}; $F(\rho_i)$ is the embedding function which represents the energy to embed an atom of type i into background electron density at site i; ρ_i is the electron density at atom i due to all other atoms, $\rho(ij)$ is the contribution to the electron density at atom i due to atom j at distance r_{ij} from atom i; $\rho(ij)$ can be given as follow:

$$F(\rho_i)=-E_c[1-\frac{\alpha}{\beta}\ln(\frac{\rho}{\rho_e})](\frac{\rho}{\rho_e})^{\alpha/\beta}-\phi_e(\frac{\rho}{\rho_e})^{\gamma/\beta} \qquad (4)$$

where

$$\rho_e=12f_e, \quad \Phi_e=6\phi_e \qquad (5)$$

$$\rho_i(r_{ij})=f_e\exp[-\beta(\frac{r_{ij}}{r_e}-1)] \qquad (6)$$

$$u(r_{ij})=\phi_e\exp[-\gamma(\frac{r_{ij}}{r_e}-1)] \qquad (7)$$

The parameters of the EAM potential used for this study are shown in Table 2.

Table 2 Parameters in EAM potentials for copper

Parameters	Cu–Cu
E_c/eV	3.54
Φ_e/eV	0.59
f_e	0.30
α	5.09
β	5.85
γ	8.001

The model in the simulation is shown as Fig. 1, the model size is $35a_0 \times 22a_0 \times 35a_0$, a_0 is the lattice constant of single crystal copper, the shape of the squeeze head is hemispherical, we use Nose- Hoover[26-27] hot bath for control of temperature, the boundary conditions are fixed boundary conditions and rigid diamond tools. Specific parameters shown in Table 3.

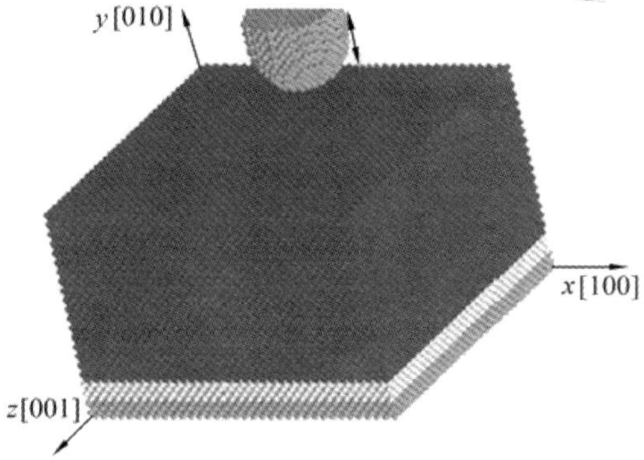

Fig.1 Used MD model in the simulation

There are several analysis methods in dislocation defect formation research, such as Common-Neighbor Analysis(CNA), Bond-Angle(BA) analysis method, slip-vector method and CSP etc. The value according to the analysis method of CNA is discrete integers, generally form 1 to 5. It can clearly distinguish the different types and positions of defects; The BA method is similar with CNA, and it can further distinguish surface atoms from dislocation atoms; The slip vector can be used for any material microstructure, making it more generally applicable than the CSP. Considering the materials we used is single crystal copper, the CSP method is enough to analysis the dislocation defect formation mechanism in this simulation. While the CSP can't distinguish surface atoms from dislocation atoms either, so we use a Improved CSP method to analysis the dislocation defect formation mechanism.

Table 3 The MD Simulation Parameters in the Model

Simulation Conditions	3-D indentation
Potential Energy Functions	EAM potential, Morse potential
Workpiece and Tool Materials	Copper, Diamond
Tool Shape	Hemispherical
Depth of Indentation	$3a_0$, a_0=0.361 nm
Indentation Direction	[010]
System Temperature	293 K
Indenter Radius	$5a_0$
Calculation Step	0.05 fs
Lattice Constant	0.362 nm

First give the expression of CSP for a material with FCC crystal lattice structure, shown as [28]

$$CSP = \sum_{i=1,6} \left| R_i + R_{i+6} \right|^2 \tag{8}$$

where R_i is the neighbor atom pairs with same length; R_{i+6} is the opposite direction of the neighbor atom pairs.

Without considering the thermal vibration in the ideal crystal, the CSP value is 0; the CSP value will be larger, if there is a greater deformation, so the CSP can be used to measure the disorder of the partial characterization surrounding atoms lattice, identified good lattice, local defects, such as stacking faults and partial dislocation. However, due to the neighbor atom of surface atoms are different with atoms in the workpiece, surface atoms are easy to be confused with the defect atoms. So we used an improved method to filter effect of surface atoms, shown as[29]

$$P_g = \sqrt{\sum_{i=1,6} \left| R_i + R_{i+6} \right|^2 - \sum_{i=1,6} \left| R_{i0} + R_{i0+6} \right|^2} \tag{9}$$

Which P_g is the offset vector mode; and R_{i0} and is R_{i0+6} the initial atomic vector and its neighboring atoms vector. The default represent colors and the default values of different atomic defects structure characterized by CSP and ICSP in this research are shown as Table 4.

Table 4 The Default Values of Atomic Defects Structure in Centro-Symmetry Parameter

Lattice Structure	CSP	Represent Color	P_g
Ideal FCC Structure	CSP<3	Blue	$0<P_g<0.15$
Partial Dislocation	3<CSP<5	Light Blue Magenta	$0.15<P_g<0.6$
Stacking Fault	5<CSP<9	Green Yellow	$0.6<P_g<0.8$
Surface Atoms	9<CSP<20	Blue	$0.6<P_g<0.15$
Stacking Atoms	CSP>20	Red	$0.8<P_g$

3 Results and analysis

According to the previous model we built to simulate nano-indentation process, the atomic evolution during nanoindentation process is shown as Fig. 2. In impressing process the indenter moves along the [0-10] direction to the workpiece, the workpiece atoms migrate away their former position under the indenter extruded pressure. The atoms below the indenter accumulate, which result in plastic deformation; when the indentation depth reach $3a_0$, there are multiple dislocation formed in all the four {111} slip planes, shown as Fig. 4 (c). Then we uplift the indenter along the [010] direction. Because of the attractant of diamond atoms, a few of layers of copper atoms adhere to the indenter when the squeeze head uplifted.

With the purpose of studying whether the single crystal copper workpiece generates crystal defect or not, we use Radial Distribution Function (RDF) to analyze the workpiece after nanoindentation process, and characterize the atomic spatial ordered. Meanwhile it can be used in studying the indentation depth impact on the order type of workpiece atoms. As is shown in Fig. 3, we compare the RDF value of system in different processing times during the indentation process. In the figure A is when the indenter just touches the workpiece, and corresponding to B, C, D, the indentation depth are respectively a_0, $2a_0$, $3a_0$. Fig. (b) is the enlarged diagram of the first peak in Fig. (a). As can be seen from the figure, during the indentation depth changed from a_0 to $3a_0$, the RDF value of specimen sub-surface atomic decreased from more than 95 to 50 or so on the number at the first peak, the other peaks are also apparent declined. This shows that in nanoindentation process, with the indentation depth increases, the spatial ordered of the workpiece atoms decreases, performed on the microstructure is become disorder. It can come to a conclusion that the workpiece generates crystal defect after nanoindentation.

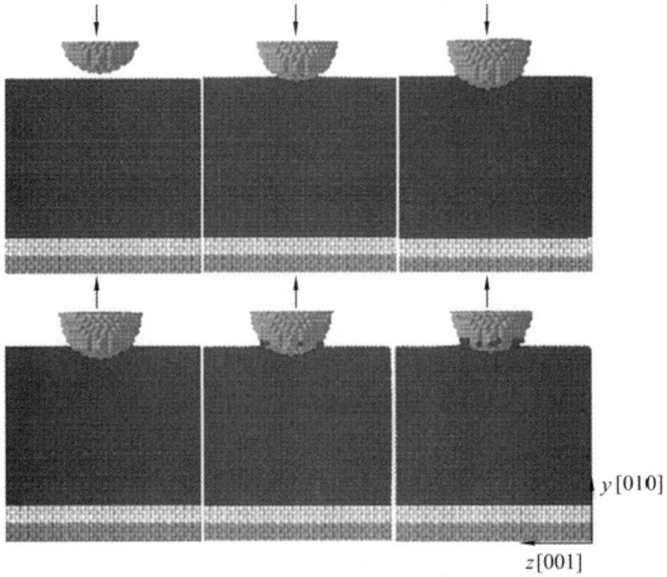

Fig.2 Atomic evolution diagram during nanoindentation with MD simulation

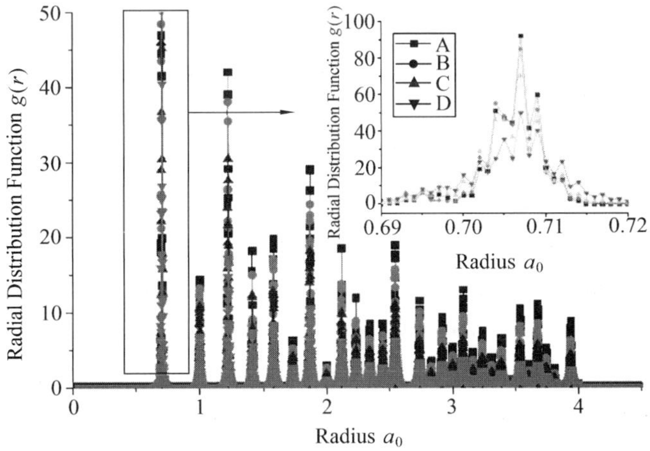

Fig.3 The change of atoms spatial order degree in nanoindentation process

In order to do a deep research on crystal defect of workpiece and clearly characterize the distribution of internal defects and dislocation nucleation of the workpiece after nanoindentation, we color the workpiece atoms according to the different values of MCSP that we calculated, shown in Fig. 4. For more clearly showing defects atoms, the undeformed atoms are not shown in the figure. In nanoindentation process, the workpiece atoms are occurred migration in local areas under the extrusion of the indenter, and a few layers of atoms near the center of the indenter occurred plastic deformation and formed stacking atomic layers. The increasing of the copper interatomic potential energy causes the migration energy of copper atoms; when it reach a certain level, it will make the copper atoms have enough energy to deviate from the primary crystal lattice point position, making the dislocation nucleation and emission. It can be seen from the Fig. 4 that the dislocation extended along (−101) direction, shown as arrow A in the Fig.4 (a). The dislocation line can't exist in isolation and can't terminate inside the crystal, but only end in free surface or the inner surface of the crystal grain boundary, lead to the formation of partial dislocations half-loops, shown as arrow B in Fig.4(b). Because of different distance from the workpiece to the indenter, the copper atoms formed different dislocation defects, such as stacking atoms, partial dislocation and stacking fault as arrows C, D and E shown in Fig.4(c). The characteristic "V" shape of an acute Lomer-Cottrell lock is shown in Fig.4(d). The two stacking faults lay on (1-11) and (11-1) intersecting planes, shown as arrow F in Fig. 4(d).

During nanoindentation process, a "V" shape dislocation loop has nucleated when the indenter moved along [0-10] direction at the speed 72 m/s. An acute "V" shape Lomer-Cottrell lock nucleates at the intersecting planes of two stacking faults lying on (1-11) and (11-1) planes as the arrows shown in the Fig.5. The nucleation and expansion process plane diagram of the "V" shape dislocation loop is shown as Fig.5. The partial dislocation at the bottom interface is the stair rod shown as R. The two Shockley partials which usually hound the other side of the stacking faults are pushed out on the surface. At the beginning of the "V" dislocation loop expanded, the initial partials dislocation nucleated at position A and B respectively, then extend along burgers vector S_1 and S_2. When it gets to the node N, the two Shockley partials dislocation hinder each other and compose a Lamer-Cottrell lock together. Because the burgers vector addition ($S_1 + S_2 + R$) on node N is 0, the Shockley partials dislocation terminate at the node N place. The two Shockley partials S_1, and S_2 meet at the intermediate interface of the lock, and a stair rod R format at the node N. In the central region of the lock the partials are widely separated with the stacking fault extending up to the surface from the substrate-strained layer interface. The two stacking faults are the "V" shape dislocation loop as we commonly see in the Fig. 6 (d). By researching its nucleation and expansion process using the simulation data obtained, we found that dislocations nucleated in the stacking atoms at the bottom of the contact surface of the indenter and the workpiece, shown as arrow C in Fig. 6. The growth processes of dislocations are shown as in Fig. 6 (b). In the early stage of the dislocation nucleation, the dislocation slipped along the slip plane, shown as arrow B in Fig. 6. This behavior can be understood on the grounds that Shockley partial dislocations bounding a stacking fault are expected to glide easily on the {111} gliding planes. The initial Fig. 6 (c), when the dislocation expansion was hindered, the dislocation locks formed, seeing in Fig. 6 (c). Then the dislocation locks extended along the direction shown as in Fig.6 (b). These dislocations finally ended at the side surface and composed the "V" shape dislocation.

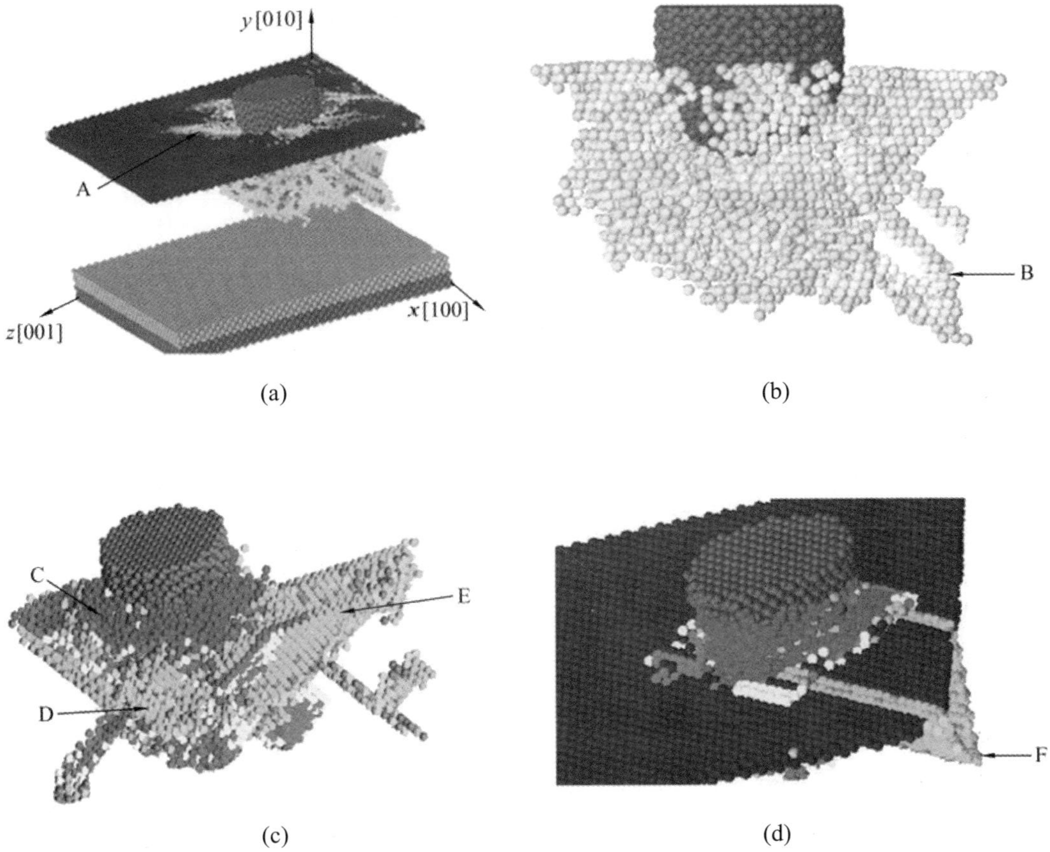

Fig.4 The workpiece sub-surface dislocation nucleation and expansion in nanoindentation characterized by MCSP nanoindentation with MD simulation

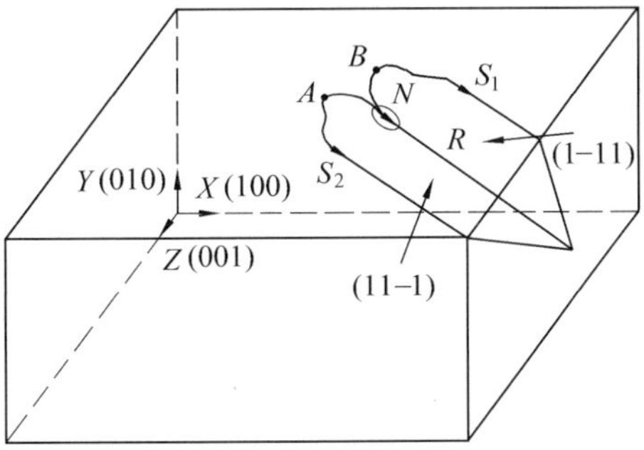

Fig.5 plane diagram of the "V" shape dislocation loop nucleation and expansion process

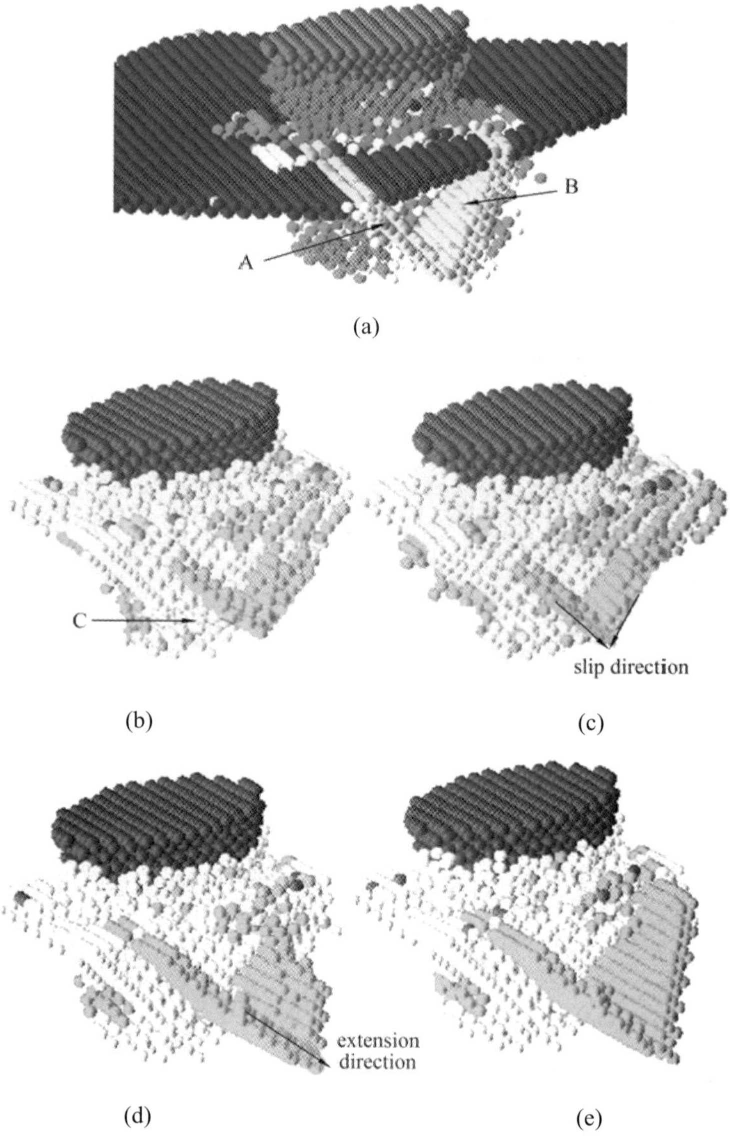

Fig.6 V-shaped dislocations nucleation and expansion process

In the macroscopic indentation experiments which measure the hardness of metal material, the indentation depth of the indentation process is an important parameter. Because the hardness of the specimen is calculated by the indentation depth and force tested in the experiment, it is necessary to consider the impact of indentation depth on simulation results. Fig.7 is the evolution of workpiece sub-surface defects under different indentation depth. It can be seen from the figure, when the indentation depth was a_0, workpiece atoms below the indenter become stacking atoms and no dislocation occurred; when the depth reached $2a_0$, there are partial dislocation half-loops begin to nucleated, shown as arrow A in the Fig. 6 and outside of which is partial dislocations; when the indenter continued downward movement, the dislocations extended along the slip plane which is {111} plane.

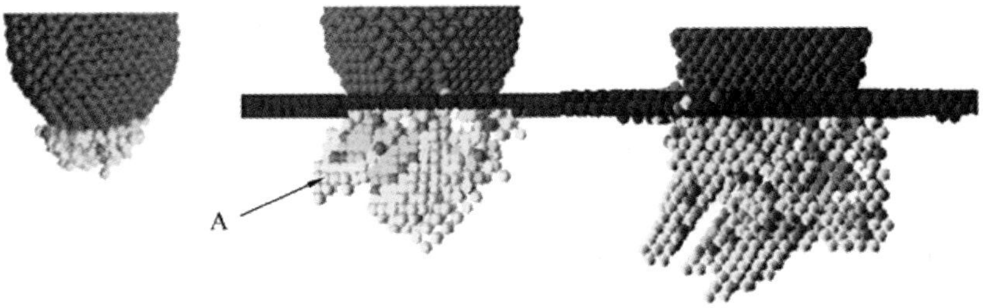

(a) (b) (c)

Fig.7 The sub-surface defects evolution of workpiece under different indentation depth Indentation depth of (a), (b), (c) are a_0, $2a_0$, $3a_0$

4 Conclusion

In this paper, a nanoindentation process of single crystal copper is simulated using MD method with the diamond indenter. By using modified centro-symmetry parameters and radial distribution function methods, we studied the dislocation nucleation mechanism and defects evolution mechanism during nanoindentation process; we also research the change of atomic spatial order degree. Through the author's simulation study and analysis, we obtained the following conclusions:

（1）In nanoindentation process, at the workpiece surface, the dislocation nucleated and launched near the stacking atoms at the interface between the indenter and the workpiece, and extended along the [-101]direction; at the sub-surface of the workpiece, partial dislocation half-loops are nucleated and extended along the slip plane. These dislocations annihilated on the lateral surfaces of the workpiece, and with the dislocations accumulated around and beneath the indenter, formed stacking atoms, partial dislocation and stacking fault.

（2）An acute "V" shape Lomer-Cottrell lock nucleated at the intersecting planes of two stacking faults lying on two (111) planes. In the central region of the lock the partials are widely separated with the stacking fault extending up along burgers vector to the surface from the substrate-strained layer interface and finally formed a V-shaped dislocation loop. With the indentation depth increases, the spatial ordered of the workpiece atoms decreases gradually, based on the analysis result of RDF.

Acknowledgments

We would like to thank the National Science Fund for Distinguished Young Scholars of China (**50925521**), the Natural Science Foundation of China (**51075092**), China Postdoctoral Science Foundation (**20100471020, 2012T50326**), and Harbin Innovative Talents Fund (**2011RFQXG017**), the Fundamental Research Funds for the Central Universities (**HIT.NSRIF.2012036**) and for their financial supports.

References

[1] ARIGA K, MORI T, HILL J P. Mechanical control of nanomaterials and nanosystems[J]. Advanced Materials, 2012, 24(2): 158-176.

[2] ZHANG Kai, WANG Lijuan. Structure and mechanical properties of Ultra-Low-Density porous Nickel-based composites produced by spark plasma sintering[J]. Nanoscience and Nanotechnology Letters, 2012, 4(4): 454-456.

[3] HONG Zhenghan, FAND Tehua, HWANG S F. Interface and nanoscale mechanical behavior of zinc oxide during nanoindentation by molecular dynamics simulation[J]. Nanoscience and Nanotechnology Letters, 2012, 4(1): 13-19.

[4] TADMOR E B, MILLER R, PHILLIPS R, et al. Nanoindentation and incipient plasticity[J]. Journal of Materials Research, 1999, 14(6): 2233-2250.

[5] KRYSTYN J. VAN VLIET, Li Ju, et al. Quantifying the early stages of plasticity through nanoscale experiments and simulations[J]. Physical Review B, 2003, 67(10): 104105.

[6] LIU Chengliang, FANG Tehua, LIN J F. Atomistic simulations of hard and soft films under nanoindentation[J]. Materials Science and Engineering: A, 2007, 452- 453: 135-141.

[7] ZIMMERMAN J A, KELCHNER C L, KLEIN P A, et al. Surface step effects on nanoindentation[J]. Physical Review Letters, 2001, 87(16): 165507-165510.

[8] DIAO Jiankuai, GALL K, DUNN M. Yield strength asymmetry in metal nanowires[J]. Nano Letters, 2004, 4(10): 1863-1867.

[9] LIU X H, GU J F, SHEN Y, et al. Anisotropy in homogeneous dislocation nucleation by nanoindentation of single crystal Cu[J]. Scripta Materialia, 2008, 58(7): 564-567.

[10] RAO S I, HAZZLEDINE P M. Atomistic simulations of dislocation–interface interactions in the Cu-Ni multilayer system[J]. Philosophical Magazine A, 2000, 80(9): 2011-2040.

[11] WANG J, HOAGLAND R G, HIRTH J P, et al. Atomistic modeling of the interaction of glide dislocations with "weak" interfaces[J]. Acta Materialia, 2008, 56(19): 5685-5693.

[12] LIANG Yingchun, CHEN Jiaxuan, CHEN Mingjun, et al. Three-dimensional molecular dynamics simulation of nanostructure for reciprocating nanomachining process[J]. Journal of Vacuum Science & Technology B: Microelectronics and Nanometer Structures Processing, Measurement, and Phenomena, 2009, 27(3): 1536.

[13] MYLVAGANAM K, ZHANG L C, EYBEN P, et al. Evolution of metastable phases in silicon during nanoindentation: mechanism analysis and experimental verification[J]. Nanotechnology, 2009, 20 (30): 305705.

[14] GOEL S, LUO Xichun, REUBEN R L, et al. Atomistic aspects of ductile responses of cubic silicon carbide during nanometric cutting[J]. Nanoscale Research Letters, 2011, 6: 589.

[15] HUO Dehong, LIANG Yingchun, CHENG Kai. An investigation of nanoindentation tests on the single crystal copper thin film via an atomic force microscope and molecular dynamics simulation[J]. Journal of Mechanical Engineering Science, 2007, 221(2): 259-266.

[16] JIAN Shengrui, JUANG J Y, CHEN N C, et al. Nanoindentation-induced structural deformation in GaN/AlN multilayers[J]. Nanoscience and Nanotechnology Letters, 2010, 2(4): 315-321.

[17] LI Q K, ZHANG Y, SHI S Q, et al. Molecular dynamics simulation of dealloyed layer-enhanced dislocation emission and crack propagation[J]. Materials Letters, 2002, 56(6): 927-932.

[18] WANG Shiquan, JIANG Xueya, ZHENG Hao, et al. Solvothermal synthesis of MoS_2/carbon nanotube composites with improved electrochemical performance for lithium ion batteries[J]. Nanoscience and Nanotechnology Letters, 2012, 4(4): 378-383.

[19] SUN Lidong, ZHANG S, WANG Qing, et al. Conformal growth of anodic nanotubes for dye-sensitized solar cells: Part I. planar electrode[J]. Nanoscience and Nanotechnology Letters, 2012, 4(5): 471-482.

[20] ZHANG Xiaomin, ZHANG S. A microbridge method in tensile testing of substrate for fracture toughness of thin films[J]. Nanoscience and Nanotechnology Letters, 2011, 3(6): 735-743.

[21] DAW M S, BASKES M I. Embedded-atom method: Derivation and application to impurities, surfaces, and other defects in metals[J]. Physical Review B, 1984, 29(12): 6443-6453.

[22] M.S. DAW, BASKES M I. Semiempirical, quantum mechanical calculation of hydrogen embrittlement in metals[J]. Physical Review Letters, 1983, 50(17): 1285-1288.

[23] JOHNSON R A. Analytic nearest-neighbor model for fcc metals[J]. Physical Review B, 1988, 37(8): 3924-3931.

[24] JOHNSON R A. Alloy models with the embedded-atom method[J]. Physical Review B, 1989, 39(17): 12554-12559.

[25] LIANG Yingchun, CHEN Jiaxuan, CHEN Mingjun,et al. Integrated MD simulation of scratching and shearing of 3D nanostructure[J]. Computational Materials Science, 2008, 43(4), 1130-1140.

[26] NOSE S. A unified formulation of the constant temperature molecular dynamics methods[J]. The Journal of Chemical Physics, 1984, 81(1): 511-519.

[27] HOOVER W G. Canonical dynamics: equilibrium phase-space distributions[J]. Physics Review A, 1985, 31(3): 1695.

[28] PEI Q X, LU C, LEE H P. Large scale molecular dynamics study of nanometric machining of copper[J]. Computational Materials Science, 2007, 41(2): 177-185.

[29] CHEN Jiaxuan, LIANG Yingchun, WANG Quanlong, et al. MD simulation of nanocutting process: removal mechanism, defects evolvement, and characterization[J]. Proceedings of SPIE, 2010, 7655: 76550J.

单晶硅纳米切削中 C—C 键断裂对金刚石刀具磨损的影响

王治国　张　鹏　陈家轩　白清顺　梁迎春

（哈尔滨工业大学　机电工程学院，哈尔滨 150001）

摘　要：本文基于分子动力学方法模拟金刚石刀具纳米切削单晶硅，从刀具的弹塑性变形、C—C 键断裂对碳原子结构的影响以及金刚石刀具的石墨化磨损等方面对金刚石刀具的磨损进行分析，采用配位数法和 6 元环法表征刀具上的磨损碳原子。模拟结果表明：在纳米切削过程中，金刚石刀具表层 C—C 键的断裂使其两端碳原子由 sp^3 杂化转变为 sp^2 杂化，同时，表面上的杂化结构发生变化的碳原子与其第一近邻的 sp^2 杂化碳原子所构成的区域发生平整，由金刚石的立体网状结构转变为石墨的平面结构，导致金刚石刀具发生磨损；刀具表面低配位数碳原子的重构使其近邻区域产生扭曲变形，C—C 键键能随之减弱，在高温和高剪切应力的作用下，极易发生断裂；在切削刃的棱边上，由于表面碳原子的配位严重不足，断开较少的 C—C 键就可以使表面 6 元环中碳原子的配位数都小于 4，导致金刚石刀具发生石墨化磨损。

关键词：分子动力学；纳米切削；金刚石刀具磨损；6 元环法

Effect of C-C Bond Breakage on Diamond Tool Wear in Nanometric Cutting of Silicon

Wang Zhiguo　Zhangpeng　Chen Jiaxuan　Bai Qingshun　Liang Yingchun

（School of Mechatronics Engineering, Harbin Institute of Technology, Harbin 150001, China）

Abstract: It is well known that diamond is one of the most ideal cutting tool for materials, but the rapid tool wear can make surface integrity of the machined surface decline sharply during the nanometric cutting process for a single crystal silicon. Thus, a research on the wear mechanism of the diamond tool is of tremendous importance for selecting measures to reduce tool wear so as to

通讯作者：zphit@hit.edu.cn.

基金项目：中国博士后科学基金(批准号: 2013M541362) 和黑龙江省自然科学基金(批准号: E201308) 资助的课题。

文章发表信息：物理学报, 2015, 64(19): 198104.

extend service life of the tool. In this paper, the molecular dynamics simulation is applied to investigating the wear of the diamond tool during nanometric cutting for the single crystal silicon. Tersoff potential is used to describe the C–C and Si–Si interactions, and also the Morse potential for the C–Si interaction. The rake and flank faces are diamond (111) and $(\overline{1}\overline{1}2)$ planes respectively. A new method, by the name of 6-ring, is proposed to describe the bond change of carbon atoms. This new method can extract, all the worn carbon atoms in diamond tool, whose accuracy is higher than the conventional coordination number method. Moreover, the graphitized carbon atoms in the diamond tool also can be extracted by the combination of these two methods. Results show that during the cutting process, the C–C bonds breaking in the surface layer of the diamond tool leads to the transformation of hybrid structure of the carbon atoms at both ends of the broken bond, from sp^3 to sp^2. Following to the bond breaking, the bond angle between the surface carbon atoms increases to 119.3° whose hybrid structure has changed, and the length between nearest neighboring atoms quickly decreases to 0.144 nm, indicating that the space structure formed by these carbon atoms has changed from 3D net structure of diamond to plane structure of graphite. Hence, the carbon atoms in the tool surface whose space structure has changed due to bond breaking should be defined as worn carbon atoms, but not only the carbon atoms whose hybrid structure has changed. The structure defects at both edges of the diamond tool are much more serious, which make the energy of C–C bonds at the edges weakened with the enhancement of defects. The bonds with lower energy are broken under the effect of high temperature and shear stress, which also produces the tool wear. The graphitization occurs at the tool of the cutting tool because the structure defects there are the most serious. The reconstruction of the carbon atoms with lower coordination number causes its neighboring region to produce serious distortion, which leads to easy breaking of C–C bonds in this region.

Keywords: molecular dynamics; nanometric cutting; diamond tool wear; 6-ring method

1 引言

金刚石凭借其高硬度、高热导率、低摩擦系数、低热膨胀系数以及可以刃磨出极其锋利的切削刃等优良特性，被认为是最理想的刀具材料之一[1, 2]。金刚石刀具被广泛地用于硅、碳化硅等脆性材料的纳米切削，可以获得无亚表面损伤和极高表面粗糙度的加工表面[3-5]。但是金刚石刀具在切削过程中的高磨损率一直是令人十分头疼的问题[6-8]，严重的磨损会使材料的去除机理由塑性转变为脆性，导致加工表面的表面完整性大幅下降[9]。因此更好地理解金刚石刀具的磨损机理对于抑制刀具磨损、提高刀具使用寿命具有十分重要的意义。

Zong 等[8]发现硅片在经过金刚石刀具纳米切削后，加工表面中出现了碳化硅和类金刚石碳的硬质颗粒。这两种硬质颗粒的形成都是由刀具表面碳原子扩散进入到加工表面中引起的。当硬质颗粒形成后，它们对刀具表面进行刻划和耕犁，导致刀具发生严重的沟槽磨损[6, 10]。Jia 等[11]使用拉曼光谱发现在切削光学玻璃的金刚石刀具的后刀面上存在着少量的石墨碳，这说明金刚石刀具在切削过程中发生了石墨化磨损。在加工表面的剧烈摩擦作用下，刀具表面的石墨会被去除、扩散进入到工件中，并在后刀面上留下微沟槽。另外，在金刚石刀具的抛光过程中，刀具表面上不可避免地会形成一层非晶碳[12]。非晶碳的力学性能明显低于单晶金刚石，在切削过程中极易发生磨损。因此，Zong 等[13]针对抛光后的金刚石刀具提出一种热化学处理方法。使用该方法可以有效地将抛光后刀具表面的非晶碳去除，刀具的力学性能得到明显的提高。

受现有观测技术的局限，目前还无法从原子的角度来揭示金刚石刀具的磨损机理，只能通过宏观的实验结果对金刚石刀具的磨损进行分析[6-8, 10, 11]。作为实验研究强有力的补充，分子动力学仿真方法已经被成功地应用于金刚石刀具磨损的研究[1, 9, 14-16]。Narulkar 等[1]模拟了金刚石刀具纳米切削铁，首次在纳米切削的 MD 模拟中观察到金刚石刀具的石墨化现象，验证了金刚石刀具在切削铁时的磨损机理，即金刚石刀具先发生石墨化，然后再扩散进入到工件中。Goel 等[14, 15]模拟了金刚石刀具纳米切削单晶硅和碳化硅的过程，发现碳化硅的磨粒作用以及切削引起的高温，会使金刚石刀具上的 sp^3 杂化碳原子转变为 sp^2 杂化，导致金刚石刀具的磨损。通过对碳原子径向分布函数的分析，C—C 键键长在 0.142 nm 处出现拐点，因此认为金刚石刀具发生了石墨化磨损，但并没有给出刀具石墨化的原子结构示意图。曹等[16]发现金刚石刀具在纳米切削单晶硅后，其切削刃的两侧出现了层状结构的碳原子，这直接证明金刚石刀具发生了石墨化磨损。在计算石墨化磨损率时，用配位数由 4 变为 3 的碳原子来描述刀具上的石墨化碳原子。

到目前为止，MD 模拟研究刀具磨损的文献[9, 14, 15]主要是从扩散磨损的角度来分析金刚石刀具的磨损，而对于刀具表面形态变化的研究还很少。因此，本文借助于分子动力学方法，模拟金刚石刀具纳米切削单晶硅，通过分析 C—C 键断裂对刀具表面碳原子的结构变化的影响来研究金刚石刀具的磨损，并对金刚石刀具表面的石墨化磨损进行初步的分析。

2 纳米切削的分子动力学建模

2.1 仿真模型

金刚石刀具纳米切削单晶硅的 MD 仿真模型如图 1 所示。其中，工件尺寸为 30 nm× 15 nm×12nm ($x \times y \times z$)，大约 2.7×10^5 个硅原子，刀具尺寸为 6 nm ×7 nm × 3 nm，大约 2.1×10^4 个碳原子。详细的切削参数见表 1。本文的主要内容是研究金刚石刀具的磨损，因此刀具与工件一同被设置为可变形体。刀具与工件被划分为三层：牛顿层、恒温层和固定层。固定层的作用是防止工件在切削过程中产生整体刚性移动。恒温层的作用是通过调整原子速度，将该层的温度控制在指定的范围内，将来自于牛顿层的热量吸收，以免牛顿层的温度过高。牛顿层和恒温层的原子都满足经典牛顿运动定律。在模拟过程中，恒温层的温度始终控制在 293 K。z 方向采用周期性边界条件，其他方向上的自由表面均采用自由边界条件。

本文所使用刀具的前后刀面分别为金刚石的(111)面和$(\bar{1}\bar{1}2)$面，刀具的表面形貌如图 2 所示。从图 2 (a)中可以看出，尽管后刀面为$(\bar{1}\bar{1}2)$面，但实际上它是由$(\bar{1}\bar{1}1)$面的台阶排列而成。由于受到表面结构缺陷的影响，刀具表面碳原子的配位数都小于 4，如图 2 (b)所示。但{111}面实际上是由两层碳原子构成，最外层{111}面上的表面碳原子的配位数为 3，内层的配位数为 4。刀具两侧棱边和台阶边界上的碳原子的配位数都为 2。切削刃刃口部分由金刚石{100}面构成，表面碳原子的配位数为 2。在单晶硅的纳米切削实验中，当加工表面为(111)面时，会使金刚石刀具快速地产生磨损[17]，因此本文选择单晶硅(111) 面作为加工表面。

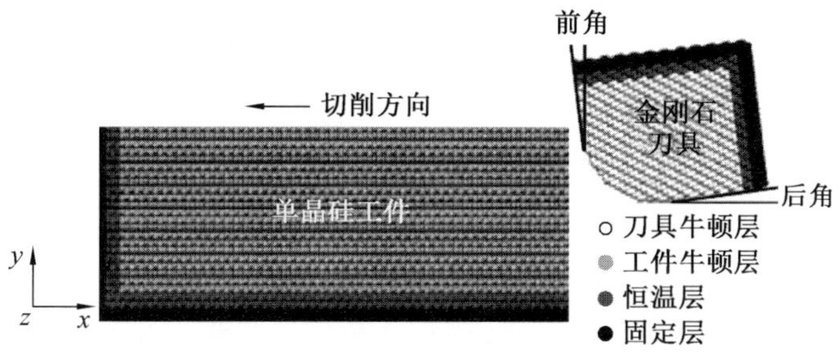

图 1　金刚石刀具纳米切削单晶硅的 MD 仿真模型

Fig. 1　Model for MD simulation of nanometric cutting of silicon using diamond tool.

表 1　本文使用的切削参数

Table 1　Cutting parameters using in this paper

前后刀面的晶向	(111)和($\bar{1}\bar{1}2$)
刀具前后角/(°)	−7 和 7
刃口半径/nm	3
背吃刀量/nm	3
切削方向	(111) [$\bar{1}$01]
时间步长/fs	2

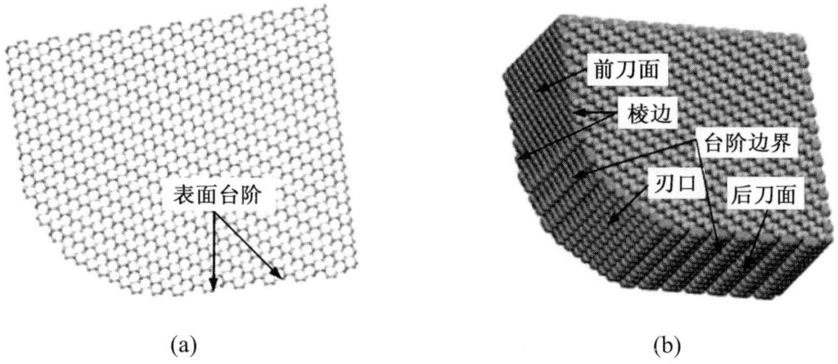

图 2　金刚石刀具的表面形貌 (a) 主视图; (b) 三维视图。原子根据其配位数着色，图中原子分别表示配位数为 2、3、4 的原子

Fig. 2　Surface morphology of diamond tool: (a) main view; (b) 3D view. Atoms are colored according to their coordination number, green, cyan, white color represent atoms with coordination number 2 and 3 and 4 respectively

2.2　势函数

Tersoff 势[18]是典型的三体势，适用于描述以共价键结合的原子间的相互作用，被广泛地用于碳、硅等共价键材料的计算[1, 15]。因此在模拟过程中，使用 Tersoff 势描述 C—C 和 Si—Si 原子间的相互作用，其表达式如下：

$$E = \sum_i E_i = \frac{1}{2}\sum_{i \neq j} V_{ij} \tag{1}$$

$$V_{ij} = f_C(r_{ij})[f_R(r_{ij}) + b_{ij} f_A(r_{ij})] \tag{2}$$

式中，E 为体系的总能量；V_{ij} 为原子 i 与 j 之间的成键能量；r_{ij} 为原子 i 与 j 之间的距离；f_A 和 f_R 分别为对势的吸引项和排斥项；f_C 为截断函数；b_{ij} 为吸引势函数。

Morse 势[19]虽然为两体势，但其能够比较精确地描述 C—Si 原子间的相互作用，其表达式为

$$U(r_{ij}) = D\left[e^{-2\alpha(r_{ij}-r_0)} - 2e^{-\alpha(r_{ij}-r_0)} \right] \tag{3}$$

式中，D 和 α 分别表示结合能和弹性模量；r_0 表示原子之间的平衡距离。D=0.435 eV，α=46.487 nm^{-1}，r_0= 0.194 75 nm[19]。

本文所使用的分子动力学软件为 LAMMPS(large-scale atomic/molecular massively parallel simulator)[20]。在模拟过程中，选择微正则系综（NVE）和 Velocity-Verlet 积分方法。

3　仿真结果与分析

图 3 所示为金刚石刀具切削 30 nm 时的弹塑性变形。从图中可以看出，金刚石刀具发生了明显的变形。其中，变形最严重的部位是切削刃，其余部位的变形相对较轻，而且距离固定层越近，刀具的变形程度越轻。这是因为在单晶硅的纳米切削过程中，切削刃需要提供足够高的静压才能使其周围的单晶硅发生相变，实现单晶硅的塑性域去除[21]，同时切削刃也就承受着极高的压力，使其产生严重的变形。由于切削刃两侧棱边的结构缺陷非常严重，在相变硅的挤压作用下，导致棱边上的变形最为严重，该处碳原子的最大移动距离达到 0.8 nm。

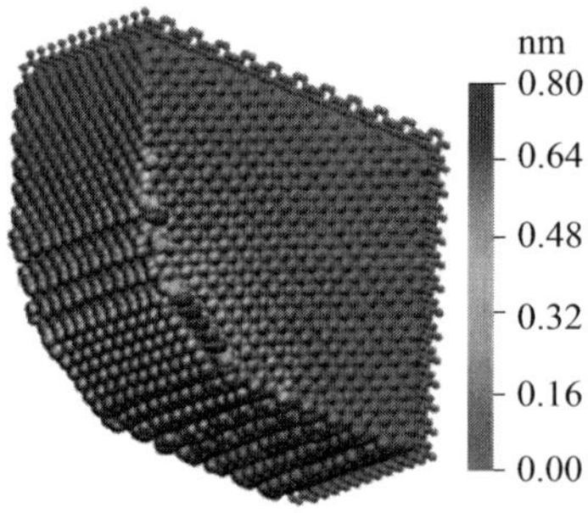

图 3　金刚石刀具切削 30 nm 时的弹塑性变形。原子根据其与晶格点的距离着色。小原子表示固定层中的原子，大原子表示牛顿层和恒温层中的原子

Fig. 3　Elastic-plastic deformation of diamond tool at 30 nm cutting distance. Atoms are colored according to the distance between them and their lattice point. Small atoms represent atoms of fixed layer, big atoms represent atoms of newton layer and thermostatic layer

3.1 配位数法描述的金刚石刀具磨损

尽管金刚石刀具在切削过程中产生了明显的变形，但是在图 3 中无法直观地将刀具上的弹性变形和塑性变形区分开来。弹性变形是可逆的，当刀具中的应力被释放后，变形就会消失，刀具会恢复到其初始状态，不会影响到刀具的切削性能，而塑性变形是不可逆的，即使应力被释放，刀具也不会恢复到其初始状态，这会对其切削性能产生影响,甚至会改变材料的去除方式。如图 4 所示，本文通过碳原子配位数的变化，即碳原子杂化结构的变化，来描述金刚石刀具的塑性变形。其中，原子 1 和 2 是前刀面表层断裂的 C—C 键两端的碳原子，原子 3—5 是原子 1 在前刀面上的第一近邻原子，原子 6 和 7 是后刀面上的两个重构原子，原子 8 和 9 是重构原子附近断键两端的碳原子。所有断开的 C—C 键都是刀具表层{111}面间的 C—C 键。原子 1，2，8，9 在断键之前是 sp^3 杂化，原子 3—5 是 sp^2 杂化，原子 6 和 7 是 sp 杂化。

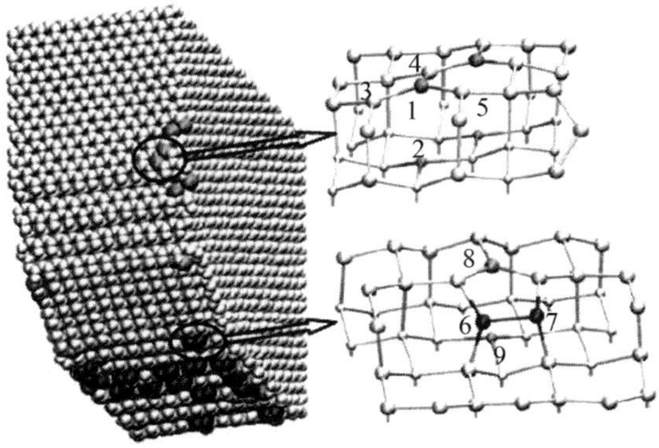

图 4 配位数法描述的金刚石刀具的塑性变形。右侧两个插图分别为刀具前后刀面上发生断键区域的放大图，大、小原子分别表示刀具表面和刀具内部原子，其中包括分别表示配位数减少、增加和不变的碳原子

Fig.4 Plastic deformation of diamond tool described by coordination number method. Two inserts represent enlarged views of regions with C–C bonds broken in surface layer of rake and flank face, big and small atoms indicate atoms of surface and internal of tool respectively, including atoms with increasing and decreasing and constant coordination number respectively.

对比图 3 和图 4 发现, 尽管切削刃的两侧棱边上产生了严重的变形，但以弹性变形为主，只有少量的碳原子因为严重的弹性变形而导致其杂化结构发生变化。从图 4 中可以看出，金刚石刀具上发生杂化结构变化的碳原子共有两种：一是, C—C 键断裂引起碳原子由 sp^3 杂化转变为 sp^2 杂化(sp^3—sp^2 转变), 配位数由 4 减为 3；二是，低配位数碳原子重构引起碳原子由 sp 杂化转变为 sp^2 杂化，配位数由 2 增至 3。其中，碳原子发生 sp^3—sp^2 的转变会使金刚石刀具产生磨损[14, 15]，而发生 sp—sp^2 的转变会使低配位数的碳原子更稳定，因此，前者才是刀具磨损中的主要研究对象。发生 sp^3—sp^2 转变的碳原子都分布在刀具的两侧棱边上以及后刀面的重构原子附近。在刀具的两侧棱边上，由于其结构强度较低，C—C 键键能随之减弱，在高温[9, 22]和剪切应力[23, 24]的作用下极易断裂，使断键两端碳原子的杂化结构发生变化。

从图 4 的局部放大视图中可以看出，C—C 键断裂不仅使其两端碳原子的杂化结构发生变化，还会使其近邻的表面区域的空间结构也发生变化，趋近于平面。图 5 给出了图 4 中原子 1 与其近邻原子间的距离和键角随切削距离的变化曲线，r_{12} 为原子 1 和 2 之间的距离，$\bar{r}_{1\text{-}1}$ 为原子 1 与其第 1 近邻原子 3—5 的 3 个 C—C 键键长的平均值，$\bar{\theta}_{1\text{-}1}$ 为原子 1 和原子 3—5 构成的 3 个键角的平均值。

在弛豫前，金刚石的 C—C 键键长为 0.154 nm、键角为 109.46°。而在 0～6 nm 的初始切削阶段，r_{12} 增大，在 0.162 nm 处波动，$\bar{r}_{1\text{-}1}$ 缩小，在 0.15 nm 处波动，$\bar{\theta}_{1\text{-}1}$ 随着切削距离大幅上升，最终达到 118.5°。弛豫后刀具表层碳原子间的键长和键角的变化说明金刚石刀具的表面形貌在弛豫过程中发生了轻微的变化，这与 Liu 等使用密度泛函计算的结果基本一致[25]。在 6～20 nm 的切削阶段，r_{12} 大幅下降，在 0.158 nm 处剧烈波动，最大波动幅度达到 0.015 nm，$\bar{r}_{1\text{-}1}$ 小幅下降，在 0.148 nm 处轻微波动，$\bar{\theta}_{1\text{-}1}$ 也小幅回落，在 116°附近剧烈波动。此时刀具进入稳定的切削阶段，其承受的压力增加，使 r_{12} 大幅度减小，说明刀具处于压缩状态。在共价键材料中，C—C 键键能对键长和键角的变化十分敏感，键长和键角的剧烈波动会使 C—C 键键能减弱[26]，当外部提供的能量超过 C—C 键的键能时，就会导致其断裂。当切削距离超过 20 nm 时，r_{12} 迅速从 0.154 nm 上升到 0.22 nm。Tersoff 势定义的 C—C 键键长的极限值为 0.21 nm[20]，说明此时原子 1 和 2 之间的 C—C 键已经断裂。

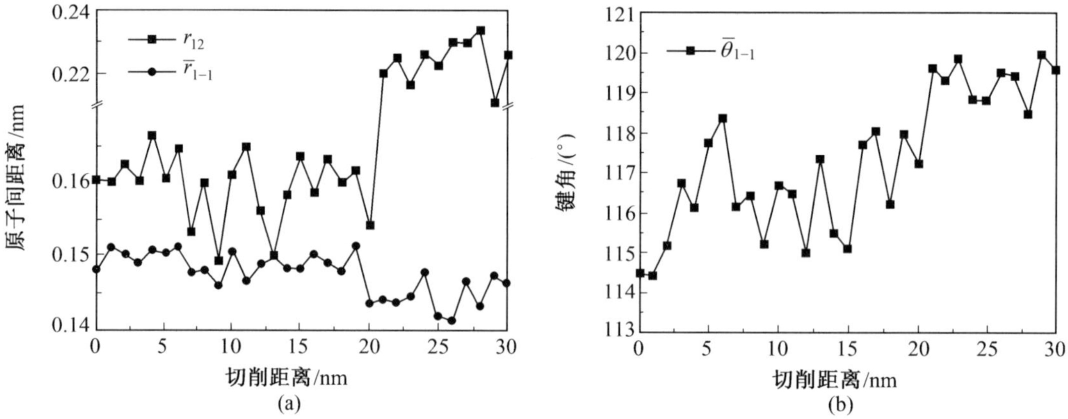

图5 图 4 中原子 1 与其近邻原子间的距离和键角随切削距离的变化曲线

Fig. 5 Distance and bond angle between atom 1 and its neighboring atoms in Fig 4 with cutting distance

在 20～30 nm 的切削阶段，r_{12} 在 0.224 nm 处波动，$\bar{r}_{1\text{-}1}$ 在 0.144 nm 处波动，$\bar{\theta}_{1\text{-}1}$ 在 119.3° 处波动，r_{12} 和 $\bar{r}_{1\text{-}1}$ 的波动幅度都明显减弱。在原子 1 和 2 间的 C—C 键断裂前，尽管原子 3—5 都是 sp^2 杂化，但是由于受到近邻的 sp^3 杂化原子的影响，它们构成的空间结构仍然是金刚石的立体网状结构。而在断键后，原子 1 发生了 sp^3—sp^2 的转变，它与原子 3—5 的杂化结构都为 sp^2 杂化，与石墨碳原子的杂化结构相同，同时，$\bar{r}_{1\text{-}1}$ 减小至 0.144 nm，$\bar{\theta}_{1\text{-}1}$ 增大至 119.3°，它们构成的空间结构也与石墨的平面结构（键长和键角分别为 0.142 nm 和 120°）非常接近，说明由原子 1 和原子 3—5 构成的表面区域已经局部石墨化，使得金刚石刀具发生磨损。

图 6 给出了图 4 中原子 8 与其近邻原子间的距离和键角随切削距离的变化曲线，r_{67} 为原子 6 和 7 之间的距离，r_{89} 为原子 8 和 9 之间的距离，$\bar{\theta}_{8\text{-}1}$ 为原子 8 与其在后刀面上的 3 个第一近邻原子构成的键角的平均值。在 0～6 nm 的切削阶段，r_{67} 在 0.256 nm 处波动，r_{89} 在 0.158 nm 处波动，$\bar{\theta}_{8\text{-}1}$ 在 113.3°处波动，此时原子 6 和 7 没有发生重构，原子 8 和 9 之间的 C—C 键也没有断裂。在 6～14 nm 的切削阶段，r_{67} 迅速下降到 0.161 nm，r_{89} 上升至 0.164 nm，$\bar{\theta}_{8\text{-}1}$ 也上升至 115.7°，并且都伴随着剧烈的波动。r_{67} 的下降说明原子 6 和 7 发生重构，使 r_{89} 和 $\bar{\theta}_{8\text{-}1}$ 都明显增大，键长和键角的增大以及它们的剧烈波动使原子 8 和 9 之间的 C—C 键键能减弱。当切削距离超过 14 nm 时，r_{89} 迅速从 0.166 nm 增至 0.228 nm，表明原子 8 和 9 之间的 C—C 键断裂。以上说明低配位数碳原子的重构虽然可以使它们更稳定，但会在其近邻区域内产生严重的扭曲变形，C—C 键键能随之减弱，极易发生断裂。

综上所述，金刚石刀具中 C—C 键的断裂不仅会使其两端碳原子的杂化结构发生变化，还会使该表面区域的空间结构也发生变化。虽然刀具表面碳原子的结构变化(杂化结构和空间结构)不会使刀具立即发生扩散磨损，但是其热力学性能的下降[13, 27]会对该区域的磨损产生明显的影响，因此应该将受断键影响发生结构变化的碳原子都定义为磨损原子。但使用配位数法只能得到杂化结构变化的碳原子，却无法将其近邻的空间结构发生变化的碳原子提取出来，因此需要一种新的方法能够将结构变化碳原子都提取出来。

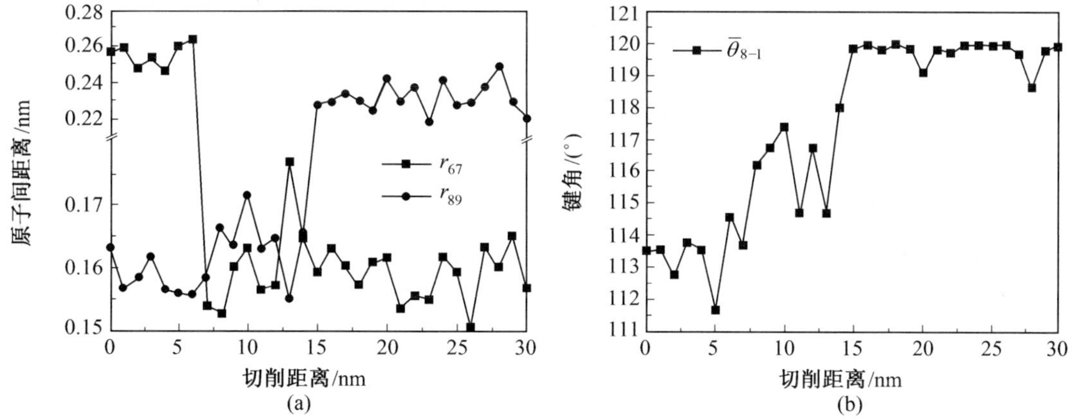

图 6　图 4 中原子 8 与其近邻原子间的距离和键角随切削距离的变化曲线

Fig. 6　Distance and bond angle between atom 8 and its neighbor atoms in Fig.4 with cutting distance

3.2　6 元环法描述的金刚石刀具磨损

金刚石和石墨都是由 6 元环（6 个原子构成的最小封闭结构）构成，金刚石中的 6 元环是波纹状的[28]，而石墨中的是平面的。其中金刚石结构的碳原子被 12 个 6 元环所共有，而石墨结构的碳原子只被 3 个 6 元环共有，它们所含的 6 元环数相差悬殊,因此在本文中采用一种新的表征碳原子结构的方法——6 元环法。6 元环法描述的金刚石刀具磨损如图 7 所示。

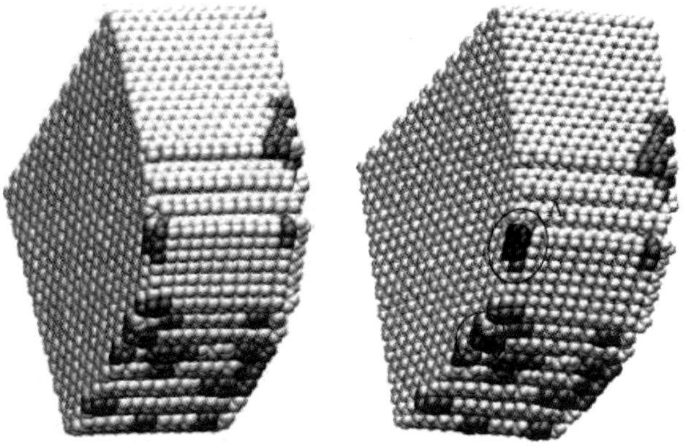

(a) 6 元环法 (b) 配位数法和 6 元环法

图 7 6 元环法描述的金刚石刀具磨损，灰色表示磨损碳原子，黑色表示石墨碳原子

Fig.7 Diamond tool wear described by 6-ring methord: (a) 6-ring methord; (b) coordination number and 6-ring methord. Grey color represents wear carbon atoms, black color represents graphitized carbon atoms

图 7 (a)中的磨损碳原子为刀具上 6 元环数发生变化的碳原子，与图 4 对比发现，使用 6 元环法可以将刀具中受断键影响的结构变化碳原子都提取出来，但仍无法辨别金刚石刀具是否发生石墨化磨损。而从图 7 (b)椭圆所示的区域中可以看出，此时的金刚石刀具已经发生了轻微的石墨化磨损，一共有两处，都位于切削刃的左侧棱边上，上面的椭圆区域内有 2 个石墨 6 元环，下面有 1 个，共 16 个石墨碳原子。石墨结构的提取方法如下：使用 6 元环法将配位小于 4 的碳原子中能够连接成 6 元环的碳原子提取出来。这样获得的 6 元环中的碳原子配位数都小于 4，即石墨结构。

图 8 所示为图 7 (b) A 区中金刚石的石墨化过程，原子 1—4 是发生 sp^3—sp^2 转变的碳原子。从图 8 (a)中可以看出，切削刃的棱边是由只有一个 6 元环宽的{111}面台阶构成，发生石墨化的 2 个金刚石结构的 6 元环就位于台阶的表面上。其中，有 2 个碳原子是 sp^3 杂化, 6 个是 sp^2 杂化，2 个是 sp 杂化，而对于前刀面上的 2 个 6 元环，它们所包含的 sp^3 和 sp^2 杂化的碳原子数各为 5 个。这说明切削刃棱边上的碳原子的配位严重不足，特别是 sp^3 杂化碳原子较少，导致切削刃棱边处的结构强度非常低，C—C 键键能也非常弱。另外，切削刃刃口处为{100}面, 切屑沿着其<011>晶向向上运动，这个晶向的表面微结构是宽 0.252 nm、深 0.178 nm 的原子级微沟槽。在切削过程中，硅原子可以嵌入到沟槽较深的位置，对切削刃棱边上的台阶施加较高的剪切应力。在高温[9, 22]和剪切应力[23, 24]的作用下，切削刃棱边上的两个{111}面间 C—C 键 1—2 和 3—4 发生断裂,使得 6 元环中的每个碳原子的配位数都小于 4，说明金刚石 6 元环直接转变成石墨，导致金刚石刀具的石墨化磨损，如图 8 (b)所示。这与 Narulkar 等[1]得到的模拟结果一致，进一步验证了 Kuznetsov 等[22]提出的金刚石(111)面直接转变成石墨的理论模型。但是由于{111}面间的 C—C 键没有完全断裂，形成的石墨片断并不光滑，有明显的褶皱[29]。

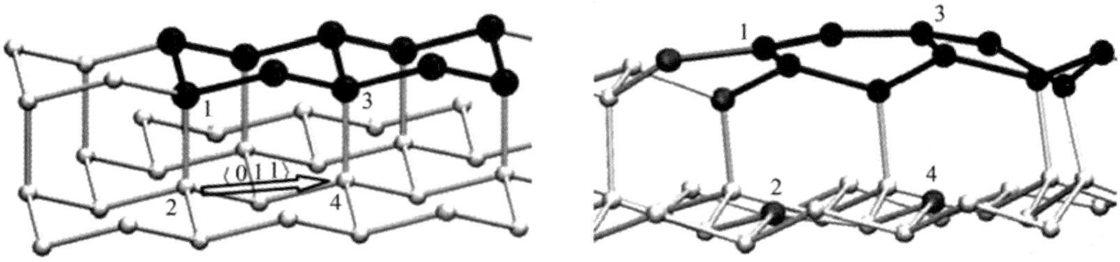

(a) (b)

图 8 图 7 (b) 中 A 区的石墨化磨损过程 (a) 弛豫前；(b) 切削后

Fig. 8 Graphitization wear process of A region in Fig. 7(b): (a) before relaxation; (b) after cutting

石墨化是金刚石刀具的一种常见的磨损方式[11, 30, 31]。在单晶硅的纳米切削过程中，虽然石墨化不会使金刚石刀具产生快速磨损，但是由它引起的扩散磨损会在工件中形成类金刚石碳、碳化硅等硬质颗粒，最终导致刀具产生严重的沟槽磨损[8, 31]。引起金刚石石墨化磨损的主要因素是温度[9, 22]和剪切应力[23, 24]。在纳米切削过程中，切削速度、背吃刀量和刀具后角等切削参数会对刀具的温度分布和应力状态产生影响，那么它们对金刚石刀具的石墨化磨损也会产生不同程度的影响。切削速度和背吃刀量的增加使刀具的温度升高，当温度超过金刚石的石墨化温度[32]时，金刚石刀具开始发生石墨化磨损。当温度继续升高时，会加剧金刚石刀具的石墨化磨损。而刀具后角的减小加剧了后刀面与加工表面间的摩擦[31]，刀具的温度和所承受的剪切应力都随之升高。高剪切应力的出现使金刚石刀具在较低的温度条件下就会发生石墨化磨损[23]。因此，选取合适的切削参数可以有效地抑制金刚石刀具的石墨化磨损，有利于延长刀具的使用寿命。

4 结论

本文基于分子动力学方法模拟金刚石刀具纳米切削单晶硅，从刀具的弹塑性变形、C—C 键断裂对碳原子结构的影响以及金刚石刀具的石墨化磨损等方面研究金刚石刀具的磨损。研究结果表明：

（1）金刚石刀具表层{111}面间的 C—C 键断裂使其两端的碳原子发生 sp^3—sp^2 的转变，刀具表面杂化结构发生变化的碳原子与其近邻的 3 个 sp^2 杂化碳原子之间的键长降至 0.144 nm、键角增至 119.3°，其结构与石墨的平面结构非常接近，说明刀具表面碳原子的杂化结构和空间结构随着 C—C 键的断裂发生变化。

（2）刀具表面低配位数碳原子的重构使其近邻的表面区域产生扭曲变形，{111}面间的 C—C 键键长和表面平均键角都随之大幅上升，并且发生十分剧烈的波动，导致{111}面间的 C—C 键键能随之减弱，在高温和高剪切应力的作用下，极易发生断裂。

（3）采用配位数法可以描述杂化结构发生变化的碳原子，但无法获取空间结构发生变化的碳原子，因此在本文中采用一种新的表征碳原子结构的方法——6 元环法。采用 6 元环法不但能将刀具表面受断键影响的结构变化碳原子提取起来，而且与配位数法一起使用还可以表征刀具表面的石墨结构，识别金刚石刀具是否发生石墨化磨损。

（4）切削刃棱边上的碳原子配位严重不足，导致其结构缺陷严重，C—C 键键能随之减弱，使表层{111}面间的C—C键在纳米切削过程中容易发生断裂。并且只需断开较少的C—C键就可以使表面 6 元环中碳原子的配位数都小于 4，使 6 元环由金刚石结构转变为石墨结构，导致金刚石刀具发生石墨化磨损。

参考文献

[1] NARULKAR R, BUKKAPATNAM S, RAFF L M, et al. Graphitization as a precursor to wear of diamond in machining pure iron: A molecular dynamics investigation[J]. Computational Materials Science, 2009, 45(2): 358-366.

[2] HU Meihua, BI Ning, LI Shangsheng, et al. Effects of FeNi-phosphorus-carbon system on crystal growth of diamond under high pressure and high temperature conditions[J]. Chinese Physics B, 2015, 24(3): 038101.

[3] FANG F Z, ZHANG G X. An experimental study of edge radius effect on cutting single crystal silicon[J]. The International Journal of Advanced Manufacturing Technology, 2003, 22(9-10): 703-707.

[4] YAN Jiwang, ASAMI T, HARADA H, et al. Crystallographic effect on subsurface damage formation in silicon microcutting[J]. Crystallographic effect on subsurface damage formation in silicon microcutting, 2012, 61(1): 131-134.

[5] YAN Jiwang, ZHANG Zhiyu, KURIYAGAWA T. Mechanism for material removal in diamond turning of reaction-bonded silicon carbide[J]. International Journal of Machine Tools and Manufacture, 2009, 49(5): 366-374.

[6] YAN Jiwang, SYOJI K, TAMAKI J. Some observations on the wear of diamond tools in ultra-precision cutting of single-crystal silicon[J]. Wear, 2003, 255(7-12): 1380-1387.

[7] UDDIN M S, SEAH K H W, LI Xiaoping, et al. Effect of crystallographic orientation on wear of diamond tools for nano-scale ductile cutting of silicon[J]. Wear, 2004, 257(7-8): 751-759.

[8] ZONG Wenjun, SUN Tao, LI Dan, et al. XPS analysis of the groove wearing marks on flank face of diamond tool in nanometric cutting of silicon wafer[J]. International Journal of Machine Tools and Manufacture, 2008, 48(15): 1678-1687.

[9] CHENG Kai, LUO Xichun, WARD R, et al. Modeling and simulation of the tool wear in nanometric cutting[J]. Wear, 2003, 255(7-12): 1427-1432.

[10] LI X P, HE T, Rahman M. Tool wear characteristics and their effects on nanoscale ductile mode cutting of silicon wafer[J]. Wear, 2005, 259(7-12): 1207-1214.

[11] JIA Peng, ZHOU Ming. Tool wear and its effect on surface roughness in diamond cutting of glass soda-lime[J]. Chinese Journal of Mechanical Engineering, 2012, 25(6): 1224-1230.

[12] YANG Ning, ZONG Wenjun, LI Zengqiang, et al. The dependency of diamond lapping surface morphology on crystal orientation[J]. The International Journal of Advanced Manufacturing Technology, 2015, 77(5-8): 1029-1034.

[13] ZONG Wenjun, ZHANG Junjie, LIU Yue, et al. Achieving ultra-hard surface of mechanically polished

diamond crystal by thermo-chemical refinement[J]. Applied Surface Science, 2014, 316: 617-624.
[14] GOEL S, LUO X C, REUBEN R L. Molecular dynamics simulation model for the quantitative assessment of tool wear during single point diamond turning of cubic silicon carbide[J]. Computational Materials Science, 2012, 51(1): 402-408.
[15] GOEL S, LUO X C, REUBEN R L. Wear mechanism of diamond tools against single crystal silicon in single point diamond turning process[J]. Tribology International, 2013, 57: 272-281.
[16] CAO Siyu. Molecular dynamics simulations of diamond tool graphitization wear in ultra-precision cutting of single crystal silicon[D]. Qinghuangdao: Yanshan University, 2013.
[曹思宇. 单晶硅超精密切削金刚石刀具石墨化磨损分子动力学仿真[D]. 秦皇岛: 燕山大学, 2013.
[17] ZONG Wenjun, LI Zengqiang, SUN Tao, et al. Analysis for the wear resistance anisotropy of diamond cutting tools in theory and experiment[J]. Journal of Materials Processing Technology, 2010, 210(6-7): 858-867.
[18] TERSOFF J. New empirical approach for the structure and energy of covalent systems[J]. Physical Review B, 1988, 37(12): 6991-7000.
[19] CAI M B, LI X P, RAHMAN M. Characteristics of “dynamic hard particles” in nanoscale ductile mode cutting of monocrystalline silicon with diamond tools in relation to tool groove wear[J]. Wear, 2007, 263(7-12): 1459-1466.
[20] LAMMPS. LAMMPS Molecular Dynamics Simulator[EB/OL]. http://lammps.sandia.gov, 2014.
[21] YAN Jiwan, ASAMI T, HARADA H, et al. Fundamental investigation of subsurface damage in single crystalline silicon caused by diamond machining[J]. Precision Engineering, 2009, 33(4): 378-386.
[22] KUZNETSOV V L, ZILBERBERG I L, BUTENKO Y V, et al. Theoretical study of the formation of closed curved graphite-like structures during annealing of diamond surface[J]. Journal of Applied Physics, 1999, 86(2): 863-870.
[23] GOGOTSI Y G, KAILER A, NICKEL K G. Materials: Transformation of diamond to graphite[J]. Nature, 1999, 401(6754): 663-664.
[24] CHACHAM H, KLEINMAN L. Instabilities in diamond under high shear stress[J]. Physical Review Letters, 2000, 85(23): 4904-4907.
[25] LIU Fengbin, WANG Jiadao, CHEN Darong, et al. The microstructures of the diamond (100) surfaces with different density of hydrogen adsorption[J]. Acta Physica Sinica, 2010, 59(9): 6556-6562.
[刘峰斌, 汪家道, 陈大融, 等. 不同密度氢吸附金刚石(100)表面的微观结构[J]. 物理学报, 2010, 59(9): 6556-6562.]
[26] GILMAN J J. Mechanism of shear-induced metallization[J]. Czechoslovak Journal of Physics, 1995, 45(11): 913-919.
[27] SHAMSA M, LIU W L, BALANDIN A A, et al. Thermal conductivity of diamond-like carbon films[J]. Applied Physics Letters, 2006, 89(16): 161921.
[28] LI Lesheng, ZHAO Xiang. Dangling bond-induced graphitization process on the (111) surface of diamond nanoparticles[J]. The Journal of Chemical Physics, 2011, 134(4): 044711.
[29] QIN Yehong, TANG Chao, ZHANG Chunxiao, et al. Molecular dynamics study of ripples in graphene

monolayer on silicon surface[J]. Acta Physica Sinica, 2015, 64(1): 016804.
[覃业宏，唐超，张春小，等. 硅晶体表面石墨烯褶皱形貌的分子动力学模拟研究[J]. 物理学报，2015, 64(1): 016804.]

[30] GE Yingfei, XU Jiuhua, YANG Hui. Diamond tools wear and their applicability when ultra-precision turning of SiCp/2009Al matrix composite[J]. Wear, 2010, 269(11-12): 699-708.

[31] ZHANG Jianguo. Analysis for Spectrum Involved in Diamond Turning of Single Crystal Silicon and Mechanism of Tool Wear[D]. Harbin: Harbin Institute of Technology, 2010.
[张建国. 单晶硅金刚石车削频谱分析与刀具磨损机理[D]. 哈尔滨：哈尔滨工业大学，2010.

[32] GIPPIUS A A, KHMELNITSKY R A, DRAVIN V A, et al. Defect-induced graphitisation in diamond implanted with light ions[J]. Physica B: Condensed Matter, 2001, 308-310: 573-576.

Conformational Change of Oil Contaminants Adhered onto Crystalline Alpha-alumina Surface in Aqueous Solution

Wenkun Xie Yazhou Sun Haitao Liu Hongya Fu Yingchun Liang

（Center for Precision Engineering, Harbin Institute of Technology, Harbin, Heilongjiang 150001, PR China）

Abstract: Microscopic conformational change of oil contaminants adhered onto perfect α-Al_2O_3(0001) surface in the aqueous solution was simulated by means of detailed fully atomistic molecular dynamics simulations. The main driving forces of the conformation change process of the oil contaminants were explored. The simulation results indicate that with submerging of the contaminated α-Al_2O_3 (0001) surface into the aqueous solution, the oil contaminants undertake an evident conformational change process. The dynamic process can be divided into several stages, including early penetration of water molecules, formation and widening of water channel, and generation of molecularly adsorbed hydration layers. Moreover, the oil contaminants on the α-Al_2O_3 surface are not fully removed from solid surface after a 10 ns relaxation, while a relatively stable oil/water/solid three-phase interface is gradually formed. Further, the residual oil contaminants are finally divided into several new ordered molecular adsorption layers. In addition, by systemically analyzing the driving forces for the conformational change of the oil contaminants, the penetration of water molecules is found to be the most important driving force. With penetrating of the water molecules, the dominating interactions controlling the conformational change of the oil contaminants have been changing over the whole simulation.

Keywords: Oil contaminants; Conformational change; Water penetration; Molecular dynamics simulation

1 Introduction

The removal mechanism of surface contaminants adhered onto solid surface has attracted scientific and fundamental attention, due to the ever-increasing demands for surface cleanliness in many fields, like detergency, medical devices [1], semiconductor manufacturing [2] and high-power laser facility [3,4], etc. How to effectively remove surface contaminants from the solid surface has

通讯作者：xwk584523412@126.com (W. Xie).

文章发表信息：Applied Surface Science, 2016, 360: 184-191.

become an important issue that urgently needs to be addressed. Generally, surface contaminants mainly consist of particles, oil sand bio-fouling, etc., one important type of which should be the oil contaminants. In past decades, numerous theoretical and experimental studies have provided abundant fundamental and crucial insights into the removal mechanism of oil contaminants from solid surface, especially when using aqueous surfactant solution [5-11].Rowe et al. investigated the influence of applied potential on the oil detachment droplet from metal surface [12]. It was observed that the applied potential could modulate the surface charge of the metal surface, which changed the adsorption behavior and dynamics of surfactants on metal surface. Thoreau et al. assessed the roles of material properties and surfactants in the removal process of oil droplet [13]. Kolev et al. analyzed the governing factors of the spontaneous detachment of oil drops from the solid substrates, including the decrease of interfacial tension, the penetration of water molecules and the action of buoyancy [14]. Up to date, several removal mechanisms, including “roll-up”, emulsification, and solubilization, have been set forth to describe the complex oil detachment process [15]. But there are still numerous issues that should be particularly focused in order to accurately describe the dynamic detachment process of oil droplets from the solid surface, one of which is the role of the water molecules in the removal process of the oil contaminants. As one kind of essential components of the cleaning aqueous solution, water molecules will have large influence on the detachment process. To interpret the effect of water molecules on the conformations of the oil contaminants, the conformational change of the oil contaminants adhered onto solid surface in pure water solution should be first focused. Nevertheless, owing to the complexity of the oil/water/solid system, it's relatively difficult to provide deep insights into the dynamic oil detachment process by experimental methods, especially from the perspective of molecular scale. With the rapid increase of the computing power, classic molecular dynamics (MD) simulation has become an effective method capable of thoroughly revealing the microscopic details of the conformational change and even detachment process of the oil contaminants onto inorganic surface in the aqueous solution. Liu et al. recently investigated the oil detachment from the silica surface and proposed a three-stage model to characterize the oil detachment from the silica surface with the aid of cetyltrimethylammonium bromide solution(CTAB) [16]. Zhong et al. examined the adsorption behavior of oil droplets on different self-assembly minelayers in the aqueous solution and highlighted the effect of interfacial water molecules and self-assembly monolayer on the adsorption conformation of oil droplet [17]. Wang et al. assessed the influence of charged nanoparticles on the detachment process of oil droplet from solid surface[18].

To the best of our knowledge, the dynamic conformational change and detachment processes of the oil contaminants that adhered onto the Al-terminated α-Al_2O_3 (0001) surface in the aqueous solution have not been addressed computationally. The motivation of the present work is to contribute to elucidate the microscopic removal mechanism of the oil contaminants in the aqueous solution. The remainder of this paper is presented as follows. Section 2 introduces the materials and methods implemented in the simulations. In this paper, two kinds of systems are particularly focused, one of which is the Al-terminated α-Al_2O_3 (0001)surface contaminated by oil molecules, while the other one consists a contaminated substrate surface and a pure water solution. Section 3 shows the results obtained in the MD simulations, in which the adsorption behavior and dynamics of the oil contaminants are visualized. Finally, Section 4 summarizes main conclusions in this paper.

2 Materials and methods

Large-scale Atomic/Molecular Massively Parallel Simulator(LAMMPS) [19] was employed to perform MD simulations of the adsorption behavior of the oil contaminants onto the crystalline alpha alumina and the dynamic conformational change process of the oil contaminants in the aqueous solution. The (0001) crystallographic face of the α-Al_2O_3 (space group R-3c), which is predicted to be the most energetically stable, was applied to simulate the atomic structure of the clean substrate surface. The CLAYFF force field [20]was implemented to describe the interactions among the atoms in the solid substrate. The non-hydroxylated Al-terminated (0001) α-Al_2O_3 solid surface was selected and established by periodical replication, which consisted of 4 032 Al and 6 048 O atoms. Its x and y dimensions were approximately 6 and 7.2 nm, respectively. The hexadecane (C16H34) molecules chosen to represent the oil contaminants were adequately represented via AMBER force field [21].The water molecules used in the present work were described by simple point charge (SPC) model, which has been widely applied to depict the thermodynamic properties of the interfacial water or bulk water solution. Besides, nonbonded interactions consisted of dispersive and electrostatic interaction in the present work. The electrostatic interactions were calculated through a coulombic potential and treated by particle-particle particle-mesh (PPPM)solver when interaction distance was farther than 1.0 nm. The dispersive interactions were modeled by using Lennard–Jones (LJ)potential with an inner cutoff radius of about 0.8 nm and an outer cutoff radius of about 1.0 nm. The LJ parameters for unlike interactions were calculated according to Lorentz–Berthelot mixing rules. All MD simulations were conducted in NVT ensemble in which particle number (N), box volume (V) and temperature (T) were kept constant. System temperature was maintained constant at 298 K by Nose-Hoover thermostat algorithm with a coupling constant of 0.1 ps. Periodic boundary conditions were applied in the x and y dimensions of the simulation box while a reflecting boundary condition was adopted in the z dimension. The bond lengths and bond angles of water molecules were constrained by SHAKE algorithm to decrease the cost of calculation time. The motion equations were integrated by implementing the leapfrog algorithm with a time step of 2 fs.

MD simulations in this work mainly focused two kinds of systems, namely, oil/solid and oil/solid/water systems. The oil/solid system refers to the contaminated substrate surface, which consisted of the oil contaminants and a perfect Al-terminated α-Al_2O_3 (0001) surface. It was prepared by a relaxation process of about 4 ns in a rectangular box of about 6 nm× 7.2 nm× 10 nm, with the z-axis being perpendicular to the α-Al_2O_3 surface. The z dimension of the simulation box was kept as large as about 100 Å to minimize the interactions between the periodic replicas along z-direction. On the basis of the oil/solid system, an oil/solid/water system was constructed by immersing the contaminated α-Al_2O_3 surface into the pure water solution, which consisted of a contaminated α-Al_2O_3 surface and 9 200 water molecules. By keeping the oil molecules and solid surface fixed, the oil/solid/water system was minimized for 10 000 time steps using a steepest descent algorithm, so as to remove the possible overlapping of the atoms in the initial configuration of the system. Subsequently, the constraints imposed on the oil molecules were removed, and then the system was relaxed about 10 ns. Each 2 ps a snapshot of the entire system was taken to visualize the dynamic conformational change process of the oil contaminates. The initial and final conformations of the oil/water/solid system are shown in Fig. 1.

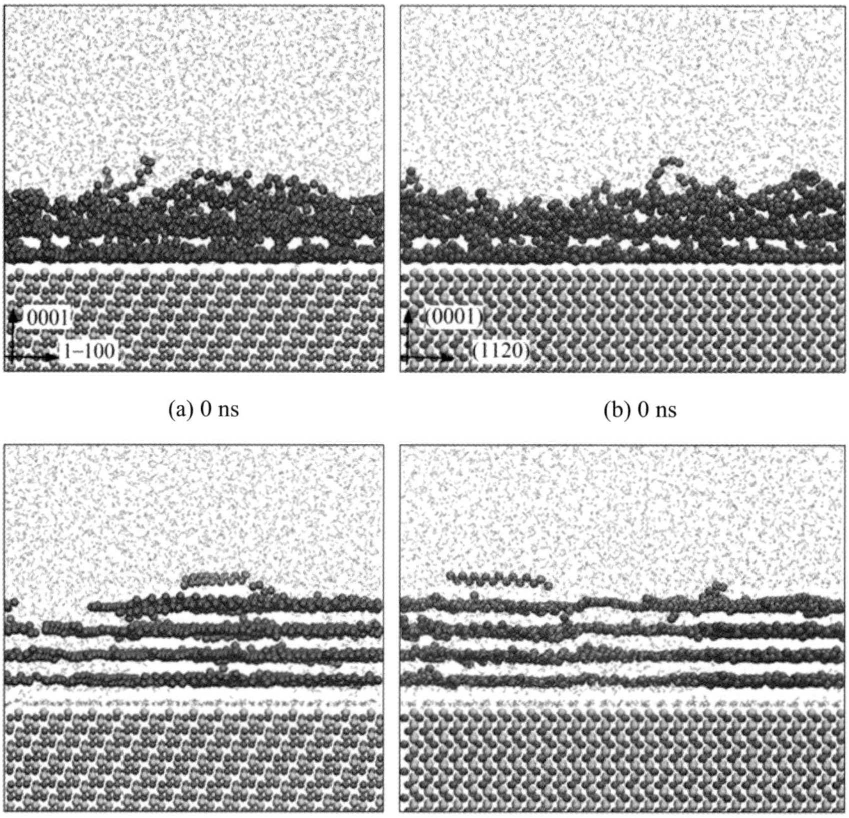

(a) 0 ns　(b) 0 ns

(c) 10 ns　(d) 10 ns

Fig. 1　Snapshots of initial and final conformations of the oil/solid/water system. For clarity, oil molecules and aluminum surface are drawn as vander waals (VDW) spheres, water molecules are shown in line style. The atom coloring scheme is C of oil molecules, O and Al of α-Al_2O_3 substrate, O and H of water molecules (For interpretation of the references to colour in this figure legend, the reader is referred to the web version of this article.)

3 Results and discussions

3.1 Adsorption behavior of oil contaminants on α-alumina surface

Once the simulation begun, oil molecules rapidly migrated to the aluminum surface and a contaminated Al-terminated α-Al_2O_3 surface was finally formed after a relaxation process of about 4 ns. In order to characterize the adsorption behavior of the oil molecules adhered onto the solid surface, the number density profiles of carbon and hydrogen atoms along z-direction were respectively calculated and displayed in Fig. 2(a). The reference ($z = 0$) refers to the outermost Al atoms of the α-Al_2O_3 substrate. It can be observed from Fig. 2(a) that the number density profile of carbon atoms exhibits three obvious sharp peaks located at about 2.5, 7.5and 12 Å, indicating the formation of three oil molecular adsorption layers onto the substrate surface. The first sharp peak at about 2.5 Å is accompanied by two peaks of the number density profile of hydrogen atoms, the distances between carbon atomic peak and two hydrogen atomic peaks are about 1.1 Å, approximately equaling to the C-H bond length of the oil molecule. Moreover, the amplitude of the first sharp peak in the carbon atom profile is almost twice as high as that of the second one, which clearly indicates that the oil molecules adhered onto the aluminum surface undergo evident structural changes at the oil/solid interface. In addition, owing to the strong VDW and electrostatic interactions between oil molecules and solid surface, the number density of carbon atoms tends to decrease as a function of z value. Further, microscopic pictures of different adsorption layers of the oil molecules are shown in Fig. 2(b-d), separately corresponding to each peak in the number density profile of carbon atoms. It gives an intuitive vision of the adsorption configurations of the oil molecules in different adsorption layers. It can be noted that the oil molecules in the first adsorption layer are distributed orderly and homogeneously on the surface, while those in second and third layers are less ordered and compact. This should be the consequence of the decreasing interactions between solid surface and oil molecules with z value increasing.

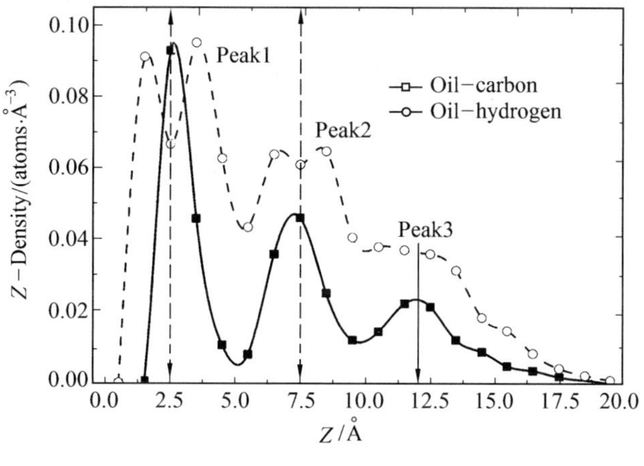

(a)

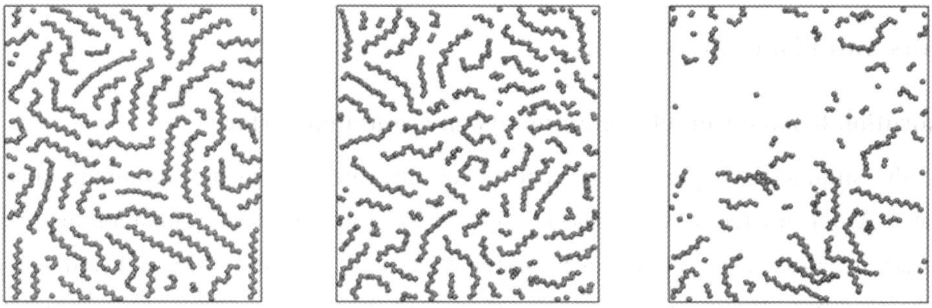

(b)　　(c)　　(d)

Fig. 2　(a) Atomic number density profiles of carbon and hydrogen atoms on the Al-terminated alumina surface as a function of z-direction distance, (b)–(d) top views of oil molecules in each molecular adsorption layer. Aluminum surface and oil hydrogen atoms are omitted to clearly show the distribution of oil molecule layers

3.2 Conformational change process of oil contaminants onto α-alumina surface

To understand whether if the pure water solution, without any detergents, can remove the oil contaminants from the solid surface, classic MD simulations were carried out. Our MD results show that the oil contaminants adhered onto the α-Al_2O_3 (0001) surface in the aqueous solution undergo an interesting conformational change phenomenon. Fig. 3 gives the spontaneous conformational change process of the oil molecules adhered onto the α-Al_2O_3 surface in the aqueous solution. It can be found that the detachment of the oil contaminants from the solid surface is started in the form of conformational change, but it is not complete during the 10 ns relaxation process. As the contaminated α-Al_2O_3 surface was initially immersed into the aqueous solution, water molecules from bulk solution rapidly touched with the oil molecules adhered onto the α-Al_2O_3 surface, and a new oil/water interface quickly emerged, as shown in Fig. 3(a). At that moment, the oil/solid/water system consisted of an oil/water interface and an oil/solid interface. Moreover, the penetration of water molecules between two interfaces was not found. It can be inferred that the key to detach the oil contaminants from the aluminum surface is how to connect two interfaces. With time evolution, it was observed that the water molecules, from bulk water solution or oil/water interface, constantly attempted to disturb the less ordered adsorption layers of the oil molecule with the aim to penetrate to oil/solid interface. However, owing to the adsorption layers of oil molecules formed on the surface, especially the first oil layers with ordered and compact distribution, water molecules were initially inhibited to migrate to the solid surface. At about 2 ns of the simulation, some water molecules finally succeeded in penetrating to the oil/solid inter-face, and then a small water channel linking oil/water and oil/solid interfaces was gradually formed, as displayed in Fig. 3(b). After that, large amount of water molecules reached near the oil/solid surface by the water channel, promptly promoting the conformational change of the oil contaminants, as illustrated in Fig. 3(c). Further, the water channel was continually widened. As a consequence, the actual contact area between oil molecules and substrate surface tended to contract as a function of time until the first adsorption layer of water molecules onto aluminum surface was fully formed at approximately 5 ns from the beginning of the simulation. Subsequently, the conformational change process of the oil contaminants became slow. In the end, the oil contaminants were not thoroughly detached even at 10 ns MD simulation, the final configuration of the oil/solid/water system was present in Fig. 3(d). Meanwhile, a relative stable oil/water/solid interface appeared.

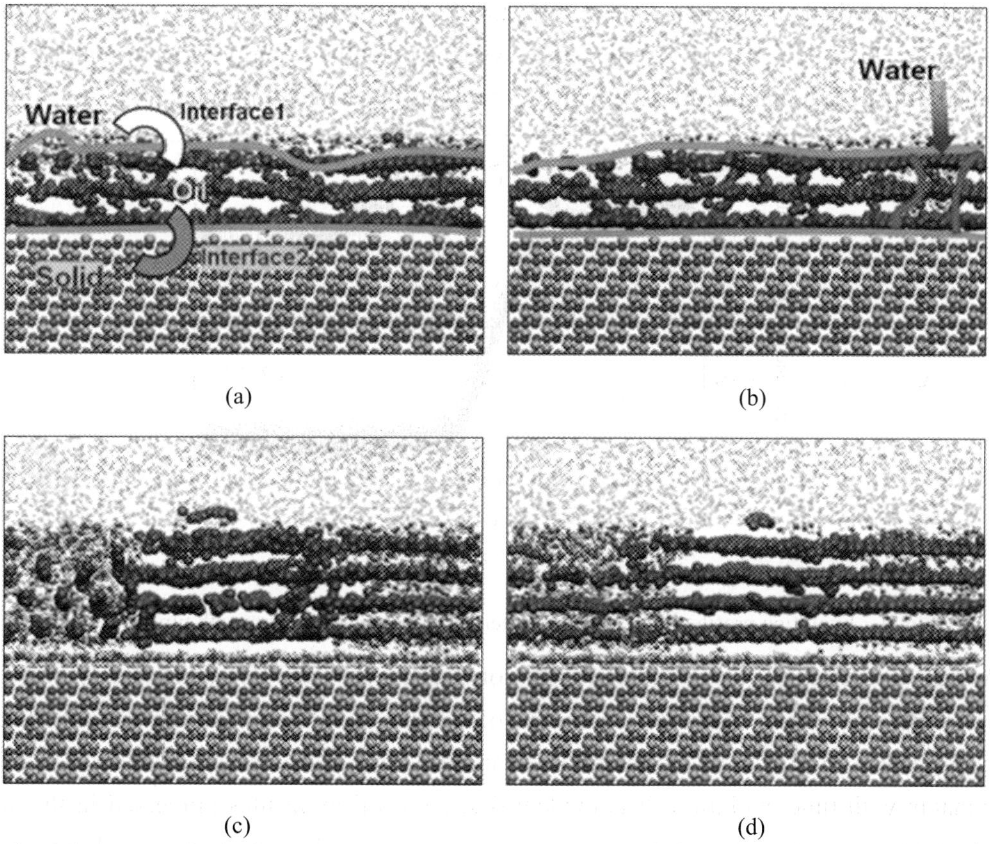

Fig. 3 Conformational change process of the oil contaminants onto the α-Al_2O_3 surface in the aqueous solution as a function of time, the color scheme for atoms is same as that adopted in Fig. 1. For clarity, water molecules penetrating through the oil layers are represented by VDW spheres

Fig. 4 displays the potential energy profile of the oil/water/solid system with time evolution. According to the different slopes of the potential energy profile at different simulation times, we can divide the whole simulation into three stages, which has been respectively marked as Stage Ⅰ, Stage Ⅱ and Stage Ⅲ in Fig. 4. When the contaminated α-Al_2O_3 surface was first submerged into the pure water solution, the oil/water/solid system became a thermo dynamically unstable system, making inevitable that some changes occurred. As shown in Fig. 4, in stage Ⅰ, namely, the first 3 ns of the simulation, the potential energy of the solid/oil/water system decreases slowly, indicating that the system was being spontaneously equilibrated toward a stable system. As analyzed in above, a novel oil/water interface was first formed, and then the penetration of several water molecules near oil/solid interface and the formation of water channel successively occurred, which could be deemed to be the initial phenomenon of the whole conformational change process of the oil contaminants. In stage Ⅱ from about 3 to 5 ns, system potential energy quickly decreases from about 1.231e6 kcal/mol to about 1.224 3e6 kcal/mol, which should be attributed to the drastic microscopic change of the whole oil/water/solid system. The most remarkable features occurring in this stage include the rapid expansion of water channel, the gradual formation of molecularly adsorbed hydration layers and the evident conformational change of the oil contaminants. In stage Ⅲ (5-10 ns), the system potential energy approximately remains unchanged, illustrating that the oil/water/solid system has reached equilibrium.

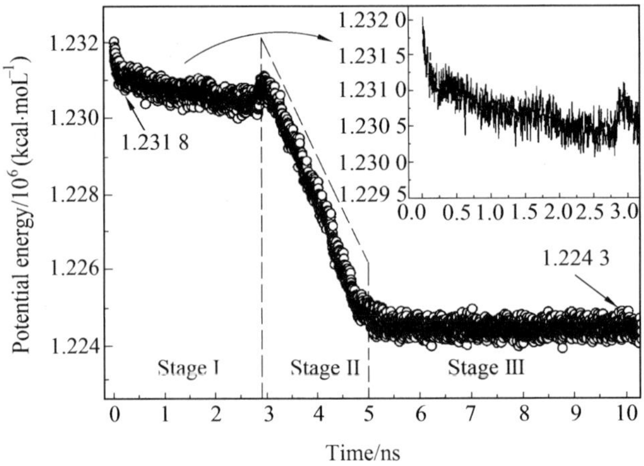

Fig. 4 Evolution profile of the oil/solid/water system potential energy with time evolution

As one direct indication of the conformational change of the oil contaminants, the number density profiles of carbon atoms as a function of z value at different times were calculated and displayed in Fig. 5, which were helpful to analyze and visualize the dynamics of the oil contaminants with time evolution. It is evident that these oil molecules immersed in the aqueous solution undertake a novel transformation process from ordered to disordered, and then becomes ordered, which could be defined to be the process of "destruction→reconstruction". As shown in Fig. 5(a-c),the dynamic conformational change process of the oil molecules mainly contains three typical cases. In case Ⅰ, corresponding to the simulation time from about 0 to 1.8 ns, each peak in the number density profiles of the oil contaminants almost becomes higher and thinner with time evolution, as shown in Fig. 5(a). Moreover, the z values of the second and third sharp peaks tend to become lower. All changes in the number density profiles suggest that the adsorption layers of the oil contaminants become much more ordered and compact, which should be driven by the water molecules in the aqueous solution. Case Ⅱ consists of the disruption and reconstruction processes of the ordered adsorption layers of the oil molecules. In Fig. 5(b), the dynamic changes of the number density profiles of the oil contaminants from 2.0 to 5.0 ns are compared. It can be clearly observed that three primary sharp peaks located at about2.5, 7.5 and 12 Å gradually disappear from

1.8 to 2.8 ns, which indicates that the ordered and homogenous adsorption layers of oil molecules are gradually disrupted. It should be ascribed to the invasion of water molecules through the adsorption layers of oil contaminants and to the oil/solid interface. Meanwhile, as three old peaks disappear, four new sharp peaks begin to appear at the *z* values of about 5.0, 9.0, 13 and 17.3 Å, clearly illustrating that the disrupted oil molecules in the aqueous solution are being reconstructed. As for case Ⅲ, which is present in Fig. 5(c), four new peaks located at about 5.0, 9.0, 13.0 and 17.3 Å are thoroughly formed, representing that oil molecules adhered to the surface are predominantly and uniformly divided into four new ordered layers. The minimums at about 6.8, 11.0 and 15.2 Å in the number density profiles of carbon atoms in Fig. 5(c) confirm that there is a region depleted of oil molecules between two neighboring layers. Furthermore, the amplitudes of the new sharp peaks are almost same, which are different from those of the old peaks. It should be due to the decrease of the interaction between oil molecules and aluminum surface with the penetrating of water molecules.

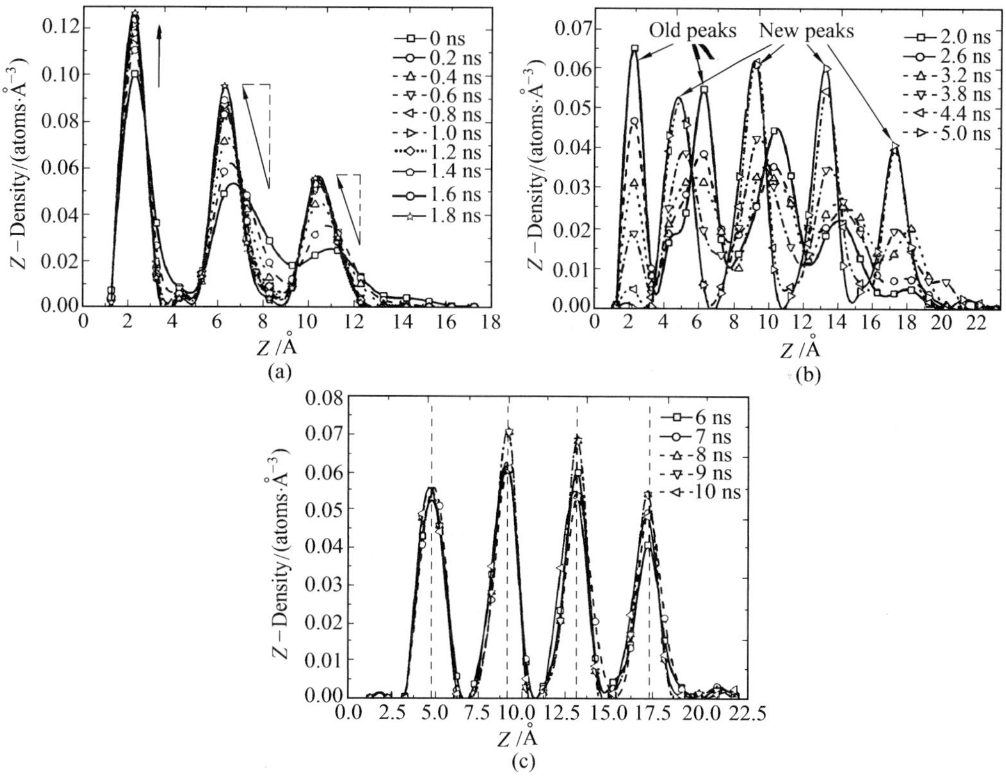

Fig. 5 Density profiles of carbon atoms as a function of *z*-direction distance at different times in the aqueous solution

To explore the dynamics of the water molecules in the conformational change process of the oil contaminants in the aqueous solution, the number density profiles of water oxygen atoms as a function of time are illustrated in Fig. 6(a). It can be observed that a first sharp peak at about 1.7 Å begins to occur at about 2 ns of the whole simulation and starts to remain stable at about 5 ns, sufficiently indicating the dynamic formation process of the first adsorption layer of water molecules onto aluminum surface. At about 2.0 ns of the simulation, the density of water oxygen atoms begins to approach the bulk density of water solution when z is about 14.8 Å, while that occurs when z is larger than 21.8 Å at about 10 ns. It should be the result of the conformational change of the oil contaminants. Fig. 6 (b) shows the radial pair distribution functions (RDFs) of water oxygen (OW)-substrate oxygen (OS) and OW-substrate aluminum (Als), which are obtained by averaging the instantaneous values of the last 400 ps MD stage of the whole simulation. Note that the RDFs of OW-Als and OW-OS show a first sharp peak at about 2.0 and 2.7 Å, respectively, which indicates the coverage of the nearest absorbed water molecules onto the outmost OS and Als atoms. Moreover, they exhibit an evident fluctuation, indicating that the water molecules in the first hydration layer are not stably adsorbed onto the aluminum surface in the conformational change process of the oil contaminants. Fig. 6(c) presents the mean squared deviation (MSD) and its components of the first hydration layer, which corresponds to the first sharp peak in Fig. 6(a). It can be found that the MSD, MSD x, MSD y, and MSD z have been increasing with time evolution, verifying that the adsorbed water molecules in the first hydration layer are not immobile. Thus, the diffusion of water molecules still exists even after a relaxation process of about 10 ns, which illustrates that the conformational change of the oil contaminants is not finished.

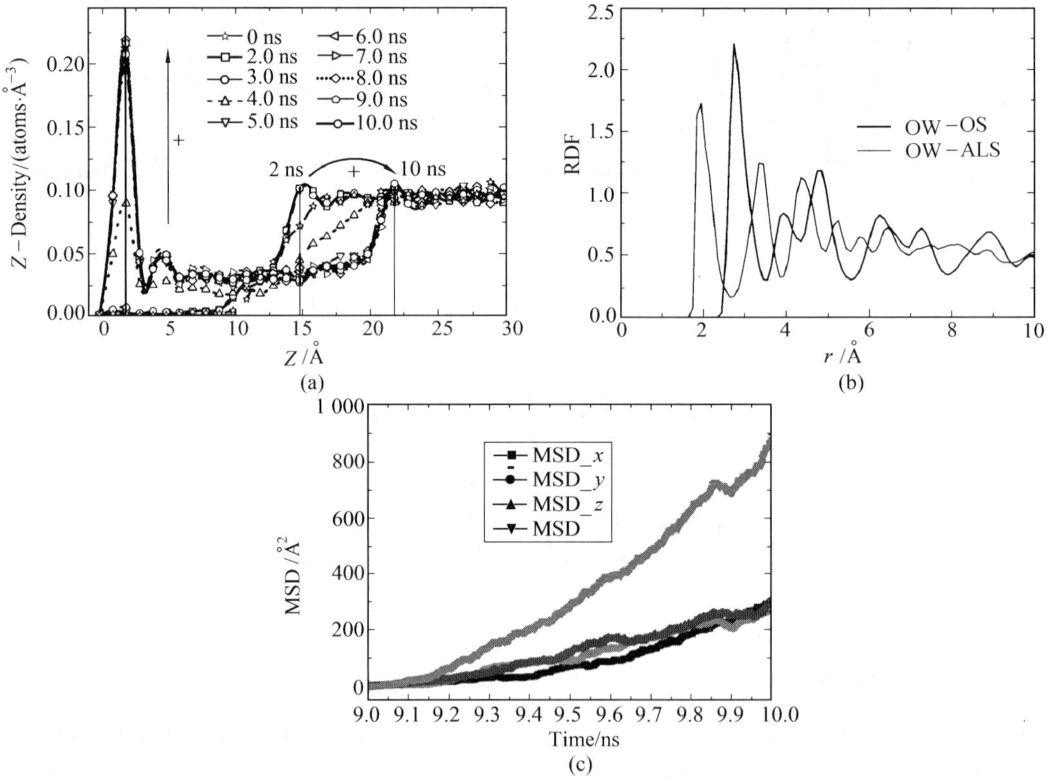

Fig. 6 (a) Density profiles of water oxygen atoms as a function of z-direction distance at different times, (b) RDFs of α-Al_2O_3 surface atoms-water oxygens, (c) Mean square deviation (MSD) and its components of the first hydration layer

3.3 Driving forces for the microscopic conformational change of oil contaminants in aqueous solution

The detachment of the oil contaminants from the α-Al_2O_3 surface in the aqueous solution is usually and immediately started by the conformational change of the oil contaminants. It should be attributed to the coupled effect of the interactions, including VDW, electrostatic and hydrogen-bond, etc., occurring in the oil/solid/water system. To quantify the role of each interaction in the conformational change and even detachment process of the oil contaminants, we calculated the interaction energy between two kinds of molecules, such as oil and substrate surface, according to the following equation:

$$E_{\text{inter}}=E_{\text{total}}-(E_1+E_2) \tag{1}$$

where E_1 and E_2 represent the energy of the molecule 1 and molecule 2, respectively; E_{total} is the total energy of molecule 1 and 2. A lower minus value means larger intermolecular interaction.

Firstly, the nonbonded interaction energy between oil molecules and aluminum surface (E_inter _OS) over the whole course of simulation was calculated, as indicated in Fig. 7(a). E_vdw_OS and E_coul_OS represent VDW and electrostatic components of the E_inter_OS, respectively. At 0 ns of the simulation, E_inter_OS, E-coul-OS and E-vdw_OS are about −955.48, −340.41 and −615.07 kcal/mol, respectively. With immersion of the contaminated α-Al_2O_3 surface into the aqueous solution, an evident change of the E_inter_OS can be found, the tendency of which is similar to that of the system potential energy. As shown in Fig. 7(a),the evolution profiles of E_inter_OS, E_coul_OS and E_vdw_OS can also be divided into three stages, corresponding to the stages labeled in Fig. 4. In stage Ⅰ, at the first 3 ns of simulation, E_coul_OS approximately remains same, while E inter OS and E_vdw_OS slightly decrease. It clearly indicates that the change in VDW interaction is the dominating driving force for the conformational change of the oil molecules during this stage. In stage Ⅱ(3−5 ns), all of E_inter_OS, E_vdw_OS and E_coul_OS almost linearly increase with a large slope. At about 5 ns of the MD simulation, E_inter_OS, E_vdw_OS and E_coul_OS are about −51.63, −12.24 and −39.39 kcal/mol. The large increase in the nonbonded interaction energies sufficiently illustrates the drastic conformational change of the oil contaminants occurring in this stage. Moreover, the E_coul_OS has become about three-fold of the E_vdw_OS at about5 ns, but E_vdw_OS is about twice of E_coul_OS at about 3 ns. It can be inferred that the dominating interactions between oil contaminates and α-Al_2O_3 have been changing. The large changes in the E_vdw_OS and E_coul_OS should be owing to the difference of the nature properties of electrostatic and VDW interactions. It is widely known that electrostatic interaction is one kind of long-range interaction, which is effective in the range of several nanometers, but the effective interaction distance of the VDW interaction is only about one nanometer. At the early stage of the simulation, most of the oil molecules are located in the range of about one nanometer from the α-Al_2O_3 surface, the adsorption of the oil contaminants is mainly dependent on the VDW interaction. With the penetrating of the water molecules to the oil/solid interface and the formation of molecularly absorbed hydration layers, the oil contaminants are gradually separated from the aluminum surface, which further leads to the large change of the oil/aluminum interaction energy.

The interaction energy between oil molecules and water molecules (E_inter_WO) can be used to reflect the change in the oil/water interface. As indicated in Fig. 7(c), from 0 to 3 ns, E_inter_WO tends to approximately stabilize at about −350 kcal/mol, indicating the existence of a stable oil-water interface. Subsequently, E_inter_WO decreases from −350 to −650 kcal/mol in the time range of 2-3 ns. It should be due to the rapid increase in the actual contact area of the oil/water interface induced by the penetration of the water molecules. Further, with the slow of the penetration of the water molecules, no evident change occurs in the oil-water interface, which can be confirmed by the convergence of the E_inter_WO since about 3 ns.

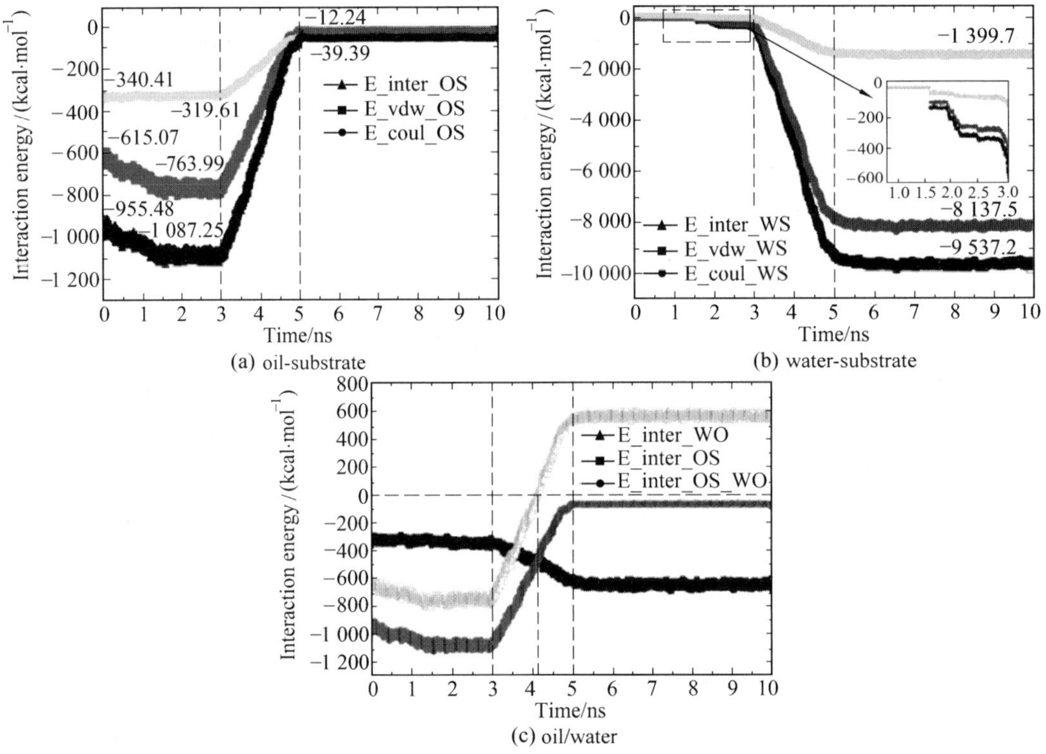

Fig. 7 Evolution profiles of interaction energy between different components of oil/water/solid system

In the oil/solid/water system, for the oil contaminants, the driving forces that could have a direct influence on their conformations mainly consist of the oil/solid and the oil/water interactions. To clearly compare the roles of the oil/solid and the oil/water inter-actions, we calculated E_inter_OS-WO by subtracting E_inter_WO from E_inter_OS, which is displayed in Fig. 7(c). It can be found that E_inter_OW starts to be higher than E_inter_OS since 4.2 ns. On the basis of the evolution tendency of the E_inter_OS-OW, it can be inferred that the dominating interactions that induce the conformational change of the oil molecules have been changing with time evolution.

Therefore, the interaction between oil molecules and water molecules is also one kind of significant driving force for the spontaneous conformational change of the oil contaminants in the aqueous solution.

3.4 Driving forces for adsorption and dynamics of water molecules

To explore the effect of water molecules on the conformational change of the oil contaminants, the adsorption behavior and dynamics of water molecules was emphatically analyzed. As analyzed in above, a small water channel, connecting the oil/water and oil/solid interface, was gradually formed after the early conformational change of the oil contaminants. The expansion of the water channel and the formation of the first absorbed hydration layer onto the α-Al_2O_3 surface as a function of time are displayed in Fig. 3. Note that more-and-more water molecules gradually penetrate to the oil/solid interface via the small water channel. The migration of water molecules toward solid surface should be driven by the strong water/aluminum interactions, including electrostatic, VDW and hydrogen-bond interactions between water molecules and substrate surface. In Fig. 7 (b), the profiles of the nonbonded water/aluminum interaction energy (E_inter_WS)and its VDW (E_inter_WS), electrostatic (E_coul_WS) components with time evolution are presented. It can be observed from the inset in Fig. 7 (b) that a slight decrease of E_inter_WS first appears at about 1.5 ns of the simulation, which suggests that several water molecules succeed in penetrating through the oil layers and arriving at the oil/solid interface. Then it initiates the drastic conformational change of oil contaminants. The penetration of water molecules at the beginning is very slow until the complete formation of a water channel at about 3 ns of the simulation. Since then, a dramatic change of E_inter_WS can be identified. E_inter_WS quickly decreases from about −350 to −9 603.3 kcal/mol during a simulation of about 2 ns since 3 ns, showing a tendency that is completely opposite to that of the E_inter_OS in this stage. Hence, it can be confirmed that the gradual conformational change and even detachment of the oil molecules from the solid surface is directly related to the penetration and adsorption of the water molecules. After about 5 ns of the simulation, E_inter_WS, E_vdw_WS and E_coul_WS are respectively converged to be about −9 603.3, −8 137.5 and −1 399.7 kcal/mol. Moreover, E_vdw_WS is about six times more than E_coul_WS, indicating that the adsorption of the water molecules mainly depends on the stronger VDW interaction. Besides, as an important molecular interaction, hydrogen-bond interactions can be formed in the oil/water/solid system, which are also one important kind of driving force for the widening of water channel and the adsorption of water molecules onto the aluminum surface. For the water molecules, hydrogen-bond interactions include the water-aluminum hydrogen-bond(H_bond_WS) and the water-water hydrogen-bond (H_bond_WW), both of which have great influence on the widening of the water channel and the adsorption of the water molecules. To quantify the hydrogen-bond interaction, we calculated radial distribution functions RDFs of aluminum oxygen (OS)-water oxygen (OW) and OS-water hydrogen (HW), as shown in the inset of Fig. 8. The OS-HW RDF exhibits a first sharp peak at about 1.8 Å, meeting the definition of hydrogen-bond and indicating the formation of hydrogen-bond. In addition, the evolution profile of the H_bond_WS number over the whole simulation is illustrated in Fig. 8. It is evident that the evolution process of H bond WS number could also be divided into three stages, according to the slopes of the profile, which is similar to those in the Figs. 4 and 7. Therefore, the hydrogen-bond interaction is also one kind of driving force that controls the conformational change of the oil contaminants.

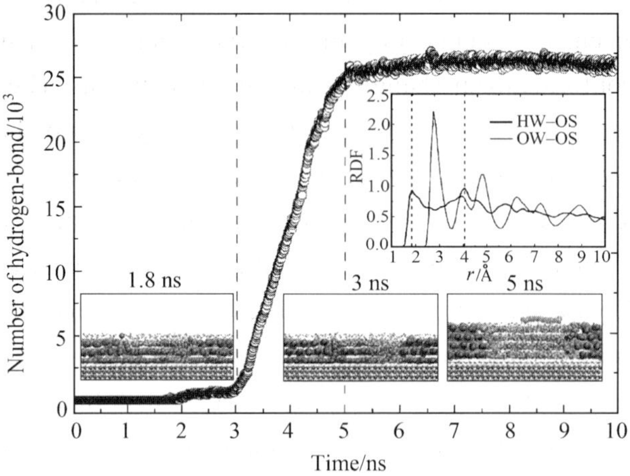

Fig. 8 Evolution profile of H-bond WS number as a function of time

4 Conclusions

Classic molecular dynamics simulations have been performed to investigate the conformational change process of the oil contaminants adhered onto the Al-terminated α-Al_2O_3 (0001) surface in the aqueous solution. Our simulation results suggest that the oil contaminants conduct an evident conformational change process in which the penetration of water molecules is the most important driving force. Within the simulation of about 10 ns, the dynamic conformational change process of the oil contaminants could be divided into three typical stages. In stage Ⅰ, a relatively stable oil/water interface is first formed. Subsequently, owing to strong water/aluminum interactions, water molecules gradually disturb the ordered oil layers formed on the solid surface and finally penetrate to the oil/solid interface. Further, a small water channel linking the oil/water and the oil/solid interfaces emerges, promoting the conformational change and even detachment of the oil contaminants. In stage Ⅱ, with the addition of more-and-more water molecules, the water channel is quickly broadened and an absorbed hydration layer of the water molecules is fully formed, which gradually detaches the oil contaminants from the solid surface. Meanwhile, three old oil layers initially formed on the α-Al_2O_3 surface are thoroughly disturbed and then four new ordered oil layers are formed, indicating that the oil contaminants in the aqueous solution undertake an interesting "destruction→reconstruction" transformation process. In stage Ⅲ, the conformational change process of the oil contaminants reaches equilibrium. In the end, despite of the conformational change process, the oil contaminants are not thoroughly detached from the substrate surface after about 10 ns. Instead, a relative stable oil/water/solid triple-phase interface emerges. Theoretically, the oil contaminants adhered to alumina surface can be thoroughly detached from the surface even in pure water solution, but it may take much more time to thoroughly complete the detachment process of the oil contaminants. Thus, How to promote the detachment process of the oil contaminant is a vital issue for the removal of oil molecules contaminants, which is the focus of our further research. All the findings in this study are helpful to interpret the removal mechanism of the oil contaminants from solid surface using cleaning aqueous solution.

Acknowledgement

The authors gratefully acknowledged financial supports of Natural Sciences Foundation of China (No. 51475108).

References

[1] PARK J K, YOON J W, CHO S H. Removal of nanoparticles from a silicon wafer using plasma shockwaves excited with a femtosecond laser[J]. Applied Surface Science , 2012, 258(17): 6379-6383.

[2] CHEN Kuohu, CHEN Liru, WANG Yingkuan. Contamination of medical charts: an important source of potential infection in hospitals[J]. PLOS One, 2014, 9(2): e78512.

[3] LING Xiulan, ZHAO Yuanan, SHAO Jjanda, et al. Effect of two organic contamination modes on laser-induced damage of high reflective films in vacuum[J]. Thin Solid Films, 2010, 519(1): 296-300.

[4] YE Yayun, YUAN Xiaodong, XIANG Xia, et al. Laser cleaning of particle and grease contaminations on the surface of optics[J]. Optik, 2012, 123(12): 1056-1060.

[5] THOMPSON L. The role of oil detachment mechanisms in determining optimum detergency conditions[J]. Journal of Colloid and Interface Science, 1994, 163(1): 61-73.

[6] STARKWEATHER B A, COUNCE R M, ZHANG X. Displacement of a hydrocarbon oil from a metal surface using a surfactant solution[J]. Separation Science and Technology, 1999, 34(6-7): 1447-1462.

[7] TONGCUMPOU C, ACOSTA E J, QUENCER L B, et al. Microemulsion formation and detergency with oily soils: III. Performance and mechanisms[J]. Journal of Surfactants and Detergents, 2005, 8(2): 147-156.

[8] DAVIS A N, MORTON III S A, COUNCE R M, et al. Effect of ionic strength on oil removal from stainless steel in the presence of ionic surfactant[J]. Separation Science and Technology, 2006, 41(15): 3313-3328.

[9] WASAN D, NIKOLOV A, KONDIPARTY K. The wetting and spreading of nanofluids on solids: role of the structural disjoining pressure[J]. Current Opinion in Colloid & Interface Science, 2011, 16(4): 344-349.

[10] FAVRAT O, GAVOILLE J, ALEYA L, et al. Real time study of detergent concentration influence on solid fatty acid film removal processes[J]. Journal of Surfactants and Detergents, 2013, 16(2): 213-219.

[11] MORTON III S A, KEFFER D J, DAVIS A N, et al. Effect of low concentration salt on organic contact angle in ionic surfactant solutions: insight from theory and experiment[J]. Separation Science and Technology,

2008, 43(2): 310-330.

[12] ROWE A W, DAVIS A N, COUNCE R M, et al. Oil droplet detachment from metal surfaces as affected by an applied potential[J]. Separation Science and Technology, 2003, 38 (12-13): 2793-2813.

[13] THOREAU V, MALKI B, BERTHOME G, et al. Physicochemical and dynamic study of oil-drop removal from bare and coated stainless-steel surfaces[J]. Journal of Adhesion Science and Technology, 2006, 20(16): 1819-1831.

[14] KOLEV V L, KOCHIJASHKY I I, DANOV K D, et al. Spontaneous detachment of oil drops from solid substrates: governing factors[J]. Journal of Colloid and Interface Science, 2003, 257(2): 357-363.

[15] WU S, NIKOLOV A, WASAN D. Cleansing dynamics of oily soil using nanofluids[J]. Journal of Colloid and Interface Science, 2013, 396: 293-306.

[16] LIU Qian, YUAN S, YAN Hui, et al. Mechanism of oil detachment from a silica surface in aqueous surfactant solutions: molecular dynamics simulation[J]. The Journal of Physical Chemistry B, 2012, 116(9): 2867-2875.

[17] ZHONG Jie, WANG Xiao, DU Jianping, et al. Combined molecular dynamics and quantum mechanics study of oil droplet adsorption on different self-assembly monolayers in aqueous solution[J]. The Journal of Physical Chemistry C, 2013, 117(24): 12510-12519.

[18] WANG Fengchao, WU Hengan. Enhanced oil droplet detachment from solid surfaces in charged nanoparticle suspensions[J]. Soft Matter, 2013, 9(33): 7974-7980.

[19] PLIMPTON S. Fast parallel algorithms for short-range molecular dynamics[J]. Journal of Computational Physics, 1995, 117(1): 1-19.

[20] CYGAN R T, LIANG Jianjie, KALINICHEV A G. Molecular models of hydroxide, oxyhydroxide, and clay phases and the development of a general force field[J]. The Journal of Physical Chemistry B, 2004, 108(4): 1255-1266.

[21] WANG Junmei, WOLF R M, CALDWELL J W, et al. Development and testing of a general amber force field[J]. Journal of Computational Chemistry, 2004, 25(9): 1157-1174.

第四部分　附录

附录 1　梁迎春教授发表的学术论文

1992 年

1. **梁迎春**, 王新荣, 陈时锦, 孙靖民, 郭方华. 惯性系统三轴综合测试转台外框的结构分析及优化设计. 哈尔滨工业大学学报, 1992, 24(4): 104-108.
2. 王新荣, **梁迎春**, 王细洋. 有限元网格节点优序标号的 WGPS 法. 哈尔滨工业大学学报, 1992, 24(4): 99-103.
3. **梁迎春**, 冯志友, 赵桂范, 曲世民. 机床主轴优化设计的一种新算法. 佳木斯工学院学报, 1992, 10(3): 131-135.
4. 王新荣, **梁迎春**, 王细洋. 微型计算机有限元图形处理系统. 机械工程师, 1992, 5: 35-36.
5. **梁迎春**, 刘亚忠, 王新荣, 陈时锦. 一种连续体形状优化设计的算法. 机械工程师, 1992, 5: 19-20, 47.

1994 年

6. 郭太勇, 王妮, **梁迎春**, 孙靖民. 形状优化几何造型的有理 EE 样条方法.中国计算机学会人国第八届 CAD/Graphics' 94 学术年会论文专刊: 1994, 385-391.

1996 年

7. **梁迎春**, 张龙江, 陈时锦, 刘亚忠, 王起棠. 惯性系统三轴综合测试台结构静动态特性计算及实验研究. 中国惯性技术学报, 1996, 4(1): 66-72.
8. **梁迎春**, 陈时锦, 黄开榜. 惯性系统三轴综合测试转台总体设计若干问题的探讨.中国惯性技术学报, 1996, 4(1): 69-72
9. 郭太勇, **梁迎春**, 陈时锦, 孙靖民. 惯性系统三轴测试转台内框形状优化设计. 机械设计, 1996, 6: 5-6, 20.
10. 张先彤, 张庆春, 陈时锦, **梁迎春**. OUT 型闭式三轴转台的结构设计. 中国惯性技术学报, 1996, 4(2): 58-60.
11. **梁迎春**, 陈时锦, 刘亚忠, 黄开榜. 精密离心机结构动静态特性计算. 中国惯性技术学报, 1996, 4(2): 61-63.
12. 张庆春, **梁迎春**, 张先彤, 陈时锦. 三轴转台轴系相交度误差测量方法的研究. 中国惯性技术学报, 1996, 4(3): 80-82.
13. 陈时锦, **梁迎春**, 张先彤, 张庆春. 光学随动系统机械分系统的精度分析. 中国惯性技术学报, 1996, 4(3): 83-86.

14. 张先彤, 刘亚忠, **梁迎春**, 张士义. 光学目标模拟器总体结构方案分析及关键技术. 中国惯性技术学报, 1996, 4(4): 73-75.
15. 郭太勇, **梁迎春**, 黎文勇. 渐开线齿轮齿根过渡曲线形状优化设计. 机械传动, 1996, s1: 21-22.
16. **梁迎春**, 张庆春, 董申, 李宗海. 超精密恒温控制系统抗干扰能力的研究. 仪器仪表学报, 1996, 17(1).

1998 年

17. 陈时锦, 刘亚忠, **梁迎春**, 蔡鹤皋. 二维四边形单元的自动生成研究. 哈尔滨工业大学学报, 1998, 30(4): 33-38.
18. **梁迎春**, 李国洪. 三轴模拟转台的外框结构有限元——优化设计. 中国惯性技术学报, 1998, 6(4): 81-83.

1999 年

19. 潘洪平, **梁迎春**, 董申. 陶瓷材料加工技术发展概况. 工具技术, 1999, 33(4): 3-6.
20. 潘洪平, **梁迎春**, 董申. 陶瓷球超声振动研磨装置的研究. 机械工程师, 1999, 5: 5-6.
21. 王清明, 卢泽生, **梁迎春**, 董申. 压电陶瓷微动机构在超精密车削中的应用. 工具技术, 1999, 33(5): 24-26.
22. 王洪祥, 董申, **梁迎春**, 李旦. 超精密加工表面微观形貌的光学测量方法. 工具技术, 1999, 33(5): 32-35.
23. 潘洪平, **梁迎春**, 董申. 陶瓷球的超声振动研磨. 哈尔滨理工大学学报, 1999, 4(3): 29-33.
24. 张秀利, **梁迎春**, 董申. 扩展的结构模糊优化设计方法. 机械设计与研究, 1999, 9: 27-29.
25. 罗熙淳, **梁迎春**, 董申. 分子动力学在纳米机械加工技术中的应用. 中国机械工程, 1999, 10(6): 692-696.
26. 张秀利, **梁迎春**, 董申. 多目标结构模糊优化的分层序列法. 机械设计与制造, 1999, 5: 44-45.
27. 张秀利, **梁迎春**, 袁爱华, 董申. 机械结构的多目标模糊优化方法. 哈尔滨工业大学学报, 1999, 31(5): 14-17.
28. 王清明, 卢泽声, **梁迎春**. 亚微米数控车床误差补偿技术研究. 中国机械工程, 1999, 10(10): 1169-1172
29. 张秀利, **梁迎春**, 董申. 超精密机床中柔性铰链的结构多目标模糊优化设计. 机械科学与技术, 1999, 18(6): 928-930, 936.
30. 张秀利, **梁迎春**, 董申. 压电陶瓷微动刀架的结构模糊优化设计. 航天工艺, 1999, 6: 13-15.

2000 年

31. 潘洪平, 董申, **梁迎春**, 陈汝欣. 数字图象处理与识别技术在钢球质量检测中的应用. 机电国际市场, 2000, 1: 30-31.
32. 罗熙淳, **梁迎春**, 董申, 李广慧. 分子动力学在单点金刚石超精密车削机理研究中的应用. 工具技术, 2000, 34(4): 3-7.
33. 潘洪平, 董申, **梁迎春**. 基于图像纹理特征的钢球等级分类建模. 机械工程学报, 2000, 36(4): 45-48.
34. 罗熙淳, **梁迎春**, 董申, 李广慧. 单晶硅纳米加工机理的分子动力学研究. 航空精密制造技术, 2000, 36(3): 21-24.
35. 潘洪平, 董申, **梁迎春**, 陈汝欣. 钢球表面质量评价系统. 轴承, 2000, 7: 30-35.
36. 罗熙淳, **梁迎春**, 董申. 单晶铝纳米切削过程分子动力学模拟技术研究. 中国机械工程, 2000, 11(8): 860-862.

2001 年

37. 孙雅洲, 刘亚忠, **梁迎春**, 程凯, 王琳. 制造设备与系统的微型化技术. 江苏机械制造与自动化, 2001, 4: 31-33.
38. 陈明君, 王立松, **梁迎春**, 卢泽生. 脆性材料塑性域的超精密加工方法. 航空精密制造技术, 2001,37(2):10-12, 25.
39. 潘洪平, 董申, **梁迎春**, 谢水生. 钢球表面缺陷的自动检测与识别. 中国机械工程, 2001, 12(4): 369-372.
40. 赵清亮, **梁迎春**, 王景贺, 王洪祥. 应用原子力显微镜对单晶硅进行纳米级加工.微细加工技术, 2001, 2: 61-66.
41. Zhao Qingliang , Dong Shen, **Liang Yingchun**, Zhao Yi. Effects of diamond cutting tool's rake angle and edge radius on the diamond turned surface quality. Proceedings of SPIE, 2001, 4451: 200-208.
42. 蔡志刚, 李旦, **梁迎春**, 董申. 极薄切削的实验研究. 江苏机械制造与自动化, 2001, 4: 86-88.
43. 霍德鸿, **梁迎春**, 曲世民. 微型机械力学行为的分子动力学模拟研究进展. 江苏机械制造与自动化, 2001, 4: 23-27.
44. 田珺, **梁迎春**. 基于分子动力学的单晶硅压痕过程计算机仿真研究. 江苏机械制造与自动化, 2001, 4: 139-141, 145.
45. Zhao Qingliang , Sun Tao, Dong Shen, **Liang Yingchun**. Micro/nano-machining on silicon surface with a modified atomic force microscope. Chinese Journal of Mechanical Engineering (English Edition), 2001, 14(3): 207-211.
46. 陈时锦, 闫相斌, **梁迎春**. 应用 PDM 技术的企业集成框架. 江苏机械制造与自动化, 2001, 4: 150-153, 157.
47. Zhao Qingliang, Sun Tao, **Liang Yingchun**, Dong Shen, Chen Mingjun. Atomic force

microscope using a diamond tip: A tool for micro/nano-machining on single crystal silicon surface. Proceedings of SPIE,2001, 4601: 73-78.
48. 潘洪平, 谢水生, 董申, **梁迎春**, 陈汝欣. 钢球表面质量评价系统用展开轮的理论研究. 轴承, 2001, 12: 28-31.
49. 潘洪平, 董申, **梁迎春**. 一种基于图像纹理特征的钢球振动值检测新方法. 中国机械工程, 2001, 12(s1): 174-176.

2002 年

50. 孙雅洲, **梁迎春**, 程凯. 微型化制造设备与微型制造系统. 中国机械工程, 2002, 13(7): 592-596.
51. 陈明君, 董申, 张飞虎, **梁迎春**. 超精密非球曲面磨削系统中砂轮修整技术的研究. 兵工学报, 2002, 23(2): 238-241.
52. 霍德鸿, **梁迎春**, 程凯. 微型机电系统的建模与仿真研究. 机械设计, 2002, 10: 1-4.
53. 赵清亮, 陈明君, **梁迎春**, 董申. 单晶金刚石车刀在超精密单点切削中的磨损分析. 摩擦学学报, 2002, 22(5): 321-327.

2003 年

54. 赵清亮, 陈明君, **梁迎春**, 董申, 邓驰. 金刚石车刀前角与切削刃钝圆半径对单晶硅加工表层质量的影响. 机械工程学报, 2003, 38(12): 54-59.
55. 夏加飞, 孙涛, 闫永达, **梁迎春**, 程凯, 董申. 基于原子力显微镜(AFM)的微加工系统. 光学精密工程, 2003, 11(2): 125-129.
56. 霍德鸿, **梁迎春**, 程凯. 单晶铝微构件拉伸过程的分子动力学仿真研究. 中国机械工程, 2003, 14(11): 950-952.
57. 唐玉兰, **梁迎春**, 霍德鸿, 程凯. 基于分子动力学单晶硅纳米切削机理研究. 微细加工技术, 2003, 2: 76-80.
58. 闫永达, 孙涛, 董申, **梁迎春**, 程凯. AFM 加工中材料去除机理研究. 2003 年中国机械工程学会年会论文集(微纳制造技术应用专题), 2003: 251-254.
59. 曹永智, 王铀, **梁迎春**, 董申. 嵌段共聚物自组装在微纳制造领域的应用研究. 2003 年中国机械工程学会年会论文集(微纳制造技术应用专题), 2003: 183-191 .
60. 孙涛, 闫永达, 夏加飞, **梁迎春**, 程凯, 董申. 基于原子力显微镜(AFM)的微小结构加工工艺研究. 微纳电子技术, 2003, 7-8: 154-158.
61. 赵清亮, **梁迎春**, 程凯, 董申. 微加工硅表面基于 AFM 的纳米压痕测量与分析.微纳电子技术, 2003, 7-8: 241-244.
62. 赵清亮, **梁迎春**, 程凯, 董申. 基于 AFM 微加工的单晶硅表层性质的研究. 微纳电子技术, 2003, 7-8: 261-266.
63. 闫永达, 孙涛, 董申, **梁迎春**, 程凯. 基于 SPM 的纳米加工技术研究进展. 机械工程学报, 2003, 39(9): 38-43.
64. 邢涛, 张庆春, **梁迎春**. 以电磁轴承支撑挠性转子的鲁棒控制器设计. 哈尔滨工业大学学报, 2003, 35(12): 1455-1457.

2004 年

65. 唐玉兰, **梁迎春**, 霍德鸿, 程凯. 单晶硅和单晶铝纳米切削过程比较. 哈尔滨工业大学学报, 2004, 36(6): 711-713, 780.

66. Yan Yongda, Sun Tao, Dong Shen, **Liang Yingchun**, Cheng Kai. An investigation on the 3D micromachining techniques based on a SPM. Key Engineering Materials, 2004, 257-258: 465-470.

67. Zhao Qinliang, Chen Mingjun, **Liang Yingchun**, Dong Shen, Cheng Kai. Measurement and analysis of AFM-based nano-indentation on micro-machined silicon surface. Key Engineering Materials, 2004, 257-258: 39-44.

68. Zhao Qingliang, Stephenson D., Corbett J., Hedge J., Wang Jinghe, **Liang Yingchun**. Single grit diamond grinding of spectrosil 2000 glass on tetraform “C”. Key Engineering Materials, 2004, 257-258: 107-112, 2004.

69. Sun Tao, Yan Yongda, Xia Jiafei, Dong Shen, **Liang Yingchun**, Cheng Kai Research on micro machining using AFM diamond tip. Key Engineering Materials, 2004, 258-259: 577-581.

70. 唐玉兰, **梁迎春**, 程凯. 纳米切削分子动力学仿真的研究进展. 系统仿真学报, 2004, 16(4): 745-748, 766.

71. 孙雅洲, **梁迎春**, 程凯. 微米和中间尺度机械制造. 机械工程学报, 2004, 40(5): 1-6.

72. 霍德鸿, **梁迎春**, 程凯, 董申. 基于原子力显微镜和分子动力学的纳米压痕技术研究. 机械工程学报, 2004, 40(6): 39-44.

73. 唐玉兰, **梁迎春**, 程凯, 董申. 单晶铜纳米切削过程的研究. 纳米技术与精密工程, 2004, 2(2): 132-135.

74. 唐玉兰, **梁迎春**, 霍德鸿, 程凯. 单晶硅和单晶铝纳米切削过程比较. 哈尔滨工业大学学报, 2004, 36(1): 39-42.

75. Wang Hongxiang, Zong Wenjun, **Liang Yingchun**, Dong Shen. Tool geometry effect on machined surface integrity in precision turning high-strength spring steel. Materials Science Forum, 2004, 471-472: 380-384.

2005 年

76. 孙雅洲, 王蕊, 陈时锦, 程凯, **梁迎春**. 微型机床的结构动态特性分析. 机械设计与制造, 2005-01-28, 1: 94-95.

77. 孙雅洲, **梁迎春**. 微细切削与微小型化机床. 现代制造工程, 2005, 2: 112-114.

78. 李国栋, 张庆春, **梁迎春**. 电磁轴承的数字控制系统设计. 制造技术与机床, 2005, 3: 46-49.

79. 李国栋, 张庆春, **梁迎春**. 电磁轴承的 PWM 功率放大器的研究. 机电一体化, 2005, 2: 33-36.

80. Cao Yongzhi, **Liang Yingchun**, Dong Shen, Wang You. A multi-wall carbon nanotube (MWCNT) relocation technique for atomic force microscopy (AFM) sample. Ultramicroscopy, 2005, 103(2): 103-108.samples.
81. 宗文俊, 李旦, 孙涛, 程凯, **梁迎春**. 机床振动对高精度金刚石刀具研磨质量的影响. 航空学报, 2005, 26(3): 367-370.
82. 孙雅洲, **梁迎春**, 董申. 微小型化机床的研制. 哈尔滨工业大学学报, 2005, 37(5): 591-593.
83. Zong Wenjun, Li Dan, Cheng Kai, Sun Tao, Wang Hongxiang, **Liang Yingchun**. The material removal mechanism in mechanical lapping of diamond cutting tools. International Journal of Machine Tools and Manufacture, 2005, 45(7-8): 783-788.
84. 邢涛, 张庆春, 李国栋, **梁迎春**. 电磁轴承耦合特性及电磁力分析. 哈尔滨工业大学学报, 2005, 37(6): 748-749,778.
85. 邢涛, 张庆春, 徐秀玲, **梁迎春**. 电磁轴承磨床电主轴的保成本控制器设计. 南京理工大学学报(自然科学版), 2005, 29(3): 304-307.
86. 王波, **梁迎春**, 董申. 超精密机床模糊轮廓控制技术研究. 哈尔滨工业大学学报, 2005, 37(6): 830-832.
87. Chen Mingjun, **Liang Yingchun**, Sun Yazhou, Guo Weixing, Zong Wenjun. Research of the technological parameters influencing on the surface quality of micro complex surface. Key Engineering Materials, 2005, 291-292:513-518.
88. 张庆春, 姜军, 李国栋, **梁迎春**. 降低电磁轴承系统中位置测量误差方法. 轴承, 2005, 9: 25-27.
89. 李国栋, 张庆春, 徐秀玲, 姜军, **梁迎春**. DSP 在电磁轴承控制系统中的应用. 哈尔滨工业大学学报, 2005, 37(11): 1469-1471.
90. 李国栋, 张庆春, 王世俊, 蒋健伟, **梁迎春**. 电磁轴承陀螺力矩耦合及其交叉解耦分析. 哈尔滨工业大学学报, 2005, 37(12): 1618-1620,1653.

2006 年

91. **Liang Yingchun**, Li Degang, Bai Qingshun, Wang Shumei, Chen Mingjun. Molecular dynamics simulation of elliptical vibration cutting. Proceedings of 1st IEEE International Conference on Nano Micro Engineered and Molecular Systems, 2006: 635-638.
92. **Liang Yingchun**, Dou Jianhua, Bai Qingshun, Wang Shumei, Chen Mingjun, Zhao Yan, Dong Shen. Subatomic imaging of Si (001) surface by molecular dynamic simulation. Proceedings of 1st IEEE International Conference on Nano Micro Engineered and Molecular Systems, 2006: 1156-1159.
93. 邢涛, 张庆春, 李国栋, **梁迎春**. 电磁轴承电磁铁单边工作控制方式的实现. 北京航空航天大学学报, 2006, 32(1): 69-73.
94. 邢涛, 张庆春, **梁迎春**. 电磁轴承的 H∞鲁棒-模糊控制器设计. 哈尔滨工业大学学报, 2006, 38(1): 11-14.

95. Liu Yazhong, **Liang Yingchun**, Zhang Feihu. Machining characteristics analysis of nano ceramics in ultra precision grinding machining. Key Engineering Materials, 2006, 304-305: 210-213.

96. Zong Wenjun, Li Dan, Sun Tao, Cheng Kai, **Liang Yingchun**. The factors influencing on cutting edge radius of ultra-precision diamond cutting tools in mechanical lapping. Key Engineering Materials, 2006, 304-305:345-349.

97. 白清顺, 王毓明, **梁迎春**. 基于 PRO/E 的三轴转台装配与运动学仿真. 中国惯性技术学报, 2006, 14(1): 83-88.

98. 孙雅洲, 高强, **梁迎春**. 超声电机在微小型机床进给系统中的应用. 组合机床与自动化加工技术, 2006, 4: 11-14.

99. 孙雅洲, 张庆春, 高强, **梁迎春**. 微细铣削毛刺形成研究. 现代制造工程, 2006, 4: 67-72.

100. Chen Mingjun, Zhang J., Wang Jinghe, **Liang Yingchun**. Research of the effect of KDP crystal characteristics on the cutting surface roughness. Proceedings of the 6th International Conference European Society for Precision Engineering and Nanotechnology, 2006, 2: 328-331.

101. 王波, **梁迎春**, 孙雅洲, 谭亚明. 带三维结构的惯性 MEMS 器件的微细铣削加工.传感技术学报, 2006, 19(5): 1473-1476.

102. 袁福龙, 郭永峰, **梁迎春**, 李丽, 闫永达. 利用 AFM 和碱溶液在单晶硅表面微加工及其电化学机理. 黑龙江大学自然科学学报, 2006, 23(3): 289-293, 297.

103. Sun Yazhou, **Liang Yingchun**, Du Ruxu. Micro-milling: Simulation of surface generation and experimental analysis of surface roughness. WSEAS Transactions on Systems, 2006, 5(6): 1293-1300.

104. Wang Yanshen , Dong Shen, Yang Yanqiang, **Liang Yingchun**, Zou Huimin. Investigation on the fabrication of femtosecond laser induced waveguides and gratings inside quartz crystals. Proceedings of SPIE, 2006, 6149: 61493F.

105. Wang Yanshen, Dong Shen, Yang Yanqiang, **Liang Yingchun**, Wang Y.H. Research on periodic structures aroused by femtosecond laser irradiation on single-crystalline silicon wafer. Key Engineering Materials, 2006, 315-316: 779-783.

106. Wang Bo, **Liang Yingchun**, Dong Shen. Study on the compound fuzzy motion control for the ultra precision machine tools. Key Engineering Materials, 2006, 315-316: 813-816.

107. Wang Yanshen, **Liang Yingchun**, Dong Shen, An Weiwei, Wang Bo. Nanomechanical properties of single-crystalline silicon wafer irradiated by high-energy femtosecond laser pulses. Key Engineering Materials, 2006, 315-316: 159-163.

108. Chen Mingjun, **Liang Yingchun**, Wang Jinghe, Dong Shen. Research on influence of crystal KDP anisotropy on critical condition of brittle-ductile transition in ultra-precision cutting. Key Engineering Materials, 2006, 315-316: 725-730.

109. **Liang Yingchun**, Chen Mingjun, Sun Yazhou, Guo W.X. Machining simulation and experimental research of complex surface parts based on the PMAC. Key Engineering

Materials, 2006, 315-316:753-757.

110. Lu Lihua, **Liang Yingchun**, Tachikawa H., Gou Yongfeng, Shimokohbe, A. Nanometer positioning system based on ball screw. Key Engineering Materials , 2006, 315-316:710-714.

111. Tang Yulan, **Liang Yingchun**, Liu Hongmei, Dou Jiahua, Wang Dongxu, Zhao Jianwei. Generation process of nanometric machined surfaces of monocrystalline Cu. Key Engineering Materials, 2006, 315-316: 370-374.

112. Tang Yulan, **Liang Yingchun**, Wang, D.X., Zhao, J.W. Study on nanometric machining process of monocrystalline Si. Key Engineering Materials, 2006, 315-316: 792-795.

113. Zhao Xiaoli, Dong Shen, **Liang Yingchun**, Sun Tao, Yan Yongda. AFM for preparing Si masters in soft lithography. Key Engineering Materials, 2006, 315-316: 762-765.

114. Xu Zongwei, **Liang Yingchun**, Dong Shen, Li Qiangguo, Sun Tao, Zhao Qingliang. Carbon nanotube as probe for atomic force microscope. Key Engineering Materials, 2006, 315-316: 758-761.

115. Cao Yongzhi, **Liang Yingchun**, Dong Shen, Sun Tao, Wang Bo. Effects of the substrate on the determination of SEBS thin film mechanical properties by nanoindentation. Key Engineering Materials, 2006, 315-316: 766-769.

116. 范成磊, **梁迎春**, 杨春利, 朱亚萍. 铝合金高频感应热丝 TIG 焊接方法. 焊接学报, 2006, 27(7): 49-52.

117. Yan Yongda, Sun Tao, Dong Shen, Luo Xichun, **Liang Yingchun**. Molecular dynamics simulation of processing using AFM pin tool. Applied Surface Science, 2006, 252(20) 7523-7531.

118. 李国栋, 张庆春, **梁迎春**. 电磁轴承低偏置控制方式的实现. 中国惯性技术学报, 2006, 14(4): 80-84.

119. 宫娜, **梁迎春**, 陈明君, 窦建华, 李德刚. 基于分子动力学的纳机电开关的静态分析. 微细加工技术, 2006, 4: 43-47.

120. 白清顺, **梁迎春**, 李德刚, 杨春利. 纳米加工过程的分子动力学模拟技术研究. 微细加工技术, 2006, 4: 57-62.

121. Zhao Yan, **Liang Yingchun**, Wang Bo, Zhai Yuanshen, Sun Yazhou, Bai Qingshun, Chen Mingjun. Miniature machine tools and modeling studies on process in micromachining of microcomponents. Proceedings of the 9th International Symposium on Advances in Abrasive Technology, ISAAT 2006: 422-427.

122. 卢礼华, **梁迎春**, 大刀川博之, 郭永丰, 下河边明. 快速无超调纳米定位. 纳米技术与精密工程, 2006, 4(3): 212-216.

123. 范成磊, **梁迎春**, 杨春利, 程士军. 2519 高强铝合金双丝 GMAW. 焊接工艺. 焊接学报, 2006, 27(10): 15-18, 22.

124. **Liang Yingchun**, Li Degang, Bai Qingshun, Tang Yulan. Research on nano-cutting processes based on parallel molecular dynamics. Materials Science Forum, 2006, 532-533: 357-360.

125. Chen Mingjun, **Liang Yingchun**, Li Hongzhu, Li Dan. Molecular dynamics simulation on

mechanical property of carbon nanotube torsional deformation. Chinese Physics, 2006, 15(11): 2676-2681.

126. 张庆春, 邢涛, 李国栋, 姜军, **梁迎春**. 电磁轴承磨床电主轴控制器的研究. 机械工程学报, 2006, 42(11): 168-172.

127. 李国栋, 张庆春, **梁迎春**. 基于能量的电磁轴承系统建模及控制方法研究. 航空学报, 2006, 27(5): 1244-1248.

128. 童利东, 白清顺, 赵岩, 王波, **梁迎春**. 微径铣刀及微细铣削技术的研究进展. 工具技术, 2006, 40(12): 3-7.

129. Zong Wenjun, Sun Tao, Li Dan, Cheng Kai, **Liang Yingchun**. FEM optimization of tool geometry based on the machined near surface's residual stresses generated in diamond turning. Journal of Materials Processing Technology, 2006, 180(1-3): 271-278.

130. Yuan Fulong , Guo Yongfeng, **Liang Yingchun**, Li Li, Zhu Yujun, Wang Yan. Fabrication of 3D structure by combining AFM and chemical etching on crystalline silicon surface. Journal of Harbin Institute of Technology (New Series), 2006, 13(6): 667-670.

131. Bai Qingshun , **Liang Yingchun**, Yao Yingxue, Bex Phillip. Analysis on mechanics property of PCD tool while machining ceramics overlay of HPL flooring. Materials Science Forum, 2006, 532-533: 85-88.

132. Chen Mingjun, **Liang Yingchun**, Wang Jinghe, Zhang Xinzhou. Research on influence of the material anisotropy to the surface quality during SPDT machining of crystal KDP. Materials Science Forum, 2006, 532-533: 209-212.

133. Cao Yongzhi , Dong Shen, **Liang Yingchun**, Sun Tao. Study morphology transitions in self-assembled triblock copolymer thin films with nanostructures by AFM. Materials Science Forum, 2006, 532-533: 165-168.

134. Dong Shen, Zhao Xiaoli, Wang Jinghe, Li Zhengqiang, Sun Tao, **Liang Yingchun**. Fabrication of patterned metal films on organic substrates by transfer printing. Materials Science Forum, 2006, 532-533: 524-527.

135. WangYanshen, Dong Shen, Yang Yanqiang, **Liang Yingchun**, Wang Bo, An Weiwei, Zheng Zhiren. The study of collateral damages in the process of femtosecond laser micromachining single-crystalline silicon. Materials Science Forum, 2006, 532-533:560-563.

136. 王延深, 王波, 董申, **梁迎春**, 吴文智, 孙涛. 高能量飞秒激光脉冲对硅和玻璃的附带损伤. 机械工程学报, 2006, 42(supp): 44-47.

2007 年

137. **Liang Yingchun**, Chen Jiaxuan, Bai Qingshun, Tang Yulan, Chen Mingjun. Incorporate research on scratching and uniaxial tension of three-dimensional microconstruction simulation based on molecular dynamic. Proceedings of the International Conference on Integration and Commercialization of Micro and Nanosystems 2007, 2007, A: p 655-659.

138. Chen Mingjun, Wang Jinghe, Wang Hongxiang, **Liang Yingchun**. Analysis of mechanical

property of crystal KDP and simulation of ultra-precision cutting process in the ductile mode. Key Engineering Materials, 2007, 329: 427-432.

139. **Liang Yingchun**, Zhai Yuanshen, Wang Hongxiang, Bai Qingshun, Zhao Yan. Surface roughness prediction based on cutting parameters and nose radius in precision turning. Key Engineering Materials, 2007, 329: 539-544.

140. Yan Yongda , Sun Tao, **Liang Yingchun**, Zhang Jing, Yu Wei, Dong Shen. Optimization of machining parameters and fabrication of nanostructures using afm anodic oxidation. Proceedings of the International Conference on Integration and Commercialization of Micro and Nanosystems 2007, 2007, B: 1429-1434.

141. 卢礼华, 郭永丰, 大刀川博之, **梁迎春**, 下河边明. 高增益 PID 控制器实现纳米定位. 光学精密工程, 2007, 15(1): 63-68.

142. 卢礼华, 郭永丰, 下河边明, **梁迎春**. 滚珠丝杠在超精密定位中的应用. 航空精密制造技术, 2007, 43(1): 21-23, 16.

143. 翟元盛, **梁迎春**, 王洪祥. 基于遗传算法工具箱的精密车削表面粗糙度预测. 工具技术, 2007, 41(3): 22-25.

144. 翟元盛, **梁迎春**, 王洪祥. 圆弧刃精密切削试验及其三维有限元分析. 纳米技术与精密工程, 2007, 5(1): 72-77.

145. Li Guodong , Zhang Qingchun, **Liang Yingchun**. GA-based PID neural network control for magnetic bearing systems. Chinese Journal of Mechanical Engineering (English Edition), 2007, 20(2): 56-59.

146. Zong Wenjun, Li Dan, Cheng Kai, Sun Tao, **Liang Yingchun**. Finite element optimization of diamond tool geometry and cutting-process parameters based on surface residual stresses. International Journal of Advanced Manufacturing Technology, 2007, 32(7-8): 666-674.

147. Zong Wenjun, Li Dan, Sun Tao, Cheng Kai, **Liang Yingchun**. The ultimate sharpness of single-crystal diamond cutting tools-Part II: A novel efficient lapping process. International Journal of Machine Tools and Manufacture, 2007, 47(5): 864-871.

148. **Liang Yingchun**, Dou Jianhua, Bai Qingshun. Molecular dynamic simulation study of AFM single-wall carbon nanotube tip-surface interactions. Key Engineering Materials, 2007, 339: 206-210.

149. Chen Mingjun, Wang Jinghe, **Liang Yingchun**, Yuan Dayong. Research on influence of the cutter rake angle to the surface quality during SPDT machining of crystal KDP. Key Engineering Materials, 2007, 339: 1-5.

150. Lu Lihua, Guo Yongfeng, Tachikawa H., **Liang Yingchun**, Shimokohbe A. Nanometer positioning in the presence of friction. Key Engineering Materials, 2007, 339: 217-222.

151. Zhao Qingliang, **Liang Yingchun**, Brinksmeier E., Riemer O., Rickens K. Precision machining of silicon carbide with coarse-grained diamond wheels. Proceedings of the 7th International Conference European Society for Precision Engineering and Nanotechnology, 2007, 2: 277-280.

152. Zhao Xiaoli, **Liang Yingchun**, Dong Shen, Yu Haitao, Li Zengqiang. Microstructures fabricated by replica molding from modulated wrinkle patterns. Proceedings of the 7th International Conference European Society for Precision Engineering and Nanotechnology, 2007, 2: 489-492.

153. Yan Yongda, Sun Tao, Dong Shen, **Liang Yingchun**. MD analysis on tip geometry effects in AFM-based lithography process. Key Engineering Materials, 2007, 339: 228-233.

154. 周磊, 陈时锦, **梁迎春**, 程凯. 基于失效树分析的机床进给系统可靠性设计. 机械设计与制造, 2007, 6: 60-62.

155. 赵岩, **梁迎春**, 白清顺, 王波, 孙雅洲, 陈明君. 微细加工中的微型铣床、微刀具磨损及切削力的实验研究. 光学精密工程, 2007, 15(6): 894-902.

156. 翟元盛, **梁迎春**, 王洪祥. 精密切削过程三维有限元分析. 工具技术, 2007, 41(6): 55-58.

157. 赵小力, **梁迎春**, 董申, 孙涛. PDMS 表面形貌调控 Au/PDMS 褶皱图案的实验.华中科技大学学报(自然科学版), 2007, 35(sup. I): 101-103.

158. Fan Chenglei , Yang Chunli, **Liang Yingchun**, Lin Sanbao, Yu Xiang. Optimality analysis of multiplex A-TIG welding flux for nickel-base superalloy. China Welding (English Edition), 2007, 16(2): 46-50.

159. 张京明, 王宣锋, **梁迎春**, 黄朝胜, 宋宝玉. 鼓式制动器促动变形特性的试验研究. 中国机械工程, 2007, 18(13): 1633-1637.

160. Wang Xuanfeng, **Liang Yingchun**, Huang Chaosheng, Ying Guozeng. Research on dynamic performance of drum brake. SAE Technical Papers, 2007: 2007-01-3673.

161. Zhao Xiaoli, Dong Shen, An Weiwei, Sun Tao, **Liang Yingchun**. Modulated wrinkle patterns in a gold thin film deposited onto an elastomeric polymer. Proceedings of SPIE, 2007, 6423: 64230B.

162. Yan Yongda , Sun Tao, Dong Shen, **Liang Yingchun**. Study on effects of the feed on AFM-based nano-scratching process using MD simulation. Computational Materials Science, 2007, 40(1) 1-5.

163. Cao Yongzhi, Wang Yanshen, Dong Shen, Yang Yanqiang, **Liang Yingchun**, Sun Tao. Residual stresses around femtosecond laser ablated grooves in silicon wafer evaluated by nanoindentation. Proceedings of SPIE, 2007, 6724: 672417.

164. Gong Na, **Liang Yingchun**, Liu Bingguo. Static analysis of nano fixed-fixed beam based on molecular dynamics simulation. Proceedings of the 2007 IEEE International Conference on Mechatronics and Automation, 2007: 879-883.

165. 周磊, 陈时锦, **梁迎春**, 程凯. 液压摆角铣头系统的故障树分析及可靠性改进. 机床与液压, 2007, 35(9): 236-238, 214.

166. Li Degang, Bai Qingshun, **Liang Yingchun**, Dong Shen. Nano-vibration cutting process of single crystal silicon by molecular dynamics. Nanotechnology and Precision Engineering, 2007, 5(3): 205-210.

167. 宫娜, **梁迎春**, 刘炳国, 陈明君. 基于分子动力学的纳机电开关动态特性. 光学精密工程, 2007, 15(9): 1371-1376.

168. Yan Yongda, Sun Tao, **Liang Yingchun**, Dong Shen. Investigation on AFM-based micro/nano-CNC machining system. International Journal of Machine Tools and Manufacture, 2007, 47(11): 1651-1659.
169. 姜涛, **梁迎春**, 赵岩. 微机械产品的应用及其微细加工方法的分析研究. 制造技术与机床, 2007, 10: 9-13.
170. Zhao Qingliang , **Liang Yingchun**, Stephenson, David Corbett John. Surface and subsurface integrity in diamond grinding of optical glasses on Tetraform “C”. International Journal of Machine Tools and Manufacture, 2007, 47(14): 2091-2097.
171. 卢礼华, 白清顺, **梁迎春**. 纳米定位技术的发展现状. 工具技术, 2007, 11: 10-12.
172. Zhai Yuanshen, **Liang Yingchun**, Bai Qingshun. Three-dimensional finite element analysis on precision cutting for tool with nose radius considering tool edge radius. Applied Mechanics and Materials, 2007, 10-12: 923-927.
173. Zhou Ming, **Liang Yingchun**, Huang Shaonan. Ultraprecision ductile-regime cutting of optical glass. Key Engineering Materials, 2007, 364-366: 69-73.
174. 朱黛茹, 王波, 赵岩, **梁迎春**. 微细铣削硬铝时切削用量对表面粗糙度的影响. 工具技术, 2007, 41(12): 17-20.
175. Dong Shen, Wang Yanshen, Yang Yanqiang, **Liang Yingchun**, Sun Tao, Wang Yinghui, Zheng Zhiren. Residual strain measurement of femtosecond laser microexploded glass by nanoindentation. Key Engineering Materials, 2007, 364-366: 205-209.
176. CaoYongzhi, Dong Shen, **Liang Yingchun**, Sun Tao, Yan Yongda. Block copolymer films hierarchical assembly in confinement. Key Engineering Materials, 2007, 364-366 : 437-441.

2008 年

177. 唐玉兰, 胡适, 王东旭, 赵健伟, **梁迎春**, 董申. 纳米工程中大规模分子动力学仿真算法的研究进展. 机械工程学报, 2008, 44(2): 8-15.
178. 张俊杰, 孙涛, 李增强, 闫永达, **梁迎春**, 董申. 单晶铜 AFM 加工过程的分子动力学模拟. 系统仿真学报, 2008, 20(4): 1024-1026, 1067.
179. 翟文杰, **梁迎春**. 集成电路芯片制造中电化学机械平整化技术的研究进展. 中国机械工程, 2008, 19(4): 498-503.
180. Zhao Yan, Wang Bo, **Liang Yingchun**, Zhu Dairu. Analysis and prediction of surface roughness in micro-end-milling of Al 2A12. Nanotechnology and Precision Engineering, 2008, 6(2): 130-136.
181. Gong Na, **Liang Yingchun**, Yao Yingxue, Liu Bingguo. Static and dynamic analysis of carbon nanotube cantilever based on molecular dynamics simulation. Key Engineering Materials, 2008, 375-376:631-635.
182. **Liang Yingchun**, Guo Yongbo, Chen Mingjun, Bai Qingshun. Molecular dynamics simulation of heat distribution during nanometric cutting process. 2008 2nd IEEE

International Nanoelectronics Conference, 2008: 711-715.

183. 白清顺, 杨春利, **梁迎春**, 童立东, 赵岩. 微径铣刀高速加工微小零件时的磨损特性研究. 机械工程师, 2008, 3: 24.

184. 赵岩, 王波, **梁迎春**, 朱黛茹. 微细立铣削硬铝 2A12 表面粗糙度分析与预测(英文). 纳米技术与精密工程, 2008, 6(2): 130-136.

185. Zhang Junjie, Sun Tao, Yan Yongda, **Liang Yingchun**, Dong Shen. Molecular dynamics simulation of subsurface deformed layers in AFM-based nanometric cutting process. Applied Surface Science, 2008, 254(15): 4774-4779.

186. 李德刚, **梁迎春**, 白清顺. 单晶硅各向异性力学性能纳米压痕实验研究. 航空精密制造技术, 2008, 44(2): 9-12.

187. 张俊杰, 孙涛, 闫永达, **梁迎春**, 董申. 单晶金属 AFM 切削过程的分子动力学模拟. 传感技术学报, 2008, 21(4): 636-639.

188. 何祝斌, 苑世剑, 查微微, **梁迎春**. 管材环状试样拉伸变形的受力和变形分析. 金属学报, 2008, 44(4): 423-427.

189. **梁迎春**, 郭永博, 陈明君, 纳米加工过程中金刚石刀具磨损研究的新进展. 摩擦学学报, 2008, 28(3): 282-288.

190. Yuan Shijian , He Zhubin, Wang Xiaosong, Liu Gang, **Liang Yingchun**. Material characterization and formability evaluation of AZ31B Mg alloy tube for warm tube hydroforming. 9th International Conference on Technology of Plasticity, 2008: 1274-1279.

191. Cao Yongzhi, Meng Qingxing, Dong Shen, Sun Tao, Yan Yongda, **Liang Yingchun**. Study morphology evolution in self-assembled block copolymer thin films in virtue of carbon nanotube. Proceedings of the 2nd International Conference on Heterogeneous Material Mechanics, 2008: 1358-1361.

192. Yuan Lin, Xu Wencheng, Shan Debin, **Liang Yingchun**, Guo Bin. Multiscale simulation of twin grain boundary effects on nanoindentation. Proceedings of the 2nd International Conference on Heterogeneous Material Mechanics, 2008: 205-208.

193. 王宣锋, **梁迎春**. 控制鼓式制动器力矩波动的研究. 机械设计与制造, 2008, 7: 131-133.

194. 李德刚, **梁迎春**, 白清顺, 董申. 单晶硅(111)晶面纳米压痕过程分子动力学仿真及实验(英文). 纳米技术与精密工程, 2008, 6(4): 242-248.

195. **梁迎春**, 宋代平, 陈明君, 白清顺. 钛系生物医用材料表面粗糙度影响细胞黏附的新进展. 机械工程学报, 2008, 44(7): 6-15.

196. 闫永达, 张静, 孙涛, **梁迎春**, 董申. Si 表面规则纳米结构 AFM 阳极氧化研究. 哈尔滨工业大学学报, 2008, 40(7): 1055-1058.

197. Chen Jiaxuan, **Liang Yingchun**, Bai Qingshun, Tang Yulan, Chen Mingjun. Researching nanometric cutting of copper based on molecular dynamics. Journal of Computational and Theoretical Nanoscience, 2008, 5(8): 1485-1489.

198. **梁迎春**, 陈家轩, 白清顺, 唐玉兰, 陈明君. 纳米加工及纳构件力学特性的分子动力学模拟. 金属学报, 2008, 44(8): 937-942.

199. 杨凯, 白清顺, **梁迎春**, 王波. 微细铣削加工刀具磨损数值模拟的研究. 工具技术, 2008, 42(8): 11-13.

200. **梁迎春**, 赵岩, 王波, 白清顺, 陈明君, 孙雅洲. 面向微小零件加工的微细切削技术. 吉林大学学报(工学版), 2008, 38(5): 1069-1076.

201. 杨凯, 白清顺, **梁迎春**, 王波, 孙雅洲, 赵岩. 微细铣削铅黄铜时微径铣刀的损伤研究. 摩擦学学报, 2008, 28(5): 448-452.

202. **Liang Yingchun**, Chen Jiaxuan, Chen Mingjun, Tang Yulan, Bai Qingshun. Integrated MD simulation of scratching and shearing of 3D nanostructure. Computational Materials Science, 2008, 43(4): 1130-1140.

203. Chen Mingjun, **Liang Yingchun**, Yuan Yijie, Li Dan. Deposition mechanism of nano-structured single-layered C36 film on a diamond (100) crystal plane. Chinese Physics B, 2008, 17(11): 4260-4267.

204. Li Zengqiang, Sun Tao, Yan Yongda, Zhang Junjie, **Liang Yingchun**, Dong Shen. Lapping process of diamond cutting tool by molecular dynamics simulating. Key Engineering Materials, 2008, 359-360: 249-253.

205. Zong Wenjun, Sun Tao, Li Dan, Cheng Kai, **Liang Yingchun**. XPS analysis of the groove wearing marks on flank face of diamond tool in nanometric cutting of silicon wafer. International Journal of Machine Tools and Manufacture, 2008, 48(15): 1678-1687.

206. Wang Bo, Wang Juxiang, **Liang Yingchun**. Design of the servo system for the micro milling machine. Key Engineering Materials, 2008, 364-366: 389-393.

207. 卢礼华, **梁迎春**, 于福利, 苏宝库. 机电伺服系统机构和控制集成设计方法研究现状. 航空精密制造技术, 2008, 44(6): 25-27.

208. Yan Yongda, Zhang Junjie, Sun Tao, Fei Weidong, **Liang Yingchun**, Dong Shen. Nanobending of nanowires: A molecular dynamics study. Applied Physics Letters, 2008, 93(24): 241901.

209. He Zhubin , Liu Gang, Wu Jia, Yuan Shijian, **Liang Yingchun**. Mechanical property and formability of AZ31B extruded tube at elevated temperature. Transactions of Nonferrous Metals Society of China (English Edition), 2008, 18(1): s209-s213.

2009 年

210. Chen Jiaxuan, **Liang Yingchun**, Chen Mingjun, Bai Qingshun, Tang Yulan. A study of the subsurface damaged layers in nanoscratching. International Journal of Abrasive Technology, 2009, 2(4): 368-381.

211. **梁迎春**, 窦建华, 白清顺, 董申. 基于分子动力学的原子力显微镜表面成像. 机械工程学报, 2009, 45(1): 27-34.

212. 张俊杰, 孙涛, 闫永达, **梁迎春**, 董申. 单晶铜原子力显微镜加工过程亚表面变形层的分子动力学仿真. 机械工程学报, 2009, 45(1): 174-179.

213. Yan Yongda, Sun Tao, **Liang Yingchun**, Dong Shen. Effects of scratching directions on

AFM-based abrasive abrasion process. Tribology International, 2009, 42(1): 66-70.

214. 李邦盛, 任明星, 王振龙, **梁迎春**, 杨闯, 傅恒志. 微尺度铸件室温蠕变性能的微尺度效应. 机械工程学报, 2009, 45(2): 178-183.

215. Song Daiping, **Liang Yingchun**, Chen Mingjun, Bai Qingshun. Molecular dynamics study on surface structure and surface energy of rutile TiO2 (1 1 0). Applied Surface Science, 2009, 255(11): 5702-5708.

216. **Liang Yingchun**, Yang Kai, Bai Qingshun, Chen Jiaxuan, Wang Bo. Modeling and experimental analysis of microburr formation considering tool edge radius and tool-tip breakage in microend milling. Journal of Vacuum Science and Technology B: Microelectronics and Nanometer Structures, 2009, 27(3): 1531-1535.

217. Wang Bo, Zhang Peng, **Liang Yingchun**, Dong Shen. Development of the control system for three-axis ultraprecision compact micromilling machine. Journal of Vacuum Science and Technology B: Microelectronics and Nanometer Structures, 2009, 27(3): 1285-1287.

218. Bai Qingshun, Yang Kai, **Liang Yingchun**, Yang Chunli, Wang Bo. Tool runout effects on wear and mechanics behavior in microend milling. Journal of Vacuum Science and Technology B: Microelectronics and Nanometer Structures, 2009, 27(3): 1566-1572.

219. Zhang Junjie, Sun Tao, Yan Yongda, **Liang Yingchun**, Dong Shen. Molecular dynamics study of groove fabrication process using AFM-based nanometric cutting technique. Applied Physics A: Materials Science and Processing, 2009, 94(3): 593-600.

220. Zhang Junjie, Sun Tao, Yan Yongda, **Liang Yingchun**. Molecular dynamics study of scratching velocity dependency in AFM-based nanometric scratching process. Materials Science and Engineering A, 2009, 505(1-2): 65-69.

221. 王宣锋, 段守林, **梁迎春**, 应国增. 轿车制动性能的控制方法. 汽车工程师, 2009: 38-40, 46.

222. Zhai Yuanshen, Wang Yang, **Liang Yingchun**. Cutting force modeling in precision turning 3j33 alloy for tool with nose radius. Advanced Materials Research, 2009, 69-70: 167-171.

223. Zhang Peng, Wang Bo, **Liang Yingchun**. Development of ultra-precision three axes micro milling machine. Proceedings of SPIE, 2009, 7282: 72820H.

224. Lu Lihua, **Liang Yingchun**, Jiang Tao, Yu Fuli, Zhang Qingchun. Mechatronic system design for tiled large-aperture grating. Proceedings of SPIE, 2009, 7282: 72823S.

225. **Liang Yingchun**, Chen Jiaxuan, Chen Mingjun, Song Daiping, Bai Qingshun. Three-dimensional molecular dynamics simulation of nanostructure for reciprocating nanomachining process. Journal of Vacuum Science and Technology B: Microelectronics and Nanometer Structures, 2009, 27(3): 1536-1542.

226. **Liang Yingchun**, Song Daiping, Chen Mingjun, Bai Qingshun. Adsorption mechanism of arg-gly-asp on rutile TiO_2 (110) surface in aqueous solution. Journal of Vacuum Science and Technology B: Microelectronics and Nanometer Structures, 2009, 27(3): 1548-1554.

227. 白清顺, 罗智, 杨凯, 房晓艳, 杨春利, **梁迎春**. 复杂曲面微模具的加工仿真及实验研究.

制造技术与机床, 2009, 6: 105-108.

228. 孙雅洲, 孟庆鑫, 王波, 赵岩, **梁迎春**. 基于微小型机床的微细铣削力实验研究.航空精密制造技术, 2009, 45(3): 1-4.

229. 闫相斌, 李一军, **梁迎春**, 褚芳芳. 我国资源卫星的社会效益及其 CVM 评价. 系统工程理论与实践, 2009, 29(7): 69-76.

230. Chen Mingjun, Li Ziang, **Liang Yingchun**, Fang Zhen. Analysis of factors effecting profile accuracy of metal-bonded ball-headed diamond wheel in electrical discharge dressing process. Materials Science Forum, 2009, 626-627:41-46.

231. **Liang Yingchun**, Pen Hongmin, Bai Qingshun. Quasicontinuum method simulation of nanometric cutting of single crystal copper. Materials Science Forum, 2009, 628-629: 381-386.

232. 白清顺, 杨春利, 盆洪民, 窦建华, **梁迎春**. 微构件分子动力学集成仿真系统的研究. 机械设计与制造, 2009, 9: 107-109.

233. 张琢, 孙雅洲, 刘海涛, **梁迎春**. 微铣削加工刀具刃口半径影响的有限元模拟. 工具技术, 2009, 43(9): 33-36.

234. Wang Xuanfeng, **Liang Yingchun**, Huang Chaosheng, Ying Guozeng. Experimental research on heavy-duty tractor heat performance of brake. SAE Technical Papers, 2009: 2009-01-3039.

235. 郭永博, **梁迎春**, 陈明君, 卢礼华. 单晶 Cu 纳米加工机理及其热效应的分子动力学模拟. 金属学报, 2009, 45(10): 1199-1204.

236. **梁迎春**, 盆洪民, 白清顺. 单晶 Cu 材料纳米切削特性的分子动力学模拟. 金属学报, 2009, 45(10): 1205-1210.

237. Liu Jingshi, Sun Yazho, Lu Lihua, **Liang Yingchun**. Manufacturing errors effects on disturbing torque of aerostatic bearings. Applied Mechanics and Materials, 2009, 16-19: 505-509.

238. Sun Yazhou , Yu Xuemei, Liu Haitao, **Liang Yingchun**. Analysis of dynamic stiffness and damping of partial porous aerostatic thrust bearings. Applied Mechanics and Materials, 2009, 16-19: 596-600.

239. Wang Yanshen, Gai Yuxian, Qu Shiliang, Dong Shen, **Liang Yingchun**. A method of calculating residual stresses through elastic modulus measured by nanoindentation. Proceedings of SPIE, 2009, 7493: 74931M.

240. Pen Hongmin, Bai Qingshun, **Liang Yingchun**, Chen Mingjun. Multiscale simulation of nanometric cutting of single crystal copper-effect of different cutting speeds. Acta Metallurgica Sinica (English Letters), 2009, 22(6): 440-446.

241. Dou Jianuua, **Liang Yingchun**, Bai Qingshun, Gong Na, Dong Shen. Atomic scale imaging of monocrystalline Si (001) surface by molecular dynamic simulation. Journal of Harbin Institute of Technology (New Series), 2009, 16(6): 879-883.

242. WangYanshen, Qu Shiliang, Gai Yuxian, Dong shen, **Liang Yingchun**. Residual strains of aluminum alloy characterized by nanoindentation. Transactions of Nonferrous Metals Society

of China (English Edition), 2009, 19(3): s767-s771.

2010 年

243. Yang Kai, Bai Qingshun, Yu Fuli, **Liang Yingchun**. Modeling and experimental analysis of the mechanism of micro-burr formation in micro-end-milling process. Nanotechnology and Precision Engineering, 2010, 8(1): 75-83.

244. 杨凯, 白清顺, 于福利, **梁迎春**. 微细铣削加工过程中微毛刺形成机理的模拟与实验分析(英文). 纳米技术与精密工程, 2010, 8(1): 75-83.

245. Lu Lihua, **Liang Yingchun**, Yu, Fuli, Su Baoku. Long-stroke nanometer positioning of frictional table system by conventional controller. Nanotechnology and Precision Engineering, 2010, 8(1): 1-6.

246. 刘飞, **梁迎春**, 白清顺, 郭永博. 纳米切削多晶铜的分子动力学仿真研究. 工具技术, 2010, 44(2): 31-34.

247. **Liang Yingchun**, Yang Kai, Bai Qingshun, Chen Wanqun. Modeling and experimental analysis the effect of minimum chip thickness on cutting temperature in micro-end-milling process. Advanced Materials Research, 2010, 102-104: 506-510.

248. Yang Kai, Bai Qingshun, **Liang Yingchun**. Numerical simulation and experimental investigation of tool edge radius effect on micro-cutter wear in micro-end-milling process. Advanced Materials Research, 2010, 97-101: 2542-2545.

249. Bai Qingshun, **Liang Yingchun**, Yang Kai, Luo Zhi, Fang Xiaoyan. Modeling and micro-milling experiments on complex 3D micro-mould parts. Key Engineering Materials, 2010, 431-432: 413-416.

250. Li Ziang, Chen Mingjun, **Liang Yingchun**, Fang Zhen, Yu Bo. Structural parameter optimization of the HRG's resonator based on finite element analysis of vibration characteristics. Journal of Harbin Institute of Technology (New Series), 2010, 17(1): 183-186.

251. Liu Jingshi, Sun Yazhou, Lu Lihua, **Liang Yingchun**. Factors effect on vortex torque of aerostatic bearings. Advanced Materials Research, 2010, 97-101: 3745-3748.

252. Zhang Peng, Lu Lihua, Wang Bo, **Liang Yingchun**. Experimental study on the cutting performance of ultra-precision micro milling machine. Advanced Materials Research, 2010, 97-101: 2546-2549.

253. Guo Yongbo, **Liang Yingchun**, Chen Mingjun, Bai Qingshun, Lu Lihua. Molecular dynamics simulations of thermal effects in nanometric cutting process. Science China Technological Sciences, 2010, 53(3): 870-874.

254. Pen Hongmin, Bai Qingshun, **Liang Yingchun**. Quasicontinuum simulation of effect of crystal orientation and cutting direction of on nanometric cutting of single crystal copper. Key Engineering Materials, 2010, 431-432: 154-157.

255. Lu Lihua, **Liang Yingchun**, Yu Fuli, Su Baoku. Finite element modeling and tansfer function

prediction of ball-screw drive system. Key Engineering Materials, 2010, 431-432: 225-228.

256. Zhang Bowen, Yan Yongda, Hu Zhenjiang, Zhao Xuesen, **Liang Yingchun**, Fei Weidong, Dong Shen. In situ nanoscale deformation studies on micro copper wires using atomic force microscopy. Advanced Materials Research, 2010, 97-101: 4197-4200.
257. Zhang Peng, Wang Bo, **Liang Yingchun**. Fabrication of microstructure array by means of ultra-precision micro-milling. Proceedings of SPIE, 2010, 7655: 76550U.
258. Lu Lihua, Zhao Ziqiang, **Liang Yingchun**, Zhang Longjiang. Calculation and analysis for stiffness of the thrust aerostatic bearing of ultra-precision machine tools. Proceedings of SPIE, 2010, 7655: 765507.
259. Wang Zhiguo, **Liang Yingchun**, Chen Mingjun, Tong Zhen, Chen Jiaxuan. Analysis about diamond tool wear in nano-metric cutting of single crystal silicon using molecular dynamics method. Proceedings of SPIE, 2010, 7655: 76550O.
260. Chen Jiaxuan, **Liang Yingchun**, Wang Quanlong, Chen Mingjun, Tong Zheng, Chen Wanqun. MD simulation of nanocutting process: Removal mechanism, defects evolvement, and characterization. Proceedings of SPIE, 2010, 7655: 76550J.
261. 赵自强, 卢礼华, **梁迎春**, 张龙江. KDP 晶体超精密加工机床静压主轴轴向变形分析. 航空精密制造技术, 2010, 46(2): 6-8, 20.
262. 陈万群, 白清顺, 杨凯, 罗智, **梁迎春**. 微小型铣床及微刀具刚度的研究. 红外激光与工程, 2010, 39: 1-6.
263. 张鹏, 王波, 卢礼华, **梁迎春**. 微小型超精密微细铣削机床的研制. 制造技术与机床, 2010: 72-75.
264. 郑雄飞, 翟文杰, **梁迎春**, 孙涛. 单一热致相分离法制备聚乳酸纳米纤维大孔支架. 功能材料, 2010, 41(sup I): 184-188.
265. 宗影影, 徐福昌, 单德彬, 郭斌, **梁迎春**. 不同晶粒尺寸钛合金高温压缩力学行为研究. 材料科学与工艺, 2010, 18(3): 302-306.
266. 翟文杰, 郑雄飞, 付江波, 姜洪源, **梁迎春**. 浸渍 PVA-H 层的金属橡胶髋臼的摩擦性能试验研究. 润滑与密封, 2010, 35(8): 4-7, 11.
267. **Liang Yingchun**, Yang Kai, Bai Qingshun, Chen Wanqun. Analyzing the effect of tool edge radius on cutting temperature in micro-milling process. Proceedings of SPIE, 2010, 7657: 765709.
268. Liu Haitao, Sun Yazhou, **Liang Yingchun**, Lu Zesheng. Three dimensional finite element simulation and analysis of residual stress in milling. Proceedings of SPIE, 2010, 7655: 76551A.
269. Song Daiping, Chen Mingjun, **Liang Yingchun**, Wu Chunya, Xie Zhijiang, Bai Qingshun. Molecular dynamics simulation study on surface structure and surface energy of anatase. Modelling and Simulation in Materials Science and Engineering, 2010, 18(7): 075002.
270. **Liang Yingchun**, Pen Hongmin, Bai Qingshun, Hu Xinglei, Wang Zhiguo. Multiscale simulation of uniaxial tension deformation for single crystal Cu under various

crystallographic orientations. Advanced Materials Research, 2010, 154-155: 1073-1076.

271. 白清顺, 童振, **梁迎春**, 陈家轩, 王治国. 单晶 Cu 纳米杆拉伸力学特性的尺寸依赖性模拟. 金属学报, 2010, 46(10): 1173-1180.
272. Cao Yongzhi, Zhang Junjie, **Liang Yingchun**, Yu Fuli, Sun Tao. Mechanical and tribological properties of Ni/Al multilayers—A molecular dynamics study. Applied Surface Science, 2010, 257(3): 847-851.
273. 袁福龙, 朱宇君, 闫永达, 袁博, 郭永峰, **梁迎春**. 利用AFM对单晶硅表面加工化学反应理论分析. 黑龙江大学工程学报, 2010, 1(1): 51-57.
274. 陈明君, 李子昂, **梁迎春**, 方针, 余波, 罗康俊. 小直径金属基球头金刚石砂轮电火花修整技术. 机械工程学报, 2010-12-05, 46(23): 180-185.
275. **Liang Yingchun**, Hu Xinglei, Chen Jiaxuan, Pen Hongmin. Predictions of mechanical properties of single crystal copper nanorod with multiscale simulation method. Applied Mechanics and Materials, 2010, 44-47: 2712-2716.

2011 年

276. 郑雄飞, 翟文杰, **梁迎春**, 孙涛. 低温沉积制造壳聚糖-纳米羟基磷灰石支架. 无机材料学报, 2011, 26(1): 12-16.
277. 侯珍秀, 乔江东, 董恺琛, 陈敬辉, **梁迎春**, 胡兴鸿. 摆角铣头气体静压轴承的工程设计与数值模拟. 哈尔滨工业大学学报. 2011, 43(1): 68-73.
278. Sun Yazhou, Liu Yilei, Liu Haitao, **Liang Yingchun**. Finite element analysis of static characteristics of a hydrostatic guideway and its effect factors. Advanced Materials Research, 2011, 199-200: 1339-1342.
279. **Liang Yingchun**, Liu Jingshi, Sun Yazhou, Lu Lihua. Surface roughness effects on vortex torque of air supported gyroscope. Chinese Journal of Aeronautics, 2011, 24(1): 90-95.
280. Yang Kai, LiangYingchun, Zheng Kangning, Bai Qingshun. Tool edge radius effect on cutting temperature in micro-end-milling process. International Journal of Advanced Manufacturing Technology, 2011, 52(9-12): 905-912.
281. 孙清洁, 林三宝, 杨春利, **梁迎春**, 赵国庆. 超声钨极氩弧复合焊接电弧压力特征研究. 机械工程学报, 2011, 47(4): 53-57, 65.
282. **梁迎春**, 刘晶石, 孙雅洲, 卢礼华. 狭缝和气膜尺寸对气浮陀螺仪涡流力矩的影响. 润滑与密封, 2011, 36(3): 1-5.
283. 王宣锋, **梁迎春**, 黄朝胜, 应国增. 超静定多轴牵引车制动试验载荷参数的优化.吉林大学学报(工学版), 2011, 41(2): 317-320.
284. Bai Qingshun, Pen Hongmin, **Liang Yingchun**. Nanoscale cutting simulation of single crystal copper based on multiscale method. Conference Program for the 3rd International Conference on Heterogeneous Materials Mechanics, 2011: 393-396.
285. **Liang Yingchun**, Tong, Z., Bai Qingshun, Chen Jiaxuan, Wang Zhiguo. Simulation on tensile mechanical properties of single crystal copper nanostructures with different holes

configurations. Conference Program for the 3rd International Conference on Heterogeneous Materials Mechanics, 2011: 132-135.

286. Chen Jiaxuan, **Liang Yingchun**, Yu Xia, Wang Zhiguo, Tong Zhen. Deformation mechanism of diamond nanocutting single-crystal copper using molecular dynamics simulation. Advanced Materials Research, 2011, 239-242: 2775-2778.
287. **Liang Yingchun**, Wang Zhiguo, Chen Mingjun, Chen Jiaxuan, Tong Zhen. Potential analysis in nanoturning of single crystal silicon using molecular dynamics. Advanced Materials Research, 2011, 239-242: 3236-3239.
288. 陈家轩，卜琳华，**梁迎春**，王立权，鞠晓峰. 角度相关函数与径向分布函数分析微组织结构. 哈尔滨工业大学学报, 2011, 43(5): 43-46.
289. Chen Mingjun, Li Ziang, Luo Kangjun, **Liang Yingchun**, Fang Zhen, Yu Bo. Analysis of effecting factors on surface finish of fused silica glass grinding with inclined ball-headed diamond wheel. Solid State Phenomena, 2011, 175: 102-106.
290. Hu Xinglei, Chen Jiaxuan, **Liang Yingchun**. Monte carlo simulation and applications in design and manufacture of nanostructures. Advanced Materials Research, 2011, 305: 154-158.
291. **Liang Yingchun**, Hu Xinglei, Chen Jiaxuan. Monte carlo simulation of morphology evolution of machined surface. Advanced Materials Research, 2011, 305: 291-295.
292. Hu Xinglei, **Liang Yingchun**, Chen Jiaxuan, Pen Hongmin. Quasicontinuum simulation of uniaxial tension of single crystal copper nanowire. Materials Science Forum, 2011, 694: 200-204.
293. Chen Jiaxuan, **Liang Yingchun**, Wang Liquan, Hu Xinglei. Atomics simulation of cutting velocity dependency in AFM-based nanomachining process. Applied Mechanics and Materials, 2011, 80-81: 448-451.
294. Wang Jinghe, Yu Miao, Liu Li, Zhao Jie, **Liang Yingchun**, Dong Shen. Atomic force microscopy-based investigation on the elastic properties of oligodendrocytes. Materials Science Forum, 2011, 694: 886-890.
295. **Liang Yingchun**, Chen Wanqun, Lu Lihua, Sun Yazhou, Sun Yang. Integrated design of hydrostatic slideway driven system. Advanced Materials Research, 2011, 311-313: 2009-2013.
296. Liu Jingshi, Lu Lihua, Sun Yazhou, Chen Jiaxuan, **Liang Yingchun**, Huang Lei. Analysis of thermal stability of center of mass of gas-floated gyroscope. Proceedings of 2011 International Conference on Electronic and Mechanical Engineering and Information Technology, 2011, 4: 1735-1738.
297. Wang Yanshen, Qu Shiliang, Gai Yuxian, Dong Shen, **Liang Yingchun**. A method for characterising residual strains around femtosecond laser microexploded waveguide by nanoindentation. International Journal of Nanomanufacturing, 2011, 7(3-4): 267-278.
298. Shuai Yong, Wang Fu Qiang, Xia Xinlin, Tan Heping, **Liang Yingchun**. Radiative

properties of a solar cavity receiver/reactor with quartz window. International Journal of Hydrogen Energy, 2011, 36(9): 12148-12158.

299. **梁迎春**, 盆洪民, 白清顺, 卢礼华. 基于桥域理论的 Cu 单晶纳米切削跨尺度仿真研究. 物理学报, 2011, 60(10): 100205.

300. 白清顺, 刘立飞, 卢礼华, 杨凯, **梁迎春**. 微细铣削圆弧槽微结构时的微毛刺分析及预测. 机械设计与制造, 2011, 11: 229-231.

301. **梁迎春**, 盆洪民, 白清顺, 童振. 基于 EBSD 方法测定单晶 Cu 纳米压痕的各向异性实验. 纳米技术与精密工程, 2011, 9(6): 488-492.

302. Pen Hongmin, **Liang Yingchun**, Luo Xichun, Bai Qingshun, Goel S., Ritchie J.M. Multiscale simulation of nanometric cutting of single crystal copper and its experimental validation. Computational Materials Science, 2011, 50(12): 3431-3441.

303. Su Ruifeng, Lu Lihua, **Liang Yingchun**, Cao Yongzhi. Finite element analysis on mounting configurations for large-aperture optical element. Proceedings of SPIE, 2011, 8335: 83351I.

304. Zhang Junjie, Sun Tao, Yan Yongda, **Liang Yingchun**, Dong Shen. Molecular dynamics investigation of incipient plasticity during nanomachining of Cu (111) surface. International Journal of Nanomanufacturing, 2011, 7(5-6): 559-566.

305. Zhang Junjie, Sun Tao, Yan Yongda, He Yusong, **Liang Yingchun**, Dong Shen. Atomistic investigation of probe-based nanomachining on Cu twin boundaries. Journal of Computational and Theoretical Nanoscience, 2011, 8(11): 2344-2349.

2012 年

306. Lu Lihua, **Liang Yingchun**, Yu Fuli, Su Baoku. Kinematics research for a high-precise multi-gratings mosaic mechanism. Advanced Materials Research, 2012, 452-453: 1496-1500.

307. Lu Lihua, Su Hao, **Liang Yingchun**, Zhang Qiang. Research on static stiffness of hydrostatic bearing using fluid-structure interaction analysis. Procedia Engineering, 2012, 29: 1304-1308.

308. Chen Jiaxuan, Wang Quanlong, **Liang Yingchun**, Wang Liquan, Zhang Linqi, Shang Yuanjiang. Nano-cutting molecular dynamics simulation of a copper single crystal. Procedia Engineering, 2012, 29: 3478-3482.

309. Chen Jiaxuan, **Liang Yingchun**, Hu Xinglei, Wang Zhiguo, Wang Quanlong. Atomic simulation of multi-tool nanomachining process. Current Nanoscience, 2012, 8(1): 84-88.

310. Yu Miao, Wang Jinghe, Liu Li, Dong Shen, Wang Hongxiang, **Liang Yingchun**, Zhang Junjie. AFM-based study of the best imaging conditions for human hepatoma cells. Current Nanoscience, 2012, 8(1): 7-11.

311. Wang Jinghe, Yu Miao, Wu Zhichao, **Liang Yingchun**, Dong Shen. Research on the stress-relaxation characteristics of cancer cells based on atomic force microscope. Current Nanoscience, 2012, 8(1): 47-49.

312. **Liang Yingchun**, Zheng Xiongfei, Zhai Wenjie, Sun Tao. 3D PLLA/nano-Hydroxyapatite scaffolds with hierarchical porous structure fabricated by low-temperature deposition manufacturing. Journal Wuhan University of Technology, Materials Science Edition, 2012, 27(2): 265-269.

313. Wang Xuanfeng, **Liang Yingchun**, Shi Guang, Huang Chaosheng, Ying Guozeng. A study on the asynchronous brake lock-up of a statically indeterminate tractor with an air suspension. Proceedings of the Institution of Mechanical Engineers, Part D: Journal of Automobile Engineering, 2012, 226(4): 507-516.

314. 张俊杰, 孙涛, 闫永达, **梁迎春**, 董申. 晶体铜微探针纳米刻划的分子动力学建模. 中国机械工程, 2012, 23(8): 967-971.

315. Chen Jiaxuan, **Liang Yingchun**, Chen Mingjun, Wang Liquan. Multi-path nanometric cutting of molecular dynamics simulation. Journal of Computational and Theoretical Nanoscience, 2012, 9(9): 1303-1308.

316. Tong Zhen, Luo Xichun, **Liang Yingchun**, Bai Qingshun. Simulation research on FIB processing: A comparison between silicon and diamond. Proceedings of the 18th International Conference on Automation and Computing: Integration of Design and Engineering, 2012: 269-273.

317. Bai Qingshun, He Bin, **Liang Yingchun**, Cheng Kai. Micro-tensile device and test for micro-wire in MEMS. Proceedings of the 18th International Conference on Automation and Computing, 2012: 234-237.

318. Bai Qingshun, Cheng Kai, He Bin, **Liang Yingchun**. Design of a novel tensile testing device and its application in tensile testing experiments on copper micro wires. Proceedings of the Institution of Mechanical Engineers, Part B: Journal of Engineering Manufacture, 2012, 226(9): 1594-1600.

319. Guo Yongbo, **Liang Yingchun**. Atomistic simulation of thermal effects and defect structures during nanomachining of copper. Transactions of Nonferrous Metals Society of China (English Edition), 2012, 22(11): 2762-2770.

320. Zong Yingying, **Liang Yingchun**, Yin, Zhongwei, Shan Debin. Effects of hydrogen addition on the high temperature deformation behavior of TC21 titanium alloy. International Journal of Hydrogen Energy, 2012, 37(18): 13631-13637.

321. 曹永智, 卢礼华, 于福利, 陈家轩, 张庆春, **梁迎春**. 基于PIII技术的高真空洁净环境中润滑问题. 强激光与粒子束, 2012, 24(10): 2371-2374.

322. **Liang Yingchun**, Chen Wanqun, Sun Yazhou, Chen Guoda, Wang Tao, Sun Yang. Dynamic design approach of an ultra-precision machine tool used for optical parts machining. Proceedings of the Institution of Mechanical Engineers, Part B: Journal of Engineering Manufacture, 2012, 226(11): 1930-1936.

323. Zhao Xueseng, Geng Yanquan, Yan Yongda, Hu Zhengjiang, Sun Tao, **Liang Yingchun**, Dong Shen. Fabrication and measurement of nanostructures on the micro ball surface using a

modified atomic force microscope. Review of Scientific Instruments, 2012, 83(11): 115104.

324. 于淼，王景贺，王洪祥，刘利，闫永达，张俊杰，**梁迎春**，董申. 基于原子力显微镜微切削加工技术的癌细胞内部弹性模量计算. 科学通报, 2012, 57(36): 3533-3537.

2013 年

325. Hu Xinglei, Sun Yazhou, **Liang Yingchun**, Chen Jiaxuan. Influence of ageing on surface quality of machined nanostructures. Advanced Materials Research, 2013, 662: 108-112.

326. Geng Yanquan, Yan Yongda, Zhao Xueseng, Hu Zhengjiang, **Liang Yingchun**, SunTao, Dong Shen. Fabrication of millimeter scale nanochannels using the AFM tip-based nanomachining method. Applied Surface Science, 2013, 266: 386-394.

327. 孙清洁，李文杰，胡海峰，**梁迎春**，冯吉才. 厚板 Ti-6Al-4V 磁控窄间隙 TIG 焊接头性能. 焊接学报, 2013, 34(2): 9-12.

328. **Liang Yingchun**, Wang Quanlong, Yu Nan, Chen Jiaxuan, Zha Fusheng, Sun Yazhou. Study of dislocation nucleation mechanism in nanoindentation process. Nanoscience and Nanotechnology Letters, 2013, 5(5): 536-541.

329. Chen Guoda, **Liang Yingchun**, Sun Yazhou, Chen Wanqun, Wang Bo. Volumetric error modeling and sensitivity analysis for designing a five-axis ultra-precision machine tool. International Journal of Advanced Manufacturing Technology, 2013, 68(9-12): 2525-2534.

330. **Liang Yingchun**, Chen Wanqun, Bai Qingshun, Sun Yazhou, Chen Guoda. Design and dynamic optimization of an ultraprecision diamond flycutting machine tool for large KDP crystal machining. International Journal of Advanced Manufacturing Technology, 2013, 69(1-4): 237-244.

331. Gong Na, Liu Bingguo, **Liang Yingchun**. Influence of air damping on nano-electro-mechanical switches in low vacuum. Advanced Materials Research, 2013, 670: 91-96.

332. Zheng Xiongfei, Zhai Wenjie, Sun Tao, **Liang Yingchun**. Fabrication of PLLA scaffolds by low-temperature deposition from a ternary polymer-solvent system. Advanced Materials Research, 2013, 97-101: 2245-2248.

333. Hu Xinglei, Sun Yazhou, **Liang Yingchun**, Chen Jiaxuan. Ageing effect on mechanical properties of machined nanostructures. Advanced Materials Research, 2013, 683: 145-149.

334. Sun Qingjie, Hu Haifeng, Li Wenjie, **Liang Yingchun**, Feng Jicai. Electrode tips geometry and penetrating in narrow gap welding. Science and Technology of Welding and Joining, 2013, 18(3): 198-203.

335. **Liang Yingchun**, Chen Wanqun, Sun Yazhou, Zhang Qiang, Zhang Feihu. The dynamic design of an ultra-precision machine tool used for larger KDP crystal machining. Proceedings of the 13th International Conference of the European Society for Precision Engineering and Nanotechnology, 2013, 1: 204-207.

336. **Liang Yingchun**, Chen Guoda, Chen Wanqun, Sun Yazhou, Chen Jiaxuan. Analysis of

volumetric error of machine tool based on Monte Carlo method. Journal of Computational and Theoretical Nanoscience, 2013, 10(5): 1290-1295.

337. Zhang Junjie, Cao Yongzhi, Gao Qiang, Wu Chao, Yu Fuli, **Liang Yingchun**. Template-assisted nanostructure fabrication by glancing angle deposition: A molecular dynamics study. Nanoscale Research Letters, 2013, 8(1): 312.
338. Bai Qingshun, **Liang Yingchun**, Cheng Kai, Long Fei. Design and analysis of a novel large aperture grating device and its experimental validation. Proceedings of the Institution of Mechanical Engineers, Part B: Journal of Engineering Manufacture, 2013,227(9): 1349-1359.
339. Chen Yulong, Liu Haitao, Sun Yazhou, Zhang Qiang, **Liang Yingchun**. Ultra-precision fly cutting experimental study of semiconductor laser heat sink. Key Engineering Materials, 2013, 579-580: 167-170.
340. Chen Wanqun, Bai Qingshun, Yang Kai, Zhang Qiang, **Liang Yingchun**. Dynamics design optimization and experimental validation of a miniaturized machine tool for micro-milling. Production Engineering, 2013, 7(5): 477-482.
341. Zong Wenjun, Li Zengqiang, Zhang Lei, **Liang Yingchun**, Sun Tao, An Chenghui. Finite element simulation of diamond tool geometries affecting the 3D surface topography in fly cutting of KDP crystals. International Journal of Advanced Manufacturing Technology, 2013, 68(9-12): 1927-1936.
342. 胡兴雷, 孙雅洲, **梁迎春**, 陈家轩. 单晶硅微纳构件加工表面性能的时变性研究.物理学报, 2013, 62(22): 220704.
343. 白清顺, 张向前, 童振, **梁迎春**, 盆洪民. 基于 QC 多尺度模拟的单晶铜微构件压缩过程力学特性分析. 机械强度, 2013, 35(6): 810-815.
344. 张俊杰, 闫永达, 孙涛, 高强, **梁迎春**, 董申. 单晶铜纳米机械加工的分子动力学模拟与实验的间接对比. 中国机械工程, 2013-12-23, 24(24): 3289-3294.

2014 年

345. Su Ruifeng, Liu Haitao, **Liang Yingchun**, Lu Lihua. Analysis of adjusting effects of mounting force on frequency conversion of mounted nonlinear optics. Applied Optics, 2014, 53(2): 83-290.
346. Chen Wanqun, Sun Yazhou, **Liang Yingchun**, Bai Qingshun, Zhang Peng, Liu Haitao. Hydrostatic spindle dynamic design system and its verification. Proceedings of the Institution of Mechanical Engineers, Part B: Journal of Engineering Manufacture, 2014, 228(1): 149-155.
347. Tong Zhen, **Liang Yingchun**, Jiang Xiangqian, Luo Xichun. An atomistic investigation on the mechanism of machining nanostructures when using single tip and multi-tip diamond tools. Applied Surface Science, 2014, 290: 458-465.
348. Chen Wanqun, **Liang Yingchun**, Sun Yazhou, Huo Dehong, Lu Lihua, Liu Haitao. Design philosophy of an ultra-precision fly cutting machine tool for KDP crystal machining and its implementation on the structure design. International Journal of Advanced Manufacturing

Technology, 2014, 70(1-4): 429-438.

349. **Liang Yingchun**, Chen Wanqun, Sun Yazhou, Luo Xichun, Lu Lihua, Liu Haitao. A mechanical structure-based design method and its implementation on a fly-cutting machine tool design. International Journal of Advanced Manufacturing Technology, 2014, 70(9-12): 1915-1921.
350. **梁迎春**, 陈国达, 孙雅洲. 误差预算在精密与超精密机床中应用的研究概述. 制造技术与机床, 2014, 2: 32-36.
351. 郭永博, **梁迎春**. 晶体材料纳米切削加工机理的研究. 机械工程学报, 2014, 50(5): 114.
352. 陈国达, **梁迎春**, 孙雅洲, 张鹏. 基于机床体误差模型的加工面形误差预测. 纳米技术与精密工程, 2014, 12(4): 242-248.
353. 张大磊, 亓钧雷, 张丽霞, 冯吉才, **梁迎春**. Cu25Sn10Ti 活性钎焊 SiO2f/SiO2 复合材料与 Invar 合金. 焊接学报, 2014, 35(3): 53-56
354. 张海峰, 刘晓为, **梁迎春**, 张晓舒, 朱敏瑜. 采用热压-喷涂法制备 PMMA 超疏表面涂层. 天津大学学报, 2014, 12: 1071-1076.
355. Shuai Yong, Tan Heping, **Liang Yingchun**. Polariton-enhanced emittance of metallic-dielectric multilayer structures for selective thermal emitters. Journal of Quantitative Spectroscopy and Radiative Transfer, 2014, 135: 50-57.
356. Su Hao, Lu Lihua, **Liang Yingchun**, Zhang Qiang, Sun Yazhou. Thermal analysis of the hydrostatic spindle system by the finite volume element method. International Journal of Advanced Manufacturing Technology, 2014, 71(9-12): 1949-1959.
357. **Liang Yingchun**, Chen Wanqun, Sun Yazhou, Yu Nan, Zhang Peng, Liu Haitao. An expert system for hydro/aero-static spindle design used in ultra precision machine tool. Robotics and Computer-Integrated Manufacturing, 2014, 30(2): 107-113.
358. Sun Fuzhong, Zhang Peng, **Liang Yingchun**, Lu Lihua. Study on the temperature gradient evolution of large size nonlinear crystal based on the fluid-solid coupling theory. Proceedings of SPIE, 2014, 9282: 92821N.
359. 亓钧雷, 万禹含, 张丽霞, 曹健, 冯吉才, **梁迎春**. 中间层对高体积分数 SiC_p/Al 复合材料真空钎焊的影响. 焊接学报, 2014, 35(4): 49-52.
360. Zhang Junjie, Yan Yongda, Sun Tao, **Liang Yingchun**. Influence of coherent twin boundaries on three-point bending of gold nanowires. Journal of Physics D: Applied Physics, 2014, 47(19): 195301.
361. 田晓羽, 亓钧雷, 张丽霞, **梁迎春**, 李宏伟, 冯吉才. BNi2+TiH2 复合钎料钎焊 C/C 复合材料与 GH99 镍基高温合金. 焊接学报, 2014, 35(5): 35-38.
362. **梁迎春**, 陈国达, 孙雅洲, 陈家轩, 陈万群, 于楠. 超精密机床研究现状与展望.哈尔滨工业大学学报, 2014, 46(5): 28-39.
363. **Liang Yingchun**, Su Ruifeng, Liu Haitao, Lu Lihua. Analysis of torque mounting configuration for nonlinear optics with large aperture. Optics and Laser Technology, 2014, 58: 185-193.

364. Shan Lianjie, **Liang Yingchun**, Ge Wenqian. Study of fiber gyroscope fiber defects image enhancement based on bias-normal and fuzzy processing. Advanced Materials Research, 2014, 981: 304-309.

365. Chen Wanqun, **Liang Yingchun**, Luo Xichun, Sun Yazhou, Wang Heran. Multi-scale surface simulation of the KDP crystal fly cutting machining. International Journal of Advanced Manufacturing Technology, 2014, 73(1-4): 289-297.

366. Chen Guoda, **Liang Yingchun**, Sun Yazhou. Frequency domain error analysis in turning. International Journal of Advanced Manufacturing Technology, 2014, 73(5-8): 929-940.

367. Yu Nan, **Liang Yingchun**, Chen Jiaxuan, Guo Yongbo. Simulation study of material deformation in monocrystal silicon nano-machining. Key Engineering Materials, 2014, 621: 32-37.

368. Gao Qiang, Guo Yongbo, **Liang Yingchun**, Zhang Qingchun. Molecular dynamics simulation of surface effect on tensile deformation of single crystalline copper. Key Engineering Materials, 2014, 620: 61-66.

369. Si Hao, Guo Yongbo, **Liang Yingchun**. Application and developing trends of mechanical tiling technology in the laser fusion device. Key Engineering Materials, 2014, 621: 57-62.

370. Shan Lianjie, **Liang Yingchun**, Liu Haoting. Manufacture process evaluation of IFOG using multiple-test data analysis. Lecture Notes in Electrical Engineering, 2014, 318: 159-165.

371. Chen Guoda, **Liang Yingchun**, Wang Heran, Sun Yazhou, Chen Jiaxuan. Frequency domain error analysis in ultra-precision fly cutting. Key Engineering Materials, 2014, 620:96-103.

372. **Liang Yingchun**, Chen Wanqun, An Chenhui, Luo Xichun, Chen Guoda, Zhang Qiang. Investigation of the tool-tip vibration and its influence upon surface generation in flycutting. Proceedings of the Institution of Mechanical Engineers, Part C: Journal of Mechanical Engineering Science, 2014, 228(12): 2162-2167.

373. Wang Heran, Liu Haitao, **Liang Yingchun**. Impact analysis of the force environment on the KDP crystal harmonic loss considering the frame surface topography. Key Engineering Materials, 2014, 620: 35-41.

374. **Liang Yingchun**, Su Ruifeng, Lu Lihua, Liu Haitao. Temperature nonuniformity occurring during the cooling process of a KDP crystal and its effects on second-harmonic generation. Applied Optics, 2014, 53(23): 5109-5116.

375. **Liang Yingchun**, Su Ruifeng, Lu Lihua, Liu Haitao. Influence of the frame stiffness on the Second Harmonic Generation of the mounted optics with large aperture. Optics Communications, 2014, 324: 205-211.

376. Su Ruifeng, Liu Haitao, **Liang Yingchun**, Lu Lihua, Sun Fuzhong, Cao Yongzhi. Mechanical and optical analysis of large-aperture optics mounted on a frame with a curved surface. Optics and Laser Technology, 2014, 56: 189-195.

377. Chen Wanqun, **Liang Yingchun**, Luo Xichun, Xie Wenkun. An integrated dynamic design system for aerostatic spindle development. Proceedings of the 20th International Conference

on Automation and Computing: Future Automation, Computing and Manufacturing, 2014: 96-99.

378. Tong Zhen, **Liang Yingchun**, Yang Xuechun, Luo Xichun. Investigation on the thermal effects during nanometric cutting process while using nanoscale diamond tools. International Journal of Advanced Manufacturing Technology, 2014, 74(9-12): 1709-1718.
379. Chen Wanqun, **Liang Yingchun**, Sun Yazhou, Lu Lihua. Investigation on the influence of machine tool dynamics on the wavefront gradient of KH2PO4 crystals. Journal of Manufacturing Science and Engineering, Transactions of the ASME, 2014, 136(5): 051006.
380. Su Hao, Lu Lihua, **Liang Yingchun**, Zhang Qiang, Sun Yazhou, Liu Haitao. Finite element fractal method for thermal comprehensive analysis of machine tools. International Journal of Advanced Manufacturing Technology, 2014, 75(9-12): 1517-1526.
381. Luo Xichun, Tong Zhen, **Liang Yingchun**. Investigation of the shape transferability of nanoscale multi-tip diamond tools in the diamond turning of nanostructures. Applied Surface Science, 2014, 321: 495-502.
382. 白清顺, 白锦轩, 文泽华, 姜丽辉, **梁迎春**. 聚晶金刚石压痕行为的离散位错动力学仿真分析. 金刚石与磨料磨具工程, 2014, 34(6): 50-54.

2015 年

383. Bai Qingshun, Li Kai, **Liang Yingchun**, Cheng Kai. Wear and breakage behaviors of PCD small-diameter end-mill: a case study on machining 2A12 aluminum alloy. International Journal of Advanced Manufacturing Technology, 2015, 77:839-846.
384. 张海峰, 张瑞敏, 刘晓为, **梁迎春**, 张晓舒, 朱敏瑜. 采用热压-喷涂法制备 PMMA 超疏表面涂层. 天津大学学报(自然科学与工程技术版), 2015, 12: 1071-1076.
385. 邵忠喜, 韩德东, 周维江, **梁迎春**. 机械式光栅拼接稳定性全闭环控制技术研究. 机械工程学报, 2015, 10: 205-212.
386. 单联洁, 马玉洲, **梁迎春**. 一种光纤陀螺干涉仪光纤长度误差量测量方法. 红外与激光工程, 2015, 5: 1574-1578.
387. Chen Wanqun, **Liang Yingchun**, Sun Yazhou, Huo Dehong, Su Hao, Zhang Feihu. A two-round design method for ultra-precision flycutting machine tools with stringent process requirements. Proceedings of the Institution of Mechanical Engineers, Part B: Journal of Engineering Manufacture, 2015, 229(9): 1584-1594.
388. 王治国, 张鹏, 陈家轩, 白清顺, **梁迎春**. 单晶硅纳米切削中 C—C 键断裂对金刚石刀具磨损的影响. 物理学报, 2015, 19: 349-356.
389. 张丽霞, 田成龙, 田晓羽, 冯吉才, 石俊秒, **梁迎春**. 具有铼涂层的 C/C 复合材料与铌的真空钎焊. 焊接学报, 2015, 12: 47-50, 115.
390. Sun Yazhou, Chen Wanqun, **Liang Yingchun**, An Chenhui, Chen Guoda, Su Hao. Dynamic error budget analysis of an ultraprecision flycutting machine tool. International Journal of Advanced Manufacturing Technology, 2015, 76(5-8): 1215-1224, 2014

2016 年

391. Xie Wenkun, Sun Yazhou, Liu Haitao, Fu Hongya, **Liang Yingchun**. Conformational change of oil contaminants adhered onto crystalline alpha-alumina surface in aqueous solution. Applied Surface Science, 2016, 360: 184-191.
392. 白清顺, 王群, 张庆春, **梁迎春**, 娄铮. 低温微位移促动器的设计与实验. 天文研究与技术, 2016, 2: 199-204.
393. Tong Zhen, Jiang Xiangqian, Luo Xichun, Bai, Qingshun, Xu Zongwei, Blunt Liam, Liang Yingchun. Review on FIB-induced damage in diamond materials. Current Nanoscience, 2016, 12(6): 685-695.
394. 白清顺, 王群, 张庆春, 娄铮, **梁迎春**. 高精度微位移促动器及其在极地天文望远镜中的应用. 中国科学:技术科学, 2016, 7: 697-705.
395. Bai Qingshun, He Xin, Zhang Xiangqian, Shen Rongqi, **Liang Yingchun**. Mechanical property evaluation on the bending and compressing behaviour of nano-beam. Journal Wuhan University of Technology, Materials Science Edition, 2016, 31(4): 903-909.
396. 白清顺, 郭永博, 陈家轩, 卢礼华, 张庆春, 张飞虎, 赵航, 袁晓东, **梁迎春**. 超洁净制造的研究与发展. 机械工程学报, 2016, 19: 145-153.

2017 年

397. Xie Wenkun, Liu Haitao, Sun Yazhou, Fu Hongya, **Liang Yingchun**. Conformation evolution of oil contaminants onto aluminum oxide surface in aqueous solution: The effect of surface coverage. Applied Surface Science, 2017, 392: 747-759.
398. Su Ruifeng, Liu Haitao, **Liang Yingchun**, Yu Fuli. Radiation force of a high-energy laser and its effects on second-harmonic generation. Applied Optics, 2017, 56(4): 816-822.
399. Su Ruifeng, Liu Haitao, **Liang Yingchun**, Yu Fuli. Residual thermal stress of a mounted KDP crystal after cooling and its effects on second harmonic generation of a high-average-power laser. Optics and Laser Technology, 2017, 87: 43-50.

附录 2　梁迎春教授培养的研究生

博士研究生

姓　名	入学及毕业时间	论文题目
张秀利	1996.03-1999.08	机械结构模糊优化方法及应用研究
罗熙淳	1998.03-2002.03	基于分子动力学的微纳米加工表面形成机理研究
孙雅洲	1999.09-2005.09	微小型机床及微细铣削加工技术的研究
霍德鸿	2000.03-2004.06	基于分子动力学的微结构力学性能的仿真和实验研究
唐玉兰	2001.03-2004.12	基于分子动力学单晶体材料纳米切削过程及相关技术的研究
邢　涛	2001.09-2005.04	电磁轴承磨床系统控制方法及实验研究
宫　娜	2002.03-2008.02	基于分子动力学的纳结构梁静态和动态特性研究
李国栋	2002.09-2007.06	磁悬浮飞轮系统复合控制方法及实验研究
窦建华	2002.09-2009.03	原子力显微镜针尖一表面相互作用分子动力学仿真研究
翟元盛	2002.09-2008.09	精密超薄切削加工机理及其表面质量的研究
卢礼华	2003.09-2007.03	基于滚珠丝杠的大行程纳米定位系统的研究
李德刚	2004.03-2008.09	基于分子动力学的单晶硅纳米加工机理及影响因素研究
赵　岩	2004.03-2008.09	微细铣削工艺基础与实验研究
宋代平	2005.09-2009.12	TiO_2 纳结构表面 RGD 吸附机理研究
陈家轩	2005.09-2009.12	结构件纳米加工机理及其力学特性仿真研究
郑雄飞	2006.03-2011.06	纳米纤维组织工程支架的低温沉积制造
王宣峰	2006.09-2012.07	多轴商用车制动动力学研究
刘晶石	2006.09-2011.06	气浮陀螺仪干扰力矩影响因素研究
盆洪民	2007.03-2011.06	微构件纳米切削过程及其力学特性的多尺度模拟研究
郭永博	2007.03-2011.12	晶体材料纳米切削加工机理的研究
杨　凯	2007.09-2012.07	微细铣削及微刀具关键技术的研究
张　鹏	2008.03-2012.07	微小结构零件的微细铣削加工技术研究
王治国	2008.03-2015.10	基于分子动力学的单晶硅纳米切削过程中刀具磨损的研究
胡兴雷	2009.09-2013.07	微纳构件加工表面性能演变过程及其拉伸力学特性的研究
陈万群	2010.09-2014.10	KDP 超精密机床动态性能分析和设计
苏瑞峰	2010.09-2015.07	大口径 KDP 晶体夹持和支撑对二次谐波转换效率的影响研究
陈国达	2011.03-2015.03	超精密机床动态误差分析与精度设计方法研究
苏　浩	2011.09-2015.07	超精密飞切机床的热行为分析与热结构优化研究
王全龙	2011.09-2016.03	晶体铜纳米切削加工亚表层晶体结构及缺陷演变机理研究
孙付仲	2012.03-2016.07	ICF 装置中大口径晶体组件结构的热分析及其实验研究
谢文坤	2012.09-	超洁净制造技术关键基础问题研究

硕士研究生

姓 名	入学及毕业时间	论文题目
刘海芳	1994.09-1996.07	基于特征优化的轴类零件信息模型建立方法的研究
邓辉宇	1994.09-1996.07	机械结构的模糊优化设计
李国洪	1995.09-1997.07	三轴仿真转台的结构分析与优化设计
芦仪喜	1996.09-1998.07	带接触问题的预应力锚具结构分析
杜强芳	1997.09-1999.07	超精密柔性铰链微动工作台结构有限元分析和优化设计
尹衍丽	1998.09-2000.07	三轴测试转台结构的静动态特性分析及测试实验研究
田 君	1999.09-2001.07	纳米磨削过程的分子动力学建模与仿真
顾 冬	2000.09-2002.07	微型机床的结构分析及微切削仿真
王维彬	2000.09-2002.07	纳米尺度下单晶 Cu 的力学性能研究
陈鹏飞	2001.09-2003.07	超精密机床设计的模块化研究
卢礼华	2001.09-2003.07	交会对接运动模拟器的设计和有限元分析
孙立东	2001.09-2003.07	星载机构的有限元分析与优化
庄文义	2001.09-2003.07	金属微切削过程的有限元仿真及实验研究
陈 均	2002.09-2004.07	微小型机床数控系统的研究
高 强	2003.09-2005.07	微小型机床进给系统性能及微细铣削加工实验研究
李君栋	2003.09-2005.07	气体静压主轴周成热特性的有限元分析
钱俊兰	2003.09-2005.07	四自由度并联机构的运动学分析和仿真
金 英	2004.09-2006.07	光通讯终端的有限元分析及研究
童利东	2004.09-2006.07	微径铣刀的力学特性及磨损机理研究
谭亚明	2004.09-2006.07	基于微小型铣床的微细铣削加工试验研究
刘 毅	2004.09-2006.07	基于 PMAC 的微小型机床数控系统的研究
杨 凯	2005.09-2007.07	微细铣削刀具磨损机理及工件毛刺影响因素的研究
何庆洋	2005.09-2007.07	超精密微小型机床数控系统的研究
朱黛茹	2005.09-2007.07	微细铣削表面粗糙度和残余应力的研究
黄志鹏	2005.09-2007.07	空间环境下星载转台的热结构力学分析
姜 涛	2006.09-2008.07	大口径光栅机械拼接机构的关键特性分析
张 鹏	2006.09-2008.07	微小型加工装备及微细加工工艺方向
祁彦勇	2006.09-2008.07	单晶硅纳米切削表面质量与分子动力学仿真
刘 飞	2007.09-2009.07	多晶体材料纳米切削加工分子动力学仿真研究
冯 跃	2007.09-2009.07	空间二轴转台动力学分析和试验研究
胡兴雷	2007.09-2009.07	微构件力学特性的多尺度仿真及实验研究
赵自强	2008.09-2010.07	超精密机床气浮主轴静特性的流固耦合分析
王 涛	2008.09-2010.07	神光 III 反射镜组件有限元分析

硕士研究生（续）

姓　名	入学及毕业时间	论文题目
苏　浩	2009.09-2011.07	液体静压主轴的流体—结构耦合分析及动态性能研究
王全龙	2009.09-2011.07	单晶铜纳米加工过程对其组织结构变化及温度场影响研究
邓　飞	2009.09-2011.07	倍频晶体模块的温度场分析及实验研究
解文坤	2010.09-2012.07	终端光学组件洁净清洗工艺及检测技术研究
朱　华	2010.09-2012.07	高精度电动反射镜的精度分析及实验研究
于　楠	2011.09-2013.07	单晶硅纳米加工仿真及实验研究
王赫然	2012.09-2014.07	大径厚比 KDP 晶体低应力夹持组件力学特性研究
陈玉龙	2012.09-2014.07	飞刀切削加工中毛刺的形成过程仿真与实验研究
王　迪	2012.09-2014.07	高压水射流清洗的仿真研究及实验验证

说明：

1. 博士研究生张秀利和罗熙淳为梁迎春教授和董申教授共同指导，董申教授为正导师，梁迎春教授为副导师。
2. 博士研究生孙雅洲为梁迎春教授正式指导的第一位博士。
3. 博士和硕士以 2012 年入学为止，2013 年和 2014 年，梁迎春教授招收多名研究生，他们是博士生吴斌、张弛、吴全会和高强，以及硕士生倡昊、杨威、赵鹏越和刘保麟。梁迎春教授去世后，学校安排上述研究生更换导师，论文题目也做了相应改变，所以未在上表中列出。

附录 3 梁迎春教授负责完成的项目/课题（部分）

序号	项目/课题	来源	起止时间
1	机械结构形状优化设计方法及应用研究	国家自然科学基金	1993-1996
2	亚微米超精密机床	中国航天工业总公司	1993-1997
3	神光III原型装置终端光学组件	中国工程物理研究院	1999-2002
4	微结构设计的基础理论及关键技术研究	国家自然科学基金	2002-2005
5	空间激光通讯终端	国家 863 计划项目（国防）	2004-2006
6	KDP 晶体超精密加工专用设备与工艺研究	国家 863 计划项目（国防）	2004-2006
7	神光III原型装置靶场机电系统	中国工程物理研究院	2004-2007
8	高精度大口径光栅拼接技术	国家 863 计划项目（国防）	2006-2007
9	KDP 晶体超精密加工机床动态性能测试技术研究	国家 863 计划项目（国防）	2006-2008
10	非硅精密微机械制造技术	国防科工委基础科研项目	2006-2009
11	微构件纳米加工理论基础及其力学行为表征	黑龙江省杰出青年基金	2006-2009
12	微结构的纳米切削机理及其力学特性基础理论研究	国家自然科学基金	2007-2009
13	神光III主机靶场机电系统	中国工程物理研究院	2007-2012
14	基于微细结构加工的数控超精密机床	国家 863 计划项目	2008-2010
15	超精密加工工艺与装备	国家杰出青年科学基金	2009-2013